U0180872

我国建筑给水排水专业的著名学者、前辈，清华大学王继明先生（1916～2019）

我国建筑给水排水专业的著名学者、前辈，北京市建筑设计研究院萧正辉先生

我国建筑给水排水专业的著名学者、前辈，中国建筑设计研究院傅文华先生

建筑排水管道系统关系千家万户，保证建筑排水管道系统正确设计、施工、运行与维护极为重要！

中国建筑学会建筑给水排水研究分会理事长
中国城镇供水排水协会建筑给水排水分会理事长
中国建筑设计研究院有限公司副总经理、总工程师

再现绿水青山美景

践行治污减排使命

中国建筑西北设计研究院有限公司党委书记、董事长

熊中元

建築排水

大有可为

写于庚子年春节 新冠病毒肆虐时

排污去垢保卫生

水到渠成真称心

系好两岸共携手

统领三地情意真

熊志权

世界水务协会前副主席、香港资深水务专家熊志权博士题词

建筑排水新技术手册

赵世明　刘西宝　姜文源　吴克建　程宏伟　归谈纯　**主编**

赵　锂　陈怀德　罗定元　**主审**

主 编 单 位：中国建筑西北设计研究院有限公司

山西泫氏实业集团有限公司

上海熊猫机械（集团）有限公司

副主编单位：上海深海宏添建材有限公司

浙江中财管道科技股份有限公司

高碑店市联通铸造有限责任公司

中国建筑工业出版社

图书在版编目(CIP)数据

建筑排水新技术手册/赵世明等主编. —北京:中国建
筑工业出版社,2020.5
ISBN 978-7-112-25054-7

Ⅰ.①建… Ⅱ.①赵… Ⅲ.①建筑排水-技术手册
Ⅳ.①TU992-62

中国版本图书馆 CIP 数据核字(2020)第 072779 号

本书内容包括建筑排水发展历程回顾;建筑排水基础理论;建筑生活排水系统;特殊单立
管排水系统;建筑同层排水系统;压力排水系统与真空排水系统;生活排水系统流量计算与水
力计算;建筑生活排水系统立管排水能力测试;装配式建筑排水技术;餐厨含油废水处理及餐
厨废弃物就地处理;住宅生活排水系统排水能力产品认证;建筑与小区雨水排水;海绵型小区
雨水系统;新型排水管材、管件、器材与设备;建筑排水管道施工安装;发达国家及中国香
港、澳门地区建筑排水技术介绍;超限高层建筑排水设计。

本书适合于建筑给水排水专业设计人员、研发人员、施工安装人员使用,也可供相关专业
师生使用。

责任编辑:张 磊
责任校对:姜小莲

建筑排水新技术手册

赵世明 刘西宝 姜文源 吴克建 程宏伟 归谈纯 **主编**
　　　　　　　　　 赵 锂 陈怀德 罗定元 **主审**
主 编 单 位: 中国建筑西北设计研究院有限公司
　　　　　　 山西泫氏实业集团有限公司
　　　　　　 上海熊猫机械(集团)有限公司
副主编单位: 上海深海宏添建材有限公司
　　　　　　 浙江中财管道科技股份有限公司
　　　　　　 高碑店市联通铸造有限责任公司

*

中国建筑工业出版社出版、发行(北京海淀三里河路9号)
各地新华书店、建筑书店经销
北京科地亚盟排版公司制版
北京圣夫亚美印刷有限公司印刷

*

开本:787×1092毫米 1/16 印张:43 插页:11 字数:1046千字
2020年9月第一版 2020年9月第一次印刷
定价:**138.00**元
ISBN 978-7-112-25054-7
(35825)

本书编委会

主 编

赵世明　刘西宝　姜文源　吴克建　程宏伟　归谈纯

主 审

赵　锂　陈怀德　罗定元

副主编

刘德明　张　军　王　竹　刘　俊（东南大学）
张立成　李传志　朱生高

主 任

赵　锂

副主任

王　研　赵世明　陈怀德　姜文源　吴克建　马信国
熊志权　方玉妹　程宏伟　归谈纯　栗心国　刘杰茹

编 委
（按姓名拼音排序）

陈　晟　陈和苗　陈鹤忠　陈怀德　陈建忠　陈书明
陈秀兰　程宏伟　迟国强　池学聪　崔景立　崔宪文
邓　斌　丁良玉　董波波　方玉妹　高俊斌　关文民
官钰希　归谈纯　郭继伟　郭宗余　贺鹏鹏　胡鸣镝
胡万成　黄剑芬　姜浩杰　姜文源　蒋星学　金　雷
李　军　李承朋　李传志　李翠梅　李学良　李益勤
栗心国　林国强　刘　俊（东南大学）　刘　俊（上海绿地）
刘德明　刘杰茹　刘西宝　刘玉林　娄　锋　陆亦飞

3

孟宪虎　任少龙　汪仕斌　王克峰　徐　立　于敬亮　张锦雄　赵　锂　周旭辉

马信国　邱　蓉　涂　斌　王建涛　熊志权　尹　艳　张海宇　张之立　周可新

马圣良　钱　梅　同　重　王坚伟　项伟民　杨一林　张　磊　张用虎　周伯兴

罗定元　祁　强　陶岳杰　王慧莉　吴克建　杨富斌　张　军　张颂东　钟东琴

罗　研　闵莉华　谭红全　王　竹　吴崇民　颜建萍　袁玉梅　张双全　赵世明

吕亚军　缪德伟　司　启　王　研　卫　莉　许进福　俞文迪　张立成　赵锦添　朱生高

序

    《建筑排水新技术手册》在举国"共同战疫"、国家防控"新型冠状病毒感染的肺炎"疫情期间即将出版发行，具有特殊的意义。目前阶段，全国的百姓纷纷采取"少出门、不出门"生活方式，单位开启"远程办公"，避免交叉感染。建筑成为守护百姓的重要屏障，建筑排水系统作为建筑正常运行的重要组成部分，对于保障百姓生活和身体健康具有重要意义。随着医学界在粪便中也发现新冠病毒，对于新型冠状病毒的传播途径，除已取得共识的呼吸道飞沫传播和接触传播外，是否也会通过粪口传播和气溶胶传播，即是否有可能通过建筑污水管道系统传播，是工程界、特别是建筑给水排水业界关注的焦点。2020年2月18日，中国工程院院士钟南山强调，防范新冠肺炎，保持下水道畅通极为重要。新冠病毒并不一定通过消化道传播感染，而是下水道中的污染物干枯，病毒又通过空气、气溶胶传播，人们吸入导致感染。说明医学界最高权威专家已认识到排水管道系统安全运行对于防止病毒扩散的重要性。同时也是继2003年SARS病毒经由污水管道系统传播污染室内环境，再通过人与人之间的接触和使用建筑公用设施（如升降机及楼梯），使住户集中受病毒感染后，建筑排水管道系统再次处于风口浪尖，再次全民关注水封设施、地漏是否符合《标准》规定，大便器冲水后是否有气溶胶产生等。

    近年来，建筑排水领域在广大从业工程技术人员、高校教师、企业研发人员的共同努力下，在国家级科研课题立项、高层级技术人才培养、标准规范制订、新产品研发等方面取得了一系列可喜成果，并在工程实践中得到应用。在国家"十二五"重大专项"建筑水系统微循环重构技术研发与示范"（2014ZX07406-002）课题中，设有"排水系统性能检测平台研发与建设"、"高层建筑高安全性能排水系统研发"、"超高层建筑排水系统排水能力预测技术研发"、"厨余垃圾排放系统成套技术研发"、"适用于住宅户内的节水成套技术研究"等与建筑排水相关的子课题。依托这些研究内容，重庆大学培养出我国第一位市政工程（建筑给水排水方向）的博士。武汉大学也有在读的建筑排水系统方向的博士生。在建筑排水系统的科研硬件设施上，已建成并投入应用的广东东莞万科排水实验塔、山西高平泫氏排水实验塔等，为我国建筑排水系统的科研工作提供了高水平的实验平台。以上述实验平台为依托，制订了国家行业标准《住宅生活排水系统立管排水能力测试标准》CJJ/T 245—2016；研发出了一批高水平的技术成果与建筑排水新产品，使我国建筑排水系统的科研与学术水平得到极大的提升，与国际接轨。依托科研成果，在排水立管系统方面，通过引进与自主研发，推出了多种特殊单立管排水系统（包括不同形式的管材及特殊管件），立管的排水流量均是通过排水实验塔实际测试后得出的，编制了相应的技术规程，为特殊单立管排水系统的市场应用打下了坚实的技术基础。同层排水技术研发出微降板、零降板的新产品，配合装配式建筑研发出装配式排水系统新产品等。

    源头减排是我国海绵城市建设的重要组成部分，在海绵型小区的建设中，雨水排水设计理念已由将雨水快速的通过排水管道排入市政雨水管网改变为通过渗、滞、蓄、净、用、排的技术措施，溢流排入市政雨水管网，使小区在开发建设后场地的外排雨水量不大于项目开发建设前的水平。

　　《建筑排水新技术手册》的内容，重点就是介绍最新的排水系统方面的成果，既有建筑排水的发展回顾、建筑排水基础理论，建筑生活排水系统的分类、卫生器具、地漏、水封作用、水封的破坏与保护，管材与管件、排水系统的通气等，还有特殊单立管排水系统，同层排水系统，压力排水系统，排水立管排水能力测试，装配式建筑排水，餐厨含油废水及餐厨废弃物处理，建筑屋面雨水排水系统，海绵型建筑小区雨水等，内容涵盖了设计、施工。本《手册》是从事建筑给水排水设计、教学、科研、产品研发企业从业人员的工具书，本《手册》的出版发行，必将促进、提高我国建筑排水的技术水平，提升建筑环境的安全，保护人民的健康。

中国建筑设计研究院有限公司副总经理、总工程师
中国建筑学会建筑给水排水研究分会理事长
2020 年 2 月 20 日

前　言

姜文源　金　雷

在建筑给水排水专业领域，单为建筑排水编撰一本独立手册，应是头一回。手册之所以被冠名为《建筑排水新技术手册》（以下简称《手册》），乃出于对其自身特点的考量。就在之前，《建筑给水排水设计手册》（第三版）刚面世不久，作为建筑给水排水专业最具权威的设计手册，内容业已包括建筑排水。若这本《手册》仍以《建筑排水设计手册》立项编撰，内容必然大量重复，枉费人力，实无必要。本《手册》编委会经过多次讨论，反复研究后确定本《手册》拟立足于建筑排水新技术，最终编撰定稿的《手册》文稿涉及如下内容：海绵小区、装配式建筑排水、建筑同层排水、真空排水系统、厨房含油废水及餐厨废弃物就地处理、排水实验塔科研报告和测试成果、新型排水管材与管件、一体化预制排水泵站、住宅生活排水系统排水能力产品认证、超限高层建筑排水技术等，上述内容都是在传统的设计手册中未曾出现或较少涉及的，因此《手册》名实相符，即重点突出以建筑排水新技术为主的一册"工具书"。

我国建筑排水技术在近些年来发展颇为迅速，究其原因有：

1. 新技术的引进。近年来国内在建筑排水工程所应用的不少新技术系从国外引进，如虹吸式屋面雨水排水系统、沿墙敷设同层排水技术、加强型旋流器单立管排水系统、加强型内螺旋管、钢塑复合排水管、超能苏维托、真空排水系统、排水立管定流量测试方法等，这些新技术应用效果良好，得到行业的普遍认可。

2. 在国内建筑给水排水尚无专职研究机构的情况下，通过实践摸索出一条产、学、研三结合的研究方式，以学会下属"技术中心"或"研发中心"为平台，多年来在各自不同的领域进行了大量卓有成效的研究和测试工作，并取得丰硕成果。

如隶属于中国建筑学会建筑给水排水研究分会的雨水综合利用实验示范基地、建筑排水管道系统技术中心、装配式建筑排水管道系统实验室、建筑油水分离技术研发中心、建筑同层排水技术中心、海绵城市产业创新中心、厨余垃圾系统研究中心等，还有隶属于两委会（中国工程建设标准化协会建筑给水排水专业委员会和中国土木工程学会水工业分会的合称）的建筑排水系统技术研发中心等，上述"技术中心"和"研发中心"均定期召开学术交流会，交流建筑排水技术发展的科研成果，《手册》有必要予以介绍。

3. 在以往，专业技术人员即便有研发的意愿，却缺乏研究的必备手段。但近年来，情况有了很大改观。国内高等院校、生产企业顺应行业发展需要，陆续建成多座排水实验塔用于建筑排水科研和测试工作，其数量、建筑高度和测试硬件装备都居国际领先地位。通过多年来有计划、有步骤、持之以恒的科研和测试工作，取得了可喜的成果，如：验证了排水铸铁管立管排水能力大于排水塑料管、排水立管排水能力系随建筑高度增加而递减；同时还发现了 H 管件的返流现象、因立管内壁环形凸出物而形成的漏斗形水塞现象、水帘对通气系统的负面作用、立管偏置对排水能力的影响等，这些研究成果对排水系统、建筑排水产品和建筑排水理论都将产生极为深远的影响。

4. 新技术、新系统、新产品的研发。近年来全国各地诸多大体量、大空间建筑的兴建给建筑给排水提出了新的要求和新的课题。为适应新形势的发展要求，同时也由于市场经济的客观规律和国家知识产权保护政策的贯彻实施，这个时期的新技术、新系统和新产品的研发明显超过以往任何时候。

如首创塑料材质加强型旋流器的漩流降噪单立管排水系统、立管排水能力突破 10L/s 大关的 GY 型单立管排水系统、创造排水能力新纪录的单螺旋特殊单立管排水系统、超能苏维托排水系统等。再如传统降板同层排水系统向微降板、不降板的发展方向努力，随即有旋流三通、旋流四通、防返流 H 管件、防风通气帽、深水封存水弯、防虹吸存水弯等产品的问世，全面刷新了建筑排水产品面貌。

5. 标准化工作的推动。标准化工作既是新技术、新产品的坚实支撑，又是推广新技术、新产品不可缺少的实施手段。应该说现在对于建筑排水标准化工作的重视已提升到了一个自觉和主动的阶段。

以建筑排水特殊管材、特殊管件为例，苏维托在行业标准《建筑排水用高密度聚乙烯（HDPE）管材及管件》CJ/T 250 中有具体规定；铸铁材质加强型旋流器在国家标准《排水用柔性接口铸铁管、管件及附件》GB/T 12772 中有详细规定；塑料材质加强型旋流器在《建筑排水用塑料导流叶片型旋流器》QB/T 5306 有原则规定；内螺旋管，无论是普通型还是加强型，是塑料材质还是钢塑复合材质，都在《建筑排水钢塑复合短螺距内螺旋管材》CJ/T 488 中作了相应规定，包括旋流方向、螺距、螺旋肋数量和高度。工程建设标准也同步紧跟，除了国家标准和行业标准以外，协会标准基本上达到一本协会标准对应一个新排水系统，如《建筑排水柔性接口铸铁管管道工程技术规程》CECS 168、《虹吸式屋面雨水排水系统技术规程》CECS 183、《AD 型特殊单立管排水系统技术规程》CECS 232、《建筑同层排水系统技术规程》CECS 247、《苏维托单立管排水系统技术规程》CECS 275 等。

6. 在此基础上带来的直接结果是对建筑排水新技术认知的升华。如认识到北半球排水立管水流有逆时针方向旋转的特征，认识到生活排水系统水、气、固三相流的复杂性，认识到排水系统气流的顺畅对水流顺畅的重要性，认识到要做到排水系统的气流畅通可以通过多种模式（如通气管系统模式、吸气阀通气模式、旋流分流通气模式）达到要求，认识到构成存水弯水封强度存在多元因素（如水封深度、水封容量、水封比、水封装置形状、水封固有振荡频率等），认识到特殊管材、特殊管件不仅可用于单立管排水系统，也可用于双立管排水系统等。

上述种种，给我国建筑排水带来深远的影响，无论在深度和广度方面都优于以往。而与之相关联需要考虑的是我国地域辽阔，整体发展并不平衡，东南沿海和西部腹地，南粤丛林和大漠草原有很大差异。因此，我们有责任、有义务，也有能力创造条件，期冀通过《手册》这个方式，将国内建筑排水最先进的理念、认知、技术、系统和产品推向全国，开创我国建筑排水美好未来，谱写我国建筑排水技术的新篇章。

首次在正式场合提出拟启动本《手册》编撰工作，是 2017 年 12 月 15 日在昆明召开的"建筑同层排水技术中心年会"上，当时主要就是根据上述一些情况提出动议。后来几经磋商，确定了《手册》的名称和编委会的组成，以及主编、主审的人选，确定了主编单位和副主编单位，以及各章节文稿编写分工和进度计划。经过全体编委近二年多来的共同努力，终于完成全部文稿，交付出版社印刷发行。

本《手册》主编为赵世明、刘西宝、姜文源、吴克建、程宏伟、归谈纯。

本《手册》主审为赵锂、陈怀德、罗定元。

本《手册》主编单位为中国建筑西北设计研究院有限公司、山西泫氏实业集团有限公司和上海熊猫机械（集团）有限公司，副主编单位为上海深海宏添建材有限公司、浙江中财管道科技股份有限公司和河北省高碑店市联通铸造有限责任公司。

《手册》全书各章节文稿主要编写人为：序由赵锂执笔；前言由姜文源、金雷执笔；第1章、第2章由赵世明执笔；第3章由马信国、李传志、胡鸣镝、刘德明、崔宪文、陈秀兰、尹艳、张用虎、刘俊（东南大学）、方玉妹、刘西宝、张军、姜浩杰、于敬亮、官钰希等编写；第4章由张海宇、张立成编写；第5章由程宏伟、刘德明编写；第6章由栗心国、邓斌编写；第7章由陈和苗、赵世明编写；第8章由袁玉梅、吴克建、姜文源等编写；第9章由邱蓉、吴克建等编写；第10章由张军、刘西宝编写；第11章由朱生高编写；第12章由归谈纯、李学良、王慧莉编写；第13章由刘俊（东南大学）、方玉妹、李翠梅、邱蓉、崔景立等编写；第14章由王竹、迟国强、崔宪文、姜浩杰、于敬亮等编写；第15章由吴克建编写；第16章由程宏伟、刘德明、李益勤、罗定元、熊志权、张锦雄、张用虎、关文民、张之立等编写；第17章由张军、刘西宝、归谈纯、陈怀德、李学良等编写；后记由姜文源、金雷执笔。

《手册》编撰过程正届现行国家标准《建筑给水排水设计规范》GB 50015—2003（2009年版）全面修订之时（修订后的名称已改为《建筑给水排水设计标准》GB 50015—2019，以下简称《建水标》），按说《手册》应该是《建水标》的详解，加上《手册》的编委成员也有不少参加了《建水标》的修订和审查工作。但由于种种原因，这本《手册》的部分观点和认知与《建水标》不完全相同：如生活排水系统立管排水能力测试方法、生活排水系统设计秒流量概率法计算、自循环通气排水系统的安全可靠性等方面与《建水标》内容存在不同，所谓仁者见仁，智者见智。以生活排水系统立管排水能力测试方法为例，无论国内、欧洲和日本的专家学者都认为通过定流量法可以得到排水立管最大排水能力的确切数值，并以此作为设计依据，而《建水标》推荐的瞬间流量法（即器具流量法）则有太多的主观随意性，测试数据少有重现性，这点务请《手册》使用者注意。

目　录

第1章 建筑排水发展历程回顾

1.1 我国建筑生活排水技术的发展历程

建筑生活排水系统的设计秒流量、排水立管通水能力及其理论等，构成了建筑生活排水技术基础。此外，还有水封技术、特殊单立管技术、污水局部处理与提升技术等。

1. 生活排水设计秒流量计算的发展历程

新中国成立后，我国建筑生活排水设计秒流量的计算基于苏联的体系。其发展与改进过程集中体现在我国的国家设计规范和设计手册中。

1）以给水管段流量计算为依据

20 世纪五六十年代，生活排水系统的设计秒流量计算以给水管段的流量为依据。1964 年颁布的《室内给水排水和热水供应设计规范》BJG 15—64 规定，住宅、集体宿舍、旅馆、办公楼、学校等的设计秒流量计算见公式（1-1）。

$$q_{u} = q + q_{max} \tag{1-1}$$

式中　q_{u}——计算管段污水的流量（L/s）；

　　　q——计算管段给水的流量（L/s），按公式（1-2）和公式（1-3）计算；

　　　q_{max}——计算管段上排水量最大的一个卫生器具的排水量（L/s）。

$$q = 0.2\sqrt[\alpha]{N} + KN \tag{1-2}$$

式中　q——住宅计算管段给水的流量（L/s）；

　　　N——计算管段的卫生器具当量总数；

　　　α——根据每人每日生活用水量标准确定的指数，按表 1-1 采用；

　　　K——根据当量数确定的系数，按表 1-2 采用。

根据每人每日生活用水量标准确定的指数 α 值　　　　　表 1-1

每人每日生活用水量标准（L）	100 及 100 以下	125	150	200	250	300 及 300 以上
α 值	2.20	2.16	2.15	2.14	2.05	2.00

根据当量数确定的系数 K 值　　　　　表 1-2

当量数	300 及 300 以下	301~500	501~800	801~1200	1200 及 1200 以上
K 值	0.002	0.003	0.004	0.005	0.006

$$q = \alpha 0.2\sqrt{N} \tag{1-3}$$

式中　q——计算管段给水的流量（L/s），用于集体宿舍、旅馆、医院、幼儿园、办公楼、学校等；

　　　N——计算管段的卫生器具当量总数；

α——根据建筑物性质而定的系数，按表1-3采用。

如按公式（1-3）计算所得流量值大于管段上按卫生器具给水流量累加所得流量值时，应按卫生器具给水流量累加所得流量值采用。

根据建筑物性质而定的系数 α 值 表1-3

建筑物名称	幼儿园、托儿所	门诊部、诊疗所	办公楼、商场	学校	医院、疗养院、休养所	集体宿舍、旅馆
α 值	1.2	1.4	1.5	1.8	2.0	2.5

2）给水当量和排水当量并存计算秒流量

1974年出版的《给水排水设计手册第三册：室内给水排水与热水供应》中，居住建筑的排水设计秒流量在公式（1-1）之外，又增加了按卫生器具排水当量计算的设计秒流量公式，见公式（1-4）。

$$q_u = 0.2\alpha \sqrt{N_p} + q_{max} \tag{1-4}$$

式中　q_u——计算管段的排水设计秒流量（L/s）；

N_p——计算管段的排水当量总数；

α——按每户人数及建筑物性质而定的系数，按表1-4及表1-3采用；

q_{max}——计算管段上排水量最大的一个卫生器具的排水量（L/s）。

按每户人数而定的系数 α 值 表1-4

每户人数	4	5	6	7	8	9	10
α 值	0.90	1.00	1.10	1.18	1.26	1.34	1.40

3）按排水当量计算秒流量

生活污水管道的排水设计秒流量以计算管段给水流量为依据，即用给水当量计算管段的排水设计秒流量，不仅在概念上容易混淆，而且会给工程计算带来麻烦。因为建筑排水系统与给水管道不一定相对应。此外，对于给水当量值小而排水当量值大的卫生器具，计算出的排水设计秒流量偏小。1989年实施的《建筑给水排水设计规范》GBJ 15—88中，排水管道的污水设计秒流量不再和给水设计秒流量公式相关联，首次推出与卫生器具排水当量相联系的排水设计秒流量公式，见公式（1-4）。该公式沿用苏联斯威史尼考夫公式，并经国内工程的验算，将斯威史尼考夫公式进行适当调整，尤其是其中的 α 值。

住宅、集体宿舍、旅馆、医院、幼儿园、办公楼和学校等建筑生活污水设计秒流量应按下式计算：

$$q_u = 0.12\alpha \sqrt{N_p} + q_{max} \tag{1-5}$$

式中　q_u——计算管段的污水设计秒流量（L/s）；

N_p——计算管段的卫生器具排水当量总数；

α——根据建筑物用途而定的系数，宜按表1-5采用；

q_{max}——计算管段上排水量最大的一个卫生器具的排水流量（L/s）。

如按公式（1-5）计算所得流量值大于该管段上按卫生器具排水流量累加值时，应按卫生器具排水流量累加值计。

根据建筑物用途而定的系数 α 值 表 1-5

建筑物名称	集体宿舍、旅馆及其他公共建筑的公共盥洗室和厕所间	住宅、宾馆、医院、疗养院、幼儿园、养老院的卫生间
α 值	1.5	2.0~2.5

公式（1-5）已沿用至今，但在《建筑给水排水设计规范》GB 50015—2003（2009 年版）中，对带卫生间的集体宿舍的 α 值做了调整。

2. 生活排水立管通水能力的变迁与发展

生活排水立管的通水能力，几十年来在我国经历了较明显的变迁与发展，集中体现在国家设计规范和大学教材中。

1）对排水立管通水能力存在误解的时期

中华人民共和国成立初期，我国的排水立管通水能力理论及其设计参数全面引用苏联斯威史尼考夫的研究成果。其要点是，排水立管内污水下降速度在 4.0m/s 以内时，只需设置伸顶通气管，在这种情况下，水封完全不被破坏。根据斯威史尼考夫编制的立管管径、水流速度、立管流量的关系曲线，可计算出流速为 4.0m/s 时，排水立管内的水流充满其断面的 1/4～1/3。这样，单立管排水系统的立管最大允许流量值选在立管充水率 1/4～1/3 之间，或者水流速度 4.0m/s 左右。1961 年由中国建筑工业出版社出版的《房屋卫生技术设备》和《给水及排水工程（房卫部分）》两本教材中均如此确定排水立管的通水能力。

我国 1965 年实施的《室内给水排水和热水供应设计规范》BJG 15—64 也采纳了苏联斯威史尼考夫的研究成果，在第 165 条规定：当污水立管的设计秒流量达到下列数值时，应设专用的通气立管：

（1）在管径为 50mm 的立管中——大于 2L/s；

（2）在管径为 75mm 的立管中——大于 5L/s；

（3）在管径为 100mm 的立管中——大于 9L/s；

（4）在管径为 150mm 的立管中——大于 20L/s。

应该说，苏联斯威史尼考夫的这一研究成果是片面的、不准确的，对排水立管的通水能力存在误解。

2）对排水立管通水能力进行修正

后来，苏联的教科书又提出无专用通气立管的排水立管的通水能力，应在流速 4.0m/s 对应流量值基础上折半取用。理由是：（1）实际污水含有粪便、纸片和其他大块杂质，使水流具有非均质的性质；（2）实际污水出流不稳定；（3）由于排水立管内负压的存在，可能形成横管出流被强烈抽吸，造成短时最高峰流量。原流量值作为有专用通气立管的排水立管的通水能力。我国的教科书以及设计规范又引入了苏联的这些"成果"。1974 年出版的《给水排水设计手册第三册：室内给水排水与热水供应》中，单立管排水系统的立管通水能力取《室内给水排水和热水供应设计规范》BJG 15—64 规定值的一半，见表 1-6。此后，《建筑给水排水设计规范》GBJ 15—88、《建筑给水排水设计规范》GB 50015—2003 以及大学教材一直沿用此观念及通水能力值，同时把不打折的通水能力值作为有专用通气立管的排水立管的临界流量值。

无专用通气立管的排水立管的临界流量值 表1-6

管径（mm）	50	75	100	150
临界流量（L/s）	1.2	2.5	4.5	10.0

20世纪70年代末，我国的高校、设计院及科研院所在前三门高层住宅区联合组织了排水立管通水能力现场试验。试验初步证实普通单立管排水系统的立管通水能力与表1-6的数值接近。

3）对塑料排水立管通水能力存在误解

20世纪90年代，塑料排水管在我国政府文件的推动下大范围使用。推广过程中对塑料排水立管存在着一个误解，认为塑料排水管内壁光滑，排水能力应该比传统的铸铁排水立管通水能力大。《建筑给水排水设计规范》GB 50015—2003实际反映了这种误解，其4.4.11条给出的排水立管通水能力见表1-7和表1-8。

设有通气管系的铸铁排水立管最大排水能力 表1-7

排水立管管径（mm）	排水能力（L/s）	
	仅设伸顶通气管	有专用通气立管或主通气立管
50	1.0	—
75	2.5	5
100	4.5	9
125	7.0	14
150	10.0	25

设有通气管系的塑料排水立管最大排水能力 表1-8

排水立管管径（mm）	排水能力（L/s）	
	仅设伸顶通气管	有专用通气立管或主通气立管
50	1.2	—
75	3.0	—
90	3.8	—
110	5.4	10.0
125	7.5	16.0
160	12.0	28.0

注：表内数据系在排水立管底部放大一号管径条件下的通水能力，如不放大时，可按表1-7确定。

4）用试验确定排水立管通水能力

进入21世纪后，我国在湖南大学、山西泫氏、深圳万科、吉博力（上海）等地先后建成了多座排水实验塔，并制定了测试标准。生活排水立管的通水能力进入了通过试验而确定的时期，在以往的基础上发展了一大步。近些年制定的规范、规程，生活排水各类立管的通水能力均是在试验基础上确定的。

3. 排水立管通水能力理论及其研究的发展历程

1）沿用苏联理论

从新中国成立后的二十多年间，我国的生活排水立管通水能力的理论基本上沿用苏联的斯威史尼考夫理论，并在此基础上修修补补。其要点是，在排水立管内水流速度4.0m/s以内或水流充满排水立管断面1/4～1/3范围内，管内的压力波动不会破坏水封。但在不设专用通气立管时水封会遭到破坏，可能的主要原因是：实际污水含有粪便、纸片和其他大块杂质；实际污水出流不稳定；横管出流的短时最高峰流量。按照斯威史尼考夫理论可以推导出，如果水流不含固体物、出流稳定、横管消除最高峰出流，伸顶通气立管的压力就不会破坏水封，通水能力就可不打折。我们现在审视斯威史尼考夫理论明显感知到其缺陷。

2）引入美国理论

改革开放后，我国转为引入美国的排水立管通水能力理论，集中体现在教科书中。该理论的要点如下：

(1) 生活排水立管内的水流存在终限流速和终限长度。

终限流速计算公式如下：

$$u_t = 4.4 \left(\frac{1}{K_p}\right)^{1/10} \cdot \left(\frac{Q_t}{d_j}\right)^{2/5}\tag{1-6}$$

式中 u_t——终限流速（m/s）；

K_p——管壁粗糙高度（m）；

Q_t——终限流速时的流量（m³/s）；

d_j——管道内径（m）。

终限长度 L_t（m）计算公式如下：

$$L_t = 0.14433 u_t\tag{1-7}$$

(2) 排水立管的最大通水能力，应为水膜流向水塞流转化的临界值，约为处于终限流速的水流充满排水立管断面 1/4～1/3 时的流量。

(3) 排水立管内的压力应控制在 ±25mmH₂O 范围内，在通气立管接入处排水立管的真空（负压）值 h 计算如下：

$$h = \gamma_a \left(1.5 + f\frac{l}{d}\right)\frac{v^2}{2g}\tag{1-8}$$

式中 l、d、v、f——通气立管的长度、管径、气流速度、管壁摩擦系数；

γ_a——气水密度比。

气流速度可近似取为水流的终限流速。把允许的真空值（25mm）代入，即可得到通气立管的允许长度和管径。

实际上，美国的上述理论并未研究单立管排水系统的立管压力及其通水能力，该排水立管通水能力的确定方法适用于设有通气立管的排水系统，不适用于没有通气立管的单立管排水系统。美国的生活排水系统基本上都设有通气管道，单立管排水系统（包括特殊单立管排水系统）在美国一直得不到发展，这个现象是与其排水理论相吻合的。

我国引入美国的排水理论后，对于单立管排水系统通水能力的阐述，只能仍沿用苏联的成果。

3）水流和气流相结合的理论

1983 年开始，清华大学和中国建筑设计研究院有限公司相继针对单立管排水系统开展理论与试验研究，研究对象不止限于水流，而是扩展到水膜流中心的气流运动。由此建立起了单立管排水系统的立管通水能力理论及公式，并把有通气立管的情况作为特例涵盖其中。该理论的要点如下：

（1）排水立管中任一点的压力按公式（1-9）计算。

$$P_1 = -9.68\rho\left(1+\xi+\lambda\frac{L}{d_j}+\sum_{i=1}^{n}K_i\right)\left(\frac{1}{K_p}\right)^{1/5}\cdot\left(\frac{Q_t}{d_j}\right)^{4/5} \tag{1-9}$$

式中　P_1——排水立管某断面处空气相对压力（Pa）；

　　　ρ——空气的平均密度（kg/m³），可按大气压密度取值；

　　　ξ——管顶空气入口处的局部阻力系数，一般取 0.5；

　　　λ——气流管道管壁对空气的摩擦系数；

　　　L——气流管段（干燥管）的长度（m）；

　　　d_j——排水立管内径（气流、水流管径也可分别取值）（m）；

　　　K_i——空气穿过第 i 个水舌的局部阻力系数；

　　　K_p——管壁粗糙高度（m）；

　　　Q_t——终限流速时的流量（m³/s）。

对于单立管排水系统，公式（1-9）中的 $1+\xi+\lambda\frac{L}{d_j}$ 相比 $\sum_{i=1}^{n}K_i$ 很小，可以忽略不计，令其为 0；对于有通气立管的排水立管，气流主要在通气立管中通行，不经过水舌，令 $\sum_{i=1}^{n}K_i=0$，$1+\xi+\lambda\frac{L}{d_j}$ 取通气立管的参数。

（2）排水立管的通水能力按公式（1-10）、公式（1-11）计算。

排水单立管通水能力：

$$Q = 0.059d_j K_p^{1/4}\left[\frac{P_m}{\rho\sum_{i=1}^{n}K_i}\right]^{5/4} \tag{1-10}$$

有通气立管的排水立管通水能力：

$$Q = 0.059d_j K_p^{1/4}\left[\frac{P_m}{\rho\left(1.5+\lambda\frac{L}{d_j}\right)}\right]^{5/4} \tag{1-11}$$

式中　P_m——最大负压允许值（绝对值）。

（3）排水立管内的最大允许压力值受卫生器具水封深度、水封构造、水封蒸发规律等影响，也由国家的经济发展水平决定。应针对各类水封进行水封诱导虹吸损失、蒸发损失等试验研究，以便确定压力允许值。

根据此理论，排水立管的通水能力受排水立管内壁粗糙度（越光滑通水能力越小）、排水横支管与排水立管接头的构造、排水立管允许压力值、通气立管的长度及管径等多重因素影响，并不是由排水立管的充水率或者在其基础上打安全系数决定。排水单立管的各种影响因素差异很大，因此其通水能力分布范围很广。即使有通气立管的排水立管，其通水能力也因通气立管的构造差异而变化。这些都为近年来排水实验塔上的试验所证实。

公式（1-10）、公式（1-11）建立时的前提条件是排水立管的充水率不得超过 1/3，即排水立管中的气流连续。当排水立管的充水率超过 1/3 时，公式即失去意义。

此理论收录在清华大学研究生毕业论文以及一系列公开发表的论文中，其中排水立管的压力公式（1-9）及其建立过程已经引入我国大学教科书。

4. 改革开放后建筑排水技术的发展

改革开放以来，我国建筑排水技术得到了迅速发展。如特殊单立管排水系统、管道材料、排水管件研发、同层排水、户内模块化排水、真空排水系统、局部压力提升装置、小型污水处理设备等，并且在科学研究中也取得了一系列成果。

1）特殊单立管排水系统的推广应用

20 世纪 70 年代，特殊单立管排水系统从国外引入了国内，并应用在北京、太原和长沙的个别工程中，但之后陷入了停滞。特殊单立管排水系统的特殊部件主要包括苏维托接头、旋流器、内壁螺纹立管、立管底端的大曲率变径弯头和跑气器等。伴随着我国多个排水实验塔陆续投入运行，特殊单立管排水技术获得了迅速发展。

（1）优化特殊管件结构使排水立管通水能力提高

特殊单立管排水系统中特殊管件的构造决定着排水立管的通水能力，其效果需要在排水实验塔上试验检验及确定。借助于排水实验塔，特殊接头的构造得以持续的优化和完善，通水能力大幅度提升。对于口径为 DN100（dn110）的特殊单立管排水系统，近些年其排水立管的通水能力从 5L/s 左右迅速提高到了 10~13L/s。

（2）产品种类及市场应用范围迅速扩大

特殊单立管排水系统在住宅、宾馆酒店、医院病房类的居住建筑中具有优势，其应用在我国南方的市场首先被大范围接受，之后逐渐扩展到北方。一段时间，有的生产厂达到供不应求的程度。有的生产厂以特殊单立管为主打产品，得到了快速发展及壮大。与此同时，特殊单立管的产品也不断创新优化，市场上的产品种类已达到十几种。

（3）旋流器产品标准化

在特殊单立管排水系统的快速发展过程中，其产品标准应运而生。铸铁 GY 型旋流器产品系列，以其优良的性能上升为我国建设行业的标准产品。这标志着我国的特殊单立管排水系统跨入了标准化生产阶段，为其健康持续的发展打下了坚实的基础。

2）设计秒流量问题的处理

在进行特殊单立管排水系统设计时，需要利用设计秒流量公式计算系统中将要发生的流量，并与特殊单立管的通水能力（试验流量）相比较，选出排水立管的管径。这里存在着一对矛盾，排水立管的通水能力是通过试验得到的，而设计秒流量公式是人为构建的，且没有通过工程实测验证。已经得到确认并取得共识的是，我国的排水设计秒流量和国外的设计流量计算值相比严重偏小。因此，依据设计秒流量选择的特殊单立管管径也比国外的偏小。比如，对于同一个特殊单立管排水系统服务于同一个建筑，在日本最大可服务 40 层，而在我国最大可服务 60 层。这个矛盾应该在特殊单立管排水系统设计时进行纠正或解决，特别是应用国外引进的产品时。在特殊单立管排水系统技术规程中，目前采用的纠正方式有两种，一种是修正设计秒流量计算值（放大），另一种是修正排水立管的通水能力（缩小）。

3）新型建筑排水管材的发展

新中国成立后，建筑生活排水管材基本上采用手工翻砂的承插刚性接口铸铁管。改革开放后，柔性接口铸铁管和机械铸造铸铁管开始出现并得到应用。这一时期，塑料排水管从国外引入，并作为绿色管材向全国推广。如建设部下达文件推广塑料排水管，淘汰手工砂模造型刚性承插接口铸铁管；上海市规定高度 100m 以内的建筑应采用塑料排水管，不能采用铸铁管。全国兴起应用塑料排水管的热潮，各种形式的塑料管材应运而生。铸铁管材进入更新换代的艰难时期。近几年，铸铁管的市场应用又稳步回升，政府文件强行推广塑料排水管的现象逐渐弱化。塑料排水管和铸铁排水管进入了由市场选择的时期。

4）住宅同层排水技术的应用推广

建筑同层排水是改革开放后从无到有发展起来的，伴随着住宅的商品化以及居住建筑质量的提升获得了快速发展，并在住宅卫生间中得到了广泛应用。

降板同层排水的概念主要从日本引进，但我国的降板同层排水与日本相比又有显著区别，即：降板的夹层空间日本不回填，我国回填。降板空间回填，导致了回填层中漏水积水问题。回填层中积水，使卫生间的环境恶化。为了排除回填层中的积水，市场上出现了大量的产品及技术方案，但目前回填层中积水仍未得到有效根治。

不降板同层排水主要从欧洲引进，用于不设地漏的卫生间中。卫生器具（包括浴盆）的排水管道都在地面以上敷设，有的排水横管还需要沿墙敷设。管道在地面以上接入排水立管。这种同层排水需要采用后出水马桶。

降板不回填的整体卫生间国内产品目前已在市场上出现，降板层中的积水问题有望获得解决。

5）排水立管柔性接口管件

铸铁排水立管的柔性接口管件于20世纪80年代在我国研制成功并首次用于中央电视台大楼，从此，我国高层建筑中铸铁排水立管的刚性接口逐渐被柔性接口所取代，彻底解决了建筑排水立管的渗水、漏水问题。

6）生活排水试验研究的重要成果

我国近些年建设了多座排水实验塔，建筑生活排水的试验研究密集开展，取得了大量重要研究成果。在此之前，国家住宅工程技术中心立项科研课题并赴日本进行了试验，得出以下结论：排水立管的通水能力并不是由传统认为的排水立管充水率决定，而是与很多因素有关，如排水立管的允许气压值、管内壁是否有螺旋肋、是否有通气立管等。

（1）排水立管漏斗形水塞现象

试验发现，当排水立管管段接口处不平整而导致内径局部减小凸出内壁时，附壁水膜流在凸出物的作用下抛向排水立管中心，水流形成漏斗状。之后在下落过程中再恢复为附壁水膜流。漏斗的下方存在类似于水舌导致的气压下降，负压增大导致排水立管的通水能力显著减小。排水立管中的漏斗形水塞现象需要避免或消除。

消除或避免排水立管漏斗形水塞现象的措施如下：支、立管接头的三通内壁应与立管内壁一致，不得因接头壁厚加大而减小内径；柔性接口的橡胶密封圈内径应与管道内径相协调，确保安装挤压后不凸出内壁；塑料排水管道热熔连接之后，应把凸出内壁的熔融物刮除，修剪平整，等等。

（2）铸铁立管的通水能力大于塑料立管

对于单立管排水系统和设有通气立管的排水系统，铸铁立管的通水能力都大于塑料立管的通水能力。表1-9列出一组湖南大学的试验数据。

铸铁立管与塑料立管通水能力对比   表1-9

系统名称	系统简况	采集时间间隔	
		500ms	50ms
铸铁双立管排水系统	H管每层连接，排出管口径150mm	9	9
	H管隔层连接，排出管口径150mm	6.5	6.5

系统名称	系统简况	采集时间间隔	
		500ms	50ms
PVC-U 双立管排水系统	H管每层连接，排出管口径 150mm	6	6
	H管隔层连接，排出管口径 150mm	6	5.5

（3）排水立管偏置

排水立管在中途转弯或偏置后，转弯处上部的排水立管内形成正压，下部的排水立管内形成较大的负压。此处的压力绝对值会超出系统的允许压力，成为制约排水立管通水能力的因素，使得排水立管的通水能力明显下降。解决的方法是：排水立管尽可能避免偏置，更不应为所谓"消能"刻意设置偏置管或乙字弯；当必须偏置时，应采取相应的技术措施（详见本手册第8章排水立管偏置试验内容），尽可能降低偏置对系统排水能力的影响。同时应考虑偏置引起排水能力降低的折减量。

（4）H接头串水

排水立管和通气立管之间的连接一般采用结合通气管，但在我国也可采用H管连接，以便减小两个立管之间的距离或空间。试验研究发现，排水立管中的一部分水（约1/3）可通过H管进入通气立管，从而在通气立管中也形成水流，详见第8章的图示。工程设计中，通气立管是禁止污废水进入的，为此，山西泫氏和上海宏添开发出了防串水的新型H管接头。工程中不可再采用传统的H接头。

（5）排水立管底部弯头

排水立管底端和转换层横干管或出户横管的连接，在工程中可等同地采用大半径90°弯头和两个45°弯头。试验研究发现，两个45°弯头在排水立管底部形成的正压明显大于大半径90°弯头形成的正压，且有时会超出排水立管正压区的最大正压绝对值，成为制约排水立管通水能力的因素。结论是：工程设计中不可采用两个45°弯头替代大半径90°弯头。

（6）排水立管通水能力随排水高度增加而减小

在排水实验塔上，从不同高度排水，排水立管的通水能力会发生变化。随着排水高度增加，排水立管的通水能力下降。

（7）特殊单立管排水系统立管通水能力提高的机理

特殊单立管排水系统的特殊接头是提高排水立管通水能力的关键部件，该部件可减弱或消除水舌（尤其是旋流器），扩大水舌处的气流通路，减小气流的局部压力损失和压力下降，使排水立管的通水能力得以提高。山西泫氏的试验发现，特殊接头除了具有削弱水舌作用之外，还使排水立管中的附壁水流速度和气流速度减小。气流速度减小和水舌处气流通路扩大，这双重因素导致了排水立管通水能力的提高。

（8）水封诱导损失规律及水封破坏的判定

对于水封损失和水封破坏的试验研究，取得如下进展：

水封的诱导虹吸损失除了受负压值的影响，还与负压的振动频率和水封装置中的水量或固有振荡频率有关。当负压的振动频率和水封装置的固有振荡频率发生谐振时，水封损失加大。水容量小的水封装置容易和排水立管中的负压发生谐振，水封损失加大。水封损失值还与负压的作用时间有关，若作用时间很短，比如几秒，则水封损失很小，因此，只出现短暂时间的那些压力不能用于确定排水立管的通水能力。

在排水立管的通水能力试验研究中需要建立水封破坏的概念。1979 年北京前三门现场试验排水立管的通水能力时，水封破坏的认定是存水弯有空气开始穿透。20 世纪八九十年代的研究提出应以管道内压力值确定水封是否破坏，该压力值应保证卫生器具存水弯（比如坐便器）内的剩余水封深度不少于 20～25mm，粗略判定压力绝对值应小于 45mm H_2O。进入 21 世纪后，我国开始引入日本的水封破坏压力判定值即排水立管内的允许压力绝对值为 400Pa。

1.2 我国建筑屋面雨水排水技术的发展历程

新中国成立后，我国的屋面雨水排水技术经历了几个明显的发展阶段。第一阶段为重力（无压）流屋面雨水排水技术，时间段为 20 世纪 50 年代，其特征是全面照搬苏联的规范及其技术；第二阶段为有压（压力）流屋面雨水排水技术，由我国自行研制与开发，时间段约为 20 世纪 60 年代至 70 年代中期；第三阶段为气水混合流或半有压流屋面雨水排水技术，由我国自行研制与开发，时间段约为 20 世纪 70 年代后期至 21 世纪初；第四阶段为多项屋面雨水排水技术并存，时至今日。

1. 重力流屋面雨水排水技术阶段

20 世纪 50 年代，全国各地建造了很多工厂和民用设施。其中很多工业厂房与大型公共建筑，由于工艺和使用上的要求，常用多跨锯齿形屋顶、M 形屋顶、壳顶及大面积平顶，屋面面积大且曲折。屋面雨水不能完全依赖室外雨落管排除，通常多采用内排水雨水系统。但这些建筑在投入运行后，每到暴雨时期，很多车间内都会发生地下检查井冒水事故。轻的淹没地面，妨碍工作、浸渍损坏产品，重的损坏机械设备，破坏生产造成停工，严重影响生产生活以及建筑物的安全，给生产建设带来重大损失。仅北京地区就有数十个案例。太原重型机器厂金工车间检查井冒水顶开检查井盖，工人在井盖上压上钢锭，结果把检查井盖胀裂。郑州第五棉纺织厂厂房冒水，浸泡了地下电缆沟中的电缆，使全厂停产半个月。郑州砂轮厂车间冒水，浸泡了砂轮成品使其成为废品，经济损失很大。当时全国各地区均有不同程度的冒水现象，据资料统计冒水的可达百分之七八十，情况严重。

冒水的原因很多，但从发生冒水具有一定的普遍性来看，最主要的原因应该是设计上存在问题。这些冒水的厂房有的是国外设计，有的是国内自己设计，但设计方法与资料基本上还是采用苏联的，即采用苏联规范条文按重力（无压）流方法设计。

冒水的检查井都是在室内埋地排水管起点的几口井，同一埋地排水管后面的检查井则不冒水。这表明按重力流设置的屋面雨水管道，在暴雨时并不是无压流，而是有明显的压力作用的。同时也表明，重力流屋面雨水排水系统的运行，存在比重力无压流态更为不利的工况，即重力无压流态并不是系统的最不利工况。

2. 压力流屋面雨水排水技术阶段

面对重力流屋面雨水排水系统造成的大量工厂停产事故，我国开始自行研制新型的屋面雨水排水技术，包括研制开发雨水斗、在清华大学建造雨水试验平台等。雨水道课题组在理论分析及试验研究的基础上，根据伯努利能量方程建立起了压力（有压）流屋面雨水排水技术，并在全国推广应用。压力流屋面雨水排水技术集中体现在文献《室内雨水管系试验研究报告》（第一机械工业部第一设计院，清华大学，1966 年）、《室内雨水架空管系试验报告》(室内给水排水和热水供应设计规范修订组,清华大学,1973 年)和《给水排水设计手册第三册:室内给水排水与热水供应》(给水排水设计手册编写组,中国建筑工业出版社,1974 年)中。技术要点主要有:

1) 研制开发出多种雨水斗,并根据试验优选出 65 型雨水斗推广采用。雨水斗的重要构造特征是加设阻止空气流入的隔气顶板以及抗减漩涡的整流格栅,当屋面暴雨积水时,雨水斗可尽快转为满管有压流排水。

2) 构建屋面雨水排水系统的有压流计算模型(见图 1-1、图 1-2)。屋面雨水排水管道在工作时,整个管系处于密闭状态,管道内形成一个负压区,因而较重力流增大了泄水能力。管道系统泄流量的有压流计算公式如下:

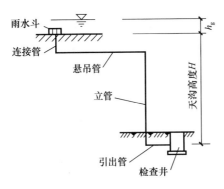

图 1-1　单斗系统计算简图　　　　图 1-2　双斗系统计算简图

(1) 单斗系统

$$Q=1000\omega\sqrt{2g}\sqrt{\frac{H+0.4}{1+\frac{\lambda l}{d}+\sum\xi}}-\Delta Q \qquad (1\text{-}12)$$

式中　Q——单斗系统实际泄流量(L/s);

　　　ω——管道过水断面积(m^2);

　　　H——天沟高度(m);

　　　d——管径(m);

　　　λ——架空管系沿程阻力系数;

　　　l——横管和立管的总长度(m);

　　　ξ——架空管系局部阻力系数;

　　　g——重力加速度(m/s^2);

　　0.4——架空管系满流(不掺气)时的天沟水深(m),此时整个管系为满管压力流;

　1000——换算系数;

　　ΔQ——流量差值(L/s),即架空管系满流时与天沟水深为 6cm、8cm、10cm 时的流量差值,由试验得知为 10~6L/s。

(2) 双斗系统

$$Q=1000\beta(1+\alpha)\sqrt{2g}\times\sqrt{\frac{H+0.4}{\frac{(1+\alpha)^2}{\Omega^2}\left(1+\frac{\lambda L}{D}+\sum Z\right)+\frac{1}{\omega^2}\left(\frac{\lambda' l}{d}+\sum\xi\right)}} \qquad (1\text{-}13)$$

式中 Q——双斗系统实际总泄流量（L/s）；

H——天沟高度（m）；

d——连接管管径（m）；

ω——连接管断面积（m²）；

l——连接管长度（m）；

ξ——斗₂及其连接管局部阻力系数，雨水斗可采用1.0，其余参见《给水排水设计手册 第2册：建筑给水排水》；

λ'——连接管沿程阻力系数；

D——悬吊管、立管、引出管管径（m）；

Ω——悬吊管、立管、引出管断面积（m²）；

L——斗₂至排出口的悬吊管、立管、引出管总长度（m）；

Z——斗₂至排出口的悬吊管、立管、引出管的局部阻力系数，参见《给水排水设计手册 第2册：建筑给水排水》；

λ——悬吊管、立管、引出管沿程阻力系数；

g——重力加速度（m/s²）；

β——流量差值系数，即天沟水深为6～10cm时和40cm时的系统总泄流量的比值，见表1-10；

α——流量比值系数，即斗₁与斗₂泄流量的比值，见表1-10。

流量差值和比值系数 表1-10

天沟水深 h_g(cm)	流量差值系数 β	流量比值系数 α			
		雨水斗间距 L_1(m)			
		8	16	24	32
6	0.50	0.90	0.90	0.90	0.90
7	0.70	0.72	0.70	0.62	0.60
8	0.80	0.65	0.55	0.52	0.40
10	0.90	0.55	0.45	0.40	0.35

当一根悬吊管连接雨水斗较多时，则起点雨水斗的泄水能力很小，建立起的压力流计算方法实用意义不大（注：目前的虹吸式雨水斗排水系统通过调整管径等手段来平衡各雨水斗的流量，解决了这个问题）。

（3）屋面雨水管道的设计重现期，根据建筑物特征及生产工艺性质确定，同时参考室外雨水管道所采用的数值，一般为1年，但不得小于室外雨水管道所采用之值。

（4）在山墙或女儿墙上设置溢流口，排除超设计重现期雨水。

（5）因检查井溢水会造成严重损失的建筑物内，应采用密闭系统。密闭系统应设置检查口，不设敞开式检查井。

3. 气水混合流屋面雨水排水技术阶段

压力流屋面雨水排水密闭系统技术，在全国全面推广应用后，解决了屋面雨水排水系统的检查井普遍冒水问题。但在多斗系统中又出现了暴雨时屋面积水的现象，个别工程甚至有雨水从天窗溢流入厂房。重力流和压力流正、反两方面的经验和教训，促使我国的屋面雨水研究转向气水混合流排水技术的探索。这项技术的研究主要由清华大学和机械工业部第一设计院承担，于 20 世纪 80 年代初完成。该技术集中反映在 1986 年由中国建筑工业出版社出版的《给水排水设计手册第 2 册：室内给水排水》（核工业部第二研究设计院主编）、《建筑给水排水设计规范》GBJ 15—88、《建筑给水排水设计手册》（1～3 版）中。该项技术对建筑给水排水领域影响至深，至今仍是绝大部分建筑屋面雨水排水系统的首选。

气水混合流屋面雨水排水技术的要点如下：

1）研制出构造与性能更好的雨水斗——79 型雨水斗，后改进为 87 型雨水斗，和 65 型雨水斗一起广泛应用于我国的民用与工业建筑中。

2）对于雨水管道系统的设置，提出了大量应对压力作用的措施，如：

（1）承接多个雨水斗的雨水立管，顶端不得设置雨水斗；

（2）雨水斗宜对雨水立管对称布置；

（3）一根悬吊管连接的雨水斗数量，不宜超过 4 个；

（4）同一根悬吊管上的各雨水斗应在同一标高层上；

（5）一根悬吊管上连接的多个雨水斗的汇水面积相等时，靠近雨水立管处的雨水斗出水管可适当缩小；

（6）雨水排水系统宜采用单斗排水；

（7）当屋面雨水采用内排水系统时，宜采取密闭系统；

（8）密闭系统雨水立管下部和排出管不能接入其他排水管；

（9）室内埋地排出管需要设检查井时，应采用密闭检查口；

（10）建筑高低跨的悬吊管，宜单独接至各自雨水立管；

（11）管材采用金属管材，以耐受系统中的流体压力，包括正压和负压。

3）雨水斗和雨水立管的最大（满管）泄流能力通过试验得到，再根据最大泄流能力试验值做很大折减，作为设计泄流能力，见表 1-11。这样确定设计值是要预留很大的余量用于排除超设计重现期的雨水，同时，也导致其设计工况既不处于重力流态，也不处于满管压力流态，而是处于气水混合流状态。

DN100 规格雨水系统泄流能力（L/s）   表 1-11

名称	雨水斗	雨水立管
最大泄流能力	36	35
设计泄流能力	12	19

4）屋面雨水管道的设计重现期根据生产工艺和建筑物的性质确定，一般采用 1 年。此重现期和室外雨水管道重现期相对应。

65 型和 87（79）型雨水斗的气水混合流屋面雨水排水技术，彻底解决了我国屋面雨水排水系统检查井冒水（20 世纪 50 年代）问题和屋面泛水问题（20 世纪 60 年代）。从 20 世纪 70 年代后期开始推广应用，至今仍然是我国工业与民用建筑中屋面雨水排水系统的首选。

4. 多项屋面雨水排水技术研究与应用并存阶段

此阶段以《建筑给水排水设计规范》GB 50015—2003 为标志，首次推出了两种新的屋面雨水排水系统，即：重力流（采用重力流雨水斗）屋面雨水排水系统和满管压力流

（采用虹吸式雨水斗）屋面雨水排水系统。

1）虹吸式雨水斗屋面排水技术引入我国

改革开放后，我国逐渐开始了大规模的民用与工业建筑的建设，且建筑屋面面积越来越庞大，屋面形式越来越复杂多样。这类建筑对屋面雨水排水系统产生了新的要求，如：雨水悬吊管变得很长，但不允许产生很大的坡降；雨水立管频繁的转弯变换等。在这种背景下，产生于欧洲的虹吸式雨水斗屋面排水技术进入了我国。北京首都国际机场的机库首次把虹吸式雨水斗屋面排水系统引入我国后，近些年在大型及复杂屋面建筑中得到了广泛的应用，这些建筑包括：机场、车站、展览馆、体育场、大型厂房及库房等。

2）重力流屋面雨水排水系统由国家规范首次推出

《建筑给水排水设计规范》GB 50015—2003（以下简称《建水规》）首次推出的重力流屋面雨水排水系统被绝大多数设计师误以为就是87型雨水斗屋面雨水排水系统，包括当

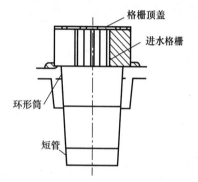

格栅顶盖

进水格栅

环形筒

短管

图1-3　重力流雨水斗

时审查规范的部分专家，以至于规范实施后，工程设计中的重力流屋面雨水排水系统普遍采用87（79）型雨水斗。而实际上，该重力流屋面雨水排水系统采用的技术与原来的87（79）型雨水斗屋面雨水排水系统采用的气水混合流排水技术是完全不同的，重要区别如下：

（1）系统采用重力流雨水斗（见图1-3）而不是87型雨水斗，重力流雨水斗的构造理念是引导空气进入雨水斗，这与87（79）型雨水斗隔阻空气进入雨水斗的理念正好相反。这样，87型雨水斗具有的隔气顶板、整流格栅均不存在于重力流雨水斗。该雨水斗由当时的规范编制组和一家铸铁管厂共同开发，但并未如愿在市场上推广开，市场上仍以87型雨水斗为主导，重力流屋面雨水排水系统面临无雨水斗可选的状态。因此，2009年版《建水规》又把87型雨水斗引入重力流屋面雨水排水系统中，但在条文说明中罗列了87型雨水斗劣于重力流雨水斗的诸多缺陷，以警醒设计人员注意。

（2）要求控制排水系统的流态处于重力流态，并把重力流雨水斗作为控制流态的重要设备（见《建水规》4.9.14条）。但65型和87型雨水斗并没有控制流态的功能，该雨水斗系统的气水混合流排水技术也不要求控制流态，相反还通过隔阻空气促进流态尽快向满管压力流转化。

（3）对于超设计重现期雨水，重力流屋面雨水排水系统要求用溢流设施排除，不进入雨水斗系统，87型雨水斗气水混合流排水技术则通过预留系统的排水能力余量，使超量雨水进入雨水斗排除。比如DN100的87型雨水斗，设计流量取12L/s，而当斗前水深上升到10cm时，其泄流能力大幅度增加，可达到35L/s左右，足以排除超设计重现期雨水。

（4）当室内埋地管道较长而设置检查井时，65型、87型雨水斗气水混合流排水技术要求在井中的管道设置密闭检修口，而重力流雨水排水系统无密闭要求。实际上，若重力流雨水排水系统也要求密闭，则说明排水管道中的水流具有压力，这是比设计流态重力流更为不利的流态，即非重力流态，这与该技术控制流态的要求相冲突。

（5）65型、87型雨水斗气水混合流排水技术中的一系列应对水流压力的措施，在重力流雨水排水系统中几乎全部取消，以呼应重力流工况。

（6）对于雨水立管的通水能力，65 型、87 型雨水斗气水混合流排水技术中通过大量的试验确定，而重力流雨水排水系统中通过水膜流公式计算确定。

3）半有压流屋面雨水排水系统——恢复并完善原 87 型雨水斗系统气水混合流排水技术

《建水规》用重力流屋面雨水排水系统取代 65 型、87 型雨水斗气水混合流排水技术后，设计师们开始用《建水规》中的重力流方法设计 65 型、87 型雨水斗屋面雨水排水系统，这埋下了很大的安全隐患。对该系统原先的设计方法不了解的设计师会依据重力流设计方法，对 87 型雨水斗屋面雨水排水系统不采取应对水流压力的措施，造成高层建筑的塑料雨水管道吸瘪、埋地排出管上的检查井冒水，如同 20 世纪 50 年代重力流屋面雨水排水系统发生的事故那样。为此，《建筑与小区雨水利用工程技术规范》GB 50400—2006、《建筑屋面雨水排水系统技术规程》CJJ 142—2014 先后恢复了 65 型、87 型雨水斗原有的气水混合流排水技术及其设计方法，并通俗取名半有压流屋面雨水排水系统，以便和重力流屋面雨水排水系统相区别。在恢复过程中，对原有设计及计算方法做了少量的改进与完善，比如悬吊管的水力计算方法、多斗悬吊管的雨水斗泄流量取值方法、屋面雨水设计重现期从原来的 1 年提高到 3～5 年后系统预留排水容量的参数调整等。

1.3 国外建筑生活排水系统的发展历程

建筑生活排水系统是从西方国家发展起来的。最初的室内排水管道系统是单立管形式，但没有存水弯，其作用是把污废水迅速地排到室外。卫生间内充斥着臭气、异味。管道的尺寸凭经验选择。系统只解决排出污水的问题，没有安全卫生要求。

存水弯的出现，揭开了室内排水系统历史上新的一页。它体现了人们对排水系统进一步提出了安全卫生的要求。存水弯的水封阻隔了来自下水道系统中的臭气、异味等，使室内的卫生条件得到了很大的改善。这种早期的排水系统，其组成是在最初的单立管排水系统上再加装器具存水弯。但这种系统的水封很容易被虹吸和反压破坏掉，使系统失去卫生安全性能。于是，随后就出现了设置通气管路的排水系统，即通气排水系统。存水弯及通气管使得排水系统趋于完善。

在西方国家，生活排水系统根据立管的根数分为单立管系统（single stack system）、双立管系统（one pipe system）、三立管系统（two pipe system）。其中双立管系统由 1 根排水立管和 1 根通气立管组成，为污废水合流系统。三立管系统由 2 根排水立管和 1 根通气立管组成，污废水分流，污水立管与废水立管共用 1 根通气立管。在美国，单立管系统很少应用，普遍为双立管系统和三立管系统。在欧洲及日本，上述各系统均有采用。

美国于 20 世纪 30 年代建立起排水立管通水能力以及通气管道设置的理论，且把排水系统（包括排水立管）内的压力限定在 ±254Pa（25mm H_2O）以内。这个压力规定基本上排除了单立管系统的应用（除非一层建筑），因为单立管系统在这个压力范围内通水能力极小，很难获得应用场所。单立管系统的缺失使得美国没有发展起特殊单立管排水系统，且该系统难以进入美国市场。

欧洲和日本对排水管道内的压力限值较大，如英国为 ±375Pa、日本为 ±400Pa，这为单立管系统的应用提供了空间。在这个量级的压力限值下，单立管系统的通水能力增大，足以担负十几层楼的排水负荷。在这些国家，单立管系统的应用比美国普遍得多。为了使单立管系统应用的范围更大、服务的楼层更高，欧洲开发出了特殊单立管排水系统，包括苏维托单立管排水系统和旋流器单立管排水系统，使得单立管系统的服务楼层一下增加到了三十多层。日本及中国引入这些系统后，又加以改进与优化，使其能服务的楼层数进一步提高。

欧洲及日本生活排水系统内允许的压力值较大，也为吸气阀的应用提供了空间。吸气阀的开启压力一般为 $-200\sim-250Pa$，距离约 $-400Pa$ 的允许压力还留有明显的差值，足以发挥其作用。但在美国，吸气阀的开启压力几乎与管道内允许的负压值相等，因此无法平缓管道内的负压，也就无法发挥其作用。

第2章 建筑排水基础理论

2.1 管道输水流体力学原理

1. 流体运动的分类

流体的实际运动千变万化，可按三种不同的方法进行分类。

1）稳定流和非稳定流

按流体运动的要素与时间的关系，流体运动可分为稳定流和非稳定流。流体运动时，如果运动要素（流速、压强等）仅是空间坐标的函数，而与时间无关，不随时间而变化，则称此种流体运动为稳定流（俗称恒定流）。流体运动时，如果运动要素不仅是空间坐标的函数，也是时间的函数，随着时间而变化，则称此种流体运动为非稳定流。

稳定流只具有相对性质，客观上并不存在绝对的稳定流，但是，绝大多数工程实际问题可以看成是稳定流，不考虑运动要素（流速、压强等）随时间的变化。少了时间因素，问题处理就简单多了。比如：高位水箱向居民重力供水，居民的用水量以及水箱的水位时刻在变化，此时，输水管内任意点的流速和动水压强就随时间而变化，属于非稳定流，但在用水高峰时段，可以近似视为稳定流，忽略流动随时间的变化，按稳定流处理；屋面雨水的输水管道，在降雨时，管道内任意点的流速和动水压强也都是随时间变化的，属于非稳定流，但在设计重现期降雨状态的高峰时段内，可以近似视为稳定流，忽略流动随时间的变化，按稳定流处理；居民的生活排水管道，管道内任意点的流速等要素也都是随时间变化的，属于非稳定流，但在排水高峰时段，可以近似视为稳定流，忽略流动随时间的变化，按稳定流处理。生活给水和排水管道若按非稳定流处理将使问题复杂化，难以处理。

给水排水工程中的水流运动和气流运动，除了水锤现象按非稳定流处理之外，其余基本都按稳定流处理。流体运动的三大定律——连续性方程、能量方程、动量方程，均是在稳定流前提下建立起来的，并且只适用于稳定流。

2）有压流和无压流

按流体运动对接触周界的情况，流体运动可分为有压流和无压流。流体沿流程各过流断面的整个周界都与固体表面接触而无自由表面，这种流体运动称为有压流或管流。有压流中的压差影响流动，压强沿流程而变化，有时大于大气压，有时小于大气压。建筑给水排水工程中，高位水箱（水池）的重力供水管道、水箱（水池）的满管溢流排水管道、屋面雨水斗被淹没后的雨水排水管道、排水立管环状水膜中心的气流运动，都属于有压流。

水流沿流程各过流断面的部分周界与固体表面接触，其余部分周界与大气接触，具有自由表面，这种水流称为无压流或明渠流。无压流受重力作用而流动，河渠中水体的流动和未满流的管道水流都属于无压流或明渠流。在排水工程中将无压管流刚充满管壁，水流虽与管壁接触但管顶压力等于大气压力时的水流称为满流无压流。满流无压流受重力作用而流动。建筑生活排水工程中的立管排水，水流附着于管壁，管中心为空气且接近于大气压力，受重力作用呈环状水膜向下流动，也属于无压流。

3）均匀流和非均匀流

按流速沿流程变化与否，流体运动可分为均匀流和非均匀流。流体运动中各过流断面上相应点的流速（大小和方向）沿流程相等，即流速沿流程不变，这样的流体运动称为均匀流。其特点是流线为彼此平行的直线。如水流和气流在等径直管段中的流动便是均匀流。

流体运动中各过流断面上相应点的流速沿流程不相等，即流速沿流程变化，这样的流体运动称为非均匀流。其特点是流线为彼此不平行的直线或曲线。如水流在变径管道和转弯管道上的流动便是非均匀流。在非均匀流中，根据流速沿流程变化的情况将流体运动又分为渐变流和急变流。渐变流是流体运动时，流速沿流程的变化缓慢，流体的流线是彼此接近平行的直线。急变流是流体运动时，流速沿流程的变化急剧。

2. 重力输水有压流管道

1）有压流输水特征

给水排水工程中常常用有压输水管道和明渠流管道把水从位能高的地方输送到位能低的地方。有压输水管道的整个断面均被水流所充满，断面的周界即为湿周，流动中水的势能转化成动能、压能和克服摩擦损耗。水流的压强一般高于大气压，但也可能低于大气压。有压输水管道中水流的形态和结构取决于惯性力和黏性力的作用（以雷诺数表示）。重力只影响压强分布，与水流的形态和结构无直接关系。

重力输水有压流运动的动力是水的势（位）能。在势能的作用下，管道中的水可以向负压区流动，也可以向正压区流动，水压不是水流运动的动力。屋面雨水排水管道（包括虹吸式雨水斗排水管道）在有压流运动时，其动力是屋面雨水的势能，而不是管道中的负压。雨水在管道中有时向负压区流动，有时向正压区流动。

要保证整个输水管道中的水流为有压流动，输水管道的进口顶部必须淹没在水面以下一定的深度，否则在输水管道中将出现具有自由水面的无压流动。在有压流动和无压流动的转变过程中可能出现各种过渡流态，如半有压流等，也可能出现流态不稳定的情况。

在满足工程精度要求的情况下为使问题简化，给水排水工程把水在管道中的流动视为稳定流。稳定、均匀、有压的管流在流动过程中的总水头损失由沿程水头损失和局部水头损失叠加组成。根据局部水头损失与沿程水头损失的比例，有压管路分为长管和短管两类。

局部水头损失（包括流速水头）只占沿程水头损失的很小部分（5%～15%），这种管路称为长管。长管不计算局部水头损失，按沿程水头损失的百分数取值。如果管路中的局部水头损失（包括流速水头）同沿程水头损失相比，占较大的比重（比如超过 15% 时），则这种管路称为短管。在短管中，局部水头损失应进行精确的计算。建筑给水排水有压流管道，基本属于短管。在短管系统中，采用管道同程方法平衡压力，效果不明显。

2）有压输水管道的水力计算

有压输水管道根据稳定流的伯努利能量方程和连续性方程进行水力计算。

（1）有压输水管道的水力计算公式如下：

$$H = \sum (\lambda l/d + \xi + 1)_i \frac{v_i^2}{2g} \tag{2-1}$$

式中　H——输水管道始末点的位差（m）；

　　　λ——管道沿程阻力系数，按公式（2-2）计算；

　　　l——管道长度（m）；

　　　d——管道内径（m）；

　　　ξ——管道局部阻力系数；

　　　v_i——管内流速（m/s）；

　　　g——重力加速度（m/s^2）。

$$\frac{1}{\sqrt{\lambda}} = -2\lg\left(\frac{\Delta}{3.7d} + \frac{2.51}{Re\sqrt{\lambda}}\right) \qquad (2-2)$$

式中　Δ——管壁绝对粗糙度（mm），由管材生产厂提供；

　　　Re——雷诺数。

（2）有压输水管道内任一点水的压强 p 按下式计算：

$$p = H_0 - z - h_{wi} - \frac{\alpha v_i^2}{2g} \qquad (2-3)$$

式中　H_0——水流起点水位标高；

　　　z——计算点标高；

　　　h_{wi}——水从起点流到计算点的总水头损失；

　　　α——动能修正系数。

从公式（2-3）可以看出，水压在管道中是变化的，一般高于大气压，有的部位可能低于大气压，为负压。负压水头（真空度）一般控制在 $7\text{mH}_2\text{O}$ 以下。

（3）有压输水管道内各计算节点遵从连续性方程和能量方程

连续性方程：节点的入流量和出流量相等，代数和为 0，即：

$$\sum Q_i = 0$$

能量方程：节点的压力值只有一个，各支路到达节点的水流压力差为 0，即：

$$\sum \Delta p_i = 0$$

3. 重力输水无压流管道

1）无压流输水特征

给水排水专业的无压流输水采用人工渠道和管道。渠道里的水具有自由表面，上面作用着大气压力。排水管道虽然是封闭的，但管内的水流一般是不充满的，也具有与大气相通的自由表面或与大气相通的竖向水气界面，它们都属于无压流，它们的共同特征是在重力作用下流动，并具有自由表面或界面。

排水管道和渠道常用的断面形状有圆形、卵形、矩形、梯形、半圆形等，一般按明渠均匀流设置及处理，而不采用明渠非均匀流。按明渠均匀流设计时，应满足下列条件：

（1）底坡必须是正坡（$i>0$），并且坡度保持不变；

（2）渠道必须是规则性（断面形状、尺寸不变）的长直渠道；

（3）粗糙度 n 保持不变；

（4）水流是稳定流且流量保持不变；

（5）水流各过水断面的形状和大小沿流程不变，故各过水断面的水深或水流厚度相等。

2）无压流输水管渠的水力计算

（1）无压流或明渠流输水管道的水力计算公式如下：

$$Q = v\pi d^2/4 \qquad (2\text{-}4)$$

$$v = \frac{1}{n}R^{2/3}i^{1/2} \qquad (2\text{-}5)$$

式中　Q——排水流量（m^3/s）；

　　　v——流速（m/s）；

　　　n——粗糙系数；

　　　R——水力半径（m）；

　　　i——敷设坡度。

（2）无压流输水立管水流运动规律（详见 2.3 节）的水力计算公式如下：

$$Q = v_t\omega \qquad (2\text{-}6)$$

$$v_t = 2.22(g^3/K_p)^{1/10}(Q/d)^{2/5} \qquad (2\text{-}7)$$

式中　ω——立管断面充水面积，最大充水率按 $1/4\sim1/3$ 充水率计；

　　　v_t——立管内终限流速；

　　　K_p——立管内壁粗糙度。

4. 管道内空气流动原理

建筑排水系统中存在空气流动，如通气管道和排水立管中心的气流。在通气管道中，压力差或压力梯度对空气流动发生作用，在单立管排水的附壁环状水膜中心，空气在气水界面的剪切力作用下产生流动。这些空气的流动是有压流。气流是由排水管道内的无压水流动造成的，随排水的流速和流量变化而变化。当排水为非稳定流时，气流也为非稳定流。当排水作为稳定流处理时，气流也可作为稳定流处理。

管道中空气的稳定流运动，可应用伯努利能量方程进行描述。但需注意以下两点：

1）方程中的空气是可压缩的，密度 ρ 随压力而变化。但排水系统的气压变化范围很小，在 $\pm400Pa$ 以内，所以密度变化很小，可以忽略。这样就可视为不可压缩流体，像水流不可压缩一样。

2）空气的重力因素（位能）相对于压力因素和速度因素影响较小，可以忽略。这样，气流的机械能只含有两项，即压能和动能。

2.2　生活排水管道的流体运动现象

1. 建筑生活排水系统的构成

建筑内部生活排水系统的典型构成如图 2-1 所示，主要由以下几个部分组成：

1）卫生器具

卫生器具是建筑内部生活排水系统的起点，用来收集和排除污废水。

卫生器具指洗脸盆、浴盆、大便器、小便器、冲洗设备、淋浴设备、污水盆、洗涤盆、地漏等。各种卫生器具的结构、形式等各不相同。

2）排水管道系统

排水管道系统包括器具排水管、存水弯、排水横支管、排水立管、排水横干管、排出管等。

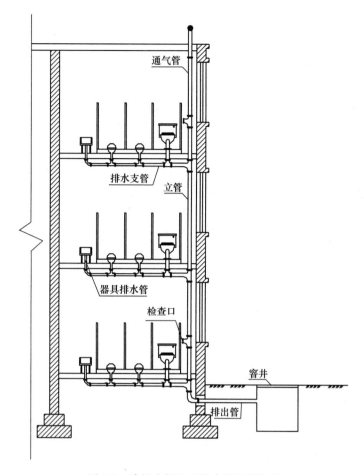

图 2-1　建筑内部生活排水系统的构成

　　排水管道系统中各个部分能确保把室内污废水迅速、顺利地排至室外检查井。存水弯的水封能防止管道内的有害气体、虫类等通过管道进入室内,不致危害人们健康。

　　3)通气管系统

　　通气管道有伸顶通气管、通气立管、环形通气管、器具通气管、结合通气管、辅助通气管等。通气立管又分为专用通气立管、主通气立管、副通气立管。通气管内走空气,不通水。室内通气管道与生活排水管道具有多种组合方式,可形成各种类型的生活排水系统,包括:普通单立管排水系统、特殊单立管排水系统、专用通气立管排水系统、环形通气排水系统、器具通气排水系统、特殊双立管排水系统等。

　　通气管系统用于降低排水管道系统中的压力绝对值及其压力脉动,减小水封面出水侧的压力作用,从而使水封趋于安全。

　　4)管路清通附件

　　污水管道容易堵塞,为疏通室内排水管道,消除堵塞,需要设置清通附件。室内排水系统中的清通附件一般有两种:检查口、清扫口。检查口是带有螺栓盖板的短管,清通时将盖板打开,一般设在排水立管上及室内埋地横干管上;清扫口一般设在管道最容易堵塞处,如设在排水横支管的起端、横干管上等处。

　　生活排水管道中是水、气、固三种介质的运动,并且随时间而变化。

2. 排水横支管中的流体运动现象

1) 排水横支管中的固体运动现象

固体物主要是大便和手纸、毛发等，在水流的冲击下向前运动，并逐渐下沉。当排水横支管较短时，固体物可在大便器一次冲洗中进入排水立管。当排水横支管较长时，固体物会沉积在排水横支管里，待下一次冲洗或其他卫生器具排水时送入排水立管。排水横支管的坡度越大、长度越短、内壁越光滑、排水流量越大及维持时间越长，固体物就越不容易沉积。对于水箱冲洗大便器，一次冲洗时形成的峰值流量和尾流水量，也影响固体物的输送距离和沉积状况。水流从器具支管进入排水横支管时，形成分叉流动的现象，大部分水流顺三通转角和排水横支管的坡度向排水立管方向流动，但也有少量的水流逆坡向上流动一小段距离，之后再顺着排水横支管的坡度返回，而水中夹杂的固体物会有一部分在上游点沉积下来。对于排水横支管上最始端的卫生器具接入点，这种沉积物的日积月累会充满管道断面，因此环形通气管与排水横支管的连接点不允许设在始端卫生器具接入点的上游，以免空气通路被阻隔。

2) 排水横支管中的水流运动现象

排水横支管承接卫生器具的排水。卫生器具排水各具特点，有的排水时间长，如浴盆、淋浴地漏，有的排水时间短，如大便器；有的排水流量显著大于其给水流量，如水箱大便器、浴盆，有的排水流量和给水流量基本相同，如洗手盆、淋浴器地漏、冲洗阀大便器。这些排水特征直接反映在排水横支管的水流中。

排水横支管内的水流是间断的，时断时续，零流量频繁出现。但是在用水高峰时段，水流是连续的，并且不同卫生器具的排水会叠加在一起，比如住宅中淋浴排水和脸盆排水甚至洗衣机排水的叠加，公共卫生间中两个大便器排水的叠加、大便器排水和洗手盆排水的叠加，酒店中浴盆排水和大便器排水的叠加等。

排水横支管内的流量、流速、水深时刻在变化。水流不充满管道，水和气是分离的，气在水面的上方。水流进入排水立管时，在排水立管的横断面上形成水舌，冲向进口对面的排水立管内壁上，并分散开附着在管壁上或加入上方下落的水膜中向下流动。排水横支管和排水立管连接的接头构造影响水舌的形状以及空气流的断面。

3) 排水横支管中的气流运动现象

排水横支管中的气流和水流同向运动。明渠流状态时，水面上方是空气，空气在水流的拖拽下向排水立管内流动，进入空气芯向下流动。排水横支管中流走的空气由环形通气管或器具通气管补充，当没有环形通气管和器具通气管时，由排水的卫生器具口补入空气，若排水口被淹没，比如浴盆，则空气无法进入排水横支管，明渠流上方的空气不流动，但与排水立管内的空气流连通。

3. 排水立管中的流体运动现象

1) 水量特征

排水立管承接排水横支管的排水。每个排水横支管承担的卫生器具的数量及种类基本相同，因此，各排水横支管进入排水立管的流量、发生的时间段相似。在一天中的用水高峰时段，各排水横支管均有可能向排水立管中排水，形成时间有先有后、随机错落、此起彼伏的排水状态。在高峰排水时段，立管排水具有如下特征：

（1）各排水横支管先后错落地随机排水进入排水立管，在排水立管中形成时大时小的连续水流，即最高峰时段排水立管中的水流不间断。如下瞬间的排水现象不属于高峰时段的排水，即：排水立管为干管状态下，突然几个排水横支管排放出最高的瞬间流量，之后所有排水横支管归入平静，不再排水，排水立管又恢复为干管状态。

（2）排水立管越往上部，承接的排水横支管越少，排水流量越小；越往下部，承接的排水横支管越多，排水流量越大。在排水立管的底部和排出管中，流量达到最大。

2）固体运动

排水立管中的固体下落运动对水流和气流的运动影响较小，可以忽略不计，这已经被国内外的试验所证实。因此，排水立管中的介质运动研究重点是水流和气流。对固体运动的研究主要集中在避免管道堵塞及管道破坏方面，比如规定最小管径、下游管径不得小于上游管径、通球试验的球径、固体模拟试件、排水立管上特殊接头的凸出尺寸、超高层建筑立排水管底部的管件材料强度等。

3）附壁螺旋水流

由于排水立管的管壁粗糙，水流对管壁的附着力大于液体分子之间的内聚力，因此当排水量比较小时，水流不能以水团的形式脱离管壁坠落，而是沿着管壁向下流动，由于地球自转和管壁对水流的摩擦阻力作用，水流是沿着管壁呈螺旋形向下加速流动的，因螺旋运动产生离心力，使水流密实，气液界面清晰，水流夹气现象不明显。

其结果是：螺旋流状态下，管道中心气流正常，水流下降时，排水立管中的气压变化很小。

4）水膜流、终限速度、终限长度

当排水量进一步增加到足够覆盖住管壁时，水流由螺旋形向下运动变成沿着管壁下落运动，形成有一定厚度的附壁环状水膜流。水膜向下运动时，受到向上的管壁摩擦力与向下的重力。两者平衡时，水膜向下运动的加速度为零，即水膜的下降速度不再变化，一直以该速度下降，水膜的厚度基本上也不再变化。这一状态为等速水膜流状态，此时的水膜速度为终限速度，从排水横支管水流入口处至终限速度形成处的高度称为终限长度。

环状水膜流阶段的排水立管中心存在空气芯，空气芯中的空气在水流的拖拽下向下流动，并从水气界面处获得能量，压力逐渐增加。当流动途中遇到排水横支管向排水立管内排水时，排水横支管水流会在排水立管横断面上形成水舌，减小空气芯的过气断面，形成局部阻力，气流压力便在排水横支管的下方形成压力突降。但总体上，排水立管中的压力呈上部小、下部逐渐增大的现象，在排水立管底端达到最大。

当排水量增大到水流充满排水立管断面的比例为 1/4～1/3 时，水流会时而产生横向隔膜，但隔膜很不稳定，在向下运动的过程中会很快破碎。这一阶段，排水立管内的水膜流动和空气芯流动仍可视为连续的流体运动。

在水膜流阶段，附壁水膜的流动可采用水力学公式描述，空气芯的流动可采用能量方程描述。管内的压力可以采取一定的措施实现控制或调整。

5）水塞流

随着排水量继续增加，沿管壁的水膜厚度逐渐加厚，当水膜断面与排水立管断面之比大于 1/3 时，水流会产生频繁的横向隔膜，阻断空气芯。当水膜厚度增加到一定值时，便形成较稳定的水塞流。随着水塞的下落，管中的气压发生剧烈变化，压力值无法通过加强通气等措施而控制在允许的范围之内，因此，排水立管不可选用水塞流作为设计依据，各类排水系统的立管排水设计工况应限定在水膜流阶段。

6）气流运动

在水膜流状态下，环状水膜中心充满空气（简称气核），其上端与大气贯通。在水流拖拽下，中心空气连续地向下流动，大气中的空气从管顶流入补充。空气在向下流动过程中因克服阻力而损失能量，在排水立管的上部形成负压。被水膜环绕的气核受水膜的剪切力向下运动，并在流动过程中从水膜不断摄取能量，使压能沿流程而增加，在排水立管的下部转为正压。沿水流方向，排水立管内的压力由负到正，由小到大逐渐增加，零压点靠近排水立管底部。最大负压发生在排水横支管下部，最大正压发生在排水立管底端。排水立管内的压力分布见图 2-2。

通气立管内的空气运动方向与水流方向相同，不产生逆水流而动的上升运动。向下流动的空气来自系统顶部的通气管口。当排水立管内没有水流时，则排水立管和通气立管内的空气在烟囱效应的作用下，从下向上运动，从通气管口排入大气。

对于没有顶部通气口的排水系统，例如不通气系统、"自循环通气"系统，立管排水时由于没有顶部通气口引入空气，排水立管内的空气和"通气立管"内的空气都不流动，不产生排水立管内气流向下、"通气立管"内气流向上的"自循环"运动。排水立管内的压力都是负压，排水横支管处的负压最大，排水立管底端的负压最小。"自循环通气立管"中，不存在循环的气流。

7）水舌现象

在排水横支管中的水排入排水立管的过程中，进水在其流动方向充塞排水立管断面，呈水舌状，见图 2-3。水舌两侧有气孔作为空气流动通路。这两个气孔的断面积远比水舌上方排水立管内的气流断面积小，空气流过时，断面突然大幅度缩小，造成气流能量的很大损失，在水舌下方产生压力的突然下降。

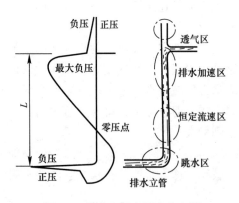

图 2-2　排水立管内压力分布图

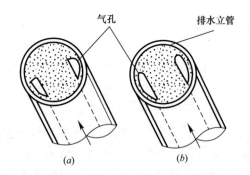

图 2-3　排水横支管入流在排水立管内造成水舌

（a）排水横支管流量大；（b）排水横支管流量小

8）漏斗形水塞现象

在水膜流状态下，水膜附着于管壁，当遇到某一过水断面的管径突然收缩变小时，水膜便脱离管壁，抛向排水立管中心，形成一个漏斗形的水塞。排水立管内径的突然缩小，一般由以下原因造成：

（1）排水立管上的三通等管件。为提高管件生产成品率，在加工制造中往往增加管件的厚度，这使得管件的内径小于排水立管管材的内径。

（2）平口排水立管的管段连接处，设有橡胶垫圈。垫圈在管道重力的挤压下，凸出排水立管内壁。

（3）塑料排水立管的管段热熔对接连接，焊缝的融化物凸出排水立管内壁。

凸出物和排水立管内壁形成的夹角影响漏斗形水塞的形状，夹角小，则漏斗浅；夹角大，则漏斗深。

环状水膜中心的气流向下流动，穿越漏斗形水塞时，过气断面突然收缩，造成较大的局部气压损失，在漏斗的下方产生明显的压降。

9）水帘现象

设有通气立管的排水系统，通气立管和排水立管采用结合通气管或 H 管相连接。通气立管中向下流动的空气经连接管进入排水立管的环状水膜中心，进入到空气芯继续向下流动。结合通气管或 H 管与排水立管的接口处，排水立管内下落的水膜像水帘一样阻挡气流的通路，使气流穿过时产生局部的压力损失，形成水帘内、外侧的压力差。

10）水跃及壅水现象

水流在排水立管底部转入排出管的过程中，水流转变方向进入排出管，流速突然大幅度变慢，于是在排出管的起点段形成水跃，并形成壅水。水跃及壅水阻塞排出管气流通道，减小气流速度，在排水立管底部形成明显的正压。

4. 排出管中的流体运动现象

1）水流运动现象

排出管起点与排水立管底端连接，排水立管内的水流转变方向进入排出管，产生水跃，然后转为明渠流，排入检查井。排水立管和排出管用弯头连接时，弯头的曲率半径和管径变化影响水跃的形状。曲率半径越大和弯头管径逐渐变大，水跃越平缓。

在正常排水状态下，排出管的出口为自由出流。在有些条件下，排出口不可避免地遭遇淹没出流。如暴雨天气，降雨量超过室外雨水管道的雨水设计重现期时，地面形成积水，并进入污水检查井，淹没排出口，形成淹没出流；地下水位浅的城市，暴雨时节地下水位上升，有时淹没排出口，形成淹没出流；建筑物有时会产生不均匀沉降，造成排出管的坡度减小，甚至形成倒坡，这时的水流类似于淹没出流。

夹杂在水流中的固体物有时会沉积在排出管内，甚至堵塞排出管，特别是坡度过小甚至倒坡的排出管。

2）排水自由出流状态的气流运动现象

排水立管中心的气流到达排水立管的底部，在空气正压的作用下，穿过水跃，进入排出管。之后聚集在明渠流的上方，继续顺水流方向运动，排入检查井内的大气环境。空气流的压力从排水立管底端或排出管始端的正压逐渐降低到检查井内的大气压力。

如果有通气立管连接到排出管上，则通气立管内向下流动的气流进入排出管，顺水流排入检查井内的大气环境。

在排出管中，水流速度比在排水立管中大为减缓，且小于水面上的空气流速，对气流形成阻力。空气流动的主要动力是压力梯度。管道越长，则阻力越大，压力损耗越大，从而在排水立管底端形成的正压越大。排出管始端的水跃越剧烈，则对气流的局部阻力越大，气流穿越造成的局部气压损失越大；水跃越平缓，则气压损失越小。大曲率弯头、管径逐渐放大的异径弯头，形成的水跃平缓，气流穿越时产生的局部阻力损失相对小，从而在排水立管底端形成的正压相对变小。

不通气系统、"自循环通气"系统，排出管内没有空气流动，正如该系统的排水立管和"通气立管"内也没有气流一样。排出管的出口为大气压，逆水流方向压力逐渐下降，低于大气压。

3）排水淹没出流状态的气流运动现象

在排水淹没出流状态下，出口处的压力不再是大气压力，而是淹没深度形成的静水压力。排水立管底端的空气经排出管进入大气，就需要克服该静水压力、排出管内气流的沿程损失和局部损失，这样，排水立管底端形成的正压显著高于自由出流状态时的压力，并足以使卫生器具产生正压喷溅。

排出管形成倒坡、沉积物堵塞管道时也会造成卫生器具正压喷溅，这种正压不再只是气压，而是水和气混在一起形成的压力，造成的喷溅现象更为猛烈。

2.3　生活排水管道的水流运动规律

1. 水流及气流运动的影响因素分析

生活排水管道中的水流运动的受力主要有：水的重力、管道内壁的摩擦力、水与空气界面之间的摩擦力、水流断面间的水压力梯度。其中水与空气界面之间的摩擦力、水流断面间的水压力梯度对水流运动的影响太小，可以忽略不计。

生活排水管道中的气流运动的受力主要有：空气与水界面之间的摩擦（剪切）力、气流断面间的气压力梯度、干燥管道内壁的摩擦力、空气密度差。其中空气密度在几十毫米水柱压力的变化范围内差异很小，对气流运动的影响太小，可视作密度不变的流体。

排水管道中的水流及气流的速度、流量是随时间变化的，为非稳定流，即运动要素中还含有时间变量。但在排水最高峰时段，可把流量、流速等运动要素取时间平均值进行研究分析，这样，所针对研究的流体运动转变为稳（恒）定流，时间变量被忽略。下面的所有分析，均是建立在稳定流基础上。如果按非稳定流处理管道内的流体运动，应引入时间变量，且分析变得非常复杂，水力学三大方程也不再适用，超出给水排水学科的范畴。以下推求的规律不适用于非稳定流排水模型。

生活排水管道的管壁上还存在一种生物膜，其中含有多种微生物。从卫生学以及管材腐蚀的角度，有必要关注、分析研究生物膜的特性，正如给水管道中管壁生物膜的特性研究一样。在流体运动方面的研究中，生物膜对管壁粗糙度的影响，忽略不计。目前，建筑和市政排水管道均如此处理。

2. 排水横管中的水流运动规律

1）排水横支管的水流运动规律

排水横支管内的水流不充满管道，存在自由水面，在管道敷设坡度的作用下流动。排水横支管承接的卫生器具很少，卫生器具的使用都是间断的，且多数卫生器具每次排水的过程短暂，水流集中，流量从 0 开始达到最大，之后减小回归于 0，都是在很短的时间内完成。管道内的水流速度和流量随时间的变化非常大，为非稳定流。为了能运用稳定流的水力学原理及公式对排水横支管进行水力计算，把排水最高峰时段的流速进行时间平均，视作不随时间变化的稳定流。

2）排水横干管及排出管的水流运动规律

排水横干管及排出管承接的是排水立管中的水流。在管道的始端，一般存在水跃现象，之后水流不充满管道，存在自由水面，在管道敷设坡度的作用下流动。管道中的流速随时间变化，为非稳定流。但在排水最高峰时段，管道中的流量和流速变化不大，可视作不随时间变化的稳定流。

3）排水横管的水力学公式

把排水横支管、排水横干管、排出管中的水流简化为稳定流、明渠均匀流，这样，便可采用谢才公式和曼宁公式进行描述，见公式（2-4）和公式（2-5）。式中的管道粗糙系数 n 取值见表 2-1。

管道粗糙系数 n 值 表 2-1

管材	钢管	塑料管	釉陶土管、铸铁管	混凝土管、钢筋混凝土管
n 值	0.012	0.009	0.013	0.013～0.014

生活排水管道的内壁上长有生物膜，这些生物膜不改变管道内壁的粗糙系数，也不会把这些管道的粗糙特性差异消除而变为相同。

3. 排水立管中的水流运动模型

1）流体模型的简化

排水立管中的附壁水膜中含有空气，其含量沿水平方向不均匀分布。与空气芯接触的水膜层中含气量最大，越靠近管壁，含气量越小。水膜环中心的空气芯中也含有下落的水滴。一般把含气量小于某一规定值的竖向水膜层作为水气界面，水气交界面到管壁的距离为水膜厚度。从排水立管壁向管内插入感应探针，记录与水接触的时间和与气接触的时间，即可得到水膜层的含气比率。

忽略水膜中气体的影响，忽略空气芯中水滴的影响，排水立管中的流体可简化为两组一相流，即水膜部分的水一相流和空气芯部分的空气一相流。此外，忽略流动要素随时间的变化，一相流体的运动可简化为恒定流。经过以上简化后，水膜可近似看作一个中空的圆柱状物体，中空部分的气核可近似看作连续的气流柱。

2）水流运动受力分析

对排水立管取一微小长度 ΔL，如图 2-4 所示，这个微小长度的中空环形水膜柱在下降过程中，同时受到向下的重力和向上的作用力。向上的作用力有：水膜与管壁间的摩擦力、上下两端面间的水压力差、水与气界面之间的摩擦力。其中上下两端面间的水压力差和水与气界面之间的摩擦力相比于水流重力、水膜与管壁间的摩擦力很小，可以忽略不计。

对图 2-4 所示的微小长度水膜柱应用牛顿第二定律，如公式（2-8）～公式（2-10）所示。

$$F = ma = m(\mathrm{d}u/\mathrm{d}t) = W - P = Q\rho tg - \tau\pi d_j \Delta L \quad (2\text{-}8)$$

$$W = Q\rho tg \quad (2\text{-}9)$$

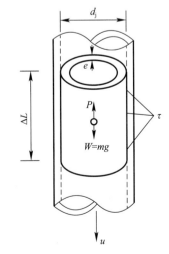

图 2-4 微小长度水膜柱

$$P = \tau \pi d_{\mathrm{j}} \Delta L \tag{2-10}$$

式中　m——在 t 时间间隔内通过断面水流的质量（kg）；

$\quad\quad W$——水流重力（N）；

$\quad\quad P$——水膜与管壁间的摩擦力（N）；

$\quad\quad Q$——排水立管中下落水流的流量（$\mathrm{m^3/s}$）；

$\quad\quad \rho$——水的密度（$\mathrm{kg/m^3}$）；

$\quad\quad t$——时间（s）；

$\quad\quad g$——重力加速度（$\mathrm{m/s^2}$）；

$\quad\quad \tau$——水流与管壁间的切应力（$\mathrm{N/m^2}$）；

$\quad\quad d_{\mathrm{j}}$——排水立管内径（m）；

$\quad\quad \Delta L$——分离体的长度，即中空环形水膜柱的长度（m）。

在紊流状态下，有公式（2-11）、公式（2-12）：

$$\tau = \frac{\lambda}{8} \rho u^2 \tag{2-11}$$

$$\lambda = 0.1212 \left(\frac{K_{\mathrm{p}}}{e} \right)^{1/3} \tag{2-12}$$

式中　λ——沿程阻力系数，其值大小与管壁粗糙高度 K_{p} 和水膜厚度 e 有关；

$\quad\quad K_{\mathrm{p}}$——管壁粗糙高度（m），因管材而异，且不会因管壁生物膜而减小；

$\quad\quad e$——水膜厚度（m）；

$\quad\quad u$——分离体下降速度（m/s）。

4. 排水立管中的终限流速及终限长度

1）终限流速

将公式（2-11）、公式（2-12）代入公式（2-8），并假设在终限流速区内流速匀速下降，即 $u = \dfrac{\Delta l}{\Delta t}$，整理后得公式（2-13）：

$$\frac{m}{\rho t} \cdot \frac{\mathrm{d}u}{\mathrm{d}t} = Q \cdot g - \frac{0.1212\pi}{8} \left(\frac{K_{\mathrm{p}}}{e} \right)^{1/3} \cdot u^3 d_{\mathrm{j}} \tag{2-13}$$

对于恒定流，有 $\mathrm{d}u/\mathrm{d}t = 0$，水流下降终限流速为 u_{t}，水膜厚度为 e_{t}，流量为 Q_{t}。则根据公式（2-13），终限流速为公式（2-14）：

$$u_{\mathrm{t}} = \sqrt[3]{21g \frac{Q_{\mathrm{t}}}{d_{\mathrm{j}}} \left(\frac{e_{\mathrm{t}}}{K_{\mathrm{p}}} \right)^{\frac{1}{3}}} \tag{2-14}$$

此时的流量为：

$$Q_{\mathrm{t}} = u_{\mathrm{t}} \left[d_{\mathrm{j}}^2 - (d_{\mathrm{j}} - 2e_{\mathrm{t}})^2 \right] \cdot \frac{\pi}{4} \tag{2-15}$$

忽略 e_{t}^2，可得公式（2-16）和公式（2-17）：

$$Q_{\mathrm{t}} = \pi d_{\mathrm{j}} e_{\mathrm{t}} u_{\mathrm{t}} \tag{2-16}$$

$$e_{\mathrm{t}} = \frac{Q_{\mathrm{t}}}{\pi d_{\mathrm{j}} u_{\mathrm{t}}} \tag{2-17}$$

将公式（2-17）代入公式（2-14），并取 $g = 9.81 \mathrm{m/s^2}$，可以得出终限流速与流量、管径和管壁粗糙高度之间的关系：

$$u_t = 4.4\left(\frac{1}{K_p}\right)^{1/10} \cdot \left(\frac{Q_t}{d_j}\right)^{2/5} \tag{2-18}$$

式中　u_t——终限流速（m/s）；

　　　K_p——管壁粗糙高度（m）；

　　　Q_t——终限流速时的流量（m³/s）；

　　　d_j——排水立管内径（m）。

水膜的终限流速是水膜断面上的平均流速。实际上，水膜断面上各点的水流速度大小并不一致。在管壁处，水流速度最小，接近于零。越远离管壁，水流速度越大。在水气界面达到最大。

2）终限长度

终限长度指自水流入口处直至形成终限流速的距离。

根据终限长度的概念，对复合函数 $u = f(L)$、$L = f(t)$ 进行数学运算，可以推导出终限长度的计算公式（2-19）和公式（2-20）：

$$L_t = 0.14433 u_t^2 \tag{2-19}$$

$$L_t = 2.31\left(\frac{Q_t}{d_j}\right)^{\frac{4}{5}} \tag{2-20}$$

式中　L_t——终限长度（m）；

其他符号意义同前。

5. 水塞流态的临界流量

排水立管的极限排水能力指水膜流向水塞流转化的临界状态的排水量。

在水膜流状态下，当达到终限流速时，水量下降流速和水膜厚度 e_t 保持不变，则排水立管的排水量可用公式（2-21）计算：

$$Q_t = u_t \cdot A_t \tag{2-21}$$

式中　Q_t——终限流速时排水立管的排水量（m³/s）；

　　　u_t——终限流速（m/s）；

　　　A_t——终限流速时的过水断面积（m²）。

又：
$$A_t = \frac{\pi}{4}\left[d_j^2 - (d_j - 2e_t)^2\right] \tag{2-22}$$

将公式（2-18）和公式（2-22）代入公式（2-21），有公式（2-23）：

$$Q_t = 4.4\pi e_t(d_j - e_t)\left(\frac{1}{K_p}\right)^{1/10} \cdot \left(\frac{Q_t}{d_j}\right)^{2/5} \tag{2-23}$$

用过水断面积 A_t 与管道断面积 A_j 的比值 α 为变量来表达水膜厚度 e_t，令 $d_0 = d_j - 2e_t$，则有公式（2-24）～公式（2-26）：

$$\alpha = \frac{A_t}{A_j} = 1 - \left(\frac{d_0}{d_j}\right)^2 \tag{2-24}$$

$$d_0 = (1 - \alpha)^{1/2} \cdot d_j \tag{2-25}$$

$$e_t = \frac{1}{2}d_j(1 - \sqrt{1 - \alpha}) \tag{2-26}$$

将公式（2-25）、公式（2-26）代入公式（2-23）则有公式（2-27）：

$$Q_t = 7.9\left(\frac{1}{K_p}\right)^{1/6} \alpha^{5/3} \cdot d_j^{8/3} \tag{2-27}$$

排水立管内水流向水塞流转化的临界状态为排水立管断面的充水率 α 达到 1/3。临界状态时排水立管流量和终限流速见表 2-2。

表 2-2

临界状态时排水立管流量和终限流速

管径（mm）	排水流量（L/s）		终限流速（m/s）	
	α		α	
	7/24	1/3	7/24	1/3
75	5.9	6.9	3.04	3.42
100	8.6	10.9	3.77	4.14

2.4　生活排水立管内的气流运动规律

1. 排水立管内的压力

排水立管中附壁环状水膜中空部分的空气芯可以近似看作连续的气流，对该气流应用动量方程和能量方程进行分析。取伸顶通气管顶部空气入口处为基准面（0-0），另一断面（1-1）选在排水立管的任意一个断面处，如图 2-5 所示，针对两端面列空气流的能量方程并整理，可得到断面 1-1 处的空气压力为：

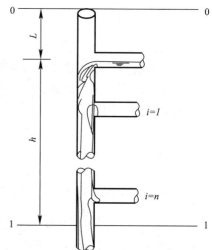

$$P_1 = 4h\frac{\tau_a}{d_a} - \rho\left(1 + \xi + \lambda\frac{L}{d_j} + \sum_{i=1}^{n}K_i\right)\frac{v_1^2}{2}$$

（2-28）

式中　P_1——1-1 断面处空气相对压力（Pa）；

　　　h——湿管（有水流的管段）长度（m）；

　　　τ_a——气流与水流间的平均（在 h 段上）剪切应力（N/m²）；

　　　d_a——气核直径（排水立管直径减去水膜厚度）（m）；

　　　ρ——空气的平均密度（kg/m³），可按大气压密度取值；

　　　ξ——管顶空气入口处的局部阻力系数，一般取 0.5；

　　　λ——无水流管壁对空气的摩擦系数；

　　　L——无水管段（干燥管段）的长度（m）；

　　　d_j——排水立管内径（m）；

图 2-5　排水立管内压力分析示意图

　　　K_i——空气穿过第 i 个水舌的局部阻力系数或第 i 个漏斗形水塞的局部阻力系数；

　　　v_1——1-1 断面处空气流速（m/s）。

公式（2-28）等号右侧第一项是气流在两个断面间获取的能量，由水流通过剪切力输入给气流。第二项是气流损耗的能量及形成的动能。当第一项小于第二项时，排水立管内呈现负压，反之，则呈现正压。气流从排水立管顶口运动到水舌的下方，湿管长度 h 很小，损耗的能量大于从水膜流获取的能量，将呈现负压；气流到达排水立管的下部时，湿

管长度 h 很大，流程中从水流获取的能量大于流动中损耗的能量，将逐渐呈现正压。特别是在排水立管的底端（排出管的起端），气流获取的总能量达到最大，使排水立管中的压力达到最大（最大正压），正如图 2-2 所示的压力分布。

在通气立管中，没有水舌，所以 $K_i=0$；空气也不与水流接触，所以 $\tau_a=0$，负压区的压力公式转化为公式（2-29）。

$$P_1 = -\rho\Big(1+\xi+\lambda\frac{L}{d_j}\Big)\frac{v_1^2}{2} \tag{2-29}$$

试验表明，在正常条件下，排水立管内的最大负压绝对值一般大于其底部的正压值。

2. 空气的流速与方向

1）空气的流速

对图 2-4 环状水膜中心的微小长度 ΔL 气流柱进行受力分析。这个微小长度的气流柱在向下运动过程中，同时受到向下的水气界面剪切力、向上的压力差（梯度）和密度差作用力。其中密度差作用力与上下端面的压力差、界面剪切力相比很小，可以忽略不计。这样，微小长度气流柱在界面剪切力和压力差作用下随水流向下运动。

水气界面剪切力源自界面处水流速度和气流速度的速度差。速度差越大，则剪切力越大。当气流速度趋近于水流速度时，剪切力趋近于零。水气界面处的水流速度高于水膜断面的平均流速或终限流速，气流速度在水气界面的水流速度拖拽下，往往高于水膜断面的平均流速或终限流速。

气流的速度影响排水立管内的压力。流速减小，可使公式（2-28）等号右侧两项的值均减小，其中第一项主要是减小了剪切应力 τ_a。旋流器特殊单立管排水系统的进气流量或气流速度小于普通单立管排水系统，其最大负压和最大正压的绝对值也都小于普通单立管排水系统。

2）空气流动的方向

在中途没有能量输入的情况下，管道中的流体总是从机械能高的断面流向机械能低的断面，而不是从压力高的断面流向压力低的断面。流体有时向压力高的断面流动，有时向压力低的断面流动。

排水立管中有水流的部位，水气界面剪切力带动空气随水流一起向下流动，并获得能量；没有水流的部位，压力梯度向下，且大于向上的管壁摩擦力，使气流向下运动。

在通气立管中，最大负压断面以上的部位，气流在压力梯度（向下）和管壁摩擦力（向上）的作用下向下流动；最大负压断面以下的部位，气流经各个结合通气管分流进入排水立管内，气流量逐渐减少，流速或动能递减，压能（力）逐渐升高，但气流方向仍然向下。

不通气排水系统以及"自循环通气"排水系统，在系统排水时，系统中的存量空气有少部分被水流带走，经排出管出口进入大气，之后不再继续流出，同时，出口检查井中的空气也不会逆水流方向进入排出管。排水立管中心、"自循环通气"立管中均不会生成气流。

我国目前存在如下一种设想：排水立管中心的空气随水流向下运动，通气立管中的空气向上流动，形成所谓的"自循环通气"。这个设想是违背流体运动规律的，也违背了试验结果。所谓的"自循环通气"是无法形成的。

３. 排水立管内的最大负压

排水立管的最不利工况是排入水量集中发生在最顶部几层，在这里，气流穿过各横支管排水形成的水舌，能量损耗达到最大，而从水流获得的能量还很少，由此形成最小压力，又称最大负压。把图 2-5 的断面 1-1 选在顶部几层水舌下方的最大负压处，并忽略公式（2-28）等号右侧第一项，可得排水立管内最大负压表达式（2-30）。

$$P_1 = -\rho\left(1 + \xi + \lambda\frac{L}{d_j} + \sum_{i=1}^{n}K_i\right)\frac{v_1^2}{2} \tag{2-30}$$

对于设有通气管道的排水系统，空气主要在通气立管内流动，不穿越水舌，所以 $\sum_{i=1}^{n}K_i = 0$，但气流进入排水立管要穿越水帘。用 K_1 表示水帘的局部阻力系数，可得排水立管内的最大负压为：

$$P_1 = -\rho\left(1 + \xi + \lambda\frac{L}{d_j} + K_1\right)\frac{v_1^2}{2} \tag{2-31}$$

式中　L、d_j、v_1——空气流经通气管道的长度、管径和流速。

为简化起见，令断面 1-1 处的空气流速 v_1 与水膜的终限流速 u_t 近似相等，并把公式（2-18）代入公式（2-30），得公式（2-32）。

$$P_1 = -9.68\rho\left(1 + \xi + \lambda\frac{L}{d_j} + \sum_{i=1}^{n}K_i\right)\left(\frac{1}{K_p}\right)^{1/5} \cdot \left(\frac{Q_t}{d_j}\right)^{4/5} \tag{2-32}$$

把公式中的水舌局部阻力系数替换为水帘局部阻力系数，即得通气排水系统的排水立管内压力。

在普通单立管排水系统中，$1 + \xi + \lambda\frac{L}{d_j}$ 与水舌局部阻力系数 $\sum_{i=1}^{n}K_i$ 相比很小，可以忽略不计，则公式（2-32）可简化为公式（2-33）。

$$P_1 = -9.68\rho\sum_{i=1}^{n}K_i\left(\frac{1}{K_p}\right)^{1/5} \cdot \left(\frac{Q_t}{d_j}\right)^{4/5} \tag{2-33}$$

从公式（2-33）可以看出，排水立管内最大负压值与水流量、管径、水舌局部阻力系数、管壁粗糙高度有关。水流量越大、水舌局部阻力系数越大，则负压值越大；管径越大、管壁粗糙高度越大，则负压值越小。

塑料排水立管内壁光滑，管壁粗糙高度比铸铁管小，因而在同等条件下，管内的最大负压值大。内壁螺旋管也会增加水流的阻力，减小水流垂直下落的流速，从而减小管内的负压。

４. 水舌局部阻力系数

水舌局部阻力系数用于表示水舌的阻力损失性能，主要由气孔的断面积决定。气孔断面积大，则水舌局部阻力系数就小；气孔断面积小，则水舌局部阻力系数就大。排水横支管与排水立管连接的配件构造或几何形状、排水横支管与排水立管的管径比例、排水横支管进入排水立管的水量都将影响气孔的形状或面积，从而将影响水舌局部阻力系数。三通接头保持不变，设置一小口径短管穿越水舌（见图 2-6），强制扩大气流通路面积，则水舌局部阻力系数及压力降显著减小。图 2-7 是水舌下方管道中同一点的负压值，下方曲线是水舌气孔用套管扩充后的某点负压值，比原先的压力值（上方曲线）显著减小。

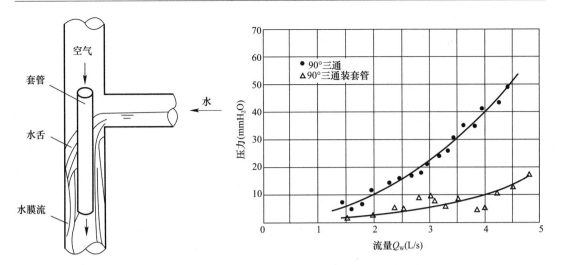

图2-6　加套管扩充水舌气孔面积　　　　图2-7　水舌气孔扩充后压力变化

特殊单立管的接头配件，不论是支管往立管侧向进水还是在接头的立管部位加旋流叶片，都会削弱水舌，扩大气流通路面积，从而减小气流的局部阻力和管内的负压。

5. 排水立管内的最大正压

通常条件下，排水立管内的最大正压发生在排水立管的底端或排出管的起端。对排水立管底端1-1断面和排出管出口0-0断面的气流应用伯努利能量方程，可以得到排水立管底端的压力 P_1（见公式（2-34））。

$$P_1 = P_a + h_f - \frac{v_1^2}{2} \tag{2-34}$$

式中　P_a——排出管出口处的压力；

　　　h_f——气流在排出管内的沿程阻力损失和局部阻力损失之和；

　　　v_1——排水立管底端或排出管起端的气流速度。

通常排出管出口为自由出流，出口压力为大气压，即 $P_a = 0$。

排出管内的气流沿程阻力损失主要由管壁的摩擦阻力和水气界面的剪切阻力造成。气流在水面上方，干（燥）管壁与空气接触，产生摩擦阻力。水面上方的气流速度大于水流速度，水气界面的水流对气流产生剪切阻力。

排出管内的气流局部阻力损失主要由底部弯头、水跃和横向转弯等造成。气流穿越这些部位时，都会产生局部阻力，造成能量损失。

排水立管底端的正压主要由排出管内的气流阻力损失决定。阻力损失越大，则正压越大。排出管长度大、转弯多、水跃强烈，则排水立管底端的正压就大。当排出管的压力损失足够小，趋近于零时，则排水立管底端的最大正压为零。

当排出管出口为淹没出流时，淹没水位在排出管出口处形成正压，P_a 则等于淹没水位的几何高度，从而加大排水立管底端的正压。出口淹没得越深，则排水立管底端的正压越大。

排水立管偏置时，在排水立管转弯后的排水横管中，沿程阻力和水跃等产生的局部阻力使得排水立管底端形成正压。当排水横管中的水流入下游的排水立管时，形成水舌，气流穿过水舌产生明显的局部能量损失，气压转为负值。

2.5　生活排水立管的通水能力

1. 排水立管通水能力公式

排水立管的通水能力是指排水立管内的气压绝对值达到允许值时的水流量。

整理公式（2-33），即得用最大负压约束的单立管的通水能力公式（2-35）。式中 P_1 小于 0。

$$Q_t = 0.059 d_j K_p^{1/4} \left[\frac{-P_1}{\rho \sum_{i=1}^{n} K_i} \right]^{5/4} \tag{2-35}$$

把终限流速公式（2-18）代入公式（2-34），也可得到用最大正压约束的排水立管通水能力公式。但从公式（2-34）可以看出，排水立管底端的最大正压主要受排出管的构造影响，排水立管的构造不是主要影响因素；此外，排水立管内最大正压一般小于最大负压绝对值。所以，最大通水能力采用公式（2-35）表述。

把最大负压允许值（绝对值）P_m 代入公式（2-35），即令 $-P_1 = P_m$，便可得伸顶通气单立管的通水能力，见公式（2-36）。

$$Q = 0.059 d_j K_p^{1/4} \left[\frac{P_m}{\rho \sum_{i=1}^{n} K_i} \right]^{5/4} \tag{2-36}$$

公式中的阻力系数 K_i 需要通过试验确定，故最大通水能力需要在排水实验塔上实测得到。

用通气立管的阻力损失参数替代单立管的水舌阻力损失参数，可得通气排水系统的排水立管通水能力为公式（2-37）。

$$Q = 0.059 d_j K_p^{1/4} \left[\frac{P_m}{\rho \left(1.5 + \lambda \dfrac{L}{d_j} \right)} \right]^{5/4} \tag{2-37}$$

通气立管的阻力损失参数还应该包括水帘的局部损失，该参数由试验确定。所以设通气立管的排水立管通水能力也应经试验确定。

上述公式不适用于不通气排水系统、"自循环通气"排水系统的排水立管通水能力。此类系统由于形不成气流，排水立管的通水能力显著减小。

2. 排水立管通水能力分析

根据公式（2-36）和公式（2-37），排水立管的通水能力受下列因素影响：

1）受排水立管的管径 d_j 影响。当排水立管的管径增大时，则通水能力增加。大管径比小管径的通水能力大。

2）伸顶通气单立管的通水能力受水舌局部阻力系数 K_i 影响。当水舌局部阻力系数减小时，立管的通水能力增加。立管上苏维托或旋流器接头比三通的水舌气流通路大、阻力系数 K_i 小，当支、立管接头采用苏维托或旋流器时，立管的通水能力比采用普通三通接头时大。

3）排水立管的通水能力受管壁粗糙高度 K_p 影响，是 K_p 的增函数。当管壁粗糙高度增加时,排水立管的通水能力增加。内壁螺旋管,凸出管内壁的螺纹线减小了水流垂直向下的速度,起到了增大管壁粗糙高度的效果,因此其通水能力比光壁管的大。

排水立管内的生物膜不影响其内壁的粗糙特性,正如排水横管中的生物膜不影响其内壁的粗糙特性一样。所以,生物膜不会提高塑料排水立管的通水能力。

4)塑料排水立管的内壁光滑,管壁粗糙高度 K_P 比铸铁排水立管的小,故通水能力比铸铁排水立管的小。

5)排水立管中增加对水流的阻力,降低水流速度,可提高其通水能力。特殊单立管每层的特殊接头一方面减小了水舌局部阻力系数 K_i,另一方面还降低了水流速度,双因素作用下提高了立管的通水能力。

6)排水立管的通水能力受排水系统允许的压力(绝对压力)值 P_m 影响。允许的压力值大,则排水立管的通水能力大;允许的压力值小,则排水立管的通水能力小。

7)通气排水系统中排水立管的通水能力受通气立管管径 d 的影响,当管径 d 增大时,排水立管的通水能力增加。

8)排水立管偏置产生的正压和负压的绝对值足够大,超过排水横支管形成的最大负压绝对值时,排水立管的通水能力由偏置处的压力制约,通水能力减小。

9)当排出管或排水横干管的设置条件恶劣,气流阻力大,致使排水立管底端的正压足够大,高于排水立管中的最大负压值时,排水立管的通水能力由该正压值制约,通水能力减小。

10)压力的脉动、存水弯的构造等都会对水封上允许的作用压力值产生影响,从而影响到排水立管的通水能力。

2.6 生活排水管道的水封安全

1. 水封的作用

水封是利用在 U 形管内存有一定高度的水,阻隔排水管道内的有害物及有害气体进入室内。在水封发明之前,室内空气和排水管道内的空气贯通,曾引起严重的流行病灾难。在 2003 年的"非典"期间,水封失效曾造成了生命的损失。

水封通常由存水弯来实现,常用的管式存水弯有 P 型和 S 型两种,如图 2-8 所示。存水弯中的水柱高度 h 称为水封深度。存水弯靠排水本身的水流来达到自净作用。建筑内部各种卫生器具的水封深度一般为 $50\sim100\text{mm}$。水封深度过大,抵抗管道内压力的能力相对强,但自净作用减小,水中的固体杂质不易顺利排入排水管道;水封深度过小,固体杂质不易沉积,但抵抗管道内压力的能力相对差。

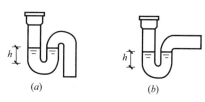

图 2-8 存水弯
(a) S 型;(b) P 型

为了增强水封的性能,存水弯的形式不断被改进,出现了很多新型的存水弯,如管式存水弯、瓶式存水弯、筒式存水弯、阀式存水弯、大水封强度存水弯、深水封存水弯、防虹吸存水弯等。

形成水封的弯管往往构建在卫生器具本体中,比如自带水封的便器、地漏等。这些起水封作用的弯管和上述的存水弯可统称为水封装置。

2．水封损失

水封中的水常常因各种原因造成损失。水封损失主要有诱导虹吸损失、自虹吸损失、蒸发损失、毛细现象等其他损失。

1）自虹吸损失

卫生器具在瞬时大量排水的情况下，存水弯进、出口端的管道充满水，排水结束时，存水弯内的水流在惯性作用下运动而形成虹吸，虹吸结束后剩余的水封深度低于存水弯的构造水封深度，造成自虹吸水封损失。

自虹吸损失的大小与卫生器具的底部形状有关。当卫生器具底部较平缓时，排水会缓慢结束，形成尾流，把自虹吸损失的水封填补上，存水弯被再充满，几乎没有水封损失，比如浴盆、拖布池等。而对于底部较陡的卫生器具，比如洗脸盆，其底部呈漏斗状，存水弯和排水管管径又小，排水结束时流量迅速减小到零，几乎没有尾流把自虹吸造成的水封损失填充，水封损失明显。虹吸式坐便器形成强烈的自虹吸，虹吸结束时所剩水封量很少，但水箱中的延时供水尾流会把水封重新填满。

应对自虹吸损失破坏水封的措施通常有：加大存水弯水封深度，使剩余水封深度满足要求，比如把洗脸盆存水弯水封深度增加到 75mm；制造排水尾流，使存水弯排水结束时损失的水封再充满，比如虹吸式坐便器。

2）诱导虹吸损失

诱导虹吸损失是指：卫生器具不排水时，因排水管道系统内其他卫生器具排水而在该卫生器具水封出口水面上形成负压，使水封入口水面下降，形成水封损失，带来水封深度的减少。

诱导虹吸损失的大小与作用在水封出口端面上的负压值有关。负压绝对值越大，则诱导虹吸损失越大，反之，则诱导虹吸损失越小。此外，负压的作用时间及脉动都影响水封损失值。压力脉动的频率与水封固有的振动频率形成共振时，水封损失加大。负压作用的时间很短暂时，水封损失减小。

诱导虹吸损失的大小还与存水弯构造有关。对于管径均匀不变的存水弯，水封损失约是负压值（水柱单位）的一半。对于流出侧存水容积大于流入侧存水容积的存水弯，负压消失后向流入侧回补的水量就多，水封损失小，少于负压值的一半。对于流入侧存水容积大于流出侧存水容积的存水弯，水封损失大于负压值的一半，比如虹吸式坐便器。

应对诱导虹吸损失的措施之一是控制管道中的压力。此外，优化水封构造也可减小诱导虹吸损失，比如某些水封强度较大的地漏。

3）蒸发损失

水封的入口端和出口端分别暴露于室内空间和管道内的空间中，水面产生蒸发，损失水量。水封蒸发损失与室内温度、湿度和器具的排水时间间隔密切相关。气候干燥地区和采暖地区，蒸发损失非常突出；器具排水时间间隔越长，则损失越大。

蒸发损失能使存水弯干涸，使排水管网中的污染空气和室内空气连通。这种现象在我国各类建筑中的地漏水封处大量存在。

应对蒸发损失的措施是保持卫生器具每次排水结束后或虹吸损失发生后存水弯中留有足够深度的水封，抵抗蒸发损失破坏水封。另外，改造水封结构也可抑制水封的蒸发损失。

4）其他损失

在存水弯的流出端，往往会在管壁上积存较长的纤维或毛发，产生毛细作用造成水量损失。这类损失往往难以单独实测，可与蒸发损失合并处理。

3. 水封破坏

水封破坏的结果是排水管道内的空气通过存水弯进入室内。通过存水弯进入室内的方式有以下两种：

第一种方式：在管道内正压的作用下，空气穿透水封被压入室内；

第二种方式：水封全部消失、干涸，存水弯进出口端的空气贯通，管道内空气流入室内，见图2-9。

前已述及，排水立管存在正压区和负压区，接入正压区的卫生器具发生的水封破坏多是第一种方式，接入负压区的卫生器具发生的水封破坏多是第二种方式。

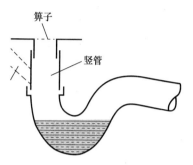

图2-9　水封因蒸发及其他损失失效

1）水封预留的蒸发及其他损失量

第二种方式中，水封消失的必要因素之一是水封蒸发。水封蒸发及其他损失的值一般按25mm计，用于支付约2周的蒸发损失和毛细损失等。在卫生器具长时间不使用不排水的情况下，水封由于无水补充便会因蒸发损失和毛细损失等而消失，如图2-9所示。比如学校的假期、住宅居民较长时间外出度假等都会使水封消失。设于不经常排水部位的地漏水封也会消失。25mm的剩余水封无法满足这类排水的蒸发及其他损失。蒸发及其他损失取25mm应对的情况是：卫生器具或地漏连续两次排水的最大时间间隔约为2周所产生的损失，这个间隔对于住宅居民的正常度假和公共建筑的假期（学校除外）应该是足够的。

若处于负压区的水封经虹吸损失后剩余的水封深度少于25mm，则不够支付其后约2周的蒸发及其他损失，遇最大排水间隔工况水封就会干涸破坏。若再假定负压区还存在正压，则剩余的25mm水封再经一些蒸发损失后就不够抵抗正压，因此需要加大剩余的水封深度，并需要压缩诱导虹吸损失量及其管道内的允许负压值。

第一种方式的水封破坏也受蒸发损失的影响。处于正压区的水封在经受25mm以内的蒸发及其他损失后，还剩余不少于25mm的水封，仍能抵抗系统中的正压，水封不被穿透。若再假定正压区还存在负压，则水封的总损失就会超过25mm，用于抵抗正压的剩余水封小于25mm，因此需要减小系统中的允许正压值。

处于正压区和负压区之间的过渡区间，正压和负压会交替出现，但压力绝对值较正压区和负压区的最大压力绝对值小，对蒸发及其他损失的允许值的确定不形成制约。

2）负压区水封允许的作用压力

在负压区，水封允许的作用压力是指这样一个压力：在该压力的作用下产生的诱导虹吸损失不超过25mm，或剩余的水封深度不少于25mm。由于水封构造影响诱导虹吸损失值，所以形成25mm水封损失的负压值将依水封构造不同而变化。

排水系统中有多种卫生器具和地漏，其存水弯或卫生器具本体中的水封装置，构造差异很大。有的构造佳，允许施加较大的负压；有的构造不利，只允许施加较小的负压。从偏安全的角度考虑，确定水封允许的作用压力应以排水系统中的不利水封装置为基准。

坐便器特别是虹吸式坐便器，虽然水封深度为 50mm，但水封强度小，施加较小的负压值就能造成 25mm 的诱导虹吸损失。所以，可把虹吸式坐便器作为排水系统中较为不利的卫生器具，以其存水弯为基准确定水封允许的作用负压。

坐便器水封允许的作用负压值需要通过试验确定。市场上的虹吸式坐便器有许多种，其水封装置的构造不尽相同，因此 25mm 水封损失所对应的作用负压值不一致。要确定出合适的作用负压值需要做大量的试验统计分析。我国尚未系统性地开展此项试验研究，目前暂借鉴了日本的数据，取 $-400Pa$（$-40mm$ H_2O）。这个数值对于市场上的部分坐便器是不安全的，如图 2-10 所示。图中当作用负压值为 $-375Pa$（约 $-37.5mm$ H_2O）时，便损失了 25mm 水封及剩余 25mm 水封。当作用负压值为

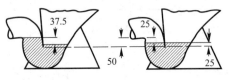

图 2-10　坐便器诱导虹吸损失与剩余水封

$-400Pa$ 时，则诱导虹吸损失将超过 25mm，剩余水封少于 25mm，小于蒸发损失允许值。如果再考虑到压力值的脉动影响，水封损失将更大。因此，400Pa 的负压对于某些虹吸式坐便器是偏大的，应该减小。

若再假定负压区还存在正压，那么 400Pa 的负压将显得更为偏大。

我国地漏产品参差不齐，国家标准与行业标准存在矛盾。通过对产品结构的优化改造，达到水封深度和强度要求，困难不大。

3）正压区水封允许的作用压力

处于正压区的水封，经蒸发而损失 25mm 时，剩余的水封为 25mm，该剩余水封所能承受的最大正压就是水封允许的作用压力。同负压区的道理类似，正压区的水封允许作用压力也随水封的构造而变化。比如对于管径均匀不变的存水弯，25mm 剩余水封可承受的最大正压不考虑脉动因素时为 50mm H_2O，对于图 2-10 所示的坐便器存水弯，由于水封强度小，25mm 剩余水封所能承受的最大正压就小于 50mm H_2O。同负压区一样，在正压区，虹吸式坐便器也是一种不利的卫生器具，以其存水弯为基准确定水封允许的作用压力。对于不同的坐便器，剩余 25mm 水封所承受的最大正压值并不一致，需要做大量的试验统计分析才能确定出合理的压力值。目前所取数值 400Pa 是偏大的。

若再假定正压区还存在负压，那么 400Pa 的正压将显得更为偏大。

4）排水立管通水能力试验和排水系统设计时的水封破坏判别标准

生活排水立管的通水能力是保证系统中卫生器具水封不破坏的最大通水流量。试验测试中，水封破坏的判别依据是排水立管中的压力。此外，工程通气管道的设计依据也是管道中的压力。

在负压区，当水封的虹吸损失达到 25mm 时便可认为水封破坏，与此相对应的管道内负压值作为水封破坏的判别标准。在正压区，穿透 25mm 剩余水封所对应的管道内正压值作为水封破坏的判别标准。

判断水封破坏的压力绝对值在不同国家相差很大。美国取 254Pa（25mm H_2O），日本取 400Pa，英国取 375Pa，苏联取 50mm H_2O，印度取 400Pa。美国取 25mm H_2O 的依据是：对于水封深度为 50mm 的均匀管径存水弯，破坏水封的压力为 50mm H_2O（水封损失达到 25mm），考虑安全系数 2，取 25mm H_2O 或 254Pa。我国目前取压力值 400Pa，即：

管道内的最大负压绝对值大于 400Pa 时，判定为水封破坏；管道内的最大正压值大于400Pa 时，判定为水封破坏。

在排水系统的设计中，应减小排水系统内的压力值，采取的工程措施包括：设置通气管道、采用支立管特殊接头、避免排水立管偏置、限制管道最大负荷等。吸气阀和类似的进气装置可减缓排水横支管和排水立管内的负压。

从防止水封破坏的角度考虑，管道内的压力绝对值越小越好。但从经济性的角度考虑，管道内允许的压力值越大越好，这样可使排水立管的通水能力增大［见公式（2-36）、公式（2-37）］，管道系统的尺寸减小，并少占用建筑空间。

4. 水封装置的性能要求

1）水封深度和水封强度构成水封的性能

水封装置（如存水弯）的水封性能可用水封深度和水封强度这两个重要指标来衡量。

保持其他条件不变，水封深度越大，则越不容易被破坏，抗破坏能力越强，性能越好。但水封深度太大会削弱存水弯的自净能力，容易被沉积的杂质堵塞，同时又占用较大的空间。故水封深度需有低限值和高限值，一般取 50～100mm。

除了水封深度之外，还存在另一个因素影响水封装置的性能，那就是水封强度。水封强度是指在水封深度固定不变的前提下，水封装置的构造变化导致的水封性能变化。保持其他条件不变，水封强度越大，则越不容易被破坏，抗破坏能力越强，性能越好。用水封构造尺寸表征的水封比需要用水封强度进行测试及体现。

2）水封强度概念

不同构造的存水弯，出水端在相同的负压作用之后，诱导虹吸损失（测量剩余水封）有的大，有的小。或者说存水弯出水端在相同的正压作用下，受压水面下降有的大，有的小。对于进水肢和出水肢管径相等、过水断面积相同的存水弯，诱导虹吸损失的水封深度是静止负压值的 1/2，见图 2-11。图中，静止负压20mm H$_2$O，损失水封深度 10mm。同理，当管道内 20mm H$_2$O 静止正压作用于水封面时，水封面下降深度为 10mm，是正压值的 1/2。

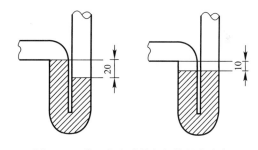

图 2-11 进、出水肢管径相等的存水弯

对于水封强度小的存水弯，诱导虹吸损失的水封深度就会大于静止负压值的 1/2，如图 2-10 所示。图中，当存水弯经 37.5mm H$_2$O 的管内静止负压作用后，水封损失为25mm，大于负压值的 1/2。同理，当管内正压作用于该图右侧存水弯中的水封面时，若把水封面下压 25mm 至水封底端，所需的静止正压值就小于 50mm H$_2$O（约 38mm H$_2$O），即水面下降深度大于正压值的 1/2。

对于水封强度大的存水弯，诱导虹吸损失的水封深度就会小于静止负压值的 1/2，管内正压作用时水封面下降的深度也小于静止正压值的 1/2。

负压作用后剩余的水封深度越大，或者正压作用下水封面下降得越少，则说明水封装置越不容易被破坏，水封性能越好。反之，则水封性能越差。可见，水封深度相同而构造不同的存水弯，抗负压或正压破坏的能力并不相同。

由此，水封强度可表述为：经过与水封深度等值的负压作用之后，剩余水封深度与水封深度之比。或者表述为：作用于水封的负压（用水柱表述）值，取其50％与水封损失值之比。

水封强度若用正压表述，应为：作用于水封面的正压值，取其50％与水封面下降值之比。

3）水封强度指标

用 n 代表水封强度，根据水封强度的定义，有公式（2-38）：

$$n = \frac{P}{2h} \tag{2-38}$$

式中　P——作用于水封面的压力绝对值（mmH_2O）；

　　　h——水封的负压损失深度，或水封面在正压作用下的下降深度（mm）。

当 $n=1$ 时，水封装置的构造性能为中性。

当 $n>1$ 时，水封装置的构造性能好。水封强度越大，则负压造成的水封损失越小，水封越不容易被破坏；或者水封强度越大，则正压越不容易穿透水封。

当 $n<1$ 时，水封装置的构造性能差。水封强度越小，则负压造成的水封损失越大，水封越容易被破坏；或者水封强度越小，则正压越容易穿透水封。

2.7　生活排水高峰流量

排水高峰设计流量用于生活排水系统的设计，是水力计算及管径选择的依据。建筑生活排水管道中的流量和相应的给水管道类似，流量是时刻变化的。构建排水设计流量公式应尽可能反映和逼近高峰排水时段的规律。此外，对高峰排水规律的认知不应受非高峰排水现象的干扰。只有在公式的构建中反映了实际工程的高峰排水规律，才能有基础在排水实验塔中对实际排水现象进行模拟。

1. 生活排水规律

1）卫生器具排水规律

卫生器具的排水规律包括排水流量、排水延续的时间长度、排水次数、相邻两次排水的时间间隔等。根据排水规律的不同，卫生器具可划分为如下两类：

一类是排水规律与给水规律相类同的卫生器具，如洗手盆、淋浴器、自闭式冲洗阀大便器、小便器、净身器等，二者的流量、延续时长、使用次数、使用间隔等相同。

另一类是排水规律与给水规律存在明显差异的卫生器具，如水箱冲洗大便器、浴盆、洗脸盆、洗菜盆、拖布池、家用洗衣机等，此类卫生器具的排水流量比给水大；排水延续时间比给水短，且排水流量不恒定，存在高峰值；相邻两次排水的时间间隔稍长。

第二类卫生器具排水时往往要经历有压流排水流态，排水口被淹没，不进空气。

2）额定流量

卫生器具排水过程中的流量是变化的，存在流量峰值，特别是第二类卫生器具。用额定流量表征各卫生器具的排水流量特征。额定流量是卫生器具排水过程中一个时间段的流量平均值，而不是瞬间的脉冲峰值。额定流量是用于管道水力计算的流量。

第一类卫生器具的排水额定流量和给水额定流量相同。第二类卫生器具的排水额定流量大于给水额定流量。

3）排水横支管的用户高峰排水规律

当排水横支管接有多个卫生器具时，会有两个及以上的卫生器具同时排水，水流在排水横支管中叠加。有时峰值叠加在一起，有时峰值错开但水流叠加在一起。在流量计算中，同时开启的卫生器具总流量按各卫生器具的额定流量相加，即各卫生器具高峰时段平均流量相叠加。

对于每一个排水横支管，同时开启的卫生器具数量往往不进行计算，而是根据经验常识确定。比如办公楼公共卫生间的一个排水横支管，接有 2 个大便器时，需考虑 2 个同时冲洗；接有 3 个大便器时，仍可考虑 2 个同时冲洗；接有 5 个大便器时，可考虑 3 个同时冲洗，等等。

卫生器具一次排水过程中的水进入排水横支管后，排水流量高峰的峰值会缩小，但高峰延续的时间拉长，并且一次排水过程的时间长度也拉伸延长。这种排水时间长度拉伸延长、排水峰值降低缩小的现象将随着流动路程而持续进行。

排水横支管连接的卫生器具数量不多，在几个或十几个以内，其排水在排水横支管中形成的水流是断断续续的，即使在高峰用水时段也是如此。

4）排水立管及排水横干管的用户高峰排水规律

在高峰用水时段，各个卫生器具都存在排水机会，因此各个排水横支管均有较大几率向排水立管内排水。排水高峰发生的时段因建筑功能而异。居住类建筑用水排水高峰多发生在晚间和早晨，办公、展览类公共建筑用水高峰多发生在白天，娱乐性建筑用水高峰多发生在前半夜，等等。

各种类型的建筑中，用水排水高峰时段内的各个卫生器具的排水是随机的，近似于随机事件，每个卫生器具都是随机事件的样本。每一个卫生器具都具有排水发生的频率或概率。卫生器具排水频率或概率是在建筑高峰排水时段，卫生器具连续两次排水之间的时间间隔中排水的时间所占的比例。可见，在建筑高峰排水时段，卫生器具排水是按两次及以上次数考虑的。一个卫生器具只排水一次的现象，不是排水系统的高峰排水时段，也不是构建排水规律所关注的工况。

在用水高峰时段，同一个排水立管越靠近下部或底部，则承接的卫生器具越多，因而排入的流量越大。排水立管的流量计算以及排水横干管、排出管的流量计算，均针对这种流量。

在排水立管内没有水流时，排水横支管的水流进入排水立管后，沿排水立管内壁下落。在下落流程中，其流量峰值越来越弱，水流过程的长度进一步拉长，如图 2-12 所示。但在用水高峰时段，整个系统中的卫生器具排水，接力持续一段时间，这些排水从排水横支管进入排水立管，形成叠加水流，削弱了单个卫生器具或单个横支管排水过程中的流量峰值，因此高峰用水时段排水立管中的水流

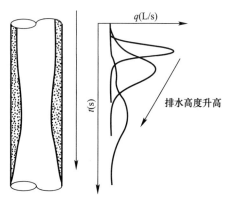

图 2-12 水流峰值及过程在
排水立管中形成拉伸

在各个断面上波动不再剧烈，即使出现个别的瞬时脉冲流量，也不再纳入流量计算公式和排水立管通水能力的考虑范围。

2. 卫生器具排水与概率论的联系

有一类现象，在个别试验中呈现出不确定性，但在大量重复试验中又具有统计规律性，称之为随机现象。试验在这里是个广泛的概念，它包括各种各样的科学试验，甚至对某一事物的某一特征的观察也认为是一种试验。

具有下述三个特性的试验称为随机试验。

1) 可以在相同的条件下重复进行；

2) 每次试验的可能结果不止一个，并且能事先明确试验的所有可能结果；

3) 进行一次试验之前不能确定哪一个结果会出现。

从一座建筑中任意指定一个卫生器具观察其排水状况可以近似看作是一个随机试验。它可以在基本相同的用水高峰条件下重复进行；它有两种可能的结果出现，即排水或未排水；但在指定观察之前不能确定其是出现排水，还是出现不排水。

在随机试验中，对一次试验可能出现也可能不出现，而在大量重复试验中却具有某种规律性的事件，称为随机试验的随机事件。随机试验中，它的每一个可能出现的结果都是一个随机事件。上述观察卫生器具的试验中，"排水"这件事情可能发生也可能不发生，但在各高峰排水时段观察许多次后，就能看出它的发生是具有某种规律性的。在该试验中，"排水"和"未排水"就是试验的基本事件。

一般地，设随机事件 A 在 n 次试验中出现 n_A 次，其比值称为事件 A 在这 n 次试验中出现的频率（见公式（2-39））。当 n 较小时，频率 $f_n(A)$ 有随机波动性，当 n 逐渐增大时，频率 $f_n(A)$ 逐渐稳定于某个常数 $P(A)$，即当 n 很大时就有 $f_n(A) \approx P(A)$。常数 $P(A)$ 实际上是事件 A 发生的概率。

$$f_n(A) = n_A/n \tag{2-39}$$

在一个规模较大的排水系统中，观察其中 n 个卫生器具工作状态的试验相当于做 n 次随机试验。发现排水的卫生器具个数 n_A 与 n 之比即为卫生器具的使用频率 f_n。当 n 较小时，f_n 随机波动，当 n 逐渐增大到很大时，f_n 将稳定于概率 P。

3. 卫生器具排水频率

排水系统的流量一天内时刻都在变化着，有高峰，有低峰，并且高、低峰的出现时间是有一定规律的。这种高、低峰分布差异的出现，并不是概率统计规律支配的结果，而是用户生活规律的作用。在用户生活规律的支配下，一天中不同时段卫生器具的使用概率不同。有的时段使用概率低，有的时段使用概率高。概率计算中所关注的是高峰用水时段的使用概率。

卫生器具排水概率的确定，可取下述两种方法之一。

1) 方法一——最高峰使用概率

在 20 世纪前期，美国专家 Hunter 首次提出卫生器具的使用概率计算式，如公式（2-40）所示。

$$p = t/T_0 \tag{2-40}$$

式中　T_0——最繁忙用水时段卫生器具连续两次用水即从第一次开始排水到第二次开始排水的时间间隔（s）；

　　　　t——T_0 期间的排水时间（s）。

T_0 与 t 都由实地观察统计确定。

2）方法二——最大时平均使用概率

根据公式（2-40），如果在某一时段 T 上，卫生器具每隔时间 T_0 就有一次排水，则 p 就代表了卫生器具在该时段上的排水概率。在该时段上，概率 p 保持不变，均匀分布。其表达式可表示为公式（2-41）。

$$p = \frac{q_T}{q_0 \cdot T} \tag{2-41}$$

式中　T——某一时段（s）；

q_T——T 时段上的卫生器具累计排水量（L）；

q_0——卫生器具流量（L/s），可近似取额定流量。

这样，在实地求测 p 时就可简化为：记录时间 T 及该时段上的卫生器具累计排水量 q_T 即可。

特别地，当在最大用水小时的整个时段上（$T = 3600\text{s}$），卫生器具的使用间隔都很均匀时，则卫生器具使用概率在该小时上保持不变，均匀分布。概率公式可转化为公式（2-42）。

$$p = \frac{q_h}{q_0 \cdot T} = \frac{q_h}{3600q_0} \tag{2-42}$$

这样，在实地求测 p 时又可简化为只记录卫生器具最大时排水量 q_h（L）。

如果再假定系统中各同类卫生器具的排水量及排水时间间隔都相等，即各卫生器具的使用概率相同，则公式（2-42）可转化为公式（2-43）。

$$p = \frac{q_h}{3600q_0} = \frac{Q_h}{3600nq_0} \tag{2-43}$$

式中　Q_h——系统全部卫生器具的最大时排水量（L）；

n——卫生器具数量。

这样，在实地求测 p 时可简化到只记录系统的最大时排水量 Q_h 和卫生器具数量 n。

上述两种方法中，方法一需要进行大量实测取得数据；方法二最为简单，它的计算式中几乎不含有需要进一步观测的管网水力参数，只是要对排水系统的最大排水小时的流量变化情况进行观察，看是否符合方法二所假设的模型。

4. 二项式概率公式计算设计高峰流量

1）贝努利试验及二项分布概念

设试验 E 只有两个可能的结果：A 及 $\overline{A}$（$\overline{A}$ 表示事件 A 不发生）。记 A 的发生概率为 p，$\overline{A}$ 的发生概率为 $1-p(0 < p < 1)$，将试验 E 独立地重复进行 n 次，则称这一串重复的独立试验为 n 重贝努利试验，简称贝努利试验。其中事件 A 发生 $k(0 \leqslant k \leqslant n)$ 次的概率 $P_n(k)$ 见公式（2-44）：

$$P_n(k) = \binom{n}{k} p^k (1-p)^{n-k}, \quad k = 0, 1, \cdots, n \tag{2-44}$$

由此又称随机事件 A 发生的次数服从参数为 n、p 的二项分布。并且各概率累加之和为 1，如公式（2-45）所示。

$$\sum_{k=0}^{n} \binom{n}{k} p^k (1-p)^{n-k} = 1 \tag{2-45}$$

2）设计同时排水卫生器具数量

在负担 n 个卫生器具的排水系统或管道中，若各卫生器具的排水概率相同，均为 p，将卫生器具是否在排水看成是一次试验的结果，某一时刻同时观察 n 个卫生器具相当于做 n 重贝努利试验，则在排水的卫生器具出现的个数服从参数为 n、p 的二项分布，如公式（2-45）所示。

排水管网中，同时排水的卫生器具的个数 k 可有 $n+1$ 个取值，从没有卫生器具排水 $k=0$ 到所有卫生器具都在排水 $k=n$，共有 $n+1$ 种情况。现实中，这 $n+1$ 种情况都有可能出现，只是有的情况出现的可能性小，有的情况出现的可能性大。图 2-13 是 $n=20$、$p=0.2$ 条件下 k 取各个值的概率，即各种情况出现的概率。

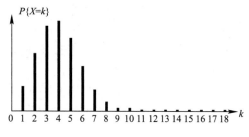

图 2-13　概率二项分布

根据公式（2-45），把卫生器具所有可能的排水情况（即 k 取 $0 \sim n$）的概率累加起来，其和为 1 或 100%。

工程中，如果我们把卫生器具所有可能的排水情况都考虑进来显然是不经济的，因为那些 $k=n$，$n-1$……排水情况出现的概率极小。所以我们可以把该排水情况略去。美国专家 Hunter 首先提出用公式（2-46）处理此问题。

$$P = \sum_{k=0}^{m} \binom{n}{k} p^k (1-p)^{n-k} \geqslant 0.99 \tag{2-46}$$

或

$$\sum_{k=m+1}^{n} \binom{n}{k} p^k (1-p)^{n-k} < 0.01 \tag{2-47}$$

式中　P——不多于 m 个卫生器具同时排水的概率；

p——任一个卫生器具的排水概率；

n——管道担负的卫生器具个数；

m——计算卫生器具个数。

该方法中，把出现 n，$n-1$，…，$m+2$，$m+1$ 个卫生器具同时排水的情况（其概率之和小于 0.01 或 1%）都忽略掉，只考虑发生 $0 \sim m$ 个卫生器具同时排水的情况。

把公式（2-46）用于排水管道中，其代表的意义可理解为：在各个卫生器具排水概率均为 p 的时段上（注意不同时段 p 是不一样的），在任一时刻同时观察所有的卫生器具（n 个），当观察次数足够多时，则发现不多于 m 个卫生器具同时排水的次数逐渐稳定于总观察次数的 99%，或者说发现多于 m 个卫生器具同时排水的次数逐渐稳定于总观察次数的 1%。这相当于：在该时段上 99% 的时间，同时排水的卫生器具个数不会超过 m 个，或超过 m 个卫生器具同时排水的时间不大于 1%。比如：若各卫生器具排水概率 p 在最大用水的半个小时上均匀分布，则在该时段，超过 m 个卫生器具同时排水的时间累计不超过 $1800 \times 1\% = 18s$。

公式（2-46）中的 0.99 或公式（2-47）中的 0.01 是 Hunter 在建立这种方法时任意选择的值，被沿用至今。取 0.99 以上的数对 m 影响不大。例如对于 $n=100$、$p=0.1$，当 P 从 0.99 变到 0.999 时，m 仅从 18 增加到 20。

公式（2-46）可制成计算表格，见表 2-3。

瀑时高峰排水卫生器具计算表   表 2-3

p n	0.030	0.035	0.040	0.045	0.050	0.055	0.060	0.065	0.070	0.075	0.080
50	5	5	6	6	7	7	7	8	8	9	9
100	8	8	9	10	11	11	12	13	13	14	15
150	10	11	12	13	14	15	16	17	18	19	20
200	12	14	15	16	18	19	20	22	23	24	25

3）设计高峰流量

用 m 个卫生器具的流量之和作为设计流量，又称设计高峰流量，见公式（2-48）。它能满足 $0 \sim m$ 个卫生器具同时用水的情况。

$$q_s = q_0 \cdot m \tag{2-48}$$

式中 q_s——设计高峰流量（L/s）。

当管段中含有多个种类的卫生器具时，应把卫生器具数量 m 折算为最小单位数——当量数，q_0 采用当量流量，并根据全部种类的卫生器具的数量及排水频率加权计算当量的综合排水频（概）率，代入公式（2-46）或公式（2-47），求解同时排水卫生器具数量 m。

排水高峰设计流量的实用计算公式、保证率的分析、多种卫生器具排水的概率及其叠加、二项式分布及正态分布的适用性等问题，不再展开讨论。

5. 设计高峰流量的验证与排水立管通水能力的实测

1）设计高峰流量的验证

构建的高峰排水流量设计计算公式是否符合或反映了工程实际排水规律，需要在实际运行的工程中进行测试验证，而不能在实验室中进行人为的模拟"验证"。用概率方法构建的设计高峰流量公式，需要进行工程实测验证。经实测数据分析，公式的计算误差能控制在工程允许范围之内后便可推广应用。实测验证的焦点是各种卫生器具的排水频率或概率。实测验证有两种不同的方法，但效果一样。

第一种实测验证方法是：在现场观察高峰用水排水时段的各种卫生器具，记录其使用的时间间隔、每次排水时间长度，从而获得用水频率，见公式（2-40）。或者推理构建公式计算各种卫生器具的排水频率，见公式（2-43）。然后根据构建的设计高峰流量公式计算系统的高峰流量，与实测流量进行比较。经误差分析符合要求则公式和频率值确立，不符合要求则说明频率值存在问题，需要继续观测或推理研究，修改完善排水频率，直至符合要求为止。此种方法直观、好理解，易被多数人接受。

第二种实测验证方法是：将实测的高峰排水流量数据代入构建的设计高峰流量公式，反推卫生器具的排水频率。再用推算出的卫生器具排水频率计算另外的同类建筑的设计高峰流量并进行实测，把计算流量和实测流量进行对比，分析卫生器具排水频率的准确性。或者直接对多个同类建筑进行实测，根据实测流量反推出卫生器具排水频率。综合分析加工各建筑中的卫生器具排水频率，确立最终结果。

以上两种实测验证方法都需要测试系统的高峰排水流量。流量测试首先要确定测点的位置。依据常识，测点应放在系统的终点或其下游。对于建筑排水系统，最下游的卫生器具接入点为系统的终点，测点应设在该点的下游。同样依据常识，工程测试不应该毁损被测试的系统，应利用现有的条件进行测试，否则测试将困难重重。排水系统的流量测点应放在排出管的第一个检查井处，此处最具可操作性。把排出管锯断甚至把排水立管锯断以便收集排水量和测出流量是不现实的。

流量测试还需要对记录的流量数据进行加工。在排出管出口测得的高峰排水时段流量，是随时间时刻变化的。那些出现频率总和小于 0.01 的瞬间峰值或脉冲峰值不需要公式反映或满足它们，或者说，有 1% 时间的最高峰流量是不需要公式满足的，在高峰排水时段，取流量数据的平均值作为实测数据用于流量分析。超出平均值的流量出现的时间应控制在 1% 以内。

通过以上实测而最终确立的排水设计高峰流量，应该是：第一，是系统终点下游的流量，不是排水立管中途某一点的流量；第二，是某时段的平均流量，而不是瞬间的脉冲流量。

2）排水立管通水能力的实测

排水立管的通水能力或最大排水流量，需要通过排水实验塔的试验得到。试验中，排水流量需要人为制造。当试验流量用于工程设计时，要和经过工程实测验证的设计公式计算出的高峰流量进行比较和匹配，选出排水立管的管径。人为制造流量的基本要求是应尽可能地体现、表征设计流量计算公式揭示的排水特征和规律。当无法完全体现而必须偏移时，应向着给排水立管制造更恶劣的运行工况偏移，而不得向着更有利的工况偏移。

依据高峰流量概率公式及其验证方法，可知：（1）排水立管越往上排水流量越小，越往下排水流量越大；（2）卫生器具排水频率根据相邻两次排水而得出，所以高峰排水存续一个时间段；（3）排水立管的设计高峰流量出现在排水立管底部或排出管出口。

我国排水实验塔试验中，人为制造流量存在两种方法，即稳（恒）定流和非稳定（瞬间）流。按稳定流制造的流量，特点是：（1）排水立管从上到下的流量恒定；（2）流量持续一段时间；（3）排水立管底部、排出口及排水立管上部的流量相等。试验流量在（2）、（3）条件下和设计计算流量吻合，但在（1）条件下偏离了设计计算流量，从排水立管底部往上，流量没有递减，这相当于在排水立管的中上部制造的流量大于设计流量，排水立管的排水条件变得恶劣，排水立管内的压力值增大。这种试验流量用于工程设计，安全性高。

按非稳定（瞬间）流制造的流量，特点是：（1）排水立管上部流量最大，越向下流量越小；（2）高峰流量瞬间进入排水立管，然后中断，不持续，最大流量仅在某个断面上瞬间存在；（3）排水立管底部和排出口的流量显著小于进入排水立管的高峰流量，即小于设计计算流量。试验流量在（1）～（3）条件下全部偏离设计计算流量，且向着更有利的工况而不是更恶劣的工况偏离。其中试验流量只在某个断面瞬间存在，其余时间及所有断面流量都迅速衰减，小于试验流量和秒流量公式计算流量。这种瞬间存在的流量，在排水立管内造成的负压值比稳定流造成的压力绝对值小，向着排水有利工况偏离，从而高估了排水立管的通水能力。这种试验流量用于工程设计，安全性差。

2.8 建筑雨水设计流量

1. 建筑与小区雨水设施的分级及其雨水量
1）雨水量及其对应的雨水系统
不同于传统的雨水系统，近年来建筑与小区内的雨水系统需要考虑三个层次的雨水，分别为常年雨水、3～5年重现期雨水、超标雨水。

常年雨水（约2年一遇）主要指常年最大24h降雨总量和年降雨总量，此重现期范围内的降雨径流量应进行控制及利用，使大部分雨水不因地面硬化而流失，并逼近于建设开发前的水平。雨水控制及利用系统主要有：土壤入渗系统；收集回用系统；调蓄排放系统。

3～5年重现期雨水主要针对一场降雨的高峰时段的降雨径流量，此范围内的降雨高峰径流量应有组织排除，包括屋面雨水和地面雨水，避免形成路面积水和屋面积水。有组织排水的设施称为雨水排水系统，主要有：室外雨水管道和沟渠重力排水系统；加压提升排水系统；屋面雨水排水系统，包括87型雨水斗排水系统、虹吸式雨水斗排水系统、重力流雨水斗排水系统。

超标雨水指超出雨水排水系统排水能力的雨水径流，且最大考虑50年甚至100年一遇。超标雨水不得倒灌进入或泛水进入建筑室内，屋面及建筑不得受到超标雨水损害，屋面雨水管道系统不得受到超标雨水损害及破坏等。超标雨水的排除方式较多，随下垫面的竖向位置而变化。高于市政道路的室外地面，其超标雨水主要沿室外道路流入市政路面；局部下沉的庭院和广场超标雨水则与非超标雨水合并一起由加压提升排水系统排除；屋面超标雨水由重力排至室外地面，设虹吸式雨水斗的屋面超标雨水采用屋面溢流口或溢流管道系统排除，设87型雨水斗的屋面超标雨水一般由该排水系统本身预留的余量排除，设重力流雨水斗的屋面超标雨水按规范要求应由屋面溢流口排除，但实际工程中无法实现，该雨水基本都进入了雨水斗系统，因为溢流口位置高于雨水斗。

2）雨水控制及利用

建筑与小区的雨水控制及利用需要实现以下四个目标：

（1）对年径流总量进行控制，控制常年雨量的65%～85%不流失或者不在降雨过程中外排。

（2）对常年最大24h降雨径流进行控制，外排雨水径流系数应控制在建设开发前的水平或上位规划要求的数值范围内。

（3）对外排雨水径流的污染物进行控制，减少外排量。其主要通过减少外排雨水量和不外排初期雨水来实现。

（4）雨水资源化利用：用雨水替代自来水（直接利用）和雨水渗入土壤（间接利用）。雨水资源化利用既是目标，又可作为实现前三个目标的手段，因此而受到重视。

雨水控制及利用，需要给水排水、总图、建筑、景观园林等专业密切配合、分工合作，才能实现。其中有些设施由给水排水专业完成，有些设施由其他专业完成。本手册主要涉及给水排水专业的技术内容。

2．常年雨水量

雨水控制及利用系统针对的是常年雨水量。

1）需要控制及利用的径流总量

雨水控制及利用系统应根据公式（2-49）计算径流总量：

$$W = 10(\varphi_c - \varphi_0)h_y F \tag{2-49}$$

式中　W——需控制及利用的雨水径流总量（m^3）；

　　　φ_c——硬化面雨量径流系数；

φ_0——控制径流峰值（最大 24h 降雨）所对应的径流系数，应符合当地规划控制要求；

h_y——设计降雨厚度（mm）；

F——硬化面和水面汇水面积（hm^2），应按水平投影面积计算。

2）径流系数

各类硬化面对应的雨量径流系数见表 2-4。当硬化面的类型多于一种时，雨量径流系数 φ_c 应按综合径流系数计，按硬化面面积加权平均计算。注意计算综合径流系数时不应计入非硬化面的径流系数。

雨量径流系数 表 2-4

下垫面种类	雨量径流系数 ψ_c
硬屋面、未铺石子的平屋面、沥青屋面	0.8～0.9
铺石子的平屋面	0.6～0.7
混凝土和沥青路面	0.8～0.9
块石等铺砌路面	0.5～0.6
水面	1.0
干砌砖、石及碎石路面	0.4

控制最大 24h 降雨所对应的径流系数 φ_0 应按建设开发前的原自然地面计，一般为 0.2～0.4。当上位规划或当地政府有具体要求时，应执行上位规划和当地政府要求。

3）设计降雨厚度与硬化面汇水面积

设计降雨厚度 h_y 以天（d）为单位计算。降雨厚度资料应根据当地近期 10 年以上降雨量统计确定。

硬化面指径流系数大于 φ_0 的汇水面，其面积 F 为小区内的所有硬化面面积，包括屋面、路面、广场、停车场等，透水铺装地面、绿化屋面不计。水面汇水面积可按景观水体的设计水位面计。

3. 雨水排水流量

1）设计雨水流量

汇水面设计雨水流量应按公式（2-50）计算：

$$Q = k \cdot \varphi_m \cdot q \cdot F \qquad (2-50)$$

式中　Q——设计雨水流量（L/s）；

　　　k——汇水系数；

　　　φ_m——流量径流系数；

　　　q——设计暴雨强度 $[L/(s \cdot hm^2)]$；

　　　F——汇水面积（hm^2）。

2）设计暴雨强度

设计暴雨强度应按当地或相邻地区暴雨强度公式计算确定，见公式（2-51）。

$$q = \frac{167A(1+c\lg P)}{(t+b)^n} \qquad (2-51)$$

式中　　　q——设计暴雨强度 $[L/(s \cdot 100m^2)]$；

　　　　　P——设计重现期（年）；

　　　　　t——设计降雨历时（min）；

A、b、c、n——当地降雨参数。

3）设计降雨历时，按公式（2-52）计算：

$$t = t_1 + t_2 \qquad (2\text{-}52)$$

式中　t——设计降雨历时（min）；

t_1——地（屋）面集水时间（min），视距离长短、地形坡度和地面铺盖情况而定，室外管线设计一般取 5～10min，建筑屋面取 5min；

t_2——管渠内雨水流行时间和雨水控制设施的容积注满时间之和（min）。

雨水控制及利用设施通过增大降雨历时而使得降雨强度减小，从而其下游的外排雨水流量及其管径减小。

4. 超标雨水

屋面雨水的溢流设施、下沉地面的提升排水等，均需要计算超标雨水。超标雨水计算包括流量计算和雨量计算，适用于不同的场合。

1）流量计算

超标雨水往往按 50 年甚至 100 年一遇降雨计算暴雨强度。我国大多数城市并没有如此多年份的雨量资料积累，故超标重现期的暴雨强度公式往往是根据现有年份的资料外延推求，其误差率较大。超标雨水的计算流量，一般不适用于需要精确计算的雨水排除系统。

有些城市常用的暴雨强度公式并不适用于计算较大重现期的降雨，使用时，应符合公式的适用条件。

2）雨量计算

当超标雨水需要水泵提升排除时，通常需要计算超标雨水的径流总量或某高峰时段的径流总量，以便确定储水容积。增加储水容积可使水泵的流量减小，二者为此消彼长的动平衡关系，根据建筑或场地条件，可综合考量后确定。

2.9　屋面雨水排水系统的排水规律

设有雨水斗的屋面雨水排水系统，在服役期间，随着降雨量的变化和雨水斗被淹没的程度不同，将呈现不同的排水流态。当降雨量较小或雨水斗的斗前水位很浅，雨水以自由堰流形式进入雨水斗时，系统的流态为无压流，有时又称重力流；当降雨量较大或雨水斗完全被淹没时，系统的流态为有压流，有时又称压力流；当雨水进入雨水斗处于自由堰流和淹没入流之间的状态时，系统的流态为两相流，有时又称气水混合流或半有压流。

1. 雨水有压流排水

当屋面女儿墙上的溢流口溢流雨水或雨水斗完全被淹没时，屋面雨水排水系统为有压流或压力流排水。屋面雨水的势能转化为动能和压能，在排水管道系统内形成很大的负压或正压以及速度水头，造成雨水系统很恶劣或非常不利的工况。按重力（无压）流设置的屋面雨水排水系统，当雨水斗被淹没排水时，系统往往遭到损坏。

屋面雨水排水系统形成有压流输水的前提条件是管道进口顶部必须淹没在水面以下一定的深度。只要深度足够，空气被隔断进入，管口入流形成封闭入流，则有压流输水便会实现。这类似于高位水箱的出水口、冷却塔集水盘的出水口、水泵的吸水管头部等被水淹没时的有压流输水。

　　形成封闭入流所需要的水面最小淹没深度与入水口处的水流速度、口径和入水口构造等因素有关。流速越大，口径越大，则需要的淹没深度越大。入水口的隔气构造越好，则需要的淹没深度越小。人们一般通过改善入水口构造实现这一目标。最简单的方法是把入水口做成喇叭口状；复杂些的把入水口上方加设隔气平板，同时入水口周围加设整流格栅，比如 65 型、87（79）型雨水斗；更复杂些的在入水口隔气、整流的基础上再设下沉集水斗，比如典型的虹吸式雨水斗。

　　屋面雨水排水系统的入水口形成封闭入流、实现有压流输水所需要的水深，一方面取决于入水口即雨水斗的构造，另一方面取决于管道系统的设计。比如按有压流计算的一套虹吸式屋面雨水排水系统，不按计算结果设计，而是把系统的尺寸比计算结果放大一号或以上，则系统的输水能力增加，大于计算的设计雨水流量。输送该设计流量时的流态就不再是有压流，而是过渡流或半有压流。再比如按半有压流计算的一套 87 型雨水斗屋面雨水排水系统，雨水斗构造保持不变，而把管径比计算管径缩小一号或以上，则系统输送该设计流量时的流态就可能不再是半有压流而是转变为有压流。

　　图 2-14 是虹吸式雨水斗、65 型和 87 型雨水斗斗前水深和排水流量的关系。其共同点是都存在一个折点流量，在达到折点流量后，斗前水深迅速增加，而排水流量基本不再增加；在达到折点流量之前，排水流量迅速增加，而斗前水深增加缓慢。其不同点是，折点流量所对应的斗前水深不同，带集水斗的虹吸式雨水斗斗前水深最小。折点之后系统基本转化为满管一相流或有压输水流态。

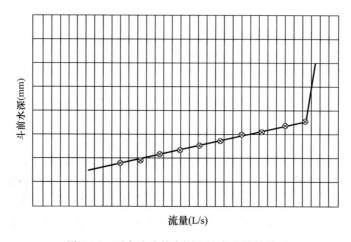

图 2-14　雨水斗斗前水深和排水流量的关系

2. 雨水无压流排水

　　对于屋面雨水排水系统，当雨量较小时，系统入口的水很浅，入流量很小，雨水横管和雨水立管中的水流具有自由水（表）面，水面上作用着大气压力（或接近于大气压力），压力与重力相比很小，不影响水流的运动，为无压流态。这是屋面雨水排水系统服役期间最有利的运行工况。对于设有雨水斗的屋面雨水排水系统，应避免采用这一有利流态进行工程设计。

　　无压流排水时，横管中水的流动由管道敷设坡度决定。坡度大，则流速大；反之，则流速小。对于横管不设坡度的虹吸雨水系统，在小雨时或雨水斗自由堰流排水时，水的流动主要由壅水线形成的水力坡度驱动，形成非均匀流。横管上游水位高，水流断面大，流速小；横管下游水位低，水流断面小，流速大。小流速往往造成泥沙沉积，遇到连续多场小雨时，沙尘严重地区会产生不可忽视的沉泥堵塞。

我国《建筑给水排水设计规范》和《建筑给水排水设计标准》中的重力（无压）流屋面雨水排水系统，设想在运行期间一直保持重力流态。当遇到超设计重现期降雨时，超出设计流量的雨水由溢流口排除，不进入雨水斗及其系统，不使系统的流态转入两相流或有压流。然而，规范推出的重力流雨水斗，其流量和斗前水深的特性曲线表明，随着斗前水深的增加，进入雨水斗的流量迅速增大，系统随之转入两相流乃至压力流。

3. 雨水半有压流排水

当降雨量使雨水斗的斗前水深升高到超出自由堰流的水位，但并不能使雨水斗完全被淹没时，雨水管道中的水流便处于无压流和有压流之间的两相流态，或简称为半有压流。在这种流态下，水流中掺有空气，为空气和雨水的混合流动，如活塞形流动、泡沫形流动等。管道系统中的流速和压力由水和气共同构成，压力影响流体的流动，并作用于管道系统。

屋面雨水排水系统的气水两相流运动，对管道系统的强度及管道固定产生威胁，是服役期间非常不利的运行工况，系统的设计应考虑这种不利情况，包括虹吸式雨水斗系统、87 型雨水斗系统、重力流雨水斗系统。

我国传统的屋面雨水排水系统主要采用 65 型、87（79）型雨水斗，管网设计工况流态取两相流态。系统的流量负荷、管材、管道布置等都考虑水气流压力的作用。其特点是兼顾服役期间所经历的重力流、两相流、压力流的流态运行。在重力流态，横管中的流动由横管敷设坡度驱动；在压力流态，管道的安全运行由设计中的一系列压力应对措施提供保障。

4. 屋面溢流水位时的运行工况

屋面雨水排水系统的设计还需要考虑屋面溢流水位时以及流态转化时的运行工况，并保障系统的安全运行。

按有压流设计的系统，屋面溢流水位时属于有压流设计工况，运行是安全的。而无压流和过渡流态，水压作用比设计工况弱，因此，系统自然能承受非设计流态的压力，但需要重视无压流运行时悬吊管及横管的水流自净问题，特别是无坡度设置的管道。

按半有压流设计的系统，屋面溢流水位时是满管有压流输水，为最不利工况，因此必须考虑有压流输水时的压力作用，包括正压和负压。雨水斗及其管道的布置都要考虑压力因素的影响，管材需要耐受正压和负压的作用。

早先按《建筑给水排水设计规范》GB 50015—2003（2009 年版）设计的无压（重力）流系统，采用的是 87 型雨水斗和重力流雨水斗，在屋面溢流水位时，雨水斗和管道都转化为半有压流甚至有压流排水，其塑料排水管道会被负压吸瘪，悬吊管上不限数量连接的雨水斗距雨水立管最远者将在不利工况时无法排水，具有安全隐患。无压流是该系统的最有利工况，非不利工况。

目前我国屋面雨水斗排水系统，无论是按无压流计算设计，还是按半有压流或有压流计算设计，都会在实际运行中出现压力的影响，输水管道必须具备一定的承压（正和负）能力，包括管材、接口、配件、检查口等，雨水斗的布置也要考虑水流压力因素的影响。

第3章　建筑生活排水系统

3.1　建筑生活排水系统的分类与选择

建筑生活排水系统是指民用与工业建筑中用于及时排除人们使用过的生活污废水的建筑物内部及小区（或厂区）生活排水设施的总称。

1. 建筑生活排水系统的组成

建筑生活排水系统应能满足以下三个基本要求：迅速畅通地将生活污废水排至室外管道；排水管道系统内的气压应稳定，有毒有害气体不进入室内；排水管线布置合理。

建筑物内部生活排水系统由卫生器具、排水管道、通气管道等组成，如图3-1所示。

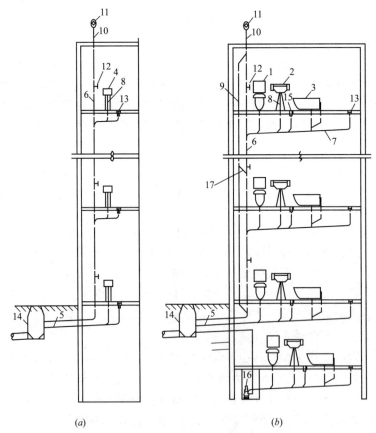

图3-1　建筑物内部生活排水系统组成示意图

（a）单立管排水系统；（b）双立管排水系统

1—坐便器；2—洗脸盆；3—浴盆；4—厨房洗涤盆；5—排出管；6—排水立管；7—排水横支管；
8—器具排水管（含存水弯）；9—专用通气立管；10—伸顶通气管；11—通风帽；12—立管检查口；
13—清扫口；14—排水检查井；15—地漏；16—污水排水泵；17—H管件

建筑小区（室外）生活排水系统通常由接户管、排水检查井、排水支管、排水干管和小型处理构筑物等组成，如图 3-2 所示。

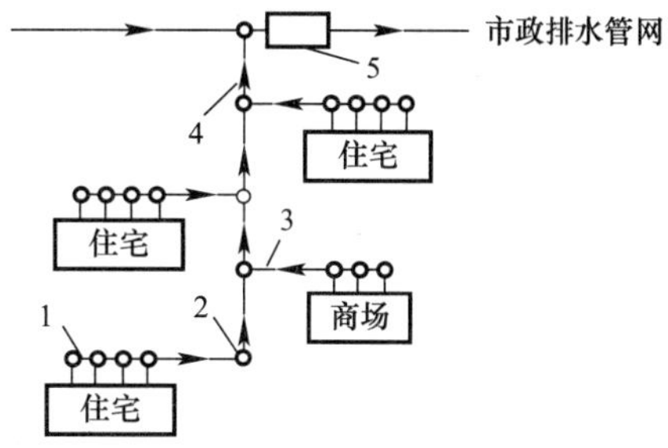

2. 建筑生活排水系统的分类

1）按生活排水的水质划分

根据生活排水的水质不同，生活排水系统可分为生活污水系统和生活废水系统。

2）按生活排水系统的流态划分

根据生活排水系统的流态，生活排水系统可分为重力排水系统、压力排水系统和真空排水系统。

图 3-2 建筑小区（室外）生活排水
系统组成示意图

1—接户管；2—排水检查井；3—排水支管；
4—排水干管；5—小型处理构筑物（如化粪池）

3）按排水体制划分

可分为污废水合流排水系统和污废水分流排水系统。这里所说的生活污废水合流或分流是指建筑物内部生活排水系统两种不同排水方式。

4）按排水立管的数量划分

（1）单立管排水系统

单立管排水系统又可分为普通单立管排水系统和特殊单立管排水系统；特殊单立管排水系统又可分为特殊管件单立管排水系统、特殊管材单立管排水系统和管件与管材均特殊单立管排水系统。

（2）双立管排水系统

双立管排水系统有两根立管，一根为排水立管，一根为通气立管（指专用通气立管或主通气立管、副通气立管）。

（3）三立管排水系统

三立管排水系统也称三管制系统，由三根立管组成，分别为生活污水立管、生活废水立管和通气立管。生活污水立管和生活废水立管共用一根通气立管。

5）按有无通气管划分

（1）不通气排水系统

不通气排水系统也称无通气排水系统，如通常采用的底层单独排出系统。

（2）通气排水系统

通气排水系统分为伸顶通气排水系统、专用通气排水系统、环形通气排水系统、器具通气排水系统、自循环通气排水系统、辅助通气排水系统及吸气阀补气排水系统等。

6）按楼层排水横支管的设置位置划分

（1）异层排水系统（也称隔层排水系统）

建筑生活排水系统中，器具排水管穿过本层楼板与敷设在下层的排水横支管相连接后再接入排水立管的敷设方式，是排水横支管敷设的传统方式。

（2）同层排水系统

建筑生活排水系统中，器具排水管和排水横支管不穿越本层楼板到下层空间，且与卫生器具同层敷设并接入排水立管的排水方式。

3. 建筑生活排水系统的选择

1) 在现代建筑里，一个好的排水系统应当具有以下基本性能：

排水通畅、不易堵塞；系统水封不易被破坏（排水立管通水能力强）；水流噪声较低；排水立管占用面积、空间较小；管材、管件质量好，管路接口密封可靠，使用寿命长；便于施工和安装；有利于日常维护和管理等。

2) 建筑生活排水系统选择要点

(1) 建筑物内部生活污废水一般采用重力排除，当无重力排放条件时，可采用压力排放或真空排放。

(2) 建筑生活排水系统应根据生活污废水性质、污染物种类及污染程度、有利于综合处理及利用等因素，结合市政排水体制综合确定。如：

① 当排入末端有城市污水处理厂的市政污水管道时，生活废水与生活污水宜合流排出；

② 当排入末端无城市污水处理厂的市政污水管道时，生活污水一般与生活废水分别排出，生活污水应经化粪池局部处理；

③ 当有设置中水系统要求时，宜根据中水的用水对象及所选用的原水水质，分质排出；

④ 当市政排水为雨污合流制系统，要求小区生活污水必须经化粪池局部处理后才能排入市政管网时，应将生活污水与生活废水分别排出；

⑤ 餐饮含油污水在除油前应与生活污水及生活废水分开排出。

(3) 下列情况下应采用同层排水系统：

① 当住宅卫生间的器具排水管要求不穿越楼板进入他户时；

② 当公共厕所、盥洗室和浴室等卫生用房内的器具排水管和排水横支管要求不穿越楼板，需在本层解决排水管道的连接、敷设，并接入排水立管时。

(4) 建筑物内的下列建筑设备排水或生活排水，需经单独处理后才能排至小区室外排水系统：

① 公共食堂的厨房洗涤废水及含油量较多的生活废水；

② 汽车库及汽车修理间排出的含有泥沙、矿物质及大量油类的废水；

③ 不符合《医疗机构水污染物排放标准》GB 18466—2005 相关要求的医院污水；

④ 排水温度超过 40℃的锅炉、水加热设备排污水；

⑤ 污废水中含酸碱、有毒、有害物质的实验室排水。

(5) 建筑小区排水应采用雨污分流制排水系统。

3) 建筑生活污废水排入城镇下水道水质标准

为了保护人类共同的生存环境，我国对排入城镇下水道和地面水体的生活污废水水质分别制定了标准，建筑生活污废水排入城镇下水道应执行现行国家标准《污水排入城镇下水道水质标准》GB/T 31962—2015。

3.2　管材、管件及接口方式

我国建筑生活排水管道在 20 世纪 80 年代以前大量使用的是缸瓦管、手工砂模立式浇注灰口铸铁管，采用刚性承插接口；之后出现机制柔性接口铸铁管。20 世纪 90 年代后期，国家大力推广化学建材，PVC-U、HDPE、PP 等塑料排水管在各地得到普遍采用。

1. 铸铁排水管材、管件及接口方式

据记载，最早使用铸铁管是在 1562 年德国的 Langensalza，用于水景喷泉。而全面使用铸铁管给水排水系统则是在 1664 年法国凡尔赛宫，铸铁管被用于从 24.14km（15mi）外的塞纳河向宫殿及周围地区供水和排水。该系统已持续服务了 300 多年，目前仍在运行。当时的铸铁管接口采用法兰、铅垫片及螺栓连接，造价比较昂贵。1785 年，英国切尔西自来水公司一位工程师——托马斯·辛普森先生发明了铸铁管承插连接，从而使铸铁管得到了更为广泛的应用（当时铸铁管主要用于市政供水系统）。直到 19 世纪 90 年代，铸铁排水管制造业才形成一个相对独立的工业门类。

1）早期的承插接口铸铁排水管采用铅丝捻口、石棉水泥捻口或膨胀水泥捻口，其优点是密封性能较好、使用寿命长，但属于刚性接口，抗震、抗建筑物地基不均匀沉降性能较差。针对此缺点，欧美及日本等发达国家对承插接口铸铁管进行了接口柔性化改进工作，研究成功采用橡胶密封圈密封的柔性承插接口连接方式。

1982 年，北京市有 15 幢高层建筑（如燕京饭店、宣武门饭店、北京中医学院、中国中医研究院等工程）先后发生铸铁排水管承口开裂的事故，造成严重污染。经北京市建筑给水排水专家们多次讨论，认为主要原因是高层建筑在风力的影响下，建筑物存在水平位移，如果管道接口为刚性连接，不能适应位移的需要，接口会开裂，甚至在管道的薄弱部位会被折断。

1984 年，在中央彩电中心高层工程即将开始建设之际，给水排水专业负责人傅文华专门为排水管道及其接口方式出国考察，先后走访了法国和日本。法国高层建筑相对较多，日本则因为是地震多发国家，管道连接需要考虑抗震问题。根据考察结果，从日本引进了柔性抗震接口铸铁排水管技术：管材采用离心浇注成型工艺；接口采用法兰压盖、橡胶密封圈密封；接口允许有 5°角位移，属于柔性连接，具有良好的抗震性能。傅文华回国后，专门组织了一个铸铁排水管科研项目，获得成功并首次用于中央彩电中心工程。这就是 RK 型接口铸铁排水管，也是我国第一个采用柔性接口铸铁排水管的工程项目。

1991 年，国家标准《排水用柔性接口铸铁管及管件》GB/T 12772—1991 颁布。该标准中分别有 A 型和 RK 型两种接口形式。由于 RK 型接口密封性能及抗拉拔性能不够理想，在随后修订的《排水用柔性接口铸铁管及管件》GB/T 12772—1999 中取消了这种接口形式。1999 年版标准分别参照了日本和韩国标准，选用了 A 型和 B 型机械式柔性承插接口（或称法兰承插柔性接口），其共同特点是：具有优良的径向挠曲柔性和轴向伸缩补偿性能，连接强度高，密封性能好。在《排水用柔性接口铸铁管、管件及附件》GB/T 12772—2016 中将上述两种接口形式统称为机械式柔性接口（A 型、B 型），这两种接口形式的铸铁排水管材是近二十年来我国用于高层建筑和地震烈度不超过 9 度地区抗震建筑的主要选用管材。

由于当时的承插口连接的法兰压盖有三耳和四耳，不够美观，靠墙敷设时螺栓固定有一定难度。泰国华侨徐慧珍回国时，带回了卡箍连接的泰隆管，其特点是管道均为直管无承口，卡箍采用不锈钢，适用于明装管道。后来有关单位为此制定了一本行业标准《建筑排水用卡箍式铸铁管及管件》CJ/T 177—2002，规格尺寸主要参照 ISO 标准。与国家标准的 W 型的不同点是行业标准的管道壁厚尺寸要小一点，因为国家标准的 W 型主要是参照美国标准 ATSM A888 制定的。2008 年，第二次修订的《排水用柔性接口铸铁管、管件及附件》GB/T 12772—2008 将行业标准的内容纳入其中，型号改为 W1 型，卡箍连接开始用于生活排水系统。在《排水用柔性接口铸铁管、管件及附件》GB/T 12772—2016 中将

W 型、W1 型两种接口形式统称为卡箍式柔性接口。

2）止脱接口

1998 年，上海浦东国际机场工程将卡箍连接铸铁排水管用于屋面雨水排水系统，当时还专门为此做了试验。试验过程中发现雨水系统为满管压力流，雨水立管底部的弯头处卡箍不能固定管件，接口极易脱开。当时采取的措施是对卡箍予以加强，于是有了止脱（防脱）加强型卡箍，主要用于排水立管底部需要加强的部位。

止脱接口是与柔性接口铸铁排水管材相伴产生的。尽管不锈钢卡箍柔性接口和机械式柔性承插接口都具有优良的接口柔性和抗震性能，但不锈钢卡箍柔性接口抗拉拔性能稍差。为了防止一些难以固定支撑的关键节点接口脱落，后来又研发出了用于防止不锈钢卡箍接口脱落的防脱加强箍，以及用于防止 A 型和 B 型接口脱落的防脱卡和用于防止机械式柔性承插接口脱落的止脱节。确保经过止脱（防脱）加固的接口既可保持必要的柔性，又可承受设计规定的内水压。铸铁排水管止脱接口主要用在以下部位：

（1）底部弯头与排水立管和排水横干管连接的接口；

（2）转换层弯头与排水横干管连接的接口；

（3）排水横干管转弯部位的连接接口；

（4）底部排水悬吊横干管上的连接接口；

（5）排水立管上管件与排水悬吊横支管连接的接口；

（6）接口两侧管段安装固定相对困难、容易造成脱落的接口。

3）滑扣式连接

"滑扣式连接"是基于木工学"榫卯结构"原理，在近些年新研发出来的适用于重力流排水系统直口管材、管件的一种连接方式。滑扣式连接配件可与铸铁管、塑料管、复合管等不同材质的排水管材、管件相互匹配。滑扣式连接方式与管材配合度好，抗拉拔性能优于传统卡箍连接方式，可有效避免排水立管"漏斗形水塞"现象对系统排水能力的不利影响；具有安装拆卸方便快捷、使用工具少、拆装时对既有管材管件无损坏、"滑扣式"配件可重复使用等特点。

2. 塑料排水管材、管件及接口方式

1）早在 1936 年，德国就开始使用塑料管输送净水、酸性液体及污水。日本于 1951 年开始生产塑料管，并很快得到推广应用。我国对聚氯乙烯管的应用相对较晚，20 世纪 50 年代国内开始在化工行业使用塑料管；20 世纪 70 年代末 80 年代初，改革开放前沿的深圳有部分高层建筑的污水排水管采用硬聚氯乙烯管敷设在建筑物外墙上。

我国建筑排水塑料管最早使用的是硬聚氯乙烯（PVC-U）管。1986 年，制定颁布了国家标准《建筑排水用硬聚氯乙烯（PVC-U）管材、管件》GB 5836—1986。1999 年 12 月，国家四部委联合发布了"关于在住宅建设中淘汰落后产品的通知"，全面推广应用硬聚氯乙烯（PVC-U）排水管。

在随后的使用过程中，发现硬聚氯乙烯（PVC-U）管材水流噪声大，严重扰民。为了降低噪声，又陆续开发出了硬聚氯乙烯（PVC-U）芯层发泡管、中空壁管、内螺旋管和中空壁内螺旋管等新型塑料排水管材。

20 世纪 90 年代，欧洲研发出了以聚丙烯（PP）为主要原料、添加特殊吸声材料的静音排水管，因为具有可以降低水流噪声、可以排放热水和耐化学腐蚀等多项优点，其在欧洲和北美的新建住宅中得到了广泛应用。后来，这种排水管材也被引入我国，得到推广应用，称作 PP 静音管；类似产品还有 HDPE 静音管、PVC-U 静音管等。

为了克服硬聚氯乙烯（PVC-U）排水管耐热性能差的缺点，市场上推出了氯化聚氯乙烯（PVC-C）、高密度聚乙烯（HDPE）、聚丙烯（PP）、苯乙烯与聚氯乙烯共混（SAN＋PVC）等耐热塑料排水管材。上述管材可用于排水温度大于 45℃且小于等于 65℃、瞬时不超过 90℃的排水系统。

2）聚乙烯类管材（PVC-U、PVC-C 和 SAN＋PVC 等）的连接方式主要为胶粘剂粘接，后来又出现了橡胶密封圈连接。PP 管、HDPE 管除了橡胶密封圈连接外，还有热熔连接、电熔连接、沟槽式卡箍连接、法兰承插式连接及滑扣式连接等；其中热熔连接又分为热熔承插连接和热熔对接连接，但因为热熔对接连接的管道接口内壁容易形成环状凸出结构导致发生"漏斗形水塞"现象，使排水立管水流工况恶化，施工时应特别注意。滑扣式连接可有效避免排水立管"漏斗形水塞"现象，增强接口抗拉拔性能，减少狭窄场所因紧固件无法安装到位而导致的接口漏水隐患。

对于沿建筑物外墙敷设的空调凝结水排水管，通常采用插入式连接（承口不涂胶粘剂也无橡胶密封圈），在连接部位，管材与管件之间要留有一定空隙，以利于补偿管道因温差引起的伸缩。

3）室外埋地塑料排水管材有 PVC-U（双壁波纹、加筋）管、PE（双壁波纹、缠绕结构壁、钢带增强 PE 螺旋波纹）管、钢塑复合缠绕管等，主要采用弹性密封圈连接、胶粘剂连接、卡箍（哈夫）连接、热熔连接或电熔连接。

还有近年来新出现的几种室外埋地塑料排水管材——高密度聚乙烯与聚氯乙烯共混（MPVE）双壁波纹管、改性聚乙烯（HDPE-M）双壁波纹管以及无机晶须增强高密度聚乙烯（HDPE-IW）六边形结构壁管。

高密度聚乙烯与聚氯乙烯共混（MPVE）双壁波纹管简称排水用 MPVE 双壁波纹管。MPVE 双壁波纹管的管材环刚度高，抗冲击性能好，低温高能量重锤冲击为现行国家标准 PE 双壁波纹管的 2.4 倍；它不仅具有很好的抗外压性能，而且也具有很好的抗内压性能，对苛刻环境、落差大、山地城市等场所尤为适用。MPVE 双壁波纹管有带承口的管材与不带承口的管材两种形式，其中带承口的管材采用柔性密封圈承插连接；不带承口的管材有热熔连接、卡扣连接和套管连接三种连接方式。

改性聚乙烯（HDPE-M）双壁波纹管也称纳米改性高密度聚乙烯（HDPE-M）双壁波纹管。使用超高分子量聚乙烯、共聚增溶剂、纳米增强材料及特种抗老化助剂，通过全自动高速挤出机进行材料改性成型。

无机晶须增强高密度聚乙烯（HDPE-IW）六边形结构壁管使用高结晶度、高密度聚乙烯、无机晶须及特种抗老化助剂，通过全自动高速挤出机进行材料改性成型。适用于环境温度 -40～65℃及连续排水温度不大于 65℃、瞬间排水温度不大于 95℃的场合使用。

改性聚乙烯（HDPE-M）双壁波纹管和无机晶须增强高密度聚乙烯（HDPE-IW）六边形结构壁管均经过国家检测机构进行落锤冲击、环刚、环柔试验和氙弧灯、紫外荧光灯、碳弧灯加速老化试验，以及挖掘机点接触、现场碾压、砂石冲击试验，还有填埋后高载荷等试验，管材环刚度可达 SN24。

改性聚乙烯（HDPE-M）双壁波纹管采用承插橡胶圈柔性连接；无机晶须增强高密度

聚乙烯（HDPE-IW）六边形结构壁管采用承插橡胶圈柔性连接或卡箍连接。接口具有良好的抗挠曲性能和密封性能，使用寿命超过 50 年，主要用于城镇建筑小区排水、市政道路排水、污水处理厂管网、综合管廊及高速铁路、桥梁涵洞、截污管道、泄洪排洪、电站排水管网、农村雨污水分流工程等领域，尤其适用于喀斯特地貌、湿陷性黄土流沙地带使用，适合与符合国家标准的塑料排水检查井配套使用。

3. 建筑排水钢塑复合管及其接口

建筑排水钢塑复合管在我国的应用晚于金属管和塑料管。2003 年，从日本引进 AD 型特殊单立管排水系统，在 2005 年的上海汤臣一品工程和 2006 年的上海环球金融中心工程中都采用了进口钢塑复合排水管。该管材具有强度高、防火性能好、水流噪声低等优点，但价格较高，主要应用在一些标志性建筑物。现在已有国产产品，内衬管有 PVC-U、PP、HDPE 等。建筑排水钢塑复合管目前没有配套的复合管件，采用的都是铸铁管件。生活排水系统可以采用涂塑钢管、衬塑钢管、涂塑铸铁管、钢塑复合内螺旋管和加强型钢塑复合内螺旋管；屋面雨水排水系统可以采用涂塑钢管、衬塑钢管、涂塑铸铁管。管道连接方式主要有法兰压盖连接、橡胶密封圈承插连接、卡箍连接、沟槽连接、法兰连接。

此外，还有薄壁不锈钢排水管以及排水用内衬不锈钢复合钢管，连接方式有卡压连接、环压连接、承插压合式连接、沟槽式卡箍连接和焊接连接等，可用于建筑屋面雨水排水系统、生活污废水压力提升排水系统和真空排水系统；在与阀门、设备接口等连接处，应采用便于拆卸的螺纹连接或法兰连接。

4. 建筑室内排水管材、管件及接口方式选用要点

1）建筑高度 100m 以内的高层建筑，宜采用柔性接口机制铸铁排水管及管件；建筑高度超过 100m 的高层建筑和抗震设防烈度 9 度及以上地区建筑，应采用柔性接口机制铸铁排水管及管件。

柔性接口机制铸铁排水管及其管件应根据建筑物性质及抗震要求，采用机械式柔性承插接口、不锈钢卡箍柔性接口。

2）当建筑室内排水管道采用塑料排水管时，应根据塑料排水管的种类、介质温度、管径、管道设置位置等，相应采用承插粘接、热熔连接（含热熔承插连接、热熔对接连接及电熔连接）、橡胶密封圈承插连接、沟槽式卡箍连接、法兰承插式连接或滑扣式连接等。

（1）硬聚氯乙烯（PVC-U）、氯化聚氯乙烯（PVC-C）、苯乙烯与聚氯乙烯共混（SAN＋PVC）管材与管件的连接，宜采用配套的胶粘剂承插粘接，排水立管也可采用弹性橡胶密封圈承插连接。

（2）高密度聚乙烯（HDPE）管道可根据不同使用性质和管径分别选用热熔连接、电熔连接、橡胶密封圈承插连接、沟槽式卡箍连接、法兰承插式连接或滑扣式连接。

（3）聚丙烯（PP）管道及聚丙烯静音排水管道应采用橡胶密封圈承插连接、热熔连接、电熔连接、法兰承插式连接或滑扣式连接。

（4）塑料排水管与铸铁排水管的连接宜采用专用配件；塑料排水管与钢管、排水栓的连接应采用专用配件。

3）当建筑室内排水管道采用滑扣式连接方式时，应根据不同材质管道、管件采用不同的滑扣式连接配件，并按相应的操作要求进行安装。

4）压力排水管道和真空排水管道，可采用传统金属管（焊接钢管、镀锌钢管、无缝钢

管）、承压塑料管、涂塑复合钢管、薄壁不锈钢排水管以及排水用内衬不锈钢复合钢管等。

5. 建筑屋面雨水排水管材及接口方式选用要点

建筑屋面雨水排水管材应根据建筑类别、建筑物高度、系统类型和设计流态、气象参数、抗震、防腐及防火等要求，结合施工安装、技术经济等方面因素，经综合考虑，并参考当地采购供应条件，因地制宜选用。

1）重力流屋面雨水排水系统

屋面重力流雨水外排水系统可选用建筑排水塑料管或建筑排水铸铁管，内排水系统应采用承压塑料管及金属管等。

建筑排水塑料管常见的有PVC-U管，其管材和管件应符合现行国家标准《建筑排水用硬聚氯乙烯（PVC-U）管材》GB/T 5836.1—2018 和《建筑排水用硬聚氯乙烯（PVC-U）管件》GB/T 5836.2—2018 等的有关规定。建筑排水铸铁管的管材和管件应符合现行国家标准《排水用柔性接口铸铁管、管件及附件》GB/T 12772—2016 的有关规定，灰口铸铁雨落管采用承插式柔性接口，用于建筑物外墙敷设。

2）半有压流屋面雨水排水系统

半有压流屋面雨水排水系统宜采用承压塑料管、金属管或涂塑钢管等管材。半有压流屋面雨水排水系统的管道应能承受正压（按不小于工程验收灌水高度产生的静水压力计）和负压，塑料管的负压承受能力不应低于80kPa（绝对值）。

承压塑料管一般采用S12.5管系列的HDPE管，管道可采用对焊连接或电熔管箍热熔连接，检查口管件可采用法兰连接。HDPE管的管材及管件应符合现行行业标准《建筑排水用高密度聚乙烯（HDPE）管材及管件》CJ/T 250—2018 的规定。

金属管常用的有柔性接口、雨水铸铁排水管、镀锌钢管和不锈钢管。

现行国家标准《建筑屋面雨水排水铸铁管、管件及附件》GB/T 37357—2019 中的球墨铸铁雨水管采用机械式柔性接口，可用于高层和超高层建筑室内敷设雨水排水管道。当用于灌水试验高度小于等于70m的建筑室内雨水排水系统或雨水斗连接管和水平悬吊管安装时，可以选用《排水用柔性接口铸铁管、管件及附件》GB/T 12772—2016 中的A型B级柔性接口铸铁排水管。

镀锌钢管应符合现行国家标准《低压流体输送用焊接钢管》GB/T 3091—2015 的有关规定；可采用丝扣连接或沟槽连接。

不锈钢管应采用耐腐蚀性能不低于S30408的材料。管道宜采用卡压连接、环压连接、承插压合式连接、沟槽连接或焊接连接。

涂塑钢管应符合现行国家标准《低压流体输送用焊接钢管》GB/T 3091—2015 和《钢塑复合管》GB/T 28897—2012 的有关规定；涂塑钢管可采用沟槽连接或法兰连接。

3）压力流屋面雨水排水系统

压力流屋面雨水排水系统宜采用承压塑料管、金属管、涂塑钢管等。用于压力流屋面雨水排水系统的管材除应能承受正压（按不小于工程验收灌水高度产生的静水压力计）外，还应能承受负压。

承压塑料管常用的是HDPE管。用于虹吸式屋面雨水排水系统的HDPE管材应采用S12.5管系列，管件的壁厚不得小于配套管材的壁厚；HDPE管应采用热熔连接或电熔连接，管道与雨水斗的连接应采用电熔连接。承压塑料管材和管件的耐负压能力不应低于

80kPa（绝对值）。

金属管常用不锈钢管、柔性接口铸铁排水管和排水用内衬不锈钢复合钢管。

大型民用机场候机楼、高铁站、会展中心、体育场馆等通常为大屋面设计，采用虹吸式屋面雨水排水系统，管材一般选用不锈钢排水管。工程案例有北京首都国际机场、广州白云国际机场、上海浦东国际机场、上海虹桥国际机场、西安咸阳国际机场、长沙黄花国际机场等。不锈钢排水管常用的连接方式有卡压连接、环压连接、承插压合式连接、沟槽或卡箍连接和焊接连接等；在与阀门、设备接口等连接处，应采用便于拆卸的螺纹连接或法兰连接。

排水用内衬不锈钢复合钢管的管材基管为符合现行国家标准《低压流体输送用焊接钢管》GB/T 3091—2015 的低压流体输送用焊接钢管，管件为可锻铸铁（玛钢）管件或球墨铸铁管件；排水用内衬不锈钢复合钢管可采用螺纹连接、沟槽式（卡箍）连接、法兰连接或焊接连接。系统管道及接口的耐负压能力不应低于 90kPa（绝对值）。

涂塑复合钢管可采用沟槽式机械连接（负压段应采用 E 型密封圈）、螺纹连接，局部采用法兰连接。

柔性接口铸铁排水管的技术要求与用于半有压流屋面雨水排水系统的柔性接口铸铁排水管要求相同。

4）压力提升雨水排水系统

压力提升雨水排水系统应选用承压塑料管、金属管或钢塑复合管，其承压能力不应小于水泵扬程的 1.5 倍。

6. 建筑室外排水管材及接口方式选用要点

1）建筑室外排水管材应根据排水性质、成分、温度、地下水侵蚀性、外部荷载、土壤情况和施工条件等因素因地制宜选取，条件许可的情况下应优先采用埋地塑料排水管，并应按下列规定选用：

（1）重力流排水管宜选用埋地塑料管、混凝土管或钢筋混凝土管。

（2）排至小区污水处理装置的排水管宜采用塑料管。

（3）穿越管沟、河道等特殊地段或承压的管段可采用钢管或铸铁管，若采用塑料管应外加金属套管（套管直径较塑料管外径大 200mm）。

（4）容易受树根生长损坏和啮齿类动物啃咬的地区，宜采用铸铁管、混凝土管或钢筋混凝土管。

（5）当连续排水温度大于 40℃时应采用金属管或耐高温的塑料管。

（6）输送腐蚀性污水的管道可采用塑料管。

（7）位于道路及车行道下的塑料排水管的环向弯曲刚度不宜小于 8kN/m²，位于小区非车行道及其他地段下的塑料排水管的环向弯曲刚度不宜小于 4kN/m²。

（8）埋地聚乙烯排水管道在外压力作用下其横向直径的变形率应小于管道直径允许变形率的 5%。

2）建筑室外排水管的接口应根据管道材料、连接形式、排水性质、地下水位和地质条件等因素确定，一般应符合下列规定：

（1）塑料排水管有承插橡胶圈、粘接、熔接、卡箍等连接方式，应根据管道材料性质和管径大小选用。

（2）混凝土管、钢筋混凝土管有橡胶圈、钢丝网水泥砂浆抹带、现浇混凝土套环和膨胀水泥砂浆四种接口形式，应根据管口形式等因素确定。

（3）铸铁管可采用橡胶圈柔性接口。

（4）钢管应采用焊接接口。

（5）污水管道及合流管道宜选用柔性接口。

（6）当管道穿过粉砂、细砂层并在最高地下水位以下，或在地震设防烈度为 8 度及以上的地区时，应采用柔性接口。

3.3 卫生器具

1. 卫生器具分类

卫生器具按材质可分为陶瓷类（瓷质卫生陶瓷、炻陶质卫生陶瓷）和非陶瓷类（亚克力、人造石、玻璃钢、不锈钢、搪瓷、塑料）两大类别。

常用卫生器具主要有：

1）坐便器：虹吸式（漩涡式、喷射式）和冲落式（落地式、壁挂式）。

2）蹲便器：自带存水弯和不带存水弯。

3）小便器：落地式和壁挂式。

4）洗脸盆：挂墙式、立柱式和台式。

5）浴盆：带裙边和不带裙边。

6）淋浴器：淋浴盆和淋浴间。

7）洗涤用卫生器具：洗涤盆、拖布盆和污水盆等。

8）整体卫浴：便溺、盆浴、洗漱组合类型和便溺、淋浴、洗漱组合类型。

2. 我国常用卫生器具现行标准

表 3-1 为我国常用卫生器具现行标准。

我国常用卫生器具现行标准

表 3-1

卫生器具	现行标准
坐便器、蹲便器、小便器、净身器、洗手盆、淋浴盆	《民用建筑节水设计标准》GB 50555—2010 《卫生陶瓷》GB 6952—2015 《节水型产品通用技术条件》GB/T 18870—2011 《坐便器水效限定值及水效等级》GB 25502—2017 《卫生洁具　便器用重力式冲水装置及洁具机架》GB 26730—2011 《卫生洁具　便器用压力冲水装置》GB/T 26750—2011 《小便器用水效率限定值及用水效率等级》GB 28377—2012 《淋浴器用水效率限定值及用水效率等级》GB 28378—2012 《便器冲洗阀用水效率限定值及用水效率等级》GB 28379—2012 《节水型卫生洁具》GB/T 31436—2015 《节水型生活用水器具》CJ/T 164—2014 《非陶瓷类卫生洁具》JC/T 2116—2012
浴盆	《人造玛瑙及人造大理石卫生洁具》JC/T 644—1996 《玻璃纤维增强塑料浴缸》JC/T 779—2010 《住宅浴缸和淋浴底盘用浇铸丙烯酸板材》JC/T 858—2000 《喷水按摩浴缸》QB/T 2585—2007 《搪瓷浴缸》QB/T 2664—2004 《无障碍开门喷水按摩浴缸》QB/T 4769—2014
整体卫浴	《整体浴室》GB/T 13095—2008

3. 节水型卫生器具

表 3-2 为我国对节水型卫生器具用水效率等级及流量均匀性的要求。

节水型卫生器具用水效率等级及流量均匀性要求　　　　表 3-2

卫生器具	用水效率等级						流量均匀性
	指标	1 级	2 级	3 级	4 级	5 级	在（0.10±0.01）MPa、（0.20±0.01）MPa 和（0.30±0.01）MPa 动压下最高平均流量与最低平均流量之差（L/s）
水嘴	在（0.10±0.01）MPa 动压下的流量（L/s）	0.100	0.125	0.150	—	—	≤0.10
坐便器	坐便器平均用水量（L）	4.0	5.0	6.4	—	—	
	双冲坐便器全冲用水量（L）	5.0	6.0	8.0	—	—	
小便器	冲洗水量（L）	2.0	3.0	4.0	—	—	
大便器冲洗阀	冲洗水量（L）	4.0	5.0	6.0	7.0	8.0	
小便器冲洗阀	冲洗水量（L）	2.0	3.0	4.0	—	—	
淋浴器	在（0.10±0.01）MPa 动压下的流量（L/s）	0.08	0.12	0.15	—	—	≤0.10

注：1. 根据《淋浴器用水效率限定值及用水效率等级》GB 28378—2012、《坐便器水效限定值及水效等级》GB 25502—2017、《小便器用水效率限定值及用水效率等级》GB 28377—2012、《便器冲洗阀用水效率限定值及用水效率等级》GB 28379—2012、《水嘴用水效率限定值及用水效率等级》GB 25501—2010 的规定：坐便器及大便器冲洗阀用水效率等级分为 5 级，1 级表示用水效率最高，5 级表示用水效率限定值；小便器、小便器冲洗阀、淋浴器、水嘴用水效率等级分为 3 级，1 级表示用水效率最高，3 级表示用水效率限定值；卫生器具节水评价值为用水效率等级的 2 级。
　　2.《绿色建筑评价标准》GB/T 50378—2019 对冲洗水量的规定：用水效率等级达到 3 级，得 5 分；达到 2 级，得 10 分。绿色建筑具体要求及得分计算详见《绿色建筑评价标准》GB/T 50378—2019 的相关规定。
　　3. 每个用水效率等级中双冲坐便器的半冲平均用水量不大于其全冲用水量最大限定值的 70%。

我国对节水型非接触式给水器具的使用性能技术要求见表 3-3。

节水型非接触式给水器具的使用性能技术要求　　　　表 3-3

序号	项目	技术要求				
		水嘴	淋浴器	小便器用冲洗阀	坐便器用冲洗阀	蹲便器用冲洗阀
1	节水型用水量（L）	—	—	≤3.0	≤5.0	≤6.0
	高效节水型用水量（L）	—	—	≤1.9	≤4.0	≤5.0
2	流量（L/min）	动压（0.10±0.01）MPa 下：2.0～7.5	动压（0.30±0.02）MPa 下：12.0～15.0	动压（0.10±0.01）MPa 下最大瞬时流量：DN25、DN32 或以上：≥72.0；DN15、DN20：≥7.2		
3	控制距离误差（%）	±15				
4	开启时间（s）	≤1	≤1	—	—	—
5	关断时间（s）	≤2	≤2	—	—	—
6	密封性能	在静压（0.05±0.01）MPa 和（0.60±0.02）MPa 下保持 30s，出水口处无渗漏				

序号	项目	技术要求				
		水嘴	淋浴器	小便器用冲洗阀	坐便器用冲洗阀	蹲便器用冲洗阀
7	强度性能	在静压（0.90±0.02）MPa下保持30s，阀体及各连接处无渗漏、冒汗等现象，阀体应无破损或明显变形				

注：冲洗用水量不大于1L的冲洗阀无此要求。

4. 特殊人群卫生器具

1）儿童

（1）幼儿园

每班卫生间的卫生设备数量不应少于表3-4的规定，且女厕大便器不应少于4个，男厕大便器不应少于2个，便池宜设置感应式冲洗装置。

每班卫生间卫生设备的最少数量 表3-4

污水池（个）	大便器（个）	小便器（沟槽）（个或位）	盥洗台（水龙头，个）
1	6	4	6

卫生间所有设施的配置、形式、尺寸均应符合幼儿人体尺度和卫生防疫的要求。卫生器具布置应符合下列规定：

① 盥洗池距地面的高度宜为0.50～0.55m，宽度宜为0.40～0.45m，水龙头的间距宜为0.55～0.60m；

② 大便器宜采用蹲式便器，大便器或小便槽均应设隔板，隔板处应加设幼儿扶手。厕位的平面尺寸不应小于0.70m×0.80m（宽×深），沟槽式便池的宽度宜为0.16～0.18m，坐式便器的高度宜为0.25～0.30m。

（2）中小学校

学生卫生间卫生器具的数量应按下列规定计算：

① 男生应至少为每40人设1个大便器或1.20m长大便槽；每20人设1个小便斗或0.60m长小便槽；女生应至少为每13人设1个大便器或1.20m长大便槽；

② 每40～45人设1个洗手盆或0.60m长盥洗槽；

③ 卫生间内或卫生间附近应设污水池。

2）老年人、医院病人

（1）养老设施建筑

养老设施建筑卫生器具的配置应符合下列规定：

① 应选用节水型低噪声的卫生器具和给水排水配件；

② 自用卫生间、公用卫生间、公用沐浴间、老年人专用浴室等应选用方便无障碍使用与通行的卫生器具；

③ 公用卫生间宜采用光电感应式、触摸式等便于操作的水嘴和水冲式坐便器；

④ 公用沐浴间内应配备老年人使用的浴槽（床）或洗澡机等助浴设施，并应留有助浴空间；

⑤ 老年人专用浴室、公用沐浴间均应附设无障碍厕位；

⑥ 老年人自用卫生间卫生器具宜采用浅色；

⑦ 老年人公用卫生间卫生器具的配置数量应按表3-5确定。

老年人公用卫生间卫生器具配置指标（人/每件）　　　　　表 3-5

卫生器具	男	女
洗手盆	≤15	≤12
坐便器	≤15	≤12
小便器	≤12	—

注：1. 老年养护院和养老院公用卫生间卫生器具数量按其功能房间所服务的老人数测算。

2. 老年日间照料中心的公用卫生间卫生器具数量按老人总数测算，当与社区老年活动中心合并设置时应相应增加卫生器具数量。

（2）医院病人

医院公共卫生间的洗手盆、小便斗、大便器应采用非手动开关，并应采取防止污水外溅的措施。洗手盆宜采用感应式自动水龙头，小便斗宜采用自动冲洗阀，蹲式大便器宜采用脚踏式自闭冲洗阀或感应冲洗阀。

医院住院部护理单元的盥洗室、浴室和卫生间，应符合下列规定：

① 当护理单元集中设置卫生间时，男女患者比例宜为 1∶1，男卫生间每 16 床应设 1 个大便器和 1 个小便器，女卫生间每 16 床应设 3 个大便器；

② 设置集中盥洗室和浴室的护理单元，盥洗水龙头和淋浴器每 12～15 床应各设 1 个，且每个护理单元应各不少于 2 个；盥洗室和浴室应设前室。

③ 附设于病房内的浴室、卫生间面积和卫生器具的数量，应根据使用要求确定，并应设紧急呼叫设施和输液吊钩。

3）残疾人

（1）公共厕所

公共厕所的无障碍设计应符合下列规定：

① 女厕所的无障碍设施包括至少 1 个无障碍厕位和 1 个无障碍洗手盆；男厕所的无障碍设施包括至少 1 个无障碍厕位、1 个无障碍小便器和 1 个无障碍洗手盆；

② 无障碍厕位内应设坐便器，厕位两侧距地面 700mm 处应设长度不小于 700mm 的水平安全抓杆，另一侧应设高 1.40m 的垂直安全抓杆；

③ 无障碍厕所的内部应设坐便器、洗手盆、多功能台、挂衣钩和呼叫按钮；

④ 无障碍小便器下口距地面高度不应大于 400mm，小便器两侧应在离墙面 250mm 处设高度为 1.20m 的垂直安全抓杆，并在离墙面 550mm 处设高度为 900mm 的水平安全抓杆，水平安全抓杆与垂直安全抓杆连接；

⑤ 无障碍洗手盆的水嘴中心距侧墙应大于 550mm，其底部应留出宽 750mm、高 650mm、深 450mm 供乘轮椅者膝部和足尖部移动的空间，并在洗手盆上方安装镜子，水龙头宜采用杠杆式水龙头或感应式自动出水龙头。

（2）公共浴室

公共浴室的无障碍设计应符合下列规定：

① 公共浴室的无障碍设施包括 1 个无障碍淋浴间或盆浴间以及 1 个无障碍洗手盆；

② 应设置一个无障碍厕位；

③ 无障碍淋浴间内的淋浴喷头的控制开关距地面高度不应大于 1.20m；

④ 无障碍盆浴间的浴盆内侧应设高 600mm 和 900mm 的两层水平抓杆，水平长度不小于 800mm；洗浴坐台一侧的墙上设高 900mm、水平长度不小于 600mm 的安全抓杆。

5. 居住类建筑、公共建筑卫生器具配置要求
1）居住类建筑卫生器具配置要求见表3-6。

居住类建筑卫生器具配置要求 表3-6

| 卫生器具 | 住宅 | | | 宾馆客房 | | 宿舍 | 养老建筑 |
	普通住宅	高级住宅	别墅	一、二级旅馆	三、四、五级旅馆		整体要求：宜采用同层排水，排水立管应采取降低噪声的措施
大便器	√	√	√	√		√	宜配置坐便冲洗器
妇洗器或智能坐便器	—	√	√	—	√	—	
洗脸盆	√	√	√	√	√	√	居住空间应采用杠杆式或掀压式单把龙头，宜采用恒温阀；公共场所宜采取感应式水嘴
淋浴/浴缸	√	√	√	√	√	√	宜采用软管淋浴器，应有防烫伤措施，宜采用恒温阀
洗涤盆	√	√	√	—	—	—	—
洗衣机	√	√	√	—	—	—	—
设置数量、规定参考规范	《住宅设计规范》GB 50096—2011			《旅馆建筑设计规范》JGJ 62—2014、《旅游饭店星级的划分与评定》GB/T 14308—2010		《宿舍建筑设计规范》JGJ 36—2016	《老年人照料设施建筑设计标准》JGJ 450—2018

2）公共建筑卫生器具配置要求见表3-7。

公共建筑卫生器具配置要求 表3-7

建筑类型	公共厕所	中小学校	托儿所、幼儿园	医院
设置数量、规定参考规范	《城市公共厕所设计标准》CJJ 14—2016	《中小学校设计规范》GB 50099—2011	《托儿所、幼儿园建筑设计规范》JGJ 39—2016（2019年版）	《综合医院建筑设计规范》GB 51039—2014
卫生器具整体要求	应采用节水防臭、性能可靠、故障率低、维修方便的器具	应采用节水性能良好、坚固耐用、便于维修的产品	所有设施的配置、形式、尺寸均应符合幼儿人体尺度和卫生防疫的要求	—
大便器	应以蹲便器为主，宜采用具有水封功能的前冲式蹲便器和每次冲水量≤4L的冲水系统	每层均应设男、女学生卫生间及男、女教师卫生间，且卫生间应设前室，男、女卫生间不得共用一个前室。可采用成品大、小便器或者大、小便槽	宜采用蹲便器，采用儿童型坐便器，感应式冲洗装置；乳儿班至少应设保育员厕位1个	坐便器的坐圈宜采用不易被污染、易消毒的类型。进入蹲便器隔间不应有高差，蹲便器宜采用脚踏式自闭冲洗阀或感应冲洗阀
小便器	宜采用半挂式小便斗和每次冲水量≤1.5L的冲水系统		采用儿童型小便器，宜设感应式冲洗装置	小便器宜采用脚踏式自闭冲洗阀或感应冲洗阀
大、小便池	一、二类公共厕所大、小便池应采用自动感应或人工冲便装置		宜设感应式冲洗装置	—

续表

建筑类型	公共厕所	中小学校	托儿所、幼儿园	医院
洗手龙头	应采用非接触式器具，所有龙头应采用节水龙头	—	配置形式、尺寸应符合幼儿人体尺度和卫生防疫要求，宜设感应式冲洗装置	护士站、治疗室、洁净室和消毒供应中心、监护病房和烧伤病房等房间的洗手盆，应采用感应式自动、膝动或肘动开关水龙头；其他各处应采用感应式水龙头
淋浴/浴缸	—	—	夏热冬冷和夏热冬暖地区，托儿所、幼儿园建筑的幼儿生活单元内宜设淋浴室；寄宿制幼儿生活单元内应设淋浴室，并应独立设置	浴缸宜采取防虹吸措施
实验室化验盆	—	排水口应敷设耐腐蚀的挡水箅，排水管道应采用耐腐蚀材料		
饮水处	—	每层设饮水处，每处应按每40~45人设置一个水嘴计算水嘴的数量	应设饮用水开水炉，宜采用电开水炉。开水炉应设置在专用房间内，并应设置防止幼儿接触的保护措施	—
拖布池（清洁池）	应设置在独立的清洁间内，应坚固易清洗	卫生间内或卫生间附近应设置	乳儿班至少应设洗涤池2个，污水池1个	—

3.4　地漏

地漏，俗称地板落水，是连接地面排水与排水管道的重要接口。迅速、安全地排除地面积水是地漏的主要功能；而地漏的安全性主要体现在能否有效阻隔排水管道中的臭气。在居住建筑中，地漏虽小但如果产品水封不牢靠，会给室内环境卫生状况造成隐患。2003年"非典"疫情在香港淘大花园爆发，致使该小区321人感染，42人死亡。据世界卫生组织和香港卫生署事后调查发现，"非典"病毒最初正是通过该小区居民住宅水封失效的地漏和排污管道扩散传播的。

1. 地漏的用途

在建筑物中，凡是用于生活污废水及工业废水（含实验室废水）等排水系统的地漏均须设有水封装置，而用于阳台雨水排水系统的地漏（包括空调冷凝水等清洁废水）则不需要设置水封。地漏用途与设置方法见表3-8。

地漏用途与设置方法 表3-8

用途	设置位置	排水特点	设置方法
排除地面积水	住宅淋浴间	用于排除洗澡水时,因废水中含有头发、皂液泡沫等,容易堵塞地漏算子,造成地漏排水不畅,甚至地面积水	地面坡向地漏,采用直通式地漏＋存水弯,适当放大算子开孔面积和排水管径
	宾馆淋浴间		周边设浅明沟＋地漏,如图3-3所示
	公共淋浴间(学校、体育场馆等)		设置明沟＋网框式地漏
用于沟渠排水	生活泵房、消防泵房、各种水处理机房等	水池溢水、消防泵试水、过滤器反洗水等,瞬间排水量很大,单用地漏排水能力有限	采用沟渠＋大流量地漏,同规格地漏可提高其排水能力
	大型公共厨房	排水点多,水温高,含油脂、杂质多,甚至有食物、抹布排出,堵塞出口	采用带盖板的排水沟,各排水点排入暗沟,终端设置带网筐的地漏1～2个,规格 DN100 以上,如图3-4所示
用于设备排水	家用洗衣机	瞬间排水量较大,且含洗衣粉泡沫	选用带洗衣机插口的防返溢地漏
	空调风机盘管	空调冷凝水根据卫生要求需间接排放,不可直接排入生活污水管	防管道结露,间接排入带水封地漏
用于事故排水	水、暖管井	平时无水,检修时需排水,或防范突发管道开裂、爆管等不可预见因素漏水	每层管道井内设密闭型地漏,平时密闭,有积水时可自动或人工开启
	电缆沟、强电进线夹层	电气房间不允许有水,但万一有水时,要求及时排走	在电缆进线夹层设置防返溢地漏,且能重力排除事故水

注:1. 阳台上设置的地漏,兼用作洗衣机排水时,均需设存水弯,且应接入生活污水系统。
2. 外阳台地漏仅接纳雨水或空调冷凝水时方能接至室外雨水管网。
3. 考虑到住户实际使用变化,有些地方规定住宅阳台排水,不管是否接有洗衣机,均须接至室外生活污水系统,如上海、无锡等地。

图3-3 浅明沟＋地漏

图3-4 厨房地面排水

2. 地漏使用中出现的主要问题及对应技术措施

据北京建筑大学课题组对北京、上海、重庆、广州和哈尔滨五个城市的调查,卫生间返臭部位主要来自地漏。所谓"臭气"是指环境空气中含有硫化氢、甲烷、氨、氮等污染物。返臭、排水不畅及冒溢是地漏实际使用中经常出现的三大突出问题,见表3-9。

地漏使用中出现的问题及对应技术措施　　　　　　　　表 3-9

现象	原因	可采取技术措施
返臭	1. 管道与卫生器具接口不严密，导致腐败气体外泄； 2. 洗脸盆排水出现自虹吸失去水封； 3. 地漏水封深度不足 50mm； 4. 老旧小区和公共建筑厕所内使用钟罩型地漏作清扫口，清通完毕未盖上钟罩，结果地漏成了通气口； 5. 地漏水封合格，但因蒸发而干涸	1. 便器、浴缸、洗脸盆排水接口与排水管连接处用防水密封膏嵌实； 2. 洗脸盆排水改用防虹吸存水弯； 3. 改用合格带水封地漏，如无条件时加带水封机械密封部件； 4. 改用钟罩与地漏算子一体部件； 5. 从洗脸盆排水管上开一路 DN20 管接至地漏补水
排水不畅	淋浴间地漏算子经常容易被毛发、肥皂泡沫堵住孔眼，其主要原因是地漏算子格栅开孔面积太小，地漏排水通道断面不够及毛发等纤维状污物堵塞地漏排水通道	采用通水截面符合《地漏》CJ/T 186 的地漏，淋浴间改用大面积算子地漏（见图 3-5），算子宜采用不大于 6mm 的方孔或圆孔状格栅
冒溢	地漏位置不合理，污废合流系统中地漏设在坐便器之后的排水横支管上（见图 3-6），当坐便器瞬间排水至立管时，污水从地漏处冒溢出来，造成环境卫生污染	把地漏移开，不设在直对着坐便器的排水横支管上；如无法移开，应选用防返溢地漏
	洗衣机排水软管插入地漏算子时无密封措施，地漏过水通路狭窄，洗衣机排水就冒水，如果洗衣机排水时带泡沫，冒溢就更严重了	选用算子带洗衣机插口的防返溢功能地漏，用于接家用洗衣机排水；选用低泡洗衣粉或洗衣液

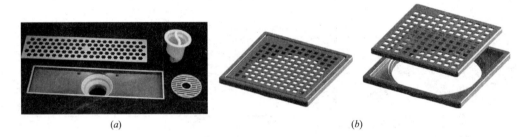

(a)　　　　　　　　　　　　　　　　(b)

图 3-5　大开孔面积地潜心算子
（a）长条地漏（应加存水弯）算子；（b）大流量地漏算子

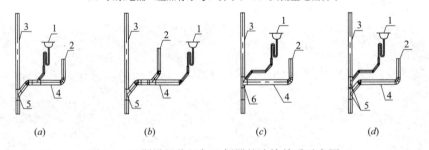

(a)　　　　　(b)　　　　　(c)　　　　　(d)

图 3-6　地漏设置位置与坐便器的连接关系示意图
（a）不合理；（b）合理；（c）合理；（d）合理
1—地漏；2—大便器排水；3—排水立管；4—排水横支管；5—三通；6—直角四通或球形四通

3. 地漏的技术性能与检测方法

地漏使用中的问题除安装因素外，产品本身缺陷是主要的因素。为了规范地漏产品市场，新修编的行业标准《地漏》CJ/T 186—2018 于 2018 年 6 月 12 日发布，同年 12 月 1 日正式实施。

地漏行业标准在修编过程中，对"机械防干涸部件"可否取代水封、水封稳定性要求、流量测定方法等关键技术，结合国内市场调研情况，并参考欧美、日本等发达国家相关标准，在测试平台上进行了论证，为标准正式实施奠定了可靠基础。

1）地漏的本体构造应有足够强度

地漏的本体构造应能承受大于 0.2MPa 水压，其最小壁厚不应小于表 3-10 的规定。

地漏本体构造的最小壁厚（mm）　　　　　　　　　表 3-10

地漏规格	铸铁	ABS	PVC-U
50	4.5	2.5	2.5
75	5.0	2.5	3.0
100	5.0	3.0	3.5
125	5.5	3.5	4.0
150	5.5	4.0	4.5

2）地漏箅子的开孔面积和承压要求

地漏箅子的开孔面积对排水流量影响很大，同规格地漏随着箅子通水面积的增大，其排水流量也相应增大，实测地漏箅子开孔面积与排水流量的关系见表 3-11。

地漏箅子开孔面积与排水流量的关系　　　　　　　表 3-11

排水型式	淹没深度（mm）	箅子开孔面积比	平均排水流量（L/s）	过流比（%）
地漏排水	15	0.5	0.317	68.5
		0.75	0.339	73.2
		1.0	0.463	100
		1.5	0.584	126
		2.0	0.681	147
		2.5	0.727	157
设排水沟地漏排水	15	0.5	0.658	62.3
		1.0	1.056	100
		2.5	1.672	158

从表 3-11 可以看出：相同规格的地漏，随着箅子开孔面积增大，其排水能力也增大。因此，地漏新标准规定：地漏箅子构造应符合下列要求：

（1）箅子开孔面积不应小于排出接口的断面积，孔径或孔宽宜为 6～8mm，接纳大流量排水的箅子开孔总面积不应小于 2.5 倍排出接口的断面积。

（2）箅子承载能力应符合表 3-12 的规定，在额定荷载下持续 30s 应无变形、裂纹等现象。

地漏箅子的承载能力　　　　　　　　　　　　　　表 3-12

承载荷载	承载力（kN）
轻型	0.75
重型	4.5
加强型	8

表 3-12 中，轻型相当于人体荷载，重型指小轿车荷载，加强型相当于汽-10 级货车荷载。如地漏设置在集卡或消防车道路上，应重新核算荷载，以免损坏。

3）排水流量

排水流量是衡量地漏性能的重要参数。《地漏》CJ/T 186—2018 中排水流量的确定经历了三个过程：

（1）实测《标准》参编厂家送审的 34 种地漏。样品类型有自带水封的碗式、钟罩式等，有机械密封＋P 弯，地漏本体材质为铸铁和塑料。基本上涵盖了目前我国地漏产品类型。

地漏排水流量测试，按地漏箅面淹没深度 15mm 与 50mm 两种状况，结果见表 3-13。

厂家地漏实测排水流量 表 3-13

| 规格 | 测试数量（个） | 淹没深度 15mm | | 淹没深度 50mm |
		排水流量（L/s）	个数（个）	排水流量平均值（L/s）
DN50	21（有效 19）	≥0.8	10	0.93～1.20
		0.79	1	
		0.3～0.6	8	
DN75	8	≥1	2	2.33
		0.8～1.0	4	
		<0.8	2	
DN100	5	≥2	2	5.17
		1.5～2	3	
DN150	2	4.36	1	10.45
		1.75	1	

注：1. 液位稳定时间≥5min，排水流量取 3 次平均值。
　　2. 分析排水流量偏小的原因主要有：箅子孔隙率较低，地漏内流道狭窄，地漏本体内带机械密封阻力较大。

（2）实测合规的直通式地漏＋P 弯排水流量，结果见表 3-14。

直通式地漏＋P 弯实测排水流量 表 3-14

规格	淹没深度为 15mm 时的排水流量（L/s）	淹没深度为 50mm 时的排水流量平均值（L/s）
DN50	1.03	2.76
DN75	1.25	6.62
DN100	2.49	10.96

注：测试地漏为铸铁地漏，箅子开孔面积 1∶1，P 弯水封比 1.0。

（3）综合考虑测试数据，参考欧洲最新标准《地漏》EN 1253—1，我国行业标准《地漏》CJ/T 186—2018 规定的地漏最小排水流量见表 3-15。

地漏最小排水流量（L/s） 表 3-15

| 规格 | 用于地面排水 | 大流量专用地漏 | |
	淹没深度 15mm	淹没深度 15mm	淹没深度 50mm
DN50	0.8	—	—
DN75	1.0	1.2	2.4
DN100	1.9	2.1	5
DN150	4.0	4.3	10

注：1. 防返溢地漏、侧墙地漏排水流量数据为上表中同规格地漏的 80%。
　　2. DN75 多通道地漏排水流量不宜小于 1.25L/s。
　　3. 住宅淋浴间地漏（DN50）最小排水流量应不小于 0.6L/s。

4）水封稳定性

在建筑生活排水系统中，地漏通常是最薄弱的环节。受排水系统中气压的变化，地漏内的水封会发生波动。提高水封抵抗正、负气压能力，直接关系到室内环境卫生质量，新标准要求自带水封地漏应具备抗动态气压变化的能力，并作为衡量地漏性能的重要指标。

（1）抗动态气压能力

有水封的地漏在达到水封深度时，当排水系统受到正负压（±400Pa±10Pa）时，持续10s，地漏中的剩余水封深度不应小于25mm；防虹吸式地漏剩余水封深度不应小于35mm。

（2）水封深度、水封比、最小水封容量

有水封的地漏水封深度不应低于50mm，水封比不应小于1.0；最小水封容量：$DN50$为160mL，$DN75$为400mL，$DN100$为860mL，$DN150$为1860mL。

目前市场上销售的水封芯，其水封容量基本达不到上述要求。

5）自清能力

所谓自清能力，就是在部分排水流量通过时，能把沉积在地漏内的杂物排走。这是针对有水封地漏的规定。

当地漏内的水封部件不可拆卸清洗时，其自清能力应达到90%以上，当水封部件可拆卸清洗时，其自清能力应能达到80%以上。

地漏要排水通畅、不易堵塞，地漏内水流通道应简洁顺畅、无毛刺，且流道截面最小处净宽不宜小于10mm。

地漏的水封，除产品自带外，用在生活排水系统中推荐采用直通式地漏外配存水弯形式。地漏中的机械密封部件不能取代水封或存水弯。

各种类型的地漏除满足上述五方面性能外，还要求能承受75℃水温30min而无变形、渗漏现象。

6）地漏的检测方法

根据地漏类型和性能要求，采用目测、光照与钢直尺、游标卡尺、量杯等工具，进行开孔面积、壁厚、水封容量、水封深度等检测。检测项目及检测方法见表3-16。

地漏检测项目及检测方法 表3-16

项目	检测目的	检测方法
本体测试	本体强度 密闭性能 防返溢性能	1. 向地漏内施加0.2MPa水压，保持30s； 2. 密闭式加0.04MPa，保持30min； 3. 防返溢式加0.01MPa，保持15min
流量测试	地漏的排水能力	将地漏安装在1000mm×1000mm×350mm排水流量实验装置上，按淹没地漏算面15mm和50mm，用流量显示器读出进水流量即为排水流量
		多通道地漏测试模拟浴缸和洗面盆排水，用1.25L/s叠加进水流量，维持60s，地漏不冒水即为合格。如果冒水，则应调小进水流量，此时测得的流量即为多通道地漏排水流量
水封稳定性	测试地漏水封 是否稳定	采用真空与气压波发生装置进行测试，其步骤如下： 1. 在地漏出口连接好测试装置； 2. 向地漏存水弯内注水； 3. 先正压400Pa，保持3s；再2s内切换为−400Pa，保持10s； 4. 而后再重复上述第3步一次，测量剩余水封深度

项目	检测目的	检测方法
自清能力		将 100 个 ϕ5 塑料球（密度 1.41～1.43g/cm³）放入地漏水封部位，打开进水阀，按规定流量持续 30s（如 DN50 为 0.30～0.35L/s），计排出塑料球数
防干涸地漏	地漏的防干涸性能	往水封内注水后，放入恒温、恒湿箱，维持温度 20℃，相对湿度 20％，经过 336h（两周）后检查剩余水封深度

4. 地漏的类型与结构特点

近年来，我国市场上销售的地漏可分为三种：水封地漏、机械密封地漏、机械密封＋水封型地漏。根据我国城镇建设行业标准，地漏按使用功能或构造形式分为直通式和专用型两类。地漏类型与结构特点见表 3-17。

地漏类型与结构特点　　　　　　　　　表 3-17

地漏类型	分类		结构	特点
直通式地漏	按接口形式	承插式、螺纹式、卡箍式	由算子、本体、调节段、防水翼环和排出接口等组成	自身不带水封，须在排出口后面加管道存水弯，其水封深度不得小于 50mm
	按排出口方向	垂直和横向		
	无接口的水封芯或机械密封件，不能算作地漏			
专用型地漏（具有一种及一种以上功能的非直通式地漏）	密闭型地漏、侧墙式地漏和大流量专用地漏		—	本体不带水封
	带网筐地漏（分有水封式和无水封式）		内部带可拆卸滤网	使用时需视产品特点确定是否需加存水弯
	防干涸地漏、防返溢地漏、多通道地漏、防虹吸地漏		内部配置机械装置	自带水封

5. 地漏选用和适用场所

我国市售地漏种类繁多，选用时应根据使用场所特点合理采用，见表 3-18。

地漏选用和适用场所　　　　　　　　　表 3-18

地漏名称	功能特点	常用规格	适用场所
直通式地漏	排除地面积水，出水口垂直向下	DN50～DN150	需要地面排水的卫生间、盥洗室、车库、阳台等
密闭型地漏	带有密封盖板，排水时其盖板可人工打开，不排水时可密闭	DN50～DN100	需要地面排水的洁净车间、手术室、管道技术层及不经常使用地漏的场所
带网框地漏	内部带有活动网框，可用来拦截杂物，并可取出倾倒	DN50～DN150	排水中夹带易于堵塞的杂物时，如淋浴间、理发室、公共浴室、公共厨房
防返溢地漏	内部具有防止废水排放时冒溢出地面的装置	DN50	用于所接地漏的排水管有可能从地漏口冒溢之处
多通道地漏	可接纳地面排水和 1～2 个卫生器具排水，内部带水封	DN50 DN75	用于水封易丧失，利用卫生器具排水进行补水或需接纳多个排水接口
侧墙式地漏	算子垂直安装，可侧向排除地面积水，内部不带水封	DN50～DN150	需同层排除地面积水或地漏安装下方不允许敷设管道
直埋式地漏	安装在垫层里，排水横管不穿越楼层，内部带水封	DN50	需同层排除地面积水或地漏安装下方不允许敷设管道

6. 几款新型地漏

为提高地漏的水封可靠性和卫生性能，有关厂家研制开发了一些新型的地漏产品，其中几款代表产品见表 3-19。

几款新型地漏 表 3-19

名称	图示	构造特点及工作原理	代表产品及性能参数
防返溢地漏	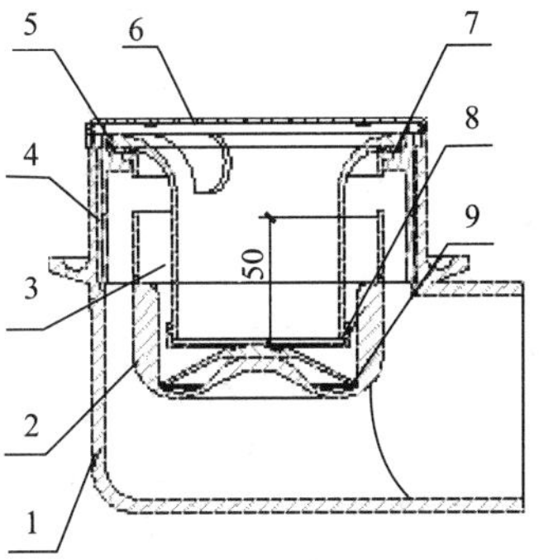 5 6 7 8 9 50 4 3 2 1 1—外壳；2—返水腔；3—通水管； 4—高度调节套；5—卡板； 6—格栅；7—密封垫； 8—密封圈；9—阀瓣	在保证足够排水流量的同时，可延缓水封因蒸发造成的水封干涸，防止排水系统中因正压波动引起冒溢	上海环钦科技发展有限公司专利产品"磁浮式防返溢地漏"是其中的一个代表产品，经过测试：防返溢性能可达 0.1MPa 水压，保持 120min 无水溢出；气密性可达 0.1MPa 气压，保持 120min 无气体泄漏；其性能已超过地漏行业标准要求；经过测试，该产品自清能力可达到 100%
注水型地漏	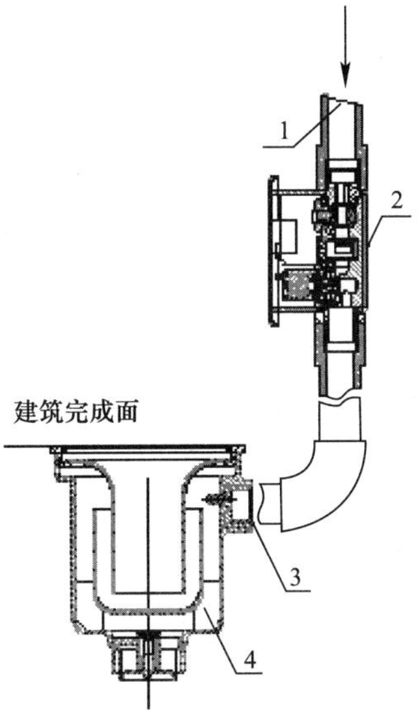 1 2 3 建筑完成面 4 1—清水；2—注水控制器； 3—注水口；4—带水封地漏	注水型地漏的补水装置具有自动控制功能，通过控制回路上的单片机实施对双稳态脉冲电磁阀的自动控制，对地漏自动注水，使地漏水封不干涸。控制装置应具有以下功能： 1. 自动补水； 2. 空气隔断功能。内设真空破坏器，形成空气隔断，确保补水管与地漏排水有效隔断； 3. 长流水自动报警功能； 4. 不补水自动报警功能； 5. 负压保护功能。 在控制系统中，电磁阀的质量至关重要，要求密封性能在 0.05～0.8MPa 静水压下无渗漏，且工作寿命应在经受 50 万次试验后，产品仍符合密封性能和补水流量的要求	本款注水型地漏关键技术在控制器上，据了解国内目前仅有个别厂家生产。浙江中润实业有限公司联合控制器厂商自主开发了 6527-B 注水型地漏，采用定时（24～168h 可调）自动补水控制方式，补水量从 0～1600mL/min 可调，适用于水压 0.1～0.45MPa，进水管径 DN15，控制电源采用电池，工作电压 4～6V，并有电池低压 LED 灯闪烁提示。控制盒安装高度不低于 500mm，盒内配置有防真空装置，有效保证出水端形成空气隔断，确保卫生安全

续表

名称	图示	构造特点及工作原理	代表产品及性能参数
翻斗式地漏+传感器	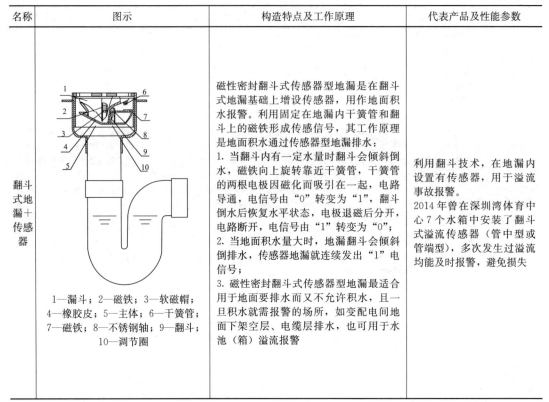 1—漏斗；2—磁铁；3—软磁帽；4—橡胶皮；5—主体；6—干簧管；7—磁铁；8—不锈钢轴；9—翻斗；10—调节圈	磁性密封翻斗式传感器型地漏是在翻斗式地漏基础上增设传感器，用作地面积水报警。利用固定在地漏内干簧管和翻斗上的磁铁形成传感信号，其工作原理是地面积水通过传感器型地漏排水： 1. 当翻斗内有一定水量时翻斗会倾斜倒水，磁铁向上旋转靠近干簧管，干簧管的两根电极因磁化而吸引在一起，电路导通，电信号由"0"转变为"1"，翻斗倒水后恢复水平状态，电极退磁后分开，电路断开，电信号由"1"转变为"0"； 2. 当地面积水量大时，地漏翻斗会倾斜倒排水，传感器地漏就连续发出"1"电信号； 3. 磁性密封翻斗式传感器型地漏最适合用于地面要排水而又不允许积水，且一旦积水就需报警的场所，如变配电间地面下架空层、电缆层排水，也可用于水池（箱）溢流报警	利用翻斗技术，在地漏内设置有传感器，用于溢流事故报警。 2014年曾在深圳湾体育中心7个水箱中安装了翻斗式溢流传感器（管中型或管端型），多次发生过溢流均能及时报警，避免损失

3.5　水封、水封破坏及水封保护

1. 水封

除带水封地漏外，存水弯是最常见的水封，另外还有水封井等。

"存水弯"通常是指在卫生器具内部或器具排水管段上设置的一种内有水封的配件。常用的存水弯种类有S型和P型，见图3-7。

为防止排水管道中的污浊气体窜入室内，在存水弯内部设置有一定高度的水柱，此水柱称为"水封"，水柱的高度即为"水封深度"，见图3-8。

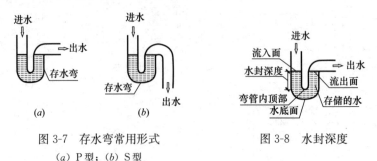

图3-7　存水弯常用形式　　　　图3-8　水封深度
(a) P型；(b) S型

生活污水中含有较多的污物，它们附着在排水管壁或沉积在污水井内而腐化，产生具有恶臭且对人体健康有害的气体。为防止排水管道中的有害气体进入室内、防止疾病传播、保护室内环境卫生，在建筑生活排水系统的器具排水管上必须设置水封装置。其形式可由卫生器具或附件构造内自带，也可在卫生器具排水管上另设管道存水弯。

1）水封装置的性能和构造应满足以下要求：

（1）应能有效隔断排水管道中的有害气体；

（2）不明显阻碍排水，遇阻塞时疏通方便；

（3）能承受排水管内的气压波动，当管内气压波动为±400Pa时不破封；

（4）衡量水封性能优劣通常用水封强度来表示，水封强度主要包含水封静水压力、水封比（通常不小于1.0）和水封容量（依据水封形式确定）；

（5）存水弯水封深度不得小于50mm，水封井水封深度不得小于100mm，有特殊要求的水封装置，其水封深度应通过计算确定。

2）常用的水封形式

工程中常用的水封形式有：存水弯、水封装置、卫生器具自带水封、水封井等几种，见表3-20。

常用的水封形式 表3-20

水封形式	图示	构造特点
管道存水弯	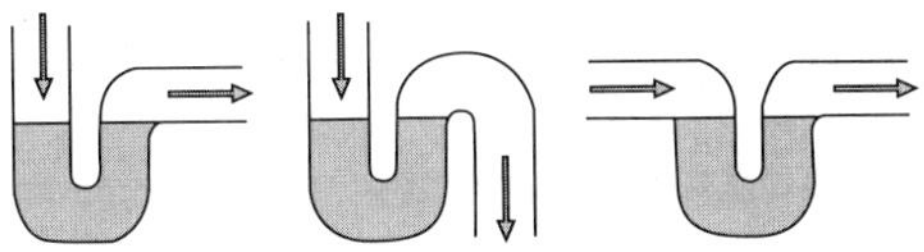	排水主体与水封分开设置，通过管道连接
水封装置	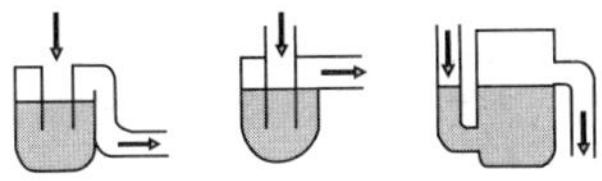	排水主体与水封为一体，通过内部构造实现水封功能
卫生器具自带水封	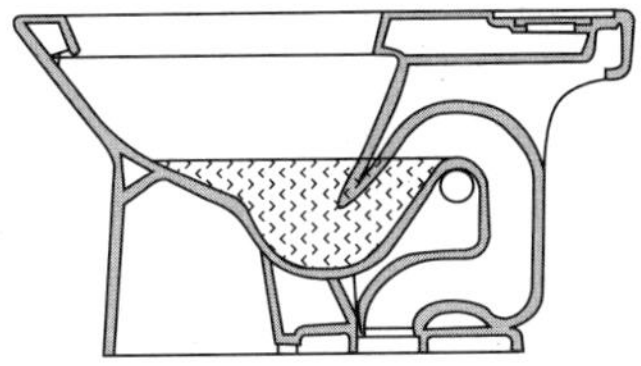	卫生器具本体自带有水封功能

2. 水封破坏原因

"水封破坏"是指因静态和动态原因造成排水系统存水弯内水封深度减少，不足以抵抗管道内的气压波动变化，导致有害气体进入室内的现象。在实际工程中，水封因产品自身缺陷、设计选用不当、施工安装不规范、日常疏于管理等因素发生水封破坏的现象很常见。水封破坏的定义有两种解释：

一种认为：只要有一个气泡从水封面冒出，即脉冲引起的瞬间破封；

另一种认为：不仅有气泡冲出水封面，还应持续一段时间，称为完全破封。

完全破封视危害程度又可分为两种：一种是水封失去，剩余水封深度无法抵抗排水管道中的气压波动；另一种是水封虽未丢失，但水封面不断持续冒泡，失去了阻隔功能，造成室内环境污染，例如坐便器因排水管堵塞出现冒泡情形。

水封破坏的影响因素有很多，主要原因及现象特征见表3-21。

水封破坏的原因与现象特征　　　　　　　　　表 3-21

破封原因		影响因素	现象特征
排水系统 自身原因	水封构造	水封形式、水封深度、水封容量和水封比等	1. S 型存水弯，在使用中容易形成自虹吸； 2. 钟罩型水封，杂物易沉积，减少水封深度
	静态原因	自然蒸发造成水量损失	1. 水封流入端水面因自然蒸发而降低，造成水量损失；据测试，水封平均每天因蒸发损失可达 1mm，影响水封蒸发损失的主要因素是水封蒸发面积和水封比； 2. 蒸发面积大，温度高，湿度小，蒸发快；而水封比大，水封蒸发量小； 3. 加大水封比、减小水封进水口断面积、水封加盖都可有效降低水封蒸发损失
		毛细作用造成水量损失	在水封流出端，因存水弯内壁不光滑或粘有油脂，会在管壁上积存长纤维和毛发，产生毛细作用，造成水封水量损失
	动态原因	自虹吸损失	1. 卫生器具瞬间大流量排水，存水弯自身满流而形成虹吸； 2. 采用 S 型存水弯或连接排水横支管较长的 P 型存水弯容易发生自虹吸
		诱导虹吸损失	卫生器具自身不排水，其存水弯内的水封深度符合要求；当管道系统中其他卫生器具大量排水时，引起系统内压力变化，使该存水弯内形成虹吸
外部原因		室外强风对伸顶通气的影响，引起气压波动	1. 外部风速对排水立管顶部三层的正压值影响最为强烈，风速越大管内气压波动也越大； 2. 外部风向与排水系统通气管出口的夹角也有关系，外部风向与管口成 0°夹角时，即与伸顶通气管相垂直时，影响较小；外部风向与管口成 90°夹角时，对排水管内的气压波动影响最大； 3. 当暖通专业在屋顶上设置的机械排风口及通风口与通气管出口距离较近时，其气流也会对伸顶通气产生影响，从而导致水封损失
		卫生间排气扇抽吸	在封闭的房间内，即卫生间门窗均关闭的情况下，开启排气扇，室内空间形成负压，地漏等卫生器具会因抽吸失去水封
		杂质沉积	1. 卫生间淋浴或浴缸在使用过程中，会在地漏或存水弯底部沉积皮屑、毛发，如清理不及时会使排水不畅，且会降低水封深度； 2. 厨房洗涤盆下部 P 型存水弯，因油脂及杂物，也会减小排水管断面，降低水封深度

1）水封受气压波动影响导致破坏

水封受气压波动破坏的形式有两种：负压破封和正压破封。负压破封是负压抽吸使水封部分液体被抽走，造成剩余水封不足以抵抗管内压力波动，管内污浊气体突破水封进入室内，造成环境污染；而正压破封是排水管道内的污浊气体因气压剧烈波动突破水封进入室内，污染环境卫生。建筑排水管道内气压波动引起的水封损失与下列因素有关：

（1）气压波动值大小：测试发现，水封损失与气压波动值大小有关。同样构造形式的水封，气压波动值越大其水封损失也越大。

（2）脉冲频率：水封损失与气压波动脉冲频率及水封结构固有振荡频率有关。在泫氏实验塔对动态水封测试观察到：专用测试地漏压力波动频率在 2Hz 附近水封损失最大。专用测试地漏动态水封损失测试数据见表 3-22。

不同气压波动频率下的水封损失值测试结果（mm）　　　　　表3-22

压力波动频率（Hz）	±100Pa	±200Pa	±300Pa	±400Pa
0.50	5	10	14	20
0.75	5	10	14	20
1.00	5	10	14	20
1.25	5	10	15	20
1.50	5	11	17	21
1.75	6	12	17	23
2.00	6	12	18	25
2.25	4	8	10	18
2.50	2	4	8	15
2.75	2	4	6	12
3.00	2	4	5	9
3.50	2	3	4	8

（3）水封构造：日本测试发现，排水管内压力波动对水封的影响，与水封自身构造也密切相关，其关系见表3-23。

管内压力波动导致破封与水封自身构造的关系　　　　　表3-23

存水弯形式	P型	S型	钟罩型	钟型	瓶型
出水/进水断面面积比	1.00	1.00	1.08	1.31	1.44
水封平均残留比率%	100	77	73	95	107
水封未破坏次数比率（次）	100	79	55	65	105
瞬间破封所需压力比率（Pa）	100	75	66	102	102
完全破封所需压力比率（Pa）	100	92	83	108	107

注：表中数值是相对于P型存水弯（水封以50mm水深作为100%），比如P型存水弯水封残留30mm，瓶型存水弯残留水封深度为30×107%＝32.1（mm）。

由表3-23可以看出，钟罩型地漏水封和S型存水弯水封抗气压波动能力较差，我国规范已禁用钟罩型地漏水封，美国规范禁用S型存水弯水封。

2）排水持续时间：存水弯中的水封损失还与排水持续时间有关，排水持续时间越长，水封损失越大。试验证明：60s持续排水，其水封损失值比5s超出一倍以上。

3. 水封保护措施

阻止排水系统管道内的有害气体进入室内靠的就是水封。水封不同于阀门，它既要允许排水通过，又要防止排水管内气压冲破水封侵入室内。因此，保护水封不被破坏至关重要，需从多方面采取措施。

1）为保护水封不被破坏，除完善通气系统及加大水封深度外，尚可采取如下措施，见表3-24。

水封保护措施　　　　　表3-24

水封破坏类型	可采取的保护措施
因负压抽吸 而导致水封破坏	1. 适当加大排水立管和排水横管管径； 2. 采用环形通气和器具通气，或设置吸气阀； 3. 采用多通道存水弯或防虹吸存水弯； 4. 不在连接偏置管的水平管段中接入排水支管

77

续表

水封破坏类型	可采取的保护措施
因正压喷溅而导致水封破坏	1. 底层和排水立管拐弯处的楼层排水应单独排出； 2. 在排水立管底部以上一定高度范围内不接入排水横支管； 3. 加大排水立管底部弯头的管径和排出管管径； 4. 排水横支管宜在同侧接入排水立管或采用球形四通接入；当排水横支管必须在相对方向接入排水立管时，两根排水横支管的管内底高差不得小于200mm
因自虹吸而导致水封破坏	1. 在排水横支管上设置吸气阀或设置防虹吸存水弯； 2. 缩短存水弯排出管在竖直方向的长度； 3. 采用底面较平坦不呈凹斗形的卫生器具； 4. 在存水弯终端加大排水管管径； 5. 适当减小存水弯排出横管的坡度； 6. 卫生器具水封设置自补水装置
因惯性晃动而导致水封破坏	1. 适当加大排水管管径； 2. 缩小排水口与存水弯的高差； 3. 在排水横支管上增设吸气阀
因蒸发损失而导致水封破坏	1. 经常或定期使用的卫生器具和工业废水受水器，在水封存水弯上端加盖，如密闭地漏； 2. 采用多通道地漏； 3. 利用其他使用较频繁的排水器具（如洗面盆）排水为不常使用的装置如干区地漏水封补水； 4. 加大水封深度； 5. 采用防干涸地漏
因毛细作用而导致水封破坏	1. 在卫生器具排水口处设置滤网式排水栓； 2. 在卫生器具排水口下方设置粉碎装置

2）为有效保护水封不被破坏，可从以下几个方面着手：

（1）选用合格的卫生器具产品及管配件

卫生器具中自带水封的有坐便器和小便器。现行国家标准《卫生陶瓷》GB 6952—2015规定："所有带存水弯便器的水封深度不应小于50mm，并有污水置换功能和水封恢复功能（水封恢复深度不得小于50mm）"。

地漏和卫生器具（如洗面盆、妇洗器等）自身不带水封的，需要在其出口加设存水弯。因目前尚未有塑料P型和S型存水弯的产品标准，实际工程中一般由管件组合代替，随意性大，见图3-9。以PVC-U管件组合存水弯为例：实测水封深度仅有15～30mm。工程实际中须计算连接短管的长度，短管过短将不能满足水封深度的要求，注意不合格水封不能用在工程项目上。另外，V型存水弯容易产生水封振荡损失，见图3-10。

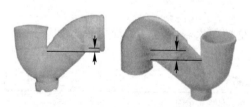

图3-9　水封深度不合格的存水弯

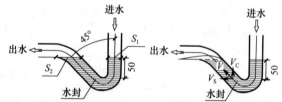

图3-10　V型存水弯容易产生水封振荡
水封比＝S_2/S_1＝1.4；V—水流方向；
V_s—水平分量；V_c—垂直分量

（2）控制排水管内的气压波动

系统水封损失与管内气压波动强弱有关，要使存水弯水封不被破坏，需控制排水管内气压波动值在一定范围内。

① 水封损失与管内气压关系试验

日本东京大学镰田教授、明治大学坂上教授对此进行了试验考证，发现当排水管内气压在 $-40mmH_2O$ 时水封损失值约为 25mm，见图 3-11。

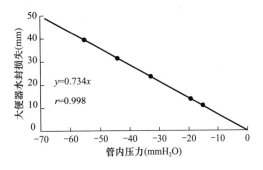

图 3-11 管内压力与水封损失的关系

泫氏实验塔采用定流量法，不同排水持续时间水封损失测试结果显示，同等压力下瞬时排水（小于 10s）的水封损失远小于持续排水（大于等于 60s）的水封损失，见图 3-12。

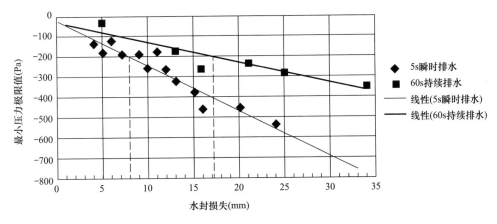

图 3-12 5s 瞬时排水和 60s 持续排水相同水封损失值时的最小压力值趋势图

万科实验塔采用定流量法与瞬间流量法对坐便器水封损失的研究也反映：相同压力下，定流量排水对卫生器具水封造成的损失明显比瞬间排水要大，见图 3-13。

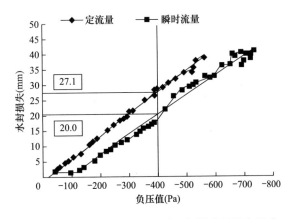

图 3-13 定流量与瞬时流量对坐便器水封损失影响

由图 3-12、图 3-13 可以看出：相同负压下，定流量排水要比瞬间排水对卫生器具水封造成的损失大。

另外，抗负压能力与其水封构造也有密切关系，增大水封深度和水封比可以减小水封损失。

试验表明：具有一定水封深度和水封比的存水弯、地漏、坐便器，当排水立管内压力波动超过−400Pa 到−500～−800Pa 时，水封被抽干。其中一些地漏在系统压力达到−400Pa 时就被抽空，成为臭气侵入室内的畅通通道。因此，提高地漏水封的抗负压能力，是维护室内生活排水系统安全运行的重要措施。

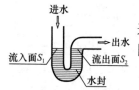

图 3-14　水封比图示

所谓"水封比"，是指存水弯出水通道端（流出面 S_2）与进水通道端（流入面 S_1）自由水面面积的比值，即水封比＝S_2/S_1，见图 3-14。

② 防止排水管内正压波动对地漏、卫生器具造成返溢

由排水立管转为排水横管会形成立管底部壅水，正压急剧上升，这时正压气体突破水封进入室内，直接污染环境。为避免此类现象发生，在工程设计和施工安装时，地漏设置位置不得放在大流量卫生器具排水管的下游（如坐便器或蹲便器排水横管），因为坐便器排水时，气压波动约 10s，而最大峰值仅 2s，形成瞬间压力流，如果地漏水封无防返溢装置，气压容易冲破地漏水封，造成臭气外泄，甚至造成污水冒溢。

在带水封地漏中，采用机械翻板或防返溢浮球构造对水封保护有利；防返溢浮球的阻尼作用，可降低水封振荡的频率和波幅，减小水封损失；设置在地漏入水口上方的机械翻板或浮球，可增加气流阻力，减小水封振荡波幅，减小水封蒸发，但会降低地漏排水能力。

在高层建筑中，按使用功能采用竖向分区排水系统时，每个分区的排水立管底部正压最大，处于首层排水须单独排出，避免淹没出流影响。但是实际工程中有时无法避免淹没出流，此时可在出户管上设置通气管，以消除正压的影响；同时加强通气，避免二、三层用户坐便器出现喷溅现象。排水出户管接入室外检查井，如果市政条件较差，排出管因地形原因不得不淹没出流时，应采取有效措施，加强出户横管的通气，以缓解正压过大造成水封破坏；如果碰到排水横管埋设很深时，底层与地上一、二层可采用污水提升泵压力排水，而三层以上仍可采用重力流排水，但必须设置专用通气管。

（3）存水弯加通气管和及时补水

存水弯加通气管是平衡水封受排水立管气压波动的有效措施。常用的形式有下面几种类型：

① 在高级宾馆的坐便器排水管上增设器具通气管；

② 在洗手盆排水的存水弯后面设环形通气管或采用防虹吸存水弯。图 3-15 为山西泫氏研发生产的已编入国家标准《排水用柔性接口铸铁管、管件及附件》GB/T 12772—2016 中的防虹吸存水弯，水封深度 80mm，水封比约 1.4；

③ 利用淋浴或洗面盆排水为地漏水封或存水弯补水。图 3-16 为宁波世诺卫浴有限公司按我国香港地区水封深度要求设计、研发生产的 HDPE 补水型存水弯，水封深度 85mm，水封比 1.48；

④ 有条件时可采用注水器直接对地漏水封或易丢失水封的存水弯及时补水，但应注意与自来水连接处须有防回流污染的安全措施。

进水
出水
流入面S_1
流出面S_2
水封

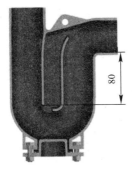

图 3-15 SUNS 防虹吸存水弯外形图

图 3-16 W 型存水弯外形图

（4）设置吸气阀和正压缓减器

在排水系统的不同部位按排水流量配置吸气阀，吸气阀通常设置在系统上部负压波动值较大处。

在排水系统竖向分区的下部和出户管前正压波动最大处配置正压缓减器。

3.6 排水管道通气

通气管是建筑排水系统的重要组成部分。重力流排水管不工作时，管道内有气体存在，排水时，污废水、杂物裹挟着空气一起向下流动，使管内气压发生波动，或正压或负压。管内正压过大，对卫生器具存水弯形成反压，造成喷溅、冒溢；管内负压过大，形成虹吸，导致存水弯水封破坏，这两种情况都会造成污浊气体侵入室内。

建筑排水系统通气管的作用如下：

1）可提高系统的排水能力。建筑排水管道内呈水气两相流动（或水、气、固形污物三相流动），设置通气管有利于排水立管迅速安全地将污废水排至室外。

2）减小排水管内的气压波动，避免水封破坏。适当增大通气立管管径更有利于改善排水管道内的压力波动状况。

3）将排水管道内积聚的有毒有害气体排放到大气中，有利于不断更新管内空气，以满足卫生要求。

4）设置通气管有利于降低排水立管水流噪声。

5）通气管经常补充新鲜空气，可减轻金属管道内壁被废气腐蚀，延长使用寿命。

1. 排水管内气压波动产生的原因

1）高层建筑排水管道内的气压试验证明：排水立管内的气压波动情况与排水负荷、通气量、排水横管坡度、底层出户管出水状态、排水立管入水方式以及入水位置、立管内壁粗糙度等因素有关。

（1）排水负荷。排水量增大，排水立管内气压波动也相应增加，其变化值与排水负荷大致成正比。

（2）通气量。排水立管内气压波动变化值与通气量大致成反比，不通气情况最差，升顶通气和吸气阀大致相同，排水立管顶端完全敞开情况最好。

（3）排水横管坡度。排水横管坡度大小对排水立管内的气压变化影响不大，但可以在一定程度上影响排水系统出水流量。

（4）底层出户管出水状态。底层出户管末端有自由出流、半淹没出流和淹没出流三种情况。淹没出流对排水立管内正压波动影响非常大，将会破坏存水弯中的水封。在淹没出流状态下，排水立管底部正压大幅度增加，系统将出现严重的正压喷溅；相比较，对排水负荷大的特殊单立管排水系统影响更大。

（5）排水立管入水方式。在排水横支管进水流量相同的情况下，从同一点集中进入排水立管，对于排水立管内气压波动程度的影响，大于分别从不同点进入排水立管的情况。

（6）排水立管入水位置。排水横支管进入排水立管的位置越高，对排水立管内气压波动程度的影响越大。

2）工程设计中可采取以下几项措施，以减缓排水立管中气压波动的程度：

（1）限制排水流量；

（2）加强排水立管通气；

（3）安装吸气阀进行辅助通气；

（4）排出管避免淹没出流；

（5）排水立管采用切向入水的旋流管件，以消除"水舌"；

（6）尽可能避免排水立管偏置或采用乙字弯管消能，否则应增加辅助通气管；

（7）降低排水立管水流下落速度，如采用特殊管件（加强型旋流器）或特殊管材（内螺旋管）的特殊单立管排水系统。

2. 排水管通气量影响因素

我国排水实验塔所进行的通气量试验证明：排水系统通气量与排水系统形式、排水流量、排水立管底部连接方式、管内阻力和管道长度等因素有关。

1）排水系统形式

（1）相同排水流量（6.5L/s）时，三个系统中的通气量：普通双立管排水系统（系指专用通气立管和排水立管）最多，普通单立管排水系统（系指伸顶通气）次之，加强型旋流器单立管排水系统最少，见表 3-25。

铸铁管系统相同排水流量时通气管气流速度和通气量的关系　　表 3-25

序号	排水系统名称	通气管气流速度（m/s）	通气量（L/s）
1	普通单立管排水系统	4.635	36.94
2	普通双立管排水系统	5.036	40.14
3	加强型旋流器单立管排水系统	2.976	23.61

注：表中排水立管与通气立管的管径均为 DN100。

（2）最大排水流量（系指气压接近±400Pa 时的排水能力）时，普通双立管排水系统平均水流速度最大，普通单立管排水系统次之，尽管加强型旋流器单立管排水系统的排水能力超过普通单立管排水系统的 2 倍，但其平均水流速度却低于普通单立管排水系统，见表 3-26。

铸铁管最大排水流量时排水立管平均水流速度　　表 3-26

序号	排水系统名称	平均水流速度（m/s）	最大排水流量（L/s）
1	普通单立管排水系统	5.45	4.0
2	加强型旋流器单立管排水系统	4.25	12

（3）最大排水流量时，六个系统中单位排水量所需通气量：普通单立管排水系统最多，普通双立管排水系统次之，加强型旋流器单立管排水系统及环形通气排水系统（排水立管接通气立管，通气立管伸顶）最少，见表3-27。

铸铁管最大排水流量时排水量与伸顶通气量之比　　　　表3-27

序号	排水系统名称	排水量与通气量之比
1	普通单立管排水系统	1：8.12
2	普通双立管排水系统	1：5.14
3	环形通气排水系统（通气立管接排水立管，排水立管伸顶）	1：3.63
4	环形通气排水系统（排水立管、通气立管均伸顶）	1：3.34
5	加强型旋流器单立管排水系统	1：1.88
6	环形通气排水系统（排水立管接通气立管，通气立管伸顶）	1：1.63

注：表中序号4"环形通气排水系统（排水立管、通气立管均伸顶）"的测试，计算时采用通气立管与排水立管通气量之和作为总通气量。

（4）最大排水流量时，普通单立管排水系统和加强型旋流器单立管排水系统的立管充水率，见表3-28。从表中可以看出，普通单立管排水系统并未达到7/24的临界充水率，说明现有铸铁管的内壁光洁度有了较大的提高。加强型旋流器单立管排水系统则超过了7/24的临界充水率，说明其在8.35/24的充水率时仍处于附壁流态，未出现水塞流。

铸铁管最大排水流量时立管充水率　　　　表3-28

序号	排水系统名称	立管充水率（%）
1	普通单立管排水系统	11.0
2	加强型旋流器单立管排水系统	34.8

2）排水流量

排水流量是指排水管内压力接近±400Pa时的最大排水能力。

（1）普通单立管排水系统和普通双立管排水系统：随着排水流量增大，进气量增加。进气量与排水流量成正比，呈线性增长趋势。

（2）特殊单立管排水系统：随着排水流量增大，进气量减少。进气量与排水流量成反比，呈非线性下降趋势；排气量随排水流量增加呈非线性微增长趋势。

（3）环形通气排水系统：对于双伸顶通气的环形通气排水系统，随着排水流量增大，排水立管进气量增加，通气立管进气量增长幅度较小；对于单管伸顶通气的环形通气排水系统，随着排水流量增大，排水立管进气量增加，且均呈线性增长趋势。

3）排出管连接方式

（1）排出管是系统最主要的排气通道，故应确保排出管至检查井气流畅通，检查井盖应有排气孔；

（2）确保检查井中排出管与小区排污管具有足够的高度差，防止排出管淹没出流；

（3）在排出管上增加通向地面的辅助通气管，可在系统淹没出流时，确保系统的排水能力。

4）管内阻力和管道长度

（1）普通单立管和双立管排水系统水流下落速度仅受管壁摩擦阻力影响，排水流量增大，水膜厚度增加，摩擦阻力影响力减弱，水流下落速度增大；

（2）特殊单立管排水系统每层设置的加强型旋流器导流叶片形成的结构阻力和切向入水产生的离心力，限制了水流下落速度，使其保持较低流速，始终无法达到"终限流速"。

3. 排水通气管的计算

1）通气管系统设计中需要用到的基本概念

（1）静压

静压是指物质某点受到它自身重量而产生的压力，并可以用物质本身的高度来衡量。例如 10m H_2O、20m 空气柱等。静压可用公式（3-1）表示：

$$p = wh \quad 或 \quad h = p/w \tag{3-1}$$

式中　p——压力（kg/m^2）；

　　　w——物质的密度（kg/m^3）；

　　　h——静压高度（m）。

【例 3-1】　20℃时空气的密度为 $1.2kg/m^3$，水的密度为 $998.12kg/m^3$。求 25mm 水封深度相当于多少空气柱高度？

【解】　利用公式（3-1）得：

$$p = w_a h_a = w_w h_w \tag{3-2}$$

式中注脚 a 和 w 分别代表空气和水。

与 25mm H_2O 相当的空气柱高度，可以利用公式（3-2）求得：

$$h_a = w_w h_w / w_a = 0.025 \times 998.12/1.2 = 20.79m 空气柱 \approx 21m 空气柱$$

也就是说，25mm H_2O 的压力与 21m 高的空气柱相当。

（2）空气流动时的摩擦阻力损失

空气在管道中流动时的摩擦阻力损失可用达西-韦斯巴赫公式来计算：

$$h = f \cdot \frac{L}{d} \cdot \frac{V^2}{2g} \tag{3-3}$$

式中　h——摩擦阻力损失（m）；

　　　f——摩擦系数；

　　　L——管道长度（m）；

　　　d——管径（mm）；

　　　V——空气流速（m/s）；

　　　g——重力加速度（$9.8m/s^2$）。

（3）空气流量

美国规范规定，高峰流量时排水立管中水流占 7/24 管道横断面积，空气占 17/24 管道横断面积；而水平管道中污水和空气应各占一半，即管道上半部为空气，下半部为水，见表 3-29。

排水立管与排水横管中空气流量　　　　表 3-29

管径（mm）		排水立管中空气流量（L/s）	污水流量（L/s）	排水横管中空气流量（L/s）	排水横管坡度（%）
排水立管	排水横管				
—	DN40	—	—	0.3	2.08
DN50	DN50	3.5(2.5m/s)	1.43	0.5	2.08
DN75	DN75	10(3.2m/s)	4.21	1.5	2.08
DN100	DN100	22(4.0m/s)	9.07	2.3	1.04
DN150	DN150	65(5.2m/s)	26.7	7.0	1.04
DN200	DN200	140(6.3m/s)	57.6	15.1	1.04

注：排水立管中空气流量一栏中括号内数值为推算出的空气流速，它接近于污水立管中的终限流速。

（4）通气管的最大允许长度

通气管管径的计算，其原则是通气管的压力损失不超过 25mm H_2O（美国标准规定管内压力 ±254Pa）。知道了空气流量、通气管管径、摩阻系数，就可以近似求出通气管的最大允许长度，见公式（3-4），该公式摘自卢安坚所著《美国建筑给水排水设计》。

$$L_1 = 13575 \frac{d^{4.75}}{q^{1.75}} \qquad (3-4)$$

式中　L_1——通气管的最大允许长度（m）；

　　　d——通气管管径（m）；

　　　q——空气流量（m^3/s）。

【例 3-2】　某工程项目 DN100 专用通气管中空气流量为 22L/s，按最大阻力损失不大于 25mm，求通气管的最大允许长度。

【解】　根据公式（3-4），$d = 100/1000 = 0.1m$，$q = 22/1000 = 0.022m^3/s$，则通气管的最大允许长度为：$L_1 = 13575 \times \dfrac{0.1^{4.75}}{0.022^{1.75}} = 192m$。

这里的 192m 是最大允许长度，是从最低最远的排水管接入处至通气管顶口的展开长度。

2）横支管环形通气管计算

横支管环形通气管计算公式中，日本规定阻力损失不宜超过 10mm H_2O，见公式（3-5）。

$$L_支 = 13575 \times \frac{10}{25} \times \frac{d^{4.75}}{q^{1.75}} = 5430 \frac{d^{4.75}}{q^{1.75}} \qquad (3-5)$$

式中　$\dfrac{10}{25}$——允许压力波动的转换系数，即 0.4；

　　　d——通气管管径（m）；

　　　q——空气流量（m^3/s）。

【例 3-3】　某改造工程项目需增加一个卫生间，距原有排水系统伸顶通气管的位置约 60m，卫生间排水流量为 2.3L/s，排水管管径为 DN100，拟设置 DN50 环形通气管接至原有排水系统伸顶通气管，展开长度为 113m，考虑局部阻力，折合当量长度为 50% 展开长度，试校核通气管管径 DN50 是否合适。

【解】　按公式（3-5），$d = 0.05m$，$q = 0.0023m^3/s$，则：

$$L_支 = 5430 \times \frac{0.05^{4.75}}{0.0023^{1.75}} = 148m$$

$113×(1+50\%)=170m＞148m$，说明通气管管径 $DN50$ 偏小，需放大通气管管径至 $DN75$。则：

$$L_支 = 5430 × \frac{0.075^{4.75}}{0.0023^{1.75}} = 1019m ＞ 170m$$

说明放大至 $DN75$ 满足要求。

3）器具通气管管径选择

我国现行规范尚没有通气管计算方法，为便于设计，列出美国规范中相关数值，见表 3-30。使用时须注意：此表中的排水当量与我国规范并不相同。

通气管的管径和长度　　　　　　　　　　　表 3-30

排水立管或器具排水管管径（mm）	负担的排水当量	通气管管径（mm）								
		32	40	50	65	75	100	125	150	200
		通气管最大允许长度（m）								
40	8	15	46							
50	12	9	23	61						
50	20	8	15	46						
65	42		9	30	91					
75	10		9	30	30	183				
75	30			18	61	152				
75	60			15	24	122				
100	100			11	30	79	305			
100	200			9	27	76	274			
100	500			6	21	55	213			
150	350				8	15	61	122	396	
150	620				5	9	38	91	335	
150	960					7	30	76	305	
150	1900					6	21	61	213	
200	600						15	46	152	396
200	1400						12	30	122	366
200	2200						9	24	107	335
200	3600						8	18	76	244

注：1. 当一根通气管服务于2个以上的卫生器具时，排水当量应是它们的总和。
2. 通气管的管径不得小于它所服务的排水管管径的1/2，不宜采用32mm以下的通气管。
3. 共用通气管、环形通气管的管径按上述原则确定。
4. 单独通气管接大便器应使用50mm管径，其他卫生器具可以用到40mm管径。
5. 卫生器具当量值：洗面盆、净身盆为1；洗涤池、淋浴器、浴盆、小便器、洗衣机为2；大便器为4～6。
6. 表中数据摘自卢安坚《美国建筑给水排水设计》P208、P209。

器具通气管管径选择：先计算卫生器具排水当量，确定排水管管径，再根据通气管长度，查表 3-30 中通气管管径。表中第 3～11 列中数字左边的空格表示其相应的通气管管径小于规范的允许值，右边的空格意味着通气管的长度可"不受限制"。

器具通气管的终点，通常理解为到它与专用通气立管的接管处。

4）专用通气立管管径选择

专用通气立管系指连接排水立管或环形通气管的垂直通气管道，其管径可按表 3-30

确定。其中最大允许长度是指从最低最远的排水管接入处至通气管顶口的展开长度，包括汇合通气管在内。

【例 3-4】 当排水立管管径为 100mm、通气管所负担的卫生器具排水当量为 300、通气管的展开长度为 50m 时，求通气立管的最小允许管径。

【解】 查表 3-30 中排水立管管径为 100mm、排水当量为 500 的一行，往右遇通气管的最大允许长度为 55m 时（即第 7 列），往上到第 2 行，得通气管的管径为 75mm，这一管径可以用于排水立管管径为 100mm、排水当量为 300、通气管展开长度为 50m 的情况，满足本题的要求。

5) 通气管最小管径

通气管的最小管径不宜小于排水管管径的 1/2，也可根据我国现行《建筑给水排水设计标准》GB 50015—2019 的要求按表 3-31 确定。

通气管最小管径 表 3-31

通气管名称	排水管管径（mm）			
	50	75	100	150
器具通气管	32	—	50	—
环形通气管	32	40	50	—
通气立管	40	50	75	100

注：1. 表中通气立管系指专用通气立管、主通气立管、副通气立管。
2. 根据特殊单立管系统确定偏置辅助通气管管径。

6) 伸顶通气管管径

生活排水系统伸顶通气管的必要通气量，对于塑料排水立管，为立管底部排水横管排水流量的 7 倍；对于铸铁排水立管，为立管底部排水横管排水流量的 5 倍；对于加强型旋流器和苏维托系统排水立管，为立管底部排水横管排水流量的 2 倍。与伸顶通气管口大气压的允许压差为 250Pa。

在工程设计中，伸顶通气管的管径通常与排水立管或多根排水立管汇合通气管的管径相同。但在最冷月平均气温低于 −13℃ 的地区，应在室内平顶或吊顶以下 0.3m 处将伸顶通气管的管径放大一级。

7) 排水和通气联合系统管径计算

所谓排水和通气联合系统，是指利用排水横管作为通气管的系统（这是国外的）。

表 3-32 为排水和通气联合系统管径计算表。表中第 1 列为排水管所服务的卫生器具的排水当量。第 2～5 列分别为不同管道坡度时排水管的管径。

排水和通气联合系统管径计算表 表 3-32

排水当量	管道坡度			
	0.0104	0.0208	0.0313	0.0417
	排水管的管径（mm）			
3	100	50	50	50
5	100	65	65	65
12	100	100	75	75

续表

排水当量	管道坡度			
	0.0104	0.0208	0.0313	0.0417
	排水管的管径（mm）			
20	125	100	100	100
180	125	125	100	100
218	150	125	125	125
390	200	150	125	125
480	200	200	150	150
700	200	200	150	150

注：表中排水当量：洗面盆、净身盆为 1；洗涤池、淋浴器、浴盆、小便器、洗衣机为 2；大便器为 4～6；其他废水流量按 0.0315L/s 折合 1 排水当量。

4. 伸顶通气排水系统

传统排水通气系统缓解排水管内压力的方式是从屋顶通气管顶部进气或设置专用通气立管进行补气。

伸顶通气管出屋面做法分类及优劣比较见表 3-33。

伸顶通气管出屋面做法分类及优劣比较　　　　表 3-33

序号	伸顶通气类型	图示	优点	缺点
1	排水立管伸顶通气	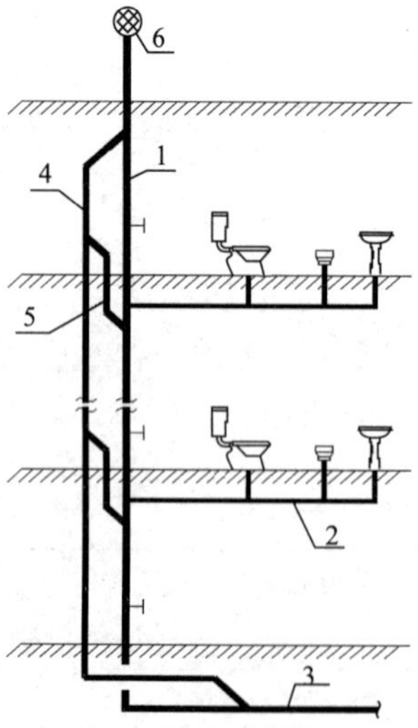	1. 伸顶通气管数量少，造价相对较低； 2. 相应减少管道出屋面处渗水隐患	通气立管连接到排水立管后伸顶的最大排水流量约为双伸顶通气系统的 73%

续表

序号	伸顶通气类型	图示	优点	缺点
2	通气立管伸顶通气	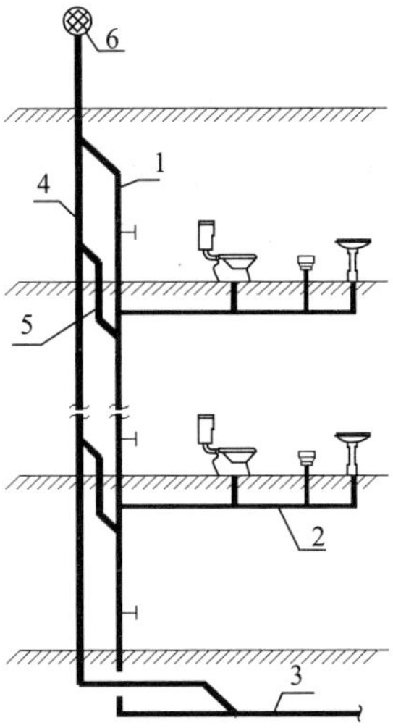	1. 伸顶通气管数量少，造价相对较低； 2. 相应减少管道出屋面处渗水隐患	排水立管连接到通气立管后伸顶的最大排水流量约为双伸顶通气系统的88%
3	排水立管、通气立管均伸顶通气	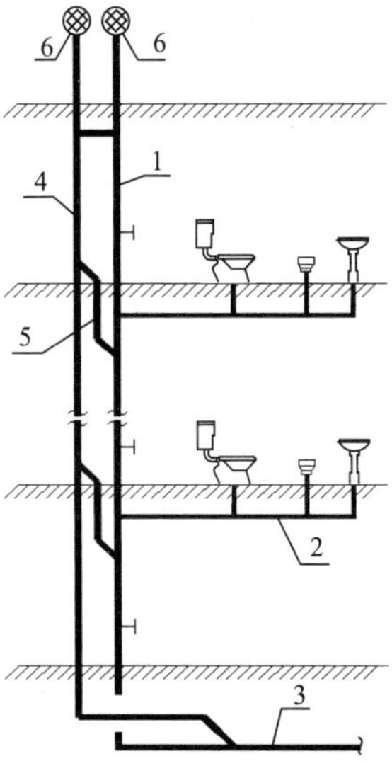	排水立管、通气立管双伸顶通气系统具有最大的排水能力，效果最好	1. 伸顶通气管数量较多，造价有所增加； 2. 增加管道出屋面处渗漏隐患，需做好防水措施

注：1—排水立管；2—排水横支管；3—排水出户管；4—专用通气立管；5—结合通气管；6—通气帽。

5. 自循环通气系统

自循环通气系统见图3-17。

在工程实际中应避免采用自循环通气立管排水系统，因这种系统除了会大幅度降低系统排水能力外，还会造成自循环通气立管顶部废气不能更新而聚积，滋生有害生物。

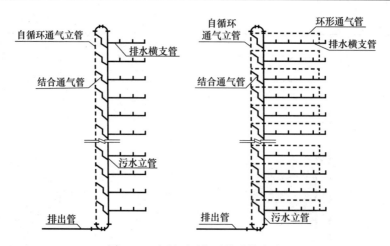

图 3-17　自循环通气系统连接方式

6. 主动式排水通气系统

所谓主动式排水通气，是指在排水系统中接近需要的通气点当场能消除瞬态压力变化的通气方式。它通过设置吸气阀进行负压补气或设置正压缓减器快速缓解管内压力。

1) 吸气阀

(1) 吸气阀的构造与工作原理

利用重力压差原理，快速开启或关闭阀瓣，见图 3-18。

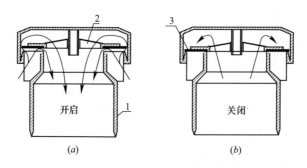

图 3-18　吸气阀工作原理示意图

(a) 管内负压时阀瓣上升开启（吸气）；(b) 管内正压时阀瓣下落关闭（密封）（无外部压力时阀瓣自身重量使其关闭）
1—阀体（由上阀体、下阀体和导杆组成）；2—阀瓣（由圆盘和密封环组成）；3—密封环

当排水系统中产生负压时，吸气阀吸入空气平衡管内压力，保护水封不被负压抽吸破坏；正压时阀瓣密封管内气体不逸出。

(2) 对吸气阀的质量要求

产品应经国家有关部门认可的检验机构检测，并应符合现行行业标准《建筑排水系统吸气阀》CJ 202—2004 的要求。

其主要技术性能指标如下：

① 开启压力 0～−150Pa；

② 吸气量：在（−250±10）Pa 压力下，吸气量应满足表 3-34 的要求；

吸气阀最小吸气量（L/s）　　　　　　　　　　　　　　表 3-34

排水管公称尺寸或公称外径	排水立管用吸气阀（大型）	排水支管用吸气阀（小型）
DN32(dn40)	—	1.2
DN40(dn50)	—	1.5
DN50(dn63)	4	1.5
DN75(dn75)	16	6.0
dn90	22	6.8
DN100(dn110)	32	7.5

③ 气密性：在 30～500Pa 和 10000Pa 正压下，保压 5min 后的压力应分别不小于 5min 前压力的 90%；

④ 抗疲劳、耐损性和耐温性能：在（20±5）℃时以 15 次/min 的频率通过 16h 连续试验共 14400 次和在（60±2）℃时以 15 次/min 的频率通过 8h 连续试验共 7200 次；

⑤ 抗冲击性能：在距地面 1.0m 高处自由坠落，吸气阀不变形、不破裂。

（3）吸气阀的设计选用

① 仅适用于排水系统中易产生负压处，不能用于正压部位。

② 根据系统排水量选择吸气阀的口径规格：

a. 用于排水立管上的吸气阀，应按吸气量不小于 8 倍立管排水量选用；当单个吸气阀的吸气量不足时，可采用两个吸气阀并联设置；

b. 用于排水横支管上的吸气阀，可按吸气量不小于 2 倍横支管排水量选用。

（4）吸气阀选用计算案例

立管或横支管排水量是指在一个或局部排水系统中卫生器具的排水设计总流量（L/s）。

① 排水流量计算方法

a. 排水流量计算，见公式（3-6）。（注：摘自欧标 EN 2056—2）

$$Q_{ww} = K \sqrt{DU} \tag{3-6}$$

式中　Q_{ww}——排水流量（L/s）；

　　　K——排水频率系数，见表 3-35；

　　　DU——所用卫生器具的流量之和。

排水频率系数 K 值　　　　　　　　　　　　　　表 3-35

卫生器具使用方式	K 值
间断使用（如公寓、客房、办公室）	0.5
经常使用（如医院、学校、酒店、宾馆）	0.7
密集使用（如公共厕所、浴室）	1.0
特殊情况下使用（如实验室）	1.2

注：高层建筑需适当提高安全系数，计算排水频率系数可取 0.7。其最大排水流量（Q_{max}）应大于计算出的排水总流量（Q_{ww}、Q_{tot} 或者排水器具的最大排水设计流量）。

b. 排水总流量计算，见公式（3-7）。

$$Q_{tot} = Q_{ww} + Q_c + Q_p \tag{3-7}$$

式中　Q_{tot}——排水总流量（L/s）；

　　　Q_{ww}——排水流量（L/s）；

　　　Q_c——持续排水流量（L/s）；

　　　Q_p——排水泵排水流量（L/s）。

c. 排水横支管上安装吸气阀的补气需求量计算

a）当排水横支管充满度为 0.5 时，按公式（3-8）计算。

$$Q_a = Q_{tot} \tag{3-8}$$

式中　Q_a——补气量（L/s）；

　　　Q_{tot}——排水总流量（L/s）。

b）当排水横支管充满度为 0.7 以上时，按公式（3-9）计算。

$$Q_a = 2Q_{tot} \tag{3-9}$$

式中　Q_a、Q_{tot}意义同上。

d. 排水立管上安装吸气阀的补气需求量按公式（3-10）计算。

$$Q_a = 8Q_{tot} \tag{3-10}$$

式中　Q_a、Q_{tot}意义同上。

② 排水立管与排水横支管的排水流量与补气需求量计算例题

【例 3-5】 某建筑物共 17 层，排水横支管充满度为 0.7，排水频率系数 K 取 0.7。每层卫生间配置有 1 个坐便器（6L 冲洗水箱）、1 个洗脸盆、1 个地漏和 1 个浴盆。

【解】 排水流量计算

建筑物每层卫生间排水横支管上连接有 1 个坐便器（6L 冲洗水箱），排水流量 1.8L/s；1 个洗脸盆，排水流量 0.3L/s；1 个地漏，排水流量 0.9L/s；1 个浴盆，排水流量 0.6L/s。共 17 层，排水频率系数 0.7（考虑高层建筑排水，加上不可预计的排水几率）。

a. 每层卫生间横支管排水流量（Q_{ww}），按公式（3-6）计算：

$$Q_{ww} = K\sqrt{DU} = 0.7 \times \sqrt{0.3 + 1.8 + 0.9 + 0.6} = 1.33 \text{L/s}$$

b. 每层卫生间排水横支管补气需求量（Q_a），按公式（3-9）计算：

$$Q_a = 2Q_{tot} = 2 \times 1.33 = 2.66 \text{L/s}$$

c. 查表 3-34，每层卫生间排水横支管按 $DN100$ 管径，设计选用支管吸气阀补气，可提供 7.5L/s 补气量（＞2.66L/s）。

d. 立管排水流量计算：

$$Q_a = 0.7\sqrt{(0.3 + 1.8 + 0.9 + 0.6) \times 17} = 5.48 \text{L/s}$$

e. 排水立管补气需求量（Q_a），按公式（3-10）计算：

$$Q_a = 8 \times 5.48 = 43.84 \text{L/s}$$

查表 3-34，除伸顶通气管外，按 $DN100$ 排水立管管径，设计选用大型吸气阀，可提供 32L/s 补气量，加上每层排水横支管有 1 个小型吸气阀（共 17 个）补充提供给排水立管空气流量，总的补气量为：32+（17×7.5）=159.5L/s，大于需求量 43.84L/s，吸气阀的设置满足要求。

（5）吸气阀的设置位置选择（见图 3-19）

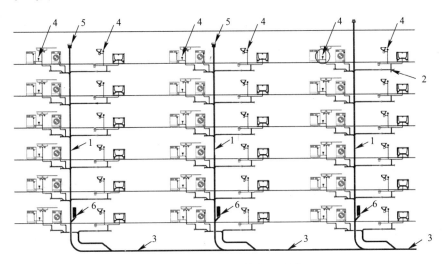

图 3-19　吸气阀安装位置图示

1—排水立管；2—排水横支管；3—排水出户管；4—排水横支管吸气阀（小型）；

5—排水立管吸气阀（大型）；6—正压缓减器

① 用于排水立管上的吸气阀应设置在排水立管顶部，但不得设置于专用通气立管顶部；

② 在一栋建筑物的多立管排水系统中，应至少设置一根伸顶通气立管且应设置在最靠近排水出户处；

③ 用于排水横支管上的吸气阀，应设置在最始端两个卫生器具之间或设置在易产生自虹吸的存水弯出水管处；

④ 当一组排水立管连接到同一排水出户管时，应每 5～10 根排水立管设有一个伸顶通气口，以缓解局部正压；

⑤ 当排水立管是某个化粪池或污水池的唯一通气口时，不得设置吸气阀。

（6）吸气阀的安装要求

吸气阀应严格按照生产厂家说明书的要求进行安装。

① 安装部位的环境温度为－20～60℃，且无腐蚀性气体；

② 吸气阀宜设置在便于维护检查的部位；

③ 吸气阀必须竖直向上安装，其安装的垂直度偏差应＜5°；

④ 当吸气阀需要嵌墙安装时，应有空气进入的通道流向吸气阀；

⑤ 吸气阀应安装在卫生器具溢流水位上方 1.0m 以内的部位。

（7）吸气阀的维护管理

① 防止杂质、异物堵塞进气孔；

② 检查阀瓣是否老化，如有损坏应整体更换。

（8）吸气阀的应用前景分析

由于吸气阀采用塑料、橡胶类材质密封，属于活动机械密封，如年久老化失灵将会导致排水管道中的有害气体窜入室内而又不易察觉，存在安全隐患，故我国原国家标准《建筑给水排水设计规范》GB 50015—2003（2009 年版）第 4.6.8 条作出限制性要求：在建筑物内不得设置吸气阀替代通气管。

经考察了解，吸气阀在国外已有数十年的应用实践，但并没有关于安全隐患来自吸气阀的案例报道。多年来，由于各地工程实际需要，业内希望取消上述对吸气阀一律封杀、禁止使用规定的呼声十分强烈，经全面修订于 2020 年 3 月 1 日开始施行的《建筑给水排水设计标准》GB 50015—2019 允许吸气阀有条件应用。其第 4.7.2 条有如下规定：

> 4.7.2　生活排水管道的立管顶端应设置伸顶通气管。当伸顶通气管无法伸出屋面时，可设置下列通气方式：
> 1　宜设置侧墙通气时，通气管口的设置应符合本规范第 4.7.12 条的规定；
> 2　当本条第 1 款无法实施时，可设置自循环通气管道系统，自循环通气管道系统的设置应符合本规范第 4.7.9 条、4.7.10 条的规定；
> 3　当公共建筑排水管道无法满足本条第 1 款和第 2 款的规定时，可设置吸气阀。

有鉴于此，吸气阀的使用，今后主要应着眼于以下几个方面：

① 外观造型特殊的建筑（应是公共建筑）当排水立管无法伸顶通气时可采用立管吸气阀。用于取代部分环形通气管和器具通气管，仅低层有排水而伸顶极其不合理时也可使用。

② 在高标准别墅、高标准住宅楼、公共建筑排水系统的伸顶通气管顶端可使用吸气阀，用于减少排水管道臭气对相邻住户及顶层用户的影响。在排水横支管接近末端的位置安装吸气阀，可及时进行补气平衡管内气压。提高居民生活质量及建筑物的档次，改善人们的生活环境，也可减少排水管道臭气对大气环境的污染。

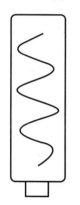

③ 在高层建筑裙房屋面排水伸顶通气管顶端设置吸气阀，可减少排水管道臭气对相邻建筑及裙房以上塔楼用户的影响，相应减少伸出塔楼屋面的通气立管数量。

④ 在地下建筑如地铁车站、地下商场等生活排水系统伸顶通气管顶端设置吸气阀，可有效减少排水管道臭气对地面环境的不良影响。

2）正压缓减器

在单立管排水系统的立管底部和立管转弯处，有时会产生瞬时正压，设置正压缓减器可缓解瞬时正压波。正压缓减器通常用图 3-20 形象地表示。其内部设有气囊，气囊膨胀吸收管道中的正压波气体，缓解管道中的气压以防止卫生器具的水封被破坏。该产品目前尚无国内标准，国际上可参考的标准有 TS 5200.463—2005 和 AS/NZ 3500.2.2003/Amdt 1/2005-11-10。

图 3-20　正压缓减器的通用设计符号

正压缓减器在排水系统中的设置部位和数量见表 3-36。

正压缓减器的设置位置　　　　　　　　　　　　　　　　　　　表 3-36

高于立管底部或立管偏置段的楼层	正压缓减器设置位置
5～10 层	立管底部设置 1 个
11～15 层	立管底部设置 1 个，立管中部设置 1 个
16～25 层	立管底部设置 1 个，其余每 5 层设置 1 个
26 层以上	立管底部设置 2 个，25 层以下每 5 层设置 1 个，25 层以上每 10 层设置 1 个

3）不同排水通气系统的立管排水能力见表 3-37。

不同排水通气系统的立管排水能力　　　　表 3-37

名称	排水立管	90°顺水三通	45°顺水三通	苏维托	吸气阀、正压缓减器
排水横支管与排水立管连接配件	管径				
	排水立管最大排水能力（L/s）				
普通单立管伸顶通气排水系统	$dn110$	4.0	5.2	—	—
	$dn160$	9.5	12.4	—	—
设专用通气立管的排水系统	$dn110/dn50$	5.6	7.3	—	—
	$dn160/dn90$	12.4	18.3	—	—
设通气立管的环形通气排水系统	$dn110$	17.0	—	—	—
特殊单立管排水系统	$dn110$	—	—	8.1	—
设置吸气阀或正压缓减器的排水系统	$dn110$	—	—	—	7.3
	$dn160$	—	—	—	18.3
数据来源	—	标准化容量*		实测	经认证

注：1. *指排水系统能正常运行的立管最大流量。
　　2. 表中立管最大排水能力数值摘自 EN 2056—2 表 11 和表 12。

在使用传统排水通气系统时，只有增大通气管管径，才能满足高层建筑排水系统通气的需求；而使用主动式排水通气系统，不需要增大通气管管径就可满足排水系统内气体压力平衡的要求；主动式通气适用于各种高层建筑排水系统。

7. 建筑排水通气管系统的试验研究

现阶段，我国建筑排水通气管系统的设计参数基本都可以通过测试试验的方式得到。总结近年来的测试试验，主要有以下结论：

1）通气立管底部与排出管连接可以极大地提高系统的通水能力。对于双伸顶通气系统，通水能力可提高 100%；对于通气立管上部与排水立管连接后再伸顶通气的系统，其通水能力也可提高 78.6%。

2）通气立管底部连接在排出管上的排水工况对系统正压也有较好的缓解作用；而当通气立管底与排水立管连接时，由于排水立管底部流量较大，形成的水膜较厚，通气立管底部气流不畅，将影响通气效果，导致系统底部正压偏大，排水能力也显著降低。

3）在相同排水流量下，通气立管底部连接在排出管上时卫生器具排水管产生的正压较通气立管底部连接在排水立管上时更小，在工程中能够很好地缓解高层、超高层建筑底部楼层喷溅返臭的现象，值得进一步推广应用。

4）对于环形通气排水系统，在淹没出流条件下，伸顶方式的不同并不会影响系统的最大排水能力。而在其他设置相同的条件下，增大通气立管管径，能够增加该系统的最大排水能力。

5）不同的伸顶方式对带副通气立管的环形通气排水系统的通水能力有很大影响。对最大排水流量进行比较：双伸顶通气＞排水立管接通气立管伸顶后变径＞排水立管接通气立管＞通气立管接排水立管伸顶，这说明通气立管补气是否通畅对排水系统的通水能力有极大的影响。

6）通气立管接排水立管后由排水立管伸顶的系统，其排水能力与采用 H 管连接的双立管排水系统接近，较环形通气排水系统小了约 1/3。

3.7　排水管道的布置与敷设

3.7.1　建筑室内排水管道的布置与敷设

1. 建筑室内排水管道敷设的原则

1）建筑室内排水管道的布置应符合下列要求：

（1）建筑排水设备、管道的布置与敷设不得对生活饮用水、食品造成污染，不得危害建筑结构和设备的安全，不得影响居住环境。

（2）自卫生器具至室外检查井的距离应最短，管道转弯应最少。

（3）排水立管宜设在排水量最大、杂质最多的排水点处；排水立管尽量不偏置。

（4）排水管道不宜穿越橱窗、壁柜，不应穿越贮藏室。

（5）塑料排水立管应避免布置在易受机械撞击处；当不能避免时，应采取相应保护措施。

（6）塑料排水管应避免布置在热源附近；当不能避免并可能导致管道表面受热温度大于 60℃时，应采取隔热措施；塑料排水立管与家用灶具边的净距不得小于 0.4m。

（7）当排水管道外表面有可能结露时，应根据建筑物性质和使用要求采取相应防结露措施。

2）建筑生活排水管道的敷设应符合下列要求：

（1）管道宜在地下或楼板填层中暗敷，或在地面上、楼板下明设。

（2）当有美观要求时，可在管槽、管道井、管窿、管沟或吊顶、架空层内暗设，但应便于安装和检修。

（3）在气温较高、全年不结冻的地区，管道可沿建筑物外墙敷设。

（4）坐便器排水横支管和其他卫生器具排水横支管宜分流接入排水立管。如条件所限不能分流，洗涤废水横支管应接在粪便污水横支管的上游（按水流方向），并采取不小于 15°下坡连接和偏心变径管顶平接，或采用乙字管高差连接等避免污水返流的措施。

3）当卫生间的排水支管要求不穿越楼板进入下层用户时，应设置成同层排水。同层排水形式应根据卫生间空间、卫生器具布置、室外环境气温等因素，经技术经济比较后确定。住宅卫生间宜采用不降板、微降板同层排水。同层排水设计应符合下列要求：

（1）地漏设置：推荐采用符合本手册 3.4 节技术性能要求的地漏产品；当采用不降板、微降板同层排水时，地漏宜靠近排水立管安装。

（2）卫生器具排水横支管布置和设置标高不得造成排水滞留、地漏冒溢。

（3）埋设于降板空间填充层中的管道不宜采用橡胶密封圈接口。

（4）同层排水立管管件穿越楼板应选用加长管件，做法如图 3-21 所示。

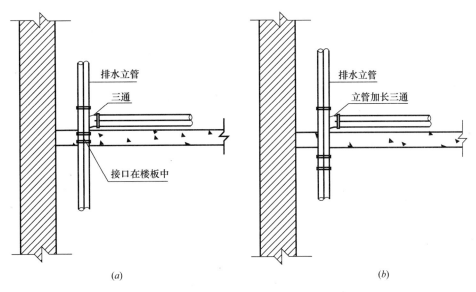

图 3-21 同层排水立管管件穿越楼板做法示意图
(a) 错误做法；(b) 正确做法

4）室内排水管道的连接应符合下列规定：

（1）器具排水管与排水横支管垂直连接，宜采用 45°顺水三通（也称 90°斜三通、TY 三通）。

（2）排水横支管与排水横干管水平连接宜采用 45°顺水三通或 45°顺水四通、45°斜三通或 45°斜四通。排水横管作 90°水平转弯时，宜采用两个 45°弯头或不小于 2.5 倍管径的 90°大转弯半径弯头。

（3）排水横支管与排水立管的连接宜采用 90°顺水三通、90°顺水直角四通或旋流三通、旋流四通，以及排水立管专用 45°顺水三通、45°顺水四通；在特殊单立管排水系统中，排水横支管与排水立管的连接应采用特殊配件。

（4）排水立管与转换层水平排水横干管或排出管的连接，宜根据下列情况采用不同弯曲半径的 90°弯头或 90°异径弯头：

① 当排水横干管或排出管不扩径时，塑料管材宜采用弯曲半径不小于 3 倍排水立管管径的 90°弯头，铸铁管材宜采用弯曲半径不小于 4 倍排水立管管径的 90°弯头；

② 当排水横干管或排出管扩径时，塑料管材宜采用弯曲半径不小于 2.5 倍排水立管管径的 90°异径弯头，铸铁管材宜采用弯曲半径不小于 3 倍排水立管管径的 90°异径弯头；

③ 对于特殊单立管排水系统，塑料管材宜采用弯曲半径不小于 2.5 倍排水立管管径的 90°异径弯头，铸铁管材宜采用弯曲半径不小于 3 倍排水立管管径的 90°异径弯头。

（5）当排水横支管、排水立管接入排水横干管时，应在排水横干管管顶或其两侧 45°范围内采用 45°斜三通接入。

（6）排水横支管变径处宜采用偏心异径管，管顶平接；排水横干管变径处宜采用渐变异

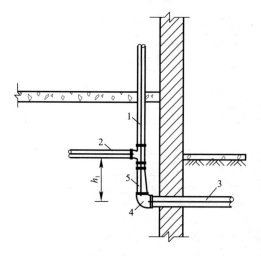

图 3-22　排水出户管放大管径做法示意图
1—排水立管；2—排水横支管；3—排水出户管；
4—90°大半径弯头；5—偏心异径管

径管或渐变偏心异径管，管顶平接。排水立管变径处宜采用渐变异径管或渐变偏心异径管连接。

（7）排水立管应避免轴线偏置。不论单立管排水系统还是双立管排水系统，排水立管偏置均会降低系统的排水能力。当受条件限制需要偏置时，应考虑偏置对立管排水能力的折减因素。偏置部位宜采用乙字管或两个 45°弯头连接。当住宅卫生间采用双立管排水系统时，应在偏置部位的上、下楼层设置结合通气管或防返流 H 通气管件，以减小排水立管偏置对系统排水能力的影响。

（8）当排水出户管需放大管径时，宜在排水立管底部用异径管放大后接弯头，且异径管宜采用偏心异径管，偏心侧宜在转弯的内圆一侧，如图 3-22 所示。

5）粘接或热熔连接的塑料排水立管应根据其管道的伸缩量设置伸缩节，伸缩节宜设置在汇合配件处。排水横管应设置专用伸缩节。如无特殊要求，伸缩节间距不得大于 4.0m，埋地或埋设于墙体内的塑料排水管可不设伸缩节。

6）靠近生活排水立管底部的排水横支管连接，应符合下列要求：

（1）最低排水横支管与排水立管连接处距排水立管管底的垂直距离不得小于表 3-38 的规定，其做法如图 3-23 所示。

最低排水横支管与排水立管连接处距排水立管管底的最小垂直距离（m）　表 3-38

排水立管连接卫生器具的层数	垂直距离 h_1	
	仅设伸顶通气	设通气立管
≤4	0.45	按配件最小安装尺寸确定
5～6	0.75	
7～12	1.20	
13～19	底层单独排出	0.75
≥20		1.20

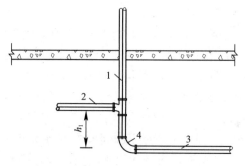

图 3-23　最低排水横支管到排水立管转弯处的最小垂直距离图示
1—排水立管；2—最低排水横支管；3—排水横干管或排出管；4—90°大半径弯头

（2）当排水支管连接在排出管或排水横干管上时，连接点距排水立管底部下游的水平距离（L）不得小于1.5m，如图3-24所示。

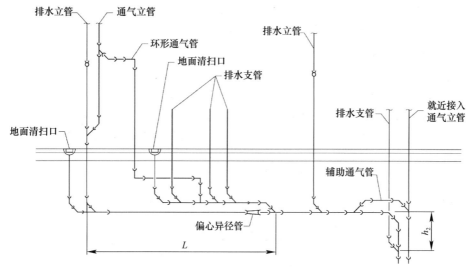

图3-24 排水支管、排水立管与排水横干管连接示意图

（3）当排水支管接入排水横干管竖直转向管段时，连接点距转向处以下距离（h_2）不得小于0.6m，如图3-24所示。

（4）下列情况下底层排水横支管应单独排至室外检查井或采取有效的防反压措施：

① 当靠近排水立管底部的排水横支管的连接不能满足（1）、（2）的要求时；

② 在距离排水立管底部1.5m之内的排出管、排水横干管有90°水平转弯管段时。

（5）当排水横干管转成垂直管时，转向处宜采用大曲率半径90°排水弯头，其顶部接出通气管应接入就近的通气立管，通气管管径宜比排水横干管管径小1～2档，如图3-24所示。

7）机房（如空调机房、给水泵房）、开水间的地漏排水应与污废水管道分开设置，可排入室外分流制的雨水检查井。

8）避难层（设备层）设备及管道宜集中设置，并应尽量避开避难区，且避免管道交叉。

9）商业建筑内的排水干管宜尽量布置在公共走道内，避免维护、检修时影响商铺等正常营业。

10）商业建筑内餐厅厨房或职工食堂厨房的含油废水管道，不得与生活污废水管道直接连接，应进行隔油处理后排入生活排水管道。

11）洗碗机排水不得与污废水管道直接连接，应排入邻近的洗涤盆、地漏或排水明沟。

12）住宅厨房洗涤废水不得与卫生间的污水合用排水立管。住宅卫生间的器具排水管不宜穿越楼板进入他户。

13）医疗建筑排水应按现行国家标准《综合医院建筑设计规范》GB 51039—2014的相关规定设计。大型公共类、交通类建筑（例如体育场馆、高铁站、机场航站楼等）中设置的急救中心、医疗室等的排水管道，不得与生活污废水管道直接连接，应在进行过消毒、杀菌等处理后排入生活排水管道。

14）室内生活废水在下列情况下，宜采用有盖的排水沟排除：

（1）废水中含有大量悬浮物或沉淀物需经常冲洗；

（2）设备排水支管较多，用管道连接有困难；

（3）设备排水点的位置不固定；

（4）地面需要经常冲洗。

15）室内地面排水沟的设计，应符合下列要求：

（1）排水沟内表面应光滑，且便于清掏；

（2）排水沟宜通过沟底排水直通地漏加装水封装置与排水管道连接；

（3）废水中如夹带纤维或大块物体，应在与排水管道连接处设置格网、格栅或采用带网筐地漏。

16）汽车库地面排水不宜采用明沟。如必须设置时，地沟不应贯穿防火分区。

17）厨房冷荤熟食间、裱花间、生食海鲜间及备餐区等清洁操作区域不得设置排水明沟，地漏应能防止浊气逸出。

18）室内生活废水排水沟与室外生活污水管道连接处，应设水封装置。

19）地下室、半地下室中的卫生器具和地漏不得与上部排水管道连接，应采用压力排水系统，并应保证污废水安全可靠地排出。当室内设置卫生器具处的地面或地漏面标高低于室外检查井地面标高时，该卫生器具的排水管不得直接接入室外检查井。

20）排水管穿越地下室外墙或地下构筑物的墙壁处，应采取防水措施。

21）当建筑物沉降可能导致排出管倒坡时，应采取相应技术措施：

（1）从外墙开始沿水流方向设置简易管沟，排水出户管外底最低点至沟内底空间不小于建筑物的沉降量，一般不小于0.20m，沟内填轻软质材料；

（2）排出管穿地下室外墙时，预埋柔性防水套管；

（3）当建筑物的沉降量较大时，在排出管出外墙后设置柔性接口，接入室外检查井的标高需考虑建筑物的沉降量；

（4）排出管的施工安装应待结构沉降基本稳定后进行。

22）排出管与室外检查井连接时，排出管管顶标高不得低于室外排水管管顶标高。其连接处的水流偏转角不得大于90°，当有大于0.3m的跌落差时，可不受角度的限制。

23）当排水管道穿越楼层设置套管且排水立管底部架空时，应在排水立管底部设支墩或采取其他固定措施。

2. 建筑物内严禁设置排水管道的场所

1）排水管道不得穿越下列场所：

（1）卧室、客房、病房和宿舍等人员居住的房间；

（2）生活饮用水池（箱）上方；

（3）遇水会引起燃烧、爆炸的原料、产品和设备的上方；

（4）食堂厨房和饮食业厨房的主副食操作、烹调和备餐区的上方。

2）排水管道不得敷设在食品和贵重物品仓库、通风小室、电气机房和电梯机房内。

3）排水管道不得布置在浴池、游泳池的上方。当受条件限制不能避免时，应采取防护措施。如：可在排水管道下方设托板，托板横向应有凸起的边缘（即横断面呈槽形），纵向应与排水管道有一致的坡度，末端有管道引至地漏或排水沟。

4）排水管道不得穿越变形缝、烟道和风道；当排水管道必须穿过变形缝时，应采取相应技术措施。对于不得不穿越沉降缝处，应预留沉降量、设置不锈钢软管柔性连接，并在主要结构沉降已基本完成后再进行安装；对于不得不穿越伸缩缝处，应安装伸缩节，软管和伸缩节均应为低波不锈钢制品。

5）室内排水埋地管道，不得布置在可能受重物压坏处或穿越生产设备基础；在特殊情况下，应与有关专业协调处理。如：保证一定的埋深和做金属防护套管，并应采用柔性弯头或接口。

6）排水管、排水通气管不得穿越下层住户客厅、餐厅；排水管不宜靠近与卧室相邻的内墙，当无法避免时，应选用低噪声管材。

7）楼层排水管道不应埋设在结构层内。当在地下室必须埋设时，不得穿越沉降缝，宜采用耐腐蚀的金属排水管道，坡度不应小于通用坡度，最小管径不应小于75mm，并应在适当位置加设清扫口。

8）排水管道不得穿越图书馆书库、档案馆库区。生活污水立管不应安装在与书库相邻的内墙上。

3. 清扫口、检查口的设置

1）清扫口装设在排水横管上，是用于单向清通排水管道的维修口。应根据卫生器具数量、排水管道长度和清通方式等，按下列规定设置：

（1）在连接2个及以上大便器或3个及以上卫生器具的铸铁排水横管上。

（2）采用塑料排水管道时，在连接4个及以上大便器的污水横管上。

（3）在水流转角小于135°的排水横管上（也可采用带清扫口的转角配件替代）。

（4）在生活污废水排水横管的直线管段上，清扫口之间的最大距离应符合表3-39的规定。

排水横管直线管段上清扫口之间的最大距离（m）　　　　　表3-39

管道直径（mm）	生活废水	生活污水
50～75	10	8
100～150	15	10
200	25	20

（5）立管或排出管上清扫口至室外检查井中心的最大长度，应按表3-40确定。

立管或排出管上清扫口至室外检查井中心的最大长度（m）　　　　　表3-40

管径（mm）	50	75	100	100以上
最大长度（m）	10	12	15	20

2）排水管上清扫口的设置应符合下列规定：

（1）在排水横管上设置清扫口，宜将清扫口设置在楼板、地坪上，且应与地面相平，清扫口中心与其端部相垂直的墙面的净距离不得小于0.2m；楼板下排水横管起点的清扫口与其端部相垂直的墙面的距离不得小于0.4m。铸铁排水管在地面或墙面宜采用铜制螺纹盖清扫口。当排水横管悬吊在转换层或地下室顶板下设置清扫口有困难时，可用检查口替代清扫口。

（2）当排水横管起点设置堵头代替清扫口时，堵头与墙面应有不小于 0.4m 的距离；也可利用带清扫口的弯头配件代替清扫口。

（3）管径小于 100mm 的排水管道上设置清扫口，其尺寸应与管道同径；管径大于等于 100mm 的排水管道上应设置直径 100mm 的清扫口。

（4）排水横管与清扫口的连接管及管件应与清扫口同径，并采用 45°斜三通和 45°弯头或由两个 45°弯头组合的管件。

（5）铸铁排水管道上设置的清扫口一般采用带清扫口或带检查口管件，塑料排水管道上设置的清扫口一般采用与管道同质的产品。

3）检查口为带有可开启检查盖的配件，装设在排水立管及较长水平管段上，可做检查和双向清通管道之用。检查口应根据建筑物层高等因素按下列规定合理设置：

（1）排水立管上连接有排水横支管的楼层应设检查口，但在建筑物底层必须设置。

（2）当排水立管水平拐弯或有乙字管时，在该层排水立管拐弯处或乙字管的上部应设检查口。

（3）检查口中心距操作地面的高度宜为 1.0m，并应高于该层卫生器具上边缘 0.15m；如排水立管设有 H 管时，检查口应设置在 H 管的上面。

（4）在地下室排水立管上设置检查口时，检查口应设置在排水立管底部之上。

（5）排水立管上检查口的检查盖应面向便于检查清掏的方位。

（6）在最冷月平均气温低于 −13℃ 的地区，排水立管还应在最高层离室内顶棚 0.5m 处设置检查口。

4. 间接排水与防污染措施

1）间接排水为设备或容器的排水管道与排水系统非直接连接，其间留有空气间隙的排水方式。

2）下列构筑物和设备不得与污废水管道直接连接，应采用间接排水的方式，并不得直接接入室外检查井。

（1）生活饮用水贮水箱（池）的泄水管和溢流管。

（2）开水器、热水器的排水。

（3）医疗灭菌消毒设备的排水。

（4）蒸发式冷却器、空调设备冷凝水的排水。

（5）储存食品或饮料的冷藏库房的地面排水和冷风机溶霜水盘的排水。

3）设备的间接排水宜排入邻近的洗涤盆、地漏。当无条件时，可设置排水明沟、排水漏斗或排水容器。间接排水的漏斗或容器不得产生溅水、溢流，并应布置在容易检查、清洁的位置。

4）间接排水口最小空气间隙，宜按表 3-41 确定。

间接排水口最小空气间隙（mm）　　　　　　　　　　　　表 3-41

间接排水管管径	排水口最小空气间隙
≤25	50
32~50	100
>50	150

注：饮料用贮水箱的间接排水口最小空气间隙不宜小于 150mm。

5. 管道支、吊架

1）塑料排水管道支、吊架的间距应符合表 3-42 的规定。

塑料排水管道支、吊架最大间距（m）

表 3-42

管径（mm）	立管	横管
40	1.2	0.50
50	1.2	0.50
75	1.5	0.75
90	2.0	0.90
110	2.0	1.10
125	2.0	1.25
160	2.0	1.60
200	2.0	1.70

2）建筑排水塑料管道支、吊架的设置还应符合下列要求：

（1）排水立管穿越楼板部位应结合防渗漏技术措施设置固定支承；在管道井或楼层贯通位置的排水立管，应设置固定支承，其间距不应大于 4m，并每层至少设置一个滑动支架。

（2）采用热熔连接的聚丙烯管道应全部采用固定支架。

（3）当排水横管采用弹性密封圈连接时，其承插口部位（承口下游）必须设置固定支架，固定支架之间还应按表 3-42 的支、吊架间距规定设置滑动支架。

3）承插接口建筑排水铸铁管道的支、吊架设置应符合下列要求：

（1）上段管道的重量不应由下段管道承受，排水立管的重量应由管卡承受，排水横管的重量应由支（吊）架承受。

（2）排水立管应每层设支架固定在建筑物可承重的柱、墙体、楼板上，固定支架设置应满足垂直度要求，且间距不应超过 3m；当层高小于 4m 时，可每层设一个固定支架，超过时，需增设滑动支架。

（3）排水立管的支架应靠近接口处，卡箍式柔性接口的支架应位于接口处下方，承插式柔性接口的支架应位于承口下方，且与接口间的净距不宜大于 300mm。

（4）排水立管底部弯头和三通处应设支墩或支架等固定措施，排水立管底部转弯处也可采用鸭脚支承弯头并设支墩或固定支架。

（5）排水横管支（吊）架应靠近接口处设置，卡箍式柔性接口不得将管卡套在卡箍上，承插式柔性接口应位于承口一侧，且与接口间的净距不宜大于 300mm。

（6）排水横管支（吊）架与接入排水立管或水平管中心线的距离宜为 400～500mm，见图 3-25。

（7）排水横干管支（吊）架间距不宜大于 1.2m，不得大于 2m。排水横管起端和终端应设防晃支（吊）架固定。当排水横干管较长时，直线管段防晃支（吊）架距离不应大于 12m。排水横管在平面转弯时，弯头处应增设支（吊）架。

4）管卡材质与形式应根据不同的管材选定：柔性接口建筑排水铸铁管应采用金属管卡，塑料排水管可采用金属管卡或增强塑料管卡，金属管卡表面应经防腐处理。当塑料排水管使用金属管卡时，应在金属管卡与管材或管件的接触部位衬垫软质材料。

103

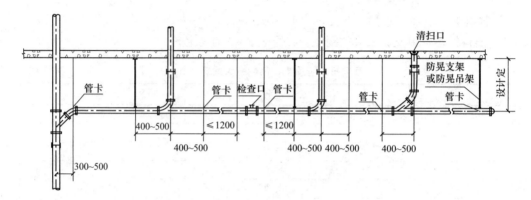

图 3-25　排水横管支（吊）架设置示意图

6. 阻火、防渗漏、防沉降、防结露、防返溢

1) 金属排水管道穿楼板和防火墙的洞口间隙、套管间隙应采用防火材料封堵。

2) 塑料排水管道穿越楼层、防火墙或管道井时，应根据建筑物性质、管径和设置条件以及穿越部位防火等级等要求设置阻火装置。

（1）建筑室内的塑料排水管道，应在下列部位采取设置阻火圈、阻火胶带等防止火势蔓延的措施：

① 当管道穿越防火墙时应在墙两侧管道上设置；

② 高层建筑中明设管径大于或等于 $dn110$ 排水管穿越楼板时，应在楼板下侧管道上设置；

③ 当排水管道穿管道井壁时，应在井壁外侧管道上设置。

（2）阻火装置的耐火极限不应小于贯穿部位的建筑构件的耐火极限。

3) 排水管道穿过地下室外墙或地下构筑物墙壁处，应采取防水措施。可按国标图集《防水套管》02S404 设置防水套管。对有严格防水要求的建筑物，应采用柔性防水套管。

4) 排水管道穿过有沉降可能的承重墙或基础时，应预留洞口，且管顶上部净空不得小于建筑物的沉降量，一般不小于 0.15m。

5) 在一般的厂房内，为防止排水管道受机械损坏，排水管的最小埋设深度，应按表 3-43 确定。

排水管的最小埋设深度　　　　　　　　　　　　　　　　　　　表 3-43

排水管材	地面至管顶的距离（m）	
	素土夯实、缸砖、木砖地面	水泥、混凝土、沥青混凝土、菱苦土地面
铸铁排水管	0.7	0.4
混凝土排水管	0.7	0.5
塑料排水管	1.0	0.5

注：1. 在铁路路基下应采用钢管或给水铸铁管，管道的埋设深度从轨底至管顶距离不得小于 1.0m。
　　2. 在管道有防止机械损坏措施或不可能受机械损坏的情况下，其埋设深度可小于本表及注 1 的规定值。

6) 排水管道外表面如可能结露，应根据建筑物性质和使用要求，采取防结露措施。所采用的隔热材料宜与该建筑物的热水管道保温材料一致。

防结露层厚度需经计算确定，也可根据隔热材料种类、设计准数 A、管径，按国标图集《管道和设备保温、防结露及电伴热》16S401 中相应计算表格确定。

设计准数 A 按公式（3-11）计算：

$$A = \frac{T_s - T_0}{T_a - T_s} \tag{3-11}$$

式中　T_s——最热月空气露点温度（℃）；

T_0——介质温度（℃）；

T_a——环境温度（℃）。

7）为避免排水管道因堵塞或排水不畅造成返溢，排水管道敷设除应满足本《手册》的相关要求外，宜同时采取下列措施：

（1）排水横管的坡度在敷设高度允许的情况下，尽量采用标准坡度或大于标准坡度。

（2）排水出户管应充分预留因建筑沉降可能造成的横管倒坡。

3.7.2 小区室外排水管道的布置与敷设

1）排水管道布置应根据小区总体规划、道路和建筑的布置、地形标高、排水流向等按管线短、埋深小、尽量自流排出的原则确定。当不能以重力自流方式排入市政排水管道时，应设置排水泵房；在特殊情况下经技术经济比较，也可采用真空排水系统。

2）小区排水管道布置应符合下列要求：

（1）排水管道宜沿道路和建筑物的周边平行布置，路线最短，减少转弯并尽量减少相互间及与其他管线、河流及铁路间的交叉。检查井间的管段应为直线。

（2）当排水管道必须与铁路、道路交叉敷设时，应尽量垂直于铁路或道路中心线。

（3）排水干管应靠近主要排水建筑物，并布置在需要连接的支管较多的一侧。

（4）排水管道应尽量布置在道路外侧的人行道或绿地的下面。不允许布置在铁路（纵向）和乔木的下面。

（5）应尽可能远离生活饮用水管道布置。

（6）排水管道与建筑物、构筑物和其他管道的最小净距，应符合表3-44的规定。

排水管道与建筑物、构筑物和其他管道的最小净距（m）　　表3-44

名称		水平净距	垂直净距	
建（构）筑物		2.5	—	
给水管线	$d \leqslant 200mm$	1.0	0.15	
	$d > 200mm$	1.5		
雨、污水管线		—	0.15	
再生水管线		0.5	0.15	
燃气管线	$P < 0.01MPa$	1.0	0.15	
	$0.01MPa < P \leqslant 0.04MPa$	1.2		
	$0.04MPa < P \leqslant 0.08MPa$	1.5		
	$0.08MPa < P \leqslant 0.16MPa$	2.0		
直埋热力管线		1.5	0.15	
电力管线		0.5	直埋	0.50
			保护管、通道	0.25
通信管线		1.0	直埋	0.50
			保护管	0.15
管沟		1.5	0.15	
乔木		1.5	—	
灌木		1.0	—	

注：特殊场地排水管道的设置要根据其相应的规范执行，如湿陷性场地等。

3）小区排水管道的敷设应符合下列要求：

（1）施工安装和检修管道时，不致互相影响。

（2）管道损坏时，管内污水不得冲刷或侵蚀建筑物以及构筑物的基础，不得污染生活饮用水。

（3）排水管道不得因机械振动而被损坏，也不得因环境温度低而使管内水冰冻。

（4）当排水管道与生活给水管道交叉时，应敷设在给水管道下面。

（5）当排水管道平面排列及标高设计与其他管道发生冲突时，应按下列原则处理：

① 小管径管道让大管径管道；

② 可转弯敷设的管道让不能转弯敷设的管道；

③ 新设的管道让已建成的管道；

④ 临时性的管道让永久性的管道；

⑤ 压力管道让自流管道。

4）排水管道的连接应遵守下列规定：

（1）不同管径的管道连接时，应设置检查井。除有水流跌落差外，管道在检查井内宜采用管顶平接或水面平接；井内进水管管径不得大于出水管管径（倒虹吸井除外）。

（2）排水管道转弯和交接处，水流转角应不小于 90°；当管径小于等于 300mm 且跌水水头大于 0.30m 时可不受此限制。

（3）室内排出管管顶标高不得低于室外接户管管顶标高。

5）排水管道的管顶最小覆土深度应根据道路行车等级、管材受压强度、地基承载力、土壤冰冻因素和建筑物排出管标高，结合当地埋管经验综合考虑确定，并应符合下列要求：

（1）小区干道、小区组团道路下管道、车行道下管道的最小覆土深度不宜小于 0.7m，小于 0.7m 时应采取如下措施防止管道受压破损：

① 加设防护钢套管；

② 混凝土排水管可以采用 360°包覆措施；

③ 在道路路面混凝土中布置钢筋网进行加固；

④ 在塑料排水管外设置大口径套管 360°包覆。

（2）小区生活排水接户管埋设深度不得高于当地土壤冰冻线以上 0.15m，且覆土深度不宜小于 0.3m。当采用埋地塑料排水管时，室内排出管埋设深度可不高于土壤冰冻线以上 0.5m。

6）室外埋地塑料排水管道的最大允许埋设深度应根据管道材料性质确定，或咨询产品生产厂商。

7）排水管道的基础做法应根据管道材质、接口形式和地质条件等因素确定。

（1）塑料排水管一般采用砂石基础。

（2）混凝土、钢筋混凝土承插口（或企口）排水管，当地基承载力特征值不小于 100kPa 时，宜优先采用橡胶圈接口、砂石（或土弧）基础；小于 100kPa 时，应计算确定。

（3）混凝土、钢筋混凝土刚性接口排水管，应采用混凝土带状基础；且需每 20～25m 设一个柔性接口，并在该处混凝土基础部位设置变形缝。

（4）施工超挖、地基松软或不均匀沉降地段，管道基础和地基应采用加固措施。

（5）在流动土壤及沼泽土壤中敷设的排水管道，应根据现场情况进行特殊处理。

3.8 排水检查井

1. 我国排水检查井发展历程回顾

排水检查井又称"窨井"，一般设置在埋地排水管道的起止点、转弯处、交汇处、管径或坡度改变处、管道基础或接口变化处、跌水处、直线管段上每隔一定距离处及特殊用途（截流、溢流、连通、设闸、沉泥、冲洗等）处。主要用途是对排水管道进行定期的检查、清洁和疏通等养护工作。

传统的排水检查井有陶土检查井、砖砌检查井、现浇混凝土检查井。形状有圆形、矩形、方形和扇形。20 世纪 60 年代，陶土检查井逐步被淘汰，砖砌检查井、现浇混凝土检查井成为主流，但由于现浇混凝土检查井施工周期长、作业面大和施工要求高等原因，使得建筑小区大多采用砖砌检查井，且一般采用实心黏土砖检查井。与之相连的管道主要有陶土管、水泥管及其他刚性材料为主的管道，由于检查井与管道是两种不同的材质连接，难以做到完全密封，并且井体与管道之间会产生不均匀沉降，管道和检查井连接处经常出现渗漏，污染地下水。砖砌检查井还存在耐腐蚀性差、使用寿命短、维修不方便等问题。

同时，实心黏土砖的生产对土地和能源消耗大，耗费了宝贵的土地资源，与国家的土地、环保政策不相符合。为此，建设部 2004 年颁布了 [218] 号技术公告，明确规定禁止使用实心黏土砖检查中，推荐优先采用绿色、节能、节地的塑料检查井。沈阳、四川、北京、江苏、广东等省市从 2004 年开始陆续出台了相关文件，全面禁止使用实心黏土砖砖砌检查井。但未将采用非实心黏土砖的砖砌检查井归类到禁止使用之列。

塑料检查井是在砖砌检查井和现浇混凝土检查井的基础上研发生产的新型检查井。随着高分子材料的应用，一些发达国家在 20 世纪 80 年代已开始研究、生产塑料检查井，目前在日本、欧盟和美国，塑料检查井的应用已很成熟，在建筑小区范围内，已经全面普及塑料检查井，基本取代了传统的砖砌检查井和现浇混凝土检查井。在市政道路上普及率也已达到 30%。

20 世纪，我国无塑料检查井生产商，少量使用的塑料检查井主要是国外品牌。但国外生产的塑料检查井设计结构不符合我国国情，加上进口运输成本较高，未能大范围推广应用。

2002 年和 2005 年建设部科技推广促进中心分别在佛山、丽江组织召开了推广大口径埋地塑料管道会议，会上提出应尽快研究发展我国的塑料检查井行业。

自 2003 年开始，江苏河马井股份有限公司（其前身为常州河马塑胶有限公司）、福建亚通新材料科技股份有限公司、上海富宝等国内企业，根据我国国情领衔研发、生产塑料检查井。

随后，指导设计、施工和验收的标准及标准图集陆续出台。行业标准《建筑小区排水用塑料检查井》CJ/T 233—2006 于 2006 年 12 月 1 日实施，经全面修订的《建筑小区排水用塑料检查井》CJ/T 233—2016 于 2017 年 2 月 1 日实施。《建筑小区塑料排水检查井应用技术规程》CECS 227—2007 于 2007 年 12 月 1 日实施，2008 年 6 月推出了国标图集《建筑小区塑料排水检查井》08SS523。2010 年 3 月推出了《市政排水用塑料检查井》CJ/T 326—2010，于 2010 年 8 月 1 日实施。

塑料检查井可分为注塑检查井、滚塑检查井、焊接检查井等多种制造工艺成型的塑料检查井，每种工艺均有其特点。国内塑料检查井经过十多年的发展，注塑检查井因其生产效率高、强度性能好、尺寸精准等优点成为国内塑料检查井行业的主流产品。

塑料检查井原材料主要有 PVC、PPB、PE。PVC 树脂加工流动性差，适合小口径检查井生产，且制品耐寒性差、柔性差，弹性模量≥3000MPa。PPB 材料加工性能较优，适合全系列尺寸检查井生产，弹性模量通常为 1000～1800MPa，制品屈服强度大、耐寒性较好，适合埋深较大的场所使用。PE 材料加工性能与 PPB 材料相似，弹性模量通常为 800～1200MPa，耐寒性好。经过十多年的实践，结合学习欧洲塑料检查井生产商经验，国内目前注塑检查井生产主要采用 PPB 材料。

塑料检查井因施工工艺简单，安装方便、高效，价格适中，密封性能好，耐腐蚀，使用寿命长等优点，目前在国内建筑小区室外工程中得到广泛应用。

除塑料检查井以外，进入 21 世纪以后，借鉴欧美等发达国家的使用经验，国内开始研制预制装配式钢筋混凝土检查井和混凝土模块式检查井。这两种成品检查井先后编制了国标图集《预制装配式钢筋混凝土排水检查井》05SS521 和《混凝土模块式排水检查井》05SS522、12S522，并在市政排水管道系统中得到逐步应用。

近年来，随着我国城市综合管廊和海绵城市建设的开展，2016 年新兴铸管股份有限公司针对传统检查井强度低、抗渗性能差等问题，研产销同步联动开发了球墨铸铁检查井，2017 年 8 月 *DN*300 球墨铸铁一体式检查井在苏州太仓市沙溪镇农村污水治理项目首次使用，并逐渐受到关注和认可，现已在全国推广应用。球墨铸铁检查井密封性能好，解决了雨污水渗漏问题，且耐腐蚀、强度高、稳定性能好，在综合管廊建设、黑臭水体和农村生活污水治理项目上具有独特优势。

为了提高工程质量，防止污水渗漏污染地下水，加快工程建设进度，推荐采用塑料成品井、钢筋混凝土成品井等。并要求污水井和合流污水井应进行闭水试验，开始注重强调排水检查井的密闭性能。

2. 排水检查井的分类与特点

1）排水检查井的分类

（1）根据使用功能可分为：污水井、雨水井、跌水井、沉泥井、水封井等。

（2）根据形状有圆形、矩形、方形和扇形。

（3）根据材质可分为：砖砌检查井、现浇混凝土检查井、塑料（PVC-U、PPB、PE）检查井、球墨铸铁检查井、预制装配式钢筋混凝土检查井和混凝土模块式检查井等。

2）各类排水检查井的特点

（1）砖砌检查井

以往采用实心黏土砖砌筑，现在普遍采用非黏土砖（页岩砖、煤渣砖、预制混凝土砌块等）砌筑，结构简单，造价较低，适合地下水位低、埋深较浅的雨水管道采用。

但施工周期较长，整体稳定性和质量较差，井体强度较低，易受地下水侵蚀。砌体缝隙易出现砂浆不密实渗水现象，管道与检查井连接部位容易渗漏，密闭性差，用于污水系统容易导致地下水资源污染。

（2）现浇钢筋混凝土检查井

整体稳固性好，强度高，密闭性能好，使用寿命长。

但施工工序多，周期长，作业面大，施工难度较大，造价较高。

（3）塑料检查井

井的内壁光滑流畅，过流断面表面平滑，排水顺畅。密封性、耐腐蚀性、抗老化性能好，井座预留进、出水管道接口采用橡胶密封圈柔性连接，能有效防止污水向地下渗透，保护地下水资源。水力条件好，易于清掏养护。模块化踏步井筒可根据工程现场埋深要求任意组合，适应性强。重量较轻，易于运输，吊装方便。施工工艺简单，为敷设管道开挖的管沟即可满足检查井安装要求，无需扩大开挖土方，施工安装方便快捷。以聚丙烯等树脂为主要原材料，井座一次注塑成型，埋设于地下寿命可超过 50 年。综合造价较低，尤其适用于建筑小区室外排水。具有绿色、环保、节能等特点。

塑料检查井自重小，雨天施工沟槽积水后容易上浮，外壁光滑的非结构壁检查井需要采取有效的抗浮措施。另外塑料检查井在回填土的过程中易被移动，需对称回填或采取相应支护措施。

（4）球墨铸铁检查井

球墨铸铁排水检查井强度高、刚性好，承载能力、抗外力冲击、抗基础沉降能力强。接口密封性能好，耐腐蚀，使用寿命长，运行维护费用低廉。施工为装配式安装，组装简单、方便，不受天气影响，可全天候施工。适宜用于建筑小区、工厂厂区及市政工程中的雨污排水管道中使用。可在河道内无填埋独立使用，配合球墨铸铁管使用密封性能优异，尤其适合在综合管廊工程、黑臭水体治理中应用。

球墨铸铁检查井自重大，造价相对较高。

（5）预制装配式钢筋混凝土检查井

采用预制钢筋混凝土部件现场装配而成，施工安装机械化程度高，工序操作简单，施工速度快，耐压能力强，能够有效解决井圈经常塌陷问题。

预制井块重量大，运输和搬运较为困难，现场施工不能随意接入支管。预制装配式混凝土检查井井径较大，主要用于市政主干管道。

（6）混凝土模块式检查井

以混凝土预制模块为基本单元，两侧设计成凹凸槽状（或设计为中空结构），在安装砌筑时组合形成链锁（或现浇混凝土灌芯形成混凝土网状结构），起到增加强度和闭水作用，使其强度高、整体性好。

检查井垫层、底板浇筑、模块砌筑和模块灌芯需要现场进行严格质量控制，以保证井体质量。混凝土模块式检查井井径较大，主要用于市政主干管道。

3. 排水检查井的构造和设置要求

1）应能顺畅地汇集和转变水流方向

（1）井底一般需砌筑流槽。

（2）在管道转弯处，检查井内流槽中线的弯曲半径应按转角大小和管径大小确定，但不宜小于大管管径。

2）安全性能

（1）位于车行道下的检查井，应采用具有足够承载力和稳定性良好的井盖与井座。宜采用预制井筒、铸铁井盖及盖座。

（2）排水检查井应安装防坠落装置，一般设置防坠落网、防坠落井箅等。防坠落装置应牢固可靠，承重力应≥100kg，并具有较大的过水能力。

（3）高流速排水管道，坡度突然变化的第一座检查井宜采用高流槽检查井。高流槽检查井可使急速下泄的水流在流槽内顺利通过，避免水流溢出或冲刷井壁，并采取增强井筒抗冲击、抗冲刷能力的措施，避免管道坡度变化较大处水流速度发生突变，流速差产生的冲击力对检查井产生较大推动力冲击冲刷井筒。应采用排气井盖，避免井盖变形或损坏。

（4）对于纪念性建筑、重要民用建筑，排水检查井应尽量避免布置在主入口处。

3）便于养护

（1）当不需要人员下井养护时，井筒内径可小于700mm；需要人员下井养护时，井筒内径不应小于700mm，井壁上应设爬梯和脚窝。当井筒高度大于4m时，应考虑将井筒下部加大。

（2）在排水管道每隔一定距离的检查井内设置沉泥槽，其位置根据当地管理部门的具体要求及养护经验确定。检查井沉泥槽深度一般为0.3～0.5m。

（3）在泵站前和雨水明渠（沟）接入排水管道的检查井内应设置沉泥槽。

（4）排水管道直线管段检查井间的最大距离应根据疏通方法等具体情况确定，宜按表3-45选取。当检查井最大间距大于表3-45时，应有相应冲洗设施。

检查井最大间距　　　　　　　　　　　　　　　　　　　　表3-45

排水管管径或暗渠净高（mm）	检查井最大间距（m）	
	污水管道	雨水（合流）管道
150	30	30
200～300	40	40
400	40	50
500～700	60	70
800～1000	80	90

4）塑料排水检查井的构造和设置要求

（1）当井径不大于1000mm时，井座宜采用注塑工艺成型；井径大于1000mm和特殊型号的井座，可采用其他成型工艺制造。

（2）设置流槽的井座在水流通过的井底部宜有圆弧导向流槽。当2根及以上汇入管接入井座时，井座内应有能避免汇入水流发生对冲的水流导向圆弧。

（3）非下人检查井井座内竖向承口与横向承口的交汇部位宜有曲率半径不小于10mm的疏通圆弧。

（4）连接井筒的井座承口底部宜设置360°环形支撑面，支撑面宽度不宜小于井筒壁厚；井座与土壤接触的底部应有稳定的支承构造。当需要设置加强筋时，应设置在井座不影响排水的部位。

（5）井座竖向承口以下部分内径应与井筒内径相同。

（6）井座与井筒、井座与管道应采用柔性连接，应设置防坠落装置。

（7）检查井井室高度应符合《室外排水设计规范》GB 50014—2006（2016年版）第4.4.3条的规定。

（8）井径尺寸：非下人井的井径一般采用200mm、315mm、450mm、630mm；需下人井的井径一般采用700mm、800mm、1000mm、1200mm、1500mm。

5）混凝土（砖砌）检查井的构造和设置要求

检查井的内径尺寸和构造要求应根据管径、埋深、地面荷载、便于养护检修并结合当地实际经验确定，可用圆形或矩形，井盖宜采用圆形。检查井各部分尺寸应符合下列要求：

（1）井口、井筒和井室的尺寸，应便于养护检修和出入安全；

（2）工作室高度在管道埋设许可时，一般为 1.80m。排水检查井由导流槽顶算起；合流管道检查井由管底算起。

（3）井深（盖板顶面至井底的深度）小于等于 1.0m 时，可采用井径（方形检查井的内径指内边长）不小于 600mm 的检查井；井深大于 1.0m 时，井径不宜小于 700mm。

（4）井底应设导流槽。污水检查井导流槽顶可与 0.85 倍大管管径处相平，合流检查井导流槽顶可与 0.5 倍大管管径处相平。井内导流槽转弯时，其导流槽中心线的转弯半径按转角大小和管径确定，但不得小于最大管的管径。

（5）当排水管采用塑料管时，管道与检查井宜采用柔性接口，也可采用承插管件连接；当管道与检查井采用砖砌或混凝土直接浇筑衔接时，可采用中介层作法（在管道与检查井相接部位预先用与管材相同的塑料粘结剂、粗砂做成中介层，然后用水泥砂浆砌入检查井的井壁内）。

6）跌水井的构造和设置要求

（1）当排水管道上、下游跌水水头为 1~2m 时，宜设置跌水井；跌水水头大于 2m 时，应设置跌水井。

（2）跌水井内不得接入排水支管。

（3）在管道转弯处不得设置跌水井。

（4）跌水井的跌水高度应符合下列规定：

① 当进水管管径不超过 200mm 时，一次跌水水头高度不得大于 6.0m；

② 当排水管管径为 300~600mm 时，一次跌水水头高度不得大于 4.0m；

③ 当排水管管径超过 600mm 时，一次跌水水头高度及跌水方式应按水力计算确定；

④ 如跌水水头高度超过上述规定时，可采用多次跌水分级跌落。

3.9 小型排水构筑物

3.9.1 隔油池

1. 含油污水的危害和隔油池的应用范围

1）含油污水未经处理排入下水道的危害

（1）堵塞排水管道：当公共食堂、餐饮业含油量超过 400mg/L 的污水排入下水道时，随着水温下降，污水挟带的油脂颗粒便开始凝固，并附着在管壁上，逐渐缩小管道断面，最后完全堵塞管道。如某大饭店曾发生油脂堵塞管道后污水从卫生器具处外溢的事故，以致后来不得不拆换管道。

（2）含油废水排入城市污水管网，将对城市污水附属设施及城市污水处理厂产生严重不良影响。我国现行《污水排入城镇下水道水质标准》GB/T 31962—2015 中要求排入城镇下水道污水水质为 A 等级时，动植物油含量最高为 100mg/L，石油类含量最高为 20mg/L，化学需氧量（COD）为 500mg/L。而一般公共食堂、餐饮业未经处理的污水动植物油含量达 150~450mg/L，化学需氧量（COD）2000~5000mg/L。某县城城区由于管理不到位，城区餐饮业大多未设置隔油池或油水分离设备，致使城区污水处理厂进水化学需氧量（COD）经常在 1000mg/L 左右，增加了污水处理厂的处理负荷，导致处理水质不达标。

　　（3）含油废水大量排入水体后将使水面整体被油膜覆盖，阻碍大气中的氧气向水体转移，使水生生物处于严重缺氧状态而死亡。

　　（4）含油废水渗入地下，将使土壤孔隙被油膜堵塞，致使空气、水分及肥料均无法渗入土中，破坏土壤结构，不利于农作物的生长，甚至使农作物枯死。

　　所以，公共食堂和饮食业的含油废水在排入城市污水管网前，应去除污水中的浮油，除油设施目前一般采用隔油池及成品隔油装置，且应优先选用成品隔油装置。

　　另外，汽车洗车台、汽车库及其他类似场所排放的污水中含有汽油、煤油、柴油等矿物油。汽油等轻油进入管道后挥发并聚集于检查井，达到一定浓度后会发生爆炸引起火灾，存在严重安全隐患，所以也应进行隔油处理。

　　2）隔油池的应用范围

　　（1）公共食堂、餐厅厨房洗涤排水系统。

　　（2）肉类、食品加工企业的排水系统。

　　（3）含有少量汽油、煤油、柴油及其他工业用油的污水排水系统，如洗车台、汽车库及机械维修车间等。

　　2. 隔油池的设计与计算

　　1）用于餐饮含油废水的隔油池设计应符合下列规定：

　　（1）排水流量应按设计秒流量计算；

　　（2）含食用油污水在池内的流速不得大于 0.005m/s；

　　（3）含食用油污水在池内的停留时间不得小于 10min；

　　（4）人工除油的隔油池内存油部分的容积，应根据顾客数量和清掏周期确定，且不得小于该池有效容积的 25%；

　　（5）隔油池应设在厨房室外排出管上；

　　（6）隔油池应设活动盖板，进水管应考虑有清通的可能；

　　（7）隔油池出水管管底至池底的深度，不得小于 0.6m；

　　（8）油脂及沉淀物的设计清除周期不宜大于 7d；

　　（9）当废水中夹带有其他沉淀物，且在排入隔油池前未经沉淀处理时，应在池内另附加沉淀部分的容积，隔油池内的残渣量占有效容积的 10%；

　　（10）对可能引起油脂结冻的场所，应考虑加热装置；

　　（11）应设置通气管道。

　　2）隔油池计算

　　隔油池设计的控制条件是污水在隔油池内停留时间 t 和污水在隔油池内的水平流速 v，隔油池的设计计算应按公式（3-12）～（3-16）进行。

$$V = 60Q_{max}t \tag{3-12}$$

$$A = \frac{Q_{max}}{v} \tag{3-13}$$

$$L = \frac{V}{A} \tag{3-14}$$

$$b = \frac{A}{h} \tag{3-15}$$

$$V_1 \geqslant 0.25V \tag{3-16}$$

式中 V——隔油池有效容积（m^3）；

Q_{max}——含油污水设计流量，按设计秒流量计（m^3/s）。计算方法详见现行《建筑给水排水设计标准》GB 50015—2019；

t——污水在隔油池中停留时间（min），含食用油污水的停留时间不得小于 10min；

v——污水在隔油池中水平流速（m/s），不得大于 0.005m/s；

A——隔油池中过水断面积（m^2）；

b——隔油池池宽（m）；

L——隔油池池长（m）；

h——隔油池有效水深，即隔油池出水管底至池底的高度（m），不得小于 0.6m；

V_1——贮油部分容积，是指出水挡板的下端至水面油水分离室的容积（m^3）。

对夹带杂质的含油污水，应在隔油井内设有沉淀部分，生活污水和其他污水不得排入隔油池内，以保障隔油池正常工作。

3）隔油池的选用

隔油池可以根据国标图集《小型排水构筑物》04S519 选用，由于砖砌隔油池防渗性能差，加之实心黏土砖的政策性限制使用，工程设计中选用钢筋混凝土隔油池较多。

由于传统隔油池仅依靠油水密度差来隔除油脂，加之受季节影响，餐饮废水中的油脂在冬季容易凝固，不易去除，特别是公共餐饮、厨房含油废水处理，其处理后的水质难以达到排入市政污水管网的标准，所以现在许多工程项目更多地倾向采用处理效果更好的餐厨含油废水隔油设备。

4）汽车洗车污水隔油沉淀池用于需要除去汽车洗车污水中的残油和泥沙的室外排水管道上，设计时应符合下列规定：

（1）污水停留时间 10min；

（2）污水流速不大于 0.005m/s；

（3）污水中的污泥量占污水量的 2%～4%（软管冲洗时）；

（4）污泥清除周期 10～15d。

5）含油污水进入隔油池后，由于过水断面增大及水平流速减小，含油污水中密度小的可浮油上浮至水面，定期收集后去除。图 3-26 为隔油池构造图。

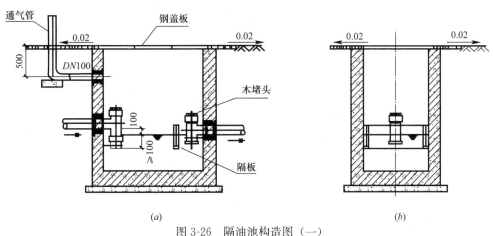

图 3-26 隔油池构造图（一）

（a）1-1 剖面；（b）2-2 剖面

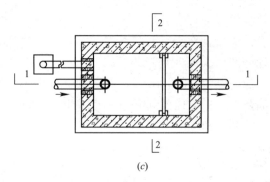

(c)

图 3-26　隔油池构造图（二）

(c) 平面图

3.9.2　化粪池

1. 化粪池的设置条件

1) 化粪池的作用

化粪池是一种利用沉淀和厌氧发酵原理，去除粪便污水中悬浮性有机物的处理设施，属于初级的过渡性生活污水处理构筑物。

粪便污水中含有纸屑、病原菌，其悬浮物固体浓度为 100～350mg/L，有机物浓度 COD 在 100～400mg/L 之间，悬浮性的有机物浓度 BOD5 为 50～200mg/L。粪便污水进入化粪池经过 12～24h 的沉淀，可去除 50%～60% 的悬浮物。沉淀下来的污泥经过 3 个月以上的厌氧消化，使污泥中的有机物分解成稳定的无机物，易腐败的生污泥转化为稳定的熟污泥，改变了污泥的结构，降低了污泥的含水率。定期将污泥清掏外运，填埋或用作肥料。

2) 化粪池的设置条件

在下列情况下应设置化粪池：

(1) 当城镇没有污水处理厂时，生活粪便污水应设化粪池，经化粪池处理合格后的水方可排入城镇污水管网。

(2) 当地城镇虽有生活污水处理厂的建设规划，但滞后于建成居民住宅区的实际使用需要，应在小区内设置化粪池。

(3) 部分大、中型城市由于排水管网距离较长，为防止粪便淤积堵塞下水道，也要设置化粪池预处理后再排入城市污水管网。

3) 化粪池的设置原则

(1) 含有大量油脂的餐饮废水不得进入化粪池，以防影响化粪池的腐化效果。

(2) 化粪池距离地下取水构筑物不得小于 30m。

(3) 化粪池宜设置在接户管的下游端便于机动车清掏的位置，且应设置永久性标识或标牌。

(4) 化粪池宜设在室外，化粪池池外壁距建筑物外墙不宜小于 5m，并不得影响建筑物基础。

(5) 当受条件限制化粪池需设置于建筑物内时，应采取通气、防臭和防爆措施。

(6) 化粪池应根据每日排水量、地形、交通、污泥清掏和污水排放条件等因素综合考虑分散或集中设置。

（7）当进入化粪池的污水量小于等于 12m³/d，应选用双格化粪池；当进入化粪池的污水量大于 12m³/d，应选用三格化粪池。

（8）化粪池与其连接的第一个检查井的污水管最小设计坡度取值：管径 150mm 宜为 0.010～0.012，管径 200mm 宜为 0.010。

（9）化粪池均应设置透气管道，且透气管道的高度应高出地面以上 2.0m。

2. 化粪池的种类

有砖砌化粪池、钢筋混凝土化粪池，还有玻璃钢成品化粪池及 HDPE 整体一次注塑成型化粪池。

改革开放以前，我国各地砖砌化粪池采用较多。由于砖砌化粪池防渗性能差，严重污染地下水资源，加之，实心黏土砖的政策性限制使用，现在普遍采用的是钢筋混凝土化粪池和玻璃钢成品化粪池。HDPE 整体一次注塑成型化粪池在城镇化和新农村建设中也得到广泛采用。

3. 化粪池容积的计算及构造要求

1）有效容积的计算

化粪池有效容积为污水部分和污泥部分容积之和，并宜按公式（3-17）～（3-19）计算：

$$V = V_w + V_n \tag{3-17}$$

$$V_w = \frac{m \cdot b_f \cdot q_w \cdot t_w}{24 \times 1000} \tag{3-18}$$

$$V_n = \frac{m_f \cdot b_f \cdot q_n \cdot t_n (1-b_x) \cdot M_s \times 1.2}{(1-b_n) \times 1000} \tag{3-19}$$

式中 V_w——化粪池污水部分容积（m³）；

V_n——化粪池污泥部分容积（m³）；

q_w——每人每日计算污水量 [L/(人·d)]，见表 3-46；

t_w——污水在化粪池内停留时间（h），应根据污水量确定，污水量大时取下限，粪便污水单独排入时取上限，宜采用 12～24h；当化粪池作为医院污水消毒前的预处理时，停留时间 12～24h；

q_n——每人每日计算污泥量 [L/(人·d)]，见表 3-47；

t_n——污泥清掏周期应根据污水温度和当地气候条件确定，宜采用 3～12 个月；当化粪池作为医院污水消毒前的预处理时，污泥清掏周期宜为 0.5～1a；

b_x——新鲜污泥含水率可按 95% 计算；

b_n——发酵浓缩后的污泥含水率可按 90% 计算；

M_s——污泥发酵后体积缩减系数宜取 0.8；

1.2——清掏后遗留 20% 的容积系数；

m_f——化粪池服务总人数（人）；

b_f——化粪池实际使用人数占总人数的百分比，可按表 3-48 确定。

化粪池每人每日计算污水量 表 3-46

分类	生活污水与生活废水合流排入		生活污水单独排入
每人每日污水量（L）	小区生活排水	公共建筑生活排水	15～20
	0.85～0.95 用水量	与用水量相同	

化粪池每人每日计算污泥量 表 3-47

建筑物分类	生活污水与生活废水合流排入（L）	生活污水单独排入（L）
有人员住宿的建筑物	0.7	0.4
人员逗留时间大于 4h 并小于等于 10h 的建筑物	0.3	0.2
人员逗留时间小于等于 4h 的建筑物	0.1	0.07

化粪池使用人数百分数 表 3-48

建筑物名称	百分数（%）
医院、疗养院、养老院、幼儿园（有住宿）	100
住宅、集体宿舍、旅馆	70
办公楼、教学楼、实验室、工业企业生活间	40
职工食堂、餐饮业、影剧院、体育场（馆）、商场和其他场所（按座位计）	5～10

将 b_x、b_n、M_s 值代入式（3-19），并和式（3-18）合并，化粪池有效容积计算公式可简化为（3-20）：

$$V = \frac{mb_f}{1000}\left(\frac{q_w \cdot t_w}{24} + 0.48q_n \cdot T_n\right)$$ (3-20)

化粪池总容积由有效容积 V 和保护层容积 V_0 组成，保护层高度一般为 250～450mm。

2）化粪池污泥清掏周期的计算

污泥清掏周期是指污泥在化粪池内平均停留时间。污泥清掏周期与新鲜污泥发酵时间有关。而新鲜污泥发酵时间又受污水温度的控制，可用公式（3-21）计算。

$$T_n = 482 \times 0.87^t$$ (3-21)

式中　T_n——新鲜污泥发酵时间（d）；

　　　t——污水温度（℃），可按当地最冷月平均给水温度再加上 2～3℃计算。当地最冷月平均给水温度无资料时，可参考《建筑给水排水设计标准》GB 50015—2019。

为安全起见，污泥清掏周期应比污泥发酵时间再延长一定时间，一般为 3～12 个月。清掏污泥后应保留 20%的污泥量，以便为新鲜污泥提供厌氧菌种，保证污泥腐化分解效果。

3）化粪池的构造，应符合下列要求：

（1）化粪池的长度与深度、宽度的比例应按污水中悬浮物的沉降条件和积存数量，经水力计算确定。但深度（水面至池底）不得小于 1.30m，宽度不得小于 0.75m，长度不得小于 1.00m，圆形化粪池直径不得小于 1.00m；

（2）双格化粪池第一格的容量宜为计算总容量的 75%；三格化粪池第一格的容量宜为总容量的 60%，第二格和第三格各宜为总容量的 20%；

（3）化粪池格与格、池与连接井之间应设通气孔洞；

（4）化粪池进水口、出水口应设置连接井与进水管、出水管相接；

（5）化粪池进水管口应设导流装置，出水口处及格与格之间应设拦截污泥浮渣的设施；

（6）化粪池池壁和池底应防止渗漏；

（7）化粪池顶板上应设有人孔和盖板。

图 3-27 为钢筋混凝土双格化粪池的构造平面简图。

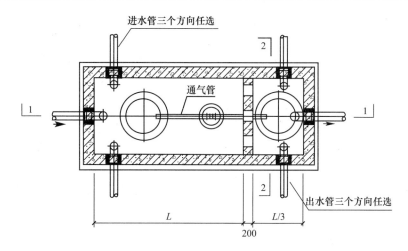

图 3-27 钢筋混凝土双格化粪池构造平面简图

图 3-28 为钢筋混凝土三格化粪池构造平面简图。

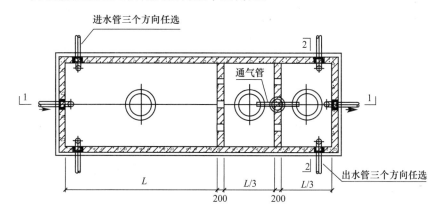

图 3-28 钢筋混凝土三格化粪池构造平面简图

4. 国标图集化粪池的选用

1) 砖砌化粪池可以根据《砖砌化粪池》02S701 选用，钢筋混凝土化粪池可以根据《钢筋混凝土化粪池》03S702 选用，推荐选用钢筋混凝土化粪池。这两本图集均适宜用于一般工业建筑和民用建筑生活粪便污水的局部处理，如用于湿陷性黄土地区、永久性冻土地区、抗震设防烈度为九度的地震区或其他特殊地区时，应根据有关《规范》的规定或专门研究处理。

2) 国标图集《砖砌化粪池》02S701、《钢筋混凝土化粪池》03S702 的选用表给出了不同建筑物、不同用水量标准、不同清掏周期、粪便污水与生活废水合流及粪便污水单独排出化粪池等情况下计算得出的化粪池设计总人数，设计人员可以直接按表查出化粪池体积；如表内参数与具体工程设计参数不符，由设计人员另行计算确定。

5. 玻璃钢成品化粪池

随着新的材料工艺和产品制造技术的不断发展，玻璃钢成品化粪池在工程中的应用越来越广泛。

玻璃钢化粪池是以玻璃纤维和不饱和树脂为主要原材料制作成型的化粪池。基体材料应采用不饱和聚酯树脂，其性能应符合《纤维增强塑料用液体不饱和聚酯树脂》GB/T 8237 的要求；增强材料应采用无碱（或中碱）成分玻璃纤维无捻粗纱或玻璃纤维无捻粗纱布，其性能应分别符合《玻璃纤维无捻粗纱》GB/T 18369 和《玻璃纤维无捻粗纱布》GB/T 18370 的要求，不应使用陶土坩埚生产的含有高碱成分的玻璃纤维无捻粗纱或玻璃纤维无捻粗纱布作为增强材料。

玻璃钢化粪池筒体宜整体采用抗压强度较高的半硬壳结构、双壁波纹结构设计，并宜采用无接缝一体化缠绕工艺加工成型；封头则宜采用真空引流工艺制作。

1）玻璃钢化粪池的性能特点和应用优势

（1）玻璃钢是一种轻质高强材料，其比重较小，约为普通钢材的 1/4 左右，但其强度较高，一般可达 2000kgf/cm^2。由于其弹性模量较小，制造工艺中常采用加筋结构或夹层结构来控制结构刚度。

（2）玻璃钢化粪池以高分子复合型增强树脂作为基体材料，防渗漏性能好，耐酸碱，抗腐蚀，使用寿命长。

（3）玻璃钢化粪池现场安装施工工艺简单，施工速度快，综合造价相对较低。

（4）工厂化生产，产品质量有保证，综合能耗较小。

（5）玻璃钢化粪池由于自身构造形状原因，顶部空间相对较小，较容易积聚沼气，存在一定安全隐患，应特别注意通气。

（6）根据《湿陷性黄土地区建筑标准》GB 50025—2018 的规定，在自重湿陷性黄土地区采用玻璃钢化粪池时，应设置在钢筋混凝土槽基内，防止沉降。

2）玻璃钢化粪池的构造要求

（1）化粪池在长度方向可分为两格或三格，各格容量应符合《建筑给水排水设计标准》GB 50015—2019 的要求，多个化粪池的串、并联按双格或三格划分容积比例都应遵循此要求。

（2）化粪池构造应包括通气管、清掏孔、进水管接口、出水管接口，进、出水口高差不应小于 50mm，清掏孔当两格时为一个，三格时为两个，罐体清掏孔直径不应小于 500mm。

（3）化粪池结构宜采用非金属类材料增强，如采用热镀锌类金属材料加强必须做好封闭防腐处理。

3）玻璃钢化粪池的规格型号

现行行业标准《玻璃钢化粪池技术要求》CJ/T 409—2012 中规定了 13 个型号。近年来，由于我国"乡村振兴"计划的推广实施，乡村旅游与美丽乡村建设快速发展，一些企业增加了 0 号规格（有效容积 1.0m^3），能够满足小型、分散的农家散户污水排放需求，有益于社会主义新农村建设的卫生、防疫和环保。详见表 3-49。

玻璃钢化粪池规格型号　　　　表 3-49

代号	0	1	2	3	4	5	6	7	8	9	10	11	12	13
容积（m^3）	1	2	4	6	9	12	16	20	25	30	40	50	75	100

4）玻璃钢化粪池的适用范围

按产品材质初始环刚度，现行行业标准《玻璃钢化粪池技术要求》CJ/T 409—2012

将玻璃钢化粪池分为Ⅰ型和Ⅱ型：

Ⅰ型——初始环刚度大于等于 $5000N/m^2$；

Ⅱ型——初始环刚度大于等于 $10000N/m^2$。

玻璃钢化粪池罐顶覆土深度 0.5～3.0m，且罐底埋设深度不宜超过 6.0m。上部地面堆积荷载按 $10kN/m^2$ 计；过车时，汽车荷载按城-B级（$W=55t$）考虑。

当玻璃钢化粪池安装于车行道下时，应根据产品环刚度复核上部荷载；如不能满足要求，可与生产厂家协商按本《手册》表 14-166 选型定制，不应在玻璃钢化粪池顶部增加设置钢筋混凝土抗压加强板。

5）玻璃钢化粪池施工安装注意事项

（1）基坑开挖

基坑开挖时，应根据地质情况确定放坡角度 30°～50°。如地下水位较高或雨期施工，可采用井点降水或设置集水坑利用潜污泵排水，防止因基坑积水导致边坡塌陷。

（2）地基处理

① 基坑无地下水：如地基承载力满足要求，素土夯实后铺设 100mm 厚中粗砂垫层即可；如地基承载力不能满足要求，应在素土夯实后，经结构专业计算浇筑素混凝土或钢筋混凝土底板，再铺设 100mm 厚中粗砂垫层。

② 基坑有地下水：如地基承载力满足要求，在素土上铺填卵石或碎石后夯实，水泥砂浆抹平再铺设 100mm 厚中粗砂垫层即可；如地基承载力不能满足要求，应在素土上铺填卵石或碎石夯实后，经结构专业计算浇筑素混凝土或钢筋混凝土底板，再铺设 100mm 厚中粗砂垫层。

③ "无地下水"是指地下水位在基坑底面以下；"有地下水"是指地下水位在基坑底面以上。如地下水位超过罐体高度的 20% 以上，应设计采取抗浮措施并确保回填压实系数不小于 0.95。

④ 如用于混陷性黄土地区、可液化土地区、膨胀土地区、抗震设防烈度为九度及以上地区或其他非正常地质条件情况，应根据有关《规范》的规定进行基坑地基处理。

（3）罐体吊装就位

玻璃钢化粪池罐体吊装时，应采用大于产品自重（约为化粪池容重5%）的吊带吊装；如采用钢丝绳吊装应注意增设钢丝绳与罐体接触面的保护措施，避免造成罐体损伤；不应捆绑罐体进、出水口提吊。

（4）灌水试验

化粪池罐体就位后，应及时进行灌水试验。产品出厂前已做过满水试验（满水 24h 无渗漏为合格），在基坑就位后灌水，一是检查运输过程中是否破损；二是有利罐体稳定，防止漂浮及位移。灌水试验前，罐体封头底部及两侧需用 25kg 重沙袋填塞以保持其稳定。灌水高度：单个化粪池罐体可灌至出水口位置；多个组合安装可灌至 1.0m 水深，基坑有地下水时应超过地下水位线。

玻璃钢化粪池罐体充满水静置 24h，观察应无渗漏，其最大竖向变形量应不大于各型号罐体实测直径的 1%。

（5）基坑回填

回填土中不得含有有机物、冻土及砖头、石块，不得回填淤泥、建筑垃圾，不得带水回填；回填时可按每层虚铺 250mm 厚度进行，须采用人工回填夯实，严禁从一侧机械回填或机械空中抛压回填。玻璃钢化粪池底部（特别是下部腋角部位）及罐体两侧需重点注意回填夯实。夯实后，回填土压实系数应不小于 0.95。

3.9.3 降温池

1. 降温池的设置规定

1）排水温度高于 40℃的污、废水，在排入城镇排水管网之前，应采取降温处理，使排水温度小于等于 40℃。而在工厂厂区范围内，各个车间的排水在排入室外管网时，其排水温度也不宜超过 50℃，并应使厂区总排水口的排水温度不超过 40℃。常用的降温措施是设置降温池。

2）降温池的设置应符合下列规定：

（1）对于温度较高的污、废水，应优先考虑将所含热量回收利用，如不可能或回收不合理时，在排入城镇排水管道之前应设降温池。

（2）降温宜采用较高温度排水与冷水在池内混合的方法进行。冷却用水应尽量利用低温废水，所需冷却水量应按热平衡方法计算。

（3）为了减少冷却用水量，对于超过 100℃的高温水，在进入降温池时应将其二次蒸发的饱和蒸汽导出池外，而只对 100℃以下的水进行冷却降温处理。

（4）污水间断排放时，应按一次最大排水量与所需冷却水量的总和计算有效容积；连续排放污水时，应保证污水与冷却水能充分混合。

（5）降温池应设置于室外，如确需设置在室内时，水池应密封，并应设置密封人孔和通向室外的通气管。

2. 锅炉排污降温池

1）锅炉排污降温池的设计参数如下：

（1）锅炉定期排污按每台锅炉每 8h 排污一次计算；

（2）锅炉排污量按锅炉小时总蒸发量的 6.5% 计算；

（3）锅炉排污水应设有二次蒸发筒，污水温度按 100℃计算；

（4）冷却水可利用生产废水，冷却水水温按 30℃计算，采用多孔管布水洒入池中；

（5）当锅炉为连续排污时冷却水量应另行计算，冷却水管径必须进行复核后确定。

2）锅炉排污降温池有效容积计算公式见（3-22）：

$$V = q_w + \frac{t_w - t_y}{t_y - t_1} \cdot q_w \cdot k \tag{3-22}$$

式中　V——降温池所需要的有效容积（m³）；

　　　q_w——每班每次定期排污量（m³）；

　　　t_w——所排污水的温度（100℃）；

　　　t_y——允许进入排水管道的水温，排入城市管网时按 40℃计（℃）；

　　　t_1——冷却水温度，取该地最冷月平均水温（℃）；取 30℃；

　　　k——混合不均匀系数（1.5）。

3）锅炉排污降温池的选用

锅炉降温池可以根据国标图集《小型排水构筑物》04S519 选用，图集中根据锅炉定期排污量，设计了 6 种降温池型号，分别按顶面可否过车及有无地下水情况配置了 24 款标准钢筋混凝土降温池供设计选用。

3. 降温池类型及降温池管道设置要求

1）降温池类型

降温池有虹吸式和隔板式两种类型，虹吸式适用于主要靠自来水冷却降温；隔板式常用于由冷却废水降温的情况。

2）降温池管道设置应符合下列要求：

（1）有压高温废水进水管口宜装设消声设施，有两次蒸发时，管口应露出水面向上并应采取防止烫伤人的措施；无两次蒸发时，管口宜插进水中深度 200mm 以上。

（2）冷却水与高温水混合可采用穿孔管喷洒；当采用生活饮用水做冷却水时，应采取防回流污染措施。

（3）降温池虹吸排水管管口应设在池底部。

（4）应设通气管，通气管排出口设置位置应符合安全、环保的要求。

第4章 特殊单立管排水系统

4.1 特殊单立管排水系统在我国的发展历程回顾

特殊单立管排水系统从 20 世纪 70 年代末期开始传入我国，当时主要有以下三种类型：

第一种为苏维托排水系统。它的优点是能减小排水立管内部的气压波动，降低管系内的正、负压绝对值，保证系统排水工况良好。这种系统的特殊管件是苏维托接头。

第二种是空气芯水膜旋流立管系统。该系统是法国建筑科学技术中心在进行多次水流试验基础上于 1967 年提出的，被广泛应用于 10 层以上的高层建筑。这种系统有两个特殊管件：一是旋流接头，即旋流器；另一个是旋流式 45°弯头。

第三种是高奇马排水系统。该系统是日本小岛德厚在 1973 年设计的，在各层排水横支管与排水立管连接处设置高奇马接头，在排水立管底部设置角笛式弯头。

这些特殊管件在国内都有不同程度的体现和应用，较有代表性的有以下几种管件：

1. 苏维托

1978 年，在北京前三门高层住宅工程中国内第一次实际应用了苏维托管件，但因不成功而最终拆除。国内第一个成功应用苏维托特殊单立管排水系统的工程是 1978 年 5 月竣工的湖南长沙长岛饭店。

当时研发和引进的苏维托有各种形式，如：

乙字管：带乙字管/不带乙字管（见图 4-1）；

乙字管构造：不旋曲/有旋曲（见图 4-2）；

苏维托底坡：60°/45°；

横支管接口：单排/上、下两排；

接口方向：单向/双向/三向；

连接方式：承插式/全承式/全插式。

苏维托系统配套的下部特殊管件为跑气器（图 4-3）。跑气器内有凸块，水流冲击凸块后气水分离，气体从跑气口经跑气管排出。跑气管接至排水横干管或排出管的顶部（图 4-4），水流从跑气口下部出口排出，跑气器可使排水立管底部气压平衡。

20 世纪 90 年代，中国建筑给水排水代表团应日本给水排水设备研究会邀请访问日本，代表团回国后促成了江苏省南通排水管厂和日本弁管株式会社的技术合作，生产的苏维托乙字管上部有一段扭曲段，产品命名为速微特，从而结束了国内苏维托特殊接头非定型化、非标准化的历史。

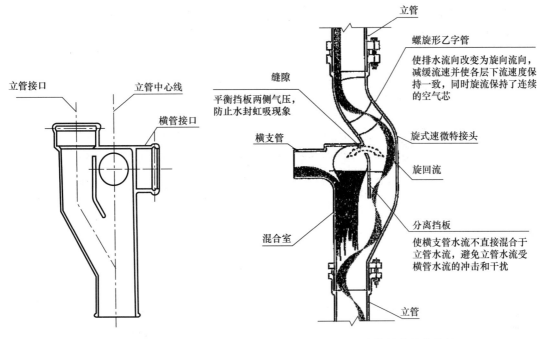

图 4-1 不带乙字管的苏维托   图 4-2 有乙字管旋曲的苏维托

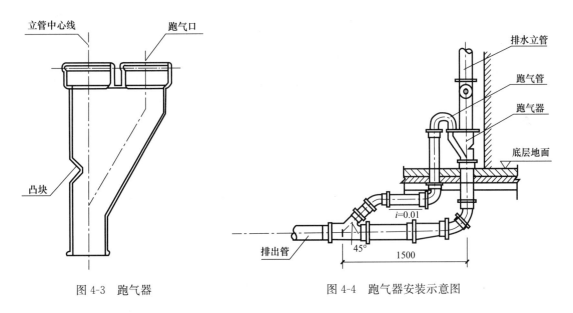

图 4-3 跑气器   图 4-4 跑气器安装示意图

2. 旋流器

旋流器（图 4-5）的构造特点是横支管从切线方向接入管件，横支管水流在管件内形成旋流，同时保持管中心的气流通道。旋流器最早应用于天津水泥设计院办公楼工程，后在长沙芙蓉宾馆也得到成功应用。

3. 环流器

环流器是受苏维托挡板分流技术的启发研制而成，即在排水立管外围增加一个环，环的直径相当于三倍排水立管管径，横支管可以从四个方向接入。环的中央有一段内管，内

123

管的下沿与排水横支管的管底相平。内管上口设置承口，用以连接排水立管，管件的下方是直管段插口。因该管件的主要特征是环，故命名为环流器，见图 4-6。

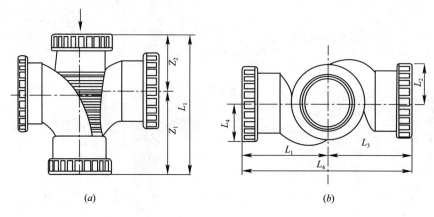

图 4-5 旋流器

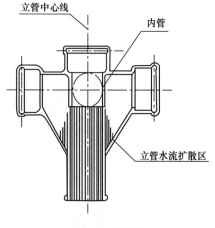

图 4-6 环流器

环流器上部的内管挡住了排水横支管水流对立管水流的干扰，实际上起了分流作用，因此称为内管分流。立管水流进入环流器后，由于水流呈螺旋流特征，产生扩散，如图 4-6 的阴影部分。横支管水流进入环流器后，呈自然下落态势，两股水流在环流器下部汇合，合流向下。

环流器的优点是立管水流和横支管水流分流效果好，缺点是管件尺寸较大，立管离墙距离较远，不便安装，相应的管道井面积较大。

与环流器配套的下部特殊管件是角笛式弯头，见图 4-7。角笛式弯头形似角笛，有较大的弯曲半径和内部空间，不容易出现水跃现象；即使出现水跃，也不会阻断气流通道，其缺点是体积较大。角笛式弯头有两种，一种无跑气口，另一种有跑气口。

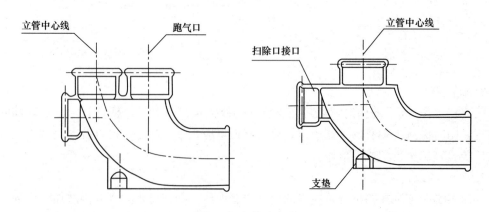

图 4-7 角笛式弯头

4. 环旋器

将环流器和旋流器进行组合而成的特殊管件就是环旋器。环旋器也有一个环，环的直径相当于三倍排水立管管径，横支管也可以从四个方向接入，这些特征均与环流器一样。不同之处是环流器横支管是正向接入，而环旋器是切向接入，见图4-8。

环旋器上部也有一段用于挡住排水横支管水流对立管水流干扰的分流内管，与环流器不同的是，由于横支管的切向接入，因此横支管水流具有旋流特征。与环旋器配套的下部特殊管件也是角笛式弯头。

1983年，铸铁材质的环流器、环旋器被应用于湖南省建材研究设计院的理化楼工程，单数层设置环流器；偶数层设置环旋器；下部特制零件采用铸铁角笛形弯头。

5. 侧流器

在苏维托、环流器、环旋器等以分流为特征的特殊单立管排水系统中，排水立管水流和排水横支管水流在水流方向相同的前提下允许合流。而侧流器是依据先将排水横支管水流改向后再与排水立管水流合流思路研发出的一种特殊管件，见图4-9。

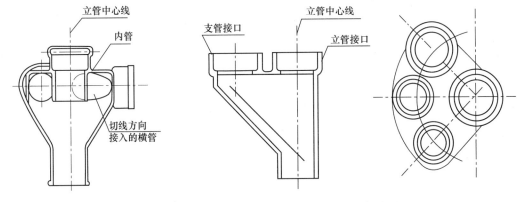

图 4-8 环旋器　　　　　　　　　　　　　　　图 4-9 侧流器

侧流器是按照德国产品改进的，立管水流和横支管水流都从特殊管件上部进入，排水横支管水流的改向是依靠弯头来完成的。侧流器平面呈等边三角形，上侧预留四个管道接口，其中位于顶角位置的是立管接口，位于圆弧侧顺次为大便器、浴盆（或淋浴器）、洗脸盆（或地漏）排水管接口，各接口的水流进入侧流器后都一致向下，水流方向完全一致。侧流器的尺寸较为紧凑，其缺点是位置较低，在它的上方需留出弯头安装位置。侧流器曾应用于长沙市自来水公司的住宅楼工程。

1985年，清华大学环境工程系在水力学实验室对用于湖南省建筑材料研究设计院的环流器和环旋器等特制配件进行了测试。实验用立管为$\phi 90 \times 9mm$的有机玻璃管，横支管与排出管采用塑料管。实验表明：单立管排水系统的特制配件由于扩容和分流等作用，对改善排水系统的水力工况，保持立管的空气芯，减少管内压力波动和水封破坏均有较好作用。在流量相同的条件下，环流器的负压值最小，环旋器次之，普通三通管件负压值最大。环旋器由于横支管水流形成旋流，旋流下落至特制配件下方0.5m左右处的立管段，会造成较大的负压，因而它减小负压的效果明显不如环流器。但环旋器的旋流成螺旋形下落，所以排水噪声较小。

尽管特殊单立管排水系统优点突出，但由于当时无定型产品、缺乏相关标准、宣传力度不够、个别试点工程产品质量存在问题，以及后来又受到推广应用化学建材政策的强大冲击等诸多原因，所以在随后相当长的一段时间里，特殊单立管排水系统在我国的应用情况并不理想。

从20世纪80年代中期开始，我国大力推广化学建材，其中应用最早的是PVC-U排水管。PVC-U管有其优点，也有如材质过脆韧性不足、耐高低温性能差、线胀系数大、防火性能欠佳、水流噪声大等缺点，为此采取了如改性、设置阻火圈和伸缩节等相应技术措施。而对用户反应最强烈的水流噪声大的缺点，采取的主要技术措施有改变管材结构、改变水流流态、改变管材材质等。在这些措施中，改变排水立管水流流态的内螺旋管有较明显效果。以内螺旋管为立管管材的排水系统即为内螺旋特殊单立管排水系统。在相应《规程》中有对内螺旋管螺旋肋高度、间距、数量、螺旋方向等方面的规定。内螺旋特殊单立管排水系统的排水立管为内螺旋管，排水横管为光壁管，其上部特殊管件为旋转进水型管件，下部特殊管件为变径弯头。旋转进水型管件，旧称"侧向进水型管件"，其横支管从切线方向接入，因此就其实质为"旋流器"。该旋流器只使横支管水流形成旋流，而不能使立管水流形成旋流，因此其属性应为普通型旋流器，以区别于后来研发生产的能使立管水流和横支管水流都形成旋流的加强型旋流器。普通型旋流器必须与内螺旋管配套使用，立管旋流靠内螺旋管来解决。旋转进水型管件严格地说也属于特殊管件，但多年来未得到确认，习惯上仍将其视为普通管件。

进入21世纪以后，随着多本有关特殊单立管排水系统技术规程和标准图集《建筑特殊单立管排水系统安装》10SS410的编制推出，建筑特殊单立管排水技术在我国得到快速发展。湖南大学排水实验塔（高34m）、上海嘉定吉博力塔（高30m）及山西泫氏塔（高60m）等排水测试塔先后建成，特殊单立管排水技术委员会、全国建筑排水管道系统技术中心等学术组织相继成立。行业内在对加强型旋流器学习、了解、消化和吸收的基础上，结合我国国情，研发出了如GH、CHT、GY、WAB、SUNS、XTN、HPS、CJW、HT、3S等多种型式具有我国特色的加强型旋流器特殊单立管排水系统。与此同时，苏维托单立管排水系统的技术及应用也有了很大的进步和推广，如HDPE苏维托、GY型旋流式铸铁苏维托等。其中，河北徐水兴华铸造有限公司（现河北兴华铸管有限公司）将自主研发、获得国家专利、具有国际先进水平的GY型加强旋流器特殊单立管排水技术无偿贡献出来，纳入国家标准《排水用柔性接口铸铁管、管件及附件》GB/T 12772—2016，使GY型加强旋流器系列产品成为我国特殊单立管标准产品，对行业和建筑排水技术的发展具有非常重大的积极意义。全国建筑排水管道系统技术中心在山西泫氏排水实验塔等所进行的诸多排水试验、理论研究及开展的住宅生活排水系统立管排水能力认证工作也为特殊单立管排水技术的应用推广提供了极大支持。

目前，我国建筑特殊单立管排水技术的研发应用处于国际领先地位。

4.2 特殊单立管排水系统原理

特殊单立管排水系统的原理可分为分流理论和旋流理论。分流理论着眼于解决立管水流与横支管水流的相互干扰问题；而旋流理论则着眼在解决立管水流与气流的相互干扰问题。原理不同，采取的技术措施不同，效果也不完全相同。

1. 分流理论

分流的目的，是为了解决立管水流与横支管水流的相互干扰问题。可分为挡板分流、内管分流和改向分流三种。

1）挡板分流

苏维托属于挡板分流。在苏维托内部设置竖向挡板，将苏维托内腔空间分成立管水流空间和横支管水流空间两部分。两股水流在水流方向未汇合之前互不干扰，互不影响。在水流方向一致后，在管件下部汇流向下。苏维托构造的优点：

（1）水流分流，立管水流和横支管水流互不干扰，这是苏维托的主要功能。

（2）在挡板上方留有缝隙，用以沟通挡板两侧气流，也沟通了立管气流和横支管气流，平衡两侧气压。

（3）设置挡板后，立管的位置产生偏置，为了与立管在原位置相连接，采用了乙字弯管过渡，乙字弯管部位的水流被重新组织，客观上起到了消能、减速、降噪的作用。

（4）由于苏维托内腔在横向分为立管水流区和横支管水流区，在竖向分为挡板分流区和下部合流区，因此苏维托在高度和宽度两个方向都有足够的尺寸，便于横支管预留多个接口的设置，HDPE材质的苏维托可以连接上下两排、三个方向共6根横支管。

2）内管分流

用内管将立管水流和横支管水流分开，这就是内管分流，具体做法如下：

将内管的立管管段向下延伸一段，其下沿与排水横支管内底标高相平，也可以达到分流的目的。这时，横支管的汇入水流会碰到内管，但不会碰到立管水流，因而不存在横支管水流对立管水流的干扰问题。内管分流的特殊管件为环流器或环旋器。

3）改向分流

在管件外改变横支管的水流方向，使其进入管件时与立管水流方向一致，从而解决立管水流与横支管水流的相互干扰问题，这就是改向分流。改向分流的特殊管件为侧流器。立管、横支管都从侧流器顶部接入，水流方向完全一致，因而解决了立管水流与横支管水流的互相干扰问题。

2. 旋流理论

旋流分流的目的，是为了解决立管水流与气流的相互干扰问题。旋流分流分管件旋流分流和管材旋流分流。

1）管件旋流分流

一种是排水横支管以切线方向接入管件，横支管水流形成旋流，同时保持管中心的气流通道。旋流分流的管件为旋流器，由于这种型式的旋流器水流旋转力度较弱，现称为普通型旋流器。

另一种是在管件内设置有逆时针方向导流叶片，能使立管水流和横支管水流都形成旋流，且旋转水流力度较强。旋转水流紧贴管件内壁和管材内壁旋转流动，从而留出管中心的畅通气流通道。设置有导流叶片的管件称为加强型旋流器。

2）管材旋流分流

在管材内壁加工有逆时针方向螺旋肋，能使立管水流形成旋流，留出管中心的气流通道，有螺旋肋的管材称为内螺旋管。螺旋肋螺距较长的内螺旋管为普通型内螺旋管；螺旋肋螺距较短的内螺旋管为加强型内螺旋管。

4.3　特殊单立管排水系统的分类

建筑特殊单立管排水系统通常按管件和管材名称及其组合方式进行分类。主要有：

1. 管件特殊单立管排水系统

管件特殊单立管排水系统的排水立管管材均为光壁管，排水横支管与排水立管连接处采用特殊管件。如：GB 型特殊单立管排水系统、苏维托单立管排水系统、集合管型单立管排水系统等。

2. 管材特殊单立管排水系统

管材特殊单立管排水系统由普通型内螺旋排水立管、普通型旋流器和普通排水管材、普通排水管件等组成。如：内螺旋单立管排水系统、中空壁内螺旋单立管排水系统等。

3. 管件、管材均特殊单立管排水系统

管件、管材均特殊单立管排水系统中的排水横支管与排水立管连接处通常采用加强型旋流器，立管管材也为加强型内螺旋管。如：GH 型漩流降噪单立管排水系统、HT 型单立管排水系统系统、AD 型单立管排水系统系统、CHT 型单立管排水系统、3S 型单立管排水系统等。

4.4　苏维托单立管排水系统

苏维托单立管排水系统在欧洲应用比较普遍，其特点是不须设置专用通气立管，节省了不少管材和安装空间，排水时宁静，而且底层没有水跃的产生。

苏维托单立管排水系统的上部特殊管件是苏维托（管件）。

根据苏维托材质的不同，目前主要有 HDPE 苏维托单立管排水系统和铸铁 GY 型苏维托单立管排水系统。

带乙字弯的苏维托配件的构造见图 4-10。不带乙字管的苏维托配件安装时应在其上部另配乙字管。

乙字管可有效降低立管水流速度，起到消能作用。苏维托下部斜坡与立管中心线的夹角应为 30°。

苏维托单立管排水系统由通气帽、伸顶通气立管、上部特殊管件、排水立管、排水横支管、卫生器具、立管检查口、下部特殊管件、泄压支管、排水横干管或出户管及各种管件等组成，见图 4-11。系统中最具特征的为上部特殊管件，也称苏维托；下部特殊管件为跑气器，在目前的许多工程中跑气器已基本被普通三通管件所代替。

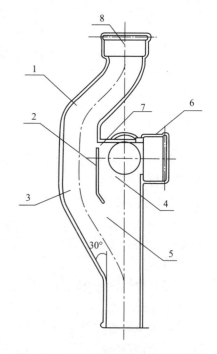

图 4-10　带乙字弯的苏维托配件构造图
1—乙字管；2—挡板；3—立管水流腔；
4—横支管水流腔；5—混合区；6—横支管
预留接口；7—缝隙；8—立管中心线

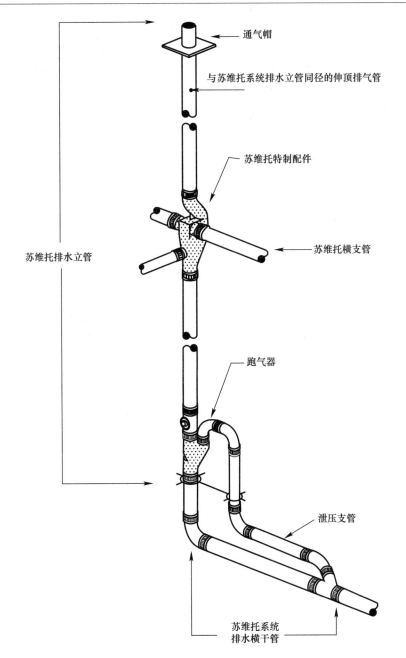

图 4-11 苏维托单立管排水系统组成示意图

1. HDPE 苏维托单立管排水系统

HDPE 材质便于注塑、切割、焊接，HDPE 苏维托单立管排水系统具有以下主要优点：

（1）在三个方向、每个方向分上下两层共预留有六个排水横支管接口，这些接口在出厂前一般均为封堵形式，现场安装时可根据具体情况，将所需要连接的接口封堵切割掉。HDPE 苏维托仅有 $dn110$ 一种规格（欧洲有 $dn160$ 产品），其外形见图 4-12。

（2）HDPE 苏维托采用热熔焊接方式与排水立管、排水横支管连接，可有效避免管道连接处的漏水隐患。

（3）HDPE 苏维托重量较轻，有利于减轻劳动强度，提高安装效率。

（4）HDPE 苏维托在超高层建筑应用中，由于苏维托的乙字弯结构可以有效降低立管水流流速，所以苏维托系统不用在超高层建筑设计中另外采取消能措施。

（5）2014 年，吉博力公司对苏维托产品进行了改进，增设了导流槽，使水流在进入苏维托管件后快速形成附壁旋流，促使气流畅通，有效改善立管水流工况，排水能力显著提高。2019 年 8 月，改进后的苏维托管件在泫氏实验塔用定流量法测试，测得最大通水能力为 9.5L/s（改进前为 7.5L/s），因此，苏维托管件又有了一个新的名字——速倍通，见图 4-13。

图 4-12　HDPE 苏维托外形图　　　　图 4-13　HDPE 速倍通外形图

（6）2019 年上半年，苏维托系统又新推出了一款立管底部特制配件（沛通弯头），此配件能有效消除底部弯头的水帘和排出管的水跃现象，且横管无须扩大管径，见图 4-14。

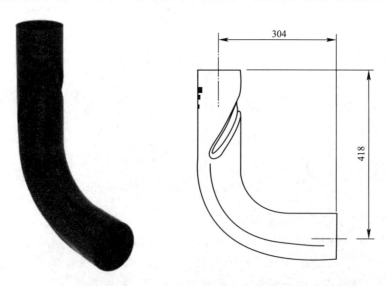

图 4-14　苏维托单立管系统底部特制配件（沛通弯头）外形图

（7）在设计、安装 HDPE 苏维托单立管排水系统时，应充分考虑 HDPE 材质的伸缩性及 HDPE 苏维托横断面形体特点等因素，注意采取有效措施防止穿楼板处可能出现的渗、漏水现象。

（8）当苏维托应用于高层、超高层建筑中时，穿楼板部位还应采取有效的阻火措施。一般采用缠绕阻火带阻火，具体工程项目中需要提供阻火带阻火性能检测报告。阻火带宽度应根据楼板厚度确定（见图4-15）。

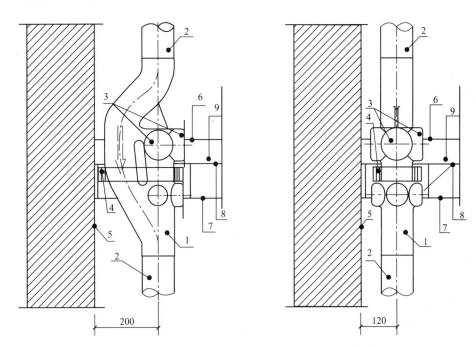

图4-15　HDPE苏维托管件穿越楼板安装图示

1—苏维托管件；2—排水立管；3—排水横支管；4—阻火圈或阻火胶带；5—建筑完成墙面；
6—建筑完成地面；7—建筑完成板底；8—建筑防水完成地面；9—建筑垫层

2. GY型旋流式铸铁苏维托单立管排水系统

GY型铸铁苏维托单立管排水系统具有强度高、耐腐蚀、抗老化、使用寿命长、水流噪声低及防火、耐热性能好等特点。铸铁苏维托管件有W型、A型及B型三种接口形式，可适应于各种接口形式的铸铁排水管及管件的连接。

GY型苏维托管件不仅保留了传统苏维托乙字管对排水立管水流的改向作用，且增加了上部立管水流的旋流功能，见图4-16。

GY型旋流式铸铁苏维托是在保留原有传统苏维托结构特点的基础上，对立管接口进行了优化改进，采用螺旋形乙字管形的立管接口形式，由立管接口、螺旋形乙字管、分离挡板、横支管接口及混合室等部分组成。其内部水流形态示意见图4-17。

1）管件构造特点：

（1）螺旋形乙字管：有效降低立管水流速度，消能，减小管内压力波动；

（2）分离挡板：平衡两侧气压，防止水封虹吸现象的产生；

（3）多个横支管接口：有效避免排水横支管污水返流现象的产生，尤其适合用于建筑同层排水系统；

（4）混合室扩容：增大横支管与立管汇合处的空气通道、减小通气阻力。

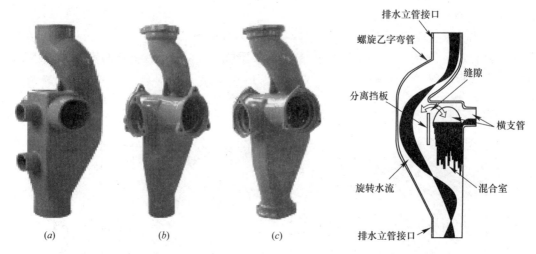

图 4-16 GY 型旋流式铸铁苏维托产品外形图
(a) W 型接口；(b) A 型接口；(c) B 型接口

图 4-17 GY 型旋流式铸铁苏维托
水流工况示意图

2）系统性能特点：

（1）尺寸紧凑，节省安装空间，缩小管道井面积。

（2）管件采用铸铁材质片状石墨组织结构，可有效吸收水流产生的振动和噪声。

（3）管材、管件采用环氧树脂粉末喷涂，耐冲蚀，不易结垢，管道自洁能力强。

（4）抗震性能好，可用于 9 度抗震设防地区。

（5）排水流量大。在湖南大学进行的排水测试中，系统排水能力达到 7.5L/s。

4.5 加强型旋流器单立管排水系统

加强型旋流器单立管排水系统中的上部特殊管件是加强型旋流器。

加强型旋流器不仅对横支管水流形成旋流有作用，对立管水流形成旋流也起作用。

加强型旋流器一般都具有扩容、设置有导流叶片等结构特征。影响加强型旋流器排水性能的主要因素在于导流叶片的形状、大小、数量、设置位置及横支管进水形式。

加强型旋流器的材质有铸铁、PVC-U、HDPE、HTPP、PP 等。

1. GB 加强型旋流器单立管排水系统

体现 GB 加强型旋流器单立管排水系统关键独特技术的 GB 加强型旋流器为螺旋偏置立管接口、内部横支管切向水流定向叶片及扩容段大截面导流叶片等独特结构，见图 4-18、图 4-19、图 4-20。

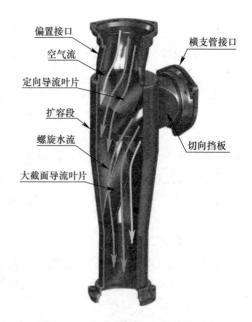

图 4-18 GB 加强型旋流器结构示意

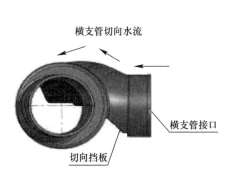

图 4-19 GB 加强型旋流器横支管接口图示

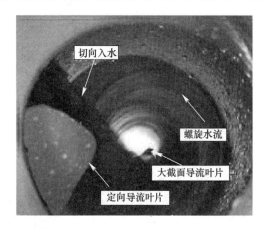

图 4-20 GB 加强型旋流器导流叶片

1）GB 加强型旋流器独特结构的主要作用：

（1）减缓上部立管水流速度，消能，避免混合腔水沫团的形成，保证气路畅通。

（2）降低横支管入口处的气压波动，有效消除"水舌"现象。利用水流离心力的作用，增大立管附壁水流厚度，形成具有"空气芯"的带状螺旋形水流。

2）GB 加强型旋流器单立管排水系统的性能特点：

（1）排水能力大。在湖南大学进行的多次测试中，GB 加强型旋流器单立管排水系统的排水能力突破了实验塔测试装置的最大限定排水量 10L/s。后来在泫氏实验塔的测试结果为 12L/s。此测试值不仅是目前国内外特殊单立管排水系统的最好数值，也远远超过了普通铸铁双立管排水系统的排水能力。

（2）独特的消能作用和较小压力波动，更适宜用于高层、超高层建筑排水系统。

（3）GB 加强型旋流器导流叶片为锐角结构，经静电喷塑处理后内壁光滑，不易挂脏物，耐冲蚀，不结垢。

（4）管材、管件采用柔性橡胶密封圈承插连接或柔性不锈钢卡箍连接，耐热，耐腐蚀，抗老化，强度高，抗震性能好，可用于 9 度抗震设防地区。

（5）经过静电喷塑、具有铸铁材质片状石墨组织结构的加强型旋流器，能有效吸收水流产生的振动和噪声［水流噪声不超过 46dB（A）］，具有良好的消音效果。

（6）用于不降板同层排水系统的专用 GB 加强型旋流器还增加有对称设置的两个 DN50 横支管接口，可适应不同方向的卫生器具排水接管。现场不需使用的侧向接口，可采用法兰盲板封堵。

3）GB 加强型旋流器单立管排水系统中的铸铁材质 GB 加强型旋流器及立管底部大半径变截面异径弯头已入编现行国家标准《排水用柔性接口铸铁管、管件及附件》GB/T 12772—2016，有 W 型、A 型及 B 型三种接口形式，可满足各种情况安装需要，见图 4-21。

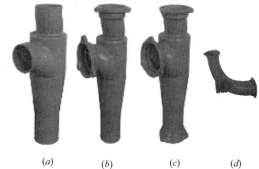

(a)　　　(b)　　　(c)　　　(d)

图 4-21 GB 加强型旋流器及立管底部弯头外形图

（a）W 型接口加强旋流器；（b）A 型接口加强旋流器；

（c）B 型接口加强旋流器；（d）GB 型大曲率半径变截面

底部异径弯头

2. HT 型特殊单立管排水系统

HT 型特殊单立管排水系统由聚丙烯（PP）HT 加强型旋流器、短螺距 12 条肋内螺旋排水立管或短螺距单螺旋肋排水立管、立管检查口、底部大曲率异径弯头、排水横支管、排水横干管或出户管、伸顶通气管、顶部透气帽及普通排水管材和管件等组成。HT 加强型旋流器外形见图 4-22，底部大曲率半径异径弯头外形见图 4-23，短螺距 12 条肋内螺旋排水管外形见图 4-24，短螺距单螺旋肋排水管外形见图 4-25。

<table>
<tr><td>图 4-22　HT 加强型旋流器</td><td>图 4-23　底部大曲率
异径弯头</td></tr>
</table>

图 4-24　短螺距 12 条肋内螺旋排水管　　　　图 4-25　短螺距单螺旋肋排水管

HT 型特殊单立管排水系统的性能特点：

（1）HT 加强型旋流器整体扩容，内设上乙字弯、下单导流叶片，下叶片置于上乙字弯的旋转轨迹下方位置，使立管旋转水流得到进一步强化。

（2）加强型旋流器排水横支管接口上方设置偏置 S 弯，引导立管旋转水流不与横支管水流产生干扰。

（3）立管下部导流接头设置数根导流筋，引导、梳理立管水流，稳定管道气流。

（4）短螺距单螺旋肋排水立管，管内壁螺旋肋只有一根，逆时针方向旋转，螺旋肋高度为 6～7mm，立管排水能力大大超过短螺距 12 条肋内螺旋管（加强型内螺旋管），为上海深海宏添建材有限公司的专利产品。

（5）采用专利技术原料配方，通过高分子弹性材料和高密度特殊分子结构材料的共同作用，吸收并阻隔声波传递，大大降低管道的水流噪声［不大于 46dB（A）］。

（6）系统管材、管件以聚丙烯为基础材料，其维卡软化点高达 140℃以上，可连续排放 90℃污、废水。

（7）具有良好的耐化学腐蚀能力和抗有机溶剂溶胀性，可耐受 pH 值 2～12 的化学介质。

（8）PP 原材料无毒无害，在加工过程中不添加任何有毒有害物质，生产全过程碳排放更低、更节能，在使用过程中不会对水质和环境造成二次污染。

（9）采用短螺距12条肋内螺旋排水立管的HT型特殊单立管排水系统经湖南大学采用定流量法测试，最大排水能力为8.5L/s；采用短螺距单螺旋肋排水立管的HT型特殊单立管排水系统采用定流量法测试，经中国建材检验认证集团股份有限公司（CTC）认证的最大排水能力为12L/s。

3. 3S型特殊单立管排水系统

3S型特殊单立管排水系统由通气帽、伸顶通气管、SC上部特殊管件、加强型内螺旋排水立管、排水横支管、内塞检查口、整流接头、SC抗冲大曲率弯头、排水横管（或出户管）等组成（见图4-26），是浙江中财管道股份有限公司潜心研发的新型硬聚氯乙烯（PVC－U）特殊单立管排水系统。

1）SC上部特殊管件包括SC三通、SC立体四通、SC平面四通、SC左直角四通、SC右直角四通，以及相应的同层排水系列管件。

PVC－U加强型内螺旋管材为16条螺旋肋结构。

3S加强型旋流器单立管排水系统既可用于异层排水，也可用于同层排水。

2）3S特殊单立管排水系统具有以下特点：

（1）系统排水流量大

2015年5月，经湖南大学测试，3S特殊单立管排水系统的排水能力为10L/s。

（2）水流噪声小

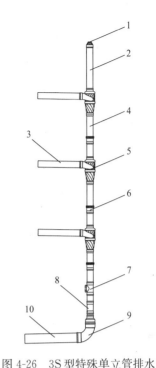

图4-26　3S型特殊单立管排水系统组成示意图

1—通气帽；2—伸顶通气管；3—排水横支管；4—加强型内螺旋排水立管；5—SC上部特殊管件；6—伸缩节；7—内塞检查口；8—整流接头；9—SC抗冲大曲率弯头；10—排水横干管（或出户管）

经国家权威机构检测，3S特殊单立管排水系统的排水噪声为47dB（A）。

（3）SC上部特殊管件旋流叶片采用独特的8组凹槽形变螺距叶片设计。管件下部锥状内壁圆周均布了8组导流叶片，其截面呈半圆形凹槽结构，交叉处导流叶片采用变螺距结构设计，螺距上大下小，这种结构相对传统的等螺距结构更能吻合立管水流的流态特点，使立管上、下气流畅通，保持气压平衡，保护系统中水封不被破坏。

（4）立管底部异径抗冲大曲率弯头内壁有一层橡胶衬垫，既可以减小水流冲击产生的噪声，也可以提高弯头的抗冲击能力。

SC三通管件外形见图4-27，SC底部抗冲大曲率弯头外形见图4-28。

4. GH型漩流降噪特殊单立管排水系统

GH型漩流降噪特殊单立管排水系统水力工况好、排水能力强、立管水流噪声低，是浙江光华塑业有限公司2008年自主研发成功的具有国际先进水平的建筑特殊单立管排水系统。当时，他们采用国外发达国家还没有掌握的特殊加工工艺制造的具有独特内部构造的硬聚氯乙烯（PVC－U）漩流降噪特殊管件是漩流降噪特殊单立管排水系统的技术核心，也是至今为止性能最为优异的加强型旋流器之一。

GH型漩流降噪特殊单立管排水系统分为GH-Ⅰ型和GH-Ⅱ型。

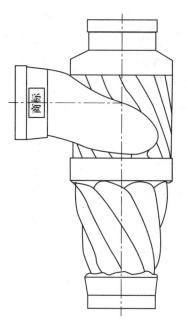

图 4-27 SC 三通管件外形图　　　　　图 4-28 SC 底部抗冲大曲率弯头外形图

1）GH-Ⅰ型漩流降噪特殊单立管排水系统

GH-Ⅰ型漩流降噪特殊单立管排水系统是由特殊管件和排水光壁管材组成的单立管排水系统，系统组件的选用要求见表 4-1。

GH-Ⅰ型漩流降噪特殊单立管排水系统选用表　　　　　表 4-1

系统型号	漩流降噪特殊管件	立管管材	适用条件
GH-Ⅰ型	漩流三通、漩流左 90°四通、漩流右 90°四通、漩流 180°四通、漩流五通、漩流直通＋导流接头＋大曲率底部异径弯头	硬聚氯乙烯（PVC—U）排水管	排水层数≤18 层
		中空壁消音硬聚氯乙烯（PVC—U）排水管	
		高密度聚乙烯（HDPE）排水管	

系统立管上部特殊管件通过其上部设置的导流套、中部整体扩容段设置的横支管切线进水导流槽及下部漏斗状导流套内设置的加强型导流螺旋肋，能使立管水流和横支管汇入水流快速形成附壁漩流，保持管内空气畅通，消除水舌现象，减缓立管水流速度，大幅度增加立管排水能力，降低立管水流噪声。

系统立管下部特殊管件导流接头能将上部立管中的附壁旋转水膜改变流态，使立管与横管中的气流融汇畅通，有效降低底部管段的压力波动；大曲率底部异径弯头能进一步改善系统水力工况，有效缓解或消除排水横干管或出户管起端出现的壅水现象。

2009 年 6 月，经湖南大学排水实验室 34m 高测试塔测试，GH-Ⅰ型漩流降噪特殊单立管排水系统的最大排水能力为 6.0L/s。当排水层数不超过 18 层时，采用 GH-Ⅰ型系统更为经济。

设于排水立管底部的导流接头其上端为承口，下端为插口，中部内壁设有"人"字形导流叶片，插口底部有三角形定位凹槽（与大曲率底部异径弯头承口端三角键匹配），外形见图4-29。导流接头中部内壁上的"人"字形导流叶片能将立管中的漩流水膜划开，保证立管与横干管或出户管中的气流畅通，有效降低立管底部的压力波动。

(a)　　　　　　　　　　　　　(b)

图4-29　GH-Ⅰ型漩流降噪特殊单立管排水系统导流接头

(a) 导流接头（柔性连接）；(b) 导流接头（胶粘连接）

2) GH-Ⅱ型漩流降噪特殊单立管排水系统

GH-Ⅱ型漩流降噪特殊单立管排水系统为特殊管件和特殊管材组成的单立管排水系统，其排水立管为加强型内螺旋管材，上部特殊管件为漩流降噪管件，下部特殊管件为大曲率底部异径弯头。系统组件选用要求见表4-2。

GH-Ⅱ型漩流降噪特殊单立管排水系统选用表　　　　　　　　　表4-2

系统型号	漩流降噪特殊管件	立管管材
GH-Ⅱ型	漩流三通、漩流左90°四通、漩流右90°四通、漩流180°四通、漩流五通、漩流直通＋大曲率底部异径弯头	硬聚氯乙烯（PVC—U）加强型内螺旋排水管

2008年9月，经国家建筑材料监督检验测试中心检测，漩流降噪特殊单立管排水系统在排水流量为5L/s时的水流噪声值为44.6dB（A），比普通硬聚氯乙烯（PVC—U）排水管系统的水流噪声低11dB（A）。

2009年6月，经湖南大学排水实验室34m高测试塔测试，GH-Ⅱ型漩流降噪特殊单立管排水系统的立管最大排水能力为8.5L/s。经过对漩流降噪上部特殊管件的进一步改进，2010年9月在湖南大学重新测试，立管最大排水能力提高到10.0L/s。

立管上部特殊管件（漩流三通、漩流左90°四通、漩流右90°四通、漩流180°四通、漩流五通和漩流直通）通过其上部设置的导流套、中部整体扩容段设置的横支管切线进水导流槽及下部漏斗状导流套内设置的6条加强型导流螺旋肋，能使立管水流和横支管汇入水流快速形成附壁漩流，保持管内空气畅通，消除水舌现象，减缓立管水流速度，大幅度增加立管排水能力，降低立管水流噪声。漩流降噪特殊单立管排水系统上部特殊管件（仅以直通和三通为例示意）外形见图4-30。

立管下部大曲率底部异径弯头能进一步改善系统水力工况，有效缓解或消除排水横干管或排出管起端出现的壅水现象，避免立管底部产生水塞。

对于排水立管必须偏置时所采取的技术措施，特别是当立管偏置距离小于或等于250mm时的技术措施，漩流降噪特殊单立管排水系统也有其独有的技术与特点，见图4-31，可采用11.25°偏置弯头连接。

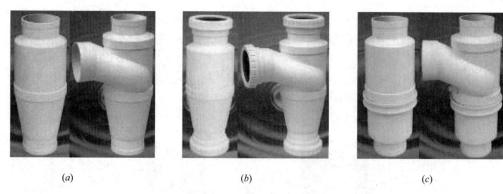

图 4-30　上部特殊管件外形图

（*a*）胶粘连接；（*b*）柔性连接；（*c*）同层排水专用

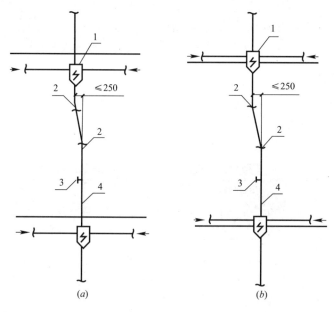

图 4-31　小偏置立管用 11.25° 偏置弯连接

（*a*）异层安装；（*b*）同层安装

1—漩流降噪三通、四通、五通或直通接头；2—11.25°偏置弯；3—内塞检查口；4—排水立管

11.25°偏置弯头是漩流降噪特殊单立管排水系统的特有产品，见图 4-32。

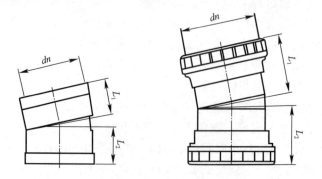

图 4-32　11.25°偏置弯头外形图

当底层排水横支管与立管连接处至立管管底的最小垂直距离可以满足下部特殊管件最小安装尺寸的要求，且立管底部所连接的排水横干管或出户管仅担负本立管系统的排水负荷，并能确保底层排水横干管无积水时，底层排水横支管可接入排水立管，无需单独排出。

在同层排水技术应用方面，漩流降噪特殊单立管排水系统也配有多种具有特定构造的管件，如同层防漏套、同层多通道地漏等。

当对排水系统有更高的噪声控制要求时，还可选用漩流降噪特殊单立管排水系统的三层降噪弯头等管件。

5. WAB加强型旋流器单立管排水系统

WAB型特殊单立管排水系统由WAB特殊接头、WAB底部异径弯头、排水立管、排水横支管及普通排水管件、通气帽、伸顶通气管、立管检查口等组成，研发企业为昆明群之英科技有限公司。2009年12月，经湖南大学测试，WAB型特殊单立管排水系统最大排水能力为8.5L/s。

随着各种新产品的不断创新研发，WAB加强型旋流器单立管排水系统又增加了WAB特殊单立管同层检修排水系统和WAB建筑同层检修排水系统。

WAB加强型旋流器的排水横支管接口为切向进水形式。排水横支管敷设方式可采用沿墙敷设同层排水、降板同层排水和异层排水。WAB特殊单立管同层检修排水系统可实现卫生间排水横支管微降板、不降板的安装方式。

WAB加强型旋流器外形见图4-33，WAB底部异径弯头外形见图4-34。

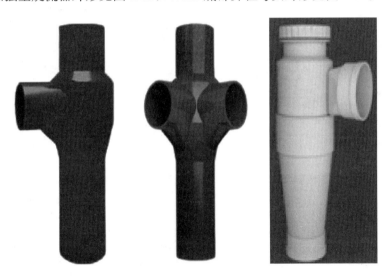

图4-33 WAB加强型旋流器外形图

昆明群之英科技有限公司将地漏、排水汇集器与WAB型加强旋流器相结合，研发出卫生间微降板、不降板安装方式用特殊接头（见图4-35）。

6. AD型特殊单立管排水系统

AD型特殊单立管排水系统是2003年从日本积水化学工业株式会社引进的新技术。立管上部特殊管件采用AD型接头，是我国在建筑工程项目中最早使用的加强型旋流器，也是我国在实际工程中首次使用的加强型旋流器特殊单立管排水系统；立管底部采用大曲率、变径、变截面弯头；立管管材采用加强型内螺旋管。

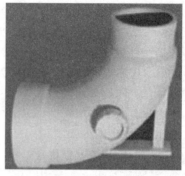

图 4-34　WAB 底部异径弯头外形图

AD 型特殊管件分上部特制配件和下部特制配件。

上部特制配件（加强型旋流器）有 AD 型细长接头和 AD 小型接头两种型式，均采用铸铁材质，外形呈漏斗型，有导流作用，内部有较大的扩容空间，内设导流叶片，同时可连接多个方向的排水横支管。当排水立管的设计流量较小时，可采用 AD 小型接头以降低工程造价。

AD 细长接头和 AD 小型接头外形见图 4-36。

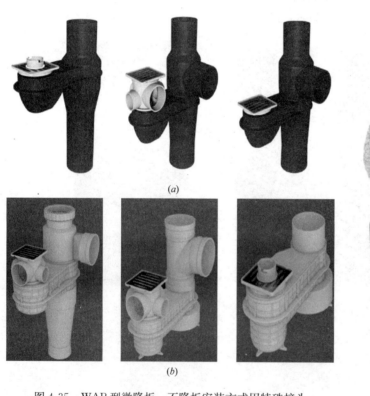

(a)

(b)

图 4-35　WAB 型微降板、不降板安装方式用特殊接头

(a) 铸铁材质特殊接头；

(b) 塑料材质特殊接头

(a)

(b)

图 4-36　AD 加强型旋流器外形图

(a) AD 型细长接头；

(b) AD 型小型接头

下部特制配件包括 AD 型底部接头或 AD 型加长型底部接头。底部接头为变径弯头、铸铁材质、出水口径扩大、过流断面呈蛋形，可缓解横管水跃现象。

AD 型特殊单立管排水系统的立管管材为加强型钢塑复合内螺旋管或 PVC-U 加强型内螺旋管。AD 型特殊单立管排水系统的基本配置及性能见表 4-3。

AD 型单立管排水系统基本配置及性能表　　　　　　　　表 4-3

立管管材	上部特殊管件	下部特殊管件	立管管径（mm）	立管最大排水流量（L/s）
PVC-U 加强型内螺旋管或钢塑复合加强型内螺旋管	AD 小型接头	AD 型底部接头或 AD 加长型底部接头	90	4.5
	AD 小型接头		110	5.5
	AD 细长接头		90	5.5
	AD 细长接头		110	7.5

注：表中流量摘自协会标准《AD 型特殊单立管排水系统技术规程》CECS 233：2011 中数据。

在实际应用中需要注意的是：当进行排水系统施工验收通球试验时，因为内部结构原因，AD 型特殊单立管排水系统不能按现行国家标准《建筑给水排水及采暖工程施工质量验收规范》GB 50242 中"通球球径不小于排水管管径的 2/3"的要求执行，需采用协会标准《AD 型特殊单立管排水系统技术规程》CECS 233：2011 中规定的 50mm 通球球径。

7. 集合管型单立管排水系统

集合管型单立管排水系统是从日本久保田株式会社引入中国的特殊单立管排水系统。相关工程建设标准为：中国工程建设协会标准《集合管型特殊单立管排水系统技术规程》CECS 327：2012（以下简称《集合管系统规程》）。根据《集合管系统规程》，集合管型特殊单立管排水系统的设置要点如下：

1）其排水承插口形式是日本国家排水管产品标准《排水用铸铁管》JIS G 5525 中推荐的接口方式之一，见图 4-37。

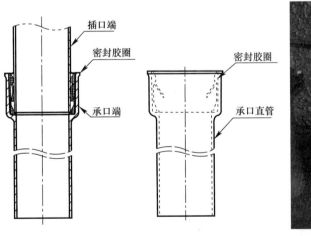

图 4-37　集合管系统排水铸铁管接口形式示意图

2）排水立管排水能力的建筑高度折减系数，《集合管系统规程》规定：15 层及 15 层以下为 1.0，每 15 层折减系数为 0.9，即：16～30 层乘 0.9；31～45 层乘 0.81；46～60 层乘 0.729；……以此类推。当有实测数据时，可采用实测数据。

3）排水立管的管径增加了 DN125 的规格尺寸。

4.6　普通内螺旋单立管排水系统

　　普通内螺旋单立管排水系统的主要特征为排水立管采用普通型内螺旋排水管、排水立管与横支管连接部位采用普通型旋流器，属于管材特殊类单立管排水系统。在 20 世纪 80、90 年代我国也曾将其作为特殊单立管排水系统在实际工程中应用。后来随着排水系统测试工作的不断推进与完善，许多试验结果证明该种型式的特殊单立管排水系统除在一定条件下具有较好的降噪效果以外，对立管排水流量的提升很有限。

　　普通型旋流器又称旋转进水型管件，见图 4-38。

　　普通内螺旋管的内壁有数条凸出的三角形长螺距螺旋肋，材质为 PVC-U，有实壁内螺旋管和中空壁内螺旋管（内外两层管壁，中间为空气层，有利于降噪）等。见图 4-39。

图 4-38　普通型旋流器外形图

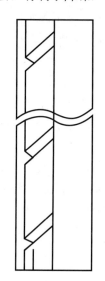

图 4-39　普通型内螺旋管

普通型长螺距内螺旋管主要技术参数见表 4-4。

普通型长螺距内螺旋管主要技术参数表　　　　　　　　　　　表 4-4

公称外径 dn	75	110	160
螺旋肋数量	4	6	8
螺旋肋高度（mm）	2.3	3.0	3.8
螺距（mm）		1500～2500	

　　相应的工程建设标准有协会标准《建筑排水内螺旋管道工程技术规程》T/CECS 94—2019、《建筑排水中空壁消音硬聚氯乙烯管管道工程技术规程》CECS 185：2005。

4.7　特殊单立管排水系统设计选用注意事项

　　1. 系统立管排水能力

　　特殊单立管排水系统具有排水能力大、降噪效果好、节省管材、管道占用建筑面积小等诸多优点，但除了 GB 型特殊单立管排水系统所采用的管材、管件属于国家标准产品（在修订《排水用柔性接口铸铁管、管件及附件》GB/T 12772 过程中，河北兴华铸管有限公司为了促进行业的健康发展，已申明放弃专利所有权）以外，其他特殊单立管排水系统所采用的特殊管件、甚至管材大多属于各生产企业自主研发、具有专利性质的产品。在修订前的《建筑给水排水设计规范》GB 50015—2003（2009 年版）中对于加强型旋流器特殊单立管排水系统仅给出了 6.3L/s 的最大设计排水能力，但在实际测试中，国内许多厂家生产的特殊单立管排水系统都远远大于 6.3L/s，因此，在工程项目设计中选用特殊单立管排水系统时，对于系统的排水能力，应参照按统一测试标准测试、经业内认可的权威机构认证的排水能力数据。

当对不同的特殊单立管排水系统进行性能比较时，应注意测试设施及采用的测试方法、判定标准是否一致。

另外，在设计中还应注意系统管件与管材的配套、塑料排水立管的支架固定措施等，这些都会对特殊单立管排水系统的排水能力产生较大影响。

2. 系统管道设置

1）特殊单立管排水系统通常情况下只需设置伸顶通气管。

2）特殊单立管排水系统的排水立管不宜偏置。

3）当排水立管受结构专业承重构件竖向变截面、建筑专业使用功能限制等因素必须偏置时，可采用下列相应的技术措施，并相应折减排水能力 15%～30%：

（1）当立管偏置距离≤1.0m 时，可采用 45°弯头连接（图 4-40）。

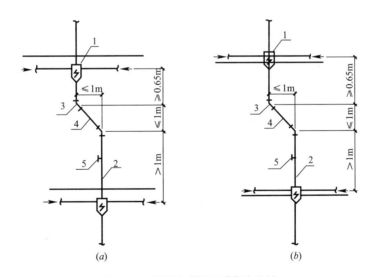

图 4-40　偏置立管用 45°弯头连接

(a) 异层安装；(b) 同层安装

1—加强型旋流器；2—排水立管；3—45°弯头；4—直管段；5—立管检查口

（2）当偏置距离＞1.0m 时，可在偏置后的立管上部设置辅助通气管（图 4-41）。当水中污物较多或含有洗衣粉泡沫时，辅助通气管的管径应为 DN100。

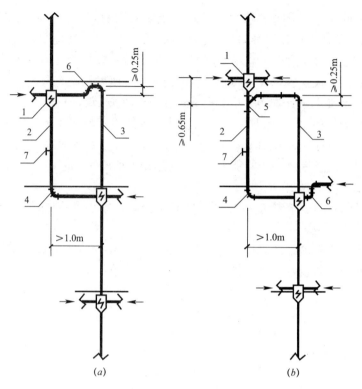

图 4-41　偏置立管需设置辅助通气管

（a）异层安装；（b）同层安装

1—加强型旋流器；2—排水立管；3—辅助通气管；4—2 个 45°弯头；

5—Y 形三通；6—90°弯头；7—立管检查口

4）受建筑使用功能限制，当排水立管不能单独出户时，可根据实际情况将多根排水立管通过悬吊排水横干管汇合后转换接出室外，且汇合排水横干管管径不得小于 150mm。

5）当多根排水立管接入横干管时，应在横干管管顶或其两侧 45°范围内采用 45°斜三通接入，且立管管底至横干管接入点宜有不小于 1.5m 的水平管段。

6）当排水立管接入汇合排水横干管时，其最低横支管与立管连接处距立管底部（接入汇合横干管处）垂直距离不得小于表 4-5 的规定：

最低横支管与立管连接处至立管管底的最小垂直距离　　　　　　　　表 4-5

立管连接卫生器具的层数	垂直距离（m）
≤12	按配件最小安装尺寸确定
13～19	0.75
≥20	1.2

7）接入汇合排水横干管的排水立管，当最低横支管与立管连接处距立管底部（接入汇合横干管处）垂直距离不满足表 4-5 要求时，可以将相应楼层生活污水单独排放，或以排水横支管的形式接入汇合排水横干管，但接入点距立管接入点下游水平距离不得小于 1.5m。

8）排水立管每层均应设置检查口，立管检查口中心距所在地面高度宜为 1.0m。

9）当立管偏置距离大于 8.0m 时，应在排水横干管转弯处下部立管的顶端设置清扫口。

10）在最冷月平均气温低于－13℃的地区，应在最高层立管距顶棚 0.5m 处设置用于除霜的检查口。

11）底层排水横支管接入横干管竖直转向管段时，连接点距转向处以下不得小于0.6m。

第5章 建筑同层排水系统

建筑同层排水因卫生间排水管道暗敷且不穿越结构楼板，具有卫生器具布置美观灵活、楼板无需预留器具排水管孔洞、水流噪声对邻居住户影响小、清通和维修不干扰下层住户、无排水管冷凝水下滴等优点，是欧、美及日本等发达国家长期以来在住宅等居住类建筑中广泛采用的一种排水方式，在我国的应用也已经有50多年的发展历史。

除住宅建筑外，在一些使用功能相对复杂的公共建筑中，往往因上、下楼层的卫生间需错开布置，如剧院、高铁站、机场候机楼等，为避免卫生间排水管道对下层空间使用功能造成影响，设计时通常也需要采用同层排水系统或局部同层排水系统。

建筑同层排水的理念起源于欧洲物权法的颁布，是当时为了解决因管道漏水引发上、下楼层住户之间的矛盾纠纷着手研究发展而来的。

现行行业标准《建筑同层排水工程技术规程》CJJ 232—2016 将同层排水系统定义为：在建筑排水系统中，器具排水管和排水横支管不穿越本层结构楼板到下层空间、与用水器具同层敷设并接入排水立管的排水系统。

值得注意的是，如果排水横支管的局部（如存水弯）穿过楼板，紧邻排水立管设置在管道井内（图5-1），房屋装修完成后虽然可以隐蔽排水横支管，但实际已经不再属于同层排水范畴。

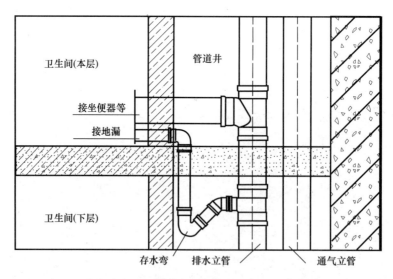

图 5-1 存水弯穿越楼板布置在管道井内的"同层排水"示意

我国涉及建筑同层排水的现行规范标准主要有：

（1）行业标准《建筑同层排水工程技术规程》CJJ 232—2016；

（2）行业标准《建筑同层排水部件》CJ/T 363—2011；

（3）协会标准《建筑同层检修（WAB）排水系统技术规程》CECS 363：2014；

（4）国家标准图集《居住建筑卫生间同层排水系统安装》19S306。

5.1 建筑同层排水系统的分类

建筑同层排水系统有不同的型式和分类方法，欧美、日本和我国各地建筑同层排水的做法和理念也不尽相同，根据多年来行业上的习惯，通常分为欧洲模式、日本模式和中国模式三大类。

1. 欧洲模式

20世纪60年代，建筑同层排水技术在欧洲开始应用推广，经过几十年的发展，建筑同层排水技术已经成为欧洲各国建筑排水系统中比较典型、普遍采用的排水管道布置方式。其中以瑞士吉博力公司沿墙敷设方式同层排水应用最为广泛，我们将其称之为欧洲模式同层排水。

1）欧洲模式同层排水的具体做法是：

在卫生间内增设一道假墙，将给水排水管道、坐便器水箱、卫生器具支架等全部隐蔽安装在夹墙内。由于生活方式的差异，欧洲国家的厨卫场所基本不设置地漏，因此，排水横支管沿地面靠墙敷设容易实现。

欧洲作为建筑同层排水技术应用的发源地，为建筑同层排水技术的推广应用做出了积极的贡献。近年来，欧、美发达国家的建筑同层排水系统应用普及率达95%以上。由于欧、美国家基本没有在卫生间干区设置地漏的习惯，吉博力公司开发的壁挂坐便器搭配隐蔽水箱就成为欧洲同层排水技术的关键所在。

2）欧洲模式沿墙敷设同层排水技术具有以下几个方面的特点：

（1）卫生间干区不设置地漏，排水支管沿墙敷设，结构不需降板。

（2）采用高密度聚乙烯（HDPE）排水管及管件，电熔连接；管径级差小，有 $dn32$、40、50、56、63、75、90、110、160等规格，有利于改善器具排水管和卫生间排水横支管的水力工况。

（3）通常在排水立管上配用苏维托特制管件。

（4）卫生间干区无地漏，洗脸盆、浴盆排水下方设有配套的带水封排水附件用于防臭和检修，采用隐蔽式水箱搭配后出水坐便器；坐便器为冲落式，也有采用漩流辅助冲水的；坐便器布置在排水立管的一侧并尽量靠近排水立管；隐蔽式水箱内的附件可以通过取下冲水面板进行维修、零件更换等操作。

（5）隐蔽式冲洗水箱为扁平形状，塑料材质，吹塑工艺整体成型；冲洗水箱因箱体扁平而使水位升高，冲洗位能相应增大；同时，因水位升高，位能增大，因而可采用冲落式坐便器，从而减少冲洗水量。

（6）当卫生间干区有设置地漏需要时，对地漏构造作了改进，保证50mm水封深度；有直埋式带水封专用地漏，带水封侧墙式洗衣机排水地漏和带水封排水汇集器等多种。

（7）在房屋装修时，采用轻钢龙骨和预制防潮板等设置夹墙，将给水排水管道、洁具支架、水箱等都敷设在其中；夹墙可到顶也可不到顶，夹墙的宽度在180～220mm之间；由于坐便器的水箱设置在夹墙内，和传统水箱明露外墙安装所占据的长度空间相当，确保坐便器前端与对面墙的净距保持不变，使卫生间实际使用面积不致减小；另外，夹墙还可加以开发利用使其兼具装饰、储物等功能。这些做法使得卫生间明亮简洁，没有卫生死角，易于清扫。

3）在墙体内设置的卫生器具隐蔽式支架，包括：坐便器及隐蔽式冲洗水箱支架，隐蔽式洗脸盆支架，净身盆支架和隐蔽式小便斗支架，见图 5-2。其中隐蔽式水箱按冲洗按钮位置的不同，又分为前按式和顶按式两种。明露部分只有卫生器具本体和配水龙头，给人以整洁明快的感觉。

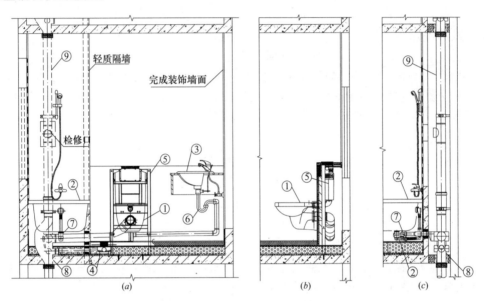

图 5-2   欧洲模式同层排水示意

（a）前立面；（b）坐便器排水侧立面；（c）浴缸排水侧立面

1—坐便器；2—浴盆；3—洗脸盆；4—地漏；5—隐蔽水箱；6—洗脸盆存水弯；

7—浴盆排水附件；8—单立管管件；9—排水立管

欧洲模式沿墙敷设建筑同层排水系统的安装顺序为：安装固定支架──→安装隐蔽支架──→安装同层排水管道──→安装给水管道──→卫生间表面装饰及卫生器具安装。

2. 日本模式

建筑同层排水技术在日本的应用也很普遍。

受日本居民生活方式等因素的影响，建筑同层排水技术在日本的研发应用比较注重细节，有一整套相对成熟、实用的同层排水技术体系，这就是住户卫生间排水管道采用在降板空间架空层中敷设的日本模式。

"管道在降板空间内架空敷设"是日本建筑同层排水的技术核心。楼板下沉的 300mm 左右空间不回填，采用纤维板架空，架空板上分别设置防水层和装饰面层，然后再布置洁具。坐便器采用下出水，不同于欧洲国家大量采用后出水坐便器的沿墙敷设同层排水。

1）日本模式同层排水系统的具体做法可概括为：

（1）采用整体降板或局部降板方式，将卫生间结构楼板下降约 300mm，排水横支管在降板空间沿地面架空敷设，在同一楼层与排水立管相连接。

（2）在排水横支管上方铺设架空板，每个卫生器具都通过其专用、独立的排水管连接到带清扫口的排水汇集器上，可有效防止污、废水的滞留和返溢；卫生间干区一般不设置地漏；排水横支管的坡度通常采用1%。

（3）排水汇集器全部在工厂预制组装；管道及组件的加工组装90%以上在工厂完成，并在进行严格的试水检验后装箱运输到工地，现场工人只需完成接口部分的操作。

（4）架空防水楼板上预留有检修口，便于日常维护检修。

2）日本模式同层排水的技术要点在于：

（1）排水立管设置在住户套外公用部位管道井内，立管维护检修时不干扰住户。

（2）排水立管采用机制柔性抗震铸铁排水管、PVC-U塑料排水管或加强型内螺旋复合排水管，并通常在立管上配置加强型旋流器特制管件。

（3）每家住户只设置一根排水横支管出户，接入排水立管。

（4）住户排水横支管与卫生器具排水管的连接采用专用管件排水汇集器。

（5）排水汇集器为铸铁或塑料材质，多段拼装组合结构，每段只承接一个卫生器具排水，从排水汇集器侧向接入，坐便器接入位置在最后；在排水汇集器每段的上方设置有清扫口；排水汇集器管道断面有圆形、椭圆形、蛋形等，蛋形断面的优点是不易堵塞、水力条件好；排水汇集器自身有支架，可调节横支管的纵向坡度。

图5-3为排水汇集器外形示意图。

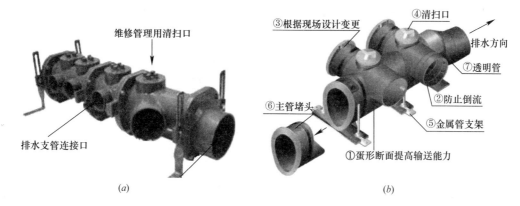

图5-3 排水汇集器外形示意图
（a）圆形断面；（b）蛋形断面

（6）架空层上方铺设地板。

3. 中国模式

我国建筑同层排水早期采用降板形式较多。自20世纪90年代后期开始，随着国外技术的引进，欧洲沿墙敷设同层排水技术得到较多的应用。近几年来，微降板或不降板同层排水技术也开始得到房地产开发商及居民住户的青睐与欢迎。

1）我国降板同层排水的通常做法是：

（1）卫生间整体或局部结构降板300～400mm。

（2）排水横支管敷设在降板空间，并与排水立管相连接。

（3）排水立管采用机制柔性接口铸铁排水管或PVC-U、HDPE、PP塑料排水管，以及加强型内螺旋排水管，并通常在立管上配置加强型旋流器或苏维托特制管件。

（4）在结构降板面和建筑地面上做好防水层，降板层空间采用轻质材料（如炉渣、陶粒混凝土等）填充，也可根据需要按日本模式做法将其设置为架空层。

（5）采用常见的下出水坐便器和排水配件，在洗脸盆、无水封直通地漏、浴缸等排水器具下方设置存水弯。

2）近年来国内受到普遍欢迎的微降板或不降板同层排水系统

（1）从欧洲引入的沿墙敷设同层排水系统通常不考虑设置地面排水地漏，而为了适应国内人们的生活习惯，卫生间内通常需要设置地漏。

卫生间微降板同层排水是指建筑结构楼板降板高度在 90～150mm，坐便器采用后出水，也可以采用下出水。对其他卫生器具的选型没有限制。

国内微降板同层排水的通常做法为：排水横支管采用污、废分流方式各自独立排入排水立管；排水立管材质与传统降板同层排水相同，也可在立管上配置加强型旋流器、苏维托特制管件；废水横支管与排水立管的连接采用特殊配件——带水封排水汇集器，地漏自身则不带水封。

（2）卫生间不降板同层排水是指建筑结构楼板既不降低，也不抬高；排水横支管采用污、废分流形式；排水立管材质与传统降板同层排水相同，也可在立管上配置加强型旋流器、苏维托特制管件；废水横支管与排水立管的连接采用特殊配件——带水封排水汇集器；坐便器为后出水，地漏为 L 形无水封侧排地漏。这种形式的同层排水既保留了欧洲模式同层排水的优点，又符合国内居民希望设置地漏的生活习惯，是目前较具竞争力的同层排水模式，见图 5-4。

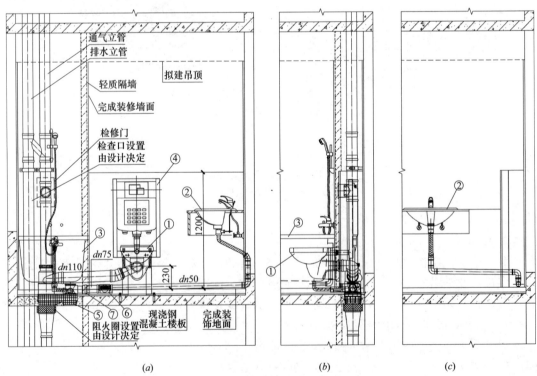

图 5-4　卫生间不降板同层排水示意

（a）前立面；（b）坐便器排水侧立面；（c）洗脸盆排水前立面

1—坐便器；2—洗脸盆；3—浴盆；4—隐蔽式水箱；5—排水汇集器；6—L 形排水地漏；7—地漏调节段

3）我国香港地区采用排水管道在外墙敷设的同层排水模式，将所有的卫生器具均靠外墙一侧布置，卫生器具均采用后出水排水方式和侧向排水地漏；卫生器具排水管均在本层楼地面以上接至在外墙敷设的排水横支管，排水立管和排水横支管均明装在建筑内天井的外墙上。

其具有的优点：（1）卫生间器具排水管均为暗敷，室内整洁美观；（2）卫生间可不吊顶，节约装修费用；（3）排水管道安装在外墙面，管道维修时不影响下层住户。

其存在的缺点：（1）器具排水管在地面以上接至外墙排水横支管，水力工况相对较差，尤其当排水立管距离坐便器较远、排水横支管较长时，易导致坐便器冲洗不干净或需要较多的冲洗水量；（2）器具排水管穿越建筑外墙，预留孔洞的精度要求较高，施工相对麻烦，容易产生位移和误差，甚至出现地面排水不干净、局部积水等隐患；（3）各楼层排水横支管均安装在建筑外墙面上，对建筑美观有一定影响，给日后维修也带来一定困难；（4）要求卫生器具排出口均需靠外墙布置，卫生间布局受限较大。

4）模块化同层排水系统

采用同层排水模块代替排水横支管，能够实现排水管道在本层清通和维护。

同层排水模块分为下沉式同层排水模块（安装在卫生间降板层的模块）和地面敷设同层排水模块（安装在不降板地面构造层之内；根据坐便器的排水方向分为侧排水式和下排水式两种；与后出水坐便器配合使用的称为侧排水式模块，与下出水坐便器配合使用的称为下排水模块。）

模块化同层排水系统由同层排水模块、立管穿楼板专用件及排水立管等组成。

同层排水模块采用污、废分流排放；模块箱体为 PVC-U 板材制作，模块箱体和顶盖采用焊接连接；下沉式同层排水模块厚度为 150～200mm；当卫生器具布置间距较大时，下沉式同层排水模块宜与附属模块配套使用，附属模块底部排水管应与同层排水模块顶部进水管采用承插连接。

5.2 建筑同层排水技术的特点和优势

相对于传统的建筑异层排水，建筑同层排水的技术特点主要体现在以下几个方面：

1）建筑内各家住户产权明晰。传统的建筑异层排水将住户卫生间的排水管道设置进入下层住户，造成私有住宅的产权完整性遭到人为割裂，给住户排水管道日常维护检修带来不便，容易引起邻里纠纷；采用同层排水系统，则可以在住户本层进行检修。

2）传统的建筑异层排水系统，管道排水所产生的噪声会影响下层住户的居住环境和正常作息；而建筑同层排水管路敷设在本层，可以有效降低水流噪声对邻居的影响。

3）传统的建筑异层排水系统需在各卫生器具排水点管道穿越楼板位置预留孔洞，导致后期装修时用户要自行更改洁具位置非常困难；建筑同层排水只需要在楼板上预留排水立管位置即可，在房屋装修时，可根据住户需求，灵活更改管道布局和卫生器具布置，最大限度满足住户个性化装修需求。

4）卫生器具排水管不穿越楼板，解决了排水管道表面夏天结露滴水问题；有利于防火阻火，并相应增加了住户卫生间的净空高度。

5）对于降板敷设同层排水，其主要优点有：（1）卫生间排水横支管敷设在降板空间内，水流噪声基本不会影响到下层用户；（2）卫生器具的布置不受限制，用户可根据自身需求进行卫生间布局的调整。

6）对于沿墙敷设同层排水，其主要优点有：（1）管道和冲洗水箱隐蔽安装，卫生间简洁美观；（2）可有效降低水流噪声，有利住宅安静环境。

5.3 建筑同层排水系统的设计要点

1）应根据建筑物性质及功能、使用对象、建造标准、室外环境及排水立管管道井（或管窿）位置、卫生间面积、卫生器具布置、建筑结构梁板条件、二次装修要求等因素综合确定拟采用的同层排水系统种类和形式。

2）建筑同层排水系统采用的卫生器具及管道配件、建筑墙体及地面装饰材料、排水管材及管件等应根据系统要求和敷设方式选用。卫生器具应采用节水型，排水部件应采用配套产品。

3）给水管道不应敷设在地面降板空间。当必须敷设时，应采用分水器连接，给水管道材质应耐腐蚀，在降板回填层区域不应设置有管道接口。

4）对于沿墙敷设的同层排水，应符合下列要求：

（1）接入同一排水立管的排水横支管和器具排水管宜沿同一墙面或与立管相邻墙面敷设；卫生器具的布置应便于排水管道的连接；坐便器、地面排水地漏宜靠近排水立管布置并应各自单独接入排水立管。

（2）坐便器应采用壁挂、后出水型式，宜采用隐蔽式冲洗水箱；净身盆和小便器应采用壁挂、后出水型式；浴盆宜采用内置水封排水附件；淋浴房宜采用内置水封直埋式地漏。

（3）卫生器具安装固定支架应有足够的强度、刚度，并有良好防腐措施；壁挂式坐便器、洗面器、净身盆等卫生器具应固定在隐蔽式支架上；隐蔽式支架安装在非承重墙或装饰墙内，墙体厚度或空间应满足隐蔽式水箱安装需要；排水管道和管路附件应牢固固定在房屋承重结构上。

（4）设置有地面排水地漏的卫生间，其建筑地面面层厚度应满足地漏的安装需要。

5）对于降板同层排水，应符合下列要求：

（1）整体降板或局部降板，应根据排水立管的位置和卫生器具的布置确定。降板深度应根据卫生器具的型式及布置方式、降板区域大小和排水管道管径、管长、连接方式、管材种类等因素综合确定。当采用排水汇集器时，还应满足产品的具体要求。

（2）排水汇集器应在制造工厂内组装成套，并通过水密性试验；应确保排水汇集器连接支管无回流、不返溢；排水汇集器排出管的管径应经水力计算确定，且不应小于接入排水汇集器的最大器具排水管的管径；应设置清扫口或便于清扫、疏通的装置。

（3）当采用污、废合流时，地漏宜直接接入排水立管；当地漏与其他卫生器具排水汇合接入横支管时，宜在大便器、浴盆排水管接入口的上游接入；宜采用具有同层检修功能的多通道地漏。

6）对于同层排水场所的楼、地面防水措施，除应满足建筑、结构防水构造的要求外，尚应符合下列规定：

（1）当采用降板同层排水时，建筑结构楼板面和卫生间完成地面均应设置防水层。卫生器具、排水管道的安装应在结构楼板面防水层施工完毕后进行，架空层专用支架和管道安装支架应采用专用胶粘剂粘结在楼板上，且不应损坏建筑结构楼板面和完成地面的防水层。

（2）当降板空间采用填充方式时，应填充轻质材料，且不得采用机械填充。填充层上部地面应整浇，并应采取防止地面开裂的措施。

（3）当降板空间采用架空方式时，基层材料、面层材料、防水方式等均应符合相应要求；架空层专用支架和管道安装支架应采用专用胶粘剂粘结在楼板上。

（4）降板空间不应出现漏水或积水现象。

7）建筑同层排水系统的排水管道宜在管道井（或管窿）、装饰墙、降板填充层或架空层内暗设；采用特殊配件连接横支管的排水立管应设在管道井（或管窿）内；塑料排水立管在穿越楼板、承重墙、防火墙处应按要求设置防火、阻火装置，并应符合国家现行标准的相关规定。

8）建筑同层排水系统排水管道的材质应根据建筑物的使用性质、建筑高度、敷设位置、排放介质、抗震和防火要求等因素采用建筑排水柔性接口铸铁管或建筑排水塑料管及配套管件；敷设在建筑外墙的排水塑料管应具有抗紫外线、抗老化性能。

9）针对国内建筑同层排水系统在使用过程中曾经暴露的问题，在设计阶段应高度重视，并采取相应技术措施加以防范。设计中应重点关注以下几个方面：

（1）是否降板及降板高度

当工程项目确定采用同层排水系统后，给水排水专业应和建筑、结构专业密切配合，在满足排水系统功能性要求的前提下，遵循尽量不降板、少降板的原则。确需降板时，降板高度应结合卫生间外地面面层厚度、门槛挡水做法、卫生间排水管线坡降、卫生间建筑构造做法等综合确定，有地面辐射采暖的项目还应将地暖层厚度考虑在内。

（2）卫生间布局

一般来说，卫生间基本都配有洗脸盆、坐便器、淋浴或盆浴三件套。坐便器应尽量靠近排水立管布置；有条件时，卫生间应分隔干、湿区。住宅卫生间典型布局通常有一字型和 L 型两种型式，见图 5-5、图 5-6。

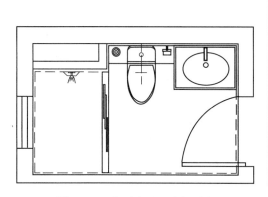

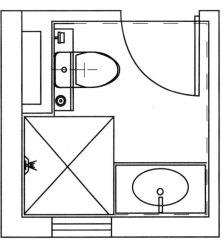

图 5-5 一字型布置卫生间示意　　　　　图 5-6 L 型布置卫生间示意

（3）管道和连接

由于管材都存在热胀冷缩的问题，特别是对于塑料管道，因此，如果是埋设于降板回填层中的管道在管材选择和连接上应有所区别，建议选用 HDPE 管材并采用电熔连接。如采用热熔对接方式，一旦产生接口内壁熔融物堆积现象则容易导致排水不畅。

（4）降板层暗敷金属管道防腐

暗敷在降板填充层中的铸铁排水管除需保证管道自身的防腐效果外，还应考虑适当增加一些外防腐措施，如涂刷沥青、聚乙烯薄膜包覆等；也可以采用预制板架空安装的方式。

（5）给水管线不宜入坑

为了减少墙壁管线开槽量，工程设计中卫生间给水管往往布置在降板层内，导致安装后人为踩踏或机械损坏，引发管道渗漏沉箱积水，应尽量避免将给水管线布置在降板层内。

（6）降板层内积水排除做法误区

降板同层排水沉箱积水是我国建筑同层排水一直无法根治的老大难问题，这也从侧面反映了降板同层排水系统的自身缺陷。当卫生间完成地面防水层失效、破坏或管道渗漏发生以后，就会带来沉箱积水的问题。为排除沉箱积水，近年来有在降板层增设地漏的，有用侧排水地漏直接接入通气立管的，有依靠立管穿楼板部位增设积水收集孔的，还有单独设置积水排除专用立管再间接排至室外明沟或地下室集水坑的，凡此种种，五花八门，上述措施自身没有水封或水封容易干涸，反而使系统设置复杂化，其做法并不可取。

（7）降板同层排水地面层、降板层的防水处理

对于降板同层排水，地面层和降板层的建筑防水处理是非常重要的。一般规定：降板在 150mm 或以上的卫生间，需要在降板结构楼板面清理干净后涂刷第一道防水层，再在填充层完成后的卫生间地面上涂刷第二道防水层；降板在 150mm 以内的卫生间可以只做一道防水层。每道防水层施工完毕都必须严格进行蓄水试验，蓄水高度不应低于 20mm，蓄水时间不应小于 24h，细心观察没有渗漏点方为合格。

为了避免降板层或地面层积水进入管道井，设计时应重点注意以下几点：

① 管道穿楼板部位的管材或管件应有防渗网格或防水翼环构造。

② 各楼层管道井四周地面宜现浇宽 100mm、高于完成地面不低于 250mm 的混凝土止水带；且管道井外壁防水层向上涂刷高度应不低于混凝土止水带上缘。这一做法对于苏维托等异形管件穿楼板尤为重要。

③ 有条件时，宜尽量采用穿越楼板管道直接预埋的方式，特别是对于装配式建筑采用直接预埋其优势更加明显。

④ 对于排水立管特殊管件穿楼板部位的防水，因无预埋套管的条件，可考虑将特殊管件与楼板贯穿部位及与楼面交接部位清理干净，清除板面松动砾石，并采用高标号细石混凝土分两次浇捣密实后，再在贯穿部位楼面处设置止水圈。

（8）防火

我国现行相关标准对塑料管道穿越楼板洞口的防火封堵有明确规定，要求在塑料管道竖向贯穿部位下侧设置阻火圈或阻火胶带，防止火灾竖向蔓延。

由于苏维托等塑料特殊管件形体特殊，无适合规格的配套阻火圈，通常采用阻火胶带缠绕阻火。

5.4 建筑同层排水系统的技术拓展

1. 我国建筑同层排水系统存在问题分析

关于国内建筑同层排水系统尤其是大降板同层排水系统在实际使用中存在的问题，相关的文献均有记载，案例也非常多。2004年和2011年，华东建筑设计研究院在修订行业标准《建筑同层排水工程技术规程》CJJ 232和协会标准《建筑同层排水技术规程》CECS 247过程中，编制组曾先后对我国各地区同层排水技术应用的实际情况作过一次函调。函调的问题虽然不能面面俱到，但也客观反映了国内同层排水应用的基本现状。2004年的调查，主要存在的问题为：渗漏、层高压抑、维修困难；2011年的调查，主要存在的问题为：地面渗漏、维修困难、地漏冒溢。两次调查的结果都表明，渗漏是同层排水存在的首要问题，占据问题总数的比例高达56%；另外沿墙敷设方式地漏设置困难、地漏排水较慢也是反映较多的问题。

由此可以看出，传统降板同层排水系统在使用过程中暴露出的几大问题：一是降板内沉箱积水问题；二是卫生间干区地漏返臭问题；三是清通检修困难问题；四是卫生间净高偏小问题。这些问题其实早有发现，但却没有引起建设单位、设计单位和施工单位的足够重视，给住户带来不适的使用体验，甚至影响到住户的身心健康。

1）关于降板层沉箱积水问题

沉箱积水是降板同层排水系统的通病，实际上难以避免。造成沉箱积水的原因主要有以下两个方面：一是地面积水渗入降板层；二是沉箱内的给排水管道出现渗漏。

地面积水为何会渗入降板层，很大原因是施工不规范所致，但实际上又难以避免这一人为因素。施工不规范主要表现在：采用建筑垃圾回填降板空间；防水涂料涂刷时基层底面不干净或不够干燥容易剥离；地面层防水没有往上延伸到墙面一定高度。除此之外，即使降板空间采用陶粒回填，长期使用后卫生间地面也有可能因为松散的陶粒引起细微的沉降，致使防水层出现裂纹导致渗水。如在陶粒填充层上方做一层高标号细石混凝土层或改用泡沫混凝土回填，则可以较好地避免卫生间地面渗漏现象的发生。

相关资料介绍，日本积水株式会社草野先生曾做过这方面试验，当降板层回填后，因回填材料与塑料排水管的线膨胀系数不同，3～5年会引起接口拉脱，造成渗漏。我们国内尚未做过这方面的试验。其他原因如接口粘结剂涂抹不均匀，涂抹后未旋转90°。管道堵塞后，清通机械造成管道破损。降板层内早期的给水镀锌钢管锈蚀引起渗漏等。

沉箱内的给水排水管道一旦出现漏水，检修非常麻烦，因此，给水管道应尽量不要在沉箱内敷设，埋设在沉箱内的排水管道也宜采用HDPE管材并采用电熔接口。

被动的降板层沉箱积水排除措施是迫不得已的方式，前述的沉箱渗漏积水排除解决措施使系统设置复杂化，增加了多余的设施，步步设防，防不胜防，实际上远未达到预期的效果。国家标准图集《住宅卫生间同层排水系统安装》12S306在全面修编时，已果断取消了原大降板同层排水系统的相关内容（新图集名称及图集号为《居住建筑卫生间同层排水系统安装》19S306）。

既然降板同层排水的沉箱积水问题难以避免，降板又是根源所在，因此，微降板或不降板将是今后建筑同层排水系统避免出现以上问题的出路。

2) 关于住户卫生安全可靠性的问题

系统水封是防止排水管道内的有害气体进入室内的安全屏障，要提高建筑同层排水系统的卫生安全性能，就必须提高水封的安全可靠性。

排水系统水封破坏的原因主要有三个方面：一是每时每刻都在发生的水分蒸发；二是因排水管内气压波动引起的抽吸、喷溅、自虹吸、惯性晃动等造成的水封损失；三是毛细管作用。

对于蒸发造成的水封损失实际上无法避免，但可以采取一些技术措施来减缓或延长因蒸发造成水封损失的时间，如设置自动止回装置来降低水封表面与室内空气的交换流通速度，以及适当增大水封容量来延长蒸发时间等。

对于因排水立管内部剧烈变化的气压波动而引起的抽吸、喷溅、惯性晃动所造成的水封损失，则可以通过改善排水立管内的通气条件即提高立管的排水能力以减少其水封损失（如在设计环节重视排水系统的配置选型，确保立管的实际排水能力大于系统设计计算流量）；对于因自虹吸造成的损失，可以通过改变存水弯的构造型式和管道布置条件加以改善，如有研究证明同样的水封晃动，V 形 P 弯较 U 形 P 弯更容易造成水封损失，合理的管道布置又可以减少 S 弯的自虹吸损失等。

对于毛细管作用，主要是由于毛发、布条屑等纤维状杂物滞留在水封处，由于毛细作用而吸出水封存水，因此，在排水入口处设置滤网可有效减少毛细管作用的发生。

虽然采取上述技术措施可以在一定程度上减少水封的损失，但效果有限，水封的安全可靠性仍然难以得到保证。以 DN50 的 S 弯（初始水封高度 50mm）为例，在系统负压400Pa 抽吸作用发生后，剩余水封 25mm；后续 400Pa 以内的正负压交替作用造成水封来回震荡，水封的进一步损失主要源于蒸发作用，而 DN50 存水弯仅剩的 25mm 水封的抗蒸发能力是较弱的，特别是对于卫生间干区的地漏水封而言；由于在水封后续蒸发直至失效前都难以有来水补充，最终导致该水封破坏，异味及有害气体窜入室内。

卫生间干区地漏是建筑排水系统卫生安全的薄弱环节，因现在住户普遍用拖把拖地，基本不冲洗地面，住户人员绝大多数不知道应定期往地漏补充注水，导致地漏水封形同虚设，实际上成为污水管道内有害、污浊气体蔓延至室内的畅通通道。除生活习惯不同外，这可能也是西方发达国家通常不在卫生间干区设置地漏的原因所在。因此，在建造标准较高、采用沿墙敷设同层排水、设置地漏本来就很勉强的情况下，推荐尝试采用不在卫生间干区设置地漏的做法。

另外，如卫生间采用污、废水分流和废水管卫生器具共用水封的方式，也可以大大提高水封的安全可靠性。因为共用水封自身的存水容量较大、抵抗负压抽吸的能力更强，且可得到洗脸盆等经常性用水器具的来水补充，即便是干区的地漏长期不排水也没有了返味的可能。

3) 关于系统排水通畅性的问题

除因野蛮施工、系统管道内有建筑垃圾进入以外，造成排水系统不通畅甚至堵塞的主要原因有：管道布置不规范（如管径选择不合理、横管安装倒坡或平坡等）、存水弯等管路配件因水流阻力作用使毛发、手纸、泥沙等容易沉积粘结在其内壁导致过水断面缩小。因此，确保排水管道的设计和安装符合规范要求是必须的，而存水弯又是影响排水通畅性的关键节点，以典型的卫生间布置为例，洗脸盆、干区地漏、淋浴区地漏就存在 3 个存水弯，等同于存在 3 个可能的堵塞点。

通过适当的放大管径（如淋浴区采用 $DN75$ 横支管）、采用带过滤网的地漏等可以在一定程度上保证排水的通畅性。

其次，器具共用水封的流道宽度和断面面积经过优化设计，使污物通过能力和水流携污能力大幅度提高，推广采用卫生器具共用水封可以大大提高排水系统的通畅性。

4）关于清通维护便捷性的问题

降板同层排水系统横支管一旦发生排水不通畅或堵塞，清通维修是非常困难的，因其需要借助机械工具或破坏卫生间地面，其难度甚至超过异层排水。建议：洗脸盆和洗涤盆的存水弯宜设置在地面以上管段便于清通，尽量选择部件可以拆卸、有利清通操作的地漏或水封装置等。

2. 降板同层排水沉箱回填方式的分析

降板同层排水在沉箱内的管道安装和支墩设置完成后，通常采用轻骨料混凝土、改性聚氨酯硬泡、水泥陶粒或炉渣等轻质材料回填压实，再设置防水层和浇筑细石混凝土面层（图 5-7）。但从近年的实际使用情况了解其效果并不理想，主要问题有：

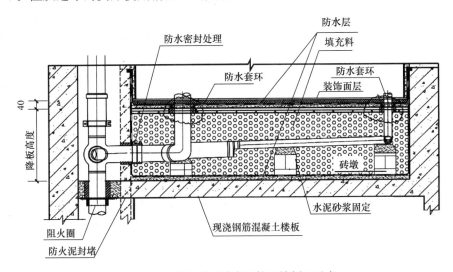

图 5-7 降板同层排水沉箱回填剖面示意

1）作为卫生间地面层的基础和支撑的轻质材料回填层，其材料强度、纯度以及施工过程中的密实性，均会对地面面层产生较大的影响，极易使地面产生不均匀的塌陷、裂痕以致防水层受损，导致渗漏。究其原因，人为因素占比较大。

2）在实际工程中，同层排水横支管多采用塑料管，其热胀冷缩率与回填材料相差较大，加之卫生间排水的水温变化，经 3～5 年的使用后，管道接口部位容易产生脱节和密封不严的现象，造成管道渗漏和坑内积水。

综上分析，降板同层排水沉箱内采用回填材料填充存在诸多缺陷，其作为地面层的基础和支撑未必合适，甚至起到负面作用。

所以，当降板同层排水设置沉箱时，建议沉箱不回填。近年来，部分工程在降板空间采用设置砖砌或混凝土支墩，上方架设混凝土预制楼面板的方式，并在板上方浇筑高标号细石混凝土面层、涂刷防水层以及铺设装饰面层。其相对于采用回填材料的方式，楼面层具有相对稳定的基础支撑和防止材料伸缩对管道的影响，可有效防止楼面板和管道渗漏的产生，有助于工程质量的提升，效果较好。但是，在采用支墩和面板方式时，仍应注重管道材料的选择和施工质量的保证，方能达到预期的效果。

3. 卫生间不降板同层排水系统

卫生间不降板同层排水采用横支管污废水分流、器具废水管共用水封的管道布置方式，立管和横支管采用排水汇集器连接，坐便器后出水，地漏为 L 形侧排水形式，具有以下几个方面的技术特点：

1）共用集成水封（排水汇集器）

器具排水管共用一个水封，任何一个卫生器具使用，水封都能得到补水，从而提高排水系统的安全性（图 5-8）。

图 5-8　共用集成水封接管示意

因共用集成水封入口到上游卫生器具排水点有较高落差，尽管器具排水点到共用水封的距离稍长，但管道平时相对干燥，卫生条件有充分保障；另外，共用水封的存水能经常得到补充更换，且补充水主要来自洗脸盆等相对洁净的排水，水封存水也能保持在一个比较"清洁"的状态。

2）管线集成安装

卫生间不降板同层排水系统的排水横支管集成敷设在一个区域，便于安装和维护（图 5-9）。

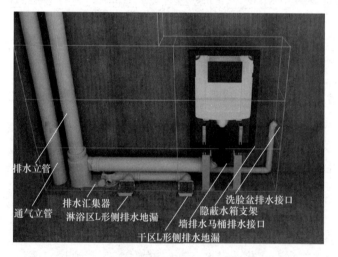

图 5-9　不降板同层排水管线集成安装示意

3）可实现装配化干法施工安装

卫生间不降板同层排水，采用工厂预制，现场组装，全程干法施工，可大幅提高施工安装效率，缩短工期，且不产生建筑垃圾，装配式建筑集成卫生间的相关内容详见本《手册》第 9 章。

卫生间不降板同层排水，对系统设计和安装有如下要求：

(1) 坐便器应选用壁挂后出水型式，并尽量靠近排水立管布置；

(2) L形侧排水地漏出水管径宜采用DN75，地漏应可连续调节高度；

(3) 当卫生间建筑完成地面与其他房间地面有高差要求时，应结合其他房间地面面层厚度综合考虑，需要时可结构降板50mm以内；

(4) 排水横支管采用污、废水分流，器具排水管共用集成水封。共用集成水封的流道宽度应大于20mm，排水流量应大于1.5L/s，且应具有同层检修、防虫防溢功能。连接共用集成水封的地漏、洗脸盆、淋浴器等排水点下方均不需设置存水弯；

(5) 卫生间排水立管穿楼板部位应预留能满足安装尺寸要求的方形洞口或直接预埋排水汇集器，预留孔洞大小根据产品要求确定，立管安装后应将孔洞缝隙堵实严密。

4. 住户阳台不降板同层排水

一直以来，我国住宅阳台一般只设置一个地漏，用于排除少量的雨水或兼用作洗衣机排水，排水支管设置在楼板下面，后期由装修工人进行装饰处理。

不降板同层排水同样适合住宅阳台使用，一般采用直接预埋排水汇集器即可，施工简单方便，楼板下不再有排水横支管。

5. 建筑同层排水的技术拓展

1) 建筑同层排水与水封装置的安全性密切相关，水封最重要的功能就是阻隔排水管道内的臭气外逸。除自身构造以外，水封还受到蒸发，毛细管、管道系统气压波动等因素的影响。因此，有学者提出，只要把握住水封安全这个节点，将侧重点放在如何保证和提高系统的水封强度是今后同层排水技术研发的方向之一。

2) 借助传感器技术，可自动识别因蒸发、抽吸等原因引起的水封减少情况，并自动触发补水装置进行水封补水；甚至可以通过记录水位的高低、排水流量的变化来判断水封处是否产生排水不通畅或堵塞的现象，还可以通过互联网将数据传送至移动APP手机端，进行自动或手动操作，因此，智能化也是同层排水技术今后研发的方向。

3) 装配式集成卫生间是装配式建筑和装配化内装修所积极提倡的，将同层排水管道系统特别是地漏和集成卫生间防水底盘进行集成化设计是同层排水技术的又一个研发方向。

4) 家庭中水回用和同层排水系统相结合可以实现水资源的重复利用。在尽量不增加或少增加家庭能耗的前提下，对住宅套内相对清洁的废水排水进行简单的净化和消毒处理后加以利用，对于我国水资源紧缺地区具有重要和长远意义。

5.5 建筑同层排水系统施工安装及验收要点

在建筑同层排水系统的施工安装和验收方面，以下注意事项应引起高度重视。

1. 施工安装注意要点

1) 在主体结构施工过程中，安装人员应配合土建做好管道穿越墙体、楼板处的预留孔洞、预埋件等工作。预留孔洞尺寸、预埋件位置应符合设计要求。

2) 卫生器具及管道支架的安装及管线敷设不应破坏建筑防水构造，严禁采用会导致建筑防水层破坏的固定方式。

3）降板同层排水沉箱区的回填材料应符合设计要求，不得混入建筑垃圾。

4）排水立管穿楼板部位必须封堵严密。

5）同层排水系统属于隐蔽工程，施工过程中敞口的管道和地漏等部位需用配套的防尘盖临时封堵，确保建筑垃圾不落入管道系统。

6）灌水试验应注意建筑防水层的保护，蓄水试验应在防水层施工完成后进行。

7）对于采用共用集成水封装置的同层排水系统，应注意避免器具水封重复设置。

8）在降板同层排水系统中，应特别注意管道安装支架和管道敷设坡度，防止出现平坡或倒坡现象，器具排水竖向支管穿越地面面层时最好设置止水环等加强防水措施。

9）地漏要有可适应不同装修面层厚度的调节措施。

2．工程验收注意要点

1）对于同层排水系统，隐蔽工程验收阶段尤为重要，很大程度上决定了住户同层排水系统今后的使用效果。

2）渗漏水是以往同层排水工程中出现的主要问题，建筑防水层是决定同层排水工程成败的关键环节。

3）管位、标高和坡度应符合设计要求，排水横管严禁无坡或倒坡。

4）器具支架和管道支架应安装牢固，金属支架防腐应良好。

5）排水立管穿越楼板部位采取的防渗防漏措施应牢固可靠。

6）排水汇集器的安装符合要求，接入排水汇集器的排水横支管无回流、不返溢。

7）同层排水管道在隐蔽前必须做灌水试验，并有试验记录。

8）卫生器具排水应做满水试验。试验时各连接部件、管路接口应无渗漏。

第6章 压力排水系统与真空排水系统

6.1 压力排水系统

压力排水系统通常适用于地下室污废水提升、室外下沉式广场雨水提升以及小区雨污水提升等。由于地下室地面均存在不同程度的污染，其废水应排入室外污水管网。

压力排水系统一般由集水井、提升设备、控制系统、管道系统等部分组成。近年来一体化预制泵站成套提升设备也得到推广应用。

1. 集水井

集水井的有效容积不宜小于最大一台排水泵 5min 的排水量，且不得大于 6h 生活排水平均小时流量。潜污泵每小时启动次数不宜超过 6 次。

集水井除满足最小有效容积要求外，还应满足水泵设置、水位控制器及格栅等安装、检修的需要。集水井的设计最低水位应满足水泵吸水深度要求，池井底部应有不小于 5% 的坡度坡向潜污泵部位。当污水集水井设置在室内地下室时，井盖应密封，并设置通气管系；雨水、废水集水井可采用非密闭井盖。

1) 污水排水集水井

由于污水排水集水井一般按最小有效容积设置，基本上不具备调节功能，集水井的有效水深不宜小于 1.0m，超高不宜小于 0.5m。

生活污水集水池与生活饮用水池之间的距离应大于 10m。

2) 废水排水集水井

废水排水集水井用于排除地下室地面冲洗废水及泵房、水处理机房和设备用房废水。

(1) 地下室废水排水集水井

地下室废水排水集水井主要收集车辆带入、车库地面冲洗、管道及设备检修渗漏，集水井的几何尺寸一般可采用 $L \times B \times H = 1.0\text{m} \times 1.0\text{m} \times 1.0\text{m}$。

当有多个集水井排水泵的出水管合并排出时，排水干管的设计流量应为最大一台排水泵的设计流量与其余排水泵设计流量总和的 40% 叠加。

(2) 泵房排水集水井

泵房排水集水井通过地面排水沟收集水池、水箱等储水构筑物的溢流排水，以及泵房设备的检修排水、管道阀门的渗漏排水等。

泵房集水井的最小容积可取水池或水箱 3min 的溢流水量。在消防水泵房中，还应考虑消防泵的试验测试排水量，取二者中排水流量较大者作为集水井容积计算依据。

(3) 水处理机房排水集水井

以游泳池水处理机房排水集水井为例，其有效容积宜按游泳池池水在 8h 内排空的

3min 平均排水流量及过滤设备反冲洗流量的 3min 排水量二者中较大者作为计算依据。通常情况下过滤设备反冲洗排水流量稍大。

（4）设备用房排水集水井

以冷冻机房排水集水井为例，主要收集设备管道检修排水，及设备故障渗漏排水。根据工程经验，集水井的几何尺寸一般采用 $L \times B \times H = 2.0 \text{m} \times (1.0 \sim 1.5) \text{m} \times 1.5 \text{m}$。

（5）消防电梯排水集水井

根据《消防给水及消火栓系统技术规范》GB 50974—2014 第 9.2.3 条：集水井的有效容积不应小于 2.0m^3。集水井一般应设置在消防电梯基坑旁边，而不宜直接设置在电梯基坑井底下方；集水井的最高水位应从消防电梯的基坑底部算起。

3）雨水排水集水井

地下车库出入口坡道处和下沉式广场的暴雨设计重现期一般可取 5～50 年。雨水排水泵不应少于 2 台，且不宜多于 8 台，紧急情况下可以同时使用。

地下车库出入口坡道的明沟排水集水井的有效容积不应小于最大一台排水泵 5min 的出水量。

下沉式广场地面排水集水池的有效容积不应小于最大一台排水泵 30s 的出水量。

雨水排水泵应有不间断的动力供应，且宜采用双电源或双回路供电。

2. 提升设备

1）提升设备及安装方式的选择

提升设备应根据设置部位、排水水质和排水流量进行选择。主要有潜水排污泵和成套污水提升装置。

潜水排污泵适用于有条件建造集水池（井）的场所，其设置位置固定，设备造价较低，但维护保养相对困难，需另行配置电气控制系统。

成套污水提升装置适用于改造项目或对环境卫生要求较高的场所，设置部位相对灵活，自带控制系统，维护保养比较方便，但设备造价较高。

提升设备根据潜污泵出水管设置方式的不同可分为移动式安装、固定式硬管安装和自动耦合固定安装三种安装形式。

移动式安装：采用软管连接，适用于单泵系统，电机功率小于等于 5.5kW 及出水管管径小于 80mm 的场合，通常用于基坑较浅、较清洁的废水排放。

固定式硬管安装：采用硬管连接，适用于单泵、双泵系统，电机功率小于等于 5.5kW 及出水管管径小于 80mm 的场合，结构简单，造价较低，但潜污泵检修维护不太方便，适宜用于基坑不深、较清洁的废水排放。

自动耦合固定安装：潜污泵带自动耦合装置，检修维护方便，但造价相对较高，适用于基坑较深、各种污废水的排放。

小区室外污水、雨水排水集水井通常采用自动耦合固定安装方式。

2）提升设备的流量、扬程计算

（1）流量计算

小区污水提升水泵的流量应按小区内需要抽排的最大小时生活排水流量选定；建筑物内的污水提升水泵的流量应按需要抽排的生活排水设计秒流量选定，当有排水量调节设施时，可按生活排水最大小时流量选定；当集水池接纳水池溢流水、泄空水时，应按水池溢流量、泄流量与排入集水池的其他排水量中大者选择水泵机组。

由于建筑物内集水井的有效容积一般按最小容积确定，仅能保证潜水泵正常工作，不具备调节能力，故排水泵的设计流量应按设计秒流量计算。

生活污水系统排水泵流量可按卫生器具排水当量或额定流量，按现行规范规定的公式计算确定。

水处理机房排水泵流量可按处理设备最大一次排水流量确定。如过滤设备，可按其反冲洗排水流量确定。

消防泵房排水泵流量可按最大消防泵的流量配置。消防电梯基坑集水井排水泵流量应不小于 10L/s。

生活泵房排水泵流量宜按水池或水箱进水管的流量确定。

平时没有排水的机房，其排水泵流量可以按照设备检修的放水量估算。

（2）扬程计算

水泵扬程应按提升高度、管路系统水头损失，另附加 2～3m 流出水头计算。

排水泵扬程计算见公式（6-1）：

$$H = 1.1 \times (H_1 + H_2 + H_3) \tag{6-1}$$

式中　H_1——集水井底至出水管排出口的几何高差（m）；

　　　H_2——排水泵吸水管与出水管的水头损失（m）；

　　　H_3——自由水头（m），一般取 2～3m。

（3）排水泵的台数

生活污水排水泵、消防排水泵、重要的设备机房排水泵，一般按每个集水井为单元，设置两台排水泵，一用一备，平时交替运行，互为备用。

大型水泵房或排水流量较大的重要部位，为了尽量减小集水井的容积，排水泵可选用三台，两用一备。也要求交替运行，互为备用。

一般设备机房、车库地面排水，当地面排水沟互相连通多个集水井时，可在每个集水井设置一台排水泵，将相互连通的集水井视为互为备用。

3. 控制系统

潜水排污泵由集水井液位自动控制，有浮球开关和液位传感器两种控制方式。

浮球开关控制方式安装简单，适用于集水井深度较浅及污、废水中含纤维状污物、漂浮物较少的场合。

液位传感器控制方式可根据需要任意设定启、停泵液位，控制精度高，抗干扰能力强，但价格相对较高，适用于各种场合污、废、雨水提升。

集水井最低水位（即停泵水位）应满足潜污泵的最小吸水深度要求：连续运行时，应保证电动机被水淹没二分之一；间歇运行时，应高于水泵叶轮中心线 50mm。

最高水位（即启泵水位）和最低水位差不宜小于 500mm。

集水井内应设置超高水位报警。液位自动控制装置应尽可能远离集水井进水口。

潜水泵的运行状态和故障、超高水位报警信号，均应接至楼宇控制或物业中心。

潜水泵的控制还应能够实现多台水泵并联交替运行或先后交替投入运行；一用一备的两台水泵能互为备用，两用一备的水泵能交替备用。

4. 管道系统

1）管材选用

压力排水系统的水泵出水管应选择承压、耐腐蚀、不易堵塞的管材。通常采用钢塑复合管（钢衬塑、钢涂塑）、金属管（不锈钢管或经防腐处理的钢管）和承压塑料管。

压力排水系统污水集水井的通气管宜采用排水塑料管、热镀锌钢管或柔性接口铸铁排水管。

2）压力排水管道管径的确定

压力排水系统排水泵出水管的流速不应小于 0.7m/s，且不宜大于 2m/s，其最小管径应符合表 6-1 的规定。

压力排水系统的水泵出水管最小管径　　　　　　　　　　　表 6-1

排水类别	管内流速（m/s）	最小管径（mm）	
生活污水	1.0～2.0	采用不带切割功能的污水泵	DN80
		采用带切割功能的污水泵	DN40
生活废水	0.7～1.5	—	DN40

注：两台污水泵出水管合并排出，管内流速宜取 1.0～1.2m/s；3 台污水泵出水管合并排出，管内流速宜取 1.5～2.0m/s，且不应小于 0.7m/s。

3）污水集水井通气管

压力排水系统污水集水井通气管应连接建筑排水系统通气管或独立设置伸顶通气管，通气管的管径不应小于集水井进水管管径的 1/2，且不小于 50mm。当无条件设置伸顶通气管时，应设置过滤除臭装置。

4）压力排水管道的布置与敷设

污水排水泵出水管宜单独排至室外，排出管的横管段应有坡度坡向出口。当 2 台或 2 台以上水泵共用一条出水管时，应在每台水泵的出水管上装设阀门和止回阀；压力排水管不得与建筑室内重力污水管道合并排出。

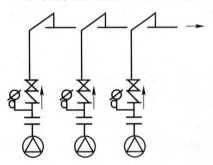

图 6-1　排水泵合用出水管连接方式

大型地下室排水泵数量较多，为减少排出管数量，可将水质相同和扬程相近的排水泵出水管合并设置，合并排出管流量可按其中最大一台泵加上 0.4 倍其余排水泵的流量之和确定。每台排水泵出口应设置质量可靠的止回阀和控制阀门，同时宜采用在排水横干管上部接入的方式连接，如图 6-1。又由于排水泵是间歇运行，停泵后积存在出户横管内的污水应能自流排出，避免积污，因此排出管的横管段应有坡度。

排水泵出水管应采用上弯管出户，也就是设置防止污水倒灌的鹅颈管；鹅颈管最低处应高出排入的室外污水检查井地面标高 0.3～0.5m。

5. 一体化预制泵站

1）一体化预制泵站的分类

按排水水质，一体化预制泵站可分为雨水一体化预制泵站和污水一体化预制泵站；按预制泵站中排水泵的设置位置，可分为湿式一体化预制泵站和干式一体化预制泵站；按筒体制作使用的原材料，可分为玻璃钢（GRP）筒体预制泵站、聚乙烯（PE）筒体预制泵站和聚丙烯（PP）筒体预制泵站。

聚乙烯和聚丙烯预制泵站因每种型号需要不同的模具，制造成本相对较高。

（1）玻璃钢（GRP）筒体预制泵站

玻璃钢筒体一体化预制泵站，其侧壁以无碱玻璃纤维无捻粗纱及其制品为增强材料，热固性树脂为基体材料，采用缠绕工艺成型，泵站顶盖、底座和连接部位等无法采用缠绕工艺成型的部分，可采用手糊工艺成型。由于是复合玻璃纤维（GRP）缠绕而成，可制作较大规格筒体的预制泵站（如图 6-2），筒体井径为 1.0～6.5m；排水流量范围为 0～10000m³/h（单筒）；泵站高度为 1.5～16m；最大出水管径可达 DN1000。

玻璃钢筒体耐腐环保，经久耐用，价格经济，适用范围较广。

图 6-2 玻璃钢（GRP）筒体预制泵站

（2）聚乙烯（PE）筒体预制泵站

聚乙烯（PE）预制泵站由聚乙烯（PE）原材料通过模具挤压成型，筒体井径宜控制在 2.0m 以内，最大不超过 3.0m，泵站高度不超过 6.5m。

（3）聚丙烯（PP）筒体预制泵站

聚丙烯（PP）预制泵站由聚丙烯（PP）原材料通过模具挤压成型，筒体井径一般控制在 2.0m 以内，泵站高度可为 10m 以下（见图 6-3）。

图 6-3 聚丙烯（PP）筒体预制泵站

图 6-4　一体化预制泵站
内部透视图

2）一体化预制泵站的构成

一体化预制泵站由筒体、阀门井（推荐）、潜水泵、冲洗阀、管道阀门、进水格栅（粉碎式、提篮式）、通风系统及控制系统等部分组成，各部件在工厂内预装完成，只预留泵站进、出水口连接件，直接与市政雨、污水管道对接即可，如图 6-4、图 6-5。

（1）筒体

筒体由井筒壳体和顶盖组成。在顶盖的可开启盖板上设有限位安全锁。井筒壳体一般采用质量轻、强度高、耐腐蚀性强的高分子材料制作，盖板材料可与井筒侧壁材料相同，也可采用铝合金等轻质耐腐蚀金属材料制造。采用高分子材料制作的盖板，一般由防辐射层、防渗透层、受力结构层和外保护层四部分组成，其中外保护层应具有抗紫外线功能。采用金属材料制作的盖板，其表面应具有防滑功能。

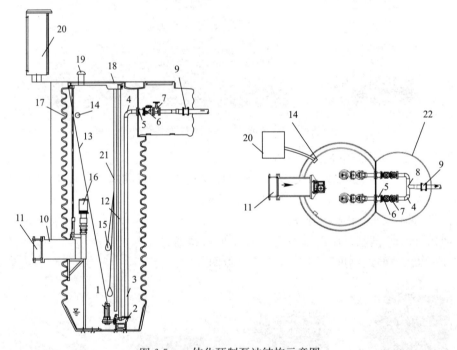

图 6-5　一体化预制泵站结构示意图

1—潜污泵；2—耦合底座；3—压力管道；4—90°弯头；5—柔性接头；6—止回阀；7—闸门；8—丁字管；
9—柔性接头；10—进水口；11—柔性接头；12—导杆；13—吊链；14—电缆孔；15—浮球；16—粉碎型格栅；
17—筒体；18—盖板；19—通风管；20—控制柜；21—压力传感器套管；22—阀门井

（2）外置阀门井

外置阀门井用于安装管道阀门及其他相关附件。为保证维修安全、便捷，推荐设计采用含外置阀门井的一体化预制泵站。如现场条件受限，也可将出水管道阀门设置在筒体内部。

（3）格栅

一体化预制泵站进水口处设置的格栅，可采用提篮式或粉碎式。提篮式格栅采用不锈钢 304 材质制造，并耦合在进水管法兰面上，配套导杆和提升链；格栅的栅条间距不宜小于 40mm；格栅可采用手动提升倾倒栅渣。粉碎式格栅可耦合在进水管法兰面上或安装在预制格栅井内；粉碎式格栅宜配套设置人工格栅。

设计一体化预制泵站时，推荐前端采用独立的一体化格栅井，格栅井材质可采用玻璃钢（GRP）、聚乙烯（PE）或聚丙烯（PP）等，在井内配套安装粉碎式格栅。

（4）水泵和电机

一体化预制泵站配备的潜水排污泵应符合现行国家标准《污水污物潜水电泵》GB/T 24674 的规定。水泵在设计负荷范围内应无振动和气蚀现象；水泵的旋转部件（含电机）应进行动、静平衡试验；水泵的运转噪声不应高于 80dB（A）。水泵配套的潜水电机其绝缘等级不应低于 F 级；湿式安装的水泵，应采用防护等级 IP68 的潜水电机；干式安装的水泵，可采用防护等级 IP54 的潜水电机。

（5）提升装置

湿式泵站应设置不锈钢 304 及以上材质的导杆、提升链等提升装置，且其最大允许提升重量不应小于单台设备最大提升重量的 1.5 倍。干式泵站可不设置提升装置，但泵站操作平台和检修孔开口尺寸应确保泵站外提升设备能顺利进行提升作业。水泵和自耦底座宜采用金属与金属之间的快速连接，并应采用橡胶圈密封。

（6）液位控制装置

泵站内液位的实时监测宜采用静压式液位传感器、浮球开关或超声波液位计等液位控制装置，并以 4～20mA 的信号反馈到主控制器。静压式液位传感器应安装在传感器保护钢管内，传感器头部距泵站筒底宜为 200mm，传感器宜凸出保护钢管 10～30mm。液位传感器电缆应采取防松脱措施，并应设置接地屏蔽线。液位控制设备应维修简便，如配套可提升的液位控制装置等。

（7）管路系统及附件

泵站管路系统的管材、管件和阀门，应采用耐腐蚀的材料。泵站的出水管上应配置止回阀和检修阀，阀瓣宜采用轻质复合材料；泵站进、出水管道与外部管道应采用柔性连接。

冲洗阀安装在水泵蜗壳上，水泵启动时，阀门能自动打开冲刷泵站底部淤积，到设定时间阀门自动关闭。

3）一体化预制泵站控制系统

一体化预制泵站的控制系统应具有自动启停、自动巡检、故障诊断、报警和自动保护等功能。对于可恢复的故障，应具备自动或手动解除报警、恢复正常运行的功能，且宜设置外部通信接口。

泵站控制系统的显示参数应包括实时液位、水泵启停液位、水泵运行时间、泵送流量、水泵转速、电流、能耗及超低、超高、报警液位等。

泵站控制柜可为户内型或户外型。户内型控制柜的柜体材质宜采用碳钢喷塑，防护等级应为 IP42 以上。户外型控制柜应采用双层门结构，柜体材质宜采用不锈钢，电缆安装方式宜采用下进下出，防护等级应为 IP54 及以上。

4）一体化预制泵站施工安装注意事项

（1）泵站基坑开挖

泵站基坑应按照制定的开挖方案实施开挖，应采取适宜的支护方式，避免泵坑坍塌。泵站基坑底部应设置排水设施，及时排除积水。

（2）泵站进、出水管安装

泵站进、出水管应采用柔性接头连接方式。

（3）泵站控制柜安装

控制柜应垂直安装在稳固的底座上，并应保持电缆进线处的密封。

控制柜安装的位置，应不妨碍泵站的日常维护与操作，可安装在邻近的专用配电室、井筒内或户外。

5）一体化预制泵站的运行和维护管理

（1）泵站运行

泵站的日常运行通常采用自动控制。当自控系统故障时，可切换为手动控制或远程控制。

（2）泵站日常维护管理

泵站操作管理人员进入泵站应注意安全。一体化污水预制泵站井筒内的污浊气体浓度较高，工作人员下井作业打开泵站检修盖板后，应先启动风机排风 30min 以上，再采用移动式 H_2S 检测仪进行检测，确认污浊气体排放达标后方可下井作业。

有人值守的泵站应每日进行泵站巡视。无人值守的泵站可每周一次或每月一次进行泵站巡视；每年应不少于一次对水泵、格栅、阀门、控制柜等主要设备的运行情况和泵站整体外观进行检查；应根据进水水质每天观察提篮式格栅，并定期进行提升和清理；每 5000h 应更换粉碎式格栅的润滑油；水泵每运行 2000～3000h 应更换润滑油，并根据磨损情况及时更换○形密封圈、机械密封等易损件和更换泵体切割粉碎刀片；应在每年汛期开始前和汛期结束后对雨水和排涝泵站进行清淤；污水泵站应按泵站的实际运行状态每年进行不少于一次的管道或泵站清淤。

6.2　真空排水系统

真空排水系统是利用真空设备使排水管路内产生一定真空度，利用空气负压输送介质的排水方式；是有别于重力排水和压力排水的一种排水系统。真空排水系统管道内的污、废水以气水混合物的形式和以 4～7m/s 的流速在管路内输送。该系统由真空泵站、真空卫生器具、真空控制阀、真空管路和控制系统等组成，如图 6-6 所示。

1. 系统组成

1）真空泵站

由真空收集器（真空罐）、真空泵、排水泵及控制柜（箱）等组成。真空收集器储存排水，真空泵与真空收集器连接，使系统产生负压。负压由压力传感器设置一定的负压值，使系统的污废水被抽吸进入真空收集器。排水泵将真空收集器内的污废水提升到市政排水管网。排水泵由真空收集器内的液位传感装置控制启停。

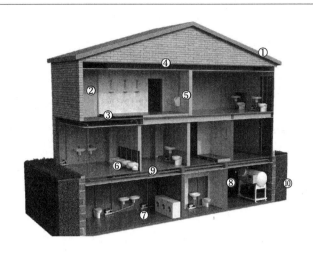

图 6-6　真空排水系统组成示意图

1—真空竖向收集管；2—垂直提升管；3—真空地漏；4—水平支管；5—真空小便器；
6—真空大便器；7—真空控制阀；8—真空泵站；9—U 形传输管；10—排污管线

2）真空便器

真空便器主要是指用于真空排水系统的专用坐便器（现也有蹲便器），有壁挂式和落地式。材质有陶瓷、塑料和不锈钢。真空便器主要包括：便器本体、真空阀、控制器、冲水组件及必要的安装附件等。冲厕采用手动启动按钮（也可配置红外感应）。运行真空度 −0.03～−0.07MPa。排污管路一般为上行排水，也可以为下行排水。

3）真空控制阀

设置在卫生器具（除真空便器外的卫生器具，如洗脸盆、浴盆、净身盆、淋浴盆、小便斗和地漏等）下方，用于控制卫生器具排水的专用阀门。由真空控制装置和气动控制装置组成。

4）真空管路系统和控制系统

真空排水系统的真空管路有真空水平连接管、垂直提升管、真空竖向收集管等。控制系统包括真空泵站的控制柜以及连接真空便器或真空控制阀、真空泵和排水泵的控制电路。

2. 系统优点及适用场所

1）优点

（1）节水。真空坐便器每次耗水量约 1.0L（0.4MPa 水压下），为重力式节水型坐便器冲洗水量（6L）的 1/6。

（2）卫生。由于真空排水系统是一个全封闭的排水系统，管道内为真空、负压状态，管道无泄漏、无返溢，有害有毒气体不会外逸，使用场所卫生条件好。

（3）安装灵活，节省空间。系统不依赖重力，节省了排水管坡度占用的层高空间；系统输水管一般为 $DN32～DN70$，排水管管径相对较小。卫生间布置不强求上、下对齐。如果遇到卫生间下层不允许敷设排水管，真空排水系统可以上行输送（最高达 6m）。

2）适用场所

以下场所适宜采用室内真空排水系统：

（1）采用重力排水有困难或无法用重力排水的场所；如重力排水坡度不足、建筑结构条件受限、室内净高有控制等。

（2）建筑物内部结构复杂的空间，排水类型多样化及排水点分散，排水距离长，排水管路需要跨越不同障碍物等空间。

（3）需要对污水和废水进行密闭隔离输送的特殊场所（如医疗场所、部分商业场所、实验室、研究所等）。

（4）建筑功能改造频繁、管道布置变化大、建筑内部功能布局需要经常调整的商业场所（如超市、大型商场等）。

（5）水资源相对贫乏，需降低水耗，有较高节水要求或水费昂贵地区的场所。

3. 真空排水系统的设计

1）系统设计要点

（1）真空排水系统的终端压力排出管可直接与室外重力、压力和真空排水系统管道相连接。

（2）系统运行负压最低不应小于−0.05MPa。当采用提升管排放污、废水时，设计最大提升高度不应大于6m。

在真空排水系统中，末端设备到排水主管的水平管路可以进行多次提升，以便于绕开建筑或其他管路的障碍结构，但应注意的是多段提升高度的总和宜不大于5m（见图6-7）。

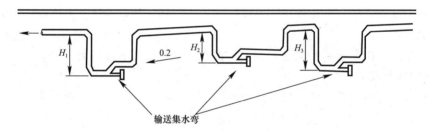

图6-7　真空排水系统多段管路提升高度限制典型示例

注：多段提升高度总和$\sum H = H_1 + H_2 + \cdots H_n$不宜超过5m。

（3）排放厨房含油废水的真空排水管道和排放其他生活污、废水的真空排水管道，在真空隔油器前应分别设置，其控制系统可集中设置。

（4）真空排水系统的真空泵和排水泵应设置备用泵。

（5）真空罐内的负压值应维持在−0.05～−0.07MPa，罐体应能承受−0.09MPa的负压；真空排水系统设备最小的启动负压需求为−0.03MPa。

（6）真空排水管道内气体与污水、废水的混合物流速不应小于1m/s，且不应大于7m/s。

（7）真空排水系统真空泵站的供电设计应符合现行国家标准《供配电系统设计规范》GB 50052的规定，宜采用双电源或双回路供电。

（8）真空排水系统应配备设备监控系统和远程监视系统的接入端口。

（9）真空排水的控制系统宜设置在真空泵房内，应具有自动控制真空泵房正常运行及监视真空排水系统内各电气设备运行状态的功能，确保真空排水系统正常运行。

（10）真空泵站内应设置机械通风，换气次数为8～12次/h。

（11）真空排水系统应采取减振降噪和气味控制措施，避免对周边环境、人员产生不良影响。

2）系统污、废水流量计算

（1）真空排水系统的污、废水设计流量应按系统卫生器具数量、使用频率、设备排气量等参数计算确定。当资料不全时，管径设计宜按最不利情况确定，并应符合下列要求：

整条管道可充满气液混合流体；应选取峰值时段的气液混合流量值；设有输送集水弯或是下降管道。

（2）系统污、废水流量按式（6-2）计算：

$$Q_{ww} = K\sqrt{\sum q_{wi}} \quad (i=1,2,3,\cdots\cdots) \tag{6-2}$$

式中：Q_{ww}——系统污、废水流量（L/s）；

K——适用于某种建筑类型的修正系数（$\sqrt{L/s}$），可按表 6-2 采用；

q_w——末端排水设备水流量（L/s），可按表 6-3 采用。

注：Q_{ww}的计算是假设在没有安装任何真空界面单元时，污、废水直接通过末端排水设备接入真空管网时的最大流量。当计算值小于系统内最大一个卫生器具的排水流量时，应按最大一个卫生器具的排水流量计算。

K 值参考表

表 6-2

使用频率	建筑类型	$K(\sqrt{L/s})$
间歇性	居民住宅、寄宿学校宿舍、办公室……	0.5
频繁	学校、宾馆、监狱	0.7
高负载	公共淋浴间	1.0
特殊	活动（展会、演唱会……）、餐厅、医院、运动场/体育馆、公共厕所（机场、火车站……）	1.2～1.5

q_w 参照表

表 6-3

序号	卫生器具名称		室内真空排水系统排水流量（L/s）
1	洗涤盆、污水盆（池）		0.30
2	餐厅、厨房单格洗涤盆（池）		0.30
	餐厅、厨房双格洗涤盆（池）		0.60
3	盥洗槽（每个水嘴）		0.30
4	洗手盆		0.30
5	洗脸盆		0.30
6	浴盆		0.50
7	淋浴器		0.30
8	大便器	冲洗水箱	不适用
		自闭式冲洗阀	不适用
		无水箱	0.60
9		医用倒便器	
		无水箱医用倒便器	0.30
10		小便器	
		自闭式冲洗阀	0.30
		感应式冲洗阀	0.30
11		大便槽	
		≤4 个蹲位	不适用
		>4 个蹲位	不适用

序号	卫生器具名称	室内真空排水系统排水流量（L/s）
12	小便槽（每 m 长）	
	自动冲洗水箱	0.50
13	化验盆（无塞）	0.30
14	净身器	0.30
15	饮水器	0.30
16	家用洗衣机	0.50
17	洗碟机	0.50
18	洗碗机	0.50
19	地漏	0.50

3）气体流量按式（6-3）计算：

$$Q_{wa} = \max\left[K\sqrt{\sum q_{ai}}, \quad AWR \times \max(q_{wi})\right] \quad (i=1,2,3\cdots) \tag{6-3}$$

式中　Q_{wa}——实际压力下气体流量（L/s），实际压力通常为 50kPa；

　　　K——适用于某种建筑类型的修正系数（$\sqrt{L/s}$），可按表 6-2 采用；

　　　q_w——末端排水设备水流量（L/s），可按表 6-3 采用；

　　　AWR——气水比，根据经验值，真空管道系统可采用 8；

　　　q_a——实际压力下单个真空界面单元动作产生的瞬时气流单位量（异于峰值流量）（L/s），应由真空界面单元制造商提供；当缺乏制造商相关数据时，q_a 标准值可按表 6-4 采用。

q_a 参数表　　　　　　　　　　　　　　　　表 6-4

序号	卫生器具名称	q_a（L/s）
1	真空地漏（6L）	38
2	水槽、水盆、小便器、淋浴、浴缸、洗衣机、冷柜	44
3	真空大便器	50

4）系统总流量按式（6-4）计算：

$$Q_w = Q_{ww} + Q_{wa} \tag{6-4}$$

式中　Q_w——实际压力下的系统总流量（L/s）；

　　　Q_{ww}——系统污、废水流量（L/s）；

　　　Q_{wa}——实际压力下气体流量（L/s），实际压力通常为 50kPa。

5）真空负荷按式（6-5）计算：

$$Q_{VP} = 3.6\alpha Q_w \tag{6-5}$$

式中　Q_{VP}——实际压力下真空泵额定抽气量（m^3/h）；

　　　α——泄漏和安全系数，取 1.0～1.5；

　　　Q_w——实际压力下的系统总流量（L/s）。

6）真空泵数量按式（6-6）计算：

$$n \geqslant Q_{VP}/Q_{Vo} + 1 \tag{6-6}$$

式中　n——真空泵的数量；

Q_{VP}——实际压力下真空泵额定抽气量（m³/h）；

Q_{Vo}——单台真空泵最大小时吸入气体体积（m³/h），根据真空泵样本选择。

7）真空罐的容积按式（6-7）计算：

$$V_t = \frac{2\alpha Q_{ph}}{N_{dp}} \qquad (6\text{-}7)$$

式中　V_t——真空罐的有效容积（m³）；

N_{dp}——制造商提供的排水泵每小时启动次数（次/h）；

Q_{ph}——高峰时段污、废水流量计算值（m³/h），可按流量峰值的80%作为计算依据；

α——泄漏和安全系数，取1.0～1.5。

8）污水泵选型应按下列规定确定：

（1）计算水头损失时应考虑真空负压因素，增加真空引起的压头损失。

（2）排水泵应采用负压抽吸型泵，并应适合污水水质的类型。

（3）排水泵的流量应按公式（6-8）计算：

$$Q_{dp} = \frac{Q_{ph}}{N_{dp}} \cdot \frac{1}{T_d} \qquad (6\text{-}8)$$

式中　Q_{dp}——排水泵的流量（m³/h）；

N_{dp}——制造商提供的排水泵每小时启动次数（次/h）；

Q_{ph}——高峰时段污、废水流量计算值（m³/h），可按流量峰值的80%作为计算依据；

T_d——收集罐的排水时间，可根据制造商的技术参数设置（每小时开启次数）。

（4）排水泵的扬程应按公式（6-9）计算：

$$H_p = H_f + H_i + H_v + H_e \qquad (6\text{-}9)$$

式中　H_p——排水泵的扬程（m）；

H_f——排水泵后管道内的摩擦阻力损失（m）；

H_i——排水泵出水管排出口最高点与排水泵入口高差（m）；

H_v——由真空产生的压差（kPa），是排水时系统内设置的真空压力值，一般为50kPa；

H_e——排出口富余水头（m），一般可为2m。

9）系统主管道计算：

排水主管道管径的计算应分段进行，对于每段主管道，可按照以下步骤计算确定；

每段主管道的水流量和气流量应按公式（6-10）、（6-11）计算：

$$Q_{wp} = \max\left[K\sqrt{\sum q_{wi}} \cdot \max(q_{wi})\right] \quad (i=1,2,3\cdots\cdots) \qquad (6\text{-}10)$$

$$Q_{ap} = \max\left[K\sqrt{\sum q_{ai}}, \max(q_{ai})\right] \quad (i=1,2,3\cdots\cdots) \qquad (6\text{-}11)$$

式中　Q_{wp}——相应管道内的污、废水流量（L/s）；

Q_{ap}——实际压力下相应管道内的气体流量（L/s）；

K——适用于某种建筑类型的修正系数（$\sqrt{L/s}$），可按表6-2采用；

q_w——末端排水设备水流量（L/s），可按表6-3采用；

q_a——实际压力下单个真空界面单元动作产生的瞬时气流单位量（异于峰值流量）（L/s），应由真空界面单元制造商提供，当没有制造商相关数据时，q_a标准数值可按表6-4采用。

10）与真空界面单元直接连接的管道管径，应由真空界面单元制造商提供；当缺乏制造商相关数据时，其管径可按表 6-5 选用。

管径选择表 表 6-5

序号	管道类型	管径（mm）
1	从真空界面单元连接出的提升管（仅限于缓冲装置）	25
2	从真空界面单元和大便器连接出提升管	40
3	服务于最多 3 个流动单元的支管	40
4	服务于最多 25 个流动单元的支管	50
5	服务于最多 100 个流动单元的支管	65

11）真空排水系统排污管可按照《压力管道规范　工业管道》GB/T 20801 的相关规定选用。

12）真空排水系统通气管的管径应根据真空泵的通气量确定，并按表 6-6 选取。

通气管的管径 表 6-6

序号	通气量 $Q(\mathrm{m^3/h})$	主管管径 DN	支管管径 DN
1	$Q \leqslant 450$	125	80
2	$450 < Q \leqslant 700$	150	100
3	$700 < Q \leqslant 1000$	200	100
4	$1000 < Q \leqslant 2000$	300	$100 \sim 150$

4. 系统施工安装

真空排水系统的施工安装一般分为真空泵站安装和系统管道安装两部分。

真空泵站的真空收集器、真空泵、污水泵和控制柜宜为成套设备。

真空排水系统安装前，应清除真空收集器、真空泵、污水泵、排出管、真空管道等设备及其附属管道内部的污垢和杂物。管道系统安装过程中的开口处应及时封闭。

1）真空泵站的安装

真空泵站的安装应符合下列要求：

（1）真空收集器、真空泵、污水泵的规格、型号应符合设计要求。

（2）真空收集器、真空泵、污水泵等设备就位固定安装前，应复核设备基础定位尺寸、泵房外墙预留洞口径、标高等是否符合设计要求。

（3）真空泵、污水泵的安装，应符合现行国家标准《机械设备安装工程施工及验收通用规范》GB 50231 和《风机、压缩机、泵安装工程施工及验收规范》GB 50275 的有关规定。

（4）与真空收集器、真空泵、污水泵连接的管道不得将作用力传递到泵的进出口法兰上。

2）系统管道安装

（1）管道安装应符合设计要求；未经设计方同意，不得任意修改和改变设计。

（2）真空排水系统管道敷设宜采用输送集水弯形式。相邻输送集水弯间距不宜超过 25m，且集水弯间管路坡度不应小于 0.2%，见图 6-8。

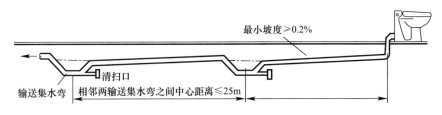

图 6-8　真空排水系统管路敷设示意图

（3）真空排水管道宜每隔 25～35m 设置检查口、清扫口。清扫口应设置在水平主管的最低点。

（4）真空排水系统应选用公称压力等级不小于 1.0MPa、耐负压能力不小于－0.09MPa 的承压管材和管件，材质应耐腐蚀、耐磨，如不锈钢管、HDPE 管、工业级 PVC-C（高温排水）和 PVC-U（一般污废水）管等。不得采用非承压排水管材和管件，并应有耐负压的能力。建筑真空排水系统不应采用复合管材。

（5）真空排水系统管材的连接方式应确保系统的密闭性，可采用以下连接方式：

不锈钢管采用焊接、法兰连接；HDPE 管采用电熔连接、法兰连接；PVC-C、PVC-U 管采用粘接、法兰连接。

（6）真空排水系统当采用 HDPE 管、工业级 PVC-C、PVC-U 管时，不得与排放热水的设备直接连接，应有不小于 0.4m 的金属管段过渡。安装时应考虑高温、紫外线和外力对管材的影响，当无法避免时，应采取有效的防护措施。

5. 系统运行和维护

1）真空排水系统的日常运行

（1）真空排水系统的真空泵站（包括真空泵、排水泵、真空收集柜）和真空控制阀在日常运行中通常采用自动控制。

（2）当真空泵站自控系统故障时，可切换为手动控制或远程控制。

2）真空排水系统的维护管理

（1）真空排水系统的维护保养应由系统承包商根据采购的设备和管路并结合工程的实际情况，提供一整套完整的维护保养规章制度。

（2）真空排水系统的维护保养规章制度应包括设备的维护保养操作指南、管路系统的维护管理规定、应急预防措施等。

（3）真空排水系统应定期维护，按下列规定进行操作，并做好维护记录：

① 每周巡视一次并记录真空泵和其他设备的运行情况。若有现场监控，可以适当减少人工现场巡视次数。

② 每月巡视一次并记录真空泵及其他设备的运行维护和电气线路维护情况。

③ 每 6 个月一次巡视检查末端传输装置和配套设备。

④ 每年一次检查清洗收集室、连接管件和进气孔。

⑤ 每 5 年一次检查传输阀，确认是否需要更换。

（4）运行管理人员应准备多套备品备件用于更换，保证系统正常运行。

第 7 章　生活排水系统流量计算与水力计算

7.1　生活排水管道流量计算

排水设计秒流量是反映建筑生活排水管道高峰排水规律的设计流量，主要用于确定排水管道管径、横管坡度及充满度等。

排水设计秒流量在《建筑给水排水设计标准》GB 50015—2019（以下简称《建水标》）中有规定，且已在《建水规》应用多年。近些年，由于民用建筑市场的迅猛发展，导致建筑物的型式和功能日益复杂、建筑高度不断被刷新。对于高层建筑和功能复杂的建筑，按《建水标》计算得到的排水设计秒流量值偏小，特别是在和国外的交流合作项目中，这种现象越发凸显。因此，本章在《建水标》的计算方法之外，提供一种基于概率论的设计秒流量计算方法，供读者参考。

7.1.1　按概率法计算生活排水管道设计秒流量

1. 概率法计算生活排水管道设计秒流量概念

概率法计算生活排水设计秒流量的几个基本概念如下：

1）同时排水的器具数量及保证率

概率法计算中，需要考虑排水系统中同时排水的卫生器具数或当量数，这个当量数与概率法中的保证率直接相关。若考虑的同时排水器具数或当量数越高，则保证率越高，或卫生器具超过该数量同时使用的可能性越小。比如：按所有卫生器具同时排水考虑，则保证率为100%，或超出该数量同时用水的可能性为零。

显然，考虑全部器具同时排水、即保证率达到100%，将会使设计秒流量变得非常大，这在经济上是很不划算的。国际上通行的是采用保证率99%，依此确定同时排水的器具当量数。考虑更高的保证率在排水系统性能要求上也是无必要的，因为那些排水峰值（脉冲）流量出现的几率太小，或持续时间太短，形不成水封损失或水封穿透。

2）卫生器具高峰排水概率或频率

卫生器具高峰排水的概率或频率是在最大排水时段、先后接连两次排水的时间间隔中排水时间所占的比例。卫生器具排水概率有如下特点：

（1）不同的卫生器具排水概率不同，比如浴盆和大便器，其排水概率是不同的。

（2）相同卫生器具处于不同功能的建筑中，其排水概率也是不同的，比如体育场中的大便器和酒店宾馆中的大便器，排水概率是不同的。同一建筑中的相同卫生器具处于不同的功能区时，排水概率往往也是有差异的。

（3）观察器具排水概率应是在高峰用水的一个时间段。根据其定义，至少要有前后接连两次使用才能得出其概率或频率。因此站在概率法排水设计秒流量的角度，排水系统的高峰排水是一个时间段，而不是一个瞬间。这和《建水标》中的设计秒流量具有持续时段相一致。《建水标》中，排出管中的设计秒流量与排水立管的设计秒流量相等，即设计秒流量既流经立管，也流经排出管，具有持续时段。

（4）卫生器具排水概率参数的取得，可以是现场对卫生器具的使用进行观察记录及统计，也可以根据人员最大小时用水量或器具小时额定用水量、器具排水流量等现有参数推导演算。但不论哪一种，都需要最终通过工程实测排水系统的高峰排水流量，并据此评估卫生器具排水概率参数的适用性。

当具备大量的高峰排水流量测试数据条件时，还可以利用概率法流量公式反算并统计归纳卫生器具排水概率。

3）概率法设计秒流量的持续时间长度

前已述及，概率法设计秒流量的保证率取 99%。转化为时间概念就是在排水高峰时段，比如最大排水小时或发生设计秒流量的排水小时，我们观察系统的实际排水流量，其结果是，在 99%的时段内观测到的实际排水流量都是小于设计秒流量的，只有 1%的时段观测到的实际排水流量大于设计秒流量；或者说，只有 36s 的时间实际排水流量超过设计秒流量。

在概率法设计秒流量公式实测验证时，取最高峰 72s 的实测流量平均值作为设计秒流量，并依此调整确定公式中的参数值。由此，约有 36s 时段的排水流量会超过该平均值（即设计秒流量）。这样确定的概率法设计秒流量公式，其保证率为 99%。可见，概率法设计秒流量是排水高峰一段时间（约 72s）的流量平均值。

排水系统中的流量在短时间内（如 36s）超出设计秒流量，会在管道中造成较大的脉冲压力，超出压力允许值（如±400Pa）。但泫氏实验塔已经进行过的许多试验已经证明：系统中短时间的超标（脉冲）压力并不会增加水封损失或水封穿透。

4）概率法设计秒流量的发生位置

设计秒流量与卫生器具的设置数量有关，因而发生的位置应当是接纳这些卫生器具排水之后的管道上。建筑给排水的相关工程规范以及教科书，都把排水立管中和其出户管（排出管）的流量作为相同流量值处理，水力计算中也把这两部分管段采用同一个流量。概率法设计秒流量遵循这一原则及传统，即立管中的流量和出户管中的流量是相等的。在工程现场实测系统或立管的流量时，测点可放在排水出户管上。这个测点测出的流量可作为排出管流量或立管流量。

实测时，不可能把系统运行中的排水立管或出户管割断进行流量观测。这样观测首先是无法操作，其次，把排水立管和出户管中的流量割裂开来，违背几十年来的水力计算原则，也违背设计秒流量计算原理。

2. 我国概率法计算设计秒流量研究的新成果

1）研究成果

近年来，我国的管道流量测试技术及测试设备进步显著，院校及设计科研院所对建筑给水排水流量的测试研究明显增多。以此为基础，概率法估算高峰流量的研究论文也大量发表。在此背景下，宁波市天一建筑设计有限公司、杭州中美埃梯梯泵业有限公司、浙江水利水电学院等单位对概率法计算建筑给排水管道设计秒流量开展了系统性的研究。该项研究提出了生活给水排水管道设计秒流量的计算方法。其主要研究成果内容如下：

（1）基于概率法计算建筑生活给水管道设计秒流量。通过对用水设备使用规律的分析，构建二项分布模型、单一变量正态分布模型和多个独立变量正态分布模型；建立以卫生器具使用数表达的流量计算通式及以流量表达的计算通式；参照国家标准《建筑给水排水设计规范》GB 50015—2003（2009 年版）和权威刊物提供的案例，对不同类型和不同规模的给水系统进行计算，验证概率法设计秒流量计算公式的正确性。

（2）基于概率法计算含自闭式冲洗阀生活给水管道设计秒流量。根据概率法计算公式，建立纯冲洗阀的单一器具系统和多种用水设备的混合器具系统的设计秒流量计算通式；通过分析《建筑给水排水设计规范》GB 50015—2003（2009 年版）中平方根法秒流量计算公式和同时使用百分数法秒流量计算公式存在的问题，确立概率法设计秒流量计算公式。

（3）基于概率法计算建筑生活排水管道设计秒流量。通过对排水设备使用规律的分析，确定采用概率论泊松分布模型计算建筑生活排水管道设计秒流量；建立单一器具系统的概率法排水设计秒流量通式和混合器具系统的概率法排水设计秒流量通式；研究排水立管空气腔、排水立管水流速度、建筑物高度和层高等因素对排水设计秒流量的影响；通过计算实例与美国、欧洲和日本的计算方法相对比，验证概率法计算建筑生活排水管道设计秒流量的正确性。

2）研究成果的评估

2019 年 1 月 4 日，住房和城乡建设部科技与产业化发展中心在北京主持召开"基于概率法的建筑生活给水排水管道设计秒流量计算方法研究"科技成果评估会。评估会议认为，该项研究成果有利于进一步完善我国建筑给水排水工程标准中设计秒流量计算，总体达到国内领先水平，具有推广应用价值。

这一研究成果和此次评估会对于我国建筑给水排水领域采用概率法计算设计秒流量具有重大推动作用。

3. 最高日和最大时生活排水量

1）建筑与小区生活排水系统最高日排水量是其相应的生活给水系统用水量扣除冷却塔补水、绿化浇灌、道路与广场浇洒等未进入排水系统的用水量。沐浴时被人体带走、洗衣时被湿衣带走的水量极少，一般可忽略不计。建筑与小区生活排水系统小时变化系数与其相应的生活给水系统小时变化系数相同。

2）生活排水定额和小时变化系数应与其相应的生活给水用水定额和小时变化系数相同，见表 7-1 和表 7-2。

3）当居住小区内有公共建筑时，其总体生活排水的设计流量应按住宅区生活排水最大小时流量与公共建筑生活排水最大小时流量之和确定。

住宅生活用水定额及小时变化系数　　表 7-1

住宅类别	卫生器具设置标准	最高日用水定额 [L/(人·d)]	平均日用水定额 [L/(人·d)]	小时变化系数 K_h
普通住宅	有大便器、洗脸盆、洗涤盆、洗衣机、热水器和沐浴设备	130~300	50~200	2.8~2.3
	有大便器、洗脸盆、洗涤盆、洗衣机、集中热水供应（或家用热水机组）和沐浴设备	180~320	60~230	2.5~2.0

续表

住宅类别	卫生器具设置标准	最高日用水定额 [L/(人·d)]	平均日用水定额 [L/(人·d)]	小时变化系数 K_h
别墅	有大便器、洗脸盆、洗涤盆、洗衣机、洒水栓，家用热水机组和沐浴设备	200～350	70～250	2.3～1.8

注：1. 当地主管部门对住宅生活用水定额有具体规定时，应按当地规定执行。
2. 别墅用水定额中含庭院绿化用水和汽车抹车用水，不含游泳池补充水。
3. 本表摘自《建水标》GB 50015—2019 表3.2.1。

公共建筑生活用水定额及小时变化系数　　　　表7-2

序号	建筑物名称	单位	生活用水定额（L）最高日	平均日	使用时数（h）	最高日小时变化系数 K_h
1	宿舍 居室内设卫生间 设公用盥洗卫生间	每人每日 每人每日	150～200 100～150	130～160 90～120	24	3.0～2.5 6.0～3.0
2	招待所、培训中心、普通旅馆 设公用卫生间、盥洗室 设公用卫生间、盥洗室、淋浴室 设公用卫生间、盥洗室、淋浴室、洗衣室 设单独卫生间、公用洗衣室	每人每日 每人每日 每人每日 每人每日	50～100 80～130 100～150 120～200	40～80 70～100 90～120 110～160	24	3.0～2.5
3	酒店式公寓	每人每日	200～300	180～240	24	2.5～2.0
4	宾馆客房 旅客 员工	每床位每日 每人每日	250～400 80～100	220～320 70～80	24 8～10	2.5～2.0 2.5～2.0
5	医院住院部 设公用卫生间、盥洗室 设公用卫生间、盥洗室、淋浴室 设单独卫生间 医务人员 门诊部、诊疗所 病人 医务人员 疗养院、休养所住房部	每床位每日 每床位每日 每床位每日 每人每班 每病人每次 每人每班 每床位每日	100～200 150～250 250～400 150～250 10～15 80～100 200～300	90～160 130～200 220～320 130～200 6～12 60～80 180～240	24 24 24 8 8～12 8 24	2.5～2.0 2.5～2.0 2.5～2.0 2.0～1.5 1.5～1.2 2.5～2.0 2.0～1.5
6	养老院、托老所 全托 日托	每人每日 每人每日	100～150 50～80	90～120 40～60	24 10	2.5～2.0 2.0
7	幼儿园、托儿所 有住宿 无住宿	每儿童每日 每儿童每日	50～100 30～50	40～80 25～40	24 10	3.0～2.5 2.0
8	公共浴室 淋浴 浴盆、淋浴 桑拿浴（淋浴、按摩池）	每顾客每次 每顾客每次 每顾客每次	100 120～150 150～200	70～90 120～150 130～160	12 12 12	2.0～1.5
9	理发室、美容院	每顾客每次	40～100	35～80	12	2.0～1.5

续表

序号	建筑物名称	单位	生活用水定额（L）		使用时数（h）	最高日小时变化系数 K_h
			最高日	平均日		
10	洗衣房	每 kg 干衣	40～80	40～80	8	1.5～1.2
11	餐饮业 　中餐酒楼 　快餐店、职工及学生食堂 　酒吧、咖啡馆、茶座、卡拉 OK 房	每顾客每次 每顾客每次 每顾客每次	40～60 20～25 5～15	35～50 15～20 5～10	10～12 12～16 8～18	1.5～1.2 1.5～1.2 1.5～1.2
12	商场 　员工及顾客	每 m² 营业厅 面积每日	5～8	4～6	12	1.5～1.2
13	办公 　坐班制办公 　公寓式办公 　酒店式办公	每人每班 每人每日 每人每日	30～50 130～300 250～400	25～40 120～250 220～320	8～10 10～24 24	1.5～1.2 2.5～1.8 2.0
14	科研楼 　化学 　生物 　物理 　药剂调制	每工作人员每日 每工作人员每日 每工作人员每日 每工作人员每日	460 310 125 310	370 250 100 250	8～10 8～10 8～10 8～10	2.0～1.5 2.0～1.5 2.0～1.5 2.0～1.5
15	图书馆 　阅览者 　员工	每座位每次 每人每日	20～30 50	15～25 40	8～10 8～10	1.5～1.2 1.5～1.2
16	书店 　顾客 　员工	每 m² 营业厅 面积每日 每人每班	3～6 30～50	3～5 27～40	8～12 8～12	1.5～1.2 1.5～1.2
17	教学、实验楼 　中小学校 　高等院校	每学生每日 每学生每日	20～40 40～50	15～35 35～40	8～9 8～9	1.5～1.2 1.5～1.2
18	电影院、剧院 　观众 　演职员	每观众每场 每人每场	3～5 40	3～5 35	3 4～6	1.5～1.2 2.5～2.0
19	健身中心	每人每次	30～50	25～40	8～12	1.5～1.2
20	体育场（馆） 　运动员淋浴 　观众	每人每次 每人每场	30～40 3	25～40 3	4	3.0～2.0 1.2
21	会议厅	每座位每次	6～8	6～8	4	1.5～1.2
22	会展中心（展览馆、博物馆） 　观众 　员工	每 m² 展厅每日 每人每班	3～6 30～50	3～5 27～40	8～16	1.5～1.2
23	航站楼、客运站旅客	每人次	3～6	3～6	8～16	1.5～1.2
24	菜市场地面冲洗及保鲜用水	每 m² 每日	10～20	8～15	8～10	2.5～2.0
25	停车库地面冲洗水	每 m² 每次	2～3	2～3	6～8	1.0

注：1. 中等院校、兵营等宿舍设置公用卫生间和盥洗室，当用水时段集中时，最高日小时变化系数 K_h 宜取高值 6.0～4.0；其他类型宿舍设置公用卫生间和盥洗室时，最高日小时变化系数 K_h 宜取低值 3.5～3.0。
　　2. 除注明外，均不含员工生活用水，员工最高日用水定额为每人每班 40～60L，平均日用水定额为每人每班 30～45L。
　　3. 大型超市的生鲜食品区按菜市场用水。
　　4. 医疗建筑用水中已含医疗用水。
　　5. 空调用水应另计。
　　6. 本表摘自《建水标》GB 50015—2019 表 3.2.2。

4. 卫生器具的排水流量、当量

卫生器具的排水流量、当量和排水管管径见表 7-3。

卫生器具排水的流量、当量和排水管的管径　　　　表 7-3

序号	卫生器具名称		排水流量（L/s）	当量	排水管管径（mm）
1	洗涤盆、污水盆（池）		0.33	1.00	50
2	餐厅、厨房洗菜盆（池）	单格洗涤盆（池）	0.67	2.00	50
		双格洗涤盆（池）	1.00	3.00	50
3	盥洗槽（每个水嘴）		0.33	1.00	50～75
4	洗手盆		0.10	0.30	32～50
5	洗脸盆		0.25	0.75	32～50
6	浴盆		1.00	3.00	50
7	淋浴器		0.15	0.45	50
8	大便器	冲洗水箱	1.50	4.50	100
		自闭式冲洗阀	1.20	3.60	100
9	医用倒便器		1.50	4.50	100
10	小便器	自闭式冲洗阀	0.10	0.30	40～50
		感应式冲洗阀	0.10	0.30	40～50
11	小便槽（每米长）	自动冲洗水箱	0.17	0.50	—
12	化验盆（无塞）		0.20	0.60	40～50
13	净身器		0.10	0.30	40～50
14	饮水器		0.05	0.15	25～50
15	家用洗衣机		0.50	1.50	50

注：1. 家用洗衣机下排水软管直径为 30mm，上排水软管内径为 19mm。
　　2. 本表摘自《建水标》GB 50015—2019 表 4.5.1。

5. 住宅生活排水管道设计秒流量概率法计算方法

概率法设计秒流量计算方法适用于居住小区、公建小区及工业与其他民用建筑的生活排水管道系统，本《手册》仅介绍住宅建筑生活排水管道设计秒流量概率法计算。

1）一般规定

设计秒流量计算的保证率宜取 99%。

2）住宅建筑卫生器具最大用水时的平均使用概率 p 可按表 7-4 确定：

住宅建筑的卫生器具最大用水时平均使用概率　　　　表 7-4

卫生器具名称	大便器	洗脸盆	淋浴器	浴盆	家用洗衣机	工作阳台洗涤盆	厨房洗涤槽
平均使用概率	0.0058	0.033	0.32	0.042	0.055	0.021	0.066
高峰使用时间	早上	早上	晚上	晚上	白天	白天	傍晚

3）住宅建筑生活排水管道设计秒流量按式（7-1）、（7-2）、（7-3）计算：

$$q_p = 2.33q_\sigma + q_s + 1.2q_{dmax} \tag{7-1}$$

$$q_\sigma = \sqrt{\sum q_{di}^2 \cdot N_i \cdot p_i} \tag{7-2}$$

$$q_s = \sum q_{di} \cdot N_i \cdot p_i \tag{7-3}$$

式中　q_p——计算管段排水设计秒流量（L/s）；

q_{di}——同类型的一个卫生器具的排水流量（L/s），按表 7-3 采用；

N_i——同类型卫生器具数；

p_i——同类型卫生器具平均使用概率，按表 7-4 采用；

q_{dmax}——计算管段上最大一个卫生器具的排水流量（L/s）。

按上述方法计算生活排水管道设计秒流量时，还应遵循以下规定：

（1）当计算所得流量值小于该管段上一个最大卫生器具排水流量时，应采用一个最大的卫生器具排水流量作为设计秒流量。

（2）当计算所得流量值大于该管段上按卫生器具排水流量累加值时，应按卫生器具排水流量累加值计。

（3）当多种卫生器具的排水高峰出现在不同时段时，应以高峰时段全部卫生器具与其余时段 50% 卫生器具相组合，计算该管段的设计秒流量。

（4）设有淋浴器的浴盆，可不叠加淋浴器排水产生的排水流量。

7.1.2　按《建水标》方法计算生活排水管道设计秒流量

按《建水标》GB 50015—2019 方法，生活排水管道设计秒流量计算分如下两部分：

1）住宅、宿舍（居室内设卫生间）、旅馆、宾馆、酒店式公寓、医院、疗养院、幼儿园、养老院、办公楼、商场、图书馆、书店、客运中心、航站楼、会展中心、中小学教学楼、食堂或营业餐厅等建筑生活排水管道设计秒流量，应按式（7-4）计算。

$$q_p = 0.12\alpha \sqrt{N_p} + q_{max} \tag{7-4}$$

式中　q_p——计算管段排水设计秒流量（L/s）；

N_p——计算管段的卫生器具排水当量总数，单个卫生器具的排水当量见表 7-3；

α——根据建筑物用途而定的系数，按表 7-5 确定；

q_{max}——计算管段上最大一个卫生器具的排水流量（L/s）。

根据建筑物用途而定的系数 α 值　　表 7-5

建筑物名称	住宅、宿舍（居室内设卫生间）、宾馆、酒店式公寓、医院、疗养院、幼儿园、养老院的卫生间	旅馆和其他公共建筑的盥洗室和厕所间
α 值	1.5	2.0～2.5

注：当计算所得流量值大于该管段上按卫生器具排水流量累加值时，应按卫生器具排水流量累加值计。

2）宿舍（设公用盥洗卫生间）、工业企业生活间、公共浴室、洗衣房、职工食堂或营业餐厅的厨房、实验室、影剧院、体育场（馆）等建筑的生活排水管道设计秒流量，应按式（7-5）计算：

$$q_p = \sum q_{po} \cdot n_o \cdot b_p \tag{7-5}$$

式中　q_{po}——同类型的一个卫生器具排水流量（L/s）；

n_o——同类型卫生器具数；

b_p——卫生器具的同时排水百分数，按表 7-6、表 7-7、表 7-8 确定；冲洗水箱大便器的同时排水百分数应按 12% 计算。

当计算值小于一个大便器排水流量时，应按一个大便器的排水流量计算。

宿舍（设公用盥洗卫生间）、工业企业生活间、公共浴室、
影剧院、体育场馆等卫生器具同时排水百分数（%）　表 7-6

卫生器具名称	宿舍（设公用盥洗室卫生间）	工业企业生活间	公共浴室	影剧院	体育场馆
洗涤盆（池）	—	33	15	15	15
洗手盆	—	50	50	50	70（50）
洗脸盆、盥洗槽水嘴	5～100	60～100	60～100	50	80
浴盆	—	—	50	—	—
无间隔淋浴器	20～100	100	100	—	100
有间隔淋浴器	5～80	80	60～80	(60～80)	(60～100)
大便器冲洗水箱	5～70	30	20	50（20）	70（20）
大便器自闭式冲洗阀	1～2	2	2	10（2）	5（2）
小便器自闭式冲洗阀	2～10	10	10	50（10）	70（10）
小便器（槽）自动冲洗水箱	—	100	100	100	100
净身盆	—	33	—	—	—
饮水器	—	30～60	30	30	30
小卖部洗涤盆	—	—	50	50	50

注：1. 表中括号内的数值系电影院、剧院的化妆间，体育场馆的运动员休息室使用；
　　2. 健身中心的卫生间，可采用本表体育场馆运动员休息室的同时给水百分率。

职工食堂、营业餐馆厨房设备同时排水百分数（%）　表 7-7

厨房设备名称	同时排水百分数
洗涤盆（池）	70
煮锅	60
生产性洗涤机	40
器皿洗涤机	90
开水器	50
蒸汽发生器	100
灶台水嘴	30

注：职工或学生饭堂的洗碗台水嘴，按100%同时给水，但不与厨房用水叠加。

实验室化验水嘴同时排水百分数（%）　表 7-8

化验水嘴名称	同时排水百分数	
	科研教学实验室	生产实验室
单联化验水嘴	20	30
双联或三联化验水嘴	30	50

7.1.3 算例

【例题】 某34层高层住宅套内卫生间设置有低水箱坐便器、洗脸盆、淋浴器各一个，采用污废合流排水系统，底层住户单独排出，试按概率法与《建水标》平方根法分别计算该建筑卫生间排水立管设计秒流量。

【解】

1. 按概率法计算

按表7-4确定各类卫生器具的平均使用概率 p：坐便器（dbq）$p=0.0058$；洗脸盆（xlp）$p=0.033$；淋浴器（lyq）$p=0.32$。

1）按式（7-2）、（7-3）分别计算以早上和晚上作为高峰排水时段的 q_a、q_s：

（1）以早上作为高峰排水时段，淋浴器以0.5系数计入。

$$q_\sigma = \sqrt{\sum q_{di}^2 \cdot N_i \cdot p_i} =$$

$$\sqrt{1.5^2 \times 33 \times 0.0058(dbq) + 0.25^2 \times 33 \times 0.033(xlp) + 0.5 \times 0.15^2 \times 33 \times 0.32(lyp)} = 0.79$$

$$q_s = \sum q_{di} \cdot N_i \cdot p_i = 1.5 \times 33 \times 0.0058(dbp) + 0.25 \times 33 \times 0.033(xlp)$$

$$+ 0.5 \times 0.15 \times 33 \times 0.32(lyq) = 1.35$$

（2）以晚上作为高峰排水时段，坐便器、洗脸盆以 0.5 系数计入。

$$q_\sigma = \sqrt{\sum q_{di}^2 \cdot N_i \cdot p_i} =$$

$$\sqrt{0.5 \times 1.5^2 \times 33 \times 0.0058(dbq) + 0.5 \times 0.25^2 \times 33 \times 0.033(xlp) + 0.15^2 \times 33 \times 0.32(lyp)} = 0.70$$

$$q_s = \sum q_{di} \cdot N_i \cdot p_i = 0.5 \times 1.5 \times 33 \times 0.0058(dbp) + 0.5 \times 0.25 \times 33 \times 0.033(xlp)$$

$$+ 0.15 \times 33 \times 0.32(lyq) = 1.86$$

2）按式（7-1）分别计算以早上和晚上作为高峰排水时段的排水立管设计秒流量：

（1）以早上为高峰时段计算排水立管设计秒流量

$$q_{p1} = 2.33q_\sigma + q_s + 1.2q_{dmax} = 2.33 \times 0.79 + 1.35 + 1.2 \times 1.5 = 4.99 (L/s)$$

（2）以晚上为高峰时段计算排水立管设计秒流量

$$q_{p1} = 2.33q_\sigma + q_s + 1.2q_{dmax} = 2.33 \times 0.70 + 1.86 + 1.2 \times 1.5 = 5.29 (L/s)$$

3）确定计算结果：

以晚上高峰排水时段的流量 5.29L/s 作为该建筑卫生间的排水立管设计秒流量。

2. 按《建水标》平方根法计算

查表 7-3 得到大便器、洗脸盆、淋浴器的排水当量分别为 4.5、0.75、0.45，33 个楼层卫生器具排水当量合计 $N_p = (4.5 + 0.75 + 0.45) \times 33 = 188.1$

按式 7-4 和表 7-5，计算排水立管设计秒流量：

$$q_p = 0.12\alpha \sqrt{N_p} + q_{max} = 0.12 \times 1.5 \sqrt{188.1} + 1.5 = 3.97 (L/s)$$

7.1.4　概率法与《建水标》平方根法的计算结果比较

1）概率法比《建水标》计算的设计秒流量大。在 7.1.3 算例中，概率法排水设计秒流量计算值为《建水标》平方根法的 1.33 倍。

2）近些年，国内有多位知名建筑给排水专家结合具体工程项目做过《建水规》GB 50015—2003（2009 年版）平方根法与欧洲、日本概率法计算公式的研究比较，发现我国《建水规》平方根法排水设计秒流量计算值明显偏小，并得到业内同行的广泛认同。从多层建筑到高层建筑生活排水系统，相关研究成果可归纳为：

（1）对于污废合流系统的排水设计秒流量，欧洲计算法为《建水规》平方根法的 1.0～1.24 倍，日本计算法为《建水规》平方根法的 1.25～1.43 倍；

（2）对于污废分流系统中的废水排水管设计秒流量，欧洲计算法为《建水规》平方根法的 1.13～1.44 倍，日本计算法为《建水规》平方根法的 1.43～1.66 倍；

（3）对于污废分流系统中的污水排水管设计秒流量，欧洲计算法为《建水规》平方根法的 0.92～1.28 倍，日本计算法为《建水规》平方根法的 1.0～1.29 倍。

3）为方便分析比较和对照采用，选择我国住宅建筑（从一层到五十层）套内厨房、卫生间常见的七种卫生器具典型配置，分别采用概率法和现行《建水标》平方根法，依据公式（7-1）、（7-2）、（7-3）、（7-4）和表 7-3、表 7-4、表 7-5 计算得出生活排水管道设计秒流量，见表 7-9。

住宅套内厨房、卫生间卫生器具典型配置排水管道设计秒流量计算表

表7-9

卫生器具配置型式 承担排水楼层数	(1) 大便器+洗脸盆+淋浴器+洗衣机		(2) 大便器+洗脸盆+淋浴器		(3) 大便器		(4) 洗脸盆+浴盆		(5) 洗衣机+阳台洗涤盆		(6) 厨房洗涤槽+洗衣机+阳台洗涤盆		(7) 厨房洗涤槽	
	概率法	"建水标"法	概率法	"建水标"法	概率法	"建水标"法	概率法	"建水标"法	概率法	"建水标"法	概率法	"建水标"法	概率法	"建水标"法
1	2.22	1.98	1.90	1.90	1.50	1.50	1.25	1.25	0.83	0.78	0.97	0.84	0.33	0.33
2	2.43	2.18	2.32	2.11	2.19	2.04	1.98	1.49	1.09	0.90	1.15	0.98	0.66	0.58
3	2.61	2.34	2.46	2.24	2.29	2.16	2.17	1.60	1.21	0.99	1.30	1.08	0.80	0.64
4	2.77	2.47	2.59	2.36	2.37	2.26	2.35	1.70	1.33	1.07	1.43	1.17	0.88	0.69
5	2.92	2.58	2.72	2.46	2.44	2.35	2.51	1.78	1.43	1.14	1.56	1.25	0.95	0.73
6	3.07	2.68	2.84	2.55	2.50	2.44	2.66	1.85	1.53	1.20	1.67	1.32	1.01	0.77
7	3.20	2.78	2.95	2.64	2.56	2.51	2.80	1.92	1.62	1.25	1.78	1.39	1.07	0.81
8	3.34	2.87	3.06	2.72	2.62	2.58	2.93	1.99	1.71	1.30	1.89	1.45	1.13	0.84
9	3.47	2.95	3.16	2.79	2.68	2.65	3.06	2.05	1.79	1.35	1.99	1.51	1.19	0.87
10	3.59	3.03	3.26	2.86	2.73	2.71	3.19	2.10	1.88	1.40	2.08	1.56	1.24	0.90
11	3.72	3.10	3.36	2.93	2.78	2.77	3.31	2.16	1.96	1.44	2.18	1.62	1.29	0.93
12	3.84	3.17	3.46	2.99	2.82	2.82	3.43	2.21	2.03	1.49	2.27	1.67	1.34	0.95
13	3.96	3.24	3.56	3.05	2.87	2.88	3.54	2.26	2.11	1.53	2.37	1.71	1.39	0.98
14	4.07	3.31	3.65	3.11	2.92	2.93	3.65	2.30	2.18	1.56	2.45	1.76	1.44	1.00
15	4.19	3.37	3.75	3.16	2.96	2.98	3.76	2.35	2.26	1.60	2.54	1.80	1.49	1.03
16	4.30	3.43	3.84	3.22	3.00	3.03	3.87	2.39	2.33	1.64	2.63	1.85	1.54	1.05
17	4.41	3.49	3.93	3.27	3.04	3.07	3.97	2.44	2.40	1.67	2.72	1.89	1.59	1.07
18	4.53	3.55	4.02	3.32	3.08	3.12	4.08	2.48	2.47	1.71	2.80	1.93	1.63	1.09
19	4.64	3.61	4.11	3.37	3.12	3.16	4.18	2.52	2.54	1.74	2.88	1.97	1.68	1.11
20	4.75	3.66	4.20	3.42	3.16	3.21	4.28	2.56	2.61	1.77	2.96	2.01	1.72	1.13
21	4.85	3.71	4.28	3.47	3.20	3.25	4.38	2.60	2.67	1.80	3.05	2.04	1.76	1.15
22	4.96	3.77	4.37	3.52	3.24	3.29	4.48	2.63	2.74	1.83	3.13	2.08	1.81	1.17
23	5.07	3.82	4.46	3.56	3.27	3.33	4.58	2.67	2.80	1.86	3.21	2.11	1.85	1.19
24	5.17	3.87	4.54	3.61	3.31	3.37	4.67	2.71	2.87	1.89	3.29	2.15	1.89	1.21

排水管道设计秒流量 (L/s)

续表

排水管道设计秒流量（L/s）

卫生器具配置型式 / 承担排水楼层数	(1) 大便器+洗脸盆+淋浴器+洗衣机		(2) 大便器+洗脸盆+淋浴器		(3) 大便器		(4) 洗脸盆+浴盆		(5) 洗衣机+阳台洗涤盆		(6) 厨房洗涤槽+洗衣机+阳台洗涤盆		(7) 厨房洗涤槽	
	概率法	"建水标"法	概率法	"建水标"法	概率法	"建水标"法	概率法	"建水标"法	概率法	"建水标"法	概率法	"建水标"法	概率法	"建水标"法
25	5.28	3.91	4.63	3.65	3.35	3.41	4.77	2.74	2.93	1.92	3.36	2.18	1.93	1.23
26	5.38	3.96	4.71	3.69	3.38	3.45	4.86	2.78	3.00	1.95	3.44	2.22	1.98	1.25
27	5.49	4.01	4.79	3.73	3.42	3.48	4.95	2.81	3.06	1.98	3.52	2.25	2.02	1.27
28	5.59	4.06	4.88	3.77	3.45	3.52	5.04	2.84	3.12	2.01	3.59	2.28	2.06	1.28
29	5.69	4.10	4.96	3.81	3.48	3.56	5.14	2.88	3.18	2.03	3.67	2.31	2.10	1.30
30	5.79	4.15	5.04	3.85	3.52	3.59	5.23	2.91	3.25	2.06	3.75	2.34	2.14	1.32
31	5.89	4.19	5.12	3.89	3.55	3.63	5.32	2.94	3.31	2.08	3.82	2.37	2.18	1.33
32	5.99	4.23	5.21	3.93	3.58	3.66	5.41	2.97	3.37	2.11	3.89	2.40	2.22	1.35
33	6.10	4.27	5.29	3.97	3.61	3.69	5.49	3.00	3.43	2.13	3.97	2.43	2.26	1.36
34	6.20	4.32	5.37	4.01	3.64	3.73	5.58	3.03	3.49	2.16	4.04	2.46	2.30	1.38
35	6.29	4.36	5.45	4.04	3.68	3.76	5.67	3.06	3.55	2.18	4.12	2.49	2.34	1.39
36	6.39	4.40	5.53	4.08	3.71	3.79	5.75	3.09	3.61	2.21	4.19	2.52	2.37	1.41
37	6.49	4.44	5.61	4.11	3.74	3.82	5.84	3.12	3.67	2.23	4.26	2.55	2.41	1.42
38	6.59	4.48	5.69	4.15	3.77	3.85	5.93	3.15	3.72	2.25	4.33	2.58	2.45	1.44
39	6.69	4.52	5.77	4.18	3.80	3.88	6.01	3.18	3.78	2.28	4.40	2.60	2.49	1.45
40	6.79	4.55	5.84	4.22	3.83	3.91	6.10	3.20	3.84	2.30	4.48	2.63	2.53	1.47
41	6.88	4.59	5.92	4.25	3.86	3.94	6.18	3.23	3.90	2.32	4.55	2.66	2.56	1.48
42	6.98	4.63	6.00	4.29	3.89	3.97	6.26	3.26	3.95	2.34	4.62	2.68	2.60	1.50
43	7.08	4.67	6.08	4.32	3.92	4.00	6.35	3.29	4.01	2.37	4.69	2.71	2.64	1.51
44	7.17	4.70	6.16	4.35	3.94	4.03	6.43	3.31	4.07	2.39	4.76	2.73	2.68	1.52
45	7.27	4.74	6.23	4.38	3.97	4.06	6.51	3.34	4.13	2.41	4.83	2.76	2.71	1.54
46	7.36	4.78	6.31	4.41	4.00	4.09	6.59	3.36	4.18	2.43	4.90	2.78	2.75	1.55
47	7.46	4.81	6.39	4.45	4.03	4.12	6.67	3.39	4.24	2.45	4.97	2.81	2.79	1.56
48	7.55	4.85	6.47	4.48	4.06	4.15	6.76	3.41	4.29	2.47	5.03	2.83	2.82	1.58
49	7.65	4.88	6.54	4.51	4.09	4.17	6.84	3.44	4.35	2.49	5.10	2.86	2.86	1.59
50	7.74	4.92	6.62	4.54	4.11	4.20	6.92	3.46	4.40	2.51	5.17	2.88	2.89	1.60

表 7-9 所列我国住宅建筑套内常见的七种卫生器具典型配置型式包括：

（1）冲洗水箱大便器＋洗脸盆＋淋浴器＋家用洗衣机；（污废合流卫生间）

（2）冲洗水箱大便器＋洗脸盆＋淋浴器；（污废合流卫生间）

（3）冲洗水箱大便器；（污废分流卫生间）

（4）洗脸盆＋浴盆；（污废分流卫生间）

（5）家用洗衣机＋阳台洗涤盆；（阳台洗涤废水）

（6）厨房洗涤槽＋家用洗衣机＋阳台洗涤盆；（厨房排水＋洗涤废水）

（7）厨房洗涤槽。（厨房排水）

从表中数据可以看出：仅第（3）种卫生间配置"污废分流单设冲洗水箱大便器"污水排水立管系统的两种算法的计算结果基本相近，其余种类配置均为《建水标》平方根法排水设计秒流量计算值明显偏小。

7.2 排水横管的水力计算

1. 排水横管水力计算要素

1）管道坡度

生活排水横管的标准坡度、最小坡度，见表 7-10、表 7-11、表 7-12。其最大坡度不得大于 0.15（长度小于 1.5m 的管段可不受此限）。

（1）居住小区生活排水管道最小管径、最小设计坡度和最大设计充满度宜按表 7-10确定。

居住小区生活排水管道最小管径、最小设计坡度和最大设计充满度　　表 7-10

管道类别	最小管径（mm）	最小设计坡度	最大设计充满度
接户管	160（150）	0.005	0.5
支管	160（150）	0.005	
干管	200（200）	0.004	
	≥315（300）	0.003	

注：室外接户管管径不得小于建筑物排出管管径。

（2）建筑物内生活排水铸铁管道的最小坡度和最大设计充满度，宜按表 7-11 确定。节水型大便器的横支管应按表 7-11 中的通用坡度确定。

建筑物内生活排水铸铁管道的最小坡度和最大设计充满度　　表 7-11

管径（mm）	通用坡度	最小坡度	最大设计充满度
50	0.035	0.025	0.5
75	0.025	0.015	
100	0.020	0.012	
125	0.015	0.010	
150	0.010	0.007	0.6
200	0.008	0.005	

（3）建筑排水塑料管粘接、熔接连接的排水横支管的标准坡度应为 0.026，最大设计充满度应为 0.5；胶圈密封接口的排水横支管坡度可采用表 7-12 中的通用坡度；排水横干管的最小坡度、通用坡度和最大设计充满度应按表 7-12 确定。

建筑排水塑料管排水横管的最小坡度、通用坡度和最大设计充满度　　表 7-12

外径（mm）	通用坡度	最小坡度	最大设计充满度
50	0.025	0.012	
75	0.015	0.007	
110	0.012	0.004	0.5
125	0.010	0.0035	
160	0.007		
200		0.003	0.6
250	0.005		
315			

2）管道流速

（1）生活排水管道在设计流量时的自清流速（最小保证流速）值见表 7-13。当不能满足自清流速时应考虑加大坡度，但坡度加大不应导致自虹吸现象的发生。

生活排水管道自清流速　　表 7-13

自清流速（m/s）	DN≤100	DN150	DN≥200
	0.7	0.65	0.6

（2）生活排水管道的最大允许流速值见表 7-14。

生活排水管道最大允许流速　　表 7-14

管材种类	最大允许流速（m/s）
金属管道	7.0
塑料管道	4.0

2. 排水横管的水力计算

1）水力计算公式

排水横管应按式（7-6）、（7-7）进行水力计算：

$$v = \frac{1}{n} R^{\frac{2}{3}} I^{\frac{1}{2}} \tag{7-6}$$

$$q = A \cdot v \tag{7-7}$$

式中　q——计算管段排水设计秒流量（m³/s）；

　　　v——速度（m/s）；

　　　A——管道在设计充满度的过水断面（m²）；

　　　R——水力半径（m）；

　　　I——水力坡度，采用排水横管的坡度；

　　　n——粗糙系数，不考虑生物膜的影响。铸铁管为 0.013；钢管为 0.012；塑料管为 0.009。

2）常见坡度条件下排水横管的通水能力

按排水管道最小坡度和通用坡度、最大设计充满度，根据式（7-6）、（7-7）计算得到的排水横管通水能力见表 7-15。

排水横管通水能力 　　表 7-15

管道材料	铸铁管						塑料管				
充满度	0.5				0.6		0.5			0.6	
管径	DN50	DN75	DN100	DN125	DN150	DN200	dn50	dn75	dn110	dn160	dn200
最小坡度 通水能力(L/s)	0.68	1.5	3.1	4.9	8.9	15.6	0.52	1.2	2.6	8.4	15.2
流速(m/s)	0.66	0.67	0.73	0.77	0.78	0.79	0.62	0.63	0.62	0.74	0.86
通用坡度 通水能力(L/s)	1.2	2.8	5.7	8.6	15.3	28.5	0.74	1.8	4.5	12.8	19.6
流速(m/s)	1.1	1.3	1.4	1.4	1.3	1.4	0.90	0.92	1.1	1.1	1.1
$i=0.026$ 通水能力(L/s)	—	—	—	—	—	—	0.76	2.4	6.6	24.7	44.8
流速(m/s)							0.91	1.2	1.6	2.2	2.5

注：表中管径数据为 W 型柔性铸铁排水管、PVC-U 普通塑料排水管。

3）排水横管水力计算表

塑料排水横管水力计算表（$n=0.009$）见表 7-16。铸铁排水横管水力计算表（$n=0.013$）见表 7-17。表中通水能力 Q 的单位为 L/s，流速 v 的单位为 m/s。

塑料排水横管水力计算表（$n=0.009$）　　表 7-16

坡度 i	充满度 0.5										充满度 0.6			
	dn50		dn75		dn90		dn110		dn125		dn160		dn200	
	Q	v	Q	v	Q	v	Q	v	Q	v	Q	v	Q	v
0.001													8.8	0.49
0.0015											5.9	0.52	10.8	0.61
0.002									2.4	0.47	6.8	0.60	12.4	0.70
0.0025							2.0	0.49	2.7	0.52	7.7	0.67	13.9	0.78
0.003					1.2	0.46	2.2	0.53	3.0	0.57	8.4	0.74	15.2	0.86
0.0035					1.3	0.50	2.4	0.58	3.2	0.62	9.1	0.80	16.4	0.92
0.004					1.4	0.53	2.6	0.62	3.5	0.66	9.7	0.85	17.6	0.99
0.0045					1.5	0.56	2.8	0.65	3.7	0.70	10.3	0.90	18.6	1.0
0.005			1.0	0.53	1.6	0.59	2.9	0.69	3.9	0.74	10.8	0.95	19.6	1.1
0.006			1.1	0.58	1.8	0.65	3.2	0.75	4.2	0.81	11.8	1.0	21.5	1.2
0.007	0.39	0.47	1.2	0.63	1.9	0.70	3.4	0.81	4.6	0.87	12.8	1.1	23.2	1.3
0.008	0.42	0.51	1.3	0.67	2.0	0.75	3.7	0.87	4.9	0.93	13.7	1.2	24.8	1.4
0.009	0.45	0.54	1.4	0.71	2.2	0.80	3.9	0.92	5.2	0.99	14.5	1.3	26.3	1.5
0.01	0.47	0.57	1.5	0.75	2.3	0.84	4.1	0.97	5.5	1.0	15.3	1.3	27.8	1.6

续表

坡度 i	充满度 0.5										充满度 0.6			
	dn50		dn75		dn90		dn110		dn125		dn160		dn200	
	Q	v	Q	v	Q	v	Q	v	Q	v	Q	v	Q	v
0.012	0.52	0.62	1.6	0.82	2.5	0.92	4.5	1.1	6.0	1.1	16.8	1.5	30.4	1.7
0.015	0.58	0.69	1.8	0.92	2.8	1.0	5.0	1.2	6.7	1.3	18.8	1.6	34.0	1.9
0.02	0.67	0.80	2.1	1.1	3.2	1.2	5.8	1.4	7.7	1.5	21.7	1.9	39.3	2.2
0.025	0.74	0.90	2.3	1.2	3.6	1.3	6.5	1.5	8.6	1.7	24.2	2.1	43.9	2.5
0.03	0.81	0.98	2.5	1.3	3.9	1.5	7.1	1.7	9.5	1.8	26.5	2.3	48.1	2.7
0.035	0.88	1.1	2.7	1.4	4.2	1.6	7.7	1.8	10.2	2.0	28.7	2.5	51.9	2.9
0.04	0.94	1.1	2.9	1.5	4.5	1.7	8.2	1.9	10.9	2.1	30.6	2.7	55.5	3.1
0.045	1.0	1.2	3.1	1.6	4.8	1.8	8.7	2.1	11.6	2.2	32.5	2.9	58.9	3.3
0.05	1.1	1.3	3.3	1.7	5.1	1.9	9.2	2.2	12.2	2.3	34.2	3.0	62.1	3.5
0.06	1.2	1.4	3.6	1.8	5.6	2.1	10.0	2.4	13.4	2.6	37.5	3.3	68.0	3.8

注：1. 表中 dn90、dn125 管道采用建筑排水用 HDPE 管数据，其余管径管道采用建筑排水用 PVC-U 管数据。
　　2. 表中黑线以下，符合最小坡度要求。

铸铁排水横管水力计算表 （$n=0.013$）　　　　　　表 7-17

坡度 i	充满度 0.5								充满度 0.6			
	DN50		DN75		DN100		DN125		DN150		DN200	
	Q	v	Q	v	Q	v	Q	v	Q	v	Q	v
0.002											9.9	0.50
0.0025									5.3	0.46	11.0	0.56
0.003							2.7	0.42	5.8	0.51	12.1	0.61
0.0035							2.9	0.45	6.3	0.55	13.0	0.66
0.004					1.8	0.42	3.1	0.49	6.7	0.59	13.9	0.71
0.0045					1.9	0.45	3.3	0.52	7.1	0.63	14.8	0.75
0.005					2.0	0.47	3.5	0.55	7.5	0.66	15.6	0.79
0.006			0.96	0.42	2.2	0.52	3.8	0.60	8.2	0.72	17.1	0.87
0.007			1.0	0.46	2.3	0.56	4.1	0.65	8.9	0.78	18.4	0.94
0.008			1.1	0.49	2.5	0.60	4.4	0.69	9.5	0.83	19.7	1.0
0.009			1.2	0.52	2.7	0.64	4.6	0.73	10.1	0.88	20.9	1.1
0.01	0.43	0.42	1.2	0.55	2.8	0.67	4.9	0.77	10.6	0.93	22.0	1.1
0.012	0.47	0.46	1.4	0.60	3.1	0.73	5.4	0.84	11.6	1.0	24.1	1.2
0.015	0.53	0.51	1.5	0.67	3.4	0.82	6.0	0.94	13.0	1.1	27.0	1.4
0.02	0.61	0.59	1.8	0.77	4.0	0.95	6.9	1.1	15.0	1.3	31.2	1.6
0.025	0.68	0.66	2.0	0.87	4.4	1.1	7.7	1.2	16.8	1.5	34.8	1.8
0.03	0.74	0.73	2.2	0.95	4.8	1.2	8.5	1.3	18.4	1.6	38.2	1.9
0.035	0.80	0.79	2.3	1.0	5.2	1.3	9.1	1.4	19.8	1.7	41.2	2.1
0.04	0.86	0.84	2.5	1.1	5.6	1.3	9.8	1.5	21.2	1.9	44.1	2.2

续表

坡度 i	充满度 0.5								充满度 0.6			
	DN50		DN75		DN100		DN125		DN150		DN200	
	Q	v	Q	v	Q	v	Q	v	Q	v	Q	v
0.045	0.91	0.89	2.6	1.2	5.9	1.4	10.4	1.6	22.5	2.0	46.8	2.4
0.05	0.96	0.94	2.8	1.2	6.2	1.5	10.9	1.7	23.7	2.1	49.3	2.5
0.06	1.1	1.0	3.0	1.3	6.8	1.6	12.0	1.9	26.0	2.3	54.0	2.7

注：表中黑线以下，符合最小坡度要求。

3. 非满流排水横管的水力特性

同一条满流管道与待计算的非满流管道具有相同的管径 d 和水力坡度 i，其过水断面面积为 A_0，水力半径为 R_0，通过流量为 Q_0、流速为 v_0 和满流管渠的 A_0、R_0、Q_0、v_0 与非满流时相应的 A、R、Q、v 存在一定的比例关系，且随充满度 h/d 的变化而变化。水力特性见图 7-1 与表 7-18。

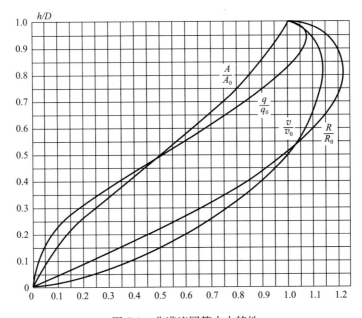

图 7-1 非满流圆管水力特性

非满流圆管水力特性表   表 7-18

h/D	A/A_0	R/R_0	q/q_0	v/v_0
0.05	0.019	0.130	0.005	0.257
0.10	0.052	0.254	0.021	0.401
0.15	0.094	0.372	0.049	0.517
0.20	0.142	0.482	0.088	0.615
0.25	0.196	0.587	0.137	0.701
0.30	0.252	0.684	0.196	0.776
0.35	0.312	0.774	0.263	0.843

h/D	A/A_0	R/R_0	q/q_0	v/v_0
0.40	0.374	0.857	0.337	0.902
0.45	0.436	0.932	0.417	0.954
0.50	0.500	1.000	0.500	1.000
0.55	0.564	1.060	0.586	1.039
0.60	0.626	1.111	0.672	1.072
0.65	0.688	1.153	0.756	1.099
0.70	0.748	1.185	0.837	1.120
0.75	0.804	1.207	0.912	1.133
0.80	0.858	1.217	0.977	1.140
0.85	0.906	1.213	1.030	1.137
0.90	0.948	1.192	1.066	1.124
0.95	0.981	1.146	1.075	1.095
1.00	1.000	1.000	1.000	1.000

7.3　排水立管的水力计算

生活排水立管的计算主要是确定立管的管径。根据计算的设计秒流量和系统立管的排水能力进行对照匹配，选择立管管径。

1. 生活排水立管的排水能力测试标准

生活排水系统的立管排水能力或最大排水流量，需要通过排水实验塔模拟试验测试得到，测试过程应执行我国现行《住宅生活排水系统立管排水能力测试标准》CJJ/T 245—2016 和《住宅生活排水系统立管排水能力测试标准》CECS 336：2013。在 CECS 336：2013 中规定采用定流量法进行测试，而在《住宅生活排水系统立管排水能力测试标准》CJJ/T 245 中则规定了定流量法和瞬间流量法两种测试方法，所以我国目前存在两种测试方法。

按照上述两个测试标准，定流量法的测试可直接得出立管最大排水流量；而瞬间流量法的测试结果仅为立管最大汇合流量和最小汇合流量，立管最大排水流量需要凭经验确定。两种测试方法中，立管测试排水流量的确定均不得违反《住宅生活排水系统立管排水能力测试标准》CJJ/T 245 中 5.0.1 条的规定，摘录如下：

5.0.1　排水系统内最大压力判定值应符合下列规定：

1　采用瞬间流量法时，排水系统内最大压力 P_{smax} 不得大于＋300Pa，排水系统内最小压力 P_{smin} 不得小于－300Pa；

2　采用定流量法时，排水系统内最大压力 P_{smax} 不得大于＋400Pa，排水系统内最小压力 P_{smin} 不得小于－400Pa。

2. 生活排水立管定流量法测试的排水能力

表 7-19 是近年来山西泫氏实验塔按照现行《住宅生活排水系统立管排水能力测试标准》CJJ/T 245—2016 和《住宅生活排水系统立管排水能力测试标准》CECS 336：2013，采用定流量法测得的生活排水立管最大排水能力数值，推荐在工程设计中采用。

山西泫氏实验塔更详尽的各类系统测试数据见本《手册》表 8-12。

山西泫氏、湖南大学排水实验塔采用定流量法测得的生活排水立管最大排水能力

表 7-19

排水立管系统类型		立管最大排水能力 (L/s)							
		排水立管材质及管径							
		铸铁管				PVC-U（或 PP, HDPE）塑料管			
		DN75	DN100	DN125	DN150	dn75	dn110	dn125	dn160
伸顶通气	90°顺水三通或45°顺水三通	2.0	3.5	4.2	6.6	1.4	2.5	3.8	4.5
	旋流三通	—	4.4	—	—	—	—	—	—
专用通气管 75mm	H管每层连接 45°顺水三通	—	7.5	—	—	—	—	—	—
	H管每层连接 90°顺水三通	—	6.5	—	—	—	6.5	—	—
专用通气管 100mm	H管每层连接 90°或45°顺水三通	—	9.0	11.2	17.0	—	8.0	—	14.0
	H管每层连接 旋流型旋流器	—	12.0	—	—	—	—	—	—
	H管每层连接 加强型旋流器	—	19.0	—	—	—	—	—	—
	H管隔层连接 加强型旋流器＋内螺旋管	—	—	—	—	—	8.5	—	20.0
	H管隔层连接 苏维托II型（HDPE，速倍通）	—	—	—	—	—	12.5	—	—
主通气立管＋环形通气管	通气立管（75mm）90°或45°顺水三通	—	7.5	9.4	10.5	—	6.0★	—	—
	通气立管（100mm）90°或45°顺水三通	—	12.5	—	—	—	—	—	—
	90°或45°顺水三通	—	17.0	—	—	—	—	—	＞20★★
特殊单立管	GB加强型旋流器	—	—	—	—	—	8.5	—	—
	铸铁旋流苏托、苏维托I型（HDPE）	—	8.5	—	—	—	—	—	—
	加强型旋流器、苏维托I型＋内螺旋管	—	—	—	—	—	11.0	—	—
	旋流三通＋高肋筋单螺旋管（HDPE）	—	—	—	—	—	12.5	15.5	—
	苏维托II型（HDPE，速倍通）	—	—	—	—	—	9.5	—	—
自循环通气	专用通气形式	—	2.0	—	—	—	—	—	—
	环形通气形式	—	6.0	—	—	—	—	—	—
带吸气阀系统	90°顺水三通＋吸气阀	—	6.5	18.0	—	—	8.5★	—	—
	加强型旋流器＋吸气阀	—	—	—	—	—	—	—	—

注：1. 带★者为湖南大学实验塔测试数据；带★★者为超出山西泫氏实验塔测试能力（20L/s）的系统测试数据。试验楼层18层。2. 山西泫氏实验塔塔高60m，试验楼层12层。3. 湖南大学实验塔高度34.75m，试验楼层12层。

193

3. 生活排水立管瞬间流量法测试的排水能力

1) 用瞬间流量法测试得到的生活排水立管最大设计排水能力，即《建水标》GB 50015—2019 第 4.5.7 条 1 款表 4.5.7 推荐的生活排水立管最大设计排水能力，见表 7-20。

生活排水立管最大设计排水能力   表 7-20

排水立管系统类型			最大设计排水能力（L/s）		
			排水立管管径（mm）		
			75	100(110)	150(160)
伸顶通气		厨房	1.00	4.0	6.40
		卫生间	2.00		
专用通气	专用通气管 75mm	结合通气管每层连接	—	6.30	—
		结合通气管隔层连接	—	5.20	—
	专用通气管 100mm	结合通气管每层连接	—	10.00	—
		结合通气管隔层连接	—	8.00	—
主通气立管+环形通气管				8.00	
自循环通气	专用通气形式		—	4.40	—
	环形通气形式		—	5.90	—

注：1. 根据《建水标》4.5.7 条文说明，表中最大设计排水能力数据系根据万科试验塔，采用塑料和铸铁直壁管材和管件，按立管垂直状态下采用瞬间流测试方法，取得立管允许压力波动不大于±400Pa 的数据基础上编制而成；自循环通气立管排水能力按同济大学测试平台数据确定。

    2. 万科试验塔高度 122m；同济大学测试平台高度 33.6m。

2) 采用表 7-20 数据时需要注意的事项如下：

（1）《住宅生活排水系统主管排水能力测试标准》CJJ/T 245 规定：当采用瞬间流量法测试时，压力判定值不得超出±300Pa，而该表注明的最大设计排水能力数据是采用±400Pa 压力判定值取得的。因此，不符合《住宅生活排水系统主管排水能力测试标准》CJJ/T 245 规定的瞬间流量法判定标准的规定。

（2）该表最大设计排水能力采用±400Pa 压力判定值，与测试标准中规定的±300Pa 相比，压力范围放宽了许多。因此，表中排水能力数值存在比《住宅生活排水系统主管排水能力测试标准》CJJ/T 245 瞬间流量法规定的测试结果人为放大的问题。

（3）按《住宅生活排水系统主管排水能力测试标准》CJJ/T 245 规定的瞬间流量法只能测得立管最大汇合流量和最小汇合流量，并未明确如何据此确定立管的最大排水流量，《建水标》中也未规定如何根据瞬间流量法测得的立管最大汇合流量和最小汇合流量来确定最大设计排水能力的方法。因此，按《住宅生活排水系统主管排水能力测试标准》CJJ/T 245 和《建水标》规定的瞬间流量法存在着无法确定最大设计排水能力的问题。这给立管系统排水能力测试带来很大的困扰，无法得出最大排水流量测试结果。

（4）现行测试标准规定的定流量法是一种在系统立管最不利排水工况下的测试方法。包括万科塔在内的试验结果都证明，在相同压力和水封损失条件下，瞬间流量法测得的排水流量要远大于定流量法的测试结果。因此，在选用该表的数据时，应综合考虑高层或超限高层生活排水立管出现长流水情况下可能带来的水封破坏风险，并预留足够的设计余量。

（5）现行的两个测试标准只适用于住宅生活排水系统，将该表中按照瞬间流量法测得的数据应用到公共建筑，目前还没有任何试验数据能证明公共建筑中的高峰排水是瞬间流。

（6）设计秒流量公式计算的流量（包括住宅）不是瞬间流量，而该表中的流量是瞬间流量，不宜直接对照匹配。

（7）表中"主通气立管＋环形通气管"系统型式的最大设计排水能力明显小于结合通气管每层连接的专用通气立管排水系统，这与实际测试结果不相符。试验证明，"主通气立管＋环形通气管"排水能力远大于结合通气管每层连接和隔层连接的专用通气立管排水系统，是一种在住宅卫生标准要求较高时选用的系统。

（8）对于表中的"自循环通气系统"，据了解国内外尚无成功工程案例，且因其通气口是在排出管上，一般位于地下，暴雨时排水检查井如出现淹没出流，将转化为完全不通气系统，导致立管排水能力急剧下降，故采用时应慎重。

第8章　建筑生活排水系统立管排水能力测试

8.1　我国建筑生活排水系统流量测试回顾

1. 工程现场测试

1978 年，北京"前三门"（崇文门、前门、宣武门）高层住宅群工程，设计采用苏维托单立管排水系统。工程完工后，曾进行过中国第一次排水流量测试工作。这是由原《室内给水排水和热水供应设计规范》国家标准管理组以规范科研项目申报下达的科研计划。项目由湖南大学土木系承担，胡鹤钧教授具体负责。

流量测试所用仪表由规范组提供。压力测试采用 U 形管，毕托管等。测试工作有湖南大学学生参与，测试地点是卫生器具和给排水管道已经安装的工地现场，采用的测试方法是长流水法（定流量法）和水箱冲水法（器具流量法）。水箱冲水法测试时，每个楼层站一名学生，由楼下老师统一指挥，按手势或口令，各楼层学生同时按下大便器冲洗水箱按钮或打开手柄放水，经测试得出苏维托单立管系统 DN100 排水立管的最大排水流量为 6L/s。这个测试结果被大家所接受，因为当时业界普遍认为：特殊单立管排水系统立管的排水能力应介于普通单立管排水系统立管排水能力与双立管排水系统立管排水能力之间。当时的《规范》规定，普通单立管排水系统立管的排水能力为 4.5L/s，双立管排水系统立管的排水能力为 9.0L/s，苏维托单立管排水系统立管的排水能力为 6.0L/s，其值正好比普通单立管排水系统立管的排水能力大 1/3，比双管排水系统立管的排水能力小 1/3。测试结果判定以水封破坏为准，以水封发出气泡声判定为水封破坏。当时，对什么是水封破坏也进行了一番讨论。

实验还得到如下重要结论：

1) 水封负压破坏发生在放水楼层以下 1~2 层的横支管上；

2) 放水楼层越高，系统负压越大；

3) 苏维托单立管排水系统可以解决横支管水舌问题，有利于保护水封，因此排水能力更大。

基于当时的测试仪表和现场条件，能够进行如此测试实属不易。这次排水流量测试的结果后来列入了相关规范条文，如《建筑给水排水设计规范》GBJ 15—88、《特殊单立管排水系统技术规程》CECS 79：96 等。

之后，原湖南省建材研究设计院在该院理化楼工程安装环旋器和环流器，曾通过原株洲塑料厂加工 2 个透明塑料管件，专程送到清华大学请王继明老师测定其排水能力，测试结果为 6.0L/s 和 5.5L/s。这是确认特殊单立管排水系统立管排水能力为 6.0L/s 的一个佐证材料。

同一时期对特殊单立管排水系统进行的测试还有长沙芙蓉宾馆的旋流器特殊单立管排

水系统，测试地点也是在工地现场，测试方法采用器具流量法，每层排水流量也是一个大便器冲洗水量，测试得出的排水能力也是 6.0L/s。

2. 测试塔定流量法测试

20 世纪 90 年代，普通型内螺旋管从韩国引入中国。随后，挂靠在北京市市政工程设计研究总院的中国工程建设标准化协会管道结构专业委员会着手编制协会标准《建筑排水用硬聚氯乙烯螺旋管管道工程设计、施工及验收规程》CECS 94：97。该标准在编制过程中曾到日本三菱树脂（株式会社）对 $dn110$ 内螺旋管排水系统进行了排水性能测试，并采用 $dn110$ 光壁管作了对比试验，测试采用定流量法。

试验放水层在 15 层和 16 层，采用排水流量 5.0L/s 时的试验数据进行对比，$dn110$ 内螺旋管排水系统管内最大负压发生在 14 层，其值是－22.5mmH$_2$O；最大正压发生在 3 层和 1 层，其值为 18mmH$_2$O；$dn110$ 光壁管在 14 层的负压值为－43mmH$_2$O，最大负压值发生在 10 层为－60mmH$_2$O。由此试验结果得出内螺旋管和光壁管排水能力相差比例。根据《建筑给水排水设计规范》GBJ 15—88 规定的 $dn75$、$dn110$、$dn160$ 的生活排水立管排水能力分别为 2.5L/s、4.5L/s、10.0L/s，按试验得出的比例关系，该《规程》确定 $dn75$、$dn110$、$dn160$ 内螺旋管立管排水能力分别采用 3.0L/s、6.0L/s、13.0L/s。

这是在国内《规范》中首次正式介绍日本的定流量测试法。该方法的要点是：

1）测试在测试塔进行，而不是在工程现场；

2）按照测试要求将管材和管件进行组装；

3）排水立管上层放水，每层放水量不超过 2.5L/s；

4）判定标准为排水管内气压值控制在±45mmH$_2$O 以内。

通过以上介绍可以了解到，当时内螺旋管排水系统立管的最大排水能力不是流量实测值，而是根据测试数据的理论推算值。

3. 建筑排水管道气压测试

这个试验项目是由同济大学环境科学与工程学院市政工程系试验研究团队进行的，测试的目的是要了解建筑排水系统内气体压力状况和影响因素。

试验是以测试排水系统压力变化为主题，不同于以流量测试为目的的测试，是一次探索排水系统客观规律的试验。测试放水采用同时放水的方式，即所有卫生器具均在同一时间内放水；流量计量方式采用容积法，精度稍差一些。

试验得出以下主要结论：

1）排水系统的气密性对测试结果有直接影响，应引起重视。

2）同一试验条件下，对比坐便器、洗涤盆和地漏的水封损失情况，发现地漏水封总是先破坏，其他水封则因此受到保护。这说明除了水封深度以外，还应有水封容量要求，水封深度和水封容量构成水封强度的概念。

3）影响排水立管压力变化的因素有：

（1）排水负荷。排水立管内气压波动程度与排水负荷大致成正比；

（2）通气量。不通气立管情况最差，立管内气压波动程度与通气量大致成反比；

（3）出水管坡度。出水管的坡度大小，对排水立管内气压波动程度的影响不大；

（4）出水口流态：淹没出流最差，对于立管内气压波动影响非常大，应尽量避免；

（5）进水位置：相同的进水流量，从同一点集中进入排水系统，对于排水立管内气压波动程度的影响大于分别从不同点分散进入排水系统，且进水点越高，影响越大，对排水系统安全性越不利。

4）水封保护措施

（1）减小排水管系内的压力波动；

（2）保证水封深度不小于50mm；

（3）保证水封容量，尤其是地漏水封；

（4）水封进出口的液面面积比应合理。

5）工程设计对策

（1）设计排水流量应适当留有余地，不宜按排水系统立管的最大通水能力设计；

（2）加强系统通气，优先选择专用通气立管系统和设环形通气、器具通气系统；

（3）可以安装吸气阀进行辅助通气；

（4）避免排出管出现淹没出流。

6）通过实践认识到排水试验的重要性，进一步掌握了排水系统的客观规律，对后续的试验研究工作产生了深远影响，许多试验结论后来都得到了证实。

4. 规范组在日本进行的排水流量测试

2006年，《建筑给水排水设计规范》国家标准管理组根据《规范》修订需要，在日本积水栗东工厂排水测试塔和积水栗东工厂试验场进行了一次排水性能试验，取得一些数据，得出一些结论。有些成果已体现在《规范》条文中，有些则由于种种原因未予采纳。由此可见，测试固然重要，而更重要的是对测试成果的取舍。

1）试验项目

试验主要包括排水立管和排水横干管排水性能试验。立管排水性能试验项目，如表8-1所示；底层单独排水试验项目，如表8-2所示。

立管排水性能试验项目　　　　　　　　　　　　　　表8-1

试验管材	立管管径	试验内容			采用管材
		伸顶通气	专用通气	自循环通气	
PVC-U 管	160	√	—	—	日本管材
	110	√	√	—	中国管材
	75	√	—	—	日本管材
铸铁管	150	—	—	—	—
	100	√	√	√	日本管材
	75	√	—	—	日本管材

底层单独排水试验项目　　　　　　　　　　　　　　表8-2

试验管材	横干管管径（mm）	横干管长度（m）	横干管坡度
PVC-U 管	160	8	0.01
	110	8	0.012
	75	8	0.015
铸铁管	100	8	0.012
	75	8	0.015

试验中，仅 $dn110$ PVC-U 管材、管件是从国内带去的，其余规格铸铁、塑料排水管材、管件均取自日本当地。中、日两国塑料排水管材外径相同而内径不同，这就直接影响排水立管的通水截面积和通水能力。日本管材规格尺寸和中国管材规格尺寸比较，如表 8-3 所示。

日本管材规格尺寸和中国管材规格尺寸比较 表 8-3

管材	公称外径/公称直径 (mm)	内径 （mm）		试验用管材	管材截面积比 日本/中国
		中国规格	日本规格		
PVC-U 管	160	152	154	日本管材	1.026
	110	104	107	中国管材	1.058
	75	70.4	71	日本管材	1.017
铸铁管	150	150	150	日本管材	1.0
	100	100	100		
	75	75	75		

2）试验成果

排水系统立管排水能力测试结果汇总，如表 8-4 所示。

排水系统立管排水能力测试汇总 （L/s） 表 8-4

管道系统形式	试验编号	立管 (mm)	管件		横干管	排水楼层 （层）	单层流量	排水能力
			上部	下部				
伸顶通气	1	日 160	日 LT	日 LL	日 160	17	2.5	3.2
	2					10	2.5	6.5
	3	中 110	中 LT	中 LL	中 110	17	2.5	1.5
	4					10	2.5	2.0
	5	日 75	日 45T	日 45T×2	日 75	17	2.5	1.1
	6					10	2.5	1.4
	7	日铸 75	日铸 TY	日铸 45T×2	日铸 75	17	2.5	1.1
	8					10	2.5	1.7
	9	日铸 100	日铸 TY	日铸 45T×2	日铸 100	17	2.5	2.8
	10					10	2.5	3.1
专用通气	11	中 110	中 LT	中 LL	中 110	17	2.5	2.7
	12					10	2.5	3.5
	13	日铸 100	日铸 TY	日铸 45×2	日铸 100	17	2.5	5.2
	14					10	2.5	5.9
自循环通气	15	日铸 100	日铸 TY	日铸 45×2	—	10	2.5	4.2

3）试验结论

（1）排水立管管径越大，立管排水能力越大，如表 8-5 所示。

立管管径与排水能力的关系 表 8-5

系统形式	试验编号	管材	立管管径 (mm)	横干管管径 (mm)	排水楼层 (层)	排水能力 (L/s)
伸顶通气	5	PVC-U	75	75	17	1.1
	3		110	110		1.5
	1		160	160		3.2
	6		65	65	10	1.4
	4		110	110		2.0
	2		160	160		6.5
	7	铸铁	75	75	17	1.1
	9		100	100		2.8
	8		75	75	10	1.7
	10		100	100		3.1

（2）管径相同，排水楼层不同，排水能力也不同；楼层越高，排水能力越小，如表 8-6 所示。

不同排水楼层的排水能力 表 8-6

系统形式	试验编号	管材	立管管径 (mm)	横干管管径 (mm)	排水楼层 (层)	排水能力 (L/s)
伸顶通气	5	PVC-U	75	75	17	1.1
	6				10	1.4
	3		110	110	17	1.5
	4				10	2.0
	1		160	160	17	3.2
	2				10	6.5
	7	铸铁	75	75	17	1.1
	8				10	1.7
	9		100	100	17	2.8
	10				10	3.1
专用通气	11	PVC-U	110	110	17	2.7
	12				10	3.5
	13	铸铁	100	100	17	5.2
	14				10	5.9

（3）双立管排水系统排水立管的排水能力比单立管排水系统排水立管的排水能力大，如表 8-7 所示。

双立管与单立管排水能力比较 表 8-7

系统形式	试验编号	管材	立管管径 (mm)	横干管管径 (mm)	排水楼层 (层)	排水能力 (L/s)
单立管	3	PVC-U	110	110	17	1.5
双立管	11					2.7
单立管	4				10	2.0
双立管	12					3.5

系统形式	试验编号	管材	立管管径 (mm)	横干管管径 (mm)	排水楼层 (层)	排水能力 (L/s)
单立管	9	铸铁	100	100	17	2.8
双立管	13					5.2
单立管	10				10	3.1
双立管	14					3.9

（4）铸铁管的排水能力比塑料管的排水能力大，如表 8-8 所示。

铸铁管与塑料管排水能力比较 表 8-8

系统形式	试验编号	管材	立管管径 (mm)	横干管管径 (mm)	排水楼层 (层)	排水能力 (L/s)
伸顶通气	5	PVC-U	75	75	17	1.1
	7	铸铁	75	75		1.1
	6	PVC-U	75	75	10	1.4
	8	铸铁	75	75		1.7
	3	PVC-U	110	110	17	1.5
	9	铸铁	100	100		2.8
	4	PVC-U	110	110	10	2.0
	10	铸铁	100	100		3.1
专用通气	11	PVC-U	110	110	17	2.7
	13	铸铁	100	100		5.2
	12	PVC-U	110	110	10	3.5
	14	铸铁	100	100		5.9

（5）自循环通气排水系统的排水能力大于单立管排水系统，但小于双立管排水系统，如表 8-9 所示。

自循环通气排水系统的排水能力 表 8-9

系统形式	试验编号	管材	立管管径 (mm)	横干管管径 (mm)	排水楼层 (层)	排水能力 (L/s)
伸顶通气	10	铸铁	100	100	10	3.1
专用通气	14		100	100		5.9
自循环通气	15		100	100		4.2

（6）归纳总结：

这次测试的优点：在测试塔测试，可以按照测试意愿构思设计；测试仪器先进，自动记录，减少人为误差；测试判定原则是合理的（允许系统内压力波动值为±400Pa）。

这次测试也存在一些遗憾，如：

① 未能对特殊单立管排水系统作相应测试工作；

② 排水立管底部弯头放大管径的做法在中国已经十分普遍，测试时未能体现这一情况，这会直接影响测试数据；

③ 不同类型的三通管件对排水流量影响较大，测试未能充分体现；专用通气立管管

径、连接方式（结合通气管或 H 管每层连接、隔层连接或多层连接）对排水能力也有一定影响；

④ 日本双立管排水系统和中国双立管排水系统的排水立管和通气立管的连接方式不尽相同，日本采用结合通气管连接，中国多采用 H 管连接；

⑤ 测试管材有的是采用日本的管材、管件，其材质、内径尺寸、通水面积和表面光洁度等与中国的管材、管件有差异；

⑥ 测试方法采用的是日本排水流量测试方法，而不是中国排水流量测试方法。

在这次测试前后，中国从日本引进了 AD 型特殊单立管排水系统、CHT 型特殊单立管排水系统和集合管型特殊单立管排水系统。这些系统都在日本进行过流量测试，测试都符合日本测试标准《公寓住宅排水立管系统排水能力试验方法》SHASE-S218（日本测试方法将在本章后面介绍）。

在这里引用了这次测试中较多的测试数据，这些数据能更好地说明一些问题，以往《手册》中未能完整介绍，因此在此作适当补充。

8.2　测试方法分类

住宅生活排水系统排水立管性能测试包括流量测试、压力测试、流速测试、噪声测试、泡沫液测试和通气量测试等项目，其中最主要的是流量测试。流量测试是确定排水系统选型的主要依据，排水立管的流量测试主要有两种：定流量法和器具流量法。定流量法按楼层放水流量分配的不同又分为欧洲模式定流量法和日本模式定流量法。过去常认为器具流量法和定流量法是两种完全不同、完全对立的流量测试方法，其实不然，它们之间是有内在联系的。器具流量法主要关注单个或多个排水器具排水对系统排水流量及水封损失的影响，而定流量法则是在器具流量法的基础上，综合考虑高层建筑、高密度用水特性和系统多个器具同时排水可能形成的连续水流等最不利状态对系统排水流量和水封损失的影响。实际上，定流量法是器具流量法的系统最不利形态。

8.2.1　定流量法

定流量法又称常流量法或长流水法，是由供水装置向排水系统持续放水，当放水流量持续不变时，考察该流量对排水系统气压波动及水封损失影响的一种测试方法。定流量法有欧洲模式和日本模式，两者都属于定流量法，但有少许差别，具体内容详见 8.4 节。与器具流量法相比，定流量法采取立管顶部持续汇合流的最不利排水方式，测试方法简便、科学，测试数据重现性好。

定流量测试法测得的流量，具有流量持续时间的概念，是在立管下游截面处可测得的流量，且是恒定均匀流。同样地，概率法排水设计秒流量也具有上述特性。定流量测试法的持续时间为 60s，概率法设计秒流量的持续时间为 72s，两者有极少量差异，说明设计秒流量对于实际产生的秒流量有一定的安全量；同时定流量测试时排水点设在立管顶端，比实际生活排水产生更大的压力波动和更大的水封损失，涵盖了系统的最不利状态。因而按"定流量法测试得到的通水能力流量 $q \geqslant$ 设计秒流量 q_p"作为判断排水系统安全运行的依据安全可靠。综上所述，定流量法通水能力值与概率法设计秒流量之间存在科学合理的对应关系。

自 2009 年以来，我国流量测试方法主要有以下几种：

(1) 湖南大学流量测试法；

(2) 协会标准《住宅生活排水系统立管排水能力测试标准》CECS 336：2013；

(3) 行业标准《住宅生活排水系统立管排水能力测试标准》CJJ/T 245—2016，这是一本与协会标准 CECS 336：2013 "名称" 完全相同的标准。行业标准申请立项本意、编写初期及 "征求意见稿" 阶段都只有 "瞬间流量法" 内容，后根据编制组部分成员及征求意见专家的要求，在 "送审稿" 中增加了 "定流量法" 测试方法。《行业标准 CJJ/T 245—2016》中的 "定流量法" 条文内容来源于协会标准 CECS 336：2013，基本一致。

1. 湖南大学流量测试法

湖南大学排水实验塔于 2009 年下半年在该校土木工程学院排水实验室基础上改造建成。这些年来，我国特殊单立管排水系统生产企业大多集中在那里进行流量测试。

1) 湖南大学排水实验塔测试装置与测试方法

(1) 测试装置（见图 8-1）

① 测试立管高度为 34.75m；

② 测试装置最高排水横支管与排出管高差大于 30m；

③ 测试装置模拟层高为 2.8m。

(2) 测试项目

以测试特殊单立管排水系统排水立管的最大排水能力为主，也测试普通单立管排水系统和普通双立管排水系统。

(3) 测试装置及被测试排水系统的安装要求

① 排水立管垂直安装，垂直度偏差每 1m 不大于 3mm；

② 排水横管坡度采用标准坡度，排水横支管坡向排水立管，排出管坡向集水池；

③ 每层有排水横支管接至排水立管；

④ 每根排水横支管安装 1 个 DN100P 形存水弯、1 个 DN75P 形存水弯和 1 个 DN50 地漏（已封闭）；

⑤ 存水弯的水封深度均为 50mm；

⑥ 存水弯与排水立管的距离和存水弯之间的距离应符合表 8-10 的要求；

⑦ 在存水弯上应设置 φ10 透明连通管，以观测存水弯水位变化情况；

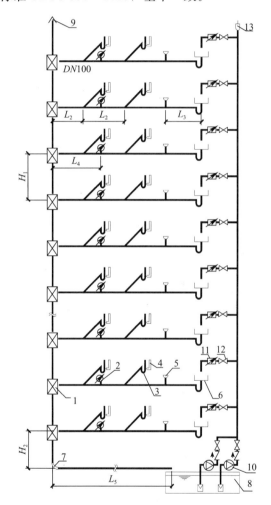

图 8-1 建筑排水系统测试装置图示

1—立管横支管接头；2—测压点；3—存水弯；
4—监测管；5—地漏；6—放水箱；
7—立管底部弯头；8—集水池；9—通气帽；
10—水泵；11—流量计；12—控制阀；13—排气阀

⑧ 排出管长度（从立管中心线算起）等于 2m；

⑨ 伸顶通气管伸出屋面高度和通气帽的形式和设置应符合现行规范要求；

⑩ 管材、管件和管径应按照测试对象确定。

建筑排水测试系统设施间距　　　　　　　　　　　　表 8-10

L_1	L_2	L_3	L_4	L_5	H_1	H_2
最小配件安装尺寸	550mm	最小配件尺寸	测压点距立管中心约 450～600mm	≥8m（测试报告中详细注明实际测试装置采用的具体长度）	2.8～3.2m	测试报告应注明具体数据

（4）测试仪表

① 气压测试仪表为压力变送器，采用西安新敏电子科技有限公司的 CYB13 系列隔离式压力变器，量程为 -200～1000mmH$_2$O，传感器精度为 0.1%（即可精确到 1mmH$_2$O）；

② 测压点设在距立管中心 450mm 的每层横支管上，压力波动控制在 ±400Pa 以内，流量稳定后开始测定数据；

③ 气压采集时间间隔为 50ms、500ms 两种，压力按峰值取值；

④ 采样由 USB 数据采集器（型号为 XM-USE2-4）控制，采集器通过 USB 接口与计算机连接，并由计算机对采集器进行控制，记录各测量点的气压波动曲线图。

（5）放水条件

① 用闸阀和流量计控制放水量，流量计采用玻璃转子流量计，精度等级不应低于 1.5 级；

② 放水为恒定流（常温）；

③ 放水量最小值应为 0.25L/s，递增量为 0.25L/s，每层放水量最大不得大于 2.5L/s；放水从顶层开始，逐层向下；

④ 不得出现每层都放水、放水量都小于 2.5L/s 的放水工况；

⑤ 以自来水为水源，循环使用。

（6）控制标准与测试方法

① 压力波动控制应不大于 ±400Pa；

② 水封损失值，一次损失应不大于 25mm（以 dn110 存水弯为主要观测对象，其余仅作参考）；

③ 在同一条件下应进行 2 次试验，测定结果取平均值，2 次值差异比例超过 10% 时应重新测试；

④ 采用压力值和水封损失值双控模式，并以压力值为主控项目，以此确定排水立管的最大排水能力；

⑤ 采集时间间隔为 50ms、500ms；

⑥ 测试前应对系统进行气密性试验；

⑦ 测试时，1～8 层为测试层，9～12 层为放水层，每层最大放水流量 2.5L/s。

2）湖南大学定流量测试法与日本定流量测试法比较

十年来，在湖南大学实验塔进行了普通单立管排水系统、特殊单立管排水系统和双立管排水系统等大量测试。国内各种类型、各种材质、各种特殊管件的特殊单立管排水系统都在该实验塔按照湖南大学定流量法进行了测试，取得了大量的测试数据，得出了可靠结论。

湖南大学定流量法在日本定流量法的基础上作了某些调整，测试过程基本按日本定流量法进行操作：

(1) 自（最）上（层）向下逐层放水，不允许每层放水；

(2) 每层最大放水流量 2.5L/s，放水量按 0.25L/s 递增或递减；

(3) 放水为长流水、恒定流，由水泵直接供水，保持流量稳定，用玻璃转子流量计计量放水量；

(4) 所有存水弯水封深度均为 50mm；

(5) 压力测试点在排水横支管上，距离立管 450～600mm，放水楼层不考察压力和水封损失；

(6) 压力采集时间间隔为 50ms、500ms；

(7) 在进行正式测试前必须进行系统气密性试验，发现渗漏处及时处理，保证系统无渗漏以确保测试结果准确、可靠；

(8) 判定标准既按±400Pa 压力控制，同时也按剩余水封深度不小于 25m 控制，简称压力、水封深度双控制，同时满足压力波动和水封损失两项要求的排水流量即为系统最大排水能力。

2. 协会标准《住宅生活排水系统立管排水能力测试标准》CECS 336：2013

该《标准》适用于住宅等居住类建筑（包括公寓，有专用卫生间的宾馆客房、医院病房、养老院住房等）的重力流生活排水系统采用定流量法进行的测试。

测试项目为系统流量测试和压力测试。工程现场当采用定流量法测试有困难时，也可采用器具流量法，但要求系统测试前应进行气密性试验，以保证测试结果正确。

排水测试塔建筑高度要求不低于 30m，排出管长度不小于 8m，存水弯和地漏的水封深度应为 50mm，地漏水封储水容积不小于 165mL（DN50）、330mL（DN75）、565mL（DN100）。气压测试仪表采用压力变送器。

流量测试采用定流量法，测试流量为恒定流。流量测试时，从顶层开始放水，逐层向下每层放水量不大于 2.5L/s（一个大便器和一个其他卫生器具的流量），按 0.25L/s 递增或递减，本层达到 2.5L/s 后，保持该流量值，再转向下层放水。放水位置在排水横支管始端，采用淹没注水或密闭注水方式。流量测试数据采集时间应为 200ms。

判定标准按管内压力值判定，排水管内最大压力值不大于 400Pa，最小压力值不小于 −400Pa。当按压力值判定有困难时，也可按存水弯水封剩余水深或水封损失值判定，其判定标准为存水弯水封剩余水深不小于 25mm，或水封损失不大于 25mm。

测试结果用于工程设计折减系数分水质折减系数和系统立管高度折减系数。在编制过程中也曾考虑过管材折减系数、测试方法折减系数和判定标准折减系数三项，但后来定稿时测试方法折减系数和判定标准折减系数未予以考虑。该标准也曾想列入流速测试、通气量测试和泡沫液测试，后因条件不具备，未能列入。

由于该《标准》测试方法便捷，重现性好，便于进行系统排水性能研究测试和产品研发测试，测试结果用于工程设计安全可靠，是目前使用较为普遍的生活排水系统立管排水能力测试标准。

该《标准》经过六年多来的应用实践，2019 年已进行第一次修订。修订版 T/CECS 336：2019 根据近年来实验研究成果，进一步完善标准中水封测试等相关内容。本次修订的主要技术内容有：

（1）常流量法改为定流量法，断面积比改为水封比；

（2）流量、压力测试改为排水能力测试；

（3）增加重力注水装置、注水持续时间、漏斗形水塞、低通滤波等术语；

（4）补充完善测试装置对伸顶通气管和通气帽的要求；

（5）强调重力式注水，增加水封自动补水设施的规定；

（6）取消测试装置中 P 型 DN75 存水弯的设置；

（7）测试装置的地漏明确为测试专用地漏，并附图说明；

（8）强调测试过程中不得出现漏斗形水塞和 H 管件返流现象；

（9）补充规定测试数据记录设备应具备 4Hz 低通滤波性能；

（10）补充规定测试塔可配置动态水封损失及水封固有振荡频率测试装置；

（11）对测试条件作了更为明确具体的规定；

（12）删除第 7 章折减系数；

（13）修改补充测试报告栏目和测试报告相关内容。

3. 欧洲模式定流量测试法

欧洲定流量测试法采用由顶层开始逐层递减的放水方式。吉博力（上海）房屋卫生设备工程技术有限公司在欧洲进行过排水流量测试，基本情况介绍如下：

1）欧洲测试记录

测试塔高度：23.5m（相当于 8 层住宅）；

排水总流量：8.7L/s；

每层流量分配：顶层 2.5L/s（8 层），以下楼层逐层递减分别为 2.0L/s、1.5L/s、1.0L/s、0.8L/s、0.7L/s；

排水立管：dn110 高密度聚乙烯（HDPE）排水管；

水封深度：160mm，水封损失不大于 40mm。

2）上海测试记录

同济大学水力实验室按欧洲模式定流量法对吉博力公司苏维托单立管排水系统进行过排水流量测试，有关测试情况如下：

排水管材：dn110 高密度聚乙烯（HDPE）排水管；

测试方法：恒定流；

每层流量分配：15 层 2.0L/s、14 层 1.5L/s、13 层 1.0L/s、6～12 层（3.3/7）L/s、1～5 层不放水；

排水流量：共计 7.8L/s。

该测试数据（7.8L/s）与欧洲测试数据（8.7L/s）较为接近，差别主要是由于测试塔高度、测试仪表、判定标准差异所致。另外楼层流量分配有很大的随意性，这也会影响测试结果，但也有其共同点，如：

（1）各层或多层放水；

（2）各层放水流量自上而下递减；

（3）每层最大放水流量不大于 2.5L/s；

（4）常流量，长流水，测试方法属于定流量法。

欧洲模式测试方法较贴近生活实际，符合多层排水，而各层排水流量又是各不相同的特点。但其最大缺陷是各层排水流量分配存在较大的随意性，没有可以遵循的明确规律，因此测试结果难有可比性。

也有观点认为，欧洲模式测试方法是器具流量法（瞬间流量法），这是一种误解，欧洲模式测试方法也是定流量法，只是不同于日本模式的定流量法。

4. 日本模式定流量法

日本模式定流量法在日本空气调和卫生工学会协会标准《公寓住宅排水立管系统排水能力试验方法》SHASE—S218—2014（上一版本为 HASS 218—2008）中有明确规定。

1）该测试方法的特点是严苛了排水条件

（1）住宅实际排水情况为变流量，而测试按定流量、长流水进行；

（2）住宅实际是每层都有可能排水，而测试采用建筑物上部几层排水，因为上层排水对排水立管排水能力影响较大，最为不利；

（3）日常生活中住宅实际是各层排水量为任意数值，而测试按住宅每层两个最大的排水器具流量值 2.5L/s 考虑。

这三项措施大大强化了排水条件，按此流量测试通过的排水系统可以放心用于实际工程，因为它涵盖了系统可预见的水封损失风险。这种方法在其他标准中也能见到，如我国现行行业标准《建筑同层排水部件》CJ/T 363—2011 对壁挂式大便器进行荷载试验时，荷载值为 4kN；而实际使用时，人体的重量不可能达到这一数值，这也是强化测试条件的做法。

2）日本模式定流量法的具体做法

（1）自上而下放水；

（2）每层最大放水流量 2.5L/s，放水量按 0.25L/s 递增或递减；

（3）水流为长流水、恒定流；

（4）存水弯水封深度 50mm，压力控制 $\pm40mmH_2O$（$\pm400Pa$），水封损失控制在 25mm。

有人认为日本模式定流量法源自日本的生活方式，根据 SHASE-S218 标准起草人大冢雅之教授介绍，日本测试标准采用定流量法的原因是：因为相同压力和流量下，定流量的水封损失更大，是一种对水封保护更为不利的流态，其测试方法的实质和目的是用一种合理的、可行的和对系统水封安全更有保障的方法以确定排水立管的最大排水能力。

5. 定流量法测试条件

1）排水持续时间的影响

有试验证实，在整个持续放水过程中，因为压力的波动会造成水封的惯性晃动导致水封存水逐渐损失，而压力波动幅度在整个过程中表现均衡、直到水封失效。但对以水封损失值作为判定条件进行测试时，排水持续时间对水封损失值有较大的影响，但对立管内压力波动几乎没有影响。因此，对于相同的某个测试流量而言，瞬间流法和定流量法测得的压力波动幅值是相近的，但定流量法的水封损失值却要大很多。可见不同的排水持续时间在以水封损失值作为判定标准条件下，对测试结果都会有较大的影响。

2）数据采集精度的影响

有观点认为测试数据采集精度越高，捕捉到瞬时压力峰值的几率就越大，压力波动表现越明显，测试到的压力极限值越高。由于我们测试的目的是要取得与水封损失相关的压力值。不同的水封具有自己的固有振荡频率，只有与水封振荡产生谐振的压力波动频率，才会造成水封振荡损失。高于水封固有振荡频率的瞬间压力峰值不会造成水封振荡损失。如果采用较小的数据采集间隔，会造成压力测试值"虚高"的现象，使其与水封损失值对应关系失真。

目前常用结构水封的固有振荡频率一般在 2～3Hz 之间，按《住宅生活排水系统立管排水能力（定流量法）测试标准》T/CECS 336：2019 规定采集间隔精度为 200ms，依此采集的压力测试数据与水封损失值具有更为接近的等量对应关系。为了确保测试结果更为准确，测试系统设置了对测试数据进行 3～4Hz 的低通滤波处理功能，滤除异常的压力峰值。

8.2.2　器具流量法

一直以来，器具流量法是卫生器具排水特性研究人员常用的试验方法，即针对建筑排水系统中经常使用的大便器、洗脸盆、浴盆、家用洗衣机、厨房洗涤槽、洗手盆等卫生器具的排水特性（清水，不含污物），并以存水弯水封为对象进行试验研究的。

从单个或多个卫生器具排水试验情况看，这种测试方法符合人们日常用水习惯。通过测试，可以了解器具排水对系统压力及水封损失的影响。

但从整个排水立管系统角度，要通过器具流量法了解各楼层不同卫生器具以不同的方式排水对系统的影响，往往比较困难。单个排水器具，通常认为因坐便器瞬间排水流量较大，会产生较高的压力波动峰值，对系统造成较大的影响。但从整个排水立管系统来看，排水流量较小而排水持续时间较长的卫生器具排水，往往会在有较多楼层的建筑排水立管系统中形成长时间，且流量较大的汇合流，这种汇合后的长流水往往会比流量较大的单一器具瞬间流更容易造成系统水封破坏。

器具流量法的排水试验是基于存水弯不破封（包括水封中有气泡从存水弯出口一侧贯穿流向入口一侧的状态）为条件的。

器具流量法根据卫生器具不同的排水方式分为：用于排水时间较短的器具排水瞬间流量法，用于排水时间较长的器具排水长流水法以及两者组合的混合排水测试方法。

1. 器具流量法的特点

1）探求最大汇合流量时的排水特性。当有多个卫生器具排水时，根据不同排水器具采用不用的排水方式，以使其汇合后的排水流量最大。

2）排水横支管的管道形态可以是任意的。即管道长度、水平转弯，以及特殊接头水流入口的数量可以任意配置。这是因为一般建筑中卫生器具的设置状况多种多样。如果从卫生器具到排水立管的管道长度较长时，流入排水立管的水流特性将会随着管道长度的不同而发生改变，得到不同的测试结果。

3）由于测试结果会受到卫生器具排水水流特性的影响，所以需要确定卫生器具的排水特性，测试卫生器具的排水量和排水所需要的时间。

4）测试时的排水方式具有多样性。

当测试多个卫生器具排水时，必须是每个卫生器具都在排水，以使其汇合后的排水流量最大。因此，根据卫生器具排水方式的不同分为：

（1）瞬间流量法——用于排水时间较短的卫生器具排水测试；

（2）长流水法——用于排水时间较长的卫生器具排水测试；

（3）混合排水法——用于排水时间较短和排水时间较长的排水器具混合排水测试。

5）测试项目是横支管内的压力和水封损失。

如：日本标准规定：相同条件下至少测试三次，并且不得对水封进行补水。

6）排水方法分为时间差排水和同时排水。

（1）瞬间流量法——采用时间差排水。时间差排水的时间长度取决于卫生器具到达排水立管的管道长度，以及排水立管相邻楼层的排水横支管之间的垂直距离。须根据系统管道配置情况，通过反复试验确定管内压力达到最大时的时间差。然后再进行最大汇合流量测试。

（2）长流水法——采用同时排水。选择浴盆和家用洗衣机等排水流量大、排水时间长的卫生器具同时排水，待排水流量稳定后进行测试。

（3）混合排水法——采用时间差排水和同时排水的混合排水方式。选择排水时间较短的卫生器具按照时间差排水和排水时间较长的卫生器具按照同时排水的混合排水方式进行测试。

7）有测试时间的规定。

（1）瞬间流量法——通过预先试验确定管内压力达到最大时的各楼层及各种卫生器具排水时间差，然后再测试系统最大汇合流量。

（2）长流水法——观测时间通常为40～60s（日本测试标准规定为40s）。

（3）混合排水法——按长流水法的观测时间。

8）有排水器具组合限制的规定。

考虑一个住宅单元可假定的最大排水负荷。如日本测试标准规定：同一楼层上的测试用卫生器具的最大数量为两个。

在我国，器具流量法通常根据测试场所和测试条件分工程现场测试和测试塔测试两种。工程现场测试基本上都是采用同时排水方式进行测试，而测试塔测试可以通过设计不同的时间差排水方式进行测试。

器具流量法最早应用在业已建成的工程中对排水系统进行流量实测。中国最早的测试对象是北京"前三门"高层住宅工程的苏维托特殊单立管排水系统和湖南省长沙市芙蓉宾馆的旋流器特殊单立管排水系统，测试方法是每个楼层有一位测试人员，建筑物外有一位负责人统一发布口令或作出手势，测试人员按指令统一操作，同时开启大便器冲洗水箱按钮，向排水系统放水，实测排水立管的压力值和流量值。这种测试方法的缺点是显然的，测试人员操作时的动作会有先后，手在按钮的停留时间也会有长短差异，这势必直接影响到测试结果的准确性。解决的办法是采用智能化自动控制统一动作以减少人为误差。

2. 同时排水方式器具流量法

同时排水方式也称长流水法或长流量法，是用于排水时间较长的卫生器具排水测试的。测试时每层排水横支管管材相同、管径相同、管道坡度相同、管道长度相同、放水流量相同、放水位置相同，并采用规定的排水时间，使各楼层排水水流可在立管中形成最大汇合流。当用于排水时间较短的卫生器具（如坐便器1.5L/s）排水时，各楼层排水特性相同；当上层水流到达本层立管与横支管交汇处时，本层水流也同时到达下层交汇处。不同楼层水流在不同楼层同时进入排水立管，这就有可能出现一种现象，即不同楼层水流很有可能不会完全相遇和交汇。对排水立管而言，每一楼层管段并非以上楼层的最大汇合流量，立管内气压变化也非各层最大汇合流量作用下出现的结果，而立管总流量则是各层排水流量的总和。这样会出现测试的楼层越高，排水总流量就越大，但测不出排水立管真正的排水能力，其测出的排水流量值明显偏大。因此，器具流量法的同时排水方式通常只限用于排水时间较长的卫生器具排水流量测试。

3. 时间差排水方式器具流量法

时间差排水方式也称为瞬间流量法，是用于排水时间较短的卫生器具排水测试的。先要通过反复试验找出上、下楼层排水流量交汇时管内压力达到最大时的时间差。各楼层依次按排水时间差从顶层向下依次排水，使水流在立管形成最大汇合流。此时，测得的立管内气压变化是最大汇合流量作用下出现的结果。

这种测试方法存在的问题是：

1）排水时间差不是一个定值，它与立管内的水流速度紧密相关。同等流量下的立管内水流速度与排水量、立管管径、楼层立管管段长度、立管垂直度、立管管材粗糙度（如铸铁管和塑料管）、立管内壁结构（如光壁管、内螺旋管和加强旋流器单立管）等因素密切相关。因此，下落水流速度差异很大，采用统一的时间差，测试结果会产生较大的偏差；找出不同排水立管最大汇合流量交汇时间差，工作量更是巨大。

2）时间差排水测得的是立管某一截面处的瞬时最大汇合流量，与工程设计在选定管径时的系统排水秒流量计算不具有对应性。

3）依据时间差排水方式测得的最大汇合流量无法确定生活排水系统立管的最大排水能力。因此，无法将测试结果纳入规范条文以确定排水立管最大排水能力值。目前，《住宅生活排水系统立管排水能力测试标准》CJJ/T 245—2016 中瞬间流法也只是测试最大汇合流量和最小汇合流量，立管最大排水能力如何确定并没有明确。

4. 混合排水方式器具流量法

当排水时间长的卫生器具和排水时间短的卫生器具混合排水时，可以认为在包括排水时间短的器具排水在内的排水结束时，管道内出现了压力峰值。其排水方法是排水时间长的卫生器具按同时排水方式排水，排水时间短的卫生器具按时间差排水方式排水。总的排水时间按照同时排水方式的时间。

5. 器具流量法的主要研究成果

器具流量法更多的是用于各种卫生器具排水特性及其对系统排水性能影响的研究试验。多年来各国研究人员对这种试验方法的研究付出了巨大的努力，但由于其方法复杂繁琐，测试结果重现性差，不同管材系统测试结果可比性差，测试结果不便于系统及产品排水性能试验数据的对比分析，使其一直未能在工程设计实践中得到应用。

值得庆幸的是，器具流量法的大量试验研究成果，使我们对不同排水方式对立管系统排水性能的影响有了更为清晰的认知，也为立管排水能力实测法的技术进步奠定了基础。其主要成果有三项：

1）卫生器具排水在立管的最大汇合流量下，立管管内可出现最大的压力极限峰值；

2）在相同压力和流量下，排水持续时间较长的排水方式造成的系统水封损失更大；

3）较大排水汇合流量下较长排水持续时间的排水方式是影响系统水封损失的最不利排水工况，从而为定流量法的创立奠定了基础。

随着欧洲、日本等国学者试验研究的深入，人们更多的了解到不同水流形态对系统压力及水封具有不同的影响。在此基础上，一种测试恒定流这种系统最不利流态对系统压力及水封影响的测试方法成为当今发达国家的主流，这就是定流量法。

8.3 排水实验塔

8.3.1 国内排水实验塔

1. 我国无排水实验塔时期的测试方式

我国原先没有排水实验塔，要进行排水测试，只能采用以下方式：

1）在已建工程中去测。如早期的苏维托系统、旋流器系统都是在已经建成的工程中测试的。前者在北京前三门高层住宅工程测试；后者在长沙芙蓉宾馆测试。这类测试往往受工程具体条件限制，同时只能采用器具流量法测试。

2）在实验室测试。如湖南省建材研究设计院理化楼采用的特殊管件环流器、环旋器的流量测试，就是在清华大学给水排水实验室进行的。

3）临时搭建测试装置进行测试。如同济大学环境工程学院研究生张晓燕所进行的排水系统压力测试研究课题，就在学校本部留学生楼临时搭建的排水测试装置中测试。

4）到国外测试。如吉博力（上海）贸易有限公司的苏维托系统曾在欧洲的排水实验塔进行过测试；沈阳平和实业有限公司的内螺旋管系统、积水（上海）国际贸易公司的AD型系统都曾在日本的排水实验塔进行过测试。国外测试也能得出有效的测试结果。不足的是测试采用的方法是国外的测试方法，采用的管材、管件也是国外的，管道连接方式采用的是国外连接方式，如双立管排水系统排水立管与通气立管的连接采用结合通气管连接方式。这些和国内测试不尽相同。

由此可见，排水系统的测试项目需要在排水实验塔进行测试，而在很长的一段时间里，我国没有排水实验塔。

2. 我国现有的排水实验塔

改革开放以后，尤其是2003年我国从日本引进AD型特殊单立管排水系统以后，为了验证特殊单立管排水系统的排水能力，迫切需要建立我国的排水实验塔，这就有了第一座正规意义的排水实验塔——湖南大学排水实验塔。位于岳麓山下湖南大学土木工程学院的这座实验塔受环境条件限制，高度不算很高，布局也稍感局促，但十几年来先后对伸顶通气立管排水系统、专用通气立管排水系统、特殊单立管排水系统（包括内螺旋管系统、苏维托系统和加强型旋流器系统）等进行过无数次测试，取得了丰硕成果，解决了多年来未能解决的排水系统技术难题。如排水铸铁管的立管排水能力大于塑料管的立管排水能力，再譬如有的特殊单立管排水系统的立管排水能力会大于专用通气立管排水系统立管排水能力，这也是以前没能想到的。又如在排水立管大偏置情况下采用辅助通气管具有改善系统通气性能的作用等。湖大塔大量的试验测试数据，为协会标准《住宅生活排水系统立管排水能力测试标准》CECS 336：2013的制订提供了科学的依据。令我们感到欣慰的是，截至目前，我国已有排水实验塔五座，遍及全国各地，按建造的时间先后顺序分别为：

（1）湖南长沙湖南大学排水实验塔，34.75m高；

（2）上海嘉定吉博力排水实验塔，30m 高；

（3）山西高平泫氏排水实验塔，60m 高；

（4）广东东莞万科排水实验塔，122m 高；

（5）山东临沂庆达排水实验塔，112m 高。

3. 湖南大学排水实验塔

湖南大学排水实验塔（见图 8-2）是我们国内第一个真正意义上的排水实验塔，是在国内相关企业的支持下，利用湖南大学土木工程学院实验楼原有建筑空间在 2009 年改建的一个专门用于做排水试验的实验塔，塔高 34.75m，测试楼层 12 层，最大测试流量 10L/s。

湖南大学排水实验塔为我国建筑排水系统立管排水能力测试方法的研究开展了大量的实验工作，第一次对我国现有各种管材、不同系统的立管排水能力进行了全面系统的测试，并承担了诸多企业的立管排水能力测试任务，取得了丰硕的研究成果：

1）在湖南大学排水实验塔试验研究成果的基础上，制订了我国第一部《住宅生活排水系统立管排水能力测试标准》CECS 336：2013。

2）对不同材质、不同系统结构排水立管系统排水能力有了更清晰的了解。

3）发现同一类系统（如苏维托系统）、不同企业产品立管排水能力有很大差异。

4）进一步验证了铸铁管排水能力大于塑料管、排水测试高度与流量的关系。

5）为在我国进一步开展建筑排水系统排水能力测试研究积累了经验。

4. 泫氏排水实验塔

泫氏排水实验塔（见图 8-3）是山西泫氏实业集团 2013 年建成的国内专门用于建筑排水系统等比例模拟试验装置。旨在为国内建筑排水行业及排水管材生产企业提供一个建筑排水技术研究、系统验证及产品研发测试的公共技术服务平台。2015 年以此为基础，成立了中国建筑学会建筑给水排水研究分会下属的建筑排水管道系统技术中心实验室，配备 8 名专职实验人员长年从事试验测试工作。

图 8-2　湖南大学排水实验塔　　　　　图 8-3　泫氏排水实验塔

自 2014 年以来，泫氏排水实验塔为行业、设计院所、大专院校及兄弟企业在标准制订、系统测试、特殊系统验证、产品研发等方面开展了各种试验共 7000 多次，取得了一大批试验研究成果，成为我国建筑排水行业的公共测试服务平台和产学研基地。

泫氏排水实验塔是目前国内测试装备水平较为先进、测试手段较为完备的建筑排水系统排水能力测试的专用试验装置。

1）泫氏排水实验塔技术参数

总建筑面积：1500m²；

实验塔塔高：60m（20层）；

有效测试高度：54.6m；

测试楼层：18层；

楼层高度：3m。

2）泫氏排水实验塔测试系统

泫氏排水实验塔实现了测试全过程集中控制和自动运行（见图 8-4），采用系统压力、水封液位及流量三种测试数据同步采集，全过程试验数据实时显示、记录及存储，现场及水封远程监视，水封自动补水（见图 8-5）。大大提高了试验效率，避免人为因素容易出现的试验误差。

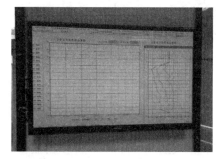

图 8-4 泫氏排水实验塔测试控制中心及试验数据实时显示

图 8-5 测试现场、水封远程监视及水封自动补水装置

3）数据传输系统

所有试验楼层测试现场均设有压力、液位计、流量测试数据传输接口各 10 组，可满足住宅及公共建筑排水系统各种试验项目多数据传输的需求（见图 8-6）。

4）供水系统

采用高位水箱和最大 40L/s 泵供流量设计。可满足最大 80L/s 持续 6min 的试验用水需求。各楼层设置了流量可控的试验放水口和被测水封自动补水装置。

5）测试系统楼层管道安装固定支架

设置有系统排水立管专用安装支架（见

图 8-6 试验现场压力、液位计、流量测试数据传输接口

213

图 8-7），确保不同被测系统处于同一安装条件，避免人为因素造成测试数据偏差。

6）动态水封测试系统

自主研发的国内首台动态水封损失测试模拟试验台（见图 8-8），可进行水封动态损失及立管系统压力波动频率特性测试。为系统测试提供可靠数据，避免人为偏差。

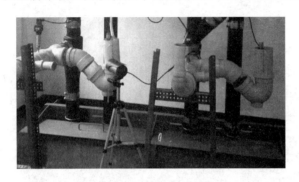 

图 8-7　被测立管专用固定支架　　　　　图 8-8　动态水封损失测试模拟试验台

5. 吉博力排水实验塔

吉博力排水实验塔位于上海市嘉定区吉博力公司，塔的高度为 30m。塔体进行了隔声、降噪处理。在此基础上，以吉博力公司作为挂靠单位，成立了全国建筑排水系统技术研发中心，进行过系统测试的项目主要有：

1）节水型卫生器具排水横管在不同管径下的污物输送距离（见表 8-11）；

坐便器污物输送距离测试结果（m）　　　　表 8-11

水箱容量（L）	横管坡度（‰）	$dn90$	$dn110$
9		20.50	16.45
6	1.0	17.30	9.36
4.5		7.75	2.68
9		15.44	13.58
6	0.5	10.17	7.40
4.5		5.43	0.60

2）排水立管终限理论的验证；

3）排水系统孔板和苏维托减压装置减压效果对比试验；

4）虹吸式屋面雨水排水系统在虹吸负压条件下，雨水斗泄流量测试。为《虹吸式屋面雨水排水系统技术规程》制订，提供了试验依据。

6. 同济大学排水实验塔

同济大学排水实验塔是利用该校留学生楼室外疏散楼梯临时搭建的，共 12 层，层高 2.8m。2004～2005 年，同济大学环境科学与工程学院研究团队开展了以测试排水系统压力变化为课题的试验研究工作。试验取得如下成果：

1）排水系统的气密性应引起重视，气密性较差时会直接影响测试结果。

2）在排水系统中地漏水封最容易破坏。水封除水封深度外，还应有水封容量要求。

3）影响排水立管压力变化的因素有：排水负荷、通气量、出水管坡度、出水口状态及进水位置等。

4）水封保护措施：（1）减小排水管系内压力波动；（2）保证水封深度；（3）保证水封容量，尤其是地漏水封；（4）水封进出口断面面积比应合理。

5）排水设计对策：（1）限制排水流量，工程设计时，不按排水系统排水立管的最大通水能力设计，适当留有余地；（2）加强通气，尽量少设或者不设不通气立管；（3）可以安装吸气阀进行辅助通气，不宜对吸气阀进行封杀；（4）避免淹没出流。

7. 万科排水实验塔

万科排水实验塔位于广东东莞万科集团，塔高 122m，是目前国内外最高的排水实验塔（见图 8-9）。承担了为国家标准《建筑给水排水设计规范》GB 50015—2003 修订所进行的采用器具流量法进行的立管排水能力测试、为行业标准《住宅生活排水系统立管排水能力测试标准》CJJ/T 245—2016 制订所进行的试验研究工作。同时也为国家住宅与居住环境工程技术研究中心的排水系统科研项目开展测试工作。

8. 国内其他排水实验塔

除上述实验塔外，还有位于山东临沂市的庆达塔，塔高 112m，目前仅用于进行建筑排水系统演示，尚未开展试验及测试工作。

8.3.2 国外排水实验塔

1. 日本排水实验塔

日本有 4 座排水实验塔：弁管塔、三菱塔、积水塔和八王子塔（见图 8-10）。东京八王子排水实验塔为钢结构，塔高 108m，共 36 层。

图 8-9　万科排水实验塔　　　图 8-10　东京八王子排水实验塔

多年来，日本在建筑排水技术方面做了大量细致的试验研究工作，他们的试验成果给了我们诸多启示：

1）日本在制订《公寓住宅排水立管系统排水能力试验方法》SHASE-S218 标准过程中，为确定测试方法进行了大量的试验研究工作。根据排水立管在同等流量和极限压力下，定流量排水方式的水封损失远大于瞬间排水的试验结果，确认长流水是对系统水封保护最不利的排水方式。据此确定日本测试标准的测试方法采用定流量法。

2）日本标准测试方法采用从顶层放水，由上而下，每层最大排水量 2.5L/s。这种不同于欧洲的强化放水量的定流量测试方法，使其测试结果可涵盖立管系统的最不利状态，测试结果用于工程设计，可确保排水系统更为安全。

3）从对水封进行的大量试验研究可以看到，他们对水封动态性能进行了较为深入的试验研究。确定了水封在 ±400Pa、最大固有振荡频率时的动态水封损失为 25mm，而不是静态水封损失的 20mm。同时，根据最大固有振荡频率确定了对压力测试数据进行低通滤波的频率值（3Hz），使测试标准更为细致、科学、严谨。

4）铸铁管和塑料管立管排水能力不相等，和我国《建筑给水排水设计规范》GB 50015—2019 条文规定不一致，相同排水系统的铸铁排水管的立管排水能力大于塑料管。

5）立管排水能力不是一个定值，随着建筑高度的增加，排水立管的排水能力逐渐递减。所以，实验塔测试结果用于工程设计时需要考虑建筑高度折减系数。

6）普通内螺旋管和加强型内螺旋管的立管排水能力不同（螺距长短是决定因素）。

7）横支管与立管汇合管件是否扩容，对立管排水能力有较大影响。

2. 欧洲排水实验塔

对于欧洲排水实验塔的情况，我们至今了解不多，所能了解的只是其排水试验方法。其立管排水能力测试也是采用定流量法，但具体做法不同于日本和我国，且采用 160mm 深水封。尽管也是从实验塔顶层放水，但采取顶层最大排水量为 2.5L/s，由上往下逐层减小排水量的方式。同样的排水系统，采用欧洲测试方法，测得的排水流量略大于我国。

8.4　建筑排水实验研究成果

8.4.1　湖南大学排水实验塔主要试验研究成果

1. 排水立管试验装置的测试研究

以七层 PVC-U 排水试验装置作为试验研究对象。七层储水箱放水进入排水管道系统，模拟系统最不利情况下的集中排水流量，采用压力变送器来测量系统内压力变化的瞬时值和最大值，使用玻璃水位计来测量存水弯内水封液位变化数值。主要进行以下三个方面的试验研究并得出结论：

1）排水管道系统内压力波动研究。试验中发现，排水管道系统中压力是随时波动变化的，是较接近于不规则正弦曲线的脉动压力。在较短的时间段内（比如几秒），脉动压力围绕着平均值上、下波动。但是，随着排水时间的延长，脉动压力平均值在不停地变换，比较难求出排水过程中的精确的脉动平均值，只能从实际所得压力图形中估计出某一小段时间内的脉动压力平均值。

2）静态蒸发和动态排水对水封的影响。存水弯静态蒸发的主要影响因素是温度和相对湿度。在长沙地区，冬季水封蒸发损失小于夏季，甚至远小于北京地区 1989 年冬季测得的 2mm/d。存水弯动态排水水封损失主要影响因素是正压喷溅和负压抽吸。正压很难使水从存水弯上肢（排水器具排水管接入端）排出。但是，正压和负压交替变化频率很快，造成存水弯内水封剧烈波动，水能从存水弯下肢中溢出。而排水过程中的脉动负压抽吸是导致存水弯动态水封损失的主要因素。脉动压力造成的水封损失往往较脉动平均值要小得多。具体原因有两点：一是脉动压力波动频率较高，被抽吸的水没有足够的时间从排水横支管中排走；二是随着时间的推移和抽吸次数的增加，造成水封进一步损失所需要的负压值会越来越大。

3）对排水系统进行不同工作状态的模拟试验，得出如下结论：

（1）排水立管在伸顶通气和专用立管通气条件下，排水负荷和立管中压力成正比。

（2）排水立管在伸顶通气和专用立管通气条件下，存水弯水封损失也随着排水负荷的增大而增大。而且，随着排水次数增多，存水弯水封损失会进一步增加。

（3）淹没出流不论在伸顶通气系统还是在专用通气立管系统条件下，都会对排水系统造成很大冲击，排水立管中的压力值往正压方向显著偏移，底部主要以正压喷溅形式造成水封破坏。

2. 排水立管压力对水封影响的试验研究

以七层 PVC-U 排水试验装置作为试验研究对象。主要进行以下三方面的试验研究：

第一，稳定压力下 PVC-U 排水横支管压力波动的模拟试验；

第二，对 PVC-U 排水系统进行不同的工作状态下的模拟试验；

第三，一次放水和多次连续放水存水弯水封损失的试验。

通过试验，得出以下结论：

1）排水立管内正、负压区理论：大量试验发现，排水立管内压力变化是一个动态过程，存在明显的正、负压区；立管上部为负压区，立管下部为正压区。

2）PVC-U 排水管系内压力波动：排水管道系统中压力是时刻变化的，较接近于不规则的正弦曲线，是一种脉动压力。压力最大值和最小值持续时间很短，只有 0.00625s，对水封影响很小。脉动压力平均值采用的是压力极值附近 1s 时间内的压力平均值，其对水封的影响更大。因此，用脉动平均值压力曲线来表示排水立管内的压力变化更能反映其与水封损失的对应关系。

3）不管在何种通气条件下，各层横支管上的存水弯离立管越远，存水弯水封损失受立管气压波动的影响越小。第六层横支管的压力衰减随流量的增加呈增大的趋势，其压力损失大小随横支管的长度大约成正比。$dn110$ 普通伸顶通气单立管排水系统第六层横支管的压力损失不超过 $28mmH_2O$。

4）排水立管在伸顶通气和专用立管通气条件下，系统中存水弯水封损失随着排水负荷的增加而增大。随着排水次数的增多，存水弯的损失会增加。当存水弯水封每一次补水后，随着放水次数的增加，每次水封损失逐渐减小，直到水封水位不再变化。

3. 建筑排水立管通水能力试验研究

本试验在湖南大学十二层排水实验塔进行，主要进行以下三个方面的试验研究：

第一，标准管件 PVC-U 单立管、双立管排水系统的通水能力试验；

第二，特殊单立管排水系统的通水能力试验；

第三，按照日本《集合住宅排水立管系统给的排水能力测试方法》SHASE 218—2008 标准试验。判定条件：压力波动不超过 $\pm400Pa$；水封损失不大于 25mm。

试验得到如下结论：

1）PVC-U 伸顶通气 $dn110$ 单立管排水系统的通水能力为 2.5L/s，存水弯水封损失均小于 25mm。此值比《建筑给水排水设计规范》GB 50015 允许的最大设计通水能力小。

2）漩流降噪特殊单立管排水系统、CHT 特殊单立管排水系统、铸铁苏维托单立管排水系统和 HDPE 苏维托单立管排水系统的最大排水能力，比 PVC-U 伸顶通气单立管和专用通气立管排水系统有明显的提高。

3）日本从 1999 年开始制定有关排水系统排水能力测试的标准，经过十年的发展，其《标准》对排水能力测试的规定详细而具体，值得我们学习和借鉴。

4）采用定流量法，以气压波动±400Pa 和水封损失 25mm 为判定标准，测试各排水系统的实际排水能力，改变了以往采用终限理论确定的排水立管排水能力的局限性，既具有理论意义，又具有实用价值。

4. 伸顶通气单立管、特殊单立管及铸铁专用通气立管系统排水能力影响因素试验研究

本研究在湖南大学十二层排水试验塔进行，试验采用定流量法。通过试验确定 PVC-U 伸顶通气单立管、特殊单立管及铸铁专用通气立管等排水系统的压力变化、存水弯水封损失与排水量的关系。试验得出如下结论：

1）大半径变径弯头能有效解决伸顶通气单立管、特殊单立管及铸铁专用通气立管系统底部壅水问题，提高水流转弯处的流速和减小壅水高度，保证了底部排水和气流通畅，有效消减了底层存水弯的正压喷溅，避免存水弯出现冒泡现象。弯头半径的大小和是否扩径是影响系统最大正压的重要因素。

2）排水系统内部气压波动幅度和水封损失程度随排水负荷增加而加大，水封损失曲线和最小（负压）气压波动曲线变化趋势基本一致，水封损失的程度取决于系统内负压的大小。

3）特殊接头的结构形式、设置方式、组合方式及与其相连接管材的粗糙度等是影响特殊单立管排水系统排水能力的主要因素。特殊单立管排水系统的最优组合是：上部采用铸铁管，每层设置铸铁特殊接头，下部采用大半径变径弯头，这种特殊单立管排水系统的排水能力达到 9.5L/s。其排水能力较 PVC-U 伸顶通气单立管排水系统提高了 280%，较 PVC-U 专用通气立管提高了 58.33%。

4）对于铸铁特殊单立管排水系统：

（1）上部特殊接头采用旋流和扩容结构，排水能力可提高 25%；

（2）每层设置特殊接头的系统其排水能力优于隔层设置的排水系统，排水能力较后者提高 72.72%；

（3）大半径变径弯头对于排水能力受正压限制的系统效果明显，平均正压削减程度均在 50% 以上；

（4）同等条件下，采用铸铁管材的特殊单立管排水系统的排水能力最好，较 PVC-U 光壁管提高了 28.67%，较 PVC-U 螺旋管提高了 35.71%。管材内壁的粗糙度是影响排水能力的重要因素；

5）相同的排水负荷下，底部排出管扩径能有效减缓铸铁专用通气立管系统内部的正压波动，正压最大削减幅度达到 59.64%，减小系统的水封损失，提高系统整体的排水能力 8%；

6）加大排水立管通气量能最大限度地减少最低横支管接入立管底部的垂直距离，且不会造成底部卫生器具正压喷溅。采用 H 管件的铸铁专用通气立管系统，底层横支管可以直接接入排出管，不需要做单独排出。最低排水横支管接入立管的垂直距离不再成为底层是否要单独排出的制约条件。

本研究的许多结论已经被山西泫氏塔实验验证，说明定流量法具有很好的重现性。

5. 旋流三通结构对单立管系统排水能力的影响试验研究

本试验在湖南大学十二层排水实验塔进行，试验采用定流量法，分别对下列不同结构的旋流三通进行排水能力测试，并对测试结果进行对比分析：

1）整体扩容旋流三通单立管排水系统与局部扩容旋流三通单立管排水系统进行排水能力测试和对比分析。

2）导流叶片角度为 25°、30°、35°的旋流三通单立管排水系统进行排水能力测试和对比分析。

3）导流叶片数量为 1 片、2 片、4 片的旋流三通单立管排水系统进行排水能力测试和对比分析。

另外，还对一个应用了旋流三通特殊单立管排水系统的工程应用案例进行了分析研究。

4）试验研究结论如下：

（1）旋流器单立管排水系统具有排水能力大、节约管材、减少投资、缩短工期、安装维护方便、节能降噪等诸多优势，具有广泛的发展前景。

（2）局部扩容旋流三通单立管系统的排水能力为 7.5L/s，整体扩容为 8.5L/s，排水能力比前者提高 13.3%。旋流三通扩容有助于提高单立管系统的排水能力。

（3）旋流三通内部含有 4 个导流叶片，叶片角度为 25°的旋流三通单立管系统排水能力为 9.0L/s，叶片角度为 30°的为 9.5L/s，叶片角度为 35°的为 8.0L/s。本试验测得单立管系统的旋流三通内部导流叶片角度为 30°时排水能力最大。

（4）当采用角度为 30°导流叶片的旋流三通时，1 个叶片的旋流三通单立管系统排水能力小于 6.5L/s，2 个叶片的为 7.0L/s，4 个叶片的为 9.5L/s。导流叶片数量影响单立管系统的排水能力。

6. 特殊单立管排水系统水力工况数值模拟与实验研究

1）研究内容：

（1）铸铁专用通气立管排水系统通气立管和排水立管采用 H 管件每层连接和隔层连接通水能力测定及压力波动分析。

（2）利用 CFD 软件分别对上述两个系统进行数值模拟，并建立系统的物理模型。采用定常流放水，设置 FLUENT 求解参数，模拟出系统每层排水横支管的压力云图、水相的体积分数图、各组分的流线图等，并与测试数据和排水理论做对比。

（3）系统中管件对系统排水能力的影响：① 铸铁专用通气立管排水系统立管的横支管采用 45°斜三通及 45°弯头连接，过渡圆角对局部区域涡流的影响；② 排水立管底部 90°弯头对排水横干管水流和空气流态的影响以及对底部立管的压力影响；③ H 管连接位置对系统管内压力的影响。

2）试验研究结论：

（1）铸铁专用通气立管系统经过流量测试以及 CFD 数值模拟均证实了排水立管在高度方向存在正、负压分区，存在动态零点。立管上部以负压为主，立管下部以正压为主。但是，由于通气立管的存在，聚集在下部立管的气体及时向通气立管疏散，但依然可以从底部几层排水横支管看出正压依旧占主导地位。

（2）铸铁专用通气立管系统 H 管每层连接的测试和数值模拟得出的通水能力分别为

9.0L/s、8.0L/s，隔层连接的测试和数值模拟得出的通水能力分别为 6.5L/s、6.0L/s。不论是测试，还是数值模拟，都显示 H 管每层连接比隔层连接通水能力大 38%左右。

（3）排水横支管上曲率半径为 102mm 的 45°弯头比未经任何处理的钝角焊接弯头湍流动能要小得多，且在一大段区域内空气涡流比较均匀，强度也相应减弱。

（4）立管与底部排水横干管采用普通 90°变径弯头连接时，立管底部一段区域内为正压；当更换为 90°大半径（曲率半径 405mm）变径弯头时，该段区域转为负压。说明大半径弯头出口流速较高，夹带了更多的空气排出，使立管底部呈负压波动状态。

（5）专用通气立管排水系统中，H 管的设置位置和底部 90°大半径弯头可以根据各自的作用以及实际情况配合使用，以达到最好的排水效果。

7. 综合以上研究可以得出以下结论：

1）定流量法用于排水系统实验，实验条件苛刻，实验结果用于工程实践安全可靠。

2）排水系统立管楼层越高，排水能力越低；7 层 PVC-U 单立管排水系统比规范值大，12 层 PVC-U 单立管排水系统比规范值小。

3）存水弯水封距离立管越远，受立管压力波动影响越小。压力波动需要持续相当的时间对水封才有影响，这是定流量法测试结果用于工程实践安全性的依据。多次排水对水封累积影响有一个极值。

4）普通排水系统立管上部是负压区，立管底部会受正压影响，特别是淹没出流工况下正压很大，水封会受到正压破坏。但对于特殊单立管排水系统，立管压力不一定是这样，也许所有楼层都是正压（或者负压）。

5）底部排出管变径可以影响系统压力波动，排水顺畅时系统负压增加，正压减小。

8.4.2　泫氏排水实验塔试验研究成果

1. 泫氏排水实验塔部分排水系统排水能力测试成果

自 2014 年起，泫氏排水实验塔依据《住宅生活排水系统立管排水能力测试标准》CECS 336：2013 和《住宅生活排水系统立管排水能力测试标准》CJJ/T 245—2016 定流量法对多种排水系统的排水能力进行了测试，本手册汇集部分测试成果（见表 8-12）供大家参考。

泫氏排水实验塔部分排水系统排水能力测试成果　　　　　　表 8-12

序号	排水系统名称	立管材质	排水立管口径 DN	伸顶通气立管口径 DN	专用通气立管口径 DN	立管管件	底部弯头	排出管口径 DN	最大排水流量（L/s）	备注
1	伸顶通气立管	铸铁管	100	100	—	90°顺水三通	3D 异径弯头	150	3.5	
2		铸铁管			—		4D 弯头	100	3.5	
3		铸铁管	150	150	—		DN150 长弯头	150	6.6	
4		铸铁管	100	100	—	45°顺水三通	3D 异径弯头	150	3.5	
5		铸铁管	100	100	—	旋流三通	4D 弯头	100	4.4	

续表

序号	排水系统名称	立管材质	排水立管口径 DN	伸顶通气立管口径 DN	专用通气立管口径 DN	立管管件	底部弯头	排出管口径 DN	最大排水流量 (L/s)	备注
6	专用通气立管	铸铁管	100	100	100	90°顺水三通	3D 异径弯头	150	9.0	每层 H 管
7		铸铁管					3D 异径弯头	150	11.0	每层防返流 H 管
8		铸铁管					4D 弯头	150	11.0	
9		铸铁管					双 45°弯头	150	7.5	每层结合通气管
10		铸铁管					3D 异径弯头	150	9.0	
11		铸铁管					双 45°弯头	150	9.0	每层结合通气管，通气立管连接在排出管上
12		铸铁管					3D 异径弯头	150	13.0	
13		铸铁管				45°顺水三通	3D 异径弯头	150	9.0	每层 H 管
14		铸铁管					3D 异径弯头	150	10.5	每层 H 管，通气立管连接在排出管
15		铸铁管				旋流三通	3D 异径弯头	150	12.0	每层 H 管
16	专用通气污废分流立管	铸铁管	100	100	100	90°顺水三通	3D 异径弯头	150	12.0	每层 H 管，2 楼乙字弯偏置
17		铸铁管			100	90°顺水三通	3D 异径弯头	150	7.0	
18		铸铁管			150	90°顺水三通	3D 异径弯头	150	12.0	每层 H 管，伸顶透气扩为 DN150
19		铸铁管			100	90°顺水三通	3D 异径弯头	150	7.5	隔层 H 管
20	特殊单立管	铸铁管	100	100	—	GB 型加强旋流器	3D 异径弯头	150	11.5	
21		铸铁管			—		3D 弯头	100	11.0	
22		铸铁管			—		双 45°弯头	100	10.5	
23		铸铁管	100	100	—	旋流苏维托	3D 异径弯头	150	8.5	
24		PP 单螺旋管	dn110	dn110	—	加强旋流器	宏添异径弯头	dn160	12.5	
25		PP 单螺旋管			—		3D 异径弯头	dn160	13.0	
26		HDPE			—	旋流苏维托	双 45°弯头	dn160	8.0	立管卡箍接口
27		HDPE			—		3D 异径弯头	dn160	8.0	
28		HDPE			—		双 45°弯头	dn160	8.5	立管电熔接口
29		HDPE			—		双 45°弯头	dn160	8.5	立管电熔接口排出管偏心变径
30		HDPE			—		双 45°弯头	dn160	4.5	立管热熔对接、排出管铸铁渐变变径
31	专用通气特殊立管	铸铁管	100	100	100	GB 型加强旋流器	3D 异径弯头	150	19.0	每层 H 管

续表

序号	排水系统名称	立管材质	排水立管口径 DN	伸顶通气立管口径 DN	专用通气立管口径 DN	立管管件	底部弯头	排出管口径 DN	最大排水流量 (L/s)	备注
32		PVC-U 内螺旋管	100	100	100	加强旋流器	抗冲击弯头	dn160	11.0	每层 H 管
33		PVC-U 内螺旋管				加强旋流器	抗冲击弯头	dn160	20.0	每层旋流 H 管
34		HDPE				旋流苏维托	3D 异径弯头	dn160	12.5	每层 H 管，通气立管接在排出管上，管径 dn110
35		HDPE				旋流苏维托	3D 弯头	dn160	12.5	
36	专用通气特殊立管	HDPE				旋流苏维托	3D 异径弯头	dn160	12.5	每层 H 管，通气立管接在排出管，管径 dn75
37		HDPE	dn110	dn110	dn110	旋流苏维托	3D 异径弯头	dn160	12.0	通气立管连接在排出管，通气管径 dn50
38		HDPE				旋流苏维托	3D 弯头	dn110	9.0	每层 H 管，通气立管连接在排出管，通气管径 dn110
39		HDPE				旋流苏维托	3D 异径弯头	dn160	11.0	每层 H 管
40		HDPE				旋流苏维托	3D 弯头	dn110	7.5	
41		铸铁管	100	100	100	90°顺水三通		150	17.0	通气和排水立管双伸顶，每层结合通气，通气立管接排出管
42	环形通气	铸铁管	100	100	100	90°顺水三通	3D 异径弯头	150	15.0	排水立管接通气立管伸顶，每层结合通气，通气立管接排出管
43		铸铁管	100	100	100	90°顺水三通		150	12.5	通气立管接排水立管伸顶，每层结合通气，通气立管接排出管

续表

序号	排水系统名称	立管材质	排水立管口径 DN	伸顶通气立管口径 DN	专用通气立管口径 DN	立管管件	底部弯头	排出管口径 DN	最大排水流量 (L/s)	备注
44	自循环通气立管	铸铁管	100	—	100	90°顺水三通		150	2.0	每层结合通气，通气立管底部与一层排水立管连接（常规方式）
45		铸铁管	100	—	100	90°顺水三通	3D异径弯头	150	6.0	每层结合通气，通气立管底部与一层排水立管及排出管连接
46		铸铁管	100	—	100	90°顺水三通		150	6.5	每层结合通气，通气立管底部与排出管连接
47	带吸气阀系统	铸铁管	100	100	—	45°顺水三通		150	6.5	伸顶通气立管2、15楼加吸气阀
48		铸铁管	125	125	—	加强旋流器	90°长弯头	125	>18	加强旋流器系统加吸气阀，未达最大排水流量

注：为泫氏排水实验塔测试结果，塔高 60m，测试层 18 层。依据《住宅生活排水系统立管排水能力测试标准》CECS 336：2013 和《住宅生活排水系统立管排水能力测试标准》CJJ/T 245—2016 定流量法测试。

2. 排水立管中的"漏斗形水塞"现象及其对系统排水能力的影响

排水立管中的"漏斗形水塞"现象是泫氏排水实验塔在大量试验研究过程中的一项重要发现。它揭示了一种由立管内壁结构变化在立管中形成的漏斗形水流现象。这种漏斗形水流会在立管正常排水时堵塞管道内的空气通道，造成管内水流压力波动值和水封损失增大，大幅降低立管排水能力。

1）"漏斗形水塞"现象的发现

（1）在进行排水能力测试时发现，同样材质管材的排水系统，当管材和管件因壁厚不同存在内径差，并在内壁形成环状凸出结构时，其排水能力会大幅下降（见表 8-13），最大降幅达到 65%。当 HDPE 管材的苏维托系统立管采用热熔对接焊接，其内壁存在环状凸起的熔融凝固物时，其排水能力也比卡箍接口和电熔管箍接口的同一系统降低 47%（见表 8-14）。

立管管材与管件不同壁厚差排水能力测试结果对比表　　　　表 8-13

序号	系统名称	实验塔		直管、管件型号及壁厚差异			最大排水能力		说明
		名称	楼层数（层）	直管	管件	壁厚差异	最大排水流量 (L/s)	降低率	
1	GB型(原GY型)单立管系统、4D大半径异径弯头	泫氏塔	18	W型	W型	≤1mm	11.5	0%	管材管件内径相同
2		泫氏塔	18	W1型	W型	≥1mm	8.5	26%	管材管件内径不同
3		湖大塔	12	W型	W型	≤1mm	10	13%	管材管件内径相同，达实验塔最大放水能力
4		万科塔	33	W1型	W型	≥1mm	4	65%	管材管件内径不同

HDPE 管材苏维托单立管系统不同接口方式排水能力测试结果对比表　　表 8-14

序号	系统名称	实验塔		接口连接方式及内壁凸出高度		最大排水能力		说明
		名称	楼层数（层）	接口连接方式	壁厚差异	最大排水流量（L/s）	降低率	
1	HDPE 管材苏维托单立管排水系统	泫氏塔	18	不锈钢卡箍	≤1mm	8.5	0%	
2		泫氏塔	18	电容管连接	≤1mm	8.5	0%	
3		泫氏塔	18	热熔对接焊	≥3mm	4.5	47%	接口内壁凸出环状积存物

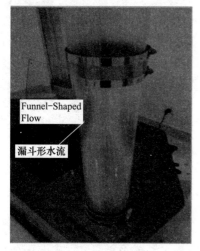

图 8-11　模拟试验的"漏斗形水塞"现象

（2）模拟水流试验发现"漏斗形水塞"（见图 8-11）

当用不锈钢卡箍连接的透明立管，密封胶圈肋筋受挤压在管内壁呈环状凸起时，沿着管内壁下落的附壁水流，会在这个部位向管中心偏移，形成一个持续的漏斗形水流。由于这种流态阻塞了立管空气通道，故将其定名为"漏斗形水塞"现象。

（3）模拟试验证实"漏斗形水塞"现象对系统排水能力的影响

分别对 5 个内壁平滑和存在 1mm 环状凸出结构的排水系统立管排水能力进行测试对比。结果显示（见表 8-15），"漏斗形水塞"对各种排水系统都会造成不同程度的排水能力下降，最大降幅为 47.8%。即便是铸铁专用通气立管系统，最大降幅也达到了 33.3%。

漏斗形水塞现象对立管系统排水能力影响对比试验结果　　表 8-15

项目序号	立管系统配置	最大流量（L/s）		流量降低率	同等流量的水封损失值（mm）		说明
		无凸环	有凸环		无凸环	有凸环	
1	GB 型加强旋流器特殊单立管、底部 3D 大半径异径弯头、排出管 DN150	11.5	6.5	43.5%	—	—	
2	GB 型加强旋流器特殊单立管、底部 4D 大半径异径弯头、排出管 DN150	11.5	6	47.8%	—	—	
3	GB 型加强旋流器特殊单立管、底部 2.5D90°弯头、DN100×DN150 变径管、排出管 DN150	12	6.5	45.8%	7.8	17.4	7L/s 时的平均水封损失值
4	专用通气双立管系统、每层三通上方设 H 通气管，底部 3D 大半径异径弯头、排出管 DN150	7.5	5	33.3%	14.7	18.7	6L/s 时的平均水封损失值。有凸环系统 5.5L/s 时，水封损失超过了 25mm。无凸环系统 8L/s 时，水封损失超过了 25mm

续表

项目序号	立管系统配置	最大流量（L/s）		流量降低率	同等流量的水封损失值（mm）		说明
		无凸环	有凸环		无凸环	有凸环	
5	专用通气双立管系统、每层三通上方设 H 通气管，底部 3D 大半径异径弯头、排出管 DN150	9.5	7	26.3%	20.3	32	7.5L/s 时的水封损失值。有凸环系统 7.5L/s 时，水封损失超过了 25mm
	平均值	10.4	6.2	39.4%			

注：试验目的：验证排水立管内壁凸出环状结构对系统排水能力的影响。

试验方法：选取五个排水立管系统，分别测量各系统在有凸环和无凸环状态下，以每层放水 2.5L/s，测量 ±400Pa 范围内的最大流量，进行数据对比分析。

试验装置：泫氏排水实验塔，18 层。凸环设置：每层加强旋流器上下立管接口各设置一个凸环，18 层楼共 36 个。凸环在管内壁凸出高度 1mm。

（4）"漏斗形水塞"形成机理

根据康达效应（Coanda Effect，亦称附壁作用）理论：流体（水流或气流）有离开本来的流动方向、随着曲率平滑改变的凸出物体表面流动的倾向（见图 8-12a），这就是排水立管内会形成附壁水流的缘故。但当物体表面曲率发生突变时，流体会沿曲率最大点的切线方向偏移，脱离附着物体的表面。

正常情况，排水立管内水流是以附壁流形态下落的。当管材内壁存在曲率突变的环状凸出结构时，分布在立管内壁四周的附壁水流便会改变方向，向管道中心偏移，这样就形成了漏斗形水流（如图 8-12b）。

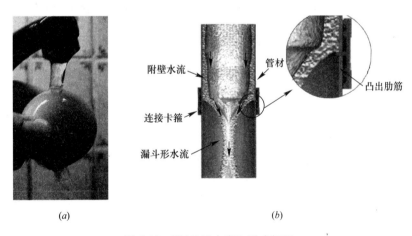

（a）　　　　　　　　　　　　（b）

图 8-12　"漏斗形水塞"形成机理

（a）水流的附壁效应；（b）"漏斗形水塞"水流形态

（5）"漏斗形水塞"形成与排水流量的关系

进一步试验发现，DN100 立管内壁存在环状凸出结构时，排水流量在 1.4～5.5L/s 之间，都出现了漏斗形水流（图 8-13）。即只要立管内存在附壁流，不论流量大小，都可能出现"漏斗形水塞"现象。

流量Flow Rate：1.4L/s　　流量Flow Rate：2.8L/s　　流量Flow Rate：4.2L/s　　流量Flow Rate：5.5L/s

图 8-13　不同排水流量下的"漏斗形水塞"的水流形态

（6）"漏斗形水塞"的上下区域存在压力差

如图 8-14 所示，由于水流下落时上部气流受阻及下部空气被水流夹带，在"漏斗形水塞"上、下区域存在明显的压力差。试验显示：在 4.2L/s 排水流量下，"漏斗形水塞"部位上、下空气压差超过 10mmH$_2$O。这说明"漏斗形水塞"封闭了立管内通气截面，阻碍了管内气流的流动，增大了管内压力的波动。

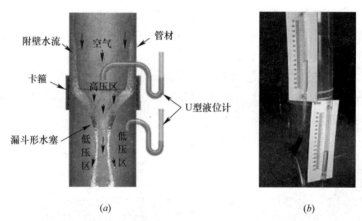

(a)　　　　　　　　　　　　　　　　*(b)*

图 8-14　"漏斗形水塞"上下区域存在明显的压力差
(a) 试验方案示意图；*(b)* 试验实拍照片

（7）"漏斗形水塞"形成与环状凸出结构形状的关系

分别模拟迎水角度 90°、45°和 30°的三种环状凸出结构（见图 8-15）的立管进行水流形态对比试验发现：如图 8-16 实拍试验照片所示，立管内壁不同迎水角度的环状凸出结构均可形成的"漏斗形水塞"，只是漏斗形水流的长度有所改变而已。

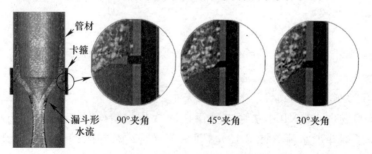

图 8-15　三种不同迎水角度的环状凸出结构

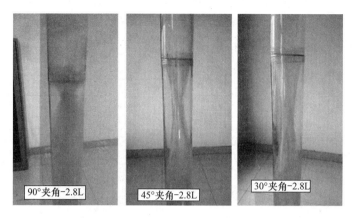

图 8-16　不同迎水角度的环状凸出结构形成的漏斗形水流形态

2)"漏斗形水塞"现象产生的原因

（1）管材、管件因壁厚或内径不同存在内径差，在接口处形成立管内壁环状凸出结构（如图 8-17），由此造成的"漏斗形水塞"现象较为普遍。

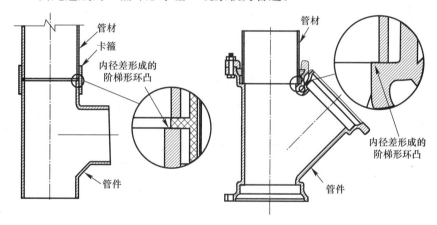

图 8-17　管材、管件内径差形成的环状凸出结构

（2）部分柔性卡箍接口铸铁排水立管的密封胶圈尺寸设计不合理，安装后造成胶圈肋筋挤压后凸出管内壁，形成环状凸出结构（如图 8-18）。

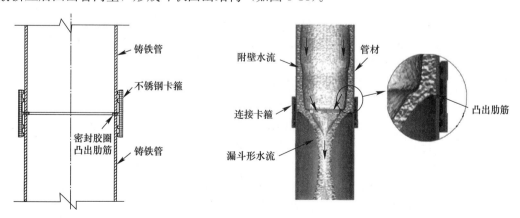

图 8-18　密封胶圈挤出形成的环状凸出结构

227

（3）HDPE 塑料管道当采用热熔对接焊时，在立管内壁焊缝处形成的环状凸出积存物（如图 8-19），凸出高度有时甚至达到 2～3mm。

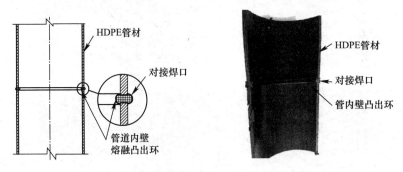

图 8-19　塑料管内壁焊缝处形成的环状凸出积存物

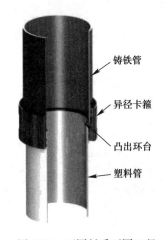

图 8-20　不同材质不同口径尺寸管材连形成的环状凸出结构

（4）不同材质不同口径尺寸管材连接，当内径较小的管材处于下端时，接口处也会形成的立管内壁环状凸出结构（见图 8-20）。

3）"漏斗形水塞"现象对建筑排水系统的影响

"漏斗形水塞"现象会使排水系统压力波动增大，造成水封破坏和卫生间返臭。它对建筑排水系统的影响有如下特点：

（1）形成于排水立管中。会在立管中每个接口部位出现，且数量相对固定。

（2）楼层越高，接口越多，"漏斗形水塞"的数量越多，排水能力的降幅越大。因此，"漏斗形水塞"对超高层建筑排水系统影响更大。

（3）在系统流量很小时也会出现。在正常设计排水流量范围内，也可能会出现水封的破坏。

（4）在整个排水过程中持续出现，对水封作用时间长，影响远大于"水舌"作用。

（5）会使系统压力规律性波动，易与水封振荡产生谐振，水封损失要高出一倍多。

（6）是与立管内结构形状相关的固有水流形态。一旦形成，其影响将"终生相伴"。

4）"漏斗形水塞"现象的预防措施

预防"漏斗形水塞"形成，关键是消除立管内壁的环状凸出结构，通常措施如下：

（1）同一系列管材、管件产品标准应遵从同壁厚、同内径的原则。在生产制造过程中也应尽可能将内径偏差控制在±1.0mm 的范围。

（2）热熔对接的塑料排水立管宜采用热熔承插或电熔管箍接口连接方式，若采用热熔对接焊接，应采取措施，消除内壁环状凸出积存物。

（3）卡箍接口的铸铁排水立管应选用尺寸合理的密封胶圈，确保胶圈密封肋筋凸出管内壁高度不超过 0.5mm。

（4）应避免在同一根排水立管上采用接口下方管内径小于上方管内径的管材或管件。

3. 加强型旋流器单立管排水系统立管偏置对排水能力的影响

在建筑排水系统中由于建筑结构或系统设计的原因，特殊单立管排水系统常常会出现排水立管偏置设计的问题。本试验针对 GB 型铸铁加强型旋流器单立管排水系统的 9 种偏置接管方式进行排水能力测试，与无偏置系统进行对比，为系统设计提供参考。

1）试验方法

偏置部位分别设在 3 层与 6 层的楼层，偏置距离分别采用 1m 和 2m。分别测试 9 种偏置横管接管方式（如图 8-21 及表 8-16）和偏置尺寸的排水能力，与未偏置时系统 11.5L/s 的排水能力进行对比。

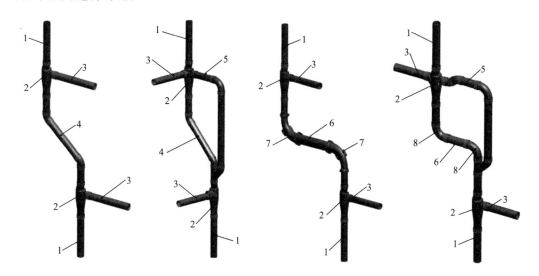

图 8-21　常见的立管偏置接管型式

1—排水立管；2—加强旋流器；3—排水横支管；4—倾斜横干管；5—辅助通气管；
6—水平横干管；7—大半径异径弯头；8—大半径弯头

GB 型加强旋流器特殊单立管排水系统立管偏置排水能力试验结果汇总表　表 8-16

序号	立管偏置方式	偏置距离（m）	偏置楼层	偏置横干管管径 DN	无偏置时最大排水能力（L/s）	偏置后最大排水能力（L/s）	偏置后排水能力降低率	排水能力偏置折减系数
1	横干管 45°倾斜连接	1	3	100		6.5	43.5%	0.57
2	横干管 45°倾斜连接	1	6	100		6.5	43.5%	0.57
3	横干管 45°倾斜连接+辅助通气	1	3	100		7.3	36.5%	0.63
4	横干管 45°倾斜连接+辅助通气	1	6	100		7.3	36.5%	0.63
5	横干管水平偏置方式+辅助通气	2	3	100	11.5	5	56.5%	0.43
6	横干管采用 45°弯头扩径至 DN150 水平偏置方式	2	3	150		8.4	27.0%	0.73
7	横干管采用 45°弯头扩径至 DN150 水平偏置方式	2	6	150		9	21.7%	0.78
8	横干管采用 3D 大半径异径弯头扩径水平偏置方式	2	3	150		8.4	27.0%	0.73
9	横干管采用 3D 大半径异径弯头扩径水平偏置方式	2	6	150		8.5	26.1%	0.74

2）试验结果分析及结论（见表 8-16）

（1）特殊单立管排水系统立管不论采取何种偏置型式，其排水能力均会有所下降。

（2）由于偏置时系统主要以正压破坏水封的，因此，偏置楼层越高，排水能力下降幅度越小。

（3）增设辅助通气管，排水能力下降幅度会明显减少。

（4）DN100 立管偏置横干管采用扩径至 DN150 时，排水能力降幅会明显减少，效果最佳。原因是采用扩径，增大了横干管的排水当量。

3）工程设计中应注意的问题

（1）优先选择排水能力较大的特殊单立管排水系统，为偏置设计留出较大余地。

（2）选择对排水能力影响较小的偏置方式。

（3）增加辅助通气管可降低排水能力下降幅度。

（4）采用大半径弯头和横干管扩径措施，可降低水流壅塞。

（5）在立管偏置部位的上两层和下两层卫生间采用深水封存水弯和防返溢地漏。

（6）有条件情况下可模拟偏置设计方案进行排水能力验证测试。

（7）立管偏置设置时，偏置后的排水能力也可采用折减系数的方法进行简易估算。当偏置测试实验塔高度低于设计楼层时，所选系统排水能力 Q 可按下列公式估算：

$$Q \geqslant \frac{设计排水流量}{高度折减系数 \times 偏置折减系数}$$

注：高度折减系数按《加强型旋流器特殊单立管排水系统技术规程》CECS 307：2012 选取；偏置折减系数可按表 8-16 选取，无数据时可采用实测数据。

4. 加强旋流器单立管排水系统底层排水横干管偏置对排水能力的影响

本试验针对 GB 铸铁加强型旋流器单立管排水系统立管底层排水横干管不同偏置形式进行排水能力测试，与无偏置系统进行对比，以便为系统设计方案选择提供参考。

1）试验方法

测试偏置距离大于等于本层层高时的 5 种偏置横干管接管方式（如图 8-22 和表 8-17）的排水能力、偏置距离小于本层层高时的 3 种偏置横干管接管方式（如图 8-23 和表 8-17）的排水能力，分别与未偏置时系统 11.5L/s 的排水能力进行对比。

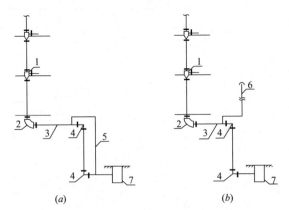

图 8-22　偏置距离大于等于本层层高时的横干管接管方式

（a）设辅助通气管；（b）设地面辅助通气管

1—加强旋流器；2—立管底部弯头；3—偏置横干管；4—偏置干管弯头；

5—辅助通气管；6—地面辅助通气管；7—检查井

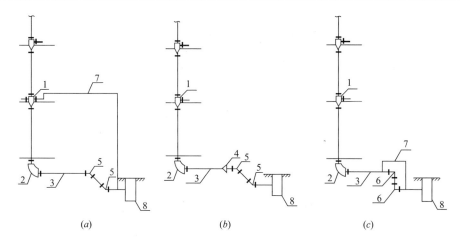

图 8-23　偏置距离小于本层层高时的横干管接管方式

（a）45°倾斜加辅助通气；（b）扩径 45°倾斜；（c）90°水平扩径加辅助通气

1—加强旋流器；2—立管底部弯头；3—偏置横干管；4—变径管；5—45°弯头；

6—90°弯头；7—辅助通气管；8—检查井

2）试验结果分析及结论（见表 8-17）

（1）当底层偏置距离大于等于本层层高时，采取在排出管上增加辅助通气管，水平偏置横干管及排出管同时扩径的方案，对系统排水能力影响较小，甚至可基本保持不变。

（2）当底层偏置距离大于等于本层层高时，水平偏置，采取在排水横干管上增加地面辅助通气管的方案，不论横干管和排出管是否扩径，都不会影响系统排水能力。因为，气体排出已不受排出管的影响了。

（3）当底层偏置距离小于本层层高时，采用扩径 45°倾斜偏置或扩径 90°水平偏置加辅助通气，均可使排水能力降幅最低，或保持不变。

GB 加强型旋流器特殊单立管排水系统底层排水干管

偏置排水能力试验结果汇总表　　　　　　　　　表 8-17

序号	立管偏置方式	偏置方式图例	偏置横干管管径 DN	无偏置时最大排水能力（L/s）	偏置后最大排水能力（L/s）	偏置后排水能力降低率	排水能力偏置折减系数
一	偏置距离大于等于本层层高的横管接管方式						
1	$DN100$ 横干管水平偏置＋辅助通气＋$DN100$ 排出管	图 8-22（a）	100	11.5	6	47.8%	0.52
2	$DN100$ 横干管水平偏置＋辅助通气＋$DN150$ 扩径排出管		100		8	30.4%	0.70
3	$DN150$ 横干管水平偏置＋辅助通气＋$DN150$ 扩径排出管		150		11	4.3%	0.96
4	$DN100$ 横干管水平偏置＋地面辅助通气＋$DN100$ 排出管	图 8-22（b）	100		11.5	0.0%	1.00
5	$DN150$ 横干管水平偏置＋地面辅助通气＋$DN150$ 扩径排出管		100		11.5	0.0%	1.00

续表

序号	立管偏置方式	偏置方式图例	偏置横干管管径 DN	无偏置时最大排水能力（L/s）	偏置后最大排水能力（L/s）	偏置后排水能力降低率	排水能力偏置折减系数
二	偏置距离小于本层层高的横管接管方式						
1	$DN100$ 横干管 45°倾斜偏置＋辅助通气＋$DN100$ 排出管	图 8-23 (a)	150		8.5	26.1%	0.74
2	横干管扩径至 $DN150$＋45°倾斜偏置＋$DN150$ 排出管	图 8-23 (b)	150	11.5	10.3	10.4%	0.90
3	横干管扩径至 $DN150$ 水平偏置＋辅助通气＋$DN150$ 排出管	图 8-23 (c)	150		11	4.3%	0.96

3）底层排水干管偏置设计时应注意的问题

（1）底层排水干管偏置设计时，宜采用偏置横管和排出管扩径及设置辅助通气管的接管方式。

（2）当所选系统排水能力有足够余量时，可采用偏置横管和排出管扩径、不设辅助通气管的敷设方式。可节省安装空间，适用于不便敷设辅助通气管的部位。

（3）有条件的情况下，在偏置下落弯头前设置地面辅助通气管（如图 8-22b），可完全避免偏置对系统排水能力的影响。

（4）当所选偏置设置型式会降低系统排水能力时，设计排水能力中应考虑偏置的折减因素。

5. 专用通气立管系统采用乙字弯偏置（消能）对排水性能的影响

本试验的目的是要验证采用乙字弯进行偏置或消能设计对系统排水能力的影响，以及探索改善措施。

1）试验方法

分别测试图 8-24 所示的系统三种工况排水能力进行对比分析。

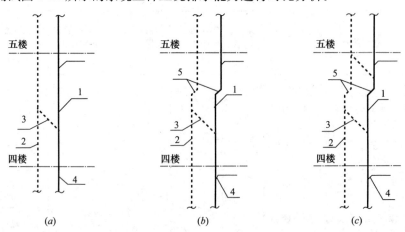

图 8-24　立管乙字弯偏置排水能力对比测试工况

(a) YZW 1 工况；(b) YZW 2 工况；(c) YZW 3 工况

1—排水立管；2—专用通气立管；3—防返流 H 管件；4—T 三通；5—乙字弯管

2）试验结果分析及结论（见表 8-18）

（1）铸铁专用通气立管排水系统在立管设置乙字弯，会大幅降低系统排水能力。

（2）在乙字弯上方楼层可能会出现极限正压超限，下方楼层可能会出现极限负压超限。

（3）在乙字弯偏置部位上、下楼层加装防返流 H 管件，可使排水能力降幅减小，使系统排水性能得到改善。

铸铁管专用通气立管排水系统乙字弯偏置排水能力测试结果对比表　　　　表 8-18

工况	排水立管管径（mm）	通气立管管径（mm）	工况安装说明	最大排水能力（L/s）	排水能力降低率	排水能力折减系数
YZW 1	100	100	标准防返流 H 管	11	0%	1.00
YZW 2	100	100	在 YZW 1 工况基础上，4 楼 T 三通上方安装乙字弯，产生偏置	6.5	41%	0.59
YZW 3	100	100	在 YZW 2 工况基础上，乙字弯上方、5 楼横支管 T 三通下方加装 1 个防返流 H 管	8.5	23%	0.77

3）系统偏置设计时应注意的问题

（1）优先选择排水能力较大的系统，为偏置设计留出较大余地。

（2）双立管系统如需偏置设置，排水能力设计应考虑偏置折减的因素。

（3）乙字弯偏置部位的上、下楼层宜加装防返流 H 管件或结合通气管，以减小偏置对系统的影响。

（4）乙字弯偏置部位的上、下两至三层卫生间建议采用和防返溢地漏深水封存水弯，提高抵抗水封破坏的能力。

（5）铸铁排水立管不建议采用乙字弯消能，如需要可采用带导流叶片的消能管件。

6. 不同底部弯头及不同配置方式的对比试验

排水立管底部弯头是整个排水系统的重要节点，立管内的下落水流及其裹挟的气流要经过此排出，水流经历了一个竖直方向的速度急剧减速至零和水平方向的速度从零开始加速的过程，或称水流的势能完全向动能的转变过程。由于水流流经弯头时的水平加速初速度较低，当出现流量较大的连续排水时，进入横干管前一段的水流会呈现较高的充满度（或称水跃），这有可能阻塞排出管上部的排气通道。本试验验证两个 45°弯头和 90°弯头出现水跃现象的可能性及对系统排水能力的影响。

1）试验方法

分别选择 GB 型加强旋流器特殊单立管排水系统底部弯头及排出管四种配置方案测试最大排水流量和极限压力变化。观察定流量下，六种底部弯头及排出管配置方式透明排出管内水流流态状况。

2）试验结果、分析及结论（见表 8-19 和图 8-25）

（1）立管底部同样采用双 45°弯头，排出管未扩径比扩径时的系统极限正压平均高出 1～2 倍。排出管扩径可有效降低立管底部正压，防止卫生间喷溅返臭。

（2）同样采用排出管不扩径，立管底部采用 3D 弯曲半径 90°弯头时，平均极限正压仅为双 45°弯头的约三分之一。说明双 45°弯头出口水流速度低于 3D 弯曲半径 90°弯头，其性能不能等同于"弯曲半径 4 倍管径的 90°弯头"。

（3）同样采用排出管扩径，3D 弯曲半径的 90°弯头仍可以获得较高的出口水流速度。说明采用弯曲半径较大的 90°弯头和排出管扩径，可提高自清流速，并避免立管底部正压喷溅。

GB 型特殊单立管系统不同底部弯头配置排水流量及

平均极限压力测试结果汇总表　　　　　　　　　　表 8-19

序号	底部弯头配置方案		测试项目	单位	立管排水流量（L/s）						
					8.5	9	9.5	10	10.5	11	11.5
1	方案 1	DN 100 双 45°弯头 ＋DN 150×DN 100 变径 ＋DN 150 排出管	P_{max}	Pa	121.67	125.67	138.33	121.67	123.67	129.33	113.00
2			P_{min}	Pa	−143.00	−128.00	−145.00	−156.33	−183.00	−205.67	−193.67
3	方案 2	DN 100 双 45°弯头 ＋DN 100 排出管	P_{max}	Pa	230.33	226.33	239.67	235.67	282.00	272.67	396.33
4			P_{min}	Pa	26.33	−31.00	−66.33	−111.00	−63.00	−54.00	−62.00
5	方案 3	DN 100×90°3D 弯头 ＋DN 150×DN 100 变径 ＋DN 150 排出管	P_{max}	Pa	50.00	38.67	27.67	42.33	63.00	9.67	12.33
6			P_{min}	Pa	−173.00	−211.33	−190.67	−259.67	−275.00	−281.67	−282.67
7	方案 4	DN 100×90°3D 弯头 ＋DN100 排出管	P_{max}	Pa	86.33	88.67	109.33	93.33	90.67	74.00	110.67
8			P_{min}	Pa	−143.67	−184.00	−210.00	−217.33	−269.67	−217.67	−238.67

（注：测试项目列合并"系统平均极限压力值"）

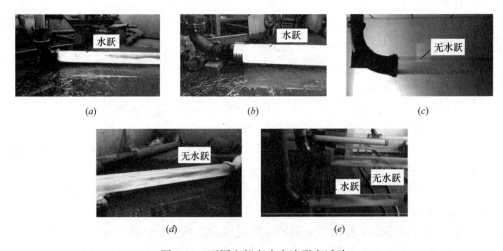

（a）　　　　　　　　（b）　　　　　　　　（c）

（d）　　　　　　　　（e）

图 8-25　不同底部弯头水流形态试验

（a）扩径＋双 45°弯头；（b）双 45°弯头＋扩径；（c）3D 半径 90°异径弯头；

（d）4D 半径 90°异径弯头；（e）双 45°和 3D90°弯头不扩径

（4）通过透明排出管水流形态可以看到，同样为排出管扩径结构，采用双 45°弯头连接，均出现了明显的水跃现象，且排出管内水流充满度较高。而立管底部采用弯曲半径 3 倍或 4 倍管径的 90°弯头，未产生水跃现象，水流充满度较低。试验说明：底部弯头较大的弯曲半径和连续平滑的曲线形状，有利于消除水跃，降低充满度，提高排出管自清流速，防止堵塞。

（5）排出管均采用不扩径，相同排水流量下，采用双 45°弯头，出现了明显的水跃现象。说明立管底部 3D 弯曲半径 90°弯头出口流速明显高于采用双 45°弯头。

(6) 如图 8-26 所示，当同一排水系统采用不同底部弯头配置方式，其系统最大流量时的极限压力曲线分布会发生改变。说明不同立管底部弯头配置方案对系统极限压力分布具有重要影响。通过调整立管底部弯头的配置，可以改善不同系统的排水性能，从而获取排水能力最大的系统配置方案。

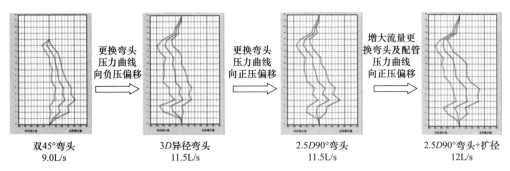

| 双45°弯头 | 3D异径弯头 | 2.5D90°弯头 | 2.5D90°弯头+扩径 |
| 9.0L/s | 11.5L/s | 11.5L/s | 12L/s |

图 8-26　不同立管底部弯头配置对系统极限压力分布的影响

3）工程中应注意的问题

(1) 排水系统立管底部弯头宜采用弯曲半径不小于 3 倍管径的 90°弯头。

(2) 立管底部采用大半径 90°弯头加排出管扩径，有利于降低立管底部正压，并可兼顾提高排出管自清流速，防止堵塞。

(3) 从下列能量方程式可以印证试验结果：同样流速 V_t 的立管水流，流经底部弯头的出口流速 V_d 只与弯头的弯曲半径（R_x、R_d）有关，弯曲半径越大，出口流速越高。

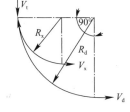

例：当忽略摩擦阻力时，按照图 8-27：

水流流经弯头能量等式为　$\dfrac{1}{2}mV_t^2 + mgR_d = \dfrac{1}{2}mV_d^2$

得出弯头出口流速公式为　$V_d = \sqrt{V_t^2 + 2gR_d}$

图 8-27　底部弯头关系图

(4) 排水系统立管底部弯头不宜采用双 45°弯头。

(5) 当采用排出管扩径设计时，宜采用流道平滑过渡的大半径变截面异径弯头。

7. 不同曲率半径立管底部弯头人造便体污物输送能力的试验

排水立管底部弯头及排出管配置型式的污物输送能力，从另一个侧面反映了不同底部弯头及排出管配置方式的水力性能和自清能力，可为设计师提供一个不同配置设计的定量参考。

1）试验方法

测试不同弯曲半径的立管底部弯头在实验塔二楼（距排出管高 3.7m）一次冲水量 6L 的坐便器排水时，坐便器内排出的人造便体（如图 8-28）在排出管的污物输送距离。

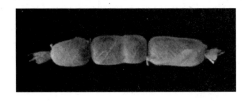

图 8-28　试验用标准人造便体

2）试验结果、分析及结论

（1）试验结果（见表 8-20）

不同曲率半径铸铁底部弯头及排出管配置污物输送距离测试结果汇总表　　表 8-20

底部弯头型式	实验次数	单位	一个人造便体一次冲水				一个人造便体两次冲水				一个人造便体三次冲水			
			排出管 DN100		排出管 DN150		排出管 DN100		排出管 DN150		排出管 DN100		排出管 DN150	
			实测值	平均值	实测值	平均值	实测值	平均值	实测值	平均值	实测值	平均值	实测值	平均值
双 45°弯头	1	m	10		7.1		22.3		17.1		22.3		17.1	
	2	m	10.85	10.35	6.8	6.87	23.8	22.60	16.9	17.10	23.8	22.60	16.9	17.10
	3	m	10.2		6.7		21.7		17.3		21.7		17.3	
1.5D 曲率半径 90°弯头	1	m	9.8		10.1		19.8		17.2		19.8		17.2	
	2	m	9.7	9.80	10.6	10.53	18.4	19.13	17.4	17.43	18.7	19.27	17.4	17.43
	3	m	9.9		10.9		19.2		17.7		19.3		17.7	
2.29D 曲率半径 90°弯头	1	m	11.8		10.9		22.7		17.8		22.7		17.8	
	2	m	12.5	12.23	11.2	10.80	22.8	22.90	18.4	18.33	22.8	22.90	18.4	18.33
	3	m	12.4		10.3		23.2		18.8		23.2		18.8	
3D 曲率半径 90°弯头	1	m	12.5		11.4		23.8		19.2		23.8		19.2	
	2	m	13.3	12.83	12.2	11.73	22.1	22.93	19	18.93	22.1	22.93	19	18.93
	3	m	12.7		11.6		22.9		18.6		22.9		18.6	
3D 曲率半径 90°变截面异径弯头	1	m	—	—	11.2		—	—	19.4		—	—	19.4	
	2	m	—	—	11.4	11.37	—	—	19.3	19.40	—	—	19.3	19.40
	3	m	—	—	11.5		—	—	19.5		—	—	19.5	
4D 曲率半径 90°弯头	1	m	13.7		11.8		24.4		19.2		24.4		19.2	
	2	m	13.5	13.53	11.6	11.83	24.4	24.03	19.6	19.17	24.4	24.03	19.6	19.17
	3	m	13.4		12.1		23.3		18.7		23.3		18.7	
6D 曲率半径 90°弯头	1	m	14.8		13.4		24.8		19.4		24.8		19.4	
	2	m	14.6	14.67	13	13.07	25	24.93	19.7	19.57	25	24.93	19.7	19.57
	3	m	14.6		12.8		25		19.6		25		19.6	
平均值		m		12.24		11.56		22.76		18.56		22.78		18.56

（2）在相同冲水量条件下，随着立管底部弯头曲率半径增大，人造便体在排出管内的输送距离增大，与底部弯头的弯曲半径大小成正比。

（3）坐便器连续两次冲水后的污物距离是其最大污物输送能力。

（4）双 45°弯头污物输送能力只相当于 2D 弯曲半径 90°弯头，不等同于 4D 弯曲半径的 90°弯头。

（5）同等条件下，排出管扩径均会降低污物输送能力。其中：采用双 45°弯头降幅最大，达 33.6%；采用 90°大半径弯头降幅较小，约在 11%～18.5% 之间。

3）工程应用建议

（1）底部弯头宜采用曲率半径不小于 3D 的 90°弯头。排出管的长度宜控制在立管距检查井 12m 之内。如超过，宜选用曲率半径更大的弯头，或增大排水坡度。

（2）建议底部弯头应优先选用曲率半径不小于 3D 的 90°弯头。

（3）当选择排出管扩径设计时，可选择弯曲半径大一级的底部弯头，以综合平衡确保污物输送能力和降低系统正压两个方面的因素。

8. 排出管淹没出流的系统排水能力对比试验

通过模拟淹没出流和在排出管末端设置辅助通气管时的最大排水流量测试，分析淹没出流对系统排水能力的影响及设置辅助通气管对系统的改善效果。

1）试验方法

（1）如图 8-29（a）所示，分别测试铸铁管专用通气立管排水系统和 GB 加强型旋流器单立管排水系统，8m 长排出管淹没深度 80mm 时的压力及排水流量。分别与无淹没状态下的测试数据进行对比。

（2）如图 8-29（b）所示，测试在排出管末端设置 2m 高的辅助通气管的 GB 加强型旋流器单立管排水系统，在出流淹没深度 100mm 状态下的最大排水流量。

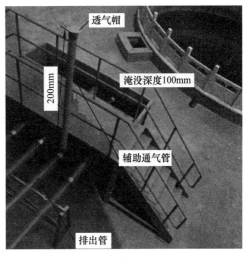

（a）
（b）

图 8-29 排出端口淹没出流试验

（a）排出端口淹没在汇水槽里；（b）淹没出流排出管设置辅助通气管

2）试验结果及分析

（1）如图 8-30 所示，铸铁专用通气立管排水系统在排出管淹没出流时，最大排水流量由 9.5L/s 降至 4.5L/s，下降了 55.5%。系统以正压超限使水封破坏。说明在正常排水流量下，淹没出流可引起正压喷溅，水封返臭。

（2）如图 8-31 所示，GB 加强型旋流器特殊单立管排水系统在排出管淹没出流时，最大排水流量由 11.5L/s 降至 2L/s，下降了 82.6%，系统以正压超限造成水封破坏。说明在正常排水流量下，淹没出流更容易造成特殊单立管排水系统产生正压喷溅和水封返臭现象。

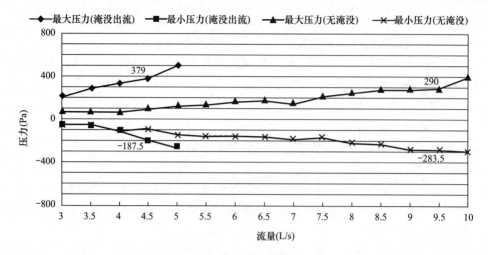

图 8-30　专用通气双立管系统不同流量淹没出流对比压力曲线图·

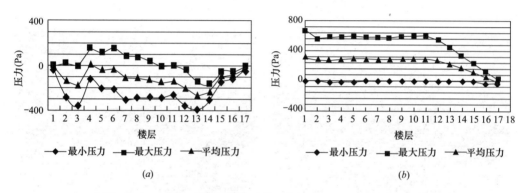

图 8-31　GB 型加强旋流器特殊单立管系统淹没出流压力曲线图

(a) GB 型特殊单立管系统流量 11.5L/s 时压力曲线图；

(b) GB 型特殊单立管系统流量 2L/s 时淹没出流压力曲线图

（3）在 GB 加强型旋流器单立管排水系统排出管末端设置辅助通气管，即使淹没出流，也可避免系统排水能力下降和立管底部正压喷溅（见图 8-32）。

9. 铸铁管材建筑排水系统通气量对比试验

本试验项目通过测试伸顶通气单立管、专用通气立管双立管及加强型旋流器单立管排水系统伸顶通气管和排出管的通气量，以获取三种排水系统通气流量及流速与排水流量及流速之间的对应关系，以及对系统排水能力的影响。

1）试验方法

本试验采用皮托管和压力风速风量仪测量，在伸顶通气管测量系统进气量（见图 8-33），在淹没出流排出管上加装的辅助通气立管上测量系统排气量（如图 8-34）。

2）测试结果及分析结论

（1）测试结果

如表 8-21 所示，本项目分别测试了三个系统不同流量下的 596 个试验数据。包括系统压力、水封损失、测试点动压、通气管气流速度及空气流量。

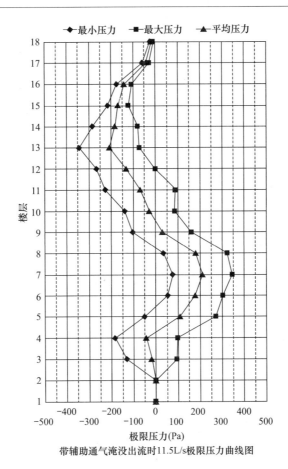

带辅助通气淹没出流时11.5L/s极限压力曲线图

图 8-32 带辅助通气淹没出流时 11.5L/s 极限压力曲线图

图 8-33 伸顶通气立管内空气流速和流量测量装置

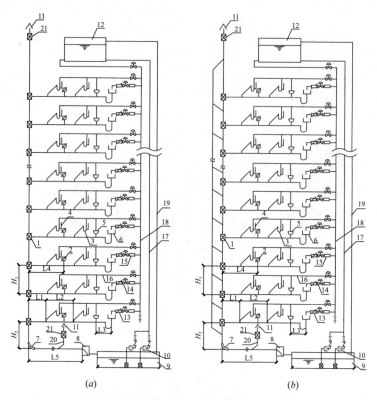

图 8-34 建筑排水系统通气量测试系统图

(a) 单立管测试系统图；(b) 双立管测试系统图

1—立管横支管接头；2—测压点；3—存水弯；4—监测管；5—测试专用地漏；6—放水口；7—立管底部弯头；
8—淹没汇水槽；9—集水池；10—水泵；11—通气帽；12—高位水箱；13—流量计；14—控制阀；15—减压阀；
16—水封补水管路；17—供水管；18—放水总管；19—溢流管；20—排气管；21—压力风速风量仪

① 伸顶通气单立管系统和专用通气立管双立管系统随着排水流量增大，进气量和排气量都在增加，与排水量增加成正比，呈线性增长趋势（如图 8-35 和图 8-36）。排气量大于进气量，并保持近乎等量的差值。

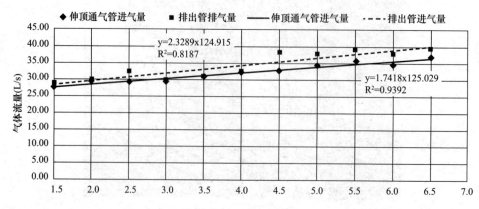

图 8-35 不同排水流量下普通单立管系统进气量与排气量测试结果对比

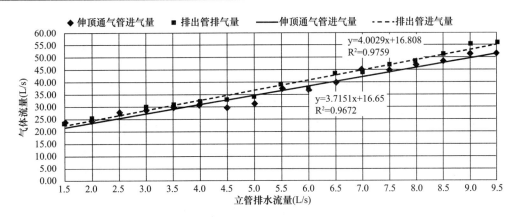

图 8-36 不同排水流量下普通双立管系统进气量与排气量测试结果对比

② GB 型加强旋流器单立管排水系统随着排水流量增大，进气量在逐步减少，而排气量则出现轻微增长（见图 8-37）。由此证明，加强型旋流器单立管排水系统的进气量与排水量增加成反比，呈非线性下降趋势。

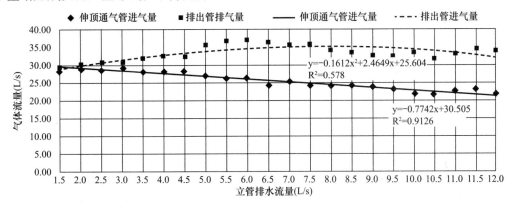

图 8-37 不同排水流量下加强旋流器单立管系统进气量与排气量测试结果对比

③ 伸顶通气单立管排水系统和专用通气立管双立管排水系统随着排水流量增大，进气量的变化趋势与加强型旋流器单立管排水系统存在明显差异（见图 8-38）。

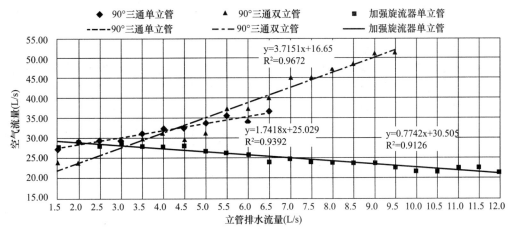

图 8-38 普通单立管、普通双立管及加强旋流器单立管三个系统进气量对比

（2）分析结论

在排水系统立管中气体流动源自下落水流与管内空气界面摩擦力及管内压力差的作用。因此，空气的流速从一个侧面反映管内水流的流速。综合气体流动是受水流以及管内压力差加速的因素，我们可初步认为管内空气流速与气液界面的水流速度相近。由此根据测试结果可得出如下结论：

① 从图 8-38 可以看出，伸顶通气立管系统及专用通气立管系统通气量随排水流量增大而增大。说明随着附壁水流水膜厚度增加，水流速度也在增大；而加强旋流器单立管系统则相反，随着排水流量增大，通气量反而在降低，说明其水膜厚度增加后水流速度并没有增大。

② 如图 8-38 所示，伸顶通气单立管和专用通气立管双立管系统都具有通气量随排水流量增大的相同的结构特征（三通管件），但专用通气立管系统设有专用通气立管，通气阻力较小，通气量要比伸顶通气单立管系统高出 8.7%。

③ 如表 8-22 所示，在相同排水流量（6.5L/s）下，加强型旋流器单立管排水系统气流速度和通气量远低于伸顶通气单立管，仅为伸顶通气单立管的约 64%，立管中水流充满度为伸顶通气单立管排水系统的 1.44 倍。

在相同排水流量下通气量、气液比及立管水流充满度对比表　　表 8-22

系统名称	排水量 （L/s）	通气量 （L/s）	伸顶通气管气体流速 （m/s）	气液比	立管水流充满度
普通单立管系统	6.5	36.94	4.635	5.68∶1	3.6/24
加强型旋流器单立管系统	6.5	23.61	2.976	3.63∶1	5.2/24

④ 如表 8-23 所示，在系统最大排水流量下，加强旋流器特殊单立管系统立管水流充满度达到了 8.35/24（34.8%），超过了传统理论形成水塞流的临界充满度 1/3。而伸顶通气单立管系统在最大流量下的立管水流充满度仅为 2.63/24，远低于临界充满度。

最大排水流量下通气量、气液比及立管水流充满度对比表　　表 8-23

系统名称	排水量 （L/s）	通气量 （L/s）	伸顶通气管气体流速 （m/s）	气液比	立管水流充满度
普通单立管系统	4	32.5	4.088	8.12∶1	2.63/24
加强型旋流器单立管系统	12	22.5	2.84	1.88∶1	8.35/24

⑤ 加强旋流器的独特结构设计，使其具有通气顺畅、立管水流速度低、通气需求量较小和压力波幅较低等优良特性，这便是其排水能力超越专用通气双立管系统的关键所在。

10. 地漏测试方法的试验与验证

本试验项目是专为《地漏》CJ/T 186 标准修订而进行的，以便为标准修订提供试验依据。

1）地漏排水流量试验装置试验验证

（1）发现问题及对标试验验证

《地漏》标准 CJ/T 186—2003 和《地漏》标准 GB/T 27710 均存在地漏测试流量非唯一值的问题。如图 8-39 所示，与日本《标准》JIS A4002—1989 和德国《标准》DIN EN

1253—03—2015 地漏排水流量试验装置对比，发现除日本 JIS A4002—1989 标准采用被测地漏箅子面与测试水池池底平齐安装外，其他《标准》均未对被测地漏箅子面与测试水池池底的相对位置作出规定。

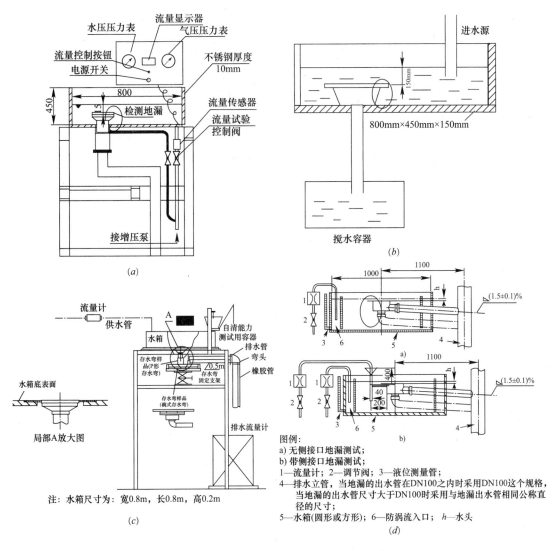

图 8-39　不同《标准》地漏排水流量试验装置

（a）CJ/T 186—2003；（b）GB/T 27710—2011；（c）JIS A4002—1989；（d）DIN EN 1253—03—2015

如图 8-40 所示，按照《地漏》标准 CJ/T 186—2003 规定的"排水流量试验装置"，当被测地漏箅子面与测试水池池底面之间采用 25mm 和 92mm 两种不同的距离安装时，同一个地漏会出现两种排水流量测试结果。而且距离越小，排水流量越低。

（2）试验结论

① 地漏箅子面至测试水槽底距离对地漏排水流量具有影响。《地漏》CJ/T 186—2003 标准"排水流量试验装置"，由于未规定地漏箅子面至测试水槽底距离，同一地漏因为安装高度不同，出现排水流量测试结果差异，存在测试结果非唯一性的缺陷。《地漏》GB/T 27710—2011 和 DIN EN 1253-03-2015 标准也存在同样的问题。

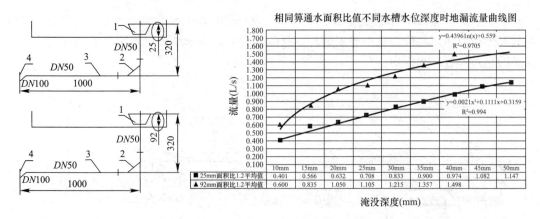

图 8-40　地漏箅子面至测试水槽底距离对地漏排水流量影响的试验结果

1—带水封地漏；2—W 型 DN50TY 三通；3—排水横支管；4—W 型 $DN100 \times DN50T$ 三通

② 从试验结果看，地漏箅子面至测试水槽底面的距离越小受到槽底面的摩擦阻力越大，流量越小。

③ 根据试验验证结果，地漏排水流量试验装置已按"地漏箅子面须与测试水槽底面平齐安装"修订，使地漏排水流量测试结果具有唯一性，属不利排水状态，更符合地漏实际应用中的工况。

2）《地漏》CJ/T 186 标准验证试验的几项成果

除上述试验验证成果外，本项目课题还取得了如下试验研究成果：

（1）地漏中心距排水立管的水平距离对地漏排水流量的影响不明显。

（2）地漏箅子面至横支管垂直距离对地漏排水流量有影响，垂直距离较小的，排水流量较大。

（3）地漏排水横支管管径扩大会明显增大地漏排水能力，但会影响污物输送能力。

（4）地漏箅子格栅通水面积对地漏排水流量具有明显影响。在相同测试条件下，地漏箅子通水面积与地漏排水能力成正比。如图 8-41 所示的大流量地漏箅子与小流量地漏箅子排水能力几乎相差一倍。

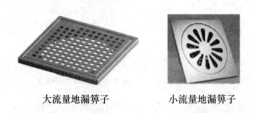

大流量地漏箅子　　　　　小流量地漏箅子

图 8-41　大流量地漏箅子和小流量地漏箅子

（5）机械翻板结构的地漏，不论是重力式，还是磁密封的，由于通水截面减小，排水阻力大，都会使排水能力大幅降低。

（6）如表 8-24 所示，相同试验压力值下，在排水系统中测得的动态水封损失值比按标准规定测试的静态水封损失值平均高出 15.5％。动态水封损失更接近实际，动态水封损失测试方法有待研究。

地漏及存水弯静态水封损失和在系统中动态水封损失对比　　　　　表 8-24

地漏编号	水封形式	水封比	静态水封损失（mm）	动态水封损失（mm）
01	P 型存水弯水封	0.43	28	32
02	碗式地漏水封	0.74	23	26
03	碗式地漏水封	1.67	15	17
04	碗式地漏水封	1.0	20	22
05	盅罩式地漏水封	1.35	17	19
平均值			20.6	23.2（高 15.5%）

（7）如图 8-42 所示，在对同一排水系统中安装 $DN50$、$DN75$ 和 $DN100$ 铸铁存水弯的水封损失测试中发现，在排水系统中水封容量较大的存水弯，水封损失较小。

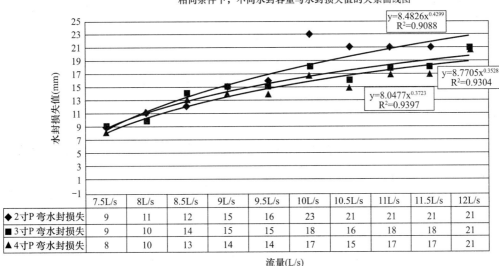

相同条件下，不同水封容量与水封损失值的关系曲线图

流量	7.5L/s	8L/s	8.5L/s	9L/s	9.5L/s	10L/s	10.5L/s	11L/s	11.5L/s	12L/s
◆ 2寸P 弯水封损失	9	11	12	15	16	23	21	21	21	21
■ 3寸P 弯水封损失	9	10	14	15	15	18	16	18	18	21
▲ 4寸P 弯水封损失	8	10	13	14	14	17	15	17	17	21

流量(L/s)

图 8-42　同一系统不同水封容量铸铁存水弯的水封损失测试

注：测试系统为加强旋流器特殊单立管排水系统；P 弯安装楼层为第 2 层，放水层为 14、15、16、17、18 层。

（8）如图 8-43 的试验结果所示，在同一排水系统相同排水流量下，存水弯水封一次补水，连续多次重复排水试验结果显示，累计水封损失达到一定值后不再增加。试验证明，当满足水封深度，且水封比大于等于 1 时，水封可以承受 $\pm 400Pa$ 范围内的多次压力波动冲击而不会被破坏。

（9）带水封地漏中采用机械翻板或防返溢浮球结构对水封保护有利，但会牺牲其排水能力。防返溢浮球的阻尼作用，可降低水封振荡的频率和波幅，减少水封损失。设置在地漏入水口上方的机械翻版，可增加气流阻力，减小水封振荡波幅，减少水封蒸发。

11. H 通气管件污水返流现象试验

本试验源自在工程实践中发现采用 H 管连接的专用通气立管排水系统的通气立管有水流流动，希望通过试验验证是否存在污废水向通气立管返流的现象。

1）试验方法

本试验选择 $DN100$ 铸铁专用通气立管排水系统，通气立管与排水立管每层选用中心距 180mm 的 H 通气管件连接。从 18 层开始放水，试验排水量 6L/s。在二楼通气立管和排水立管上安装的透明短管观察水流流动情况。

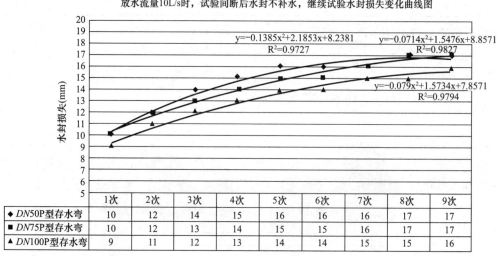

放水流量10L/s时，试验间断后水封不补水，继续试验水封损失变化曲线图

$y=-0.1385x^2+2.1853x+8.2381$
$R^2=0.9727$

$y=-0.0714x^2+1.5476x+8.8571$
$R^2=0.9827$

$y=-0.079x^2+1.5734x+7.8571$
$R^2=0.9794$

水封损失(mm)

	1次	2次	3次	4次	5次	6次	7次	8次	9次
◆ DN50P型存水弯	10	12	14	15	16	16	16	17	17
■ DN75P型存水弯	10	12	13	14	15	15	16	17	17
▲ DN100P型存水弯	9	11	12	13	14	14	15	15	16

持续次数

图 8-43 存水弯水封 1 次补水，多次重复排水试验水封损失测试结果

注：测试系统为中心距 180 普通双立管排水系统；P 弯安装楼层为第 2 层，放水层为 14、15、16、17、18 层。

2）试验结果及分析

（1）如图 8-44（a）所示，在 6L/s 试验排水量下，二层通气立管透明管段发现有大量的水流流经，约占总水量的 1/3。说明 H 通气管确实存在污水返流的问题。

（2）主要原因是，H 通气管中间连接管管高度差不足，气流会夹带部分水流进入通气立管（如图 8-44b）。

（3）H 通气管件返流会带来几个方面的问题：

① 违反了我国采用干式通气及通气管道不得与排污管道共用的原则。

② 返流现象不仅会影响系统正常通气，且会在通气立管与排水立管下部汇合处会出现较大的"水舌"现象（如图 8-44c），会被部分或完全阻隔排水系统与排出管之间的通气通道。导致二层以上部分楼层容易出现较大的正压或正压喷溅。

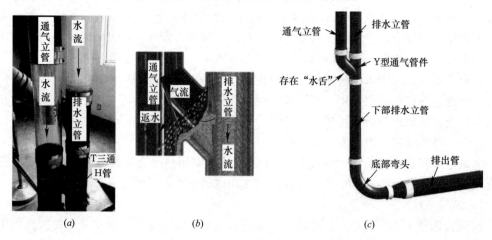

(a)   (b)   (c)

图 8-44 通气立管存在较严重的返流现象
（a）通气立管返流现象；（b）H 管件返水原因；（c）Y 型通气管件存在"水舌"

③ H 管用于污、废分流共用通气立管的排水系统时，会出现污废水在共用通气立管中混合，使本可以利用的废水受到污染。

3）工程应用建议

为避免出现通气立管返流现象。推荐采用如下两种方案：（1）如图 8-45 所示，采用防返流 H 管件或防返流双 H 管件可避免出现通气立管污水返流；（2）采用如图 8-46 所示，采用结合通气管连接方式，提高结合通气管两端的高差，避免污水返流。

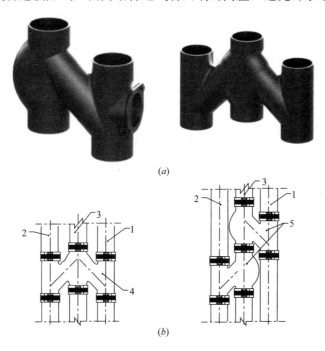

图 8-45　采用防返流 H 管件或防返流双 H 管件避免返流
（a）防返流 H 管和防返流双 H 管；（b）防返流 H 管和防返流双 H 管应用
1—污水立管；2—废水立管；3—共用通气立管；4—防返流双 H 管件；5—防返流 H 管件

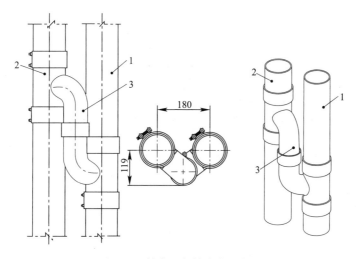

图 8-46　结合通气管安装示意图
1—污水立管；2—通气立管；3—结合通气管

12. 动态水封损失定量测试方法研究与试验

以往水封损失是采用静态测量方式。在实际系统中压力是波动的，不存在静止的正压或负压。从试验结果可以得出，系统中动态水封损失是大于静态水封损失的。本试验课题的目的，是要获取水封在动态条件下可能出现的最大水封损失，并找到一个动态水封损失定量测试方法。

1) 动态水封损失定量测试方法研究与试验

(1) 试验方案的理论依据及原理

① 不同结构形状和容量的水封具有特定的固有振荡频率，这是物体固有特性。

② 根据这一特性及物体受迫振动的规律，当施加于水封液面的压力波动频率与水封固有振荡频率产生谐振时，水封的振荡波幅和溢出损失会达到一个最大值。因此，同样压力下，在某一个波动频率处水封会存在一个最大动态水封损失值。

图 8-47　动态水封损失测试
模拟试验台

(2) 试验方法

根据上述原理，泫氏实验塔自行成功研制了我国第一台动态水封损失测试模拟试验台（见图 8-47）。

① 测试带水封地漏或存水弯在每个设定压力下不同压力波动频率下的水封损失值，以获取某一压力下最大动态水封损失值，并据此确认出现最大动态水封损失时的压力波动频率即为该水封的最大固有振荡频率。

② 采用傅里叶变换分析软件进行频谱分析，测试各种排水系统压力波动主要频率范围，以便分析系统波动频率对水封损失的影响。

2) 动态水封损失定量测试结果及分析

(1) 动态水封损失值模拟试验测试结果

如图 8-48 测试结果所示：

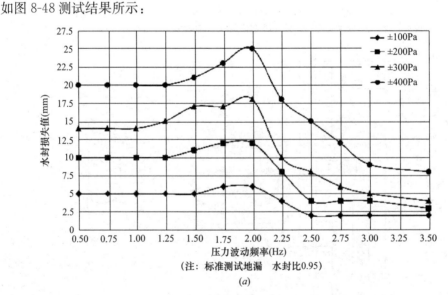

(注：标准测试地漏　水封比0.95)

(a)

图 8-48　不同结构水封在不同压力波动频率下的动态水封损失曲线图 (一)

(a) 50mm 水封标准测试地漏

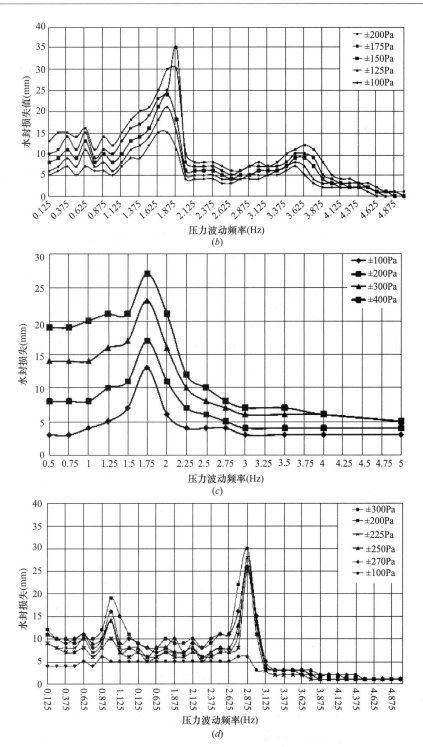

图 8-48 不同结构水封在不同压力波动频率下的动态水封损失曲线图（二）

(b) DN50 铸铁 P 型存水弯；(c) 60mm 水封标准测试地漏；(d) DN100 铸铁 P 型存水弯

① 同一压力下，同一结构和容量的水封，在某一频率点均存在一个最大水封损失值。这证明同一压力下水封损失不是一个定值，但存在一个最大水封损失值。

249

② 同一结构和容量的水封，在各个压力下的最大水封损失值均出现在同一个压力波动的频率点，这证明水封确实存在固有振荡频率。

③ 同一压力下，当压力波动频率高于水封固有振荡频率时，水封损失会逐步降低，直至接近于零。

（2）排水系统压力测试数据频谱分析结果

对高精度压力测试仪采集的排水系统原始压力波形数据（如图 8-49），采用傅里叶变换分析软件进行频谱分析，可以获取排水系统对水封振荡起主要影响的压力波动频率范围。如图 8-50 所示的案例，系统主要的压力频率范围在 0.34～1.37Hz 之间。频率强度最高频率是 0.732Hz。

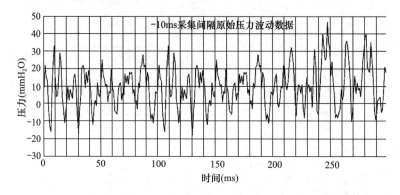

图 8-49 采集的系统原始压力波形图

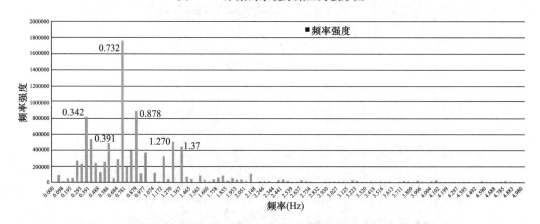

图 8-50 管内压力波动测试数据傅里叶变换频率强度分析图

3）动态水封损失定量测试方法在工程方面的应用

建筑排水系统以往多采取静态定量测试或动态定性研究的方法，往往很难了解到系统运行过程中真实状况。动态水封测试方法更接近于工程实际。

（1）动态水封损失可实现定量测试

利用不同结构水封固有振荡频率可与压力波动频率产生共振的物理特性，可测得水封在某一压力下可能出现的最大动态水封损失值。改变了以往仅局限于静态水封损失的测试方式，实现了更接近于实际运行状况的动态水封损失定量测试。将有助于进行不同结构水封性能的测试和研究，为水封产品的研发和测试提供了一条新的途径。

（2）动态水封损失值与系统压力并不总是具有等比例对应关系的

如图 8-48（a）动态水封损失曲线图所示，动态水封损失并不是传统认知的与系统压力具有恒定等比例对应关系的，它们表现为：

① 当系统压力波动频率小于水封固有振荡频率时，动态水封损失值与静态水封损失值接近。

② 当系统压力波动频率等于水封固有振荡频率时，动态水封损失值大于静态水封损失值，达到最大值。

③ 当系统压力波动频率大于水封固有振荡频率时，动态水封损失值小于静态水封损失值，直至趋近于零。

这说明水封损失不仅与系统压力有关，还与压力波动频率有关。系统压力和水封损失只在某一个频率范围内具有等比例对应关系。当压力波动频率大于水封固有振荡频率时，这种对应关系便不存在了。

（3）为排水能力测试标准的制订、修订提供试验依据

① 排水能力判定值的修订。由图 8-48（a）试验结果可以看出，测试标准将压力极限值±400Pa 作为排水能力的唯一判定值是有一定局限性的。还应将该压力范围内可能出现的最大水封损失值 25mm 作为附加判定条件。

② 修正压力测试数据低通滤波频率。由图 8-51 所示的各种动态水封损失值的测试数据可以看出，大于水封固有振荡频率的压力波峰，对水封损失影响在逐步减弱，直至忽略不计。为确保获取的压力测试值与水封损失具有更为接近的等量对应关系，根据本项目试验结果，建议《住宅生活排水系统立管排水能力测试标准》CECS 336：2013 中的低通滤波频率为 4Hz（如图 8-52，日本标准为 3Hz）。

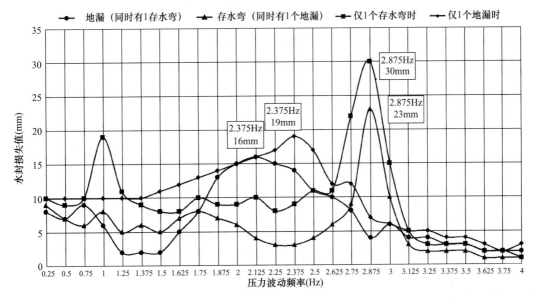

图 8-51　一个排水横支管单个水封和多个水封时的动态水封损失测试值曲线图

注：本图是一根排水横支管同时安装 1 个标准带水封地漏和 1 个 DN100P 存水弯，或只安装 1 个 DN100 存水弯，或只安装 1 个标准带水封地漏时的地漏与存水弯动态水封损失测试结果曲线图。

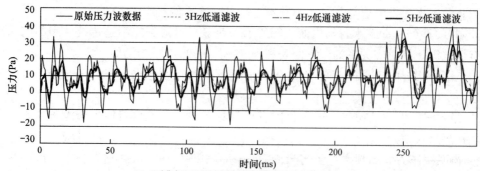

10ms采集间隔原始压力波形及低通滤波后压力波形对比

测试项目	10ms采集间隔 原始压力波动数据	3Hz低通 滤波数据	4Hz低通 滤波数据	5Hz低通 滤波数据
低通滤波频率(Hz)	0	3	4	5
压力最大值(Pa)	283	210	219	227
压力最小值(Pa)	−551	−467	−472	−481

图 8-52 不同低通滤波频率时的系统压力波动曲线图

（4）扩展了对水封特性的部分认知

①"水封容量大水封损失小"的认知具有局限性。从图 8-51 地漏和存水弯动态水封损失测试值曲线图可以看出，当压力波动频率大于存水弯水封固有振荡频率时，容量较大存水弯的水封损失明显大于测试专用地漏。只是以往的测试手段未能发现这一现象。

② 从图 8-51 还可以看到，当一根横支管上只有单个水封时，其动态水封损失比同时有两个水封时高出 20%～25%。这说明：同一根横支管上如果有多个水封时，之间会相互作用和影响。

（5）以测试和校验排水系统压力与水封损失对应关系参数

本试验可根据测得的排水系统压力波动原始数据，进行频谱分析，获得压力波动频率强度分析曲线图（如图 8-53a）。通过与如图 8-53（b）中测试专用地漏动态水封损失曲线图进行对比，可以预测测试专用地漏在该排水系统的不同压力下可能出现的水封损失值范围。从而获取压力值所对应的水封损失值关系。

（6）特殊结构水封动态水封损失的测定

一些特殊结构的水封，尽管水封比小于 1，实际使用过程中却并未发现明显的水封破坏。这可能是因为其系统压力波动大于水封的固有振荡频率的缘故。只有采用动态水封损失测试手段，才可以确认其水封的安全性能。

13. 含固形物污水对立管排水性能的影响

试验验证排水过程中立管中的污水含有固形物时对系统压力和水封损失的影响。

1）测试方法

选择旋流三通伸顶通气单立管排水系统，在排水持续时间 60s 内，恒定流量 3.5L/s，在放水层按不同时间间隔依次投放人造便体（长度大于 150mm），测试压力、水封损失及排水能力变化情况，与同一系统清水介质的测试结果进行对比。

2）试验结果

从图 8-54 所示的压力波动测试曲线图可以看出，在 60s 持续排水过程中在水中投入人造便体，系统会产生瞬间压力波峰，且投放间隔越小、数量越多，压力峰值越高。

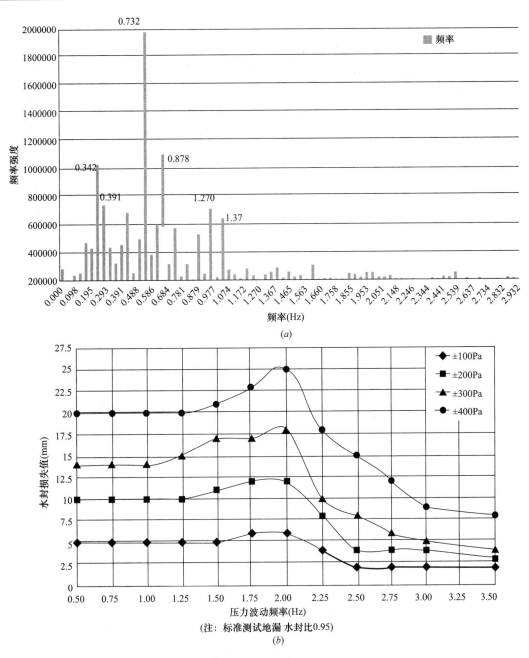

图 8-53 排水系统压力波动频谱分析曲线图

(*a*) 排水系统压力波动频谱分析曲线图；(*b*) 标准测试地漏动态水封损失曲线图

从表 8-25 所示的试验结果可以看出，当人造便体投放间隔大于等于 10s，且投放数量增加时，尽管系统最大压力波动幅度逐步增大，但水封损失值增加并不明显。只有将人造便体投放间隔缩短至 5s，且投放数量增至 4 个时，系统压力波动幅度才陡然增大，水封损失也出现了成倍增长。

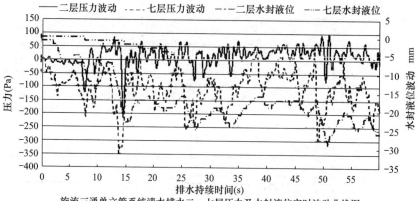

旋流三通单立管系统清水排水二、七层压力及水封液位实时波动曲线图
测试楼层：18层 测试方法：定流量法 排水持续时间：60s 排水流量：3.5L/s
清水试验

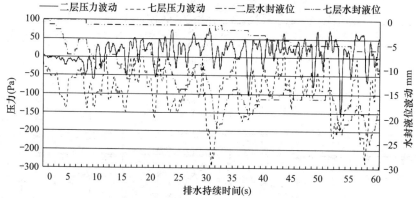

旋流三通单立管系统一组人造便体投放混合排水
二、七层压力及水封液位实时波动曲线图
测试楼层：18层 测试方法：定流量法 排水持续时间：60s 排水流量：3.5L/s
人造便体投放：达到排水流量后20s，在放水层横支管投放一组人造便体。
排水20s后投放一组人造便体

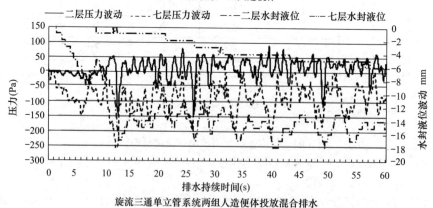

旋流三通单立管系统两组人造便体投放混合排水
二、七层压力及水封液位实时波动曲线图
测试楼层：18层 测试方法：定流量法 排水持续时间：60s 排水流量：3.5L/s
人造便体投放：达到排水流量后20秒，在放水层横支管投放第一组人造便体。
间隔20秒后，投放第二组人造便体。
排水20s后间隔20s投放两组人造便体

图 8-54 含固形物污水排水立管压力波动曲线图（一）

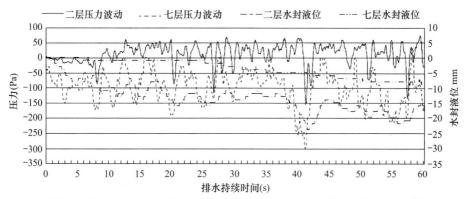

旋流三通单立管系统三组人造便体投放混合排水二、七层压力及水封液位实时波动曲线图
测试楼层：18层　测试方法：定流量法　排水持续时间：60s　排水流量：3.5L/s
人造便体投放：达到排水流量10s，在放水层横支管间隔20s，依次投放三组人造便体。
排水10s后间隔20s投放三组人造便体

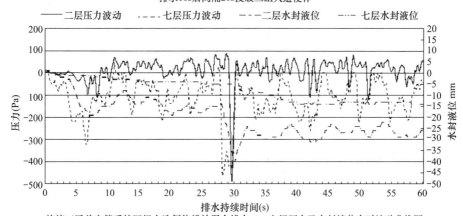

旋流三通单立管系统四组人造便体投放混合排水二、七层压力及水封液位实时波动曲线图
测试楼层：18层　测试方法：定流量法　排水持续时间：60s　排水流量：3.5L/s
人造便体投放：达到排水流量20s后，在放水层横支管间隔10s，依次投放四组人造便体。
排水20s后间隔10s投放四组人造便体

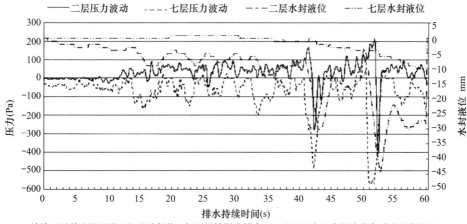

旋流三通单立管系统四组人造便体5s间隔投放混合排水二、七层压力及水封液位实时波动曲线图
测试楼层：18层　测试方法：定流量法　排水持续时间：60s　排水流量：3.5L/s
人造便体投放：达到排水流量20s后，在18楼放水层横支管间隔5s，依次投放四组人造便体。
排水20s后间隔5s投放四组人造便体

图8-54　含固形物污水排水立管压力波动曲线图（二）

旋流三通普通单立管含人造便体混合排水试验结果汇总表　　　　　表 8-25

测试楼层：18层　　　测试方法：定流量法　　　排水持续时间：60s　　　排水流量：3.5L/s

序号	试验项目	系统压力（Pa）				水封损失（mm）	
		最大压力	最小压力	最大波动幅度		最大水封损失	平均水封损失
				波动幅度	增幅		
1	清水排水	79	−281	360	0%	11	9.3
2	一组人造便体投放混合排水	82	−295	377	4.7%	11	9.5
3	两组人造便体 20s 间隔投放混合排水	88	−285	373	3.6%	11	9.6
4	三组人造便体 20s 间隔投放混合排水	89	−321	410	13.9%	12	10.7
5	四组人造便体 10s 间隔投放混合排水	107	−524	631	75.3%	12	10
6	四组人造便体 5s 间隔投放混合排水	253	−652	905	151.4%	50	23

3）试验结论

（1）通常当排水立管污水中含有间歇排出的粪便及卫生纸类固形物时，尽管会造成系统压力出现瞬间峰值波动，但其作用于水封的时间极短，对水封损失的影响很小。

（2）当排水立管污水中持续含有大量粪便及卫生纸类固形物时，管内通气阻力增大，系统会出现多个压力波峰叠加，延长了对水封的作用时间，可造成水封损失增大或破封。

（3）本试验用的人造便体是采用胶膜和医用细纱布包裹的，在下排过程中始终保持形状，为一种不利状态的试验。而实际上粪便和卫生纸类固形物下排过程中会在水力的作用下碎块化。其压力波峰和水封损失会小于本试验。

（4）日常情况下，污水中的粪便和卫生纸类固形物对立管系统水封损失影响不大。但污水中如含有大量、连续、团状固形物，仍然会对水封造成较大影响和破坏。

14. 立管排水能力测试方法中排水持续时间的试验与验证

本试验是要验证排水持续时间对系统压力和水封损失测试结果的影响。

1）试验方法

（1）试验方法一：

选择加强型旋流器特殊双立管排水系统，在 16L/s 排水流量下，分别测试 5～120s 等 8 种排水持续时间的系统极限压力和水封损失值，进行对比分析。

（2）试验方法二：

选择旋流三通双立管排水系统，在 16L/s 排水流量下，分别测试 5s 和 60s 两种排水持续时间的系统极限压力和水封损失值，进行对比分析。

2）试验结果

（1）如图 8-55 极限压力值曲线图所示，加强旋流器特殊双立管排水系统在相同排水流量下，不同排水持续时间测得的系统极限压力值基本不变。

（2）如图 8-56 和图 8-57 水封损失曲线图所示，加强旋流器特殊双立管排水系统在相同排水流量下，水封损失值随着排水持续时间延长而增大。

（3）如图 8-58 所示，旋流三通双立管排水系统在相同流量和压力下，5s 瞬时排水的水封损失值仅为 60s 持续排水的约 50%。

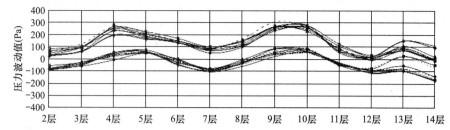

图 8-55 5～120s 不同排水持续时间各楼层最大和最小极限压力值曲线图

注：加强旋流器特殊双立管系统，试验楼层 18 层，排水层顶部 4 层，测试楼层数量 14 层，排水总流量 16L/s。

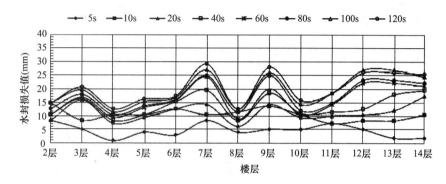

图 8-56 5～120s 不同排水持续时间水封损失曲线图

注：加强旋流器特殊双立管系统，试验楼层 18 层，排水层顶部 4 层，测试楼层数量 14 层，排水总流量 16L/s。

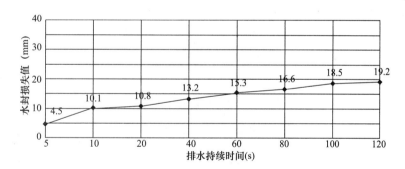

图 8-57 不同排水持续时间水封损失平均值曲线图

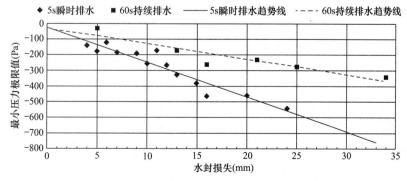

图 8-58 5s 瞬时排水和 60s 持续排水最小极限压力值下的水封损失值

3）试验结论

（1）相同流量下，排水立管排水持续时间的长短对系统极限压力变化没有影响，但对系统水封损失有很大影响，排水持续时间越长，水封损失值越大。

（2）相同流量下，持续排水的水封损失远大于瞬时排水，说明排水立管内存在的长流水，更容易造成水封破坏，是一种不利排水状态。

（3）在相同排水流量和压力下，器具流量法和定流量法测得的水封损失值并不相同。

15. 立管三通管件结构对立管排水能力影响的试验与研究

本试验是测试立管分别采用 45°顺水三通（TY 三通）、90°顺水三通（T 三通）和旋流三通时的排水能力。

1）试验方法

选择 DN100 铸铁专用通气立管排水系统，排水立管管件分别采用《排水用柔性接口铸铁管、管件及附件》GB/T 12772—2016 标准规定的 TY 三通、T 三通和旋流三通（见图 8-59），测试采用三种管件时立管最大排水能力，进行对比分析。

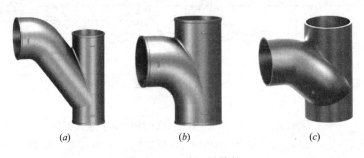

图 8-59　三种三通管件
（a）45°顺水三通；（b）90°顺水三通；（c）旋流三通

2）试验结果及分析

从表 8-26 测试结果可以看出，专用通气立管排水系统立管管件采用 90°顺水三通和 45°顺水三通，最大排水能力是相同的，采用旋流三通排水能力可提高 22％。

三种立管管件最大排水能力测试结果对比表　　　　　　　　　　表 8-26

系统名称	立管管件	最大排水能力	提高
专用通气双立管排水系统	90°顺水三通	9L/s	0％
专用通气双立管排水系统	45°顺水三通	9L/s	0％
专用通气双立管排水系统	旋流三通	11L/s	22％

3）工程应用建议

（1）国家标准《排水用柔性接口铸铁管、管件及附件》GB/T 12772—2016 规定的 TY 三通（45°顺水三通），原产品设计意图是用于横支管分支口的，其斜管尺寸过长，结构尺寸较大，用于立管安装占用空间较大，且容易造成横支管诱导虹吸水封损失。建议采用 90°顺水三通为宜。

（2）若需要采用 45°顺水三通或四通，宜选用斜管较短的立管专用 TY 三通或 TY 四通（如图 8-60，俗称小 TY 三通，其结构特点是接口中心线低于等于图中拐点 B），以防立管采用标准 45°顺水三通在横支管出现诱导虹吸水封损失。

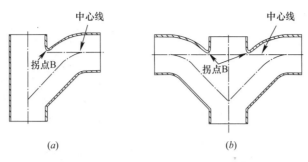

图 8-60　排水立管专用 45°顺水（TY）三通

（*a*）立管专用 TY 三通；（*b*）立管专用 TY 四通

（3）采用旋流三通或四通是替代立管上的 90°和 45°顺水三通一个性价比很好的选择。可提高立管系统的排水能力，降低水封破坏的风险。特别是旋流四通可防止支管水流冲入对面支管。

16. 自循环通气系统排水能力试验与研究

对不同通气连接方式的专用通气立管自循环通气排水系统定流量状态下的排水能力进行试验验证。

1）试验方法

选择每层设置 H 通气管件的 DN100 铸铁专用通气立管排水系统，在伸顶通气和自循环通气（立管顶部用弯头连通）条件下，分别测试三种底部通气管连接试验方案时的立管排水能力，并进行对比分析。

试验方案一、方案二及方案三分别见图 8-61、图 8-62 和图 8-63。

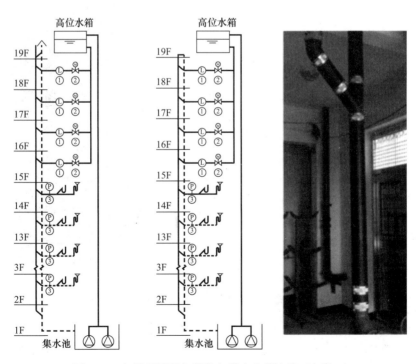

图 8-61　底部 Y 形通气管件与排水立管连接（方案一）

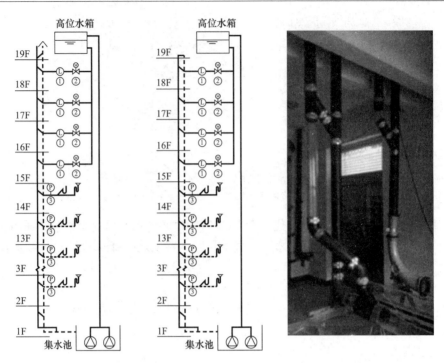

图 8-62 底部 H 通气管件与排水立管连接及辅助通气管与排出管连接（方案二）

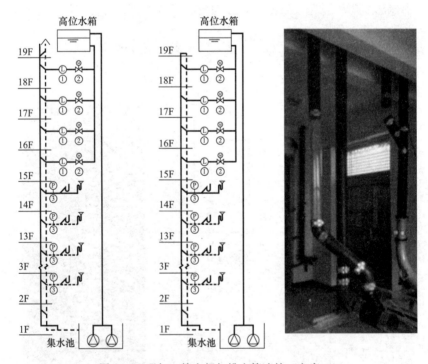

图 8-63 通气立管底部与排出管连接（方案三）

2）试验结果

如表 8-27 所示，从两个系统三种底部通气管连接形式所测得的系统最大排水流量可以看出，自循环专用通气立管系统的排水能力均低于专用通气立管系统，其中，现行《建筑给水排水设计标准》GB 50015—2019 推荐的连接形式（方案一），排水能力仅为 2L/s，降幅为 69%，远低于该《标准》规定的设计排水能力 4.4L/s。

自循环专用通气立管排水系统排水能力测试结果对比表　　表 8-27

系统形式　连接形式	方案一 通气立管在 1 层中部用 Y 通气管件与排水立管连接	方案二 通气立管在 1 层中部用 H 通气管件与排水立管连接，并通过辅助通气管与排出管连接	方案三 通气立管在 1 层通过辅助通气管与排出管连接
专用通气立管排水系统	6.5L/s	8.5L/s	8.5L/s
自循环专用通气立管排水系统	2L/s	6L/s	6.5L/s
排水能力降低率	↓69%	↓29%	↓23.5%

3）试验结果分析

（1）由工程中常用的方案一连接形式的试验结果得知，自循环专用通气立管系统由于管内下行流动的气体在各层通气立管与排水立管在 H 管件连通处的气压差很小，不能形成所谓的气体"自循环"，立管内持续呈现较大的负压，使排水能力急剧下降。

（2）方案二和方案三均通过辅助通气管将通气立管与排出管连接的方式，由于排出管接近于大气压，与处于负压状态的通气立管具有一定的气压差，缓解了排水立管底部的正压。

4）工程应用建议

在建筑排水系统中特别是高层建筑，应避免采用自循环专用通气立管排水系统，这种系统除了会大幅降低系统排水能力外，还可能会造成排水立管管道内空气不能及时充分更新而产生管壁附着物腐败，滋生有害气体和物质。

第9章　装配式建筑排水技术

9.1　装配式建筑理念与发展历程回顾

1. 装配式建筑的发展历程

建筑预制概念古已有之，古罗马帝国就曾大量预制大理石柱等部件。在我国古代，预制木构架体系的模数化、标准化、定型化也已经达到较高的水平。

法国园丁约瑟夫·莫尼尔（Joseph Monier）1849 年发明钢筋混凝土并于 1867 年取得包括钢筋混凝土花盆以及紧随其后应用于公路护栏的钢筋混凝土梁柱的专利。

20 世纪 50 年代，建筑工业化浪潮掀起，西欧一些国家开始大力推广装配式建筑。

20 世纪 60 年代，住宅建筑工业化扩展到美国、加拿大及日本等国家。

近、现代世界预制建筑的发展可分为四个阶段，见表 9-1。

近、现代预制建筑的四个发展阶段　　　　　　　　　　　表 9-1

时间轴	近、现代预制建筑阶段划分	代表性建筑或代表性建筑体系
19 世纪	第一个预制装配式建筑高潮	代表性建筑：水晶宫
20 世纪初	第二个预制装配式建筑高潮	代表性建筑：斯图加特住宅展览会，法国 Mopin 多层公寓体系
二战后	建筑工业化全面发展阶段	钢结构、幕墙、PC 预制等建筑体系
20 世纪 70 年代以后	全世界建筑工业化进入新的阶段	预制与现浇相结合的体系取得优势；并从专用体系向通用体系发展

自 20 世纪 50 年代以来的国内外装配式建筑发展概况：

1）中国内地

（1）20 世纪 50 年代，向苏联学习工业化建设经验，学习设计标准化、工业化、模数化的理念，建造了大量标准化工业厂房。

（2）20 世纪 60 年代，开始研究装配式混凝土建筑的设计，大量采用预制墙板、空心楼板等预制构件，形成了较完善的装配式混凝土建筑体系。

（3）20 世纪 70 年代，引进了南斯拉夫的预应力板柱体系，即后张预应力装配式结构体系，开始建造大跨度建筑。

（4）20 世纪 80 年代，由于城镇居民住房紧缺，开始建造大量标准化大板结构住宅；但因为技术原因，当时的大板结构住宅大部分防水、抗震、保温性能较差。

（5）20 世纪 90 年代，部品与集成化在住宅领域中曾短暂出现，随后建筑产业市场化，居民住房向货币方向发展。改革开放加快，城镇化提速，住宅需求增多，由于大量农村富余劳动力涌入城市，农民工队伍不断壮大，开始全现浇混凝土建筑体系时代，装配式建筑又进入低潮阶段。

（6）进入 21 世纪初期，现浇混凝土体系几乎全面占领高层住宅市场，但现浇技术的缺点也开始凸显——手工湿作业、劳动强度大、养护耗时长、施工现场环境污染严重。这时，装配式建筑产业重新引起广泛关注，特别是预制装配式混凝土结构得到了进一步应用。

我国现代装配式产业起步较晚，关键技术体系多为从德国、日本等国家引进后加以改进，在设计和施工中仍存在着技术体系不完善、标准化程度较低、基础研究跟不上、检测检验方法欠缺、建造成本较高等缺点。工程应用也缺少时间和实践的检验。

虽然装配式建筑产业面临着诸多问题，但自 2010 年以来，我国装配式技术的发展速度显著增快。特别是在政府政策引导下，近年来装配式技术研究得到快速发展。"十二五"期间，相关国家标准、行业标准、地方标准纷纷出台，加大了产业化投入力度，预制构件厂在各地纷纷酝酿重新上马。2017 年 3 月，住房和城乡建设部出台《"十三五"装配式建筑行动方案》，各地政府紧跟国家步伐，陆续出台、颁布推广装配式建筑的相关文件。至 2018 年，全国 31 个省市均出台了装配式建筑专门的指导意见和相关配套措施。目前，各地在住宅类工程项目中采用装配式建筑较多。

2）中国香港

早期使用建筑预制构件始于 20 世纪 60 年代、70 年代的公共房屋；80 年代中期～90 年代，把传统的砖砌内隔墙改为预制条型墙板，在私人楼宇建筑引进预制技术。进入 21 世纪之后，开始进入预制装配式住宅产业化阶段。

我国香港装配式建筑体系的主要特点是：PC 外墙挂板＋标准定型化产品，主要预制构件后来延伸至楼梯段、内隔墙板、整体厨卫等。

2017 年，我国香港推行"组装合成"建筑法，引进更先进的组合式建筑模式。香港屋宇署设立预先认可机制，模块化组合结构建筑的供应商进入香港市场必须通过预先认可，同时屋宇署对建筑结构、机电设计、预制构配件生产流程、产品质量均有严格标准要求。

3）日本

从 20 世纪 50 年代开始，日本政府机构先后颁发了《普及装配部品制度》《优良装配部品制度》《装配住宅性能指标》等技术规范，将预制混凝土结构应用于建筑领域。1968 年提出装配式住宅的概念，20 世纪 70 年代形成了几家装配式住宅公司，至今已形成了多种完善的预制住宅结构技术体系。1990 年推出了采用部件化、工业化生产方式、高生产效率、住宅内部结构可变、适应居民多种不同需求的"中高层住宅生产体系"，经历了从标准化、多样化、工业化到集约化、信息化的不断演变和完善过程。经过近 60 年的发展已形成了完整的产业链，在模块化设计、工厂化生产、装配式安装、体验式营销等方面积累了很多先进的技术和丰富的经验。

日本的主要预制构件特点有：外墙主要采用夹心墙板；楼板以预应力空心板为主，预应力平板组合楼板和预应力小梁加空心砌块组合楼板为辅；卫生间整体预制；预制柱采用套筒灌浆连接。此外，日本的装配式建筑以框架结构为主，高层建筑多辅以隔震层和减震构件等措施，住宅体系中推广以骨架体长寿命和填充体可变化为特点的 SI 住宅的研究与应用。

4）新加坡

1965 年，新加坡建国伊始，政府面临极为严峻的住房紧缺问题，为改善居住条件，新加坡政府成立了建屋发展局（HDB），时任新加坡总理李光耀提出"居者有其屋"的组屋计划。

20 世纪 70 年代，预制装配式结构体系在新加坡得到广泛应用。20 世纪 80 年代，随着住房需求的增加，该结构体系迅速发展，至 20 世纪 90 年代后期已进入全预制阶段，使得新加坡建筑工业化水平迅速提高。

与传统建筑方法相比，工业化建筑方法具有较高的生产率。由于其标准化和重复率程度高，住宅项目的建造周期从传统的 18 个月下降到 8~14 个月。

新加坡是世界上公认的居民住宅问题解决较好的国家。在新加坡，80% 的住宅由政府建造，组屋项目强制实行装配化，并遵从 HDB 装配式设计指南。装配式住宅大部分为塔式或板式混凝土高层建筑，装配率可达 70%。从近几年发展情况来看，新加坡大力推广采用 PPVC（厢式预制装配系统）免抹灰预制集成建筑技术、PBU 预制卫生间技术和 BIM 技术等。

5）美国

美国从 20 世纪 30 年代的拖车式汽车房屋为雏形开始工业化住宅发展。美国国会在 1976 年通过了《国家产业化住宅建造及安全法案》；同年在联邦法案指导下出台了美国装配住宅和城市发展部（HUD）的一系列严格的行业标准。1976 年以后，美国的装配式建筑以低层木结构装配式住宅为主。20 世纪 90 年代，美国住宅采用钢结构的约为 5%，目前已超过 40%。最早一幢多层轻钢住宅于 1990 年开始设计，美国的多层轻钢结构住宅主要用于独栋别墅、叠拼式别墅、联排别墅及多层公寓等。美国装配式构件采用 BL 质量认证制度，设计遵从 PCI 协会编制的《PCI 设计手册》及《预制混凝土结构抗震设计》。

美国住宅部品和构件生产的社会化程度很高，居民可以根据住宅供应商提供的产品目录，进行菜单式住宅形式选择，委托专业承包商建设，建造速度快，建造质量好。

6）德国

1926 年，在柏林设计并建成了德国第一个"全 PC"建筑住宅区。20 世纪 50 年代，在"居住需求"与"重建导则"的共同引领下，德国开始大规模建造"全 PC"建筑居住社区。20 世纪 70 年代，随着住宅需求逐渐被满足，刚性需求减小，整个住房市场朝着"用户需求导向"发展，通用性更强的"半 PC"预制墙板体系开始得到发展，也就是后来的"叠合构件"。

德国是世界上建筑能耗降低幅度最快的国家，近几年更是致力于零能耗装配式建筑的工业化进程。德国建筑业基于全绿色生态产业链、环保与节能全系统的可持续发展理念，注重产业组织、生产技术、管理维护与环保回收等环节的进一步优化。

7）法国

法国是世界上推行建筑产业化最早的国家之一，它创立了世界上"第一代建筑工业化体系"，即以全装配大板工具式模板现浇工艺为标志的专用体系。

经历了几十年的发展，法国的建筑产业化体系已经由住宅向学校、办公楼、医院、体育场馆及俱乐部等公共建筑发展。法国装配式建筑从 1959~1970 年期间开始推广，1980 年后渐成体系。20 世纪 90 年代在装配式混凝土建筑中开始推广应用 G5 软件系统，促进了预制构件的大规模生产、成本的降低和效率的大幅度提升。

目前，法国使用的装配式结构体系主要为预制预应力混凝土装配整体式框架结构（简称世构体系），适合于公建（学校、医院、商场等）项目应用。

8) 芬兰

1950年，芬兰开始研究和发展建筑预制构件技术。由于低成本住宅的需求不断增长，1960年建筑技术朝工业化方向发展，夹芯板开始应用。1970～1980年，BES标准化系统的出台代表着预制装配式的标准化。从1980年开始，芬兰的标准化组织（BES）把重心从住宅方向转移到工业建筑。近年来，芬兰预制式建筑美学和生命周期的价值提升成为研究焦点，BIM技术的使用给预制式建筑的质量管理带来了生机。

钢结构住宅在芬兰应用比较广泛，尤其是应用于传统别墅中的轻钢龙骨框架结构体系，其组成主要有墙板单元、Termo龙骨和Rosette节点连接等。

2. 装配式建筑理念

1）装配式建筑：由预制部品部件在工地装配而成的建筑。包括装配式混凝土建筑、装配式钢结构建筑以及装配式现代木结构建筑。

2）部件：在工厂或现场预先生产制作完成，构成建筑结构系统的结构构件及其他构件的统称。

3）部品：由工厂生产，构成建筑结构系统的结构构件及其他构件的统称。

4）预制混凝土构件（precast concrete component）：在工厂或现场预先制作的混凝土构件，简称预制构件（PC）。

5）装配式混凝土结构：由预制混凝土构件通过可靠的连接方式装配而成的混凝土结构。在建筑工程中，简称装配式建筑；在结构工程中，简称装配式结构。

6）装配率：单体建筑室外地坪以上的主体结构、围护墙和内隔墙、装修和设备管线等采用预制部品部件的综合比例。

7）预制率：预制混凝土构件的体积（±0.000以上）/预制混凝土构件的体积（±0.000以上）+现浇混凝土体积（±0.000以上）。"预制混凝土构件的体积"为外围护预制钢筋混凝土墙体和预制钢筋混凝土结构受力构件的体积，如预制剪力墙（暗柱现浇部分不计入）、预制夹心剪力墙（不包含保温部分）、预制叠合剪力墙（仅预制部分）、预制外挂墙板（外围护墙）预制梁、预制柱、预制叠合楼板（仅预制部分）、预制楼梯、预制阳台、预制空调板等钢筋混凝土构件的体积。

8）管线分离式安装技术：机电管线采用与建筑结构本体或预制结构构件脱开布置和安装的技术方式。也就是通常说的SI体系，是支撑体、设备管线、内装部品三者完全分离的一种体系。

9）管线预埋式安装技术：机电管线及部分小型配件等在预制化工厂内直接预埋设置在预制结构构件内的技术方式。

10）集成卫生间（厨房）：由工厂生产的楼地面（防水底盘）、吊顶（顶板）、墙面（壁板）等集成的整体框架，配上各种功能卫生洁具（洗涤盆、各种功能器具）、管线及配件而形成的独立卫生单元，并主要采用干式工法装配而成，又称"装配式卫生间（厨房）"或"装配式整体卫浴（厨房）"。

11）同层排水：在建筑排水系统中，器具排水管不穿越结构楼板进入下层空间，且与卫生器具同层敷设并接入排水立管的排水方式。

3. 我国对装配式建筑的相关政策及要求

1）引领我国装配式建筑发展的政策文件

2013年1月1日，国务院办公厅"关于转发国家发展改革委、住房城乡建设部《绿色建筑行动方案》的通知"（国办发〔2013〕1 号），在文中的重点任务中提出"推动建筑工业化"，要求"住房城乡建设等部门加快建立促进建筑工业化的设计、施工、部品生产等环节的标准体系，推动结构件、部品、部件的标准化，丰富标准件的种类，提高通用性和可置换性。推广适合工业化生产的预制装配式混凝土、钢结构等建筑体系，加快发展建设工程的预制和装配技术，提高建筑工业化技术集成水平。支持集设计、生产、施工于一体的工业化基地建设，开展工业化建筑示范试点。积极推行住宅全装修，鼓励新建住宅一次装修到位或菜单式装修，促进个性化装修和产业化装修相统一"。

2016 年 9 月 30 日，《国务院办公厅关于大力发展装配式建筑的指导意见》印发。在"总体要求"中提出，大力发展装配式混凝土建筑和钢结构建筑，在具备条件的地方倡导发展现代木结构建筑，不断提高装配式建筑在新建建筑中的比例。坚持标准化设计、工厂化生产、装配化施工、一体化装修、信息化管理、智能化应用，提高技术水平和工程质量，促进建筑产业转型升级。以京津冀、长三角、珠三角三大城市群为重点推进地区，常住人口超过 300 万的其他城市为积极推进地区，其余城市为鼓励推进地区，因地制宜发展装配式混凝土结构、钢结构和现代木结构等装配式建筑。力争用 10 年左右的时间，使装配式建筑占新建建筑面积的比例达到 30％。

2）我国装配式建筑中与排水系统相关的政策规定

（1）在《装配式混凝土建筑技术标准》GB/T 51231—2016 中有如下规定：

> 7.1.2　装配式混凝土建筑的设备与管线宜采用集成化技术，标准化设计，当采用集成化新技术、新产品时应有可靠依据。
>
> 7.2.3　装配式混凝土建筑的排水系统宜采用同层排水技术，同层排水管道敷设在架空层时，宜设积水排出措施。

（2）在《装配式建筑评价标准》GB/T 51129—2017 中有如下规定：

> 3.0.3　装配式建筑应同时满足下列要求：
> 1　主体结构部分的评价分值不低于 20 分；
> 2　围护墙和内隔墙部分的评价分值不低于 10 分；
> 3　采用全装修；
> 4　装配率不低于 50％。
>
> 4.0.1　装配式建筑评分表中针对集成厨房和集成卫生间各有 3～6 分的分值，评价要求为 70％≤比例≤90％。

3）我国装配式建筑建设流程

我国装配式建筑的建设流程需要经过方案设计、初步设计、施工图设计、预制构件深化设计、构件加工制作以及施工安装等阶段。

9.2　装配式建筑生活排水系统的选择

1. 装配式建筑与传统建筑的排水点位功能分析

装配式建筑与传统建筑排水区域的位置是完全相同的。采用装配式建筑并没有改变或影响建筑物的使用功能。

装配式建筑与传统建筑排水点位的功能相同，但用水器具排水点位的敷设方式和难易程度会有所不同。传统建筑因为结构板现场浇筑，建筑功能布局可变性大且现浇板上开洞较方便，使给水排水点位跟随建筑功能布局的调整改变较为简单。而装配式建筑的预制混凝土构件是批量制作的，其设计是按照通用化、模数化、标准化的要求，以少规格、多组合的原则，实现建筑及部品部件的系列化和多样化。

在装配式建筑中，排水点位可分为两种类型：

1）用水器具固定点位

在一些建筑内，卫生器具及排水点位相对固定，日后改动性较小。这类建筑大多为居住类建筑，如住宅楼，别墅、宿舍楼、酒店式公寓、宾馆客房等和主要用途为办公的办公楼及不承担实验教学任务的教学楼。这类建筑的排水点位集中在基本固定不变的住宅卫生间、厨房、阳台及设备平台（空调板），或者是办公楼、教学楼的茶水间、公共卫生间及设备平台（空调板）等部位。

2）用水器具不固定点位

该类建筑内对于卫生器具及排水点位区域的位置相对不固定，日后改动性较大。如购物商场、超市、影剧院、健身中心、体育场馆、餐饮业场所等。这些建筑受其使用性质的影响，往往在设计和建造时，每个区域所承担的功能还未完全确定，后期二次装修时区域承担的功能用途改变可能性大。

2. 装配式建筑生活排水系统的选择

1）生活排水主系统的选择

（1）对于卫生器具及排水点位相对固定的建筑物

① 普通伸顶通气单立管排水系统由于排水能力较小，10 层及以上的居住类建筑卫生间排水不能选用此系统。

② 伸顶通气双立管、三立管排水系统，适用于公共建筑卫生间排水及 10 层及以上的居住类建筑卫生间排水。

③ 特殊配件单立管、双立管排水系统具有较好的排水工况和较大的通水能力，立管占用的空间较小，适用于 10 层及以上的居住类建筑卫生间排水。如苏维托单立管排水系统、加强型旋流器单立管排水系统。

（2）对于卫生器具及排水点位不固定的建筑物

对于此类建筑物，排水主系统应按后期修改最小的方向进行设计，一般在不会有较大改动的核心筒内或其他适合位置相对集中地设置专用排水主管井。

2）选择排水末端系统

（1）居住类装配式混凝土建筑的排水末端系统宜采用同层排水。

同层排水按照结构是否降板及降板的高度不同，分为整体降板同层排水系统、局部降板同层排水系统、微降板同层排水系统及不降板同层排水系统。

长期以来，我国习惯采用降板同层排水系统，但在实际使用过程中又暴露出降板同层排水的几大问题：一是降板内沉箱积水问题；二是卫生间干区地漏返臭问题；三是清通检修困难问题；四是卫生间净高偏小问题，详见本《手册》第 5 章。这也就是近年来各地逐渐开始采用微降板同层排水系统及不降板同层排水系统较多的原因。所以，在这里仅将降板同层排水作为一种系统加以介绍。

① 整体降板同层排水系统

建筑毛坯结构中，卫生间楼板低于其他功能用房地面约 150～400mm，器具排水管和排水横支管不穿越本层结构楼板到下层空间且与卫生间器具同层敷设并接入排水立管，见图 9-1、图 9-2。

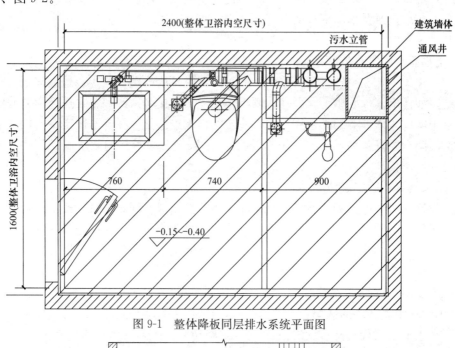

图 9-1　整体降板同层排水系统平面图

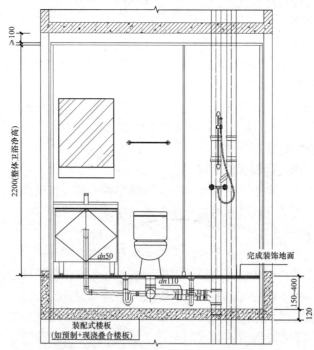

图 9-2　整体降板同层排水系统剖面图

② 局部降板同层排水系统

建筑毛坯结构中，卫生间内仅在设置地漏（但根据近年来的工程实际经验，卫生间干区不再设置地漏的做法已逐渐为用户所接受）及敷设排水横支管的部位降板，降板区域地面低于不降板部位地面约 150～400mm，降板部位做法与传统沉箱式同层排水系统相同，见图 9-3～图 9-5。

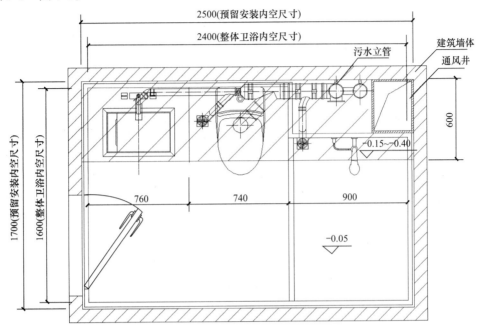

图 9-3　局部降板同层排水系统平面图（一）

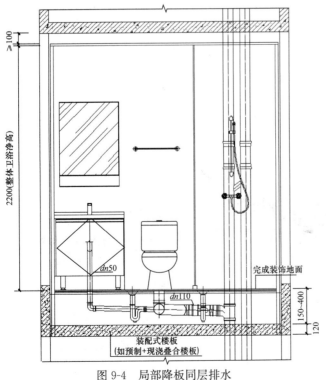

图 9-4　局部降板同层排水
系统纵剖面图（一）

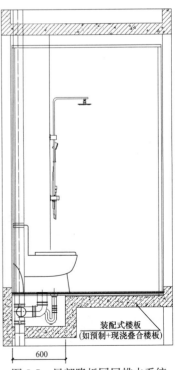

图 9-5　局部降板同层排水系统
横剖面图（一）

　　还有一种局部降板做法，是部分卫生器具（如洗脸盆、大便器）的排水横支管由地面以上贴墙角或浴盆壁敷设，后期再由精装包覆或做假墙，仅地漏及排水横支管末端部位降板，见图 9-6～图 9-8。

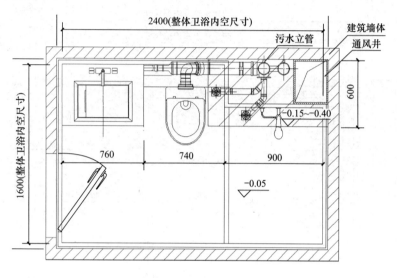

图 9-6　局部降板同层排水系统平面图（二）

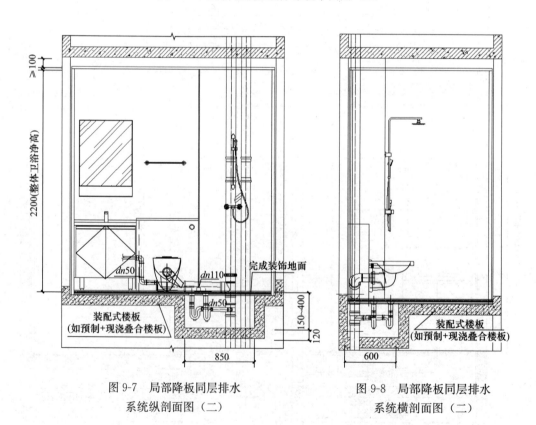

图 9-7　局部降板同层排水　　　　　图 9-8　局部降板同层排水
　　　系统纵剖面图（二）　　　　　　　　系统横剖面图（二）

　　③ 微降板同层排水系统
　　建筑毛坯结构中，卫生间地面低于其他功能用房地面约 50～150mm，器具排水管和排水横支管不穿越本层结构楼板到下层空间且与卫生间器具同层敷设并接入排水立管，见图 9-9、图 9-10。

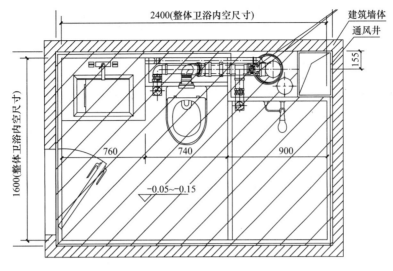

图 9-9 微降板同层排水系统平面图

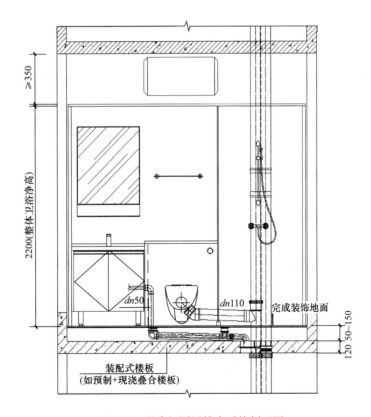

图 9-10 微降板同层排水系统剖面图

④ 不降板同层排水系统

建筑毛坯结构中，卫生间地面低于其他功能用房地面小于等于 50mm，器具排水管和

271

排水横支管不穿越本层结构楼板到下层空间且与卫生间器具同层敷设并接入排水立管，见图 9-11、图 9-12。

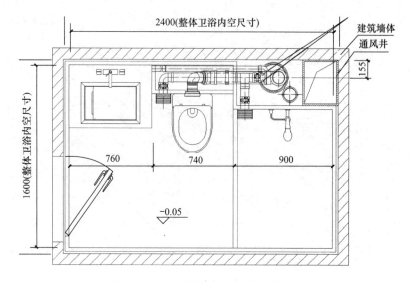

图 9-11　不降板同层排水系统平面图

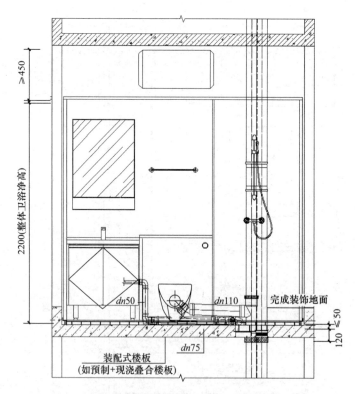

图 9-12　不降板同层排水系统剖面图

（2）公建类装配式混凝土建筑的排水末端系统宜采用异层排水。

这类建筑由于后期二次装修或改造时，卫生器具及排水点位变化较大，若采用同层排水方式，装配式建筑内的降板范围无法准确确定，而且预制式楼板不适合大面积开凿，因此宜优先选用异层排水系统。

异层排水的卫生间地面低于其他房间地面不大于50mm，器具排水管和排水横支管穿越本层结构楼板到下层空间并接入排水立管，见图9-13、图9-14。

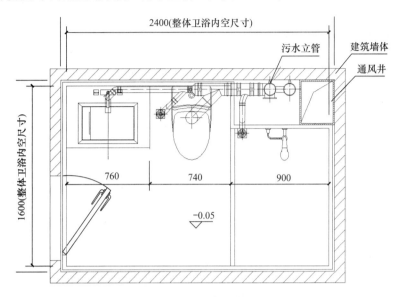

图 9-13　异层排水系统平面图

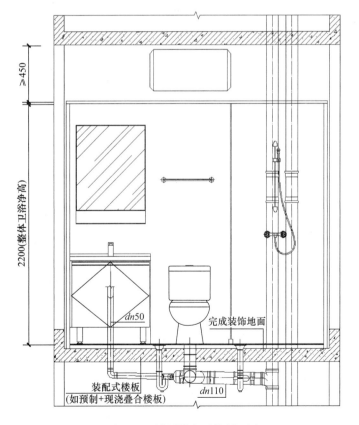

图 9-14　异层排水系统剖面图

9.3 装配式建筑生活排水系统设计及安装要点

1. 装配式建筑生活排水系统设计要点

装配式建筑生活排水系统的设计需与建筑专业、结构专业密切配合。根据装配式建筑的装配化程度，在设计中应主要注意以下几点：

1) 对于楼板、内隔墙在内的结构构件均采用装配式预制的建筑，卫生设备、卫生器具的给水排水管线及管路附件宜尽可能预埋在各预制构件内，或预留洞口、预埋套管，以避免或减少现场开洞。

2) 对于装配化程度高、较容易实现功能单元模块化的建筑，卫生设备、卫生器具的给水排水管路宜全部采用嵌入式集成方式，现场只需与总管路对接。

3) 装配式建筑生活排水系统可以采用自带水封、具有同层检修功能、适应毛坯房地面二次装修时完成面的高度调节功能、能同时连接多个排水器具并集中排至排水立管的排水汇集器，根据相关《规范》要求其水封高度不得小于 50mm，不可用活动机械密封替代水封，见图 9-15。

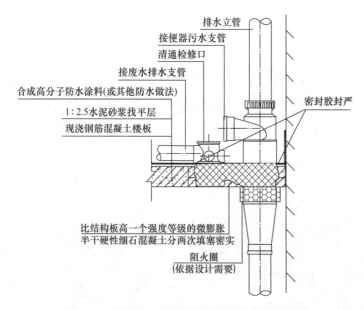

图 9-15 装配式建筑同层排水汇集器安装示意图

4) 设计中应考虑后期维护检修的便利，维护人员难以直接操作的部位应考虑检修安全设施的预设、预埋。

5) 当装配式生活排水系统与整体厨卫配合时，管线应综合布置，管线与卫生器具的接口设置应互相匹配，并应满足厨卫使用功能的要求；在施工图设计中应明确标注接口的定位尺寸，其施工精度误差不应大于 5mm。

2. 装配式建筑排水管材的选择

装配式建筑生活排水管材的选择，应综合考虑建筑物性质、建筑物高度、建筑抗震设防要求、建筑防火要求及排放介质的适用情况等因素经技术经济比较后合理选用。

装配式建筑生活排水管道应采用柔性接口机制排水铸铁管或建筑排水塑料管，及其配套管件。

柔性接口机制排水铸铁管管材、管件和连接件的材质、规格、尺寸和技术要求，应符合国家现行相关标准《排水用柔性接口铸铁管、管件及附件》GB/T 12772、《建筑排水用卡箍式铸铁管及管件》CJ/T 177、《建筑排水用柔性接口承插式铸铁管及管件》CJ/T 178等的规定。

建筑排水塑料管材和管件，应符合现行国家标准、行业标准的要求。

3. 装配式建筑卫生器具的选型与布置

装配式建筑卫生间的墙面或楼板如果采用预制混凝土构件，则卫生器具的给水排水设计一定要与精装单位密切配合。在设计前期，就需要与精装单位一起确定卫生器具的型式、平面布置和安装方式，商讨卫生器具的给水排水点位及精装设计的装饰墙面、地面厚度等。再根据接收到的相关专业技术条件进行给排水设计，并将给水排水的预留洞资料提供给预制混凝土构件专业进行深化设计。

4. 装配式支吊架系统

装配式支吊架也称组合式支吊架，是吊挂或支撑机电设备、管道，并将机电设备、管道自重及所受荷载传递到建筑承重结构上，用于约束机电设备、管道位移及抑制机电设备、管道振动以确保机电设备、管道安全运行的相关部件的总称。

装配式支吊架具有良好的稳定性和抗震性能，安装便捷，适用范围广。在复杂的管路通道和狭小管廊、吊顶中施工，更可发挥其任意可调、组配灵活的优越性。

1）装配式支吊架组件

装配式支吊架由底座、立杆（吊杆）、横梁、斜撑（斜拉件）、连接件和固定件等组成（图 9-16）。

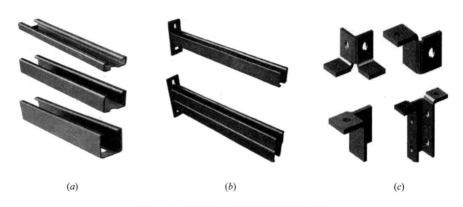

(a)   (b)   (c)

图 9-16 装配式支吊架系统组件示例
(a) C 形槽钢；(b) 悬臂；(c) 钢槽连接件

欧美发达国家自 20 世纪 80 年代就开始实行管线支吊架的标准化设计、制造和安装。

我国自 21 世纪初开始尝试在建筑物中使用装配式管线支吊架和抗震支吊架，目前还处于推广、应用的初级阶段，仅上海、北京、广州、深圳、天津、西安、武汉、青岛、沈阳等少数城市有约占 10% 左右的管线支吊架市场份额在使用，与欧美发达国家相比有较大差距。

2）支吊架管卡

装配式支吊架管卡的材质与型式应根据排水管材材质选定，柔性接口建筑排水铸铁管应采用金属管卡，塑料排水管道可采用金属管卡或增强塑料管卡。金属管卡表面应经防腐处理；当塑料排水管道使用金属管卡时，应在金属管卡与管材或管件的接触部位衬垫软质材料。

5. 装配式建筑预留洞及管道预埋件

1）装配式建筑排水管道在敷设时的预埋件以及预留洞，主要有：

（1）排水立管预埋件及预留洞；

（2）排水立管及横管的支吊架预埋件；

（3）排水出户管穿越外墙基础的预留洞；

（4）卫生器具异层排水管道穿越楼板等处的预埋防水套管或预留洞；

（5）预埋套管或预埋连接件。

2）管道预留洞及预埋件敷设于装配式建筑预制墙体或预制楼板时，一般可遵循以下原则：

（1）应明确管道是穿越预制板还是敷设在装饰墙内，明确其在预制构件中预留孔、洞、沟槽、套管的大小和具体位置；孔洞直径一般应比管道外径大 50mm。

（2）排水管道穿越承重墙或基础时，应预留洞口，管顶上部净空高度不得小于建筑物的沉降量，一般不小于 0.15m。

（3）排水管道穿越地下室外墙处应预埋刚性或柔性防水套管。

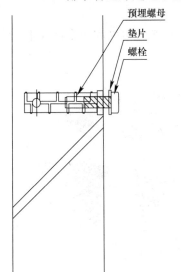

图 9-17 排水立管支架
预埋紧固件图

（4）预埋管道附件：当给水排水系统中的某些附件安装有困难时，可采取直接预埋的办法。如设于屋面、空调板、阳台板上的排水管道附件，包括地漏、雨水斗、管道局部预埋等。

（5）在装配式建筑的预制构件图纸中应表达预留孔、洞、沟槽、套管、管道的定位尺寸、标高、管径、规格，对于复杂的安装节点应给出剖面图。

3）管道支吊架预埋件

排水立管支架、排水横管吊架应在装配式建筑预制构件中预埋螺母，在现场接驳螺栓后拧紧固定。排水立管支架预埋紧固件做法见图 9-17。

6. 建筑防火封堵

装配式建筑塑料排水管道穿越楼板、隔墙的防火封堵与普通建筑相类似，一般采用安装阻火圈的方式处理，见图 9-18、图 9-19。

7. 装配式建筑屋顶防水做法

在装配式建筑工程项目中，屋面板目前大部分不做预制，仅部分框架项目做预制。当屋面板采用预制叠合板时，现浇部分厚度不应小于 100mm，加上预制部分厚度最低 60mm，总厚度至少 160mm，对比现浇屋面板 120mm 的板厚，成本较高且标准化程度低，所以，目前屋面板做预制式混凝土构件的情况不多。

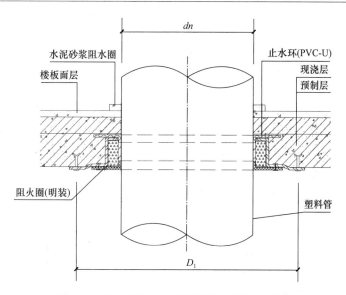

图 9-18　排水管道穿越预制楼板阻火圈安装图

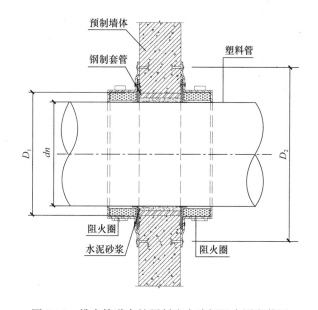

图 9-19　排水管道穿越预制防火墙板阻火圈安装图

根据已有工程案例经验，预制叠合板的屋面其排水管道及附件的防水处理方式和现浇板基本一致。

8. 装配式建筑预埋接管组件

针对预制式叠合楼板的特点，当采用预埋留洞时在很多工程实例中发现现浇部分的偏差容易造成排水立管位置的偏差。目前根据市场反馈更好的解决办法是在装配式楼板中预埋接管组件。

由于预制楼板工厂化生产比较标准，在预制楼板中预埋接管组件的优点是：可替代套管，避免管孔二次封堵时容易出现的漏水现象；组件具有距管道中心线偏置 10mm 范围的调节功能，有利于保证立管的垂直度；组件接口连接强度高，密封性能好，有利闭水试验；节约后续管道安装人工。

在设计过程中采用预埋接管组件时应采用 BIM 设计，并充分考虑墙体预埋、楼板预埋、标高误差、管道坡度、支架间距等因素，并在预制混凝土拆分件图纸上详细体现。目前，在装配式建筑中采用较多的预埋接管组件主要有铸铁材质预埋接管组件和塑料材质预埋接管组件。

1）铸铁材质预埋接管组件

（1）铸铁材质预埋接管组件由本体、调心盘、法兰压盖、密封橡胶圈及紧固螺栓组成。其本体设有带孔定位耳，见图 9-20。该材质预埋件热变形系数较小且接近于水泥构筑物，具有止水效果好、结构强度高、防火性能好等优点。

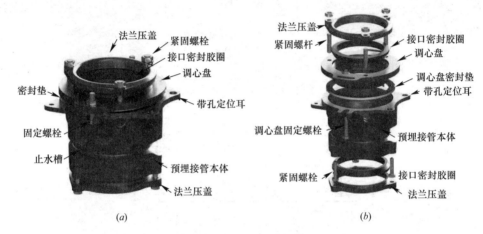

图 9-20　可调心铸铁预埋接管组件

（a）可调心预埋接管组件整体图；（b）可调心预埋接管组件分解图

（2）排水立管穿越装配式楼板的预埋接管组件

预埋接管组件预埋在预制结构板中，排水管道安装时，根据立管的位置调整预埋接管组件的接口位置，使其中心与立管中心垂直重叠。见图 9-21、图 9-22。

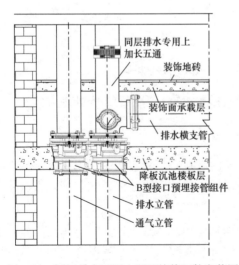

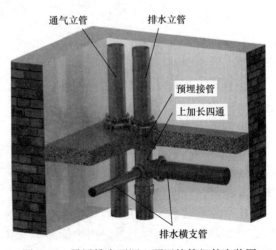

图 9-21　同层排水可调心预埋接管组件安装图　　图 9-22　异层排水可调心预埋接管组件安装图

预制楼板现场敷设后做现浇层，须等叠合楼板现浇层直到养护期满后方可进行立管连接安装，安装时应根据上下楼层预埋接管本体中心垂线偏差，调整预埋接管调整盘的位置并固定（如图 15-64a），以确保立管垂直度在允许的偏差范围内。然后在预埋接管接口中插入直管或管件插口端，用密封胶圈和法兰压盖压紧连接。

（3）排水横支管通过预埋接管组件穿越预制墙体与外置式排水立管连接

预埋接管组件直接浇筑于预制结构墙体中与外置式排水立管连接，两端分别与排水横支管和排水立管柔性连接，见图 9-23。如此做法可不用预埋套管，也不用二次封堵；节省空间，杜绝渗漏水，降低施工成本，也便于维修。

图 9-24 为管道穿越墙体预埋接管安装图。

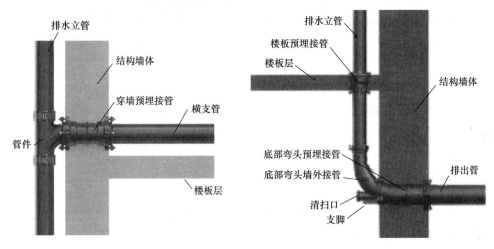

图 9-23 排水横支管通过预埋接管组件
与立管连接安装图

图 9-24 管道穿越墙体预埋
接管安装图

（4）侧接口预埋接管安装

侧接口预埋接管主要用于无降板和微降板同层排水地漏设置（如图 9-25a）、阳台地漏设置（如图 9-25b）及其他需要敷设在结构楼板中的管道连接。

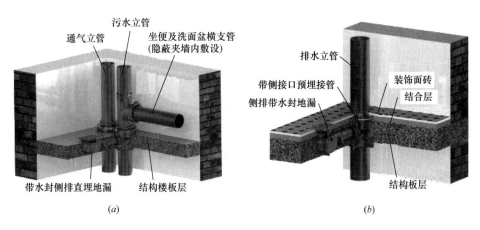

(a)   *(b)*

图 9-25 侧接口预埋接管的应用

（a）无（微）降板同层排水；（b）阳台地漏设置

如图 9-26 所示，侧接口预埋接管采用快捷式橡胶密封接口与侧排地漏接管连接。侧排地漏接管长度约 300mm，可根据地漏安装位置截取。先将橡胶密封圈置于预埋接管侧接口内，将侧排地漏接管端口去毛刺、打磨圆滑，管端头涂抹洗洁剂作为润滑剂，对准密封胶圈正中心插入到胶圈底面。侧排地漏宜带支脚，便于定位和保持地漏下方有一定厚度的水泥砂浆层。

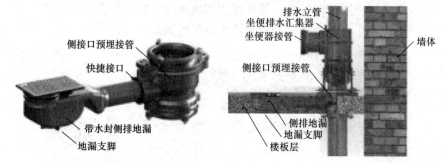

图 9-26　侧接口预埋接管与侧排地漏安装图

（5）铸铁材质预埋接管组件与塑料排水管连接

铸铁排水管与塑料排水管各有优势。如日本在推广特殊单立管排水系统时，穿越楼板的加强型旋流器是铸铁材质，而排水管材是塑料材质，既能避免楼板漏水和提高防火性能，又可降低成本。预埋接管不同于一般管配件，安装后无法更换，所以应考虑与建筑物具有相同的预期使用寿命。

2）塑料材质预埋接管组件

（1）塑料材质预埋接管组件一般采用 PVC-U、HDPE、HTPP 材质制作。

（2）塑料材质预埋接管组件在预制构件中的预埋方式及管道连接方式与铸铁材质预埋接管组件一致，见图 9-27（b）。

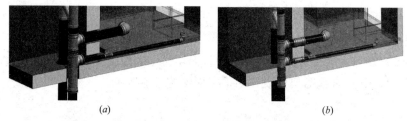

(a)　　　　　　　　　　　　　(b)

图 9-27　塑料排水管预留孔洞做法与预埋接管组件做法安装对比图

（a）早期预留孔洞做法安装图；（b）通过预埋接管组件做法安装图

9. 装配式建筑卫生间集成检修口

在装配式建筑卫生间中，由于集中隐蔽安装，对于容易产生堵塞、漏水等突发性事故的排水管段、接头等部位，应考虑易于拆卸、检修和还原组合方式，如设置管线集成检修口。

装配式建筑卫生间管线集成检修口的设置，应符合下列要求：

1）对于容易产生堵塞、漏水等突发性事故的排水管段和接头，应集中安装在管线集成检修口内。

2）对于坐便器隐蔽式水箱、支架等需周期性维护、检修的器具部件，宜安装在管线集成检修口内。

3）排水横支管、给水金属软管的接头、阀门等，宜集中安装在管线集成检修口内或易于更换、检修的隐蔽部位。

4）卫生间管线集成检修口宜靠近排水立管部位设置，见图 9-28。

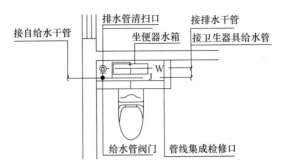

图 9-28 卫生间管线集成检修口设置位置示意图

10. 装配式建筑工程案例

1）案例一：上海某住宅小区

该小区满足绿建三星要求，拟打造 3A 住宅小区，PC 建筑比例达到 100%。此项目装配式建筑排水设计要点主要为：

（1）设计一条装配式排水路由，只留一个排水终点至主管。后期安装卫生间、厨房、阳台等有排水点位的部位按类型采用模块化设计（卫生间同层排水方式居多）。尽量在同一隔间内卫生器具及受水都比较方便。

（2）预留好穿叠合楼板、墙体的预留洞及预埋套管。并给结构专业提供资料（图 9-29～图 9-31 为与装配式结构专业配合预留给水排水洞口的实际案例）。

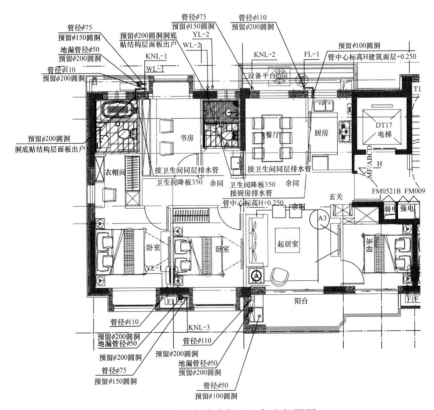

图 9-29 给水排水提 PC 专业留洞图

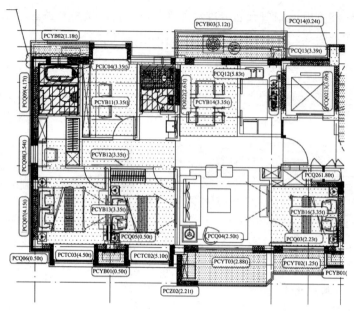

图 9-30　预制构件平面布置图

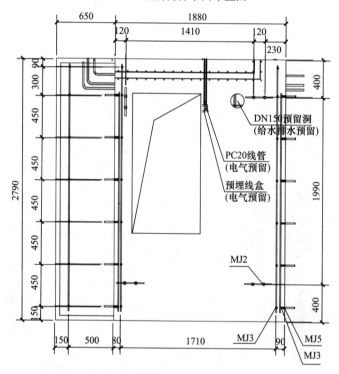

图 9-31　预制构件 PCQ10 详图

2）案例二：北京某小区保障性住房

2015 年竣工，建筑面积 12 万 m²，装配式结构及产业化内装卫生间共计 5300 个，装配率 81.3%。

装配建筑形式：叠合楼板、预制混凝土墙面、阳台、楼梯、产业化内装、装配式给水排水系统。

住户卫生间按采用装配式建筑排水系统设计。卫生间户型排水平面设计见图 9-32，卫生间 3D 造型布局图见图 9-33。根据 3D 模型统计出来的装配式排水系统材料清单见表 9-2。

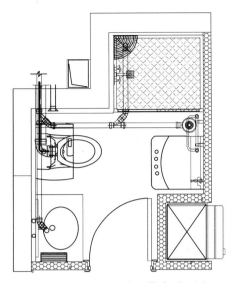

图 9-32 卫生间户型排水平面图

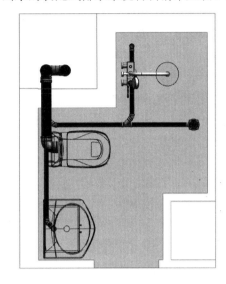

图 9-33 卫生间 3D 造型布局图

装配式建筑卫生间排水系统材料打包清单 表 9-2

编号	材料名称	规格	单位	数量
1	HTPP 静音排水管材	$dn110 \times 1850$（mm）	件	1
2		$dn110 \times 2100$（mm）	件	1
3		$dn110 \times 800$（mm）	件	1
4		$dn110 \times 550$（mm）	件	1
5		$dn50 \times 300$（mm）	件	1
6		$dn50 \times 1000$（mm）	件	1
7		$dn50 \times 650$（mm）	件	1
8		$dn50 \times 600$（mm）	件	1
9		$dn50 \times 600$（mm）	件	1
10	立管检查口	$dn110$	个	1
11	H 管	$dn110$	个	1
12	三通	$dn110$	个	1
13	加长型三通	$dn110$	个	1
14	补芯	$dn110 \times dn50$	个	1
15	90°弯头	$dn110$	个	1
16	斜三通	$dn50$	个	1
17	单承口 45°弯头	$dn50$	个	1
18	单承口 45°弯头	$dn50$	个	1
19	90°弯头	$dn50$	个	1
20	斜三通	$dn50$	个	1
21	单承口 45°弯头	$dn50$	个	1
22	90°弯头	$dn50$	个	1
23	同层排水地漏	$dn50$	个	2

9.4　装配式建筑雨水排水系统设计

由于装配式建筑的大部分构件需要在工厂里预制生产完成，屋面雨水排水管道的数量与位置一般根据汇水面积、排水区域、建筑立面美观等因素来决定。因此，从立管设置位置的灵活性及排水可靠性的角度考虑，当采用重力流屋面雨水排水方式时，可采用建筑物外墙就近设置外挂雨水立管方式，以尽量减少对各装配式构件的影响。当采用压力流排水方式时，由于压力流雨水排水管道可以平坡敷设，故宜采用立管相对集中布置的方式，并可按区域将雨水立管设置在楼梯间、电梯间附近的管道井中。

重力流屋面雨水排水系统应把暴雨期间的系统流态控制在重力流范围，超设计重现期的雨水不应进入系统，由溢流设施排放。雨水排水管与预制混凝土构件相互脱离，对预制混凝土构件的影响较小。

压力流屋面雨水排水系统，采用虹吸式雨水斗，所以也称为虹吸式雨水排水系统。压力流系统的管网设计流态是有压流，横管没有坡度要求，为减少在预制混凝土构件上的留洞，立管可集中设置在建筑物核心筒内的管道井中。

9.5　装配式建筑生活排水系统研发应用前景展望

1. 装配式建筑生活排水系统

装配式建筑颠覆了传统的房屋建造方式，在推进装配式建筑过程中实行标准化设计、工厂化生产、装配化施工、一体化装修，促进建筑产业的转型升级。为配合建筑装配式进程的快速推进，在市场上应运采用了工业化装配式排水系统，该系统的优点在于：

1）缩短现场施工安装工期

传统建筑排水系统安装，需按照工地现场实际长度截断管材，在安装时配置相应配件，施工安装周期长，效率低，对施工人员的素质要求、技术要求高。

采用装配式排水系统，由生产厂家在出厂前深化设计，绘制排水管道模拟安装 3D 图（如图 9-34）、平面图、施工安装说明书及户型精准材料清单，按照用户确认的深化设计下料图（如图 9-35）及材料清单进行管材下料裁切，按照单元户型分拣包装，并成套配备管路附件。省去了现场管材切割、管件及附件分拣的时间，避免了定长管材现场裁剪的剩余边角料浪费。

2）节约工程造价

采用装配式排水系统，能够大大减少施工过程中的浪费，节省管道成本及安装工时成本。

装配式建筑排水通过标准化生产，管材、管件使用数量精确，能够减少垃圾尾料造成的浪费，节约材料成本、施工成本及垃圾处理成本。

3）施工安装操作简单方便，大大减少因误安装导致返工的时间

装配式建筑排水可做到一个卫生间、一个厨房或阳台作为一个安装单元，每个安装单元包装箱内的管段、配件有编号，施工安装可按照安装简图进行操作，如结合采用 BIM技术与 RFID 技术等措施，安装精度和效率将大大提高。

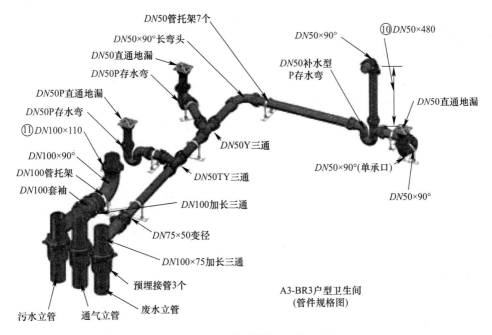

图 9-34　排水管道模拟安装 3D 图

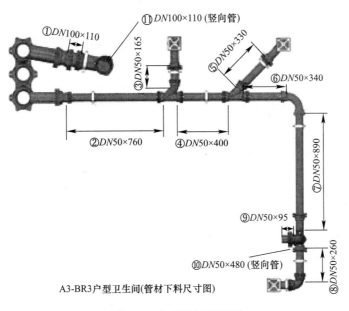

A3-BR3户型卫生间(管材下料尺寸图)

图 9-35　深化设计下料图

2. 集成卫生间

目前,针对装配式卫生间的叫法不尽相同,我国相关标准规范也没有统一术语,如:现行国家标准《装配式建筑评价标准》GB/T 51129—2017 中的叫法为集成卫生间,《装配式钢结构建筑技术标准》GB/T 51232—2016 中的叫法为集成式卫生间;现行行业标准《装配式住宅建筑设计标准》JGJ/T 398—2017 中的叫法为整体卫浴,《装配式整体卫生间应用技术规程》中的叫法为装配式整体卫生间,《住宅整体卫浴间》JG/T 183—2011 中的叫法为整体卫浴间。名称虽然存在差异,但都以体现工厂化生产、干式工法装配施工为核心技术特征。本《手册》统称为集成卫生间。

1) 集成卫生间,是指地面、吊顶、墙面、洁具设备及管线等通过设计集成、工厂化生产,在工地主要采用干式工法装配施工而成的卫生间,见图 9-36。根据卫生间主体结构使用的材质,主要有 SMC 体系集成卫生间、蜂窝铝体系集成卫生间、复合瓷砖体系集成卫生间三大类,根据卫生间是否需要结构降板,又可分为降板集成卫生间和不降板集成卫生间。

近年来,随着国家大力推广装配式建筑和装配化装修,集成卫生间展现了其独特优越性:墙面及底盘一体成型,有效杜绝卫生间地面墙面渗漏现象;现场拼装或整体吊装,无需防水施工。干法作业、施工快速,缩短安装工期;工厂标准化生产,进度和质量可控。另外,依据现行国家标准《装配式建筑评价标准》GB/T 51129—2017,装配式建筑采用集成卫生间可直接获得 6 分,加上间接得分项,单全装修项就可获得全部得分 30 分。

集成卫生间适用于装配式建筑、采用装配化装修的建筑和既有建筑改造工程。尤其适用于公共租赁住房、快捷酒店、医院病房楼、LOFT 公寓、旧房改造等居住类建筑。

2) 降板集成卫生间

降板集成卫生间是指:卫生间结构降板 200～300mm,将防水底盘架空,排水管道在防水底盘下方沿地面敷设(图 9-37),目前工程案例中多采用此种集成卫生间。

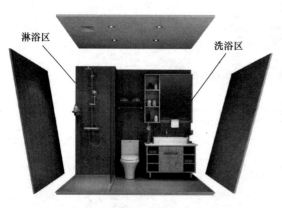

图 9-36　集成卫生间示意图　　　　图 9-37　降板集成卫生间

目前,市面上的 SMC 体系和蜂窝铝体系均为降板集成卫生间,其存在的不足之处主要有:

(1) 由于防水底盘架空,导致卫生间地面行走有较强的空鼓感(图 9-38);

(2) 由于防水墙板后方需要布置钢架网筋、部分给水排水管道等造成防水墙板和土建墙体之间有较大间隙,除了也会带来空鼓感外,还压缩了卫生间平面空间(图 9-39);

(3) 坐便器、地漏等排水点位需要穿越防水托盘竖向孔洞,存在渗漏风险;

(4) 防水底盘下方的排水管道一旦出现渗漏,维护检修极其困难;

(5) 对于一些改造类建筑如 LOFT 公寓,在没有降板条件下只能抬高卫生间地面,最后导致卫生间净高偏低。

图 9-38 卫生间防水底盘架空

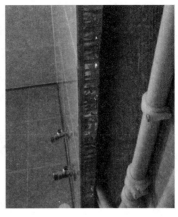

图 9-39 卫生间墙板和原墙体
之间有间隙

3）不降板集成卫生间

不降板集成卫生间是指：在卫生间无需结构降板或降板高度小于 50mm 条件下，卫生间完成地面标高低于客厅、卧室等功能用房完成地面标高，排水管道集成沿墙体敷设在本层，图 9-40 为典型的"一"字形布置不降板集成卫生间。

不降板集成卫生间的核心技术仍基于不降板同层排水管道系统，排水管线沿墙布置，坐便器后出水单独接入排水立管，洗脸盆及干、湿区地漏排水接入排水汇集器共用水封（图 9-41）。

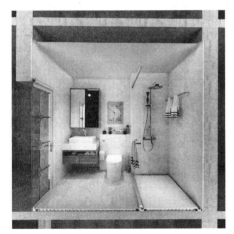

图 9-40 不降板集成卫生间

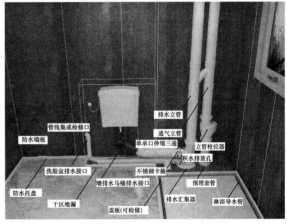

图 9-41 不降板集成卫生间管线布置图

（1）相比降板集成卫生间，采用不降板集成卫生间有优点如下：

① 防水底盘直接贴合结构楼板，地面为复合瓷砖，无空鼓感；

② 防水墙板贴合土建墙体，墙面粘贴瓷砖，无空鼓感，墙体完成面距土建墙面可控制在 20mm 以内，基本不减小卫生间平面空间；

③ 防水底盘无竖向孔洞，有效杜绝渗漏隐患；

④ 排水管道在施工完防水底盘后安装，简易方便；

⑤ 管线分离布置和管线设备集成，检修维护容易；

⑥ 不受住宅户型和卫生间尺寸限制，容易实现定制到户。

（2）不降板集成卫生间在设计时，应注意以下事项：

① 不降板集成卫生间的选型设计应与建筑设计同步进行，并与建筑、结构、其他设备专业相互协调。

② 卫生间布置应优先采用典型的"一"字形或"L"形卫生器具布局方式，坐便器宜靠近排水立管布置。

③ 穿越楼板的排水管件如排水汇集器等应优先预埋安装；排水横支管应采用污、废分流，粪便污水管单独排至排水立管；器具废水管汇聚于共用水封再排入排水立管；接入共用水封的器具排水点不应重复设置存水弯等水封装置。

不降板集成卫生间虽然空间利用率高，但是对于卫生器具及排水管道井的布置有较高要求和较多限制，且由于此系统的专用排水管件尺寸较大，需要提前做好预理或预留孔洞设计。图 9-42、图 9-43 分别是典型的"一"字形布置不降板装配式整体卫生间的排水平面图和剖面图。

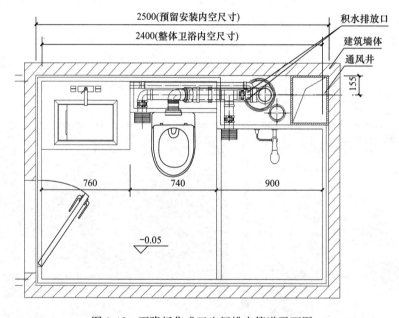

图 9-42　不降板集成卫生间排水管道平面图

（3）不降板集成卫生间不但适宜在装配式建筑中使用，对于目前城市更新、老旧小区的卫生间改造项目也适用。其优点在于：

① 装配式集成卫生间可以根据老旧卫生间的户型和尺寸进行工厂化定制生产，现场组装，施工快速高效，能满足旧房改造工期短的要求。

② 采用不降板装配式集成卫生间可以将原异层排水系统改造为同层排水系统（图 9-44），并且改造后的卫生间地面不高于客厅或房间地面，符合人们的生活习惯。

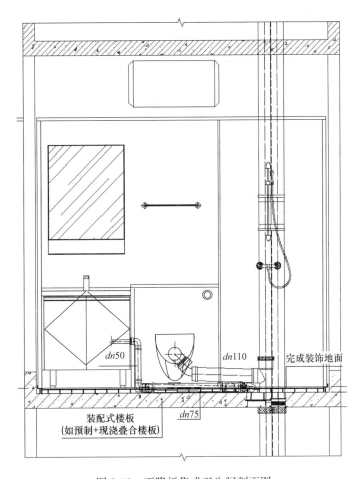

图 9-43 不降板集成卫生间剖面图

图中标注：$dn50$、$dn110$、完成装饰地面、装配式楼板（如预制+现浇叠合楼板）、$dn75$

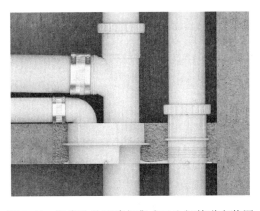

图 9-44 旧房改造不降板集成卫生间管道安装图

4）装配式建筑采用集成卫生间工程案例

云南省昆明市云南建投建礼家园小区 12 号住宅，是云南第一个采用全装配化内装修的重点示范工程项目。房屋主体采用钢结构装配式建造，由云南建投钢结构公司牵头在 1F 及地下夹层进行装配化内装修和工法展示项目的实施，采用不降板集成卫生间，卫生间为典型的"一"字形布置方式，内尺寸为 2500mm×1600mm。

其技术特点主要体现在：

（1）排水立管穿楼板采用预埋，无需二次补洞，全程干法施工；

（2）卫生间楼板不降板，防水底盘复合瓷砖贴合结构板，无空鼓感；

（3）防水墙板粘贴复合瓷砖，墙板紧贴土建墙体，提高卫生间空间使用率；

（4）给水排水管线、电线穿线管采用管线分离布置方式；

（5）给水排水管道、卫生器具集成布置，设置有集成检修口；

（6）采用污、废水横支管分流方式，废水横支管接入集成水封。

集成卫生间防水底盘底面到复合瓷砖面厚度为 50mm，卫生间采用干湿分离设计，湿区四周设有导水暗槽，中间设有站立区踏板石，导水槽上有可取下检修的不锈钢盖板，采用落地后出水坐便器，墙板高度 2400mm。

第10章　餐厨含油废水处理及餐厨废弃物就地处理

随着我国人民生活水平的不断提高，城镇居民的饮食文化更加丰富，随之而产生的厨房含油废水及餐厨废弃物也大幅度增加。其中的含油废水如得不到及时处理，不仅会导致排水管道的严重堵塞，冲击城市污水处理厂的正常运转，还会影响环境、恶化水体、污染水资源。而单位食堂、餐饮业厨房、居民家庭每天都要产生的餐厨废弃物更是极易腐烂变质、产生恶臭、滋生蚊蝇，甚至传播疾病。近几年来，国家有关部门高度重视厨房含油废水及餐厨废弃物在源头就地无害化处理和资源化有效利用。

10.1　餐厨含油废水处理

1. 我国餐厨含油废水排放现状

随着城市及城镇化的发展，城市中宾馆、酒店、食堂的规模日益扩大，数量日益增多，随之产生的餐厨废水排放量也越来越大。据不完全统计，我国每年餐饮业排放的未经处理的废水达上亿吨，且有不断增长的趋势。餐厨废水约占城市生活污水排放量的3%左右，但其 BOD 和 COD 的污染负荷却占城市生活污水总负荷的三分之一。由此可见，餐厨废水已经成为城市生活污水的主要高浓度污染源之一，对城市周围水体以及城市污水处理厂的负荷增加都具有相当大的影响。

餐厨废水的污染特征主要体现为高浓度的油脂污染且排放分散，其成分复杂，有机物含量高，同时含有食物纤维、淀粉、脂肪、动植物油脂、各类佐料、洗涤剂和蛋白质等。根据有关资料，餐厨废水主要水质指标见表 10-1。

餐厨废水主要水质指标　　　　　　　　　　　表 10-1

污染成分	动植物油	油脂	CODcr	SS（悬浮物）	NH₃-N
单位	g/cm³	\multicolumn{4}{c}{mg/L}
参考数值	0.9~0.95	≤500	550~900	300~600	6.0~9.5

从表 10-1 中数值可以看出，餐厨废水中含油量和 SS 含量远远高于现行国家标准《污水排入城镇下水道水质标准》GB/T 31962—2015 的有关规定，即餐厨废水在排入有污水处理厂的城市污水管网前，应通过隔油处理达到上述标准规定的要求。

2. 餐厨含油废水处理的水量计算

1) 餐厨废水设计秒流量计算

餐厨废水设计秒流量可按现行国家标准《建筑给水排水设计标准》GB 50015—2019第 4.5.2 及 4.5.3 条的公式计算（见式 10-1、10-2）。

$$q_p = 0.12\alpha \sqrt{N_p} + q_{max} \tag{10-1}$$

式中　q_p——计算管段排水设计秒流量（L/s）；

N_p——计算管段的卫生器具排水当量总数；

α——根据建筑物用途而定的系数，按照表 10-2 确定；

q_{max}——计算管段最大一个卫生器具的排水流量（L/s）。

表 10-2

根据建筑物用途而定的系数 α

建筑物名称	住宅、宿舍居室内设卫生间、宾馆、酒店式公寓、医院、疗养院、幼儿园、养老院的卫生间	旅馆和其他公共建筑的盥洗室和厕所间
α 值	1.5	2.0～2.5

$$q_p = \sum q_{po} n_o b_p \tag{10-2}$$

式中　q_{po}——同类型的一个卫生器具的排水流量（L/s）；

n_o——同类型卫生器具数；

b_p——卫生器具的同时排水百分数，按照现行《建筑给水排水设计标准》GB 50015—2019 第 3.7.8 条采用。

2）当设计资料不足时的估算方法

当设计资料不足时，也可按照下列方法，以处理水量不大于额定流量为原则进行隔油设备的初步选型。厨具布置完成后，应按照设计秒流量对选型结果进行复核。

（1）已知用餐人数及用餐类型时，按公式（10-3）计算。

$$Q_{h1} = \frac{N q_0 K_h K_s \gamma}{1000 t} \tag{10-3}$$

（2）已知餐厅面积及用餐类型时，按公式（10-4）及表 10-3、表 10-4 计算。

$$Q_{h2} = \frac{S q_0 K_h K_s \gamma}{S_S 1000 t} \tag{10-4}$$

式中　Q_{h1}、Q_{h2}——小时处理水量（m^3/h）；

N——餐厅的用餐人数（人）；

t——用餐历时（h），按表 10-3 数值采用；

S——餐厅、饮食厅的使用面积（m^2），按表 10-4 数值采用；

S_S——餐厅、饮食厅每个座位的最小使用面积（m^2），按表 10-4 数值采用；

γ——用水量南北地区差异系数，北方地区偏小，南方地区偏大，按表 10-3 数值采用；

K_h——小时变化系数；

q_0——最高生活用水定额（L/人·餐），按表 10-3 数值采用；

K_s——秒变化系数。

表 10-3

餐厨废水设计水量计算参数表

餐饮业类型	用水项目名称	单位	最高生活用水定额 q_0（L/人·餐）	用水量南北地区差异系数 γ	用餐历时 t	小时变化系数 K_h	秒变化系数 K_s
1	中餐酒楼	每顾客每次	40～60	1.0～1.2	4	1.5～1.2	1.5～1.1
2	快餐店、职工及学生食堂		20～25				
3	酒吧、咖啡馆、茶座、卡拉 OK 房		5～15				

餐厅与饮食店每座最小使用面积表　　　　　　　表 10-4

等级、类别	餐厅、餐馆（m²/座）	饮食店（m²/座）	食堂餐厅（m²/座）
一	1.30	1.30	1.10
二	1.10	1.10	0.85
三	1.00	—	—

注：此表摘自《饮食建筑设计标准》JGJ 64—2017，表中的餐厅、饮食厅、食堂餐厅的面积为顾客就餐面积。其中等级：一为接待宴请和零餐的高级餐馆；二为接待宴请和零餐的中级餐馆；三为以零餐为主的一般餐馆。

3. 餐厨含油废水处理工艺的选择

我国各地环保部门对餐厨含油废水处理的具体做法要求不尽相同，但都要求需经除油隔油处理后才能接入市政污水管网。除油隔油设施、设备包括：室外砖砌隔油池、室外钢筋混凝土隔油池、简易不锈钢器具隔油器（厨房地面上安装或顶板吊装）、除油隔油成套设备（含提升及不含提升）、除油隔油提升一体化设备等。

传统室外隔油池及简易隔油器，除油隔油效果较差，基本不能达标；需要及时进行人工撇油作业；设施不密封，容易对周围环境造成二次污染。对于北方地区的冬季，气候寒冷，处理效果明显下降。

除油隔油成套设备需增设加热、气浮等处理工艺，除油效果好，设备管理操作简单容易，不会对周围环境造成影响。

1）餐厨含油废水主要处理工艺

餐厨废水处理主要是去除油脂、有机物杂质和悬浮物，其处理方法主要有：电化学法、生物法、物理法等。

(1) 电化学法：电化学法是利用通电电极吸引自带不同电荷的由混凝剂的凝聚和絮凝作用而产生的胶体以及悬浮物质的方法。

优点：油脂去除率高，运行操作简单，不受气候及环境温度限制。

缺点：① 会产生化学污泥，造成二次污染；② 由于饮食习惯、餐饮特色的差异，餐饮废水的特征污染物以及水质会有较大波动，处理效果有差异；③ 当油污含量较高时，处理效果不够理想；④ 费电，耗板材。

(2) 生物法：餐厨废水可生化性好，在先除去油脂、不影响后续生化反应的前提下，可利用生物法处理餐厨废水。生物法是利用微生物的厌氧或者好氧特性对餐饮废水中的油脂和 BOD、COD 进行处理的方法。

优点：处理效果好，抗冲击负荷能力强。

缺点：需先进行油脂的去除，占地面积大，成本高，运行费用较高。

(3) 物理法：物理法是利用油脂与水的密度差、按规定的停留时间进行静置或者缓流处理，从而使油脂与水分离的方法。

优点：流程短，占地面积小，设施简单。

缺点：对 BOD 的去除几乎没有效果，处理效率不高，出水水质受进水水质影响大。

2）常用餐厨含油废水的处理流程

餐厨废水处理技术以及处理系统，须考虑将处理设施对生态环境以及居民环境影响减至最低，防止处理设施在进行餐厨废水处理的同时，自身成为二次污染源。

餐厨含油废水通过设备进水管，至杂物分离机，污水中的较大杂物被首先拦截，通过系统控制，自动清理出杂物。杂物被螺旋输送排放到设备外的集渣桶内。碎渣沉积至底部，定期清掏。含油废水进入油水分离箱，在层流结构的引导下，废水中的油会沿非对称性锥形结构上浮至刮油箱中，利用刮板技术对油脂进行刮除并自动排放到集油桶中。当自动排油装置出现故障时，可采用手动排油装置手动排油，收集的废油定期可回收再利用。设备宜配置恒温加热装置，调节加热温度，以确保寒冷地区天冷时油脂的正常排放。

为降低出水含油率，提高油水分离效果，可在油水分离箱辅助配置微纳米气浮装置，加速油水分离，配合自动刮油装置，达到理想的油水分离效果。同时，改变现有静态自然沉降分离方式，采用动态辅助分离，保持废水中的溶解氧浓度，不断地向水中补充活性氧，解决因自然沉降污泥厌氧发酵时产生腐殖酸、气味恶臭、严重影响周围环境的二次污染问题。

餐厨含油废水处理的通用工艺流程见图 10-1。

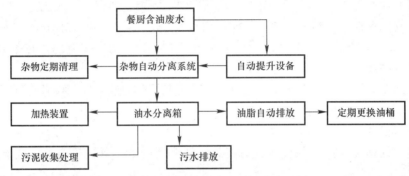

图 10-1　餐厨含油废水处理工艺流程图

经油水分离箱处理后的相对清洁的污水通过管道自流排至污水提升箱，当提升箱液位达到设定高度时，排水泵将自动启动，将处理后的污水提升排放至室外污水检查井，进入市政管网。经除油隔油处理设备处理后的含油废水其含油率须满足《污水排入城镇下水道水质标准》GB/T 31962—2015 动植物油脂≤100mg/L 的要求。

除油隔油处理设备全自动运行，无需人工值守，双泵互为备用、交替运行。当正常启泵液位发生故障时，声光报警，超限水位浮球发出信号，并自动紧急强排，双泵同时启动。控制系统也设有手动控制系统，通过切换旋钮，实现手动、自动转换。图 10-2 是国内两个品牌的全自动除油隔油处理设备外形图片。

图 10-2　全自动除油隔油处理设备外形图

若餐厨含油废水处理设施周围没有市政污水管网，还须对经油水分离后的废水进行二级深化处理，满足排放标准后再排入就近的水体或作为中水回用至室外绿化、道路浇洒等。

3）餐厨含油废水处理应注意的一些问题

(1) 隔油处理设备宜采用气浮、加热、过滤等油水分离措施；

(2) 设置隔油处理设备的位置应设置事故排放管（超越管）；

(3) 密闭式隔油处理设备应设置通气管，通气管道宜单独排至室外；

(4) 隔油处理设备宜设置在单独的设备机房内，且应能满足日常操作、检修及维护等要求。设备机房间的换气次数不应小于 15 次/h，隔油处理间宜设置清洗水龙头及排水设施；

(5) 若含油废水处理设备和废水提升设备集中设置，污水提升泵宜选用大通道、无阻塞叶轮，或选用带切割功能及反冲洗装置的污水提升泵；

(6) 餐饮含油废水在隔油池内的流速不得大于 0.005m/s，池内停留时间不得小于 10min。

4）常用餐厨含油废水处理尚存在的问题

依据各地环保要求，餐厨含油废水的隔油处理在实际使用中还存在以下问题：

(1) 油水分离处理工艺相对单一，基本上都是三段式物理分离办法或气浮工艺处理等，这些分离处理工艺往往受到流量不确定、水质复杂、杂质含量多、停留时间和空间有限等各种因素影响而造成隔油效果不佳，环保不达标等问题。

(2) 市场上的除油及隔油提升设备普遍采用手动操作方式，导致管理维护烦琐，运行不畅，故障率高。采用全自动化方式的，也存在较多的运行管理故障。

(3) 地下空间的开发应用越来越多，餐饮废水排放量大，尚无法满足地下餐饮商铺对于设备的应用需求。

(4) 由于国内餐饮水质特性，污染物种类较多，排水集中，瞬时冲击负荷较大，极易造成堵塞、漫水，设备的维护、清理工作难度大，不易管理。

因此，餐厨含油废水处理设备应具备更高效、更节能、质量性能更好、处理效果更稳定的特点。处理设备应尽可能集杂物自动分离、油水自动分离、污水自动提升、恒温加热、智能控制于一体。最大限度地降低外排废水中的有害物浓度，减少对周围环境的二次污染。

4. 餐厨含油废水处理设备的选用

餐厨含油废水处理设备的选型，要结合项目的实际情况，选择合适的处理工艺，结合处理设备可能设置的位置确定。同时，还要结合设备生产厂家的产品差异，根据计算水量和设备运行时间，确定选择合适的处理设备。

10.2 餐厨废弃物就地处理

餐厨废弃物（俗称"湿垃圾"）是城市生活垃圾中较难收集、较难运输、较难处置的部分。以往，我国城市餐厨废弃物大多采取与其他生活垃圾合并收集、合并运输、合并填埋的处置方式。

随着我国城镇化、现代化水平的不断提高，城市生活垃圾产生量也在逐年增加。据统计，我国城市生活垃圾正以年平均 10% 的速度递增，在流动人口增长较快的上海、北京、武汉等城市，生活垃圾的年增长率甚至高达 15%～20%。与西方发达国家不同，我国城镇餐厨废弃物具有高油脂、高盐分、高含水量、富有机质、易腐败等特征，如果不能在产生后得到及时处置，尤其在夏季高温时节极容易加速餐厨垃圾的自身腐败，滋生病菌，不仅会给市容环境卫生带来严重不良影响，也将丧失其作为资源化后续利用、变废为宝的可能性。

餐厨垃圾在源头就地无害化处理主要有两种形式：一种是适宜城镇居民家庭使用的家用食物垃圾处理机；另一种则是适合单位食堂、餐饮业厨房、住宅小区及食品加工企业使用的智能餐厨废弃物就地处理设备。

1. 家用食物垃圾处理机

1927 年美国发明了世界上第一台有机垃圾处理器，经过不断的改进和产品升级，在美、欧、日本、新加坡等发达国家和地区城镇居民家庭得到广泛应用。近十多年来，家用食物垃圾处理机在我国上海、北京、杭州、深圳、天津、厦门、长沙等城市高档小区居民家庭也得到了较好的推广使用。

1）使用家用食物垃圾处理机的优点

（1）家庭清洗蔬果后遗留的菜叶、菜梗、果皮等食物残渣，可以通过安装在厨房水槽下面的食物垃圾处理机即时粉碎，随废水一起排走；水槽落水口不会被堵塞。

（2）家人就餐后只需将残羹剩饭倒入处理器，一键启动，方便快捷。

（3）食物垃圾不再滞留在家庭厨房，有利家庭环境卫生和小区垃圾分类。

（4）安装方便，见图 10-3。

2）家用食物垃圾处理机的种类

分为普通机和智能变频机两个系列。

（1）普通型家用食物垃圾处理机

针对我国城镇居民家庭食物垃圾种类杂、数量多、骨刺率高的特点，采用西门子永磁直流电机或交流感应驱动电机，高强度不锈钢内腔，无刃口组合研磨刀盘，可与家用洗碗机配套使用。

供电电源 220V/50Hz，功率 350～1500W，运行噪声低于 30dB（A），有标准静音和封闭静音两种机型，外形见图 10-4。

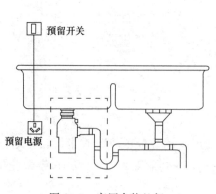

图 10-3 家用食物垃圾
处理机安装示意图

图 10-4 普通型家用食物
垃圾处理机外形图

（2）智能变频家用食物垃圾处理机

采用智能变频工业 4.0 技术和自动调整扭矩数码电机，高、低速正反转，不卡机；错位组合刀盘，大容量不锈钢研磨内腔，配置有 2 套 3D 旋转式无死角粉碎刀锤，具有强力双向运转、错位粉碎、涡流加速、强力冲洗、高效、超静音、节能等特点。

供电电源 220V/50Hz，功率 560W，转速 3000～4000r/min（可变频）。外形及内部构造见图 10-5。

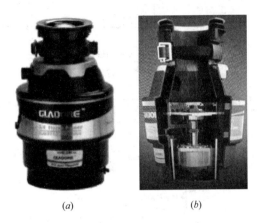

（a）　　　　　　　　　　　（b）

图 10-5　智能变频家用食物垃圾处理机外形及内部构造图

（a）外形图；（b）内部构造图

2. 餐厨废弃物智能处理设备

餐厨垃圾是由米、面、果蔬残余物和动植物油脂、肉类残渣、碎骨等组成的高水分固液混合物，其主要成分为淀粉、蛋白质、油脂、纤维素和无机盐。相关资料显示，餐厨垃圾干物料中有机质含量高达 95％以上，其中粗脂肪 21％～33％，粗蛋白 11％～28％，粗纤维 2％～4％。除此之外，餐厨垃圾中还富含氮、磷、钾、钙、钠、镁、铁等微量元素。因此，如处理得当，后续产出物将有较高的再利用价值。

餐厨废弃物智能处理设备采用智能化全自动控制和纯物理法处理工艺，无化学添加和生物发酵过程；效率高、能耗小、噪声低，对环境无二次污染；适用于宾馆、饭店、餐饮、企事业单位食堂和城镇居住小区、食品加工企业等在对各种肉类食品、水产品、谷类、水果、蔬菜的加工、制作、储存及食用过程中产生的食物残渣废弃物进行高效、快捷、减量化、无害化就地处置。

1）设备组成与分类

餐厨废弃物智能处理设备由自动称重上料、冲洗搅拌压榨推送、物料直接粉碎（或自动分选切割）、固形产出物电加热灭菌烘干、辅助余热回收油水分离等功能部件组成，采用模块化设计和制造。

根据餐厨废弃物智能处理设备部件及组件的机体组装方式，分为一体式结构处理设备（单次额定处理量小于等于 5000kg）和分体式结构处理设备（单次额定处理量大于 5000kg）。

2）设备采用的处理工艺

餐厨废弃物智能处理设备根据物料处理工艺的不同可分为直接撕碎型和自动分选切割型两种基本型式，处理工艺见图 10-6。

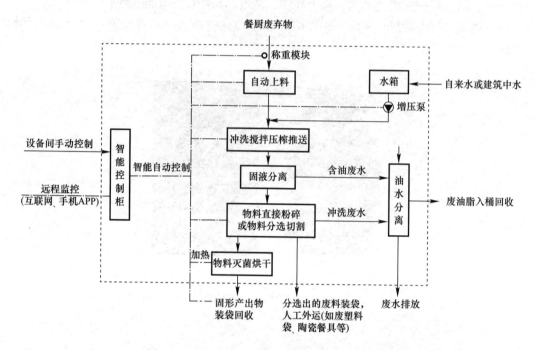

图 10-6 餐厨废弃物智能处理设备工艺流程简图

3）一体式结构处理设备外形见图 10-7。

图 10-7 一体式结构餐厨废弃物智能处理设备外形图

4）设备主要技术性能参数

（1）一体式结构处理设备的主要技术性能参数见表 10-5。

一体式结构处理设备主要技术性能参数表　　　　　　　　　表 10-5

单次额定处理量 （kg）		50	100	150	200	300	500	1000	2000	3000	5000
单次处理用时 （h）		3～5	3～5	3～5	3～5	3～5	4～6	4～7	5～7	6～8	7～9
处理后减重率 （重量%）		≥80%									
固形产出物料 烘干灭菌温度		150～170℃									
固形产出物含水率 （重量%）		≤15%									
废水油水分离率 （重量%）		≥90%									
处理单位废弃物 平均能耗		≤0.22kW·h/kg									
设备运行噪声值		≤75dB（A）									
装机 总功率 （kW）	直接撕碎型	13	15.5	18.5	22	30	37	51	78	110	165
	分选切割型	15	17	22	25	37	41	55	84	114	170
设备最大运行功率 （kW）		9	11	13	15	25	28	43	70	105	150
设备净重（kg）		1200	1300	1600	1700	2500	2600	2800	4200	5500	11000
设备运行重量（kg）		1300	1500	1900	2100	3080	3500	4500	7200	9400	18500

注：各种型号一体式结构处理设备的外形尺寸见本《手册》第14.6节。

（2）分体式结构处理设备的主要技术性能参数见表 10-6。

分体式结构处理设备主要技术性能参数表　　　　　　　　　表 10-6

单次额定处理量（kg）		8000	10000
单次处理用时（h）		7～9	8～10
处理后减量率（重量%）		≥80%	
固形产出物料烘干灭菌温度		150～170℃	
固形产出物含水率（重量%）		≤15%	
废水油水分离率（重量%）		≥90%	
处理单位废弃物平均能耗		≤0.20kW·h/kg	
设备运行噪声值		＜80dB（A）	
装机总功率（kW）	直接撕碎型	200	220
	分选切割型	205	225
设备最大运行功率（kW）		180	200
设备布置需占用的空间尺寸（L×B×H）（mm）		8500×3600×4000	9500×3600×4000
设备净重（kg）		14500	17000

5）设备智能控制系统

餐厨废弃物智能处理设备具有智能自动控制、就地手动控制及远程可视可控三种控制方式。

6）设备选用

（1）餐厨废弃物日产生量计算

处理设备服务区域的餐厨废弃物设计日产生量应按公式（10-5）经计算确定：

$$M_C = k \cdot m \cdot R \tag{10-5}$$

式中　M_C——餐厨废弃物设计日产生量（kg/d）；

　　　R——服务人数或日使用人次；

　　　m——服务区域人均餐厨废弃物产生量基数 [kg/（人·d）或 kg/（人·次）]，见表 10-7；

　　　k——修正系数（一般地区城镇 1.0，经济发达地区城镇 1.05～1.15，经济发达旅游城市、沿海发达城市 1.15～1.30）。

人均餐厨废弃物产生量基数表　　　　　　　　　　　　　　　表 10-7

餐厨废弃物产生地点、区域	单位食堂	宾馆餐厅	餐饮饭店	大型城市综合体餐饮区	城镇住宅小区
单位	kg/（人·次）				kg/（人·d）
数值	0.08～0.12	0.12	0.10～0.28	0.07～0.10	0.10～0.15

（2）设备选型

应根据服务区域生活垃圾分类情况及餐厨废弃物设计计算日产生量选用餐厨废弃物智能处理设备：

① 当餐厨废弃物中无大件垃圾、不可降解物和金属物件时，应选用直接撕碎型处理设备；

② 当餐厨废弃物中时常混有少量大件垃圾或不可降解物、但无金属物件时，应选用自动分选切割型处理设备；

③ 当餐厨废弃物设计计算日产生量小于等于 5000kg 时，应选用一体式处理设备；

④ 当餐厨废弃物设计计算日产生量大于 5000kg 时，宜选用分体式处理设备；

⑤ 处理设备的单次额定处理量应接近或大于其服务区域的餐厨废弃物设计计算日产生量；

⑥ 处理设备一般可按每日运行一个处理周期（即运行一次）考虑；

⑦ 当需采用分体式处理设备时，应由设备制造厂商技术人员配合、参与确定餐厨废弃物处理工艺及设备部件与组件的配置组合设计方案。

7）处理设备间的设计要求

（1）餐厨废弃物智能处理设备应设置在专用的设备间内。设备间应为相对独立空间，依据其设置位置和设备间型式可分为独立式、附建式和移动式三种。

（2）处理设备间的设置位置应符合下列规定：

① 独立式、移动式设备间宜布置在建筑物基地全年最大频率风向的下风侧。

② 独立式、移动式设备间与其他建筑物的间距应满足现行国家标准《建筑设计防火

规范》GB 50016 的规定。

③ 当附建式设备间布置在建筑物首层时，应有直通室外的出入口。

④ 附建式设备间不应与生活给水泵房、生活水池贴邻或布置在其上方，也不应设置在有安静要求房间的上一层、下一层和毗邻位置。

⑤ 处理设备间宜与生活垃圾收集间贴邻设置。

（3）处理设备应安装在专用基础上。设备基础应由结构专业进行设计，其混凝土强度等级不应低于 C20。

（4）处理设备间应满足日常运行、供电、采光照明、给水排水及供暖通风的要求。

第11章 住宅生活排水系统排水能力产品认证

11.1 产品认证简介

产品认证作为一种制度的建立和实施，在国际上已经有100多年的历史。认证是国际通行的对产品、过程、服务、管理体系的评价方式。认证作为一种外部保证手段，是随着现代工业和贸易的发展而逐渐发展起来的。作为现代社会履行合同要求和贯彻标准的重要手段，认证广泛存在于商品或服务形成、提供、流通以及使用的各个环节。

认证是市场经济条件下加强质量管理、提高市场效率的基础性制度，是市场监管工作的重要组成部分。其本质属性是"传递信任，服务发展"，具有市场化、国际化的突出特点，被称为质量管理的"体检证"、市场经济的"信用证"、国际贸易的"通行证"。许多国家的政府通过立法手段或者发布与标准、质量、环境、安全、能源等有关的行动纲要来推动认证制度的建立和实施，特别是对于涉及人身健康、安全、环保的产品实施强制性认证制度，以保护国家和人民群众的利益，提高本国产品的国际竞争力。

随着我国经济转向高质量发展，认证的需求将快速增长。认证服务于经济发展的各个阶段，建立、传递质量信任，对于提高产品附加值、促进品牌效益提升有重要意义。从供给端看，企业要实现转型升级，推出好产品，得依赖认证这一市场经济的"信用证"，否则企业作为第一方自说自话，很难在短时间内说服用户。尤其是在创新领域，企业投入大量研发费用和精力，开发出新材料、新产品，如果没有第三方机构为其提供认证，往往无法推向市场。从消费端看，随着社会发展和生活水平的提高，消费者对高质量的产品有更多期待，如有机食品、智能家居用品等，如何选择放心产品，认证是其重要环节。

1. 认证的定义

按照国际标准 ISO/IEC 17000：2004 的定义，认证（Certification）是"与产品、过程、体系或人员有关的第三方证明"。《中华人民共和国认证认可条例》第二条给出的定义是：由认证机构证明产品、服务、管理体系符合相关技术规范、相关技术规范的强制性要求或者标准的合格评定活动。

2. 认证的起源

1903 年，英国工程标准委员会（BSI 的前身）以国家标准为依据，开始对英国钢轨产品进行合格认证，并授予"风筝标志"（在钢轨上刻印"风筝"标记），在国际上开创了在政府领导下的"认证"活动先河。受此影响，一些工业化国家陆续建立了以本国法规和标准为基础的国家认证制度，从此认证工作从单纯的民间活动，发展为政府使用第三方认证和规范市场行为的重要手段。

从 20 世纪初到 70 年代，各国开展认证活动均以产品认证为主。随着市场经济的成熟和标准化水平的提高，各种区域性产品认证制度也应运而生，并能做到全球互认。20 世纪 80 年代，各国开始实施以国际标准和国际规则为依据的国际认证制度。

3. 认证种类

认证的对象是管理体系、服务和产品。管理体系是指建立方针和目标，并实现这些目标的相互关联或相互作用的一组要素。服务是指一种特殊的、无形的产品，是发生在服务提供方和顾客之间的活动的结果，如空运服务等。产品是指一种过程的结果，包括服务、软件、硬件和流程性材料四种通用类别。

认证根据对象不同，分为管理体系认证、服务认证和产品质量认证（也称产品认证）。其中，管理体系认证分为：质量管理体系认证、环境管理体系认证、职业健康安全管理体系认证、能源管理体系认证和测量管理体系认证等。

4. 产品认证

产品认证是指由可以充分信任的第三方证实某一产品或服务符合特定标准或其他技术规范的活动。按照性质分为强制性产品认证和自愿性产品认证。

1）强制性产品认证

强制性产品认证是各国主管部门为保护广大消费者人身安全、保护动植物生命安全、保护环境、保护国家安全，依照法律法规实施的一种对产品是否符合国家强制性标准、技术法规的合格评定制度。强制性产品认证一般为产品安全认证，不经认证合格、加贴认证标志的产品，不得进口、出厂销售和在经营服务场所使用。如欧盟 CE 认证、美国 DOT 认证、日本 JIS 认证、澳大利亚 AS 认证，以及我国的 CCC 认证。

2）自愿性产品认证

自愿性产品认证是由企业自愿申请第三方机构进行审查认可，颁发认证机构的认证标志。未进行认证的产品从法律上讲也可以进入市场，但因为这类认证机构均经国家主管部门认可，并具有较高信誉，相应的认证标志也得到政府和社会的广泛承认，因而自愿性认证也成为一种事实上的市场准入制度。我国统一推行的自愿性产品认证的基本规范、认证规则、认证标志，由国家认监委制订，目前主要有低碳产品认证、有机产品认证等。对属于认证新领域，国家认监委尚未制定认证规则及标志的，经国家认监委批准的认证机构可自行制定认证规则及标志，报国家认监委备案核查，如 CTC 产品认证等。

5. 发达国家和地区产品认证

1）英国产品认证

英国是世界上最早实行产品质量认证的国家，风筝标志是世界上第一个认证标志。风筝标志又称 BS 认证，是英国标准协会（BSI）于 1903 年开始颁发的一种产品和服务认证标志，属于自愿性产品认证。

有着 110 年光辉历史的风筝标志在英国和部分英联邦国家非常受消费者欢迎，消费者认为贴有风筝标志的产品不仅在安全上没有任何问题，在产品质量上也有保障。

2）美国建材产品认证

美国建材产品认证属于自愿性认证，主要有：产品质量认证、环境标志认证、节能认证和 UL 认证（强制性）等。其中，产品质量认证主要由各相关的行业协会进行。

3）日本产品认证

日本质量认证管理体制是由政府各部门分别对其管辖的某些产品实行质量认证制度，并使用各自设计和发布的认证标志。目前，日本政府推行的产品认证制度主要有两大类：

一类是根据《工业标准化法》实施的自愿性认证，使用 JIS 标志；另一类是根据《消费生活产品安全法》《电气产品安全法》等产品安全法强制性认证，使用 PS 标志。

11.2 我国产品认证的发展概况

1. 我国产品认证发展历程回顾

认证在我国是"舶来品"。我国的产品认证制度始于 20 世纪 70、80 年代改革开放之初，随着我国市场经济的发展而发展，大致可划分为三个阶段：

1）认证工作试点和起步阶段（1978～1991 年）

1978 年，我国重新加入国际标准化组织，开始了解到认证是对产品质量进行评价、监督、管理的有效手段。1981 年，我国加入国际电子元器件认证组织并成立了中国第一个产品认证机构——中国电子元器件认证委员会，这标志着我国正式借鉴国外认证制度的开始。从 20 世纪 80 年代中期至 90 年代初期，我国相继建立了关于家用电器、电子娱乐设备、医疗器械、汽车、食品、消防产品等的一系列产品认证制度。

2）认证工作全面推行阶段（1991～2001 年）

1991 年 5 月，国务院第 83 号令正式颁布了《中华人民共和国产品质量认证管理条例》，标志着我国的产品质量认证工作由试点起步进入了全面规范推行的新阶段。

这一阶段，除全面建立和实施产品认证外，在管理体系认证领域也取得了重要进展，相继建立了 ISO 9001 质量管理体系、ISO 14001 环境管理体系、OHSAS 18001 职业健康安全管理体系等认证制度。

在这一时期，最有影响的认证制度是原国家技术监督局（质量技术监督局）针对国外产品安全准入为主的"长城标志"认证制度和原国家进出口商品检验局（出入境检验检疫局）针对进口商品安全准入的"CCIB 标志"认证制度。

3）统一的认证制度建立和实施阶段（2001 年至今）

我国从国际上引入认证制度后，在当时计划经济体制下，由不同部门在各自行业领域分别推行，客观上造成各自为政、多头管理、重复认证等一系列弊端。2001 年 8 月，为了适应我国"入世"和完善社会主义市场经济体制的需要，国务院决定将原国家质量技术监督局和国家出入境检验检疫局合并组建国家质检总局，并成立国家认监委，这标志着我国建立了统一的认证管理体系。

（1）管理部门统一：国家认监委作为国务院认证监督管理部门，负责统一管理、监督和综合协调全国认证工作。

（2）法规统一：2003 年 11 月，国务院颁布实施了《认证认可条例》，该条例建立了既适应国际通行规则，又符合我国实际情况的认证管理制度。

（3）体系统一：以强制性产品认证制度为核心，建立了国家统一管理的认证制度体系。2002 年 5 月，国家正式实施了新的强制性产品认证制度，核心是对国产产品和进口产品实现"四个统一"（即统一产品目录，统一适用的国家标准、技术规则和实施程序，统一标志，统一收费标准），以此取代"CCIB 标志"认证和"长城标志"认证。

2. 我国产品认证管理制度

2018 年 3 月，国家市场监督管理总局组建，负责市场综合监督管理，统一管理检验检测、认证认可等工作。国家认证认可监督管理委员会职责划入国家市场监督管理总局（对外保留牌子），认证认可检验检测工作进入新时代。

我国《认证认可条例》第十七条规定："国家根据经济和社会发展的需要，推行产品、服务、管理体系认证"。认证基本规范、认证规则由国务院认证认可监督管理部门制定。涉及国务院有关部门职责的，国务院认证认可监督管理部门应当会同国务院有关部门制定。属于认证新领域，尚未制定认证规则的，认证机构可以自行制定认证规则，并报国务院认证认可监督管理部门备案。

11.3　产品认证的意义

1. 产品认证与产品检验、检测的区别

长期以来，我国的产品质量控制主要依靠检验检测手段，在计划经济时代和改革开放初期起到了很好的作用，但随着社会进步和市场经济的快速发展，已不能满足实际需要，应充分发挥产品认证对于加强市场监管、优化营商环境、推动经济高质量发展的推动作用，大力推广产品认证制度。

产品认证相对于检验检测，其优势主要表现在以下几方面：

1）对象范围

检测检验基本上都是只针对送检样品和同批次单一规格样品，而产品认证是对同一单元的所有产品。

2）持续监督

检验检测结果只针对送检样品，而产品认证需在证书有效期内对工厂及其产品进行持续监督。

3）连带责任

对于检测检验，机构一般只对来样负责。而对于产品认证，机构需要对证书有效期内的认证产品承担连带责任。

2. 产品认证的作用

实行产品质量认证的目的是保证产品质量，提高产品信誉，保护用户和消费者的利益，促进国际贸易和发展国际质量认证合作。其作用具体表现在以下几方面：

1）保障质量安全

消费者在购买商品时，可以从认证注册公告或从商品及其包装上的认证标志中获得可靠的质量信息；并明示顾客：产品已由第三方认证机构按特定的程序进行了合格评定，可以放心购买和使用；有效保障产品质量安全，保护消费者利益。

2）提高供给质量

产品质量认证制度的实施，可以促进企业强化质量管理，并及时解决在认证检查中发现的质量问题，规范制造商的生产活动，不断提高制造水平。

3）提高商品质量信誉和产品在国内外市场上的竞争力

产品在获得质量认证证书和认证标志并通过注册加以公布后，就可以在激烈的国内国际市场竞争中提高自己产品质量的可信度，有利于占领市场，提高企业经济效益。

　　4）促进对外贸易

　　为我国产品服务出口提供"一次检测，一次认证，全球通行"的便利化服务。

　　5）服务政府职能转变

　　随着"放管服"改革的深化，越来越多的政府部门采用认证认可方式替代原有审批许可的方式，变直接管理为间接管理，促进政府职能和管理方式的转变。近年来，认监委会同各行业主管部门建立铁路、消防、安防、司法鉴定、知识产权保护等认证制度，有效提高了行业的管理水平。

11.4　住宅生活排水系统排水能力认证背景

　　1. 建筑生活排水系统的卫生安全问题不容忽视

　　长期以来，我国城镇居民住户对建筑物生活排水系统的要求不高，只要不堵塞、能排水就行了。但实际上并非如此，建筑生活排水系统除了排水通畅、不堵塞以外，还要求系统排水流量大、系统水封安全、管道接口严密、排水管内污浊气体不往室内蔓延、水流噪声小、管材管件质量好、使用寿命长等。

　　2003 年 3 月底，我国香港淘大花园小区爆发"非典"（SARS）疫情流行事件，仅半个月时间，小区感染人数就高达 321 人，在全港因"非典"死亡的 300 名病人中，"淘大花园"就占了 42 人。事后，通过世界卫生组织和建筑排水专家调查分析，住户地漏是"SARS"病毒的传播渠道。因最初感染者家庭地漏存水弯内没有存满足够容量的水，甚至干涸，水封遭到破坏，带有"SARS"病毒的污染空气及小水滴通过排水管道中的向上垂直气流，穿过水封失效的地漏又进入其他居民住户房间，导致大面积群体感染。

　　事后，调研专家从淘大花园事件得出结论：（1）室内排水器具冒出的臭气是对人体健康有害的，甚至会导致疾病；（2）被有害臭气污染的室内空气及卫生间用品足以使居民致病；（3）室内排水系统中的水封装置是防止污浊气体蔓延到室内的重要安全屏障，如地漏水封或器具水封干涸会直接导致室内空气污染，甚至传染疾病；（4）建筑生活排水系统对住户居民的卫生安全影响重大。

　　2. 国内外建筑排水有关研究进展情况

　　改革开放四十年来，新型排水管材和新型建筑排水技术在我国得到了快速的发展。通过早年的建筑排水现场测试和学习国外先进的建筑排水测试方法和测试经验，使我们逐步认识到：（1）建筑排水立管排水能力的确定应该通过实验测试来解决；（2）建筑排水立管最大排水流量不是固定值，随着排水立管高度的增加而递减；（3）排水立管管径相同但材质不同、内部构造不同及系统配置方式不同，其排水能力也不相同，如相同内径铸铁管的排水能力要大于塑料管的排水能力；（4）终限理论和终限流速已不能适应特殊单立管及内螺旋管等新型排水系统的水力计算。基于上述原因，国际上通行的解决办法是：通过等比例模拟实验装置，获取不同排水系统排水流量的测试数据，进而为建筑排水系统设计提供可靠依据。

　　日本有 4 座排水实验塔，最高为 108m 高的八王子排水实验塔。进行了大量的试验研究，在建筑排水流量测试方面走在了世界前列。

　　而我国在此之前一直没有专业的排水实验塔。随着协会标准《特殊单立管排水系统技术规程》立项制订，需要通过流量测试来确定国内企业研发的特殊单立管排水系统的立管排水能力（如加强型旋流器、苏维托、内螺旋管等），当时的情况不可能都到国外测试，在我国新建排水实验塔势在必行。经国内多个科研设计单位和排水管材生产企业的共同努力，自 2009 年以来，陆续建成了湖南大学排水实验塔（34.75m）、山西泫氏塔（60m）、上海吉博力塔（30m）、东莞万科塔（122m）和临沂庆达塔（112m）等五座排水实验塔。这些排水实验塔进行了大量的系统排水试验，取得了大量科研成果，其中有部分成果甚至改变了长期以来人们对建筑排水技术的习惯认知。

3. 建筑排水系统立管排水能力认证的必要性

目前，在测试试验的基础上，针对高层住宅生活排水，已制订了《住宅生活排水系统立管排水能力测试标准》CECS 336 和 CJJ/T 245 两个同名标准。上述排水实验塔，因其所有者都不是第三方检测认证机构，仅可提供系统测试报告，而不具备检测认证资质，无法为社会提供检测和认证证书，迫切需要具有检验资质的第三方机构对具有代表性的新型建筑排水系统产品通过测试检验进行客观评价，并出具检测认证证书。

2018 年，经过广泛征求意见和调研论证，中国建材检验认证集团股份有限公司（CTC）制订了《住宅生活排水系统排水能力认证实施规则》（业经国家认监委备案，编号：CTC-TVd-OP01），并得到了中国建筑学会建筑给水排水研究分会下属"建筑排水管道系统技术中心"的大力支持，住宅生活排水系统排水能力测试认证工作顺利开展。

11.5　住宅生活排水系统立管排水能力认证介绍

1. 认证模式

初始工厂检查＋见证检验＋获证后监督。

2. 认证流程

1）提交认证申请；2）初始工厂检查；3）系统立管排水能力见证测试；4）认证结果评价与批准；5）获证后的监督和复评。

3. 认证单元

住宅生活排水系统立管排水能力认证单元划分如下：

1）按系统配置分为：伸顶通气排水系统、专用通气立管排水系统、加强型旋流器单立管排水系统、苏维托单立管排水系统；

2）按管材规格分为：DN100 及 DN150。

4. 认证申请

认证申请人应提交下列文件：

1）申请书（含排水系统配置情况描述文件）；

2）申请方营业执照（复印件）、制造商商标注册证明（复印件）及商标证明（复印件）（未注册者可不提供）；

3）覆盖所申请产品并符合相应认证规则要求的（质量）管理文件；

4）ODM 和 OEM 贴牌生产企业，应提供双方企业 ODM 或 OEM 委托加工协议书；

5）第三方检验机构出具的申请认证所涉及的管材及管件型式检验报告；

6）企业 GB/T 19001 质量管理体系证书。

5. 经审核符合要求后签订"认证合同"

6. 初始工厂检查

1）检查时间

工厂检查时间根据所申请认证产品的单元确定，并适当考虑企业规模。

2）检查内容

（1）质量保证能力检查

《产品认证工厂质量保证能力要求》为覆盖产品初始认证质量保证能力检查的基本要求，工厂检查范围应覆盖申请认证产品的所有生产场所和加工环节。工厂质量保证能力检查依据为《住宅生活排水系统立管排水能力认证实施规则》。

（2）产品一致性检查

① 申请认证产品的关键原材料种类、来源是否与申报资料一致；

② 申请认证产品的系统配置方式是否具备一致性控制文件；

③ 申请认证产品系统中各关键产品一致合格。

（3）评价结果

① 如整个检查过程中未发现不符合项，则工厂检查通过；

② 如整个检查过程发现有一般不符合项，工厂应在规定时间内采取纠正措施，报检查组确认或经现场验证其措施有效后，则工厂检查通过；

③ 如整个检查过程发现有严重不符合项或生产厂的质量保证能力不具备生产满足认证要求的产品时，则工厂检查不予通过。后续认证工作相应终止。

7. 系统立管排水能力检测

1）样品提供

认证机构根据申请人提供的排水系统描述和认证所依据的《标准》，由产品检查员在企业成品库或工程现场合格品中随机抽取检测所需的样品。

2）见证试验

为保证公平公开，由认证机构产品检查员现场见证检测机构具备相应能力的实验人员，利用检测机构自有测试仪器完成排水系统立管排水能力测试。测试仪器在使用前均需计量检定合格。

试验在中国建筑学会建筑给水排水研究分会下属建筑排水管道系统技术中心排水实验塔内完成。申请方根据实际应用情况自行安装管道系统。试验过程中，其他无关人员不得进入试验区域，以保证试验过程的公正性。测试人员在试验结束后，应将所有试验数据导出并独立存储，不在现场存留相关试验数据，并对试验结果保密。

3）检测项目

住宅生活排水系统立管排水能力检测项目为：采用定流量法进行系统流量测试、压力测试和水封损失测试；检验（含安装）依据《住宅生活排水系统立管排水能力测试标准》CECS 336 进行。

8. 认证结果评定

1）检测结果分级

对认证产品检测结果按照表 11-1 进行分级。

住宅生活排水系统立管排水能力等级划分表 表 11-1

序号	系统类型	排水流量（L/s）						备注
		A 级		AA 级		AAA 级		
		排水立管公称口径						
		DN100	DN150	DN100	DN150	DN100	DN150	
1	伸顶通气排水系统	≥2.5	≥4.8	≥3.0	≥6.0	≥4.0	≥7.0	
2	专用通气立管排水系统	≥5.5	≥5.5	≥7.0	≥11.0	≥9.0	≥12.0	
3	加强型旋流器单立管排水系统	≥6.5	—	≥7.5	—	≥10.0	—	包括各种特殊管件、特殊管材
4	苏维托单立管排水系统	≥5.5	—	≥7.0	—	≥8.0	—	

注：1. 住宅生活排水系统立管排水能力等级流量是根据楼高18层、层高3m的实验塔测试结果确定的。
2. "—"表示指标目前暂未确定，待指标确定后再行开展该系统的认证。

2）认证结果的批准

认证机构对工厂检查和样品检测结果进行综合评价，工厂检查以及样品检测均符合要求，经认证机构核定后，颁发认证证书。

9. 获证后的监督

获证后的监督方式为：

工厂检查＋认证产品一致性检查。如获证产品出现严重质量问题、用户投诉或政府有关部门抽查不合格，经查实为持证人责任的，应增加见证监督检查。

见证监督检查合格后，可以继续保持认证资格和使用认证标志。如果存在不符合项，则应在30d内进行整改。逾期未整改或整改仍不符合的，将停止认证证书和认证标志的使用，并向社会公告。

10. 认证标志使用

企业在通过认证并取得认证证书后，可以在获准认证的产品上使用认证标志。

第 12 章　建筑与小区雨水排水

12.1　建筑屋面雨水排水系统的分类和选用

12.1.1　建筑屋面雨水排水系统的分类

1. 系统分类

建筑屋面雨水排水系统管道中的水流状态随雨水斗种类及斗前水深而变化。根据不同的流态，屋面雨水排水系统可分为三种常见的建筑屋面雨水排水系统。

1）重力流屋面雨水排水系统。采用重力流雨水斗，系统设计流态是无压流。重力流雨水斗的水力特征是自由堰流。

2）半有压流屋面雨水排水系统。主要采用 87 型雨水斗，系统设计流态是介于无压流和有压流之间的过渡流态，是目前我国屋面雨水排水系统普遍采用的系统。87 型雨水斗在构造上配有整流装置和隔气板，不具备重力流雨水斗的性能特征。

3）压力流屋面雨水排水系统，又称为虹吸式屋面雨水排水系统。采用虹吸式雨水斗，系统设计流态是有压流。雨水斗在构造上配置有反涡旋装置，系统设计应在屋面集水沟最低的斗前水深作用下，能够提供最大流量和最少掺气量，加速系统满管流的形成并产生虹吸作用，使管路系统迅速获得充分的能量（势能）并稳定运行。

2. 系统研究与进展

新中国成立以后，随着我国国民经济与建筑技术的不断发展，对建筑屋面雨水排水系统的流态认知、工程实践和产品研发也不断深入，大致先后经历了四个阶段：

1）第一阶段：20 世纪 50 年代

新中国成立初期，我国在工业厂房屋面雨水排水系统的设计中，全面依照苏联的设计规范和方法进行设计，排水管道采用水一相重力流原理的计算表进行设计。

到 20 世纪 50 年代后期，随着国内或国外设计的工业厂房大量投入使用，由于设计原理、理论及方法全部照搬苏联，与国情不符。暴雨时，厂房内部分雨水排水检查井出现冒水现象，冒水的检查井都是埋地排水管起点的几口井，且同一埋地排水管后面的检查井则不冒水。雨水检查井冒水事件相继发生，仅北京一地就有数十案例。全国各地检查井冒水顶开检查井盖的事故也时有发生，造成各种生产事故与经济损失。

2）第二阶段：20 世纪 60 年代

自 20 世纪 60 年代初期起，国内开始了关于屋面雨水课题的研究工作，关注点主要是 20 世纪 50 年代屋面雨水排水系统出现的问题及解决措施等。

1962 年，清华大学、一机部第一设计院、建工部北京工业设计院三家设计院联合派出人员组成屋面雨水排水系统科研组，在清华大学给水排水实验室进行试验。经过 4 年的试验研究，取得了如下研究成果：(1) 研制出 65 型雨水斗，其重要构造特征为加设防空气顶板及防涡旋整流板，改善了水力条件；(2) 试验研究表明，雨水埋地管由于气水分离，影响其排水能力，并提出雨水检查井的改进形式和气水分离等技术措施；(3) 天沟雨水斗 ($DN100$ 斗) 的排水规律为：试验流量从 0 开始逐步增加，斗前水深在流量 2.5L/s 以前快速增加，其后缓慢增长，当流量达到 35L/s 时斗前水深急剧增长；(4) 试验中发现雨水斗斗前水位较低时雨水斗内为大气压。随着流量增加，斗前水位不断抬高，相继出现气水两相流至水一相流，斗前水位升高的同时斗内出现负压，当雨水斗前水深达到一定高度，雨水斗全部淹没，水面平稳没有漩涡，此时的流量为天沟和雨水排水管系统的临界流量；(5) 整个系统的流动状态很复杂，掺气的结果使屋面雨水排水系统由一相流变为两相流，水流呈脉动紊流，流速较大。随着流量继续加大，掺气减少，并逐渐出现白色乳状混合流态；流量进一步增加，掺气量逐渐减少并达到满流状态。

随着工程实践的经验积累，发现采用水一相压力流理论设计的屋面雨水排水系统，在多斗系统中出现屋面雨水泄流不畅，屋面积水，个别工程雨水甚至从天窗溢流进入厂房。这说明多斗系统与单斗系统采用相同的理论与实践相比有一定的差距，距离雨水排水系统立管远的雨水斗，排水能力小，而距离立管近的雨水斗排水能力大。当远斗达到临界流量时，近斗尚未达到而渗入气体，在两相流流态时气团阻碍水流动，出现系统远端斗排水量不堪重负，导致屋面积水。

3) 第三阶段：20 世纪 70~80 年代

20 世纪 70 年代，由《室内给水排水和热水供应设计规范》国家标准管理组申报立项，由建设部全额拨款的新一轮的雨水试验项目正式启动。试验由清华大学、机械工业部第一设计院和第八设计院等单位参加。试验历时八年，取得大量数据，得出如下结论：雨水流态为重力——压力流的结论，即小流量时为重力流，大流量时为压力流；雨水立管的下部为正压区，上部为负压区，压力零点随流量的变化而变动，流量增大时压力零点向上移动；悬吊管的末端近立管处为负压，始端为正压；负压造成抽吸和进气，因此立管顶端不设置雨水斗，但其他部位采用不同型式的雨水斗时，掺气现象仍难以避免；管系内水流为气水两相流，而其中的气相处于压缩状态；由于雨水斗在悬吊管位置的不同，近立管端的雨水斗泄流量大，远立管端的雨水斗泄流量小，因此提倡多斗系统采用对称布置。

在该试验基础上研制出了构造和性能更好的 87 型雨水斗，并一直广泛应用于我国的民用与工业建筑中，同时在制订的规范条文中采用以下技术措施：(1) 对管系留有足够余量，以防检查井冒水和天窗溢水事故重现；(2) 对于超重现期的雨量采用事故溢流口解决；(3) 强调外排水系统和密闭系统，强调单斗系统或对称布置的双斗系统，以尽可能地发挥系统的优势；(4) 禁止立管顶端设置雨水斗，限制多斗系统，工业产房限高、低跨合用雨水系统等，以尽可能消除安全隐患。

4) 第四阶段：20 世纪 90 年代至今

20 世纪 90 年代初，首都机场建设四机位飞机库，因屋面面积大而从国外引进压力流雨水排水系统，开始了我国压力流雨水排水系统研究和应用的序幕。中国航空工业规划设计研究院从 1995 年开始进行压力流雨水斗试验，至 2000 年 6 月研制成功压力流屋面雨水排水系统。因近些年我国大规模地进行城市建设，如城市综合体、展览馆、会展中心、大剧院、高铁枢纽、机场候机楼等大屋面建筑的大规模建设，压力流雨水系统应用较广。到目前为止我国的压力流屋面雨水排水系统有国外、国内多种产品。供货商对屋面雨水排水系统的流体力学深化计算一般分为两种：一是基于一相满流的伯努利方程式，占据主流地位；二是少数厂家采用的两相流技术。

3. 各种流态屋面雨水排水系统的特点

各种流态屋面雨水排水系统的特点见表 12-1。

各种流态屋面雨水排水方式的特点对比　　　　　　　　　　表 12-1

系统类别 特别类别	重力流雨水斗 屋面雨水排水系统	半有压流雨水斗 屋面雨水排水系统	压力流（虹吸式） 屋面雨水排水系统
系统设计流态	水流和空气有分界面 无压流态	气水混合流 过渡流态	水一相流 有压流态
雨水斗形式	自由堰流式 不整流、无隔气	87 斗（65 斗）等 整流、顶板隔气	虹吸斗 整流（反涡流）、面板隔气、下沉集水斗
雨水斗形成封闭流的 屋面天沟水位	高	中	低
对超设计流量雨水 的处置	要求由溢流设施排除	系统留有余量，排超设计流量雨水，可不设溢流设施	超设计流量雨水无法进入系统，依赖溢流设施排除
运行中可能经历的流态	重力流、过渡流	重力流、过渡流、有压流	重力流、过渡流、有压流
设计流量数据	公式计算， 但正在根据实践修正	主要来自试验	公式计算
屋面溢流频率	小	小	大
雨水斗之间 标高位置要求	宽松	介于后两者之间	严格
水力计算	简单	简单	复杂
管材承压要求	无承压要求	要求能承受 正压和负压	要求能承受正压和负压
占用室内空间	多	中	少
管材耗用	费	介于后两者之间	省
系统造价	较低	低	较高

12.1.2　建筑屋面雨水排水系统的选用

屋面雨水排水系统的设计应根据建筑物性质、屋面特点等，合理确定系统形式、计算方法、设计参数、排水管材和设备，在设计重现期降雨量时不得造成屋面积水、泛溢，不得造成厂房、库房地面积水。

1. 系统选用原则

1）屋面雨水排除应优先选用既安全又经济的雨水排水系统。

2）所选雨水排水系统应能迅速、及时地将屋面雨水排至室外地面或雨水控制利用设施和管道系统，并做到：

（1）屋面集水沟不向室内溢水或泛水；

（2）宜采用外排水雨水系统或密闭式内排水系统；

（3）当条件受限制必须在室内设置雨水检查井时，应采用密闭式检查井，做法详见国标图集《屋面雨水排水管道安装》15S412；

（4）半有压排水系统、压力流排水系统的管道应能承受正压和负压的作用，不变形、不漏水；

（5）屋面溢流现象应尽量减少或避免。

3）屋面雨水排水系统的选用应在保证安全排水的前提下，满足下列条件：

（1）系统的工程造价较低、投资费用较少；

（2）尽量少占用空间高度；

（3）系统维护简单、使用寿命长。

4）屋面集水应优先考虑集水沟形式，雨水斗置于集水沟内。

5）在不影响建筑外立面的前提下，雨水管道系统宜优先考虑外排水，但在寒冷地区应采用内排水系统。当采用外排水系统时，沿外墙敷设的雨水管材若为塑料管，应采用下述抗紫外线措施：采用承压型防紫外线塑料雨水管；对于单层、多层住宅和屋面面积较小的雨水管道，也可采用在塑料雨水管外壁喷涂耐紫外线的氟碳树脂或丙烯酸树脂等抗紫外线材料。

6）阳台雨水宜采用独立系统排至室外散水坡或明沟。高层建筑的阳台雨水不应与屋面雨水系统连接，多层建筑的阳台雨水不宜与屋面雨水系统连接，但当屋面雨落水管雨水间接排水且阳台排水有防返溢的技术措施时，阳台雨水可接入屋面雨落水管。当住宅开敞的工作阳台设置洗衣机时，阳台雨水排水应与洗衣机排水汇入专用排水立管并接入室外污水系统。

7）当汽车坡道上、窗井内、下沉庭院等处的雨水口低于室外地面标高时，收集的雨水应排入室内雨水集水池，并应采用水泵提升的压力排水方式排除，不得采用重力流方式直接排至室外雨水检查井。如为山地建筑，当下沉天井标高低于单体周边地坪但高于总体干道地坪时，也可按重力流方式排入室外检查井（该检查井应采取防坠落措施，见图12-1）。

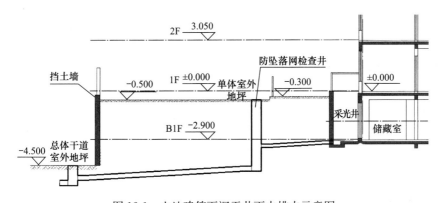

图 12-1　山地建筑下沉天井雨水排水示意图

8）严禁屋面雨水接入室内生活污、废水系统，或室内生活污、废水管道直接与屋面雨水系统相连接。

2. 系统适用范围

1) 檐沟外排水宜采用重力流斗雨水系统。多层住宅、屋面面积和建筑体量较小的一般民用建筑，多采用檐沟外排水。因重力流系统完全按无压流设计，雨水管材无承压能力要求，超设计重现期雨水必须通过溢流设施排放，故需严格控制溢流水位。当溢流设施的最低溢流水位高于雨水斗进水面 10cm 及以上时，不应采用重力流斗系统。

2) 建筑屋面一般推荐采用半有压流屋面雨水系统。

3) 屋面长天沟外排水宜采用压力流屋面雨水系统，其经济性优于其他系统。具有在屋面不设雨水斗、室内无雨水排水管道的特点，不会因施工不当引起屋面漏水或室内地面冒水。但应注意，当屋面集水沟坡度设计过大时，屋面集水沟垫层较厚、结构荷载较大；而集水沟坡度过小时又会降低排水能力。长天沟外排水系统多用于厂房内生产工艺不允许设置雨水悬吊管、多跨工业厂房且屋面的汇水面积较大时。

4) 厂房、库房或公共建筑的大型屋面（如体育馆、航站楼、高铁站、商业综合体、大型展馆等），当雨水悬吊管受室内空间的限制难以布置时，宜采用压力流雨水系统。该系统价格相对较高但能节省空间高度和减少立管数量，此条件下具有一定优势。但在风沙大、粉尘大、降雨量小的地区不宜采用压力流排水系统。

选用压力流系统时应注意其有一定的适用范围：

(1) 高层、超高层建筑塔楼因屋面汇水面积不大，选用压力流系统不具备经济性优势，且高层、超高层建筑的塔楼可利用水头相当大，系统水力设计（如过渡段消能措施、系统负压和气蚀风险控制等）难度较大。因此，高层、超高层建筑塔楼屋面不推荐采用压力流雨水排水系统，宜按半有压流系统设计。

(2) 当雨水斗面和排出口地面的几何高差小于 3～5m 时，由于系统可利用水头偏小，虹吸启动困难，也不应采用压力流雨水排水系统。

12.2　降雨量计算

建筑屋面汇水面的雨水设计流量应按公式 (12-1) 计算：

$$Q_s = kq\psi F \tag{12-1}$$

式中　Q_s——雨水设计流量 (L/s)；

$\quad\quad k$——汇水系数，坡度大于 2.5% 的斜屋面或当采用集水沟集水且沟沿在满水时会向室内渗漏水时取 1.5，其他情况取 1.0；

$\quad\quad q$——设计暴雨强度 [L/(s·hm²)]；

$\quad\quad \psi$——径流系数；

$\quad\quad F$——汇水面积 (hm²)。

1. 暴雨强度

1) 暴雨强度公式

暴雨强度根据当地或相邻地区暴雨强度公式计算，见公式 (12-2)：

$$q = \frac{1.67A(1 + c\lg P)}{(t + b)^n} \tag{12-2}$$

式中　　　q——设计暴雨强度 [L/(s·hm²)]；

P——设计重现期（a）；

t——降雨历时（min）；

A、b、c、n——当地降雨参数。

2）设计重现期

建筑屋面雨水排水系统的设计重现期应根据建筑物的功能、气象特征、溢流造成的危害程度等因素综合考虑，宜按表 12-2 确定。虹吸式屋面雨水排水系统因没有排水余量，应取上限值；87 型雨水斗系统因预留有排水余量，可取下限值。

各类建筑屋面雨水排水管道工程的设计重现期   表 12-2

汇水区域名称	设计重现期（a）
一般性建筑物屋面	5
重要公共建筑屋面	≥10
窗井、地下室车库坡道	50
连接建筑出入口下沉地面、广场、庭院	10～50

注：1. 压力流雨水排水系统的设计重现不宜大于 10 年，但压力流雨水排水系统加溢流设施的总排水能力不应小于 50 年。
    2. 工业厂房屋面雨水排水管道工程设计重现期应根据生产工艺、重要程度等因素确定。

3）降雨历时

雨水管道的降雨历时按公式（12-3）计算：

$$t = t_1 + mt_2 \tag{12-3}$$

式中 t——降雨历时（min）；

      t_1——地（屋）面集水时间（min），视距离长短、地形坡度和地面铺砌情况而定，建筑屋面取 5min，建筑小区可选用 5～10min；

      m——折减系数，取 $m=1$；

      t_2——管渠内雨水流行时间。建筑室内管道取 0。

2. 径流系数

各种汇水面的径流系数宜按表 12-3 确定，不同汇水面的平均径流系数应按加权平均进行计算。

各种汇水区域的径流系数   表 12-3

汇水区域种类	径流系数（ψ）
屋面	1.0
水面	1.0
混凝土和沥青地面	0.9
块石路面	0.6
级配碎石路面	0.45
干砖及碎石路面	0.40
非铺砌地面	0.30
绿地	0.15

注：当采用绿化屋面时，屋面雨水径流系数应按绿化面积和相关规范选取径流系数。

3. 汇水面积

1）一般坡度的屋面雨水汇水面积按屋面水平投影面积计算。

2）坡度较大的屋面，当屋面竖向投影面积大于水平投影面积的 10% 时，应将竖向投影面积的 50% 折算成汇水面积。

3）高出汇水面的侧墙，应将侧墙面积的 1/2 折算为汇水面积。同一汇水面内高出的侧墙多于一面时，若为两面相邻侧墙，按相邻侧墙对角面面积的 1/2 折算汇水面积；若为两面相对等高侧墙，可不计汇水面积；若两面相对不同高度的侧墙，按高出低墙上面面积的 1/2 折算汇水面积。

4）窗井、贴近建筑外墙的地下汽车库出入口坡道和高层建筑裙房屋面的汇水面积，应附加其高出部分侧墙面积的 1/2。有条件时，地下汽车库出入口坡道上方的侧墙雨水应截流（如设置外墙截水沟），排到室外地面或雨水管网。

5）屋面按分水线的排水坡道划分为不同排水区时，应分区计算汇水面积和雨水流量。

6）半球形屋面或倾斜度较大的屋面，其汇水面积等于屋面的水平投影面积与竖向投影面积的一半之和。

12.3　建筑屋面集水沟设计

1. 屋面集水沟设置原则

1）当坡度大于 5% 的建筑屋面采用雨水斗排水时，应设置集水沟收集雨水。下列情况的建筑屋面宜设置集水沟收集雨水：

（1）屋面雨水径流长度和径流时间要求较短时；

（2）屋面坡向距离要求减少时；

（3）屋面集水深度要求降低时；

（4）坡屋面雨水流向的中途要求截留雨水时。

2）屋面集水沟的设计应符合下列规定：

（1）集水沟不应跨越建筑的伸缩缝、沉降缝、变形缝和防火墙；

（2）有组织排水的瓦屋面，集水沟宜采用成品檐沟；

（3）多跨厂房宜采用集水沟内排水或集水沟两端外排水。当集水沟较长时，宜采用两端外排水及中间内排水。

2. 屋面集水沟水力计算

1）一般要求

屋面集水沟断面尺寸和过水能力应经计算确定，且应满足雨水斗安装尺寸要求。

（1）集水沟坡度

集水沟沟底宜设有坡度。北方寒冷地区集水沟积水会导致结冰影响集水沟的过水断面时，集水沟应设有坡度，保证积水能迅速排尽。集水沟纵向坡度一般不宜小于 0.003。坡度小于或等于 0.003 时，可按水平集水沟设计。金属屋面的水平金属长天沟可无坡度。

（2）集水沟宽度

集水沟的沟宽宜按水力最优截面经水力计算确定，并应符合雨水斗安装尺寸要求，但最小净宽不宜小于 300mm。不同规格 87 型雨水斗的集水沟最小净宽可按表 12-8 和表 12-10 确定。压力流排水系统集水沟的宽度应保证雨水斗周边均匀进水，保证虹吸雨水斗空气挡罩最外端距离沟壁距离不小于 100mm，必要时，可在虹吸雨水斗局部处加宽集水沟，不同规格虹吸雨水斗的集水沟最小净宽度可按表12-9和表12-11确定。

（3）集水沟深度

集水沟的设计水深应根据屋面的汇水面积、沟的坡度和宽度、屋面构造和材质、雨水斗的斗前水深、天沟溢流水位确定。排水系统有坡度的集水沟分水线处最小深度不应小于100mm。集水沟的有效深度不应小于设计水深加保护高度（见表12-4），压力流排水系统集水沟的有效深度不宜小于250mm。混凝土屋面集水沟沟底落差不应大于200mm，金属屋面集水沟沟底落差不宜大于100mm。

集水沟的保护高度应不小于表12-4中所列尺寸。

集水沟和边沟最小保护高度 表 12-4

含保护高度在内的深度 Z（mm）	最小保护高度 a（mm）
100～250	$0.3Z$
大于250	75

注：压力流雨水排水系统的集水沟保护高度不得小于75mm。当采用金属屋面且雨水可能经集水沟溢入室内时，保护高度不得小于100mm。

2）有坡度集水沟计算

有坡度集水沟应采用曼宁公式（12-4）进行计算：

$$v = (1/n)R^{2/3}I^{1/2} \qquad (12-4)$$

式中　v——集水沟内水流速度（m/s）；

　　　n——集水沟粗糙度，各种材料的粗糙度值见表12-5；

　　　R——水力半径（m）；

　　　I——水力坡度。

各种材料的 n 值 表 12-5

壁面材料的种类	n 值
钢板	0.012
不锈钢板	0.011
水泥砂浆抹面混凝土沟	0.012～0.013
混凝土及钢筋混凝土沟	0.013～0.014

确定屋面雨水流量后，可分配设计集水沟段的承受雨量，并按公式（12-5）进行集水沟断面设计：

$$\omega = Q/v \qquad (12-5)$$

式中　ω——集水沟过水断面积（m^2）；

　　　Q——排水流量（m^3/s）。

3）水平集水沟（长沟、短沟）计算

（1）水平短沟设计排水流量可按公式（12-6）计算：

$$q_{dg} = k_{dg}k_{df}A_z^{1.25}S_xX_x \qquad (12-6)$$

式中　q_{dg}——水平短沟的设计排水流量（L/s）；

　　　k_{dg}——折减系数，取0.9；

　　　k_{df}——断面系数，各种沟形的断面系数应符合表12-6的规定；

A_z——沟的有效断面面积，在屋面集水沟或边沟中有固定障碍物时，有效断面面积
　　　应按沟的断面面积减去固定障碍物断面面积进行计算（mm²）；

S_x——深度系数，应根据图 12-2 的规定取值，半圆形或相似形状的短檐沟 $S_x=1.0$；

X_x——形状系数，应根据图 12-2 的规定取值，半圆形或相似形状的短檐沟 $X_x=1.0$。

各种沟形的断面系数　　　　　　　　　　　　　　　　　　表 12-6

沟形	半圆形或相似形状的檐沟	矩形、梯形或相似形状的檐沟	矩形、梯形或相似形状的集水沟和边沟
k_{dg}	2.78×10^{-5}	3.48×10^{-5}	3.89×10^{-5}

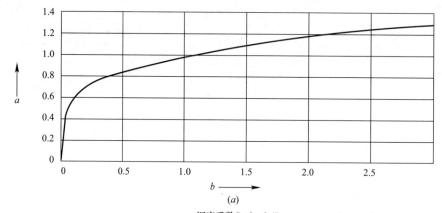

a—深度系数S_x; b—h_d/B_d;
h_d—设计水深(mm); B_d—设计水位处的沟宽(mm)

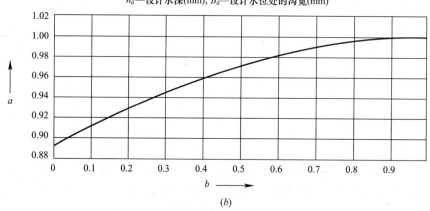

a—形状系数X_x; b—B/B_d;
B—沟底宽度(mm); B_d—设计水位处的沟宽(mm)

图 12-2　深度系数和形状系数曲线

（a）深度系数曲线；（b）形状系数曲线

（2）水平长沟设计排水流量可按公式（12-7）计算：

$$q_{cg} = q_{dg}L_x \qquad (12-7)$$

公式　q_{cg}——水平长沟的设计排水流量（L/s）；

L_x——长沟容量系数，平底或有坡度坡向出水口的长沟容量系数可按表 12-7 的规
　　　定确定。

标称平底或坡向出水口的长沟 F_L 值 表 12-7

$\frac{L_0}{h_d}$	容量系数 L_x				
	平底 0～0.003	坡度 0.004	坡度 0.006	坡度 0.008	坡度 0.010
50	1.00	1.00	1.00	1.00	1.00
75	0.97	1.02	1.04	1.07	1.09
100	0.93	1.03	1.08	1.13	1.18
125	0.90	1.05	1.12	1.20	1.27
150	0.86	1.07	1.17	1.27	1.37
175	0.83	1.08	1.21	1.33	1.46
200	0.80	1.10	1.25	1.40	1.55
225	0.78	1.10	1.25	1.40	1.55
250	0.77	1.10	1.25	1.40	1.55
275	0.75	1.10	1.25	1.40	1.55
300	0.73	1.10	1.25	1.40	1.55
325	0.72	1.10	1.25	1.40	1.55
350	0.70	1.10	1.25	1.40	1.55
375	0.68	1.10	1.25	1.40	1.55
400	0.67	1.10	1.25	1.40	1.55
425	0.65	1.10	1.25	1.40	1.55
450	0.63	1.10	1.25	1.40	1.55
475	0.62	1.10	1.25	1.40	1.55
500	0.60	1.10	1.25	1.40	1.55

注：L_0 为排水长度（mm）；h_d 为设计水深（mm）。

当沿长度方向有一个或多个转角大于 10°时，计算所得的排水能力应乘折减系数 0.85，靠近落水口处不应出现转折。如果屋面集水沟或边沟中有阻挡物例如走道，计算时采用的 A_z 应减去集水沟断面方向的阻挡物断面积 2 次。如果非平底集水沟中的排水口上有筛网，沟的排水能力应乘以 0.5 系数。

3. 屋面溢流设施

1）溢流设施的设置

建筑屋面雨水排水系统的排水能力是相对一定重现期设计的，为建筑安全考虑，超设计重现期的雨水应通过溢流设施给予出路，溢流设施包括溢流口、溢流系统等。

重力流雨水系统必须设置溢流设施解决超重现期雨水的出路；半有压流雨水系统因 87 型雨水斗系统留有余量，宜设置溢流口；压力流雨水系统应设置溢流口或溢流系统。

外檐天沟排水、可直接散水的屋面雨水排水可不设溢流设施。民用建筑雨水管道单斗内排水系统、重力流多斗内排水系统按重现期 P 大于等于 100 年设计时，可不设溢流设施。

坡度大于 2.5%的斜屋面或采用内檐沟集水时，屋面雨水溢流设施的泄流量可不乘 1.5 系数。

溢流排水不得危害建筑设施和行人安全。

2）溢流量

一般建筑的屋面雨水排水工程与溢流设施的总排水能力不应小于 10 年重现期的雨水

量。重要公共建筑、高层建筑的屋面雨水排水系统与溢流设施的总排水能力不应小于 50 年重现期的雨水量。当屋面无外檐集水沟或无直接散水条件且采用溢流管道系统时，屋面雨水排水系统与溢流设施的总排水能力不应小于 100 年重现期的雨水量。工业厂房屋面雨水排水管道工程与溢流设施的总排水能力设计重现期应根据生产工艺、重要程度等因素确定。

3）溢流口计算

（1）金属天沟溢流孔溢流量可按公式（12-8）计算：

$$q_e = 400b \sqrt{2gh}^{3/2} \tag{12-8}$$

式中 q_e——溢流量（L/s）；

b——溢流孔宽度（m）；

400——流量系数；

h——溢流水位高度（m）；

g——重力加速度（m/s^2）。

（2）墙体方孔溢流量可按公式（12-9）和式（12-10）计算：

① 当溢流水位 $h > 100$mm 时按公式（12-9）计算：

$$q_e = 320b \sqrt{2gh}^{3/2} \tag{12-9}$$

② 当溢流水位 $h \leqslant 100$mm 时按公式（12-10）计算：

$$q_e = (320 + 65\sigma)b \sqrt{2gh}^{3/2} \tag{12-10}$$

式中 σ——溢流水流断面与天沟断面之比，按公式（12-11）计算：

$$\sigma = \omega/\Omega \tag{12-11}$$

式中 溢流水流断面为 $\omega = h \times b$(m^2)；天沟断面为 $\Omega = H \times B$(m^2)。

③ 墙体圆管溢流量可按公式（12-12）计算：

$$q_e = 562d^2 \sqrt{2gh} \tag{12-12}$$

式中 d——溢流管内径（m）；

h——天沟水位至管中心淹没高度（m）。

④ 漏斗型管式溢流量可按公式（12-13）计算：

$$q_e = 1130D \sqrt{2gh}^{3/2} \tag{12-13}$$

式中 D——漏斗喇叭口直径（m）；

h——喇叭口上边缘溢流水位深度（m）。

⑤ 直管式溢流量可按公式（12-13）计算，其中 $D = d$，d——漏斗型溢流管内径（m）。

4. 雨水斗安装

1）一般规定

（1）雨水斗与集水沟（天沟、边沟）连接处应采取防水措施，并应符合下列规定：

① 当天沟、边沟为混凝土构造时，雨水斗应设置与防水卷材或涂料衔接的止水配件，雨水斗空气挡罩、底盘与结构层之间应采取防水措施；

② 当天沟、边沟为金属材质构造，且雨水斗底座与集水沟材质相同时，可采用焊接连接或密封圈连接方式；当雨水斗底座与集水沟材质不同时，可采用密封圈连接，不应采用焊接；

③ 密封圈应采用三元乙丙（EPDM）、氯丁橡胶等密封材料，不宜采用天然橡胶。

（2）雨水斗外边缘距天沟或集水槽装饰面净距不得小于50mm。

（3）雨水斗数量应按屋面总的雨水流量和每个雨水斗的设计排水负荷确定，且宜均匀布置。雨水斗的设置位置应根据屋面汇水情况并结合建筑结构承载、管系敷设等因素确定。

2）混凝土屋面上雨水斗安装

（1）半有压流系统雨水斗安装

① 安装87型雨水斗的集水沟，其宽度应根据水力计算确定，但不宜小于表12-8的最小宽度；

② 87型雨水斗的安装可参考图12-3及国标图集09S302；

③ 雨水斗安装时，应将防水卷材弯入短管承口，填满防水密封膏后，将压板盖上并插入螺栓使压板固定，压板底面应与短管顶面相平、密合。

87型雨水斗集水沟最小宽度及雨水斗留孔尺寸（mm）　　　表12-8

雨水斗公称尺寸 DN	集水沟板留洞 ϕ	集水沟最小宽度 A
75（80）	195	300
100	220	300
150	270	350
200	320	400

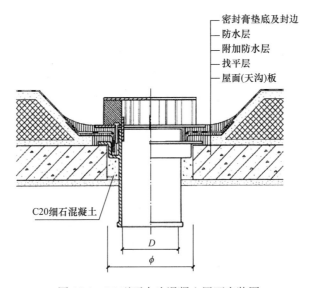

图 12-3　87型雨水斗混凝土屋面安装图

（2）压力流系统雨水斗安装

① 安装虹吸雨水斗的集水沟，其宽度应根据水力计算确定，但不宜小于表12-9的最小宽度；

② 虹吸雨水斗的安装可参考图12-4及国标图集09S302；

③ 当雨水斗采用非预埋安装时，雨水斗安装后，斗体四周应采用水泥砂浆或其他材料密实填充。

虹吸雨水斗集水沟最小宽度及雨水斗留孔尺寸（mm）　　　　表 12-9

雨水斗公称尺寸 DN	集水沟板留洞 φ	集水沟最小宽度 A
50	200	400
80	300	500
100	300	500

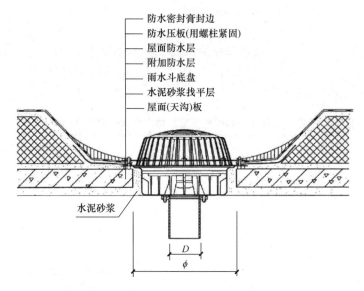

图 12-4　虹吸雨水斗混凝土屋面安装示意图

3）钢结构屋面上雨水斗安装

（1）半有压流系统雨水斗安装

① 安装 87 型雨水斗的集水沟，其宽度应根据水力计算确定，但不宜小于表 12-10 的最小宽度；

② 87 型雨水斗的安装可参考图 12-5 及国标图集 09S302；

③ 安装雨水斗部位的钢板高度宜低于其他部位 20~50mm。

87 型雨水斗集水沟最小宽度及雨水斗留孔尺寸（mm）　　　　表 12-10

雨水斗公称尺寸 DN	钢板集水沟留洞 φ	集水沟最小宽度 A
75（80）	170	360
100	196	400
150	247	450
200	303	500

（2）压力流系统雨水斗安装

① 安装虹吸雨水斗的集水沟，其宽度应根据水力计算及雨水斗尺寸确定，但不宜小于表 12-11 的最小宽度；

② 虹吸雨水斗的安装可参考图 12-6 及国标图集 09S302。

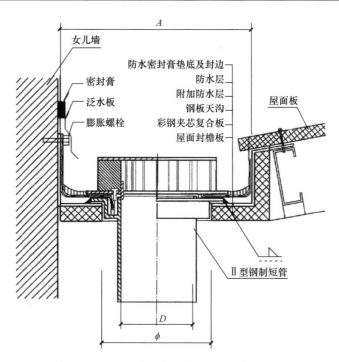

图 12-5 87 型雨水斗轻钢结构屋面安装示意图

虹吸雨水斗集水沟最小宽度（mm） 表 12-11

虹吸雨水斗短管直径	集水沟最小宽度 A
50	500
75	550
80	550
100	600

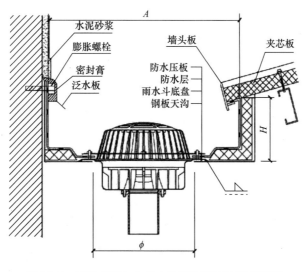

图 12-6 虹吸式雨水斗集水沟轻钢屋面安装示意图

12.4　重力流雨水排水系统

1. 基本要求

1) 重力流雨水系统的雨水进水口应符合下列规定：

(1) 当位于阳台时，宜采用平算雨水斗或无水封地漏；

(2) 当位于成品檐沟内时，可不设雨水斗；

(3) 当位于女儿墙外侧时，宜采用侧入式雨水斗配套承雨斗或配套通气管；

(4) 重力流雨水系统应确保系统始终处于无压重力流状态。宜采用带通气管或有流量控制结构的重力雨水斗、侧入式雨水斗与承雨斗，或在系统管路中增加通气管，以避免系统出现半有压流状态。

2) 阳台雨水立管底部应间接排水或排至水封井。檐沟排水、屋面承雨斗排水的立管末端排水，宜采用 13 号沟头井排水。

3) 重力流排水系统内部为自由液面流，管道内部呈现无压流，故可将不同高度的排水口接入同一重力流排水立管。

2. 系统设计

1) 悬吊管、横管的水力计算应按公式（12-14）、（12-15）计算，且应注意其中水力坡度采用管道敷设坡度。

2) 悬吊管和横管的充满度不宜大于 0.8，排出管可按满管流计算。

3) 悬吊管和其他横管的最小敷设坡度应符合下列规定：

(1) 塑料管应为 0.005；

(2) 金属管应为 0.01。

4) 悬吊管和横管的流速应满足自净流速，且应大于 0.75m/s。

5) 重力流雨水斗的口径、排水能力及斗前允许水深因制造商而异，需根据生产厂家提供。无资料时，按表 12-12 估计排水能力。

<table>
<tr><td colspan="4" align="center">**重力流雨水斗的最大泄流量**</td><td align="right">表 12-12</td></tr>
<tr><td>雨水斗口径（mm）</td><td align="center">75</td><td align="center">100</td><td align="center">150</td></tr>
<tr><td>泄流量（L/s）</td><td align="center">5.6</td><td align="center">10</td><td align="center">23</td></tr>
</table>

立管的最大泄流量应根据排水立管的附壁膜流公式计算，过水断面宜为立管断面的 1/4～1/3，重力流系统雨水立管的最大泄流量可按表 12-13 进行确定。

重力流系统雨水立管的最大设计泄流量　　　表 12-13

铸铁管		钢管		塑料管	
公称直径 （mm）	最大泄流量 （L/s）	公称外径×壁厚 （mm）	最大泄流量 （L/s）	公称外径×壁厚 （mm）	最大泄流量 （L/s）
75	4.3	108×4.0	9.40	75×2.3	4.5
100	9.5	133×4.0	17.10	90×3.2	7.4
				110×3.2	12.80

续表

铸铁管		钢管		塑料管	
公称直径 （mm）	最大泄流量 （L/s）	公称外径×壁厚 （mm）	最大泄流量 （L/s）	公称外径×壁厚 （mm）	最大泄流量 （L/s）
125	17.00	159×4.5	27.80	125×3.2	18.30
		158×6.0	30.80	125×3.7	18.00
150	27.80	219×6.0	65.50	160×4.0	35.50
				160×4.7	34.70
200	60.00	245×6.0	89.80	200×4.9	54.60
				200×5.9	62.80
250	108.00	273×7.0	119.10	250×6.2	117.00
				250×7.3	114.10
300	176.00	325×7.0	194.00	315×7.7	217.00
				315×9.2	211.00

6）重力流雨水系统的最小管径应符合下列规定：

（1）下游管管径不得小于上游管管径；

（2）阳台雨水立管的管径不宜小于 $DN50$。

3. 溢流口设置

重力流雨水斗屋面雨水系统当需采用溢流口时，需根据重力流雨水斗性能曲线确定淹没满流排水量，按总设计排水量与满流排水量（当重力流雨水斗的斗前水深—排水流量曲线存在折点时，则雨水斗的淹没满流排水量为折点所对应的流量）的差值确定溢流水量。

12.5 半有压流雨水排水系统

1. 基本要求

1）用于半有压流雨水排水系统的雨水斗宜采用 87 型等，雨水斗的设置应符合下列要求：

（1）雨水斗可设于集水沟内或屋面上；

（2）多斗雨水系统的雨水斗宜以立管为轴对称布置，且不得设置在立管顶端；

（3）当一根悬吊管上连接的几个雨水斗的汇水面积相等时，靠近立管处的雨水斗连接管管径可减小一号。

2）悬吊管的设置应符合下列要求：

同一悬吊管连接的雨水斗宜在同一高度上，且不宜超过 4 个，当管道同程或同阻布置时，连接的雨水斗数量可根据水力计算确定。

3）建筑物高、低跨悬吊管，宜分别设置各自的雨水立管。当雨水立管的设计流量小于最大设计排水能力时，可将不同高度的雨水斗接入同一立管，且最低雨水斗应在立管底端与最高雨水斗高差的 2/3 以上。

4) 多根立管可汇集到一个横干管中，且最低雨水斗的高度应大于横干管与最高雨水斗高差的 2/3 以上。

5) 当屋面无溢流措施时，雨水立管不应少于两根。

6) 集水沟的设计应符合本《手册》第 12.3 节的有关规定。

2. 雨水斗和管道布置

1) 雨水斗布置

(1) 应选用稳流性能好、泄水流量大、掺气量少、拦污能力强的雨水斗。87 型、65 型雨水斗选型可参考国家标准图集 09S302《雨水斗选用及安装》。

(2) 雨水斗不宜设在集水沟内的转弯处；当集水沟坡度＞10％时，雨水斗区域附近的集水沟应采取设水平段。

(3) 雨水斗的服务面积应与雨水斗的排水能力相适应。雨水斗间距的确定还应与建筑屋面设计坡度相匹配。

(4) 当绿化屋面的雨水斗设于绿地中时，宜把雨水斗设于硬屋面上，雨水斗上方砌雨水口，设雨水箅子井盖。

(5) 在不能以伸缩缝或沉降缝为屋面雨水分水线时，应在缝的两侧各设雨水斗。

(6) 寒冷地区的雨水斗宜设在冬季易受室内温度影响的屋顶范围内。严寒地区的屋面工程，当要求积雪能及时排除时，可考虑设置电热融雪化冰设施。

(7) 87 型雨水斗安装要求见本《手册》12.3 节。

2) 管道布置

(1) 当采用高跨雨水流至低跨屋面且高差在一层及以上时，宜设置管道引流。

(2) 雨水系统的管道转向处宜做顺水连接。

(3) 管道布置应方便安装、维修，除土建专业允许外，管道不应设置在结构柱等承重结构内。

(4) 管道不得敷设在遇水会引起燃烧爆炸的原料、产品和设备的上面。管道不得敷设在精密仪器、设备、对生产工艺或卫生有特殊要求的生产厂房内，以及贮存食品或贵重商品仓库、通风小室、电气机房和电梯机房内。

(5) 管道不得穿过沉降缝、伸缩缝、变形缝、烟道和风道；必须穿过时，应采取相应技术措施。

(6) 管道不得穿越卧室等对安静有较高要求的房间。雨水管道不应穿越图书馆的书库、档案馆库区、档案室、音像库房等场所。

(7) 雨水横管不得布置在食堂、饮食业厨房的主副食操作、烹调和备餐的上方。对于餐饮建筑，当采用内排水系统时，雨水集水沟应尽量沿外墙布置，当条件受限时，应尽量减少雨水悬吊管横穿厨房、餐厅等，并应尽量布置在公共走道的上方，以避开厨房烹饪、备餐、就餐等区域。

(8) 室内敷设的雨水管应根据环境条件采取防结露措施。

(9) 悬吊管大于 15m 时，应设检查口，检查口间距不宜大于 20m，且应布置在便于维修操作处。

(10) 立管下端与横管连接处，应在立管上设检查口或在横管上设水平检查口。当立管末端为散水排放且散水端横管距离不超过 2m 时，可不设置检查口。

（11）横干管和排出管，长度超过 30m 或管道交汇处，应设检查口。

（12）埋地出户管不得穿越设备基础及其他地下构筑物。

（13）雨水出户管道管顶覆土深度不应小于 0.30m，寒冷地区雨水出户管道埋设深度不得高于土壤冰冻线。

（14）塑料雨水管应根据所用管材的特性和使用环境，按需设伸缩器。塑料雨水管穿越防火墙和楼板时，应按《建水标》GB 50015—2019 第 4.4.10 条的规定设置阻火装置；当管道布置在楼梯间休息平台上时，可不设阻火装置。

（15）雨水管应耐正压与负压。正压承受能力应满足施工验收的要求；塑料管的负压承受能力应不小于 80kPa。

（16）雨水管道在穿越楼层应设套管且立管底部架空时，应在立管底部设支墩或其他固定措施。地下室横管转弯处也应设置支墩或固定措施。

（17）排出管穿地下室外墙处应做防水套管，具体做法可参考国家标准图集《防水套管》02S404。

3. 溢流口

1）半有压流系统集水沟末端或屋面宜设溢流口，溢流口上不得设置格栅。

2）半有压屋面雨水排水系统的设计最大排水量约为其最大排水能力的 50% 左右，预留了排除超设计重现期降雨的余量。设溢流口的作用是预防雨水斗或管道被树叶、塑料袋等杂物堵塞时的紧急排水。

溢流口设置应与结构专业复核屋面允许的最大积水水深，以此确定溢流口的位置和高度。

3）溢流口或溢流装置应设置在溢流时雨水能畅通到达的部位。溢流口设置的位置，应由建筑师复核其溢流排水不得危害建筑设施和行人安全。

4）溢流设施设计见本《手册》12.3 节。

4. 消能措施

高层建筑雨水管排水至散水或裙房屋面时，应采取防冲刷措施。

超高层建筑的雨水出户管应接至室外检查井，并采取下列消能措施：

1）出户管应放大管径，控制出口流速不大于 1.8m/s。

2）建筑高度大于 150m 的建筑，塔楼雨水出户管宜采用消能检查井，一个消能检查井宜承接一根半有压流雨水排出管。

3）消能检查井的雨水管设计最小管道坡度和排水量见表 12-14。

PVC-U 管道坡度、流速、流量表　　　　　　　　　　　表 12-14

雨水埋地管管径（dn）	最小设计管道坡度（‰）	最小泄流量（L/s）	最小设计流速（m/s）
300	3	66.7	0.97
400	2	103	0.93
	3	126	1.13
500	2	187	1.07
	3	229	1.32

4）钢筋混凝土消能检查井应设置在无车载的场所，其做法见图 12-7。

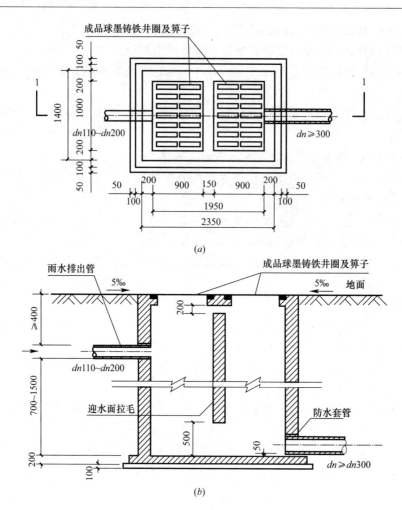

图 12-7 雨水消能检查井详图

（a）消能检查井平面图；（b）1-1 剖面图

5. 水力计算

1）雨水斗最大设计流量

雨水斗的流量特性应通过标准试验取得，87 型雨水斗的最大排水流量见表 12-15。雨水斗的设计流量不宜大于最大排水流量的 $40\%\sim50\%$。

87 型雨水斗最大排水流量

表 12-15

雨水斗规格（mm）		75	100	150
87 型雨水斗	流量（L/s）	21.8	39.1	94.1
	斗前水深（mm）	68	93	112

2）悬吊管和横管水力计算

（1）雨水悬吊管和横管的最大排水能力宜按公式（12-14）计算：

$$Q = vA_1 \tag{12-14}$$

式中　v——流速（m/s）；

　　A_1——水流断面积（m^2）。

（2）管道流速按公式（12-15）计算：

$$v = \frac{1}{n} R^{2/3} I^{1/2} \qquad (12\text{-}15)$$

式中 n——粗糙系数，钢管和铸铁管 $n=0.014$，塑料管 $n=0.01$。

（3）悬吊管的水力坡度按公式（12-16）计算：

$$I = \frac{h_2 + \Delta h}{L} \qquad (12\text{-}16)$$

式中 h_2——悬吊管末端的最大负压（m），取 0.5；

Δh——雨水斗和悬吊管末端的几何高差（m）；

L——悬吊管的长度（m）。

（4）雨水横干管及排出管的水力坡度可按公式（12-17）计算：

$$I = \frac{\Delta H + 1}{L} \qquad (12\text{-}17)$$

式中 ΔH——当计算对象排出管时指室内地面与室外检查井处地面的高差；当计算对象为横干管时指横干管的敷设坡度（m）。

（5）单斗悬吊管可不计算，采用和雨水斗口径相同的管径。多斗悬吊管的设计流量不应超过表 12-16、表 12-17 的规定。

多斗悬吊管（铸铁管、钢管）的设计排水能力（L/s）　　表 12-16

公称直径 DN(mm) / 水力坡度 I	75	100	150	200	250	300
0.02	3.1	6.6	19.6	42.1	76.3	124.1
0.03	3.8	8.1	23.9	51.6	93.5	152.0
0.04	4.4	9.4	27.7	59.5	108.0	175.5
0.05	4.9	10.5	30.9	66.6	120.2	196.3
0.06	5.3	11.5	33.9	72.9	132.2	215.0
0.07	5.7	12.4	36.6	78.8	142.8	215.0
0.08	6.1	13.3	39.1	84.2	142.8	215.0
0.09	6.5	14.1	41.5	84.2	142.8	215.0
≥0.10	6.9	14.8	41.5	84.2	142.8	215.0

多斗悬吊管（塑料管）的设计排水能力（L/s）　　表 12-17

dn×壁厚（mm） / 水力坡度 I	90×3.2	110×3.2	125×3.7	160×4.7	200×5.9	250×7.3
0.02	5.76	10.20	14.30	27.66	50.12	91.02
0.03	7.05	12.49	17.51	33.88	61.38	111.48
0.04	8.14	14.42	20.22	39.12	70.87	128.72
0.05	9.10	16.13	22.61	43.73	79.24	143.92
0.06	9.97	17.67	24.77	47.91	86.80	157.65
0.07	10.77	19.08	26.75	51.75	93.76	170.29
0.08	11.51	20.40	28.60	55.32	100.23	182.04
0.09	12.21	21.64	30.34	58.68	106.31	193.09
≥0.10	12.87	22.81	31.98	61.85	112.06	203.53

（6）悬吊管不宜变径。

（7）悬吊管的设计充满度宜取 0.8，横干管和排出管宜按满流计算。

（8）悬吊管和横管的最小敷设坡度：金属管应为 0.01，塑料管应为 0.005。

（9）悬吊管和横管的水流速度不应小于 0.75m/s，并不宜大于 3.0m/s。排出管接入室外检查井的流速不宜大于 1.8m/s，大于 1.8m/s 时应设置消能措施。

（10）雨水斗连接管的管径不宜小于 75mm，悬吊管的管径不应小于雨水斗连接管的管径，且下游管径不应小于上游管的管径。

（11）雨水横干管的管径不应小于所连接立管的管径。

3）立管最大设计排水流量

雨水立管的最大设计排水流量应满足表 12-18 的规定。

雨水立管的最大设计排水流量（L/s）　　　表 12-18

雨水立管公称尺寸 DN	75	100	150	200	250	300
建筑高度≤12m	10	19	42	75	135	220
建筑高度＞12m	12	25	55	90	155	240

6. 半有压流雨水排水系统设计算例

某多层建筑雨水内排水系统如图 12-8 所示，每根悬吊管连接 3 个雨水斗，雨水斗顶面至悬吊管末端几何高差为 0.6m，每个雨水斗的实际汇水面积为 378m²。设计重现期为 5 年，该地区 5min 降雨强度 401L/(s·10⁴m²)。选用 87 型雨水斗，采用密闭式排水系统，设计该建筑雨水内排水系统。

1）雨水斗的选用

每个雨水斗的泄流量：
$$Q_s = kq\psi F = 1.0 \times 401 \times 1.0 \times 378/10000 = 15.16\text{L/s}$$

查表 12-15，选用 $DN100$ 规格的 87 型雨水斗。

2）雨水斗连接管设计

雨水斗连接管管径 D_1 与雨水斗直径相同，$D_1 = D = 100$mm。

3）雨水悬吊管设计

每根雨水悬吊管设计排水量：
$$Q = 3 \times Q_s = 3 \times 15.16 = 45.48\text{L/s}$$

悬吊管水力坡度：
$$I = \frac{h_2 + \Delta h}{L} = \frac{0.5 + 0.6}{21 \times 2 + 11} = 0.021$$

查表 12-17 多斗悬吊管水力计算表（塑料管），悬吊管管径 $D_{12} = D_{23} = D_{34} = 200$mm，悬吊管不变径。

4）雨水立管设计

雨水立管只连接 1 根悬吊管，立管管径 $D_{45} = D_{34} = 200$mm。

5）雨水排出管设计

雨水排出管管径 D_{56} 与立管同径，$D_{56} = D_{45} = 200$mm。

6）埋地干管设计

埋地干管按最小坡度 0.003 敷设，埋地干管总长：

$$L=18\times3+11=65m$$

埋地干管的水力坡度：

$$I=\frac{\Delta H+1}{L}=\frac{65\times0.003+1}{65}=0.018$$

埋地干管选用塑料排水管，根据公式（12-14）计算结果，管段 6-7 的管径取 200mm，管段 7-8 的管径取 300mm，管段 8-9 和 9-10 的管径均取 350mm。

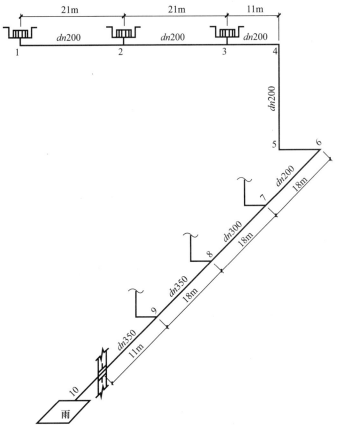

图 12-8 某多层建筑雨水内排水系统计算简图

12.6 压力流雨水排水系统

1. 基本要求

1）压力流雨水排水系统用于排除不同高度集水沟或不同汇水区域的雨水时，宜采用独立的系统排除，塔楼与裙房等不同高度的屋面汇集的雨水，应采用独立的系统单独排出。以防止由于某个雨水斗处于非虹吸满管流状态，导致整个系统的虹吸满管流工况被破坏。

2）当绿化屋面与非绿化屋面不共用集水沟时，应分别设置独立的压力流雨水排水系统。

3）汇水面积大于 2500m² 的大型屋面，宜设置不少于 2 套独立的压力流雨水排水系统，以提高系统的安全度。

4）虹吸式屋面雨水排水系统需要有一定的排水落差，系统才能产生有效的虹吸满管流。当立管管径不大于 DN75 时，雨水斗斗面至过渡段的高差宜大于 3m；当立管管径不小于 DN90 时，雨水斗斗面至过渡段的高差宜大于 5m。

5）重力流、半有压流屋面雨水系统排水不得接入压力流雨水排水系统。不同类型的雨水系统管道混接会导致压力流雨水排水系统的负压区失效。

6）压力流雨水排水系统的设计重现期取值见本手册表 12-2，大型屋面的设计重现期宜取上限值。对于金属结构的凹形屋面，除适当提高系统的设计重现期外，还应复核凹形屋面最高积水水位时的结构安全性。

7）压力流雨水排水系统应设溢流，由于压力流雨水排水系统的计算中，充分利用雨水水头，系统未预留排除超设计重现期雨水的能力，同时考虑到压力流雨水排水系统的悬吊管及过渡段上游的排出管通常水平敷设，不设排水坡度，为保证较小降雨时系统的水平管道有足够的自净流速，因此不推荐采用提高设计重现期的方法替代溢流。

8）压力流雨水排水系统在使用中若对系统进行改造，应重新进水水力计算，确保系统的正常、安全运行。

2. 屋面集水沟设计

1）集水沟的几何尺寸、坡度设计要求见本《手册》12.3 节。集水沟的宽度应保证雨水斗的安装空间及雨水斗的均匀进水。雨水斗外边缘与集水沟内壁间应至少保证 100mm 的净距。

2）集水沟的深度要求见本手册 12.3 节。集水沟的有效深度不宜小于 250mm，当不满足时可在虹吸雨水斗处设置局部降板，以保证集水沟的深度，如图 12-9。

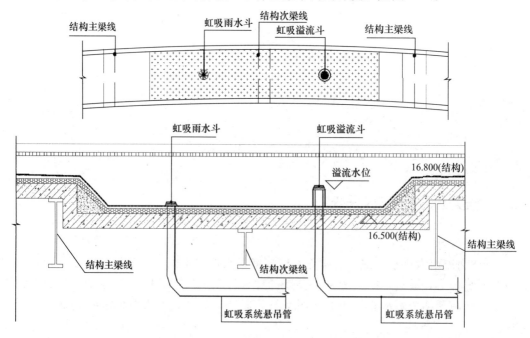

图 12-9　某建筑屋面集水沟虹吸雨水斗处局部降板下沉做法示意

3）降雨初期：压力流雨水排水系统未形成虹吸满管流前，系统排水能力远小于设计工况下的排水能力。集水沟应留有足够的容积储存虹吸形成前的初期雨水，以防止雨水溢出集水沟。当一套压力流系统接入多个雨水斗时，应按公式（12-18）估算系统的虹吸形成时间，保证设计的系统能在较短的时间内形成压力满管流流态，提高系统的初期排水能力。系统的虹吸启动时间可按公式（12-18）计算，且不宜大于60s：

$$T_F = \frac{1.2V_p}{Q_{in,F}}$$ (12-18)

式中　T_F——虹吸启动时间（s）；

　　　V_p——过渡段上游管段的容积（L）；

　　　$Q_{in,F}$——虹吸启动流量，当悬吊管上接多个虹吸雨水斗时，为悬吊管上所有虹吸雨水斗启动流量的总和（L/s）。

虹吸启动流量应由产品供应商根据《虹吸式屋面雨水排水系统技术规程》CECS 183：2015附录A.3的方法测定，当缺乏资料时，可参考表12-19估算：

虹吸启动流量　　　　　　　　　　　　　　表12-19

雨水斗出水短管直径 （mm）	标识流量 （L/s）	连接管虹吸启动流量 （L/s）	虹吸启动流量 （L/s）
DN90	25	3.51	10.96
	30	4.08	10.77
DN110	45	11.71	18.34
	48	12.07	19.18

4）集水沟的有效蓄水容积不宜小于汇水面积雨水设计流量60s的降雨量，且不宜小于虹吸启动时间的降雨量。当屋面坡度大于2.5%且集水沟满水会溢入室内的屋面构造时，经公式（12-18）计算后若虹吸启动时间大于60s时，集水沟的有效蓄水容积不宜小于汇水面积雨水设计流量2min，且不应小于虹吸启动时间的降雨量。

5）当屋面坡度较大，集水沟难以及时收集雨水时，可在集水沟内的虹吸雨水斗处增加导流板来减小虹吸雨水斗周围的局部流速和降低水跃的发生，进而保证设计要求的斗前水深。

6）当屋面坡度过大，集水沟内的高差较高，若同时集水沟长度足够，可考虑利用高差在集水沟内分段做平段的方法，将虹吸雨水斗设于每段平段内，利用集水沟的长度来消化屋面的坡度，如图12-10。

3. 虹吸雨水斗布置

1）虹吸雨水斗基本要求

（1）虹吸雨水斗一般由斗体、格栅罩、出水短管、连接压板（或防水翼环）和反涡流装置等配件组成，应选用按现行行业标准《虹吸雨水斗》CJ/T 245生产的产品。

（2）虹吸雨水斗的斗体材质宜采用铸铁、碳钢、不锈钢、铝合金、铜合金、高密度聚乙烯（HDPE）和聚丙烯（PP）等材料。

（3）虹吸雨水斗格栅罩间隙形状采用孔状或细槽状。间隙尺寸不应小于6mm且不宜大于15mm，雨水斗周边有级配砾石围护的可不大于25mm。砾石直径宜为16~32mm。

（4）虹吸雨水斗进水部件的过水断面面积不宜小于出水短管断面面积的2倍。

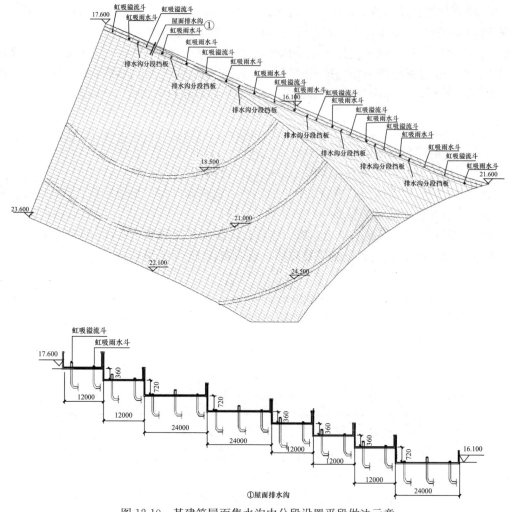

图 12-10　某建筑屋面集水沟内分段设置平段做法示意

（5）格栅罩承受外荷载能力不应小于 0.75kN。

2）虹吸雨水斗的排水能力

虹吸雨水斗的排水能力与斗前水深、系统管径及可利用的重力水头有关，其排水能力应通过标准测试获得。中国工程建设标准化协会标准《虹吸式屋面雨水排水系统技术规程》CECS 183：2015 附录 A.1 规定了标准测试工况下虹吸雨水斗的设计流量、斗前水深测试方法；附录 A.2 规定了标准测试工况下虹吸雨水斗的校核流量、斗前水深测试方法。部分虹吸雨水斗的设计流量、校核流量及对应的斗前水深见表 12-20。

部分虹吸雨水斗的设计流量、校核流量及对应斗前水深表　　　　　　表 12-20

测试方法	雨水斗规格	雨水斗出水短管管径（mm）							
		dn56		dn75		dn90		dn110	
		最大流量（L/s）	斗前水深（mm）	最大流量（L/s）	斗前水深（mm）	最大流量（L/s）	斗前水深（mm）	最大流量（L/s）	斗前水深（mm）
企业标称流量	企业一	12	—	—	—	25	—	45	—
	企业二	—	—	20	—	30	—	48	—

续表

测试方法 雨水斗规格		雨水斗出水短管管径（mm）							
		$dn56$		$dn75$		$dn90$		$dn110$	
		最大流量（L/s）	斗前水深（mm）	最大流量（L/s）	斗前水深（mm）	最大流量（L/s）	斗前水深（mm）	最大流量（L/s）	斗前水深（mm）
CECS 183：2015 附录 A.1 测试方法	企业一	6.8	29.8	—	—	26.2	54.0	48.1	75.6
	企业二	—	—	17.0	45.3	26.8	55.8	47.1	85.3
CECS 183：2015 附录 A.2 测试方法	企业一	13.9	39.8	—	—	48.9	74.3	75.4	97.4
	企业二	—	—	32.7	65.6	51.1	81.2	77.9	112.2

3）虹吸雨水斗布置

（1）同一虹吸式屋面雨水系统的虹吸雨水斗宜在同一水平面上，可防止因雨水斗的高差造成进水不均匀。

（2）虹吸雨水斗宜沿集水沟（屋面）均匀布置，且不应设在集水沟转弯处。有条件时，一套虹吸式屋面雨水排水系统宜只排除同一集水沟的雨水，确保集水沟内雨水依靠自由水头均匀分配至各雨水斗并同时工作，防止因个别雨水斗无雨水进入，导致整个系统失效。

（3）每个汇水区域设置的虹吸雨水斗数量应根据雨水斗的最大设计流量计算确定，每个汇水区域的雨水斗数量不宜少于 2 个。2 个雨水斗之间的间距不宜超过 20m。设置在裙房屋面上的虹吸雨水斗距裙房与塔楼交界处的距离不应小于 1m，且不应大于 10m。

（4）为促进虹吸形成，虹吸雨水斗应设连接管和悬吊管与立管连接，不得直接接在雨水立管的顶部。当连接有多个虹吸式雨水斗时，雨水斗宜对雨水立管做对称布置。

4. 管道布置

1）基本要求

（1）压力流屋面雨水排水系统管道布置的要求同半有压流雨水排水系统，详见本《手册》12.5 节。

（2）由于压力流屋面雨水排水系统的气水两相流工况会产生噪声，因此管道不宜设置在对安静有较高要求的房间，当受条件限制必须设置时，应有隔声措施，例如可采用隔声性能好的管材或在管道外包裹隔声材料等措施。

（3）当系统管道采用高密度聚乙烯（HDPE）等塑料材质时，管道的敷设应符合国家现行防火标准的规定。

（4）压力流雨水排水系统的最小管径不应小于 $DN50$。

2）连接管设置（见图 12-11）

（1）连接管应垂直或水平设置，不宜倾斜设置，否则不利于虹吸的形成。

（2）连接管的垂直管段直径不宜大于雨水斗出水短管的管径，否则不利于雨水迅速填充垂直管段，延长连接管虹吸启动的时间。

（3）连接管垂直管段的高度宜为 0.80～1.50m。足够的垂直落差可以产生较高的流速，促使连接管迅速产生虹吸，但高度过大，也会延长虹吸的启动时间。

3）悬吊管设置

（1）悬吊管可无坡度敷设以利于形成虹吸，但不得倒坡，以保证悬吊管内的雨水基本排空。当悬吊管无坡度敷设时，应按 1 年设计重现期的设计流量，复核悬吊管的设计流量不小于管道的自清流速，确保悬吊管能经常有大于自清流速的水流通过，防止悬吊管内泥沙等颗粒物沉积。

（2）当初期雨水含尘量较低雨水水质较好时，自净流速可取 0.70m/s。

（3）当初期雨水含尘量较高且当地降雨量较小时，悬吊管宜按 0.003 的排空坡度设置，提高自净流速以排除管道内的颗粒沉积物。

4）立管设置

（1）立管管径经计算可小于上游悬吊管管径。除过渡段外，立管下游管径不应大于上游管径，否则会阻碍整个系统的虹吸有效启动。

（2）系统立管应垂直安装，倾斜立管会减慢流速、阻碍系统的虹吸启动。

（3）各雨水立管宜单独排出室外。

（4）立管当采用高密度聚乙烯管时，应设置检查口，其最大间距不宜大于 30m。采用金属管材时，检查口的设置同半有压屋面雨水系统。

5）管件设置

为改善管道中雨水的流态，减小局部气蚀的影响，管件的形式、设置位置应满足下列规定：

（1）悬吊管与立管、立管与排出管的连接宜采用 2 个 45°弯头或 45°顺水三通，不应使用转弯半径小于 4 倍直径的 90°弯头。当悬吊管与立管的连接需要变径时，变径接头应设在 2 个 45°弯头或 45°顺水三通的下游（沿水流方向）。

（2）悬吊管管道变径应采用偏心变径接头，管顶平接；立管变径应采用同心变径接头。

6）溢流系统的设置

（1）溢流口的设置应符合 12.3 节的要求。但长天沟除应在天沟两端设溢流口外，宜在天沟中间设溢流管道系统，有助于降低天沟的壅水高度、促使溢流水尽快排除。

（2）溢流管道系统的设置应确保仅当降雨强度大于压力流雨水排水系统的设计重现期时，雨水从溢流管道系统管道排水。溢流管道系统可采用压力流雨水排水系统、半有压屋面雨水排水系统或二者结合的形式，但溢流管道系统应独立设置，不得与其他系统合用。

（3）溢流排水系统的雨水斗宜沿集水沟（屋面）均匀布置。溢流排水系统的雨水斗与设计的压力流雨水排水系统的雨水斗间距不宜小于 1.5m，以保证两个系统雨水斗的进水互不影响。

（4）当采用溢流管道系统溢流时，溢流水应排至室外地面，溢流管道系统不应直接排入市政雨水管网。当溢流管道系统启动时，暴雨强度已远大于原设计的压力流屋面雨水排水系统的设计重现期，此时室外雨水管道常处于满流状态。试验证明，当压力流屋面雨水系统的出户管为淹没出流时，其虹吸形成时间、斗前水深等均大于自由出流，安全性差。（出户管淹没出流对压力流雨水排水系统的影响参考本章节延伸思考 12.8）。

5. 消能措施

1）与排出管连接的雨水检查井应能承受水流的冲力，应采用钢筋混凝土检查井或消能井。由于塑料检查井的容积较小，不利于雨水的气水分离，因此不宜采用塑料检查井。

2）立管至检查井之间应设过渡管段，其目的是通过放大管径，使出户管的流态从压力满管流过渡到重力流。过渡段的设置应符合下列要求：

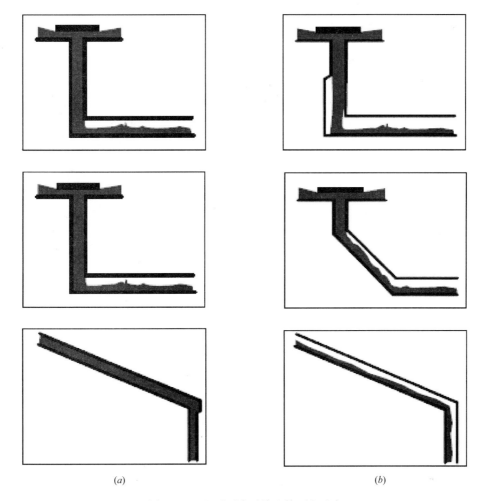

(a) (b)

图 12-11 虹吸雨水系统配管要点示意
（a）正确的安装；（b）错误的安装

（1）过渡段宜设置在排出管上。当过渡段设在立管上时，高出地面的高度不宜大于1.0m；

（2）过渡段的长度不应小于3.0m；

（3）过渡段长度小于3.0m时，应设带排气功能的消能井。这可防止由于过渡段长度过短，无法在过渡段内完成虹吸满管压力流到重力流流态的转换和气水分离，导致接入检查井的出户管出口流速过大，对检查井产生冲击，检查井井盖顶起、检查井内雨水溢至地面，甚至损坏检查井。

3）每个雨水检查井宜接一根排出管，接排出管的检查井井盖宜开通气小孔或采用格栅井盖，通气孔的面积不宜小于检查井井筒截面积的30%。当同一检查井接多根排出管时，宜设带排气功能的消能井，消能井做法见图12-7。

4）在下列情况之一，消能井、排气装置的大小及消能井的强度，宜采用计算机模拟计算（CFD）确定：

（1）同一消能井接3根以上排出管时；

（2）排出管流速大于3.0m/s；

（3）雨水立管高度大于 150m 时。

6. 水力计算

1）压力流雨水排水系统的水力计算，应包括对系统中每一管路的水力工况作精确计算。由于压力流雨水排水系统的复杂性，通常需通过专业计算软件进行精确计算，不能简单地通过手工计算来核算，具体要求如下：

（1）用于压力流雨水排水系统水力计算的计算软件应经过权威部门的鉴定；

（2）压力流雨水排水系统的计算参数应与所采用的系统组件一致；

（3）计算结果应包括设计暴雨强度、汇水面积、设计雨水流量、每一计算管段的管径、计算长度、流量、流速、压力等；

（4）如果实际安装时发生现场条件与设计时有出入，还应通过软件重新复核计算。

2）悬吊管管中心与雨水斗顶面的高差不宜小于 0.80m，当小于 0.80m 时，应按下列公式校核：

$$Q_A > 1.1 \cdot Q_{in} \tag{12-19}$$

$$Q_A = Q_r \cdot \sqrt{\frac{\Delta h_x}{\Delta h_{ver}}} \tag{12-20}$$

式中　Q_A——在系统中形成虹吸的最小流量（L/s）；

　　　Q_{in}——连接管虹吸启动流量（L/s），当悬吊管上接多个虹吸雨水斗时，为悬吊管上所有虹吸雨水斗连接管启动流量的总和；

　　　Q_r——设计雨水排水流量（L/s）；

　　Δh_{ver}——雨水斗斗面至排出管过渡段管中心的几何高差（m）；

　　　Δh_x——雨水斗斗面至悬吊管管中心的几何高差（m）。

3）计算采用的虹吸雨水斗的设计流量、校核流量、虹吸启动流量等参数应与实际选用的产品一致，测试方法应符合《虹吸式屋面雨水排水系统技术规程》CECS 183：2015 附录 A 的要求。

4）压力流雨水排水系统的管道设计流速应满足下列规定：

（1）连接管的设计流速不应小于 1.0m/s，悬吊管设计流速不宜小于 1.0m/s；立管设计流速不宜小于 2.2m/s，且不宜大于 10m/s。

（2）过渡段下游的流速不宜大于 1.8m/s，当流速大于 1.8m/s 时应采取消能措施。

5）设有多斗的虹吸式屋面雨水系统，其各雨水斗至过渡段上游的水头损失允许误差应小于雨水斗斗面至过渡段上游几何高差的 10%，且不大于 10kPa。各节点水头损失误差也不应大于 10kPa。

6）雨水斗至过渡段的总水头损失（包括沿程水头损失与局部水头损失）与过渡段流速水头之和不得大于雨水斗顶面至过渡段上游的几何高差。

7）系统最大负压控制与校核：

（1）系统内的负压值不应低于 −80kPa。当管中流速较大，且管道抗气蚀能力较差时，系统内的最低负压值应按《虹吸式屋面雨水排水系统技术规程》CECS 183 的要求复核确定。

（2）系统校核计算应按系统内所有虹吸雨水斗以校核流量运行的工况，复核计算系统的最低负压。系统最低负压值不得低于 −90kPa，且不低于管材及管件的允许最低负压值。

（3）当虹吸式屋面雨水系统设置场所有可能发生虹吸雨水斗堵塞时，应按任一个虹吸雨水斗失效，失效虹吸雨水斗的设计流量均分给该系统的其他雨水斗的运行工况，复核计算系统的最低负压和集水沟（或屋面）积水深度。

8）过渡段的设置位置应通过计算确定，过渡段出口压力不宜大于 50kPa，以减小对排水检查井的冲击。过渡段下游管道应按重力流雨水系统设计。

12.7　压力提升雨水排水系统

1. 压力提升雨水排水系统设计流量

1）雨水设计流量应按公式（12-1）计算。设计重现期按表 12-2 选定。

2）窗井、贴近建筑外墙的地下汽车库出入口坡道和高层建筑裙房屋面的汇水面积，应附加其高出部分侧墙面积的 1/2。下沉庭院和下沉广场周围的侧墙面积，应根据屋面侧墙的折算方式计入汇水面积。有条件时，地下汽车库出入口坡道上方的侧墙雨水应截流（如设置外墙截水沟），排到室外地面或雨水管网。

2. 雨水集水池（集水井）设置

1）雨水汇集设施

（1）地下车库出入口的敞开式坡道雨水汇集应符合下列规定：

① 与地下室地面的交接处应设带格栅的雨水排水沟，沟内雨水宜重力排入雨水收集池；

② 当在车库坡道上设置雨水截流沟且截流沟格栅面低于室外雨水检查井盖标高时，沟内雨水应排入地下室雨水集水池。

（2）地下室的露天窗井中应设平箅雨水斗或无水封地漏，雨水应重力排入地下室雨水集水池。

（3）与建筑相通（毗邻）的下沉庭院应设置雨水口、雨水斗或带格栅的排水沟，雨水应重力排入雨水集水池。

（4）埋地管道应设在覆土层或建筑垫层内，不宜敷设在钢筋混凝土构造内，避免影响室内结构安全和便于管道检修更换。雨水汇集管道宜采用铸铁或塑料排水管等。

2）雨水集水池（井）布置要求

（1）雨水集水池（井）宜靠近雨水收集口。

（2）地下汽车坡道和地下室窗井的雨水集水池应设在室内，也可设于窗井内。

（3）雨水集水池（井）不应收集生活污水（如车库冲洗排水等）。

（4）集水池的平面尺寸应能满足液位控制器、格栅、排水泵组安装及检修的要求。

（5）雨水集水池底坡向泵位的坡度不宜小于 0.05，吸水坑的深度及平面尺寸，应按水泵类型确定。

（6）雨水集水池应设水位指示装置和超警戒水位报警装置，并应将信号引至物业管理中心。

3）雨水集水池（井）容积计算

（1）集水池（井）的有效容积应根据压力雨水排水系统的设计流量、调蓄容积和排水泵组的总排水能力计算确定。

（2）当集水池（井）无调蓄功能时，其有效容积不应小于最大一台排水泵 5min 的出水量。

（3）集水池（井）高度根据排水沟（排水管）进水高度、保护高度、有效水深及水泵最低吸水高度（不宜小于 300mm）之和确定。

（4）当露天下沉地面汇水面积允许在设计降雨历时内积水时，下沉地面上的积水容积也可计入贮水容积。

当下沉庭院（天井）为绿化地面，在计算集水井有效容积时，应注意雨水集水井启泵水位（高水位）低于绿化覆土最低要求标高，避免绿植长期浸泡于雨水中，引起烂根等不良后果，如图 12-12 所示。

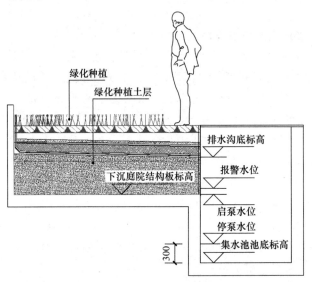

图 12-12　绿化地面内庭院集水井示意图

3. 雨水提升泵的布置与计算

1）一般规定

（1）雨水泵组的总设计流量应大于雨水设计流量。

（2）雨水泵不应少于 2 台，不宜多于 8 台。

（3）雨水集水池泵组应设备用泵，备用泵的容量不应小于最大一台工作泵的容量，紧急情况下可同时使用。

（4）雨水泵应有不间断电力供应，可以采用双电源或双回路供电。水泵应由集水池中的水位自动控制运行。

（5）单个雨水集水池的多台水泵出水管可以合并成一条，且宜单独排出室外，避免水泵并联数量过多时增加流量折减幅度。当多个集水池的水泵出水管确需合并排出时，应进行水力复核，确保各支路在管道交汇点处的水压一致。

（6）压力雨水管道的设计流速应大于自净流速，宜取 1.2～1.8m/s。

（7）水泵出水管上应设止回阀和控制阀门，设置位置应易于操作。寒冷地区应采取泄空措施。

2）提升泵水力计算

（1）提升泵设计流量

应根据汇水区域的设计降雨量合理配置提升泵数量，并据此确定每台提升泵的设计流量。提升泵的配置应兼顾低设计重现期降雨量与高设计重现期降雨量时的水泵匹配，避免水泵频繁启闭。

（2）提升泵设计扬程

提升泵设计扬程 H 根据公式（12-21）计算：

$$H = Z + iL + 2 \tag{12-21}$$

式中 H——设计扬程（m）；

       Z——压力雨水管与集水池最低水位的标高差（m）；

       i——水力坡降（m/m），按给水管道计算方法确定；

       L——雨水管的计算长度（m），包括管长和管配件的当量长度；

       2——出流水头（m）。

12.8 建筑屋面雨水排水系统设计的延伸思考

1. 建筑屋面集水沟融雪系统

北方寒冷地区的坡屋面建筑或钢结构屋面建筑，当屋面结构荷载无法满足安全雪荷载时，应考虑屋面融雪除冰系统；当屋面结构荷载满足安全雪荷载，但为保持冰雪融水排放通畅时，也可采用融雪除冰措施。

融雪除冰措施，主要用于解决气温短时间内在零度上下波动时（如临冬的春秋季节）寒冷地区建筑屋面易出现的以下几种隐患：（1）冰雪融水结冰，堵塞天沟；外天沟建筑还可能引起冰雪融雪外溢（无序排放）而形成冰挂，当气温回升、冰柱融化时，高空掉落危及行人安全或造成地面车辆等财产损失；（2）雪水易在钢结构天沟内凝结，形成冻胀进而破坏天沟材质性能或增加局部结构处的荷载；（3）水泥天沟或屋面在雨雪冻结时，冰水易产生融冻现象，导致屋面破损或产生裂缝，造成建筑渗水或漏水；（4）融化雪水在管道内二次结冰也可能会造成雨水管道冻裂问题。图 12-13 为东北某高铁站项目配套建筑钢结构站台雨篷屋面，天沟及雨水管路系统均设置融雪措施。

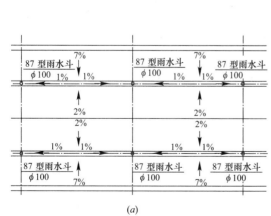

(a)   (b)

图 12-13   东北某高铁站项目配套建筑钢结构雨篷屋面雨水排水系统示意图

（a）局部屋面雨水系统布置图；（b）屋面天沟融雪设施布置图

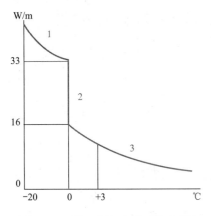

图 12-14　屋面集水沟融雪除冰系统
工作原理示意图

屋面集水沟融雪除冰系统的工作原理一般为（见图 12-14）：

（1）在雪和冰水之中，电缆满负荷输出；

（2）待融化的雪水流走后，干燥的发热电缆自动调节到半负载输出；

（3）随着环境温度的逐步升高，发热电缆输出功率降低到相应水平。

集水沟融雪除冰系统的核心部件是自调控发热电缆，由于自调控特性，发热电缆根据环境温度自动调节每一段的热量输出，雪或冰水中发热量较高，温暖或干燥区域的电缆发热量会大大降低。自调控型发热电缆应在交叉重叠时，也不应过热，以确保系统的安全性、可靠性。自调控发热电缆工作原理如图 12-15 所示。

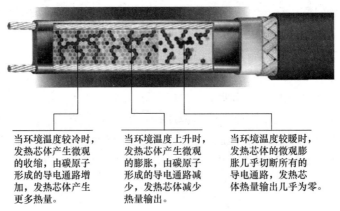

当环境温度较冷时，发热芯体产生微观的收缩，由碳原子形成的导电通路增加，发热芯体产生更多热量。

当环境温度上升时，发热芯体产生微观的膨胀，由碳原子形成的导电通路减少，发热芯体减少热量输出。

当环境温度较暖时，发热芯体的微观膨胀几乎切断所有的导电通路，发热芯体热量输出几乎为零。

图 12-15　自调控型发热电缆工作原理示意图

屋面集水沟融雪除冰系统设计时应整体考虑，冰雪融化后的雨水应能及时排除，避免融化雪水二次结冰。雨水口（雨水斗）、集水沟、落水管等系统上下游部件均宜设置融雪除冰措施，保证冰雪融化后能及时通过雨水管网排至市政雨水管网。雨水系统各部件的自调控性发热电缆布置示意图如图 12-16 所示。

2. 出户管淹没出流对压力流雨水排水系统的影响

压力流屋面雨水系统在雨水斗参数测定、系统设计、计算中都假定出户管接室外检查井时为自由出流。实际工程中，受上游排水区域降雨影响，室外雨水排水系统可能出现满管或者检查井水位高于室外雨水管管顶的情况，此时，压力流屋面雨水系统的出户管实际处于淹没出流状态。

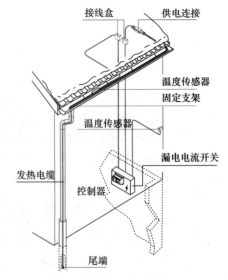

图 12-16　屋面集水沟融雪除冰系统自调控型发热电缆布置示意图

英国 Heriot-Watt 大学对双斗系统出户管不同出流工况对压力流雨水排水系统影响进行了一系列实验研究。图 12-17 为虹吸式双斗天沟系统模拟排水试验装置示意图，模拟了四种工况（四种末端出流方式，详图 12-18）对虹吸系统天沟水深、系统排水能力等影响。工况 1 与《虹吸式屋面雨水排水系统技术规程》CECS 183：2015 附录 A 的出流形式相同；工况 2 模拟出户管非淹没出流；工况 3 模拟淹没出流，淹没水深 220mm；工况 4 模拟淹没出流，淹没水深 380mm。表 12-21 和图 12-19 是实验的实测数据。实验结果表明，四种不同的末端出流方式，对系统虹吸形成有明显的影响。相较于立管自由出流，其他的任何出流形式都会降低系统的泄流能力。图 12-19 证明淹没出流方式相较于自由出流方式，会明显延长虹吸启动时间和增加集水沟内水深。工程设计时，应注意复核虹吸式屋面雨水系统出户接入检查井时的出流方式，如为淹没出流方式，则应考虑虹吸启动时间延长后，集水沟蓄水容积是否满足 12.6 节的相关要求。

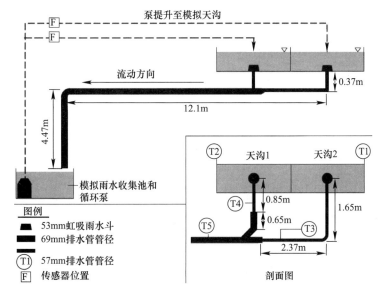

图 12-17　虹吸式双斗天沟系统模拟排水试验装置示意图

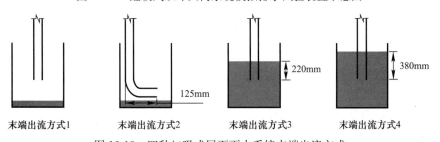

图 12-18　四种虹吸式屋面雨水系统末端出流方式

不同出流方式下的系统排水能力　　　　　　　　　　　表 12-21

末端出流方式	排水能力（L/s）		排水能力（%，相比出流方式 1）	
	天沟 1	天沟 2	天沟 1	天沟 2
1	7.46	5.71	100.0	100.0
2	7.35	5.45	98.5	95.4
3	7.28	5.54	97.6	97.0
4	7.11	5.57	95.3	97.5

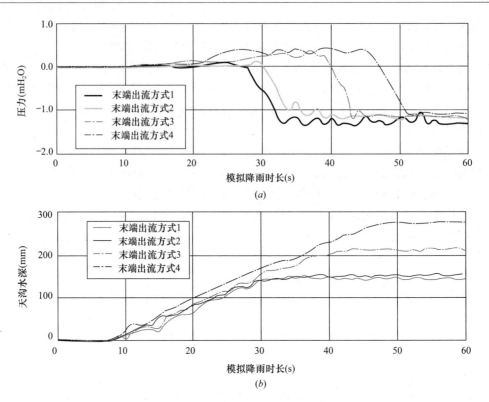

图 12-19　不同出流方式下的虹吸启动速度和集水沟斗前水深比较图

（a）不同末端出流方式时的系统压力（测压点 T5 处）；

（b）不同末端出流方式时的天沟 1 水深（测压点 T1 处）

3. 压力流雨水排水系统工程常见事故隐患分析

压力流屋面雨水排水系统广泛应用于航站楼、展览馆、体育场及超高层建筑裙楼等大型屋面，随着大量工程项目的兴建及投入使用，也出现了一些压力流雨水排水系统失效的案例和事故隐患。

1）压力流雨水排水系统管道吸瘪

实际工程中，混凝土屋面和金属结构屋面压力流雨水排水系统均可能发生 HDPE 等塑料悬吊管被吸瘪的现象。

（1）其主要原因如下：

① 系统内的负压值大于所用塑料管管道产品标准规定的耐负压能力；

② 在出现超重现期的大暴雨等情况下，通过虹吸雨水斗进入系统的实际雨水流量远大于虹吸雨水斗的设计流量；

③ 雨水斗或管道堵塞，并在大暴雨期间疏通而形成瞬间负压。

（2）针对以上问题，可采取的技术措施包括：

① 应按系统在超设计重现期发生溢流时可能出现的最大斗前水深，从虹吸雨水斗的校核流量—斗前水深曲线确定雨水斗的校核流量；

② 应按系统内所有虹吸雨水斗以校核流量运行的工况，复核计算系统的最大负压。系统最大负压值不得低于 -90kPa，且不低于管材及管件的允许最大负压值；

③ 当虹吸式屋面雨水系统设置场所有可能发生虹吸雨水斗堵塞时，应按任一个虹吸

雨水斗失效，失效虹吸雨水斗的设计流量均分给该系统的其他雨水斗的运行工况，复核计算系统的最大负压和集水沟（或屋面）积水深度；

④ 采用符合现行国家、行业产品标准的管道、管件及配件；

⑤ 加强施工期间的管理和投入使用后的日常维护，防止雨水斗或管道堵塞。

2）压力流雨水系统出户管所接检查井井盖顶起

该事故为接压力流雨水排水系统出户管的检查井井盖顶起，雨水掺气冲出检查井。

（1）其原因一般为：

① 出户管的出口流速过大、自由水头大、动能高；

② 在大多数降雨工况（降雨量低于设计降雨量）下，系统内雨水的水气比远小于95%，系统含气量高；

③ 当管道内雨水进入检查井，雨水突然失压，水中空气溢出，水—气在检查井中剧烈波动，导致水和气体冲击检查井。

（2）可采取的技术措施包括：

① 系统应设置过渡段，过渡段宜设置在排出管上；

② 过渡段的长度不应小于 3m；

③ 过渡段长度小于 3m 时，应设带排气功能的消能井；

④ 过渡段的设置位置应通过计算确定，过渡段出口压力不宜大于 50kPa；

⑤ 当存在雨水立管高度大于 150m、出户管内的流速大于 3.0m/s 或同一消能井接 3 根以上排出管等情况时，消能井、排气装置的大小及消能井强度，宜采用计算机模拟计算（CFD）确定。

3）压力流雨水排水系统管道出现振动和噪声

压力流雨水排水系统管道的振动和噪声主要出现在管道变径、转弯接头等处，严重振动甚至导致固定件脱落。

（1）产生该现象的主要原因包括：

① 振动通常由过低负压产生的气蚀造成；

② 水力计算主要控制系统负压值，但管道垂直断面上的压力分布并不均匀，变径、转弯等处会产生局部气蚀，气蚀的形成还与流速有关。

（2）可采取的技术措施包括：

① 悬吊管与立管、立管与排出管的连接宜采用 2 个 45°弯头，不应使用 R 小于 4D 的 90°弯头。当悬吊管与立管的连接需要变径时，变径接头应设在 2 个 45°弯头的下游（沿水流方向）；

② 悬吊管变径应采用偏心变径接头，管顶平接；立管变径应采用同心变径接头；

③ 系统内的最大负压计算值应根据管道内流速、系统安装场所的气象资料、管道材质、管道和管件的最大、最小工作压力等确定，详见本手册 12.6 节。

4）采用压力流雨水排水系统的金属屋面出现天沟溢水现象

近年来，展览建筑、航站楼、高铁站等大型金属屋面工程多次出现雨水溢入室内事故。雨水溢入事故一般发生在集水沟和金属屋面板搭接处。

（1）主要原因为：

① 强暴雨且屋面坡度较大，径流时间小于 5min，实际降雨强度大于设计暴雨强度；

② 集水沟容积过小，导致虹吸形成前，集水沟已充满溢出；

③ 集水沟有效水深过浅，最小保护高度不足，雨水从屋面流入天沟及大风引起的水跃，使雨水从集水沟和金属屋面板间的搭接缝处溢入室内；

④ 集水沟过长且溢流口仅设在集水沟端部，溢流不及时；

⑤ 连接管的垂直管段高度过高，虹吸启动进程延缓；

⑥ 系统排出管、溢流系统排出管淹没出流，虹吸启动时间延长；

⑦ 悬吊管内自清流速不足，管内积泥，导致过水断面变小；

⑧ 未设溢流，通过增大设计重现期来替代溢流。平常降雨量较小时，管道流速达不到自清流速，管道淤积，暴雨时管道水力断面改变，排水能力降低。

（2）可采取的技术措施包括：

① 屋面坡度较大时，设计降雨量应考虑安全系数；

② 集水沟设计水深、最小保护高度应符合《虹吸式屋面雨水排水系统技术规程》CECS 183 的规定；

③ 压力流屋面雨水系统的虹吸启动时间应根据《虹吸式屋面雨水排水系统技术规程》CECS 183 进行校核；并应确保集水沟的有效蓄水容积；

④ 长天沟除应在天沟两端设溢流口外，宜在天沟中间设溢流管道系统；

⑤ 当采用溢流管道系统溢流时，溢流水应排至室外地面，溢流管道系统不应直接排入市政雨水管网；

⑥ 虹吸式屋面雨水系统的悬吊管应具有自净能力。应按 1 年重现期 5min 降雨历时的设计流量，校核管道的设计流速不小于自净流速。

4. 住宅下沉庭院雨水排水系统事故分析及对策

近年来，住宅建筑底层常出现配合景观设有室外庭院或下沉庭院的项目。按一般设计原则，当庭院地面标高不低于室外道路标高，则庭院雨水排水直接重力排至小区道路下雨水系统；当庭院地面标高低于室外道路标高，则在庭院中设置雨水集水坑，采用雨水排水泵将庭院雨水压力排至道路下雨水排水系统。但有两种情况可能导致室外庭院排水失效。

1）情况一：当庭院地面标高高于周边室外道路标高，则庭院雨水一般直接重力排至小区道路下雨水系统。但在地面标高有起伏的住宅小区（特别是别墅区），景观设计为提高视觉效果，部分小区内道路会低于市政道路。当出现超设计重现期的大暴雨时，市政道路上的雨水系统处于满流工况，尽管小区雨水系统的市政接入管高于市政雨水管，但仍有可能因市政雨水系统的水位接近市政道路地面，而导致市政雨水通过小区雨水系统，从地面标高较低的小区道路雨水检查井或雨水口溢出，造成小区低洼路面和庭院积水。

2）情况二：当住宅底层设有下沉庭院，庭院地面标高低于室外道路标高，则在庭院中设置雨水集水坑，采用雨水排水泵将庭院雨水压力排至道路下雨水排水系统。但住宅建筑划入套内的下沉庭院一般为小业主所有，若集水坑设于住户下沉庭院内，按相关规定，集水坑提升泵用电为住户用电而非公共（物业）用电。如小业主外出或长期不入住，为安全用电会关闭户内电源，从而导致集水坑排水泵不能工作，出现水淹等情况。如图 12-20 为苏州淀山湖某别墅群项目下沉庭院常规排水设置示意图，如图所示，各独栋别墅均设有地下室及下沉庭院及其独立的压力排水措施，2014 年竣工后遇到降雨时各下沉庭院集水井及其地下室均会出现不同程度的水淹或水渍情况，需建设方不定期组织人工排水。

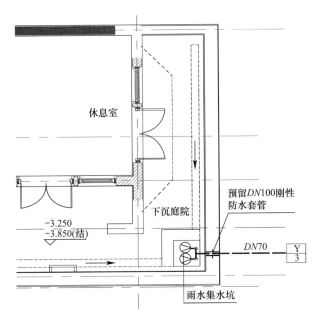

图 12-20　苏州某别墅群项目下沉庭院排水示意图

设计时应针对该类情况结合项目特点采取相应的设计原则和解决措施。如上海市某住宅小区项目，地下一层为小区车库，各住宅单体均设有地下夹层，每户建筑设有 2～3 个下沉天井，设计下沉天井雨水排水时，在下沉天井毗邻外墙处的±0.00m 标高设置一定宽度的挡水沟（挡水板），将建筑上部侧墙雨水引流至地面，减少外墙雨水进入下沉天井。各下沉天井的雨水排水经地下夹层重力排至地下一层车库内的雨水集水井（如图 12-21 所示）。因车库内集水坑提升泵用电为公共配电，采用双回路或双电源供电，较住户天井内部单独设置集水坑更安全。

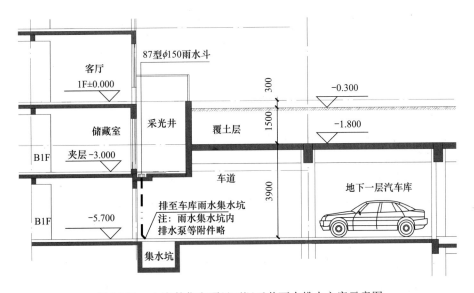

图 12-21　上海某住宅项目下沉天井雨水排水方案示意图

12.9　建筑小区雨水排水

1. 建筑小区雨水排水系统设计

1）一般规定

（1）建筑小区在总体地面高程设计时，宜利用地形雨水自流排水；同时应采取防止滑坡、水土流失、塌方、泥石流、地（路）面结冻等地质灾害发生的技术措施。

（2）建筑小区雨水系统应与生活污水系统分流设置。

（3）建筑小区宜考虑雨水的利用，详见第 13 章。建筑小区雨水回用，应设置独立的雨水收集管道系统，雨水利用系统处理后的水可在中水清水池中与中水合并回用。

（4）建筑小区应按照当地规划确定的雨水径流控制目标，实施雨水控制利用。雨水控制及利用工程设计应符合现行国家标准《建筑与小区雨水控制及利用工程技术规范》GB 50400 的要求，具体措施详见本手册第 13 章。

（5）建筑小区的雨水排水出路常规有城镇雨水排水管网、自然水体、人工水体。雨水管道向河道排水时，应有主管部门的确认，且管内水位不宜低于水体的常水位。

2）系统设置

建筑小区常规雨水系统由雨水收集设施、连接管、管道、检查井（含跌水井）等组成。

（1）雨水收集设施

① 雨水口

雨水口是建筑小区最常见的雨水收集设施。当小区设有雨水管网时，雨水口的布置应根据地形、土质特征、建筑物位置、道路型式等因素确定，宜设在下列部位处：

a. 道路交汇处和路面最低点，以及无分水点的人行横道的上游处；双向坡路面应设在道路两侧，单向坡路面应设在路面低的一侧；

b. 建筑雨落水管附近；但当雨落水管采用断接散水排至地面、下凹式绿地时，应通过绿地溢流口排入雨水检查井；

c. 小区空地、绿地的低洼处以及其他低洼、易积水的地段处；

d. 建筑物单元出入口附近，但不宜设在建筑物门口。

雨水口的形式和设置位置还应遵守海绵城市设计的要求。

雨水口箅子，一般采用铸铁箅子。雨水口的底部和侧墙可采用塑料、预制混凝土装配式或树脂复合材料等，宜优先选用塑料材质，不宜采用砖砌材质。

无道牙的路面、广场、停车场采用平箅式雨水口；有道牙的路面采用偏沟式或立箅式雨水口；有道牙路面的低洼处采用联合式雨水口。

道路上的雨水口宜每隔 25~40m 设置 1 个。当道路纵坡大于 0.02 时，雨水口的间距可大于 50m。雨水口的深度不宜大于 1m；沉砂量大的地区可根据需要设置沉泥槽；有冻胀影响的地区，按当地经验确定。

② 线性排水沟

线性排水沟是由成品树脂混凝土、塑料模块化组合的排水系统，其型式有缝隙式、盖板式等，适用于硬质地面雨水排水。具有抗冻性、成型表面光滑、防侵蚀强、无渗透、线性连续截水、排水效率高、安装、清理维护方便、施工挖沟深度浅等优点。

线性排水沟的设置应根据设置场所的汇水雨水量、地面铺设材料、荷载等因素选用成品线性排水沟的型号和规格尺寸。

室外广场、停车场、下沉式广场、道路坡度改变处、水景池周边、超高层建筑周边以及采用管道敷设时覆土深度不能满足要求的区域等，为减少重力流管道埋深，均可采用线性排水沟。

线性排水沟承载等级及适用范围、基础做法可参考国标图集07J306实施。

③ 蓄排水板

蓄排水板是采用高密度聚乙烯（HDPE）或聚丙烯（PP）在熔融状态下经注塑一次成型制成的轻型板材，既具有一定立体空间支撑刚度的排水通道又具有可蓄水功能，常用于有一定覆土厚度的大面积地下建（构）筑物顶板的种植地面雨水渗水排除。蓄排水板具有蓄水、排水两种功能，要求板材能够承受400kPa以上的高抗压负荷，同时可以承受在种植顶板回填土过程中机械碾压的极端负荷情况。

④ 装配式种植容器

装配式种植容器是蓄排水板用于屋顶绿化的改进形式，具有蓄水量大、排水迅速、耐根穿刺、保护隔离等功能。

种植容器作为屋顶绿色种植底部基础构造材料，容器拼接后可形成整体化有组织的排水通道，容器内部具有独立蓄水空间并能够在模块之间互通及共享蓄水，多余的水会通过排水渠道排出，不会出现种植区内涝及暴雨时种植区不能快排快渗雨水，从而避免种植区积水或泥水外流污染屋面。

种植容器具有以下特点：

a. 具有独立蓄水空间，每平方米的蓄水不少于20L且蓄水空间与种植土设置吸水棉芯，具有径流滞水、雨水回用和有效节水作用；

b. 容器之间形成互连互通整体化有组织的排水通道，确保种植区"小雨不积水、大雨不内涝"，以避免植物被淹死和雨水散排污染屋面；

c. 采用环保PP材料双层架空设计，确保独立蓄水和排水通道畅通，具备良好的阻根穿刺功能及满足植物生长根部通风供氧，其荷载承重应满足相关设计要求。

装配式种植容器主要由种植盆箱体、种植盆盖板、衔接螺栓、排水口堵头、卡条等部件组成（见图12-22），通过组合连接整体装配式种植容器（见图12-23），形成屋顶绿色种植底部基础。

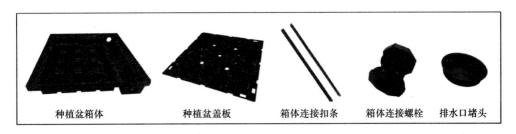

| 种植盆箱体 | 种植盆盖板 | 箱体连接扣条 | 箱体连接螺栓 | 排水口堵头 |

图12-22 装配式种植容器部件外形图

建（构）筑物屋顶绿化种植面的渗透雨水经种植容器形成蓄积回用、多余雨水经整体化排水通道有组织排至屋面落水管，实现屋顶绿化种植面渗透雨水有效回收利用和有组织集中排放，见图 12-24。

建（构）筑物屋顶绿化种植面的综合径流系数可采用 0.40，装配式种植容器蓄水能力为 $20L/m^2$。

图 12-23　装配式种植容器部件组装示意图

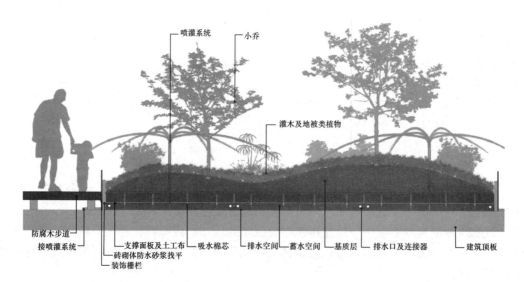

图 12-24　屋顶绿化整体化装配式种植容器排水构造效果图

（2）连接管

雨水口连接管的长度不宜超过 25m，连接管上串联的雨水口不宜超过 3 个。

单算雨水口连接管最小管径为 200，坡度为 0.01，管顶覆土厚度不宜小于 0.7m。当连接管埋设在路面或重荷载地面的下方时，其做法详见国标图集 16S518《雨水口》。

（3）管道

① 管道材质

应优先选用埋地塑料管，如双壁波纹塑料管、加筋塑料管、塑料螺旋缠绕管等。目前，HDPE 生产工艺和使用技术已十分成熟，得到了广泛引用，常见的有 HDPE 双壁波纹管（主要采用橡胶圈承插连接）、HDPE 中空壁缠绕管（主要采用热熔连接）、金属内增强 HDPE 螺旋波纹管（焊接连接、卡箍连接或热收缩套接）。

②　管道布置

室外雨水管道布置应按管线短、埋深小、自流排出的原则确定。雨水管道宜沿道路和建筑物的周边呈平行布置，且在人行道、车行道或绿化带下，宜按路线短、转弯少并尽量减少管线交叉的原则，检查井间的管段应为直线。

雨水管道与道路交叉时，应尽量垂直于路的中心线。干管应靠近主要排水构筑物，并布置在连接支管较多的一侧。管道尽量布置在人行道或草地的下面，不应布置在乔木的下面。

雨水管道应尽量远离生活饮用水管道，与给水管的最小净距应为 0.8～1.5m。当雨水管和污水管、给水管并列布置时，雨水管宜布置在给水管和污水管之间。雨水管与建筑物、构筑物和其他管道的净距离，按排水管道部分的数据执行。

③　管道敷设

管道在检查井内宜采用管顶平接法，井内出水管管径不宜小于进水管。雨水管道转弯和交接处，水流转角应不小于 90°；当管径超过 300mm 且跌水水头大于 0.3m 时可不受此限制。

管道在车行道下时，管顶覆土厚度不得小于 0.7m，否则，应采取防止管道受压破损的技术措施，比如用金属管、金属套管或管道四周浇裹混凝土加固等措施。当管道不受冰冻或外部荷载的影响时，管顶覆土厚度不宜小于 0.6m。当冬季地下水不会进入管道且管道内冬季不会积水时，雨水管道可以埋设在冰冻层内，但管道采用硬聚氯乙烯材质时应埋于冰冻线以下。

（4）检查井

①　检查井材质

宜优先选用塑料检查井，也可采用混凝土模块式检查井，不宜采用砖砌检查井。检查井在车行道上时应采用重型铸铁井盖，在绿地上可采用轻型井盖。

检查井应采用防坠落措施，如安全防护网、防坠落井箅等。安全防护网的产品质量应至少满足如下要求：安全网网绳的物理性能、耐候性应符合国家或行业标准的相关规定，网绳、系绳断裂强力应不小于 1000N，边绳断裂强力应不小于 2000N，环绳断裂强力应不小于 3000N。

②　检查井设置

检查井应尽量避免布置在主入口处。检查井一般设在管道（包括接户管）的交接处和转弯处、管径或坡度的改变处、跌水处、直线管道上每隔一定距离处。检查井内同高度上接入的管道数量不宜多于 3 条。

室外地下或半地下式供水水池的排水口、溢流口，游泳池的排水口，内庭院、下沉式绿地或地面、建筑物门口的雨水口，当标高低于雨水检查井处的地面标高时，不得接入该检查井，防止雨水倒灌。

检查井的形状、构造和尺寸可按国家标准图集 16S518 或 08SS523 选用。排水接户管埋深小于 1.0m 时，可采用小井径检查井。

室外或居住小区的直线管段上检查井间的最大间距按表 12-22 采用。

雨水检查井最大间距　　　　　　　　　　　表 12-22

管径（mm）	160（150）	200～315（200～300）	400（400）	≥500（≥500）
最大间距	30	40	50	70

注：括号内是埋地塑料管内径系列管径。

③ 跌水井设置

当管道跌水水头为 1～2m 时，宜设跌水井；跌水水头大于 2m 时，应设跌水井。管道转弯处不宜设跌水井。跌水方式一般采用竖管、矩形竖槽和阶梯式。跌水井的一次跌水水头如表 12-23。

跌水井最大跌水水头高度　　　　　　　　　表 12-23

管径（mm）	≤200	300～600	>600
最大跌水高度（m）	≤6.0	≤4.0	水力计算确定

④ 带防潮门检查井

雨水管道向河道排水时，宜设置带防潮门检查井（如图 12-25 所示），防止河水倒灌至建筑小区。为使防潮门工作可靠有效，必须加强维护管理，经常清除防潮门座口上的杂物。

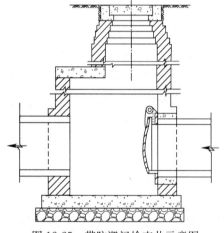

图 12-25　带防潮门检查井示意图

2. 建筑小区雨水排水系统水力计算

1）水力计算参数和公式

（1）基本参数

① 管道流速

建筑小区雨水管道按满管流计算。管道流速在最小流速和最大流速之间选取，见表 12-24。根据管道管材能够承受的冲刷能力，不同材质的管道规定了不同的最大流速；如果雨水管道系统坡度过大，管道流速超过最大流速时，管道系统应设跌水井消能。为防止雨水挟带的泥砂等无机物颗粒沉淀淤积管道，规定了不同材质管道（管渠）的最小流速（不淤流速）。

管道流速限值　　　　　　　　　　　　　表 12-24

	金属管	非金属管	明渠（混凝土）
最大流速（m/s）	10	5	4
最小流速（m/s）	0.75	0.75	0.4

② 管道最小管径和最小设计坡度

小区雨水管道的最小管径和横管的最小设计坡度应按表 12-25 确定。

小区雨水管道的最小管径和横管的最小设计坡度　　　　　表 12-25

管道类别	最小管径（mm）	横管最小设计坡度
小区建筑物周围雨水接户管	200（200）	0.0030
小区道路下干管、支管	315（300）	0.0015
建筑物周围明沟雨水口的连接管	160（150）	0.0100

注：表中括号内数值是埋地塑料管内径系列管径。

（2）水力计算公式

① 设计降雨强度和设计雨水量

建筑小区的设计降雨强度和设计雨水量按本手册公式（12-1）～式（12-3）计算确定。

其中，建筑小区的综合径流系数按表 12-3 所示的各类汇水区域的径流系数加权平均计算。

建筑小区雨水排水管道的排水设计重现期应根据汇水区域性质、地形特点、气象特征等因素确定，下沉式广场设计重现期应由广场的构造、重要程度、短期积水即能引起较严重后果等因素确定。

各种汇水区域的设计重现期不宜小于表 12-26 中的规定值。

各类汇水区域的设计重现期 表 12-26

汇水区域名称	设计重现期（a）
小区	3～5
车站、码头、机场的基地	5～10
下沉地面、广场	10～50

建筑小区汇水面积按汇入的地面、屋面面积之和确定，超高层建筑屋面面积并不大，但侧墙面积大，降雨受风力影响在迎风面形成水幕流，故超高层建筑应计入夏季主导迎风墙面 1/2 面积作为有效汇水面积。

② 雨水管道排水能力计算

建筑小区雨水管道排水能力按本《手册》公式（12-14）和式（12-15）计算，其中，建筑小区过水断面积和水力半径均按满管流计算，水力坡度按管道敷设坡度。

2）雨水口

雨水口的最大排水能力见表 12-27。

雨水口的泄水流量 表 12-27

雨水口型式		过流量（L/s）
平箅式雨水口 偏沟式雨水口	单箅	20
	双箅	35
	多箅	15（每箅）
联合式雨水口	单箅	30
	双箅	50
	多箅	20（每箅）
立箅式雨水口	单箅	15
	双箅	25
	多箅	10（每箅）

注：1. 雨水箅子尺寸为 750mm×450mm，开孔率 34%。实际使用时，应根据所选用箅子实际过水面积折算过流量。
　　2. 考虑到暴雨期间，雨水管道处于承压状态，实际排水能力大于重力流下的设计流量，雨水口及其连接管流量应为雨水管渠设计重现期计算流量的 1.5～3 倍，以此缓解小区道路积水问题。

3）雨水提升泵站设计计算

建筑小区内的下沉式广场或地面当无法重力排水时，应设置雨水集水池和排水泵提升排至室外雨水管道，也可以采用一体化提升设备排水（一体化设备排水系统详见第 6 章内容）。雨水集水池（井）和排水泵水力计算参考 12.7 节实施。

第 13 章　海绵型小区雨水系统

13.1　海绵型小区理念

随着城市面积的不断扩大，越来越多的绿地、农田、水体等透水场地转化为建筑物、道路、广场，在这些新建的建筑物和不透水地面上，一方面，由于新材料和人工化学品的使用，增加了降雨径流的污染负荷；另一方面，由于建筑物及硬化路面、广场等不透水下垫面的增多，场地对径流污染物的去除能力大幅度降低；而且，不透水下垫面的增大会导致污染物负荷总量和径流水量的增加，进而使小区及市政排水系统的压力增大，同时也加重了城市河流的水环境污染。

建设海绵型小区，可以加大透水面积，减少雨水径流量，从源头上控制由于雨水冲刷而造成的面源污染。海绵型小区是兼具功能性、景观性和适用性等多方面价值的自然协调的居住小区或公建小区，在未来的城市建设中，海绵型小区的建设是对生态发展平衡的有效实践。

1. 海绵型小区概念

海绵型小区是指构建有绿色屋顶、雨水花园、下沉式绿地、植草沟渠、渗水道路、渗水停车场、蓄水池、生态滤池、雨水利用设施等多种低影响开发雨水系统的单元地块。大部分新建小区和既有小区改造，都是以提高小区的雨水滞蓄和调节能力为主，且对于新建小区以及既有小区有着不同的要求。在新建小区，因地制宜减少屋面及场地硬化，建设绿色屋顶、透水铺装、雨水花园等设施；对已经建成的小区，则着重绿化、沟渠等的保护、修复，并对过度硬化的场地加以改造。

在提高小区的雨水滞蓄和调节能力时，应遵循生态性、安全性及因地制宜的原则。

生态性原则是指小区在进行排水规划时，为从根本上解决暴雨造成的排水不畅和内涝现象，要充分利用已有的自然排水系统，例如池塘、河流等，实现自然系统的合理运用，优化自然生态环境。

安全性原则是指在解决城市内涝问题的同时，应确保城市其他相关设施的安全性。在小区规划、改造过程中，有效结合生态排水系统和现代工程技术，确保不影响周边居民、建筑物的安全。

因地制宜原则是指在小区规划过程中，应根据小区自身的实际情况、当地的降雨量、排水量等进行合理的规划和布局，重视对小区景观和道路的改造，改善在以往开发过程中没有引起足够重视的问题。

2. 我国海绵型小区建设概况

2015 年 4 月，国家发布第一批海绵城市试点名单。"海绵城市"这一概念引起广泛关注，被运用到了首批试点城市的工程建设当中。随后，其他城市也陆续开始将海绵城市的理念运用到城市建设中来。对在建的小区进行海绵化建设的设计和施工，对已建成的小区，尤其是使用多年的老旧小区进行海绵化建设改造。改造范围既包含小区，也包含周边的公园、绿地等设施。整体海绵化改造可以充分发挥协调作用，将不同类型的地块连成一体因地制宜地进行改造设计。例如，利用自然地形竖向条件，依靠重力自流合理组织和引导雨水径流，在这些雨水径流路径的不同节点上根据建设条件设置下凹式绿地、雨水花园、雨水湿地等生态净化设施，削减雨水径流量，截留雨水径流污染物，保障雨水径流水质。若项目中包含自然水体，则可以利用自然水体的积存、调蓄功能，建立雨水回用系统，提高雨水综合利用率。

　　例如：在广西南宁市石门森林公园及周边小区的改造中，即采用了联动海绵化改造的方法。该项目包括石门森林公园以及周边5个已建成小区，整体构成一个相对独立的汇水区域。由于周边小区多为入住超过10年的老旧小区，具有建筑密度大，绿化率低，不透水铺装率高等特点；其次，小区地下停车库顶板覆土层薄，渗透条件差，雨水源头减排的改造空间有限。再者，公园内湖泊作为周边小区的主要雨水受纳水体，雨水不经处理直接排放，导致夏季富营养化现象严重。设计中，依据生态优先、系统治理的原则，对小区雨水管网进行调整与改造，并对周边小区进行海绵化改造，提高小区雨水蓄滞能力，并将不能消纳的雨水径流导向森林公园。海绵化改造措施包括：将花园改造为下凹式绿地，沿道路两侧布置植草沟，人行道改为透水铺装等。而对于森林公园的海绵化改造，则着重于两个方面：一是将公园内部的雨水径流通过已有集水边沟和新建植草沟等引入湖泊；二是引导控制进入公园的客水，使客水通过雨水花园的滞蓄、雨水湿地的净化再排入湖泊。湖泊对雨水进行调蓄，可为公园绿化、浇洒用水提供充足水源。项目改造完成后，景观效果得到明显提升。

　　对于建成年数较长的老旧小区，在没有足够多的空间进行海绵化改造的前提下，内涝防治则成为改造的主要内容。内涝防治类项目应从源头减排、排水管渠、排涝除险和应急管理四个方面入手，采用系统性的措施实现"小雨不积水，大雨不内涝"。四川省遂宁市复丰巷小区位于涪江西岸，区域内有多处洼地，每逢涪江洪水位较高时，江水便会倒灌至各低洼点。经现场调查后发现，除地势低洼外，小区雨水管道排水能力也不符合设计使用年限要求，管渠内淤积严重。由于该小区建成时间较长，设施老化，房屋基础较浅，路面狭窄且有破损，因此改造主要以管道升级、客水拦截、下垫面改造、雨污分流为主，旨在提高排水能力。改造后，小区道路改为透水路面，路面高程适当抬高，可满足3年一遇暴雨重现期的排水要求。

　　通过研究对比发现，低影响开发（LID）设施的应用，可以减少小区内很大一部分管道费用。同时，也可相应减少小区内排水管网的设计规模，降低建设成本。在防洪方面，由于LID基础设施的引入，小区内雨水对排水管网的破坏程度降低，日常维护费用也大大节省。此外，政府每年要投入巨额海绵城市建设资金，在小区的建设中应用LID基础设施可以得到国家的资金支持和鼓励。

　　3. 海绵型小区雨水排水

　　1）建设海绵型小区的优势

　　传统的小区排水系统基本是以末端治理为导向。由于种种原因，地下设施的建设总是跟不上地面建设的需求。海绵小区建设的技术路线是将传统的"末端治理"转变为"源头减排、过程控制、系统治理"，其技术措施也由原来的单一"快排"转化为"渗、滞、蓄、净、用、排"的综合效能。采用渗、滞、蓄等技术措施，减缓雨水径流的形成；采取错峰、削峰的措施，降低径流峰值，减少排水强度。系统的采用海绵技术，保护和修复城市"海绵体"，最终实现海绵城市建设的目标。

2）海绵型小区建设目标

（1）小区内年径流总量控制率

年径流控制率指的是根据多年日降雨量统计数据分析计算，雨水通过自然和人工强化的入渗、滞蓄、调蓄和收集回用，场地内累计一年得到控制的雨水量占全年总降雨量的比例。得到控制的雨水量包括不外排和处理后外排的雨水量。

年径流总量控制率是海绵型建筑小区的一个重要指标，也是一个综合指标。

以《昆山市海绵城市规划设计导则（试行）》为例，该设计导则适用于昆山市城镇建设用地范围内的所有海绵城市建设项目。

昆山市各项目分类年径流总量控制率以总体年径流总量控制目标 75％为基础，考虑项目用地性质、建设阶段等因素，在基准值基础上参考表 13-1 调整得到小区地块年径流总量控制率，其中公园绿地不低于 85％，湖泊、河流等调蓄容积不纳入年径流总量控制目标核算。

分类年径流总量控制率调整值   表 13-1

地块性质及用途	居住用地	交通设施用地	广场用地	公用设施用地
改造地块	−5％	−10％	0	−5％
新建地块	0	5％	5％	0

注：年径流总量控制率调整后的指标值宜在 60％～85％范围内。

地块年径流总量控制率与绿地率指标密切相关，根据昆山市年径流总量控制率与绿色海绵设施面积的相互关系，分析得出地块年径流总量控制率与绿地率对应关系如表 13-2 所示。

地块年径流总量控制率与绿地率对应关系   表 13-2

序号	绿地率	年径流总量控制率
1	≤20％	65％
2	25％	70％
3	30％	75％
4	35％	80％
5	≥40％	85％

注：当绿地率小于 20％时，可根据项目具体情况进行目标可达性分析后确定项目的年径流总量控制率。

（2）小区内年 SS 总量去除率

小区内年 SS 总量去除率是指雨水经过预处理措施和低影响开发设施经物理沉淀、生物净化等作用，小区场地内累计多年平均得到控制的雨水径流 SS 占多年平均雨水径流 SS 总量的比例。

以《昆山市海绵城市规划设计导则（试行）》为例，海绵小区的年 SS 总量去除率以总体控制目标 60％为基础，应以所在地区控制目标为基准，考虑项目用地性质、建设阶段等因素，在基准值基础上参考表 13-3 调整得到各地块年 SS 总量去除率。

分类年 SS 总量去除率调整值 表 13-3

地块性质及用途	居住用地	交通设施用地	广场用地	公用设施用地
改造地块	−5%	−10%	0	−5%
新建地块	0	−5%	5%	0

注：地块年 SS 总量去除率调整后的指标值宜在 45%～70% 范围内。

地块年 SS 总量去除率也与绿地率指标密切相关，根据昆山市年 SS 总量去除率与绿色海绵设施面积的相关关系，分析得出地块年 SS 总量去除率与绿地率对应关系如表 13-4 所示。

地块年 SS 总量去除率与绿地率对应关系 表 13-4

序号	绿地率	年 SS 总量控制率
1	≤20%	50%
2	25%	55%
3	30%	60%
4	35%	65%
5	≥40%	70%

注：当绿地率小于 20% 时，可根据项目具体情况进行目标可达性分析后确定项目的年 SS 总量去除率。

（3）建筑小区内雨水管渠设计重现期

新建、改建、扩建小区雨水管渠设计重现期执行标准为：一般小区 2 年，重要小区 3 年。

（4）建筑小区内峰值流量径流系数

峰值流量径流系数是指形成高峰流量的历时内产生的径流量与降雨量之比，一般是指重现期 2 年左右的降雨峰值流量径流系数。

以《昆山市海绵城市规划设计导则（试行）》为例，海绵小区的峰值流量径流系数为：改建项目峰值流量系数 0.65，新建项目峰值流量系数 0.45 为基准。在进行峰值流量的规划控制时，其峰值流量径流系数应按小区所在区域建设密度的高低和内涝风险的不同及项目新建或改造的类别，经综合分析后调整指标值，调整幅度不得超过 0.1，峰值流量径流系数计算取值见表 13-5。

分类峰值流量径流系数计算取值 表 13-5

城市水系统问题	建筑密度	建设密度高	建设密度低
风险高	新建地块	0	−0.05
	改造地块	0	−0.05
风险低	新建地块	0.05	0
	改造地块	0.05	0

4. 海绵型小区技术

1）渗

即让雨水自然入渗，涵养地下水，利用透水材料将地面雨水渗入地下，具体的海绵措施有透水铺砖和绿色屋顶措施等。

（1）透水铺装率

透水铺装率指地块内部人行道、停车场、广场采用透水铺装的面积占其总面积的比例。如江苏省根据国家相关要求，根据不同用地性质，透水铺装率取值为 40%～60%。

老城区住宅小区可结合小区内路面及停车场建设渗透路面和透水性停车场；新建城市道路人行道采用渗透系数较大的透水砖铺砌，机动车及非机动车道路在条件许可时采用透水沥青。公共区域内场地铺装（人行道、广场、停车场）采用渗透系数较大的透水砖或透水混凝土。

（2）屋顶绿化率

屋顶绿化率指绿化屋顶的面积占建筑屋顶总面积的比例，考虑到部分建筑屋顶需要放置空调等设备主机或者作为活动使用，应根据实际情况确认屋顶绿化的面积占比。

老城区选择平屋顶公共建筑及商业建筑，按现场条件改造绿色屋顶；新建区域按照指标要求落实绿色屋顶建设。

（3）渗透技术——透水铺装

透水铺装是指在传统路面铺装材料基础上加工而成的一种透水性铺装，是海绵城市海绵体建设应用性最广泛的措施，目的是取代传统的水泥沥青路面增加城市透水面积，主要应用于停车场、人行道及荷载较小的小区道路、非机动车道等。

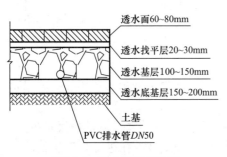

透水面 60～80mm

透水找平层 20～30mm

透水基层 100～150mm

透水底基层 150～200mm

土基

PVC排水管 DN50

图 13-1　透水铺装剖面图

透水铺装可由透水混凝土、透水沥青、可渗透连锁铺装和其他材料构成。透水铺装构造应符合《透水砖路面技术规程》CJJ/T 188 和《透水沥青路面技术规程》CJJ/T 190 的相关规定。当透水铺装会使路基强度和稳定性存在较大风险时，可采用半透水铺装；当土壤透水能力有限时，应在透水基层内设置排水管或者排水板；当透水铺装设置在地下室顶板上时，其覆土厚度不应小于600mm，并应增设排水层，见图 13-1。

2）蓄

即调蓄，既起到雨水径流调蓄作用，也为雨水资源化利用创造条件。收集的雨水可用于浇洒道路和绿化，具体的海绵措施有雨水调蓄池、湿塘等。

（1）调蓄深度

具有渗透功能的综合设施（如雨水花园、下凹式绿地等），蓄水最大深度应根据该处设施上沿高程最低处确定。

以昆山市为例，根据《昆山市海绵城市规划设计导则（试行）》，结合昆山市的实际情况和《海绵城市建设技术指南》相关要求，综合确定各类技术的调蓄深度如表 13-6 所示。

部分区域"蓄"措施如达不到建设目标，可在必要时建设小型初期雨水调蓄池，用于调蓄雨水，削减面源污染。有景观水体的小区，可结合景观水体进行雨水调蓄。

不同海绵措施的调蓄深度　　　　　　　　　表 13-6

序号	技术类型	调蓄深度（m）
1	雨水花园	0.25
2	生态滞留池	0.2
3	生态树池	0.2
4	下凹式绿地	0.15
5	湿塘	0.6
6	雨水湿地	0.3

（2）调蓄措施——湿塘

指具有雨水调蓄和净化功能的景观水体，雨水同时作为其主要的补水水源。湿塘有时可结合绿地、开放空间等场地条件设计为多功能调蓄水体，即平时发挥正常的景观及休闲、娱乐功能，暴雨发生时发挥调蓄功能，实现土地资源的多功能利用。

湿塘一般由进水口、前置塘、主塘、溢流出水口、护坡及驳岸、维护通道等构成，见图 13-2。湿塘应满足以下要求：

① 进水口和溢流出水口应设置碎石、消能坎等消能设施，防止水流冲刷和侵蚀。

② 前置塘为湿塘的预处理设施，起到沉淀径流中大颗粒污染物的作用；池底一般为混凝土或块石结构，便于清淤；前置塘应设置清淤通道及防护设施，驳岸形式宜为生态软驳岸，边坡坡度（垂直：水平）一般为 1：2～1：8；前置塘沉泥区容积应根据清淤周期和所汇入径流雨水的 SS 污染物负荷确定。

③ 主塘一般包括常水位以下的永久容积和储存容积，永久容积水深一般为 0.8～2.5m；储存容积一般根据所在区域相关规划提出的"单位面积控制容积"确定；湿塘具有调节容积，湿塘的调节容积即是湿塘的削峰流量，其泄空管管径由湿塘的削峰流量确定。主塘与前置塘间宜设置水生植物种植区（雨水湿地），主塘驳岸宜为生态软驳岸，边坡坡度（垂直：水平）不宜大于 1：6。

④ 溢流出水口包括溢流竖管和溢洪道，溢洪道排水能力根据上游超标雨水排放能力确定，溢流竖管（排水孔）的排水能力是指泄空时间内排完调节容积。

⑤ 湿塘应设置护栏、警示牌等安全防护与警示措施。

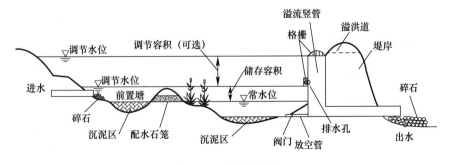

图 13-2　湿塘结构图

3）滞

即错峰，延缓雨水径流的峰值出现时间，降低雨水径流的峰值流量。具体的海绵措施有下凹式绿地、雨水花园等。

（1）下凹式绿地率

下凹式绿地率指高程低于周围汇水区域的绿地占绿地总面积的比例，即海绵城市技术占地块绿地的面积；占用绿地的海绵技术总占地不超过绿地面积的30%。

老城区选择绿化率较高的住宅区域，尽量将绿地改造为绿色滞留设施，如雨水花园、生物滞留池；同时改造建筑雨水立管和周边硬质铺装的收水系统，将屋顶或周边硬质铺装的汇水接入绿色滞留设施。

新城区结合道路排水采用生态排水的方式，利用道路及周边公共绿地建设绿色滞留设施，消纳自身或道路红线外径流雨水。小区结合绿地设置下凹式绿地、雨水花园，滞留建筑屋面、道路的径流雨水，其中屋面雨水径流主要采用绿地滞留设施（如雨水花园）的方法引导滞留。

（2）雨水花园

雨水花园是自然形成或人工挖掘的浅凹绿地，种植灌木、花草，形成小型雨水滞留入渗设施，用于收集来自屋顶或地面的雨水。利用土壤和植物的过滤作用净化雨水，暂时滞留雨水并使之逐渐渗入土壤，见图13-3。

雨水花园的边线距离建筑物基础不宜小于3.0m，以防止雨水侵蚀建筑物基础；雨水花园的位置不能选在靠近水井等具有供水能力的构筑物周边。雨水花园下渗速度较快，对植物生长有利，且不易滋生蚊虫。雨水花园内应设置溢流设施，溢流设施顶部一般应高于绿地标高100mm。

雨水花园应分散布置，规模不宜过大，汇水面积与雨水花园面积之比一般为20∶1～25∶1。在海绵小区的建设中，常用的雨水花园面积为30～40m^2。

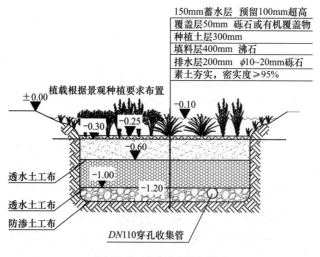

图13-3　雨水花园剖面图

4）净

即净化，将径流收集的雨水进行处理，达到对雨水的净化、减少面源污染，改善城市水环境的作用。具体的海绵措施有人工湿地、生物滞留池等。

（1）"净"一方面通过"大海绵"系统实现区域水环境改善，另一方面海绵技术对污染物的前端去除也起到重要作用，具体去除率参照《海绵城市建设技术指南》中"低影响开发设施比选一览表"。

（2）人工湿地

利用湿地净化原理设计为表面流或垂直流的高效雨水径流污染控制设施，一般应用于可生化降解的有机污染物 N、P 等营养物质，颗粒物负荷较高的雨水初期径流应设置前段调节或初期雨水弃流装置。潜流人工湿地表面没有水，表流人工湿地表面有一定的水深，人工湿地的水力停留时间、水力坡度、表面积等参数应根据实际项目的具体情况拟定。人工湿地需要一定的地形高差形成定向水流，选择具备一定耐污能力的水生湿生植物，见图 13-4。

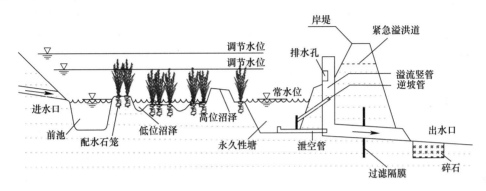

图 13-4　人工湿地示意图

5）用

即雨水回用利用，起到充分利用水资源的作用。回用的雨水可以用于绿地浇灌、道路场地冲洗、水景补水、冷却水的补水等。

根据国家标准《民用建筑节水设计标准》GB 50555—2010，浇洒水泥或沥青道路用水定额为 0.2～0.5L/(m² · 次)，浇洒绿化灌水定额一级养护为 0.50m³/(m² · a) 二级养护为 0.28m³/(m² · a)。根据小区实际的绿地浇灌、道路场地冲洗、水景补水等的用水量设置蓄水池或者其他雨水回用设施。

6）排

即雨水安全排放，削减内涝风险，将小区道路或者屋面的雨水进行转输和排放，具体的海绵措施有植草沟等，见图 13-5。

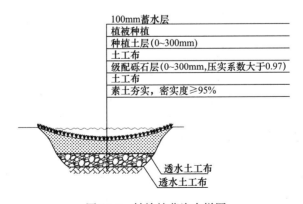

图 13-5　转输植草沟大样图

植草沟是通过种植密集的植物来处理地表径流的设施。利用土壤、植被和微生物来过滤雨水、减缓径流，可用于衔接其他各单项海绵设施、城市雨水管渠和超标雨水径流排放系统。主要有转输型植草沟、渗透型的干式植草沟和有水的湿式植草沟，可分别提高径流总量和径流污染控制效果。

对于不透水铺装停车场，植草沟面积约为停车场面积的 1/4，小区内中小型停车场中宽度为 1.5～2m；对于透水铺装或者草坪的停车场，植草沟的面积约为停车场面积的 1/8～1/10，宽度宜大于 0.6m。

植草沟的浅沟断面形式宜采用倒抛物线形、三角形或梯形；植草沟的边坡坡度不宜大于 1：3，纵坡不宜大于 4%。纵坡较大时宜设置为阶梯形植草沟或在中途设置消能台阶；植草沟最大流速应小于 0.8m/s，曼宁系数宜为 0.2～0.3；转输型植草沟内植被高度宜控制在 100～200mm。

13.2　海绵型小区雨水系统设计

1. 海绵型小区雨水系统设计程序
1）基本要求

建筑小区低影响开发雨水系统建设项目应以相关职能主管部门、企事业单位作为责任主体，落实有关低影响开发雨水系统的设计。

适宜作为低影响开发雨水系统构件载体的新建、扩建、改建项目，应在园林、道路交通、排水、建筑等各专业设计方案中明确体现低影响开发雨水系统的设计内容，落实低影响开发控制目标。

2）设计程序

低影响开发雨水系统的一般设计流程见图 13-6。

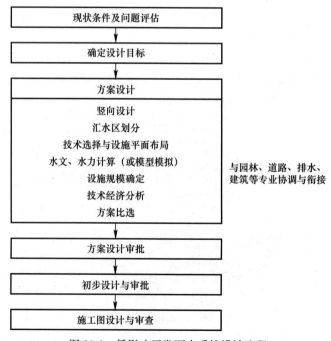

图 13-6　低影响开发雨水系统设计流程

(1) 低影响开发雨水系统的目标应满足城市总体规划、专项规划等相关规划提出的低影响开发控制目标与指标要求，并结合气候、土壤及土地利用等条件，合理选择单项或组合的以雨水渗透、储存、调节等为主要功能的技术及设施。

(2) 低影响开发设施的规模应根据设计目标，经水文、水力计算得出，有条件的应通过模型模拟对设计方案进行综合评估，并结合技术经济分析确定最优方案。

(3) 低影响开发雨水系统设计的各阶段均应体现低影响开发设施的平面、竖向、构造，及其与城市雨水管渠系统和超标雨水径流排放系统的衔接关系等内容。

(4) 低影响开发雨水系统的设计与审查（规划总图审查、方案及施工图审查）应与园林绿化、道路交通、排水、建筑等专业相协调。

3）典型流程示例

建筑屋面和小区路面径流雨水通过有组织的回流与转输，经截污等预处理后引入绿地内的以雨水渗透、储存、调节等为主要功能的低影响开发设施。

低影响开发设施的选择应因地制宜、经济有效、方便宜行，如结合小区绿地和景观水体优先设计生物滞留设施、渗井、湿塘和雨水湿地等。

小区低影响开发雨水系统典型流程如图 13-7。

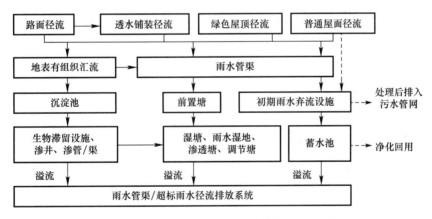

图 13-7 小区低影响开发雨水系统典型流程示例

2. 海绵型小区雨水系统设计应考虑因素

1）场地设计

(1) 应充分结合现状地形地貌进行场地设计与建筑布局，保护并合理利用场地内原有的湿地、坑塘、沟渠等。

(2) 应优化不透水硬化面与绿地空间布局，建筑、广场、道路周边宜布置可消纳径流雨水的绿地。建筑、广场、道路等竖向设计应有利于径流汇入低影响开发设施。

(3) 低影响开发设施的选择除生物滞留设施、雨水罐、渗井等小型、分散的低影响开发设施外，还可以结合集中绿地设计渗透塘、湿塘、雨水湿地等相对集中的低影响开发设施，并衔接整体场地竖向与排水设计。

(4) 景观水体补水、循环冷却水补水及绿化灌溉、道路浇洒用水等非传统水源宜优先选择雨水。

（5）有景观水体的小区，景观水体宜具备雨水调蓄功能。景观水体的规模应根据降雨规律、水面蒸发量、雨水回用量等，通过水量平衡分析确定。

（6）雨水进入景观水体之前应设置前置塘、植被缓冲带等预处理设施，同时可采用植草沟转输雨水，以降低径流污染负荷。景观水体宜采用非硬质池底及生态驳岸，为水生动植物提供栖息或生长条件，并通过水生动植物对水体进行净化，必要时可采取人工土壤渗滤等辅助手段对水体进行循环净化。

2）小区道路

（1）道路的横断面设计应优化道路横坡坡向、路面与道路绿化带及周边绿地的竖向关系等，便于雨水汇入绿地低影响开发设施。

（2）路面排水宜采用生态排水的方式。路面雨水首先汇入道路绿化带及周边绿地内的低影响开发设施，并通过设施的溢流排放系统与其他低影响开发设施或城市雨水管渠系统、超标雨水径流排放系统相衔接。

（3）路面宜采用透水铺装，透水铺装路面设计应满足路基路面强度和稳定性要求。

3）小区绿化

（1）绿地在满足改善生态环境、美化公共空间、为居民提供游憩场地等基本功能的前提下，应结合绿地规模与竖向设计，在绿地内设计可消纳屋面、路面、广场及停车场径流雨水的低影响开发设施，并通过设施的溢流排放系统与城市雨水管渠系统和超标雨水径流排放系统有效衔接。

（2）道路径流雨水进入绿地内的低影响开发设施前，应利用沉淀池、前置塘等对绿地内径流雨水进行预处理，防止径流雨水对绿地环境造成破坏。有降雪的城市还应采取措施对融雪剂的融雪水进行弃流，弃流的融雪水宜经处理后排入市政污水管网。

（3）低影响开发设施内植物应根据水分条件、径流雨水水质等进行选择，宜选择耐盐、耐淹、耐污等能力较强的乡土植物。

13.3　海绵型小区雨水系统设计案例

1. 案例一：玉溪五中海绵型改造项目

1）项目基本情况

项目位置：玉溪市红塔区玉溪五中。

项目规模：占地面积约为 2.23hm²。

项目概况：玉溪五中北临北苑路，东侧为北苑南路，场地绿化较为整洁，但是多集中在 3 栋建筑周边，整体氛围不够协调；硬质铺装一般，均为水泥地面，且多坡向盖板排水沟，不利于雨水收集；屋面雨落管均为入地直排，不易收集；雨污合流严重；但屋面雨落管基本为外置，无混接现象，有利于后期的断接改造；西南侧乒乓球场为混凝土地基，场地利用率低，景观效果差；道路交通系统比较混乱，存在安全隐患。

场地竖向及下垫面分析：玉溪五中校园内地势略有起伏，总体南高北低，场地高程1627.20～1628.15m；场地最低点位于西北侧，最高点为运动场及南侧乒乓球场；校区整体标高比北苑路高约 0.70m，见图 13-8。下垫面分析见表 13-7。

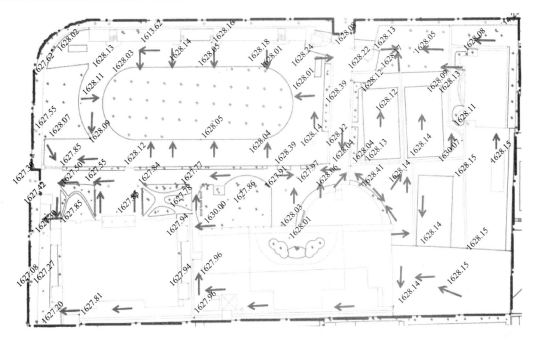

图 13-8 玉溪五中竖向标高图

玉溪五中改造前下垫面分析表　　　　表 13-7

校园面积（m²）	屋面面积（m²）	硬地面积（m²）	绿地面积（m²）	绿地率（%）
23232	4954	14744	3534	15.21

2）设计目标及相关计算

（1）设计目标：年径流总量控制率 82.6%；
　　　　　　　年径流污染物控制率 50%。

（2）设计原则：先地上后地下、先绿色后灰色、先自然后人工；分散消纳，源头处理，以净为主，蓄滞结合。

（3）问题导向：从实际存在和师生关心的问题出发，解决校区现存问题；因地制宜，结合区域下垫面高程及地上、地下空间情况，选择适当的设施和工艺组合。

（4）汇水分区：根据场地高程关系及场地特征，将地块分为 7 个汇水分区，见图 13-9。

（5）采用容积法进行相关计算：

① 场地的平均径流系数，见表 13-8。

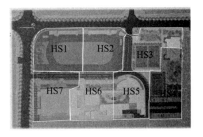

图 13-9 玉溪五中校园
汇水分区划分图

玉溪五中平均径流系数计算表　　　　表 13-8

序号	汇水面种类	汇水面积（m²）	总用地面积（m²）	径流系数
1	硬质屋面	4954		0.9
2	硬质路面	14744	23232	0.85
3	绿地	3534		0.15

根据场地指标，计算所得场地平均径流系数 ψ_Ψ，地块区域汇水面积平均径流系数 ψ_Ψ

按下垫面种类加权平均计算，即公式 13-1：

$$\psi_{平} = \frac{\psi_1 \times F_1 + \psi_2 \times F_2 + \cdots + \psi_n F_n}{F_总} \quad (13\text{-}1)$$

式中　F_n——不同种类下垫面汇水面积（m^2）；

　　　　ψ_n——不同种类下垫面径流系数。

经计算，校园场地 $\psi_{平} = 0.75$。

② 校园场地设计调蓄容积计算

设计调蓄容积按公式（13-2）计算。

$$V = 10 H \psi F \quad (13\text{-}2)$$

式中　V——设计调蓄容积（m^3）；

　　　　H——设计降雨量（mm），21.80mm；

　　　　ψ——综合雨量径流系数，0.75；

　　　　F——汇水面积（ha），2.3232hm^2；

根据公式（13-2）计算得出：场地设计调蓄容积 $V = 318 m^3$。

③ 分区调蓄计算，见表 13-9 和表 13-10。

如表 13-10 所示，SH1 蓄水容量不足部分由 SH7 内末端调蓄池消纳；SH2 蓄水容量不足部分分别纳入 SH3、SH6 消纳；SH5 蓄水容量不足部分分别纳入 SH4 消纳；场地设有 40m^3 的调蓄池，可进行雨水回用。综上计算，场地内海绵设施调蓄容积为 325m^3，满足设计调蓄水量，满足径流总量控制率。

④ 年径流污染控制率计算

年 SS 总量去除率＝年径流总量控制率×海绵设施 SS 平均去除率。

海绵设施 SS 平均去除率通过海绵设施消纳雨水量的百分比进行加权平均计算得出，如表 13-11，得年 SS 总量去除率为 66.6%。

3）海绵设计

海绵设计路线见图 13-10。

在场地内适当位置布置下凹式绿地、雨水花园、微型延时调节设施、雨水花坛、透水铺装、蓄水模块、水体调蓄装置等海绵设施用以调蓄场地雨水，达到场地海绵建设指标控制要求。海绵设施平面布置见图 13-11，设施数量见表 13-12。

（1）建筑单体：周边设下凹式绿地，屋面雨水由雨水立管有规则导流，部分雨水立管断接至雨水桶，另一部分雨水立管断接至海绵设施。

（2）道路：校园场地内主干道改造成透水铺装路面，且中间设一长条形下凹式绿地将道路分隔成人行道和车行道，进行人车分流。在路边设置开口路牙，将污染物含量较高的路面前期雨水导入微型延时调节设施，并储存于地下调蓄管内。存储的雨水以均流缓释方式（排空周期 24h）排入下游雨水系统，以延时调节工艺净化、调蓄前期雨水。沉污自动排入污水管网。相对清洁的中后期雨水溢流进入下凹式绿地。在人行道下方设有一条渗透渠，收集周边雨水。

（3）篮球场及乒乓球场：篮球场周边设有下凹式绿地，并设有开口路牙，使周边雨水汇入下凹式绿地。乒乓球场为原宿舍基础，大面积硬质，将此处改为雨水花园，收纳周边场地雨水。

各汇水分区径流总量计算

表 13-9

汇水分区	汇水分区面积 F(m²)	操场人工草坪 F(m²)	地砖路面 F(m²)	水泥路面 F(m²)	建筑硬屋面 F(m²)	绿地 F(m²)	超级植草砖 F(m²)	橡胶跑道 F(m²)	结构透水 F(m²)	透水砖 F(m²)	综合雨量径流系数 ψ	82.6%径流总量控制率对应设计降雨量 H(mm)	径流总量 (m³)
SH1	3567	1401	0	0	276	200	0	1690	0	0	0.82	21.80	64
SH2	2950	1085	0	54	266	0	0	1545	0	0	0.86	21.80	55
SH3	3435	0	0	1300	650	966	0	0	0	519	0.56	21.80	42
SH4	3470	0	0	1138	0	920	0	0	477	935	0.39	21.80	30
SH5	2970	0	124	718	1152	270	180	0	0	526	0.64	21.80	41
SH6	3360	0	0	596	1153	458	0	0	0	1153	0.55	21.80	40
SH7	3480	0	0	593	1457	720	0	0	0	710	0.59	21.80	45
总计	23232	2486	124	4399	4954	3534	180	3235	477	3843	0.63	21.80	318

下垫面

各汇水分区海绵调蓄容积计算

表 13-10

海绵设施分类及面积

汇水分区	雨水花园 F(m²)	调蓄容量(m³)	雨水花坛 (m²)	调蓄容量(m³)	下凹绿地 (m²)	调蓄容量(m³)	微型延时调节设施 (套)	调蓄容量(m³)	渗透渠 (m²)	调蓄容量(m³)	雨水桶 (个)	调蓄容量(m³)	海绵调蓄容量总量 (m³)	小结 (m³)
SH1	0	0	0	0	0	0	0	0	0	0	0	0	0	-64
SH2	0	0	0	0	0	0	0	0	0	0	0	0	0	-55
SH3	460	138	0	0	0	0	6	12	0	0	2	3	99	56
SH4	108	32	0	0	152	38	2	4	0	0	3	4.5	52	22
SH5	0	0	61	18	64	16	2	4	0	0	0	0	24	-18
SH6	0	0	0	0	112	28	2	4	52	34	4	6	50	10
SH7	63	19	0	0	104	26	0	0	60	39	4	6	63	18
总计	631	189	61	18	432	108	12	24	112	73	13	19.5	285	-32

注:
1. 海绵设施调蓄容量=海绵设施面积×调蓄深度0.3m,安全系数0.7;
2. 雨水花园调蓄深度取0.25m,安全系数取0.7;
3. 下凹绿地调蓄深度取0.25m,安全系数取0.7。

各项设施 SS 去除率　　　　　　　　　　　　　　表 13-11

序号	设施	SS 去除率（%）	处理雨水量百分比
1	雨水花园	85	50.7
2	微型延时调节设施	80	4.2
3	渗透渠	70	21.6
4	雨水花坛	85	5.4
5	雨水桶	80	6
6	蓄水池	80	12.1
低影响开发设施对 SS 的平均去除率（%）		80.6	
年径流总量控制率（%）		82.6	
年 SS 总量去除率（%）		66.6	

注：SS 去除率数据来自美国流域保护中心（Center for Watershed Protection，CWP）的研究数据。微型延时调节
设施径流污染控制率指标由设备商提供。

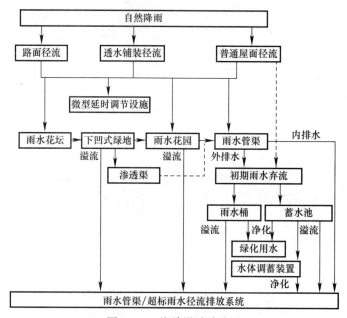

图 13-10　海绵设计路线图

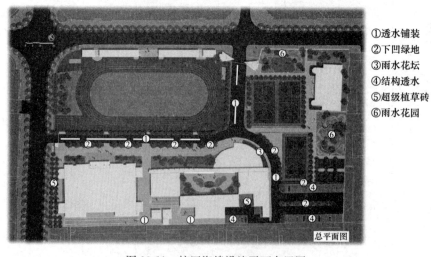

图 13-11　校区海绵设施平面布置图

具体设施布置统计表 表 13-12

序号	海绵设施名称	单位	数量
1	雨水花园	m²	631
2	下凹绿地	m²	432
3	微型延时调节设施	套	12
4	渗透渠	m	112
5	雨水花坛	m²	61
6	雨水桶	个	13
7	调蓄池	m³	40
8	水体调蓄装置	套	1
9	超级植草砖	m²	180
10	结构透水	m²	477

（4）停车场：场地内停车场改为结构透水停车位，收集停车场区域雨水。

（5）雨水调蓄池：场地内海绵设施不能消纳的水量，采用雨水调蓄池进行调蓄。结合建筑设计单位提供的设计文件，场地雨水管网设有两个排放口，西侧和东侧各一个，均排入市政管网。雨水调蓄池选在西侧雨水排放口附近，储水量为 40m³。蓄水池储雨通过水体调蓄装置 24h 内均量缓释至雨水管网，通过延长雨水停留时间、利用雨水污染物沉降特性净化并调蓄雨水。

（6）有特色海绵技术介绍

① 微型延时调节设施

在雨水存储和径流峰值消减基础上，通过缓释排水延长雨水停留时间（一般是 24～48h 匀流缓排），沉淀净化污染物质，再通过排污装置排除底部沉污的方式实现雨水净化和延时排放，见图 13-12、图 13-13。

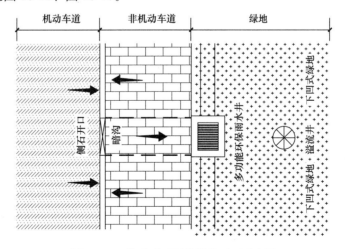

图 13-12　微型延时调节设施平面示意图

② 水体调蓄装置

主要用于控制中小型水体存储雨水的连续、均匀、恒流排出。水体调蓄装置与自然或人工水体联合使用，赋予水体调蓄功能，并通过延长停留时间净化雨水。具有雨水径流总量控制、峰值控制和污染控制的功能。设施全过程自动运行，无外部动力消耗，见图 13-14。

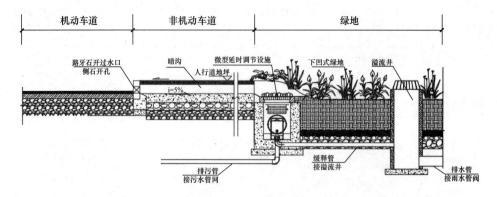

图 13-13   微型延时调节设施剖面示意图

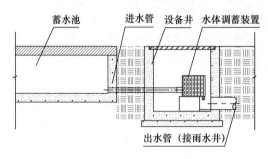

图 13-14   水体调蓄装置示意图

③ 雨水桶（见图 13-15）

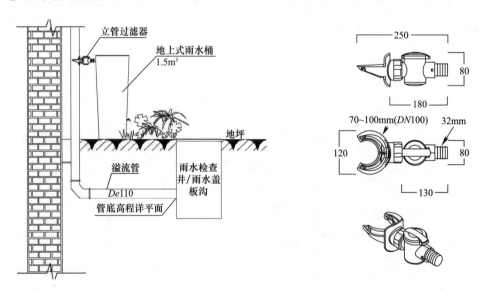

图 13-15   雨水桶示意图

④ 渗渠（见图 13-16）

2. 案例二：上海临港南汇新城某地块项目

1）项目基本情况

（1）项目位置：上海市临港区。

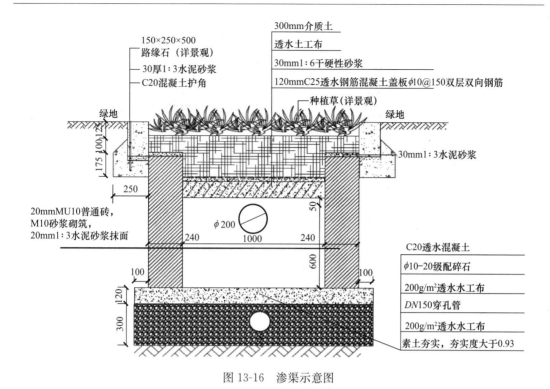

图 13-16　渗渠示意图

（2）项目规模：项目占地面积约为 6.44hm^2。

（3）项目概况：本项目地势平坦，基本无高差。项目地块的下垫面主要包括：建筑屋面、硬质小区道路、透水铺装路面、绿地、水面等类型。

场地竖向及下垫面分析：地块场地地势平坦，基本无高差。整体高于周围市政道路。场地最高点为 5.00m，最低点为 4.40m。目前场地地表竖向不利于雨水以地表漫流形式有效外排。有关数据见表 13-13。

临港南汇新城某地块下垫面分析表　　　　　　　　　　　　　　表 13-13

总面积（m^2）	屋面面积（m^2）	硬质非车行面积（m^2）	硬质车行（m^2）	绿地面积（m^2）
64419	18229	1824	6415	30109

2）设计目标及相关计算

设计目标：年径流总量控制率 80%。

年径流污染物控制率 50%。

设计原则：先地上后地下、先绿色后灰色、先自然后人工；分散消纳，源头处理，以净为主，蓄滞结合。

问题导向：从实际存在和居民关心的问题出发，解决小区现存问题；因地制宜，结合区域下垫面高程及地上、地下空间情况，选择适当的设施和工艺组合。

汇水分区：先根据雨水管网将场地分为四个区域，从北向南依次为 A 区、B 区、C 区、D 区。再根据场地高程关系及场地特征，将地块分为 38 个子汇水分区，见图 13-17。

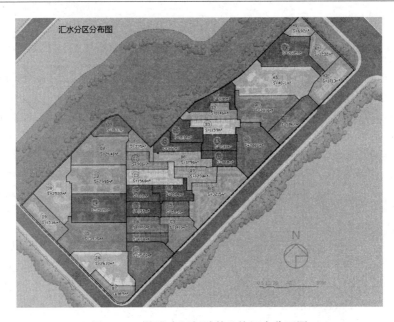

图 13-17 临港南汇新城某地块汇水分区图

（1）场地平均径流系数

临港南汇新城某地块平均径流系数计算表 表 13-14

序号	汇水面种类	汇水面积（m²）	总用地面积（m²）	径流系数
1	绿地	30109		0.15
2	硬质屋面	18229		0.9
3	透水铺装	7662	64419	0.4
4	硬质非车行路面	1824		0.9
5	硬质车行路面	6145		0.9
6	水景	450		1

根据场地指标，计算得出场地平均径流系数 $\psi_{平}$，地块区域汇水面积平均径流系数 $\psi_{平}$ 按下垫面种类加权平均计算，即公式（13-3）：

$$\psi_{平} = \frac{\psi_1 \times F_1 + \psi_2 \times F_2 + \cdots + \psi_n F_n}{F_{总}} \tag{13-3}$$

式中 F_n——下垫面汇水面积（m²）；

ψ_n——下垫面径流系数；

综上所得场地 $\psi_{平} = 0.47$。

（2）场地设计调蓄容积，按公式（13-4）计算。

设计调蓄容积：

$$V = 10H\psi F \tag{13-4}$$

式中 V——设计调蓄容积（m³）；

H——设计降雨量（mm），26.87mm；

ψ——综合雨量径流系数，0.47；

F——汇水面积（ha），6.4419hm²；

场地设计调蓄容积 $V=794\text{m}^3$。

（3）分区调蓄计算，见表 13-15。

各汇水分区径流总量计算　　　　　　　　　　　　　　　　　表 13-15

序号	汇水分区	面积 (m²)	改造后综合径流系数	设计降雨量 (mm)	设计调蓄容积 (m³)	下凹绿地 (m²)	雨水花园 (m²)	纤维模块 (m³)	蓄水模块调蓄容积 (m³)	实际总调蓄容积 (m³)
1	A	17774	0.46	26.87	219.69	1143	580	0	84	314.3
2	B	12984	0.43	26.87	150.02	719	220	31.41	10	157.31
3	C	12833	0.45	26.87	155.17	433	0	32.4	135	210.7
4	D	20828	0.48	26.87	268.63	914	1035	0	69	367.4
5	总计	64419	0.46	26.87	793.51	3209	1835	63.81	298	1049.71

注：1. 海绵设施调蓄容量＝海绵设施面积×调蓄深度×安全系数；
　　2. 雨水花园调蓄深度取 0.3m，安全系数取 0.7；
　　3. 下凹绿地调蓄深度取 0.15m，安全系数取 0.7。

由表 13-15 可知，场地内的设施调蓄容积满足设计调蓄水量，满足径流总量控制率要求。

（4）年径流污染控制率计算

城市径流污染物中，SS 往往与其他污染物指标具有一定的相关性，因此，可采用 SS 作为径流污染物控制指标。

各类海绵设施对 SS 去除率参见《上海市海绵城市建设技术导则（试行)》取值，见表 13-16。

各项设施 SS 去除率　　　　　　　　　　　　　　　　　表 13-16

序号	单项设施	径流污染控制率（以 SS 计，%）	备注
1	雨水花园	80	带有介质土
2	下凹式绿地	70	带有介质土
3	蓄水池	60	带初期雨水弃流设施
4	蓄水池	80	带初期雨水弃流设施和净化设施
5	生态纤维蓄水模块	90	
6	透水铺装	80	

注：SS 去除率数据来自美国流域保护中心（Center For Watershed Protection，CWP）的研究数据。生态纤维蓄水模块径流污染控制率指标由设备商提供。

年 SS 总量去除率＝年径流总量控制率×海绵设施 SS 平均去除率。

海绵设施 SS 平均去除率通过海绵设施消纳雨水量的百分比进行加权平均得出，见表 13-17，得年 SS 总量去除率为 63.20%。

各项设施 SS 去除率　　　　　　　　　　　　　　　　　表 13-17

序号	设施	SS 去除率（%）	处理雨水量百分比
1	雨水花园	85	34.96
2	下凹式绿地	70	30.57
3	纤维模块	85	6.08
4	蓄水模块	80	28.39
低影响开发设施对 SS 的平均去除率（%）		79.00	
年径流总量控制率（%）		80	
年 SS 总量去除率（%）		63.20	

注：SS 去除率数据来自美国流域保护中心（Center For Watershed Protection，CWP）的研究数据。微型延时调节设施径流污染控制率指标由设备商提供。

3）海绵设计

海绵设计路线见图 13-18。

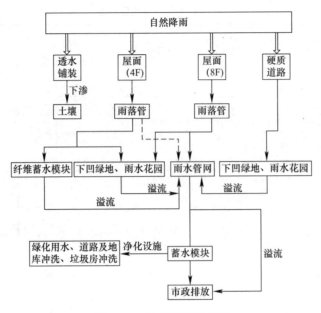

图 13-18　海绵设计路线图

在场地内适当位置布置下凹绿地、雨水花园、蓄水模块等海绵设施用以调蓄场地降水，达到场地海绵建设指标控制要求。

（1）建筑单体：1、5、31、27 号楼北侧设下凹绿地，屋面雨水由雨水立管规则导流，雨水立管断接，采用水簸箕或散水引至海绵设施。南侧雨落管直接接入场地雨水管网。4、7～10、13～15、17～22、24、25、28 号楼，屋面雨水由雨水立管规则导流，南侧雨水立管断接，排入高低花池，高低花池将雨水导入草沟，由草沟将雨水导入生态纤维模块，东西两侧单元雨落管断接，由草沟将雨水导入下凹绿地，北侧雨水管非断接，直接排入场地雨水管网。其余楼号雨落管均采用断接，下设散水或采用导水草沟，将雨水就近导入海绵设施。

（2）道路：场地内的主要车型主路路面采用双向找坡，沿路面两侧设置下凹绿地和雨水花园。在路边设置开口路牙，将路面雨水导入海绵设施。别墅区内人行道路旁设置雨水口，将雨水收集排入纤维蓄水模块。非机动车道和广场，采用透水铺装。

（3）东南侧景观带：东南侧景观带内设置雨水花园，渗透草沟，并采用场地找坡，使雨水流向雨水花园。收集和消纳景观区域的雨水。

（4）雨水蓄水及处理设施：场地内海绵设施不能消纳的水量，采用雨水蓄水模块设施进行调蓄。结合建筑设计单位提供的设计文件，场地雨水排水设置四个排放口，其中北侧三个排放口排入河道，南侧一个排放口排入市政管网。A 区和 D 区雨水蓄水模块选在雨水排放口附近，B 区和 C 区雨水蓄水池放置在地下车库内，并设置净化装置，进行雨水回用。根据计算以及预期留余，场地设置蓄水模块水量为 298m³。A 区设置雨水蓄水模块，水量为 84m³，B、C 区设雨水蓄水模块，水量为 145m³。并设水处理装置、回用水泵、回用管网，用于绿化浇洒、道路和地库、垃圾房冲洗。在别墅南侧每户雨水花园内设置浇洒龙头，供庭院内绿地浇洒。D区设置雨水蓄水模块，水量为 $69m^3$。

（5）有特色海绵技术

本项目采用的有特色海绵技术有：透水塑胶（见图 13-19）、多孔管（见图 13-20）、生态树池（见图 13-21）、生态多孔纤维棉道路雨水收集（见图 13-22、图 13-23）、立箅式环保雨水口（见图 13-24）。

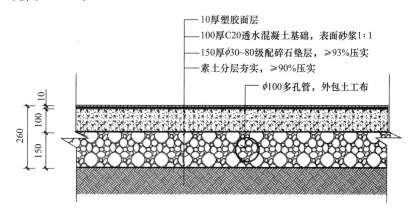

图 13-19　透水塑胶铺装示意图

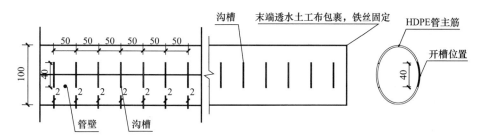

图 13-20　多孔管安装示意图

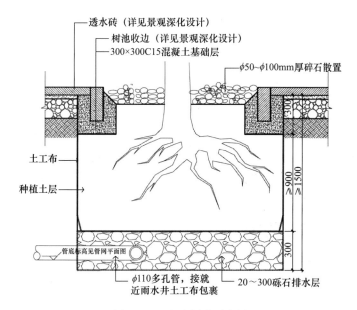

图 13-21　生态树池示意图

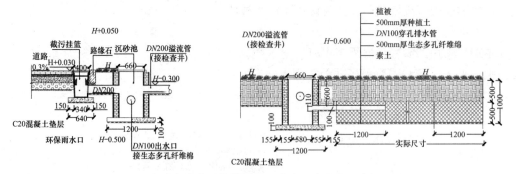

图 13-22　生态多孔纤维棉屋面、道路雨水收集示意图（一）

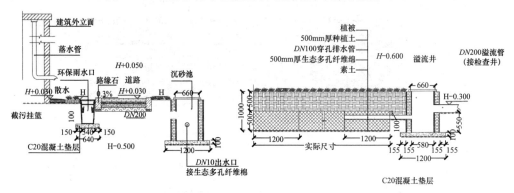

图 13-23　生态多孔纤维棉屋面、道路雨水收集示意图（二）

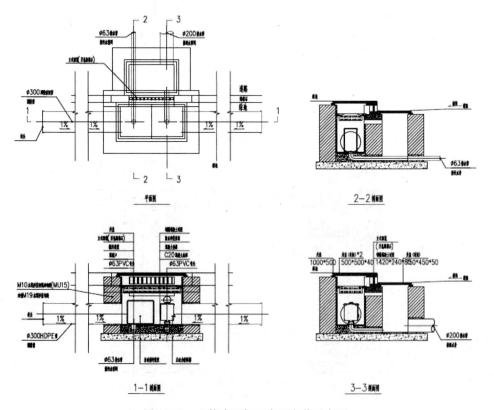

图 13-24　立算式环保雨水口安装示意图

3. 案例三：广东省珠海市某学校海绵城市改造项目

1）项目基本情况

项目位置：广东省珠海市。

项目规模：项目占地面积为2.71hm²。

项目概况：项目位于珠海市斗门区，总用地面积2.71hm²，其中建筑面积2751m²，绿地面积8809m²，道路等硬质地面9989m²，铺装及停车场5580m²。项目地块的下垫面类型为：建筑屋面、绿地、硬质道路、铺装及停车场。

场地竖向及下垫面分析：学校整体地势比较平坦，学校中间高，南北侧较低。最低点位于南门和北门入口处为1.77m，最高点4.26m，周边市政道路标高为1.40~2.21m。

项目下垫面分析表　　　　　　　　　　　　表13-18

总面积（m²）	屋面面积（m²）	硬质道路面积（m²）	绿地面积（m²）	铺装＋停车位（m²）
27129	2751	9989	8809	5580

2）设计目标及相关计算

设计目标：年径流总量控制率70%；
年径流污染物控制率50%；
雨污分流率100%。

设计原则：先地上后地下、先绿色后灰色、先自然后人工；分散消纳，源头处理，以净为主，蓄滞结合；问题导向，从实际存在和师生关心的问题出发，解决校区现存问题；因地制宜，结合区域下垫面高程及地上、地下空间情况，选择适当的设施和工艺组合。

汇水分区：根据场地高程关系及场地特征，将地块分为11个汇水分区。每个子汇水分区分为建筑屋面、硬质道路、透水铺装、绿地四种汇水面，雨量径流系数分别取值0.9、0.9、0.4、0.15，通过加权平均法计算各子汇水分区的综合

图13-25　项目海绵设施汇水分区图

径流系数后，再通过容积法计算出各子汇水分区需要的调蓄容积，根据不同设施污染物去除率，计算TSS去除率。

（1）场地的平均径流系数

下垫面现状及综合径流系数计算表　　　　　　　　　　　　表13-19

下垫面类型	面积（m²）	比例	径流系数
建筑屋面	2751	10.1%	0.90
绿地	8809	32.5%	0.15
硬质道路	9989	36.8%	0.90
铺装＋停车位	5580	20.6%	0.80
合计	27129	100%	0.64

根据场地指标，计算所得场地平均径流系数 $\psi_{平}$，地块区域汇水面积平均径流系数 $\psi_{平}$ 按下垫面种类加权平均计算，即式 13-5：

$$\psi_{平} = \frac{\psi_1 \times F_1 + \psi_2 \times F_2 + \cdots + \psi_n F_n}{F_{总}} \tag{13-5}$$

式中　F_n——下垫面汇水面积（m^2）；

$\qquad \psi_n$——下垫面径流系数。

根据公式（13-5）得出：场地 $\psi_{平} = 0.64$。

（2）场地设计调蓄容积

设计调蓄容积，按公式（13-6）：

$$V = 10H\psi F \tag{13-6}$$

式中　V——设计调蓄容积（m^3）；

$\qquad H$——设计降雨量（mm）；

$\qquad \psi$——综合雨量径流系数；

$\qquad F$——汇水面积（m^2）；

根据公式（13-6）得出：场地设计调蓄容积 $V = 448m^3$。

（3）分区调蓄计算见表 13-20、表 13-21。

根据表 13-21，分区 4 实际调蓄容积与设计调蓄容积差额为 $29m^3$，分区 4 容积差额排入分区 5。分区 5、分区 6、分区 8 实际调蓄容积与设计调蓄存在容积差额，考虑一定安全系数，分别设置蓄水模块容积为 $25m^3$、$9m^3$、$49m^3$，满足设计调蓄容积。分区 7 雨水模块设净化设施，进行雨水回用。

综上所说，通过海绵设施建设，场地雨水径流控制量可达到 $491m^3$，大于地块产流量 $448m^3$，满足海绵城市建设 70% 控制率的指标要求，实际年径流控制率达到约 70.5%。

（4）年径流污染控制率计算

污染物去除率根据《海绵城市建设技术指南》P12：年 SS 总量去除率＝年径流总量控制率×低影响开发设施对 SS 的平均去除率。LID 设施对 SS 的平均去除率，参考《指南》中表 4-1 低影响开发设施比选一览表。取雨水花园、透水铺装对 SS 的去除率分别为 70%、80%。

年 SS 总量去除率＝年径流总量控制率×海绵设施 SS 平均去除率。

海绵设施 SS 平均去除率通过海绵设施消纳雨水量的百分比进行加权平均得出雨水径流污染去除率可达到 57%，满足海绵城市建设对雨水径流污染去除率 50% 的要求。

3）海绵设计

针对学校本身雨水径流控制方面存在的问题和学校诉求，提出如图 13-26 所示技术路线。

（1）具体设施布置统计

本方案设计主要采用高低位花坛、植草沟、雨水花园、雨水收集、透水铺装等 LID 设施。因海绵设施设计需要，适当增加了绿地面积，现状绿地面积为 $8809m^2$，经改造后绿地面积为 $9255m^2$；分别增加在分区 2、分区 3 和分区 8。

各汇水分区径流总量计算

表 13-20

汇水分区	汇水分区面积 F(m²)	下垫面 硬屋面 F(m²)	硬质路面 F(m²)	铺装+停车场 F(m²)	绿地 F(m²)	透水铺装 F(m²)	雨水花园 F(m²)	植草沟 F(m²)	生态树池 F(m²)	综合雨量径流系数 φ	70%径流总量控制率对应设计降雨量 H(mm)	径流总量 (m³)
SH1	1743	0	723	0	0	1020	0	0	0	0.61	28.5	30
SH2	3097	415	0	492	1230	851	109	0	0	0.42	28.5	37
SH3	2973	662	0	1566	222	321	120	82	0	0.69	28.5	58
SH4	2056	935	1030	0	0	0	57	34	0	0.87	28.5	51
SH5	2651	0	877	0	1604	0	110	60	0	0.4	28.5	30
SH6	3057	0	291	0	2678	0	42	46	0	0.22	28.5	19
SH7	2173	0	1760	0	234	0	179	0	0	0.76	28.5	47
SH8	5523	0	3241	0	2106	0	132	44	0	0.59	28.5	93
SH9	1170	0	549	0	0	621	0	0	0	0.63	28.5	21
SH10	1588	0	1518	0	0	263	0	0	70	0.87	28.5	39
SH11	1098	739	0	0	50	0	46	0	0	0.71	28.5	22
总计	27129	2751	9989	2058	8124	3076	795	266	70	0.58	28.5	448

各汇水分区海绵调蓄容积计算

表 13-21

汇水分区	海绵设施分类及调蓄容量 雨水花园调蓄容量 (m³)	植草沟调蓄容量 (m³)	透水铺装调蓄容量 (m³)	生态树池调蓄容量 (m³)	分区外排量 (m³)	外排去向	海绵调蓄总容量 (m³)	雨水回用池 (m³)	年径流总量控制率 %	达标分析 %
SH1	0	0	35	0	0	—	35		75	
SH2	30	0	29	0	0	—	59		80	
SH3	33	14	11	0	0	—	58		70	
SH4	16	6	0	0	29	排入分区5	22		50	
SH5	30	11	0	0	25	排入合流制调蓄池25m³	66	49	80	70.50
SH6	11	8	0	0	9	排入合流制调蓄池9m³	29		70	
SH7	49	8	0	0	49	调蓄池49m³	49		71	
SH8	36	0	0	0	0		44		50	
SH9	0	0	21	0	0		21		70	
SH10	0	0	0	39	0		39		70	
SH11	13	0	9	0	0		22		70	
总计	217	47	105	39	—	—	442	49	70.50	70.50

项目污染物去除率计算表　　　　　　　　　　　表 13-22

序号	LID 设施	设施规模 (m²)	设施控制量 (m³)	污染物去除率	调蓄量占比	加权污染物去除率
1	雨水花园	861	217	70%	44%	31%
2	滞蓄型植草沟	266	47	85%	10%	8%
3	透水铺装	3076	105	80%	21%	17%
4	蓄水模块	49	49	70%	10%	7%
5	生态树池	70	39	70%	8%	6%
6	合流制调蓄池	34	34	90%	7%	6%
7	设施控制量合计		491	污染物去除率		52.5%

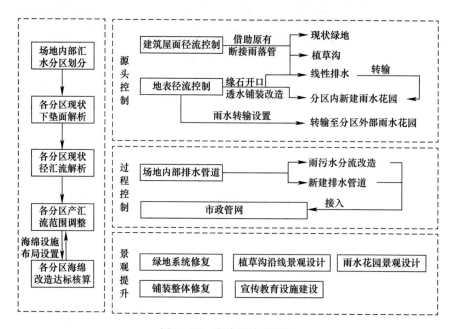

图 13-26　海绵设计路线图

具体设施布置统计表　　　　　　　　　　　表 13-23

序号	LID 设施	设施规模 (m²)	设施控制量 (m³)
1	雨水花园	861	217
2	滞蓄型植草沟	266	47
3	透水铺装	3076	105
4	蓄水模块	49	49
5	生态树池	70	39
6	合流制调蓄池	34	34
设施控制量合计			491

（2）屋面雨水径流处理

在建筑屋檐落水管下的地面上设置高低位花坛（见图 13-27），在雨落立管上安装立管分离器，能有效分离落水中的树枝、树叶等大颗粒污染物，对雨水进行初步净化。初步净化后的雨水流经高位花坛的级配填料层，对雨水中污染物质进行吸附，第一层级配碎石下方为透水支撑板，支撑板下方为清理口，当污染物质较多时，可通过清理口清理污染物质；然后经过第二层碎石层，进一步消能净化，最后再排入雨水花园等。

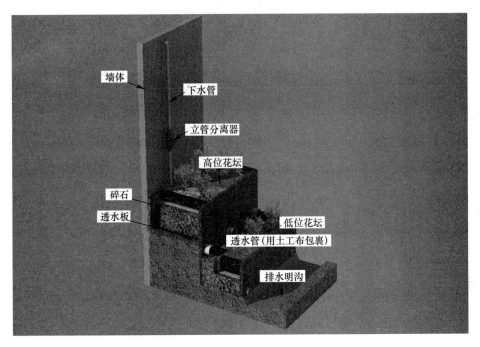

图 13-27　高低位花坛示意图

（3）道路、场地雨水处理，见图 13-28、图 13-29。

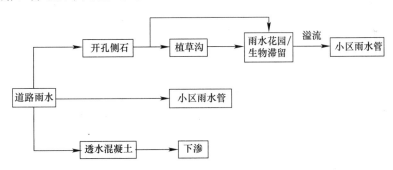

图 13-28　道路雨水控制流程图

道路雨水主要通过以下 3 种路径进行处理：

① 非机动车停车位设置透水砖铺装；

② 部分雨水通过开孔侧石，直接进入雨水花园、传输型植草沟；

③ 部分道路旁无合适绿地设置雨水花园，需要将道路路缘石进行建设，替换为排水路缘石，之后通过排水沟接入另一侧绿地内的雨水花园。

（4）海绵城市设施详细设计

① 雨水花园设计

学校雨水花园共有 10 处，主要用于收集建筑屋面、透水铺装、绿地、道路雨水。城南学校雨水花园总面积共 795m²，总调蓄容积共约 217m³。

图 13-29　道路、场地雨水控制示意图

② 植草沟设计

学校转输型植草沟共 80m，主要用于转输建筑屋面、道路雨水。城南学校滞蓄型植草沟共 6 处，主要用于收集转输建筑屋面、道路雨水，总面积共 266m²，总调蓄容积共约 47m³。

③ 雨落管断接

建筑落水管无污水接入时，落水管做断接处理。断接后的雨落管接入后续海绵设施，此类雨落管共 26 根，见图 13-30。

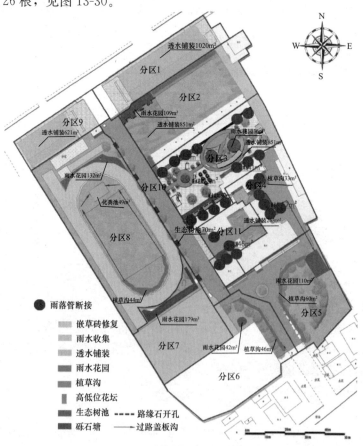

图 13-30　学校雨落管断接位置图

④ 立管分离器

立管分离器是一种针对屋面收集的雨水进行初步处理的装置（见图 13-31），可有效地进行雨污分流。该装置安装在雨落水立管上，分离落水中的树枝、树叶等大颗粒污染物，对雨水进行初步净化。定期 3 至 6 个月从分离器的正面打开污染物储存室，并清理出垃圾。

⑤ 调蓄模块设计

无法进行源头控制的雨水通过线性排水沟及雨水连接管，将经过海绵设施净化的雨水接入调蓄模块，使得汇水区域内设计降雨量 28.5mm 产流不直接外排。超标雨水经溢流管重力流排入学校雨水管网。

图 13-31 立管分离器外形图

调蓄模块面积共约 98m²，在汇水分区 8 绿地处设置一个，容积为 49m³。

调蓄模块收集分区 8 的末端调蓄雨水，调蓄模块内设 2 台流量约为 6m³/h 的水泵，平时调蓄模块内雨水可用于绿化灌溉、道路冲洗、喷泉用水等使用。回填后覆土层厚 0.5m，调蓄模块上部作为绿化。

管网进入调蓄设施前，先设置卷形过滤器（初期过滤，见图 13-32），用于道路雨水初级过滤，用于去除雨水中大颗粒泥沙、树枝树叶等污染物质。过滤后的雨水进入无动力一体化雨水处理装置（见图 13-33），无动力一体化雨水处理装置是用于除去水中的沉淀物、重金属和营养物而设计的水中离子、有机物分离设备。它通过核心模板和旋流分离器，经过沉淀、过滤、吸附、化学沉淀等过程，可有效净化地表水。其工艺可用作于河流、湖泊以及雨水收集等方面。除去水中各种污染物质的移除有效率远远超过北美和欧洲标准：总悬浮固体＞95％；锌＞80％；铅＞95％；铜＞90％；碳氢化合物＞98％；磷酸盐＞70％。

图 13-32 卷形过滤器示意图

调蓄模块为拱形调蓄模块（见图 13-34～图 13-38），采用埋地式设计。

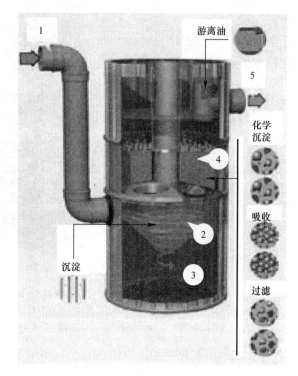

图 13-33　无动力一体化雨水处理装置示意图

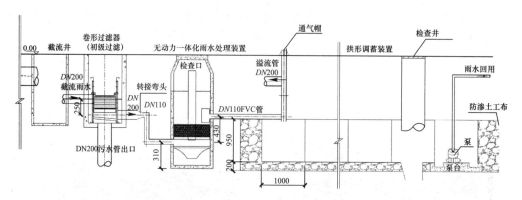

图 13-34　拱形调蓄模块方案流程图

图 13-35　拱形调蓄模块安装示意图

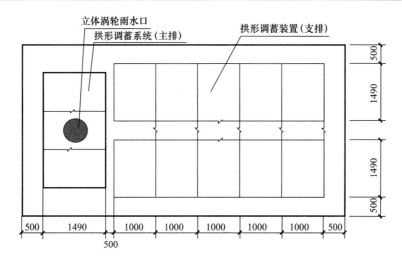

图 13-36　拱形调蓄模块平面设计图

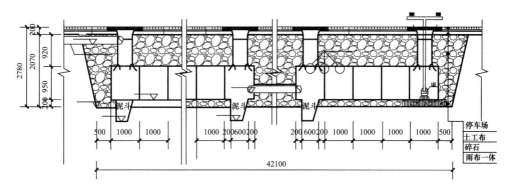

图 13-37　调蓄模块剖面设计图

⑥ 透水停车场

现状混凝土停车位有破损，本次海绵改造把混凝土停车位改建成透水混凝土停车位，提升景观效果。

⑦ 积水点处理

经现场踏勘，学校积水点主要由于地质沉降等原因，下雨时会形成积水，积水点主要在学校门口、书香园路、跳远沙坑以及连心楼楼间，见图 13-39。在本次海绵城市改造中，对由于下沉导致的积水，对这部分区域进行填高处理，同时在路边绿地内设转输型植草沟，同时加大侧石开孔密度，将雨水引入植草沟内，转输至雨水花园进行消纳。超标雨水经雨水花园内溢流井接入学校雨水管网。

根据积水点形成的原因，将积水点分为两类。第一类积水点主要由地势低洼导致；第二类积水点由地势低洼及排水管道堵塞导致，学校北门及南门门口积水严重。主要原因有两个方面：一方面是白藤山上雨洪下泄；另一方面是学校门口箱涵淤积排水不畅导致。

第一类积水点主要因地势低洼导致，周边地势高程均高于积水点处；由于学校内部局部高低起伏，导致该类型积水点较多，如图中积水点 1、2、3、6；该类型积水点积水深度较浅，但比较容易形成，即使小雨也存在少量积水。拟通过找平、填高或设置适当的坡度将雨水引入附近海绵设施的方式消除此类积水点。

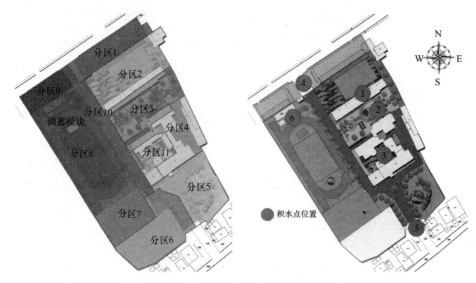

图 13-38　调蓄模块平面位置图　　　　　图 13-39　学校积水点位置图

第二类积水点由地势低洼及排水管道堵塞导致，拟通过敷设雨水管道等方式消除此类积水点，如图积水点 4、5 两处。

⑧ 现状雨水口处理

学校道路雨水采用生态排水方式，附近有雨水花园或植草沟的道路雨水口雨水箅更换为密实盖板或封堵，通过侧石开孔将道路雨水引入雨水花园或植草沟，开孔侧石做法详见标准图集 15MR105/P3-12、13。

道路附近无雨水花园、植草沟的区域，设置雨水口，雨水经学校排水管网接入市政雨水管。学校内海绵设施设置溢流管与学校雨水系统衔接。

13.4　海绵型小区雨水系统建设展望

1. 径流系数及其测试

雨水流量计算、海绵城市有关径流量的计算，离不开暴雨强度公式和径流系数，不同的城市或地区，也都有各自相应的暴雨强度公式。同时，不同的城市或地区，其绿色下垫面的径流系数，是否按有关规范所规定的一概取 0.15，或者取 0.10～0.20 呢？影响径流系数的因素很多，国内外对径流系数的影响因素做过大量的研究与测试，简单归纳起来，影响绿地径流系数的主要因素见表 13-24。

影响绿地径流系数的主要因素　　　　　　　　　　　　　　表 13-24

序号	降雨	绿化下垫面		降雨强度与下渗强度关系
1	降雨量	植被类别（乔木、灌木、草坪等）		降雨强度低于入渗强度
2	降雨强度	土壤初始含水率、地下水位		降雨强度等于入渗强度
3	降雨历时	地形地貌		降雨强度大于入渗强度
4	雨峰位置	绿地高程	高位绿地	
			平面绿地	
			下沉绿地	

续表

序号	降雨	绿化下垫面		降雨强度与下渗强度关系
5	雨峰类型	土质	均质结构	
			非均质结构	
6	雨滴大小	汇水区域规模		
7		土层的厚度		

关于径流系数,《环境科学大词典》将之定义为"大气降水扣除损耗外,沿地表或地下运动,汇入河槽不断向下运动的水流(过程)"。一般来说,降落到地面上的雨水,一部分被植物叶面截留;完成植物截留以后,开始逐渐向土壤入渗;当降雨强度超过土壤的入渗能力时,土壤表面开始出现积水,逐渐填平地面洼地;填洼过程完成后,开始在地表产生径流。上述过程,也就是通常所说的植物截留、下渗、填洼和蒸发(降雨时的蒸发量通常忽略不计)。

就目前而言,有关规范对径流系数的规定存在一定出入。以绿地、屋面、混凝土或沥青路面为例,不同规范给出的径流系数见表13-25。

不同规范给出的绿地、屋面、混凝土或沥青路面等的径流系数 表13-25

类别	规范名称	绿地	屋面	混凝土或沥青路面
1	《室外排水设计规范》GBJ 14—87(97年版)	0.15	0.90	0.90
2	《室外排水设计规范》GB 50014—2006	0.10~0.20	0.85~0.95	0.85~0.95
3	《建筑给水排水设计标准》GB 50015—2019	0.15	1.00	0.90
4	《建筑与小区雨水控制及利用工程技术规范》GB 50400—2016	0.15	0.80~0.90	0.80~0.90

从表13-25可以看出,不同时期、不同规范,对同一类下垫面径流系数的规定存在一定出入。而且,以绿地为例,不同的地区,土壤情况、植被情况等差别较大,一个数据不太容易反映不同地区的径流系数情况。截至目前,已有部分地区的科研机构做了一些本地区不同下垫面径流系数的测试工作。

降雨量、降雨历时和降雨强度是衡量一次降雨的主要参数。那么,在不同地区进行绿地径流系数测试的话,设计降雨量的取值,是根据降雨量等级进行测试?还是按照不同地区一定重现期的降雨量进行测试?目前并没有统一的规定。我国降雨量等级划分见表13-26。

我国降雨量等级划分 表13-26

降雨量等级	6h降水量(mm)	12h降水量(mm)	24h降水量(mm)
小雨	<0.1	0.1~4.9	0.1~9.9
中雨	4.0~12.9	5.0~14.9	10.0~24.9
大雨	13.0~24.9	15.0~29.9	25.0~49.9
暴雨	25.0~59.9	30.0~69.9	50.0~99.9
大暴雨	60.0~119.9	70.0~~140.0	100.0~250.0
特大暴雨	>120.0	>140.0	>250.0

以表13-26中的特大暴雨为例,6h降雨量超过120mm的情况,在有的地区可能并不罕见,在有的地区可能非常罕见。比如说分别在广州和兰州进行绿地的径流系数测试,如

果统一按照 6 小时 120mm 的降雨量进行径流系数测试，对广州而言，或许具有一定的可行性；但是，对兰州而言，由于出现类似降雨的几率非常低，如果按上述标准取值，可能意义并不大。此外，也有观点认为，在径流系数测试时，采用当地一定重现期的降雨作为径流系数测试降雨量的标准。如果采用一个地区一定重现期的降雨量作为测试雨量，有这么一个问题，需要引起注意：现行有关设计手册，给出的国内部分城市暴雨强度，通常会在一个表格中给出两个数据，一个是 q_5，一个是 H。以郑州为例，5 年重现期的 $q_5 =$ 5.72L/(s•100m^2)，$H = 206$mm/h。（该数据摘自《给水排水设计手册》第 2 册《建筑给水排水》第三版）那么，如果在郑州地区采用 206mm/h 这个数据作为径流系数的测试标准，是不合适的。206mm/h 这个数据，指的是暴雨强度，是通过 q_5 进行简单数学换算的结果，不代表 5 年一遇郑州地区的一次降雨量。因此，一个地区一定重现期的降雨量，应该通过当地气象部门获取。

总体而言，从降雨的角度来看，不同的地区，大气降水具备显著的地域性特征。即使同一地区，降雨量、降雨强度、降雨历时、雨峰位置（前峰型、中峰型、后峰型）、雨峰类型（单峰型、双峰型、多峰型）等，随机性较强。从下垫面的角度来看，不同的地区的绿化下垫面，同样具备显著的地域性特征。即使同一地区，地形、地貌、地质（深层地质条件和浅层土壤状况）、浅层绿化土壤疏松程度、透水面积比（规划建设区域内透水地面所占的比例）、绿地率、绿化覆盖率与覆盖类型、下垫面土壤的初始含水率等，都不尽一致。

因此，鉴于各地区降雨及下垫面情况的差别较大，建议广泛征求意见，明确径流系数的测试方法，交由不同地区分别测试其不同类型下垫面的径流系数，归纳出一些测试数值，用以指导本地区的雨水排水工程设计与"海绵城市"设计。

2. 辨证看待土壤下渗与毛细水

建筑与小区海绵城市规划建设的一项重要内容就是绿化下垫面的雨水入渗。

绿化下垫面的土壤，既是雨水入渗的主体，又是各类绿化植被生长的载体。那么，要研究土壤中的雨水入渗，就有必要了解土壤中的水分分布。关于土壤中的水分分布，《地基与基础》和《土壤学》分别从不同方面做了描述。尽管二者研究方向相去甚远，但对于土壤中水分的分布状态的描述，逐一比对的话，可谓殊途同归。土壤中水的存在类型与性质比较见表 13-27。

土壤中水的存在类型与性质比较　　　　　　　　　　　　　表 13-27

地基与基础		土壤学	备注
结合水	强结合水	吸湿水	吸湿水没有溶解能力，本身不能被植物吸收利用。吸湿水的最大值称为"最大吸湿量"
	弱结合水	膜状水	薄膜水是在吸湿水外围形成的水膜，其达到最大值时，称为"最大分子持水量"
自由水	毛细水（毛细悬挂水、毛细上升水）	毛管水（毛管支持水、毛管悬着水）	依靠毛管力保持在土壤空隙中，可为作物利用。毛管悬着水达到最大时的土壤含水量称为"田间持水量"。毛管上升水达到最大时的土壤含水量称为"毛管持水量"
	重力水	重力水	当土壤所有空隙都被水分充满时的含水量，称为"饱和含水量"

一般土壤中的毛细管水,属于植物生长的有效水分,土壤中的强(弱)结合水,以及土壤含水率达到饱和以后的重力水,对植物生长是无效的。那么,在海绵城市规划与设计过程中,应统筹考虑绿化植被下方土壤的透水与保水。这就涉及土壤的渗透系数与土壤毛细水两个问题。关于土壤的渗透系数,有关资料给出的数据虽有差异,但总体上反映了不同土壤的渗透能力。不同资料给出的土壤渗透系数见表 13-28~表 13-30。

1)高等学校推荐教材《地基与基础》(ISBN 7-112-01392-5)给出的土壤的渗透系数见表 13-28。

各种土的渗透系数参考值 表 13-28

土壤类别	渗透系数(cm/s)	土壤类别	渗透系数(cm/s)
致密黏土	$<10^{-7}$	粉砂、粗砂	$10^{-2}\sim10^{-4}$
粉质黏土	$10^{-6}\sim10^{-7}$	中砂	$10^{-1}\sim10^{-2}$
黏土、裂隙黏土	$10^{-4}\sim10^{-6}$	粗砂、砾石	$10^{2}\sim10^{-1}$

2)《基坑工程手册》(ISBN 978-7-112-11552-5)给出的常见土类的渗透系数经验值见表 13-29。

常见土类的渗透系数经验值 表 13-29

土壤类别	K 值(cm/s)	土壤类别	K 值(cm/s)
粗砾	$10^{0}\sim5\times10^{-1}$	黄土(砂质)	$10^{-3}\sim10^{-4}$
砂质砾、河砂	$10^{-1}\sim10^{-2}$	黄土(黏质)	$10^{-5}\sim10^{-6}$
粗砂	$5\times10^{-2}\sim10^{-2}$	粉质黏土	$10^{-4}\sim10^{-6}$
细砂	$5\times10^{-3}\sim10^{-3}$	黏土	$10^{-6}\sim10^{-8}$
粉砂	$2\times10^{-3}\sim10^{-4}$	淤泥质土	$10^{-6}\sim10^{-7}$
粉土	$10^{-3}\sim10^{-4}$	淤泥	$10^{-8}\sim10^{-10}$

3)国家标准《建筑与小区雨水控制及利用工程技术规范》GB 50400—2016 给出的土壤渗透系数见表 13-30。

土壤渗透系数 表 13-30

地层	地层粒径		渗透系数 K	
	粒径(mm)	所占重量(%)	(m/s)	(m/h)
黏土			$<5.7\times10^{-8}$	—
粉质黏土			$5.7\times10^{-8}\sim1.16\times10^{-6}$	—
粉土			$1.16\times10^{-6}\sim5.79\times10^{-6}$	$0.0042\sim0.0208$
粉砂	>0.075	>50	$5.79\times10^{-6}\sim1.16\times10^{-5}$	$0.2080\sim0.0420$
细砂	>0.075	>85	$1.16\times10^{-5}\sim5.79\times10^{-5}$	$0.0420\sim0.2080$
中砂	>0.25	>50	$5.79\times10^{-5}\sim2.31\times10^{-4}$	$0.2080\sim0.8320$
均质中砂			$4.05\times10^{-4}\sim5.79\times10^{-4}$	—
粗砂	>0.50	>50	$2.31\times10^{-4}\sim5.79\times10^{-4}$	—

另外,不同土壤透水性与保水性(毛细水)的相互关系,通过"土粒粒组的划分"可见一斑。土粒粒组的划分见表 13-31:

土粒粒组的划分　　　　　　表 13-31

粒组名称		粒径范围（mm）	一般特征
漂石或块石颗粒		＞200	透水性很大，无黏性； 无毛细水
卵石或碎石颗粒		200～60	
圆砾或角砾颗粒	粗 中 细	60～20 20～5 5～2	透水性大，无黏性； 毛细水上升高度不超过粒径大小
砂粒	粗 中 细 极细	2～0.5 0.5～0.25 0.25～0.1 0.1～0.075	易透水； 毛细水上升高度不大，随粒径变小而增大
粉粒	粗 细	0.075～0.01 0.01～0.005	透水性小； 毛细水上升高度较大较快
粘粒		＜0.005	透水性很小；毛细水上升高度大，但速度较慢

通过表 13-28～表 13-31 可以看出，土壤的渗透性能与土中毛细水上升的高度和速度，体现了事物的两面性。渗透性能强的，毛细水上升就弱一些；渗透性能弱的，毛细水上升就强一些。因此，在设计有关"LID"设施下垫面构造的时候，务必结合所在地区的土壤特性，兼顾透水与保水，统筹考虑。

3. 规划阶段的雨洪被动防护

海绵城市规划设计，通常遵照国家与地方有关海绵城市建设的政策文件与技术文件，围绕"渗、滞、蓄、净、用、排"展开。那么，在围绕"六字方针"，通过有关绿色技术与灰色技术，开展海绵城市设计的同时，对于新建城区或既有城区地上与地下建筑水患被动防护措施的研究，也应该得到足够的重视。

近年来，受城市"热岛效应"等多种因素的影响，在城市范围内出现高强度降雨的几率有所增加。那么，无论是国内还是国外，城市雨水管网总有一定的设计重现期。发生超重现期降雨时，势必会出现不同程度的地面积水。当然，积水程度与地形、降雨强度及降雨量、城市雨水管网设计重现期等因素有关。那么，对于城市而言，一方面，通过适度提高雨水管网的设计重现期，提高城市的雨水排泄能力；通过海绵城市建设，促进雨水入渗、延迟雨洪径流叠加、缓解城市内涝。另一方面，除了传统的降雨数据采集之外，也可以考虑将一个城市的暴雨积水位置与积水深度进行观测与统计。

通过对不同地区暴雨积水点的位置与积水深度进行观测与统计，分析并总结出一些经验数据，补充到当地规划设计要求中去。比如：根据统计监测数据，划出本地区不同区域的地上建筑室内外高差的最小值，避免暴雨期间的雨水入户。确因建筑功能需要，难以满足该最小值的时候，也可以提出一些简便易行的防范措施，供应急选用。

对于地下建筑，如地铁口部、地下商业广场、地下停车库、城市综合管廊等各类地下建（构）筑物出地面的口部，暴雨期间，一旦出现雨水倒灌，影响较大、损失亦较大。那么，作为一种被动防护措施，如果不同城市有暴雨积水深度观测数据的话，根据当地的经验数据，适度控制各类地下建（构）筑物出地面口部的标高，对于防止雨水倒灌，无疑是非常有效的。以常见的地下汽车库为例，通常都会在车库入口设计截水沟，当车库的室外场地出现积水时，说明降雨量已达到并超出室外雨水管网的排水能力，雨水管网已经满负荷运行。此时，车库口部截水沟的泄水能力将大打折扣，只能依赖车库口部的反坡。一旦积水漫过反坡，车库雨水倒灌将不可避免。

因此，对一座城市而言，有必要在完善城区积水点排涝泵站建设的同时，加强城区积水深度的观测与统计，从城市规划的层面，补充完善城区雨洪被动防护规划，指导本地区的建筑设计。再者，现在的天气预报已比较准确。根据天气预警情况，结合当地不同区位的暴雨积水深度统计资料，由相关部门及时发布天气预警及预防方案，尽可能减少因雨水倒灌引起的损失。

第 14 章　新型排水管材、管件、器材与设备

14.1　新型排水管材、管件

14.1.1　金属排水管材、管件

1. 柔性接口铸铁排水管及管件

1) 排水用柔性接口铸铁管及管件分类

现行国家标准《排水用柔性接口铸铁管、管件及附件》GB/T 12772—2016 将排水铸铁管及管件按其接口型式分为 A 型及 B 型机械式柔性接口（见图 14-1）和 W 型及 W1 型卡箍式柔性接口（见图 14-2）四种，简称 A 型、B 型、W 型、W1 型。

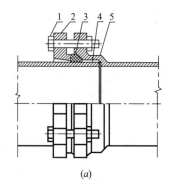 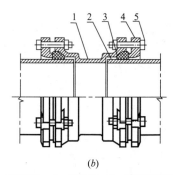

|　(a)　| 　(b)　|

1—紧固螺钉；2—法兰压盖；3—橡胶密封圈；　　　　1—B 型管件；2—插口端；3—橡胶密封圈；
4—插口端；5—承口端　　　　　　　　　　　　　4—法兰压盖；5—紧固螺栓

图 14-1　排水管 A 型、B 型机械式柔性接口构造图

（a）铸铁排水管 A 型机械式柔性接口；（b）铸铁排水管 B 型机械式柔性接口

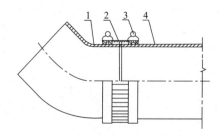

图 14-2　铸铁排水管 W 型、W1 型卡箍式柔性接口构造图

（配套卡箍生产企业：天津凯诺实业有限公司）

1—管件；2—橡胶密封套；3—不锈钢管箍；4—直管

2）排水用柔性接口铸铁管及管件的技术性能参数见表 14-1。

排水用柔性接口铸铁管及管件技术性能参数表　　　表 14-1

名称	柔性接口铸铁管、管件	
执行标准	《排水用柔性接口铸铁管、管件及附件》GB/T 12772—2016	
接口型式	A 型、B 型 机械式柔性接口	W 型、W1 型 卡箍式柔性接口
规格	三耳 $DN50\sim DN100$ 四耳 $DN125\sim DN200$ 六耳 $DN250$、八耳 $DN300$	直管 $DN50\sim DN300$ 管件 $DN50\sim DN300$
壁厚	分为 A 级、B 级	直管只有一种壁厚 管件分为 A 级、B 级
压环强度试验	A 型 B 级≥350	W1 型≥350
抗拉强度（MPa）	A 型 B 级直管和管件≥200 A 型 A 级直管及管件、B 型管件≥150	W1 型直管≥200 W 型直管和管件、W1 型管件≥150
接口试验压力（MPa）	内水压：A 型 B 级≥0.8， A 型 A 级、B 型≥0.35 （管材及接口耐水压试验） 外水压：≥0.08	内水压：W 型、W1 型≥0.35 外水压：≥0.08
轴向位移 （即接口引拔）试验	在管内水压大于等于 0.35MPa 的作用下，接口处拔出大于等于 12mm 时，稳压 3min，接口处无渗漏	
轴向震动位移试验	在管内水压大于等于 0.1MPa 的作用下，振动频率为 1.8～2.5Hz，沿轴向作往复振动位移（另一管段从接口处反复拔出、插入）大于等于±2.5mm，持续 3min，无渗漏	
横向振动位移 （曲挠）试验	管内保持 0.1MPa 内水压力，在中点接口处，施加一个频率为 0.8～1.0Hz 横向往复推拉力，中点接口处的横向位移值（曲挠值）大于等于±30mm，持续 5min，无渗漏	

3）管材、管件规格尺寸

（1）A 型接口及直管结构见图 14-3，其规格尺寸见表 14-2，A 型直管、管件壁厚及直管长度、重量见表 14-3。

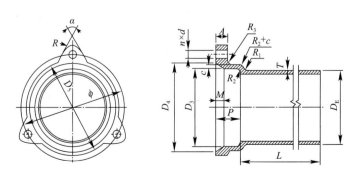

图 14-3　铸铁排水管 A 型接口及直管结构图

铸铁排水管 A 型接口规格尺寸表   表 14-2

公称尺寸 DN	承插口尺寸（mm）															α(°)
	插口外径 D_E	承口内径 D_3	D_4	D_5	ϕ	C	A	承口深度 P	M	R_1	R_2	R_3	R	$n×d$	
50	61	67	83	93	110	6	15	38	12	8	6	7	14	3×12	60
75	86	92	108	118	135	6	15	38	12	8	6	7	14	3×12	60
100	111	117	133	143	160	6	18	38	12	8	6	7	14	3×12	60
125	137	145	165	175	197	7	18	40	15	10	7	8	16	4×14	90
150	162	170	190	200	221	7	20	42	15	10	7	8	16	4×14	90
200	214	224	244	258	278	7	21	50	15	10	7	8	16	4×14	90
250	268	278	302	317	335	9	23	60	18	12	8	10	18	6×16	90
300	318	330	354	370	395	9	25	72	18	14	8	10	22	8×20	90

铸铁排水 A 型直管、管件壁厚及直管长度、重量表   表 14-3

公称尺寸 DN	壁厚 T(mm)		承口凸部重量（kg）	直部每米重量（kg）		有效长度 L(mm)									
						500		1000		1500		2000		3000	
						总重量（kg）									
	A 级	B 级		A 级	B 级	A 级	B 级	A 级	B 级	A 级	B 级	A 级	B 级	A 级	B 级
50	4.5	5.5	0.90	5.75	6.90	3.78	4.35	6.65	7.80	9.53	11.25	12.40	14.70	16.89	20.28
75	5.0	5.5	1.00	9.16	10.02	5.58	6.01	10.16	11.02	14.74	16.03	19.32	21.04	26.91	29.42
100	5.0	5.5	1.40	11.99	13.13	7.39	7.99	13.39	14.53	19.38	21.09	25.38	27.66	35.22	38.55
125	5.5	6.0	2.30	16.36	17.78	10.48	11.19	18.66	20.08	26.84	28.97	35.02	37.86	48.06	52.23
150	5.5	6.0	3.00	19.47	21.17	12.74	13.59	22.47	24.17	32.21	34.76	41.94	45.34	57.19	62.19
200	6.0	7.0	4.00	23.23	32.78	18.12	20.39	32.23	36.78	46.36	53.17	60.46	69.56	82.92	96.28
250	7.0		5.10	41.32		25.76		46.42		67.35		87.74		121.39	
300	7.0		7.30	49.24		31.92		56.54		81.16		105.78		144.65	
生产企业	山西泫氏实业集团有限公司、禹州市新光铸造有限公司、高碑店市联通铸造有限责任公司、河北兴华铸管有限公司、泽州县金秋铸造有限责任公司等														

（2）B 型管件端部结构见图 14-4，承口尺寸见表 14-4。

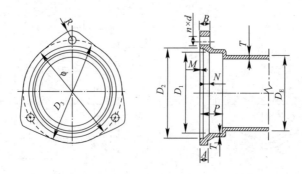

图 14-4　铸铁排水管 B 型管件端部结构图

铸铁排水 B 型管件承口尺寸表（mm）　　表 14-4

公称尺寸 DN	公称外径 D_E	承口内径 D_1	D_2 I型	D_2 II型	D_3 I型	D_3 II型	ϕ I型	ϕ II型	A I型	A II型	B I型	B II型	承口深度 P I型	承口深度 P II型	R I型	R II型	M I型	M II型	N I型	N II型	壁厚 T_1	壁厚 T	壁厚 偏差	$n \cdot d$ I型	$n \cdot d$ II型
50	61	65	73	77	92	91	90	95	8	7	12	11	30	30	10	10	3	4	5.0	6	5.0	4.5	−0.7	2-10	2-10
75	86	93	104	106	121	120	126	124	9	8	13	12	30	30	12	10	3	5	6.5	8	5.0	4.5	−0.7	3-12	3-10
100	111	118	131	133	150	147	152	152	10	9	14	13	34	30	14	10	3	5	9.0	9	5.5	5.0	−1.0	3-14	3-10
125	137	144	159	161	180	177	184	182	11	10	15	14	38	34	14	12	3	6	11.0	10	5.5	5.0	−1.0	4-14	3-12
150	162	169	186	188	207	204	210	210	12	11	16	15	40	37	14	12	4	6	12.0	11	5.5	5.0	−1.0	4-14	4-12
200	214	221	243	243	264	263	268	268	14	13	18	17	48	42	16	14	4	7	16.0	12	6.5	6.0	−1.0	6-14	4-14
250	268	276	298	300	323	322	324	328	16	19	20	19	50	48	17	16	4	7	16.0	13	7.5	7.0	−1.2	6-14	6-16
300	318	328	352	354	382	388	378	384	16	21	21	21	55	53	18	16	4	8	17.0	13	7.5	7.0	−1.2	8-16	8-16
生产企业	山西泫氏实业集团有限公司、禹州市新光铸造有限公司、高碑店市联通铸造有限责任公司、河北兴华铸管有限公司、泽州县金秋铸造有限责任公司等																								

（3）W 型、W1 型直管见图 14-5，其规格、外径、壁厚及重量分别见表 14-5 和表 14-6。

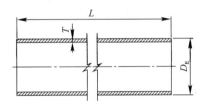

图 14-5　铸铁排水 W 型、W1 型直管图

W 型直管规格、外径、壁厚及重量表　　表 14-5

公称尺寸 DN	外径 D_E(mm)	壁厚 T(mm)	重量（kg） L=1500mm	重量（kg） L=3000mm
50	61	4.3	8.3	16.5
75	86	4.4	12.2	24.4
100	111	4.8	17.3	34.6
125	137	4.8	21.6	43.1
150	162	4.8	25.6	51.2
200	214	5.8	41.0	81.9
250	268	6.4	56.8	113.6
300	318	7.0	74.0	148.0
生产企业	山西泫氏实业集团有限公司、禹州市新光铸造有限公司、高碑店市联通铸造有限责任公司、河北兴华铸管有限公司、泽州县金秋铸造有限责任公司等			

W1 型直管规格、外径、壁厚及重量表　　　　表 14-6

| 公称尺寸 DN | 外径 D_E(mm) | 壁厚 T(mm) | | | | 重量（kg） |
| | | 直管 | | 管件 | | $L=3000$mm |
		标准	最小	标准	最小	
50	58	3.5	3.0	4.2	3.0	12.9
75	83	3.5	3.0	4.2	3.0	18.9
100	110	3.5	3.0	4.2	3.0	25.3
125	136	4.0	3.5	4.7	3.5	35.8
150	161	4.0	3.5	5.3	3.5	42.6
200	213	5.0	4.0	6.0	4.0	70.6
250	268	5.5	4.5	7.0	4.5	98.0
300	318	6.0	5.0	8.0	5.0	127.0
生产企业	山西泫氏实业集团有限公司、禹州市新光铸造有限公司、高碑店市联通铸造有限责任公司、河北兴华铸管有限公司、泽州县金秋铸造有限责任公司等					

注：表中 W1 型直管的重量按标准壁厚计。

（4）W 型管件端部的形式见图 14-6，管件的壁厚、外径及端部尺寸见表 14-7。

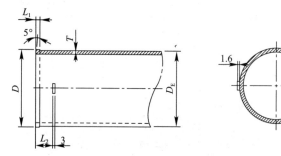

图 14-6　W 型管件端部图

W 型管件壁厚外径和端部尺寸表　　　　表 14-7

| 公称尺寸 DN | 各部尺寸（mm） | | | | | |
| | 壁厚 T | | D | D_E | L_1 | L_2 |
	A 级	B 级				
50	4.5	5.0	63.0	61	6	29
75	4.5	5.0	89.0	86	6	29
100	5.0	5.5	114.0	111	6	29
125	5.0	5.5	138.5	137	8	38
150	5.0	6.0	164.5	162	8	38
200	6.0	6.0	217.5	214	8	51
250	7.0	7.0	271.0	268	8	51
300	7.0	7.0	321.0	318	8	70
生产企业	山西泫氏实业集团有限公司、禹州市新光铸造有限公司、高碑店市联通铸造有限责任公司、河北兴华铸管有限公司、泽州县金秋铸造有限责任公司等					

注：插口端部根据需要也可不设凸缘部。

4）排水系统新型管件

（1）SUNS 带水封自通气双立管三通管件

① 产品特点

SUNS 带水封自通气双立管三通管件，集水封、立管和器具通气、H 型通气管、立管排水、地漏排水接管及坐便器排水接管为一体，结构尺寸小，节省安装空间。

a. 利用排水立管与通气立管之间的空间设置了水封结构，可在同层排水设计时采用结构尺寸更为紧凑的直通地漏，也可在微降板或不降板同层排水系统中安装，降低施工造价，有效避免结构降板空间的积水发臭问题。

b. 接口型式按照国家标准可采用 W 型无承口接口、B 型机械法兰接口、A 型机械法兰接口及安装所需的其他型式接口，适用性强、配件选用方便。

c. 废水接管采用快捷插入式橡胶密封接口型式，具有密封性能好，安装便捷，结构尺寸紧凑等优点。

d. 设有辅助通气通道，将排水立管与通气立管通过辅助通气通道、水封流道及通气通道连接至排水立管中，具有平衡压力和辅助通气、保护水封的功能。

e. 设有 U 形流道的废水共用水封，有效阻隔排水系统中有害气体进入横支管，与其连接的卫生器具排水支管均无需设置水封。排水阻力小，自清能力强，排水更流畅。

f. 设置有防水翼环，防止管道井二次浇筑时产生渗漏的现象。

g. 设计有多个接口，可容纳多个器具的排水。

h. 也可用于建筑异层排水系统，安装在楼板下方，尺寸紧凑，占用空间小。

② 产品外形（见图 14-7）

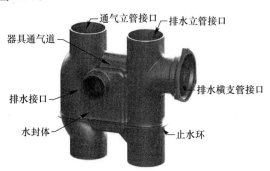

图 14-7 SUNS 带水封自通气双立管三通管件外形图

③ W1 型 SUNS 带水封自通气双立管三通管件外形见图 14-8，规格尺寸及重量见表 14-8。

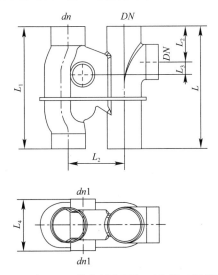

图 14-8 W1 型 SUNS 带水封自通气双立管三通管件外形图

W1 型 SUNS 带水封自通气双立管三通管件规格尺寸及重量表　　表 14-8

公称尺寸 DN	外形尺寸 (mm)						重量 (kg)
	$dn1$	L	L_1	L_2	L_3	L_4	
100	50	460	180	105	60	180	16
100	75	460	180	105	60	180	16
生产企业	山西泫氏实业集团有限公司						

（2）铸铁旋流三通、四通

① 产品特点

建筑排水系统中用于连接排水立管与横支管的特殊管件，横支管水流经该管件切向流入立管，形成附壁螺旋流，可有效消除"水舌"现象，改善系统通气性能，降低管道内压力波动，提高排水能力 22%。

② W1 型旋流三通外形图见图 14-9，规格尺寸及重量见表 14-9。

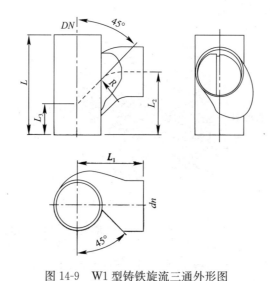

图 14-9　W1 型铸铁旋流三通外形图

W1 型旋流三通规格尺寸及重量表　　表 14-9

公称尺寸 DN	外形尺寸 (mm)						重量 (kg)
	dn	L	L_1	L_2	L_3	R	
100	100	220	150	140	70	70	3.23
150	100	270	180	161	60	95	5.95
150	150	300	200	168	88	120	7.66
生产企业	山西泫氏实业集团有限公司、禹州市新光铸造有限公司、高碑店市联通铸造有限责任公司、河北兴华铸管有限公司、泽州县金秋铸造有限责任公司等						

③ W1 型旋流四通外形见图 14-10，规格尺寸及重量见表 14-10。

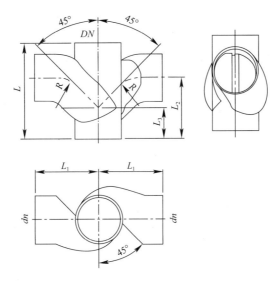

图 14-10 W1 型旋流四通外形图

W1 型旋流四通规格尺寸及重量表 表 14-10

公称尺寸 DN	外形尺寸（mm）						重量（kg）
	dn	L	L_1	L_2	L_3	R	
100	100	220	150	140	70	70	4.25
150	100	270	180	161	60	95	6.77
150	150	300	200	168	88	120	9.72
生产企业	山西泫氏实业集团有限公司、禹州市新光铸造有限公司、高碑店市联通铸造有限责任公司、河北兴华铸管有限公司、泽州县金秋铸造有限责任公司等						

④ W1 型旋流直角四通外形见图 14-11，规格尺寸及重量见表 14-11。

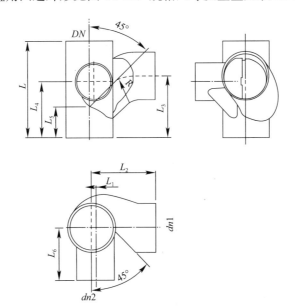

图 14-11 W1 型旋流直角四通外形图

W1 型旋流直角四通规格尺寸及重量表　　表 14-11

公称尺寸 DN	外形尺寸（mm）										重量（kg）
	$dn1$	$dn2$	L	L_1	L_2	L_3	L_4	L_5	L_6	R	
100	100	50	220	22.5	150	140	115.0	70	110	70	3.50
100	100	75	220	10.0	150	140	127.5	70	120	70	3.61
100	100	100	235	—	150	140	140.0	70	120	70	3.91
150	100	100	270	19.0	180	161	161.0	60	160	95	6.56
150	150	100	300	16.0	200	168	168.0	88	150	120	8.07
150	150	150	300	—	200	168	168.0	88	150	120	8.57
生产企业	山西泫氏实业集团有限公司、禹州市新光铸造有限公司、高碑店市联通铸造有限责任公司、河北兴华铸管有限公司、泽州县金秋铸造有限责任公司等										

⑤ B 型旋流三通外形见图 14-12，规格尺寸及重量见表 14-12。

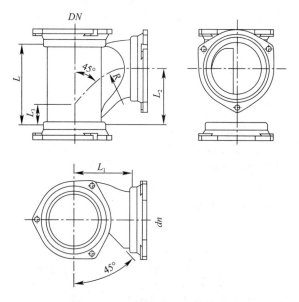

图 14-12　B 型旋流三通外形图

B 型旋流三通规格尺寸及重量表　　表 14-12

公称尺寸 DN	尺寸（mm）						重量（kg）
	dn	L	L_1	L_2	L_3	R	
100	100	175	120	110	40	70	5.31
150	100	190	150	125	24	95	7.98
150	150	230	160	130	50	120	9.73
生产企业	山西泫氏实业集团有限公司、禹州市新光铸造有限公司、高碑店市联通铸造有限责任公司、河北兴华铸管有限公司、泽州县金秋铸造有限责任公司等						

注：表中重量为现行国标 GB/T 12772 编入的 B 型管件中较常用的 BⅡ型。

⑥ B 型旋流四通外形见图 14-13，规格尺寸及重量见表 14-13。

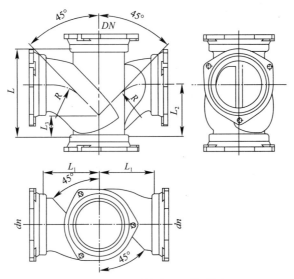

图 14-13   B 型旋流四通外形图

B 型旋流四通规格尺寸及重量表   表 14-13

公称尺寸 DN	外形尺寸（mm）						重量（kg）
	dn	L	L_1	L_2	L_3	R	
100	100	175	120	110	40	70	6.45
150	100	190	150	125	24	95	9.55
150	150	230	160	130	50	120	12.43
生产企业	山西泫氏实业集团有限公司、禹州市新光铸造有限公司、高碑店市联通铸造有限责任公司、河北兴华铸管有限公司、泽州县金秋铸造有限责任公司等						

注：表中重量为现行国标 GB/T 12772 编入的 B 型管件中较常用的 BⅡ型。

⑦ B 型旋流直角四通外形见图 14-14，规格尺寸及重量见表 14-14。

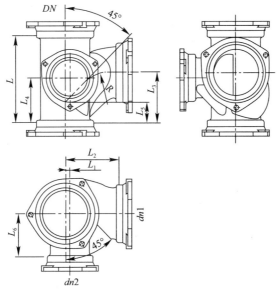

图 14-14   B 型旋流直角四通外形图

B型旋流直角四通规格尺寸及重量表　　表14-14

公称尺寸 DN	外形尺寸（mm）										重量（kg）
	dn1	dn2	L	L_1	L_2	L_3	L_4	L_5	L_6	R	
100	100	50	157	22.5	120	110	85.0	40	90	70	5.73
100	100	75	190	10.0	120	110	97.5	40	95	70	6.36
100	100	100	190	—	120	110	110.0	40	105	70	6.80
150	100	100	190	19.0	150	121	121.0	20	130	95	9.14
150	150	100	230	16.0	160	100	124.0	50	115	120	10.75
150	150	150	230	—	160	130	130.0	50	115	120	11.43
生产企业	山西泫氏实业集团有限公司、禹州市新光铸造有限公司、高碑店市联通铸造有限责任公司、河北兴华铸管有限公司、泽州县金秋铸造有限责任公司等										

注：表中重量为现行国标 GB/T 12772 编入的 B 型管件中较常用的 BⅡ型。

（3）SUNS下加长立管三通

① 产品特点

为避免管件下部法兰敷设在楼板结构层中，SUNS下加长立管三通管件可穿越楼板至下层（见图14-15）。管道穿越楼板时需设置套管，套管内壁与排水管外壁之间的间隙多为20～25mm；因B型接口法兰外径较大，无法穿越一般套管，故设计有单承口下加长三通和全承口下加长三通两种类型。单承口三通适用于浇注楼板时预埋有套管时使用，而全承口下加长三通则适用于楼板预留较大洞口时安装，在降板同层排水沉箱填充层中敷设宜选用法兰承插接口系列管材。

② 下加长立管三通及穿越楼板安装示意见图14-15。

③ B型单承口下加长 T 三通外形见图14-16，规格尺寸见表14-15。

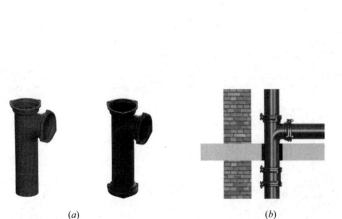

图 14-15 下加长立管三通及穿越楼板安装示意图

（a）下加长立管三通；（b）单承口下加长三通穿越楼板安装示意图

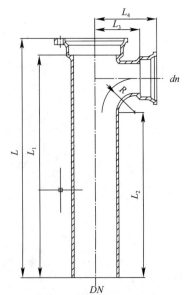

图 14-16 B 型单承口下加长 T 三通外形图

B 型单承口下加长 T 三通规格尺寸表　　　　　表 14-15

公称尺寸 DN	外形尺寸（mm）						
	dn	L	L_1	L_2	L_3	L_4	R
75	50	421	391	290	81	112	60
100	50	421	391	290	95	125	60
100	100	447	417	265	95	125	85
150	75	455	418	290	121	152	74
150	100	479	442	290	121	151	85
生产企业	山西泫氏实业集团有限公司						

（4）SUNS 下加长直角四通

① 产品特点

SUNS 下加长直角四通污水横支管接口与废水横支管接口垂直布置，污水口与废水口高度相差 145mm，当与 SUNS 多接口方形紧凑型 P 弯组装后，可用于不降板（建筑垫层高度 40～100mm 时）同层排水系统。

② B 型接口 SUNS 下加长直角四通外形见图 14-17，规格尺寸及重量见表 14-16。

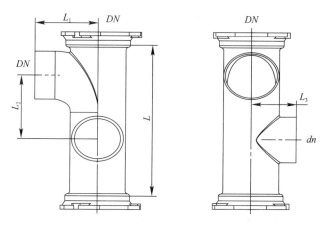

图 14-17　B 型接口 SUNS 下加长直角四通外形图

B 型接口 SUNS 下加长直角四通尺寸及重量表　　　　　表 14-16

公称尺寸 DN	外形尺寸（mm）					重量（kg）
	dn	L	L_1	L_2	L_3	
100	75	345	125	145	90	6.0
生产企业	山西泫氏实业集团有限公司					

（5）GB 加强型旋流器

① 产品特点

管件设计有扩容段，内置导流叶片。横支管水流切向进入扩容段，形成附壁旋流，可减缓水流速度、降低系统立管压力波动。

② A 型接口 GB 加强型旋流直通外形见图 14-18，规格尺寸及重量见表 14-17。

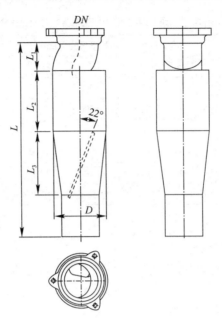

图 14-18　A 型接口 GB 加强型旋流直通外形图

A 型接口 GB 加强型旋流直通规格尺寸及重量表　　　　表 14-17

公称尺寸 DN	外形尺寸（mm）					重量（kg）
	D	L	L_1	L_2	L_3	A 级
100	154	547	80	170	180	9.72
生产企业	山西泫氏实业集团有限公司、禹州市新光铸造有限公司、高碑店市联通铸造有限责任公司、河北兴华铸管有限公司、泽州县金秋铸造有限责任公司等					

③ A 型接口 GB 加强型旋流三通外形见图 14-19，规格尺寸及重量见表 14-18。

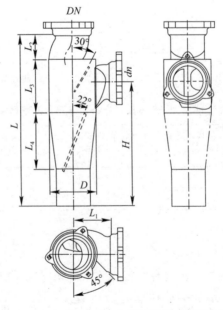

图 14-19　A 型接口 GB 加强型旋流三通外形图

A 型接口 GB 加强型旋流三通规格尺寸及重量表　　　表 14-18

公称尺寸 DN	外形尺寸　（mm）								重量（kg）
	dn	D	L	L₁	L₂	L₃	L₄	H	A 级
100	50	154	547	124	80	170	180	371	11.03
100	75	154	547	124	80	170	180	383	11.20
100	100	154	547	124	80	170	180	395	11.59
生产企业	山西泫氏实业集团有限公司、禹州市新光铸造有限公司、高碑店市联通铸造有限责任公司、河北兴华铸管有限公司、泽州县金秋铸造有限责任公司等								

④ A 型接口 GB 加强型旋流四通外形见图 14-20，规格尺寸及重量见表 14-19。

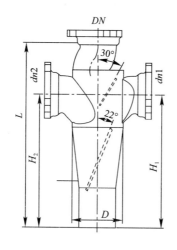
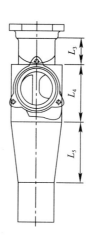
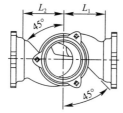

图 14-20　A 型接口 GB 加强型旋流四通外形图

A 型接口 GB 加强型旋流四通规格尺寸及重量表　　　表 14-19

公称尺寸 DN	尺寸（mm）											重量（kg）
	dn1	dn2	D	L	L₁	L₂	L₃	L₄	L₅	H₁	H₂	A 级
100	75	50	154	547	124	124	80	170	180	371	383	12.26
100	75	75	154	547	124	124	80	170	180	383	383	12.54
100	100	50	154	547	124	124	80	170	180	371	395	12.71
100	100	75	154	547	124	124	80	170	180	383	395	13.00
100	100	100	154	547	124	124	80	170	180	395	395	13.33
生产企业	山西泫氏实业集团有限公司、禹州市新光铸造有限公司、高碑店市联通铸造有限责任公司、河北兴华铸管有限公司、泽州县金秋铸造有限责任公司等											

⑤ A 型接口 GB 加强型旋流直角四通外形见图 14-21，规格尺寸及重量见表 14-20。

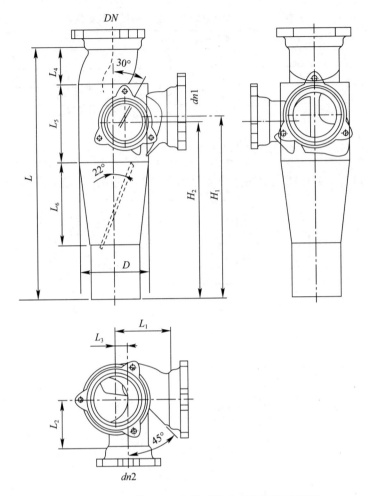

图 14-21　A 型接口 GB 加强型旋流直角四通外形图

A 型接口 GB 加强型旋流直角四通规格尺寸及重量表　　　　　　表 14-20

公称尺寸 DN	尺寸（mm）												重量（kg）
	$dn1$	$dn2$	D	L	L_1	L_2	L_3	L_4	L_5	L_6	H_1	H_2	A 级
100	75	50	154	547	124	100	40	80	170	180	383	371	12.11
100	75	75	154	547	124	105	27	80	170	180	383	383	12.32
100	100	50	154	547	124	100	40	80	170	180	395	371	12.47
100	100	75	154	547	124	105	27	80	170	180	395	383	12.70
100	100	100	154	547	124	110	—	80	170	180	395	395	13.03
生产企业	山西泫氏实业集团有限公司、禹州市新光铸造有限公司、高碑店市联通铸造有限责任公司、河北兴华铸管有限公司、泽州县金秋铸造有限责任公司等												

⑥ A 型接口 GB 加强型旋流直角五通外形见图 14-22，规格尺寸及重量见表 14-21。

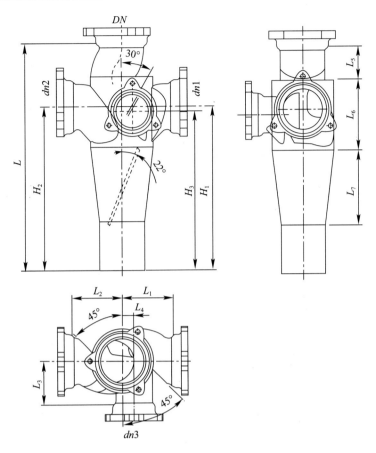

图 14-22 A 型接口 GB 加强型旋流直角五通外形图

A 型接口 GB 加强型旋流直角五通规格尺寸及重量表 表 14-21

公称尺寸 DN	外形尺寸（mm）																重量（kg）
	$dn1$	$dn2$	$dn3$	D	L	L_1	L_2	L_3	L_4	L_5	L_6	L_7	H_1	H_2	H_3	A 级
100	50	100	50	154	547	124	124	100	40	80	170	180	371	395	371	13.53
100	50	100	75	154	547	124	124	105	27	80	170	180	371	395	383	13.76
100	75	100	50	154	547	124	124	100	40	80	170	180	383	395	371	13.80
100	75	100	75	154	547	124	124	105	27	80	170	180	395	395	383	14.03
100	100	50	50	154	547	124	124	100	40	80	170	180	395	371	371	13.53
100	100	75	50	154	547	124	124	100	40	80	170	180	395	383	371	13.80
100	100	75	75	154	547	124	124	105	27	80	170	180	395	383	383	14.03
100	100	100	50	154	547	124	124	100	40	80	170	180	395	395	371	14.19
100	100	100	75	154	547	124	124	105	27	80	170	180	395	395	383	14.43
生产企业	山西泫氏实业集团有限公司、禹州市新光铸造有限公司、高碑店市联通铸造有限责任公司、河北兴华铸管有限公司、泽州县金秋铸造有限责任公司等																

⑦ B 型接口 GB 加强型旋流三通外形见图 14-23，规格尺寸及重量见表 14-22。

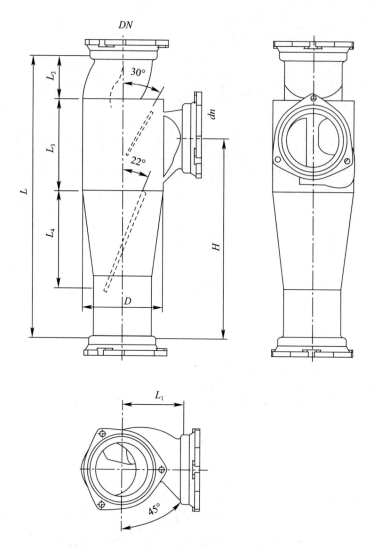

图 14-23　B 型接口 GB 加强型旋流三通外形图

B 型接口 GB 加强型旋流三通规格尺寸及重量表　　　　　　表 14-22

公称尺寸 DN	外形尺寸（mm）								重量（kg）
	dn	D	L	L_1	L_2	L_3	L_4	H	BⅡ型
100	50	154	525	113	80	170	180	348	10.67
100	75	154	525	117	80	170	180	360	10.96
100	100	154	525	119	80	170	180	373	11.26
生产企业	山西泫氏实业集团有限公司、禹州市新光铸造有限公司、高碑店市联通铸造有限责任公司、河北兴华铸管有限公司、泽州县金秋铸造有限责任公司等								

⑧ B 型接口 GB 加强型旋流四通外形见图 14-24，规格尺寸及重量见表 14-23。

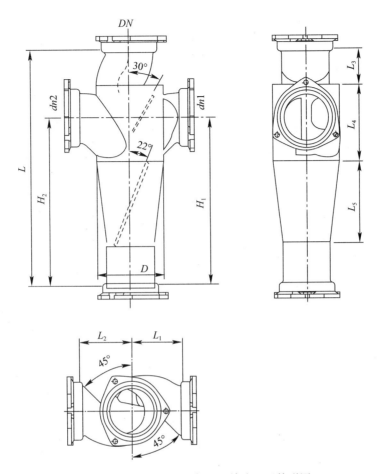

图 14-24 B 型接口 GB 加强型旋流四通外形图

B 型接口 GB 加强型旋流四通规格尺寸及重量表　　　　表 14-23

公称直径 DN	尺寸（mm）											重量（kg）
	$dn1$	$dn2$	D	L	L_1	L_2	L_3	L_4	L_5	H_1	H_2	BⅡ型
100	75	50	154	525	117	113	80	170	180	360	348	11.58
100	75	75	154	525	117	117	80	170	180	360	360	11.85
100	100	50	154	525	119	113	80	170	180	373	348	11.93
100	100	75	154	525	119	117	80	170	180	373	360	12.21
100	100	100	154	525	119	119	80	170	180	373	373	12.49
生产企业	山西泫氏实业集团有限公司、禹州市新光铸造有限公司、高碑店市联通铸造有限责任公司、河北兴华铸管有限公司、泽州县金秋铸造有限责任公司等											

⑨ B 型接口 GB 加强型旋流直角四通外形见图 14-25，规格尺寸及重量见表 14-24。

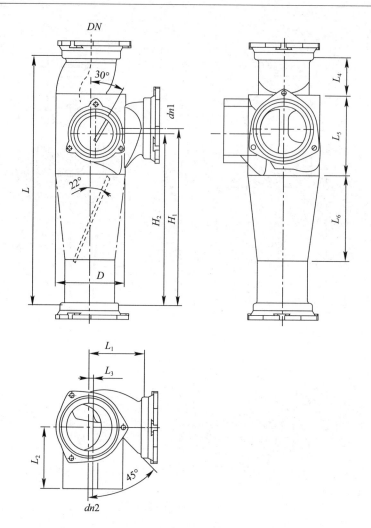

图 14-25　B 型接口 GB 加强型旋流直角四通外形图

B 型接口 GB 加强型旋流直角四通规格尺寸及重量表　　　　表 14-24

公称尺寸 DN	外形尺寸（mm）												重量（kg）
	$dn1$	$dn2$	D	L	L_1	L_2	L_3	L_4	L_5	L_6	H_1	L_2	BⅡ型
100	75	50	154	525	117	130	26	80	170	180	360	348	11.77
100	75	75	154	525	117	130	10	80	170	180	360	360	12.29
100	100	50	154	525	119	130	26	80	170	180	373	348	12.20
100	100	75	154	525	119	130	10	80	170	180	373	360	12.61
100	100	100	154	525	119	149	—	80	170	180	373	373	13.37
生产企业	山西泫氏实业集团有限公司、禹州市新光铸造有限公司、高碑店市联通铸造有限责任公司、河北兴华铸管有限公司、泽州县金秋铸造有限责任公司等												

⑩ B 型接口 GB 加强型旋流直角五通外形见图 14-26，规格尺寸及重量见表 14-25。

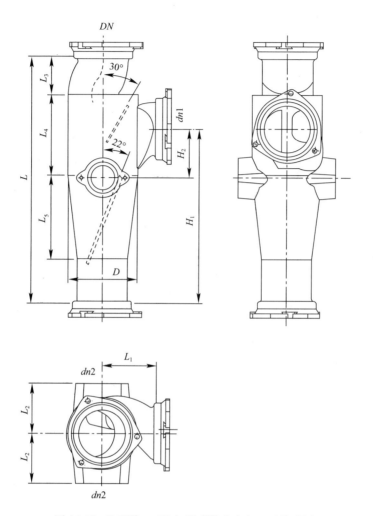

图 14-26 B 型接口 GB 加强型旋流直角五通外形图

B 型接口 GB 加强型旋流直角五通规格尺寸及重量表　　　　　　表 14-25

公称尺寸 DN	外形尺寸（mm）											重量（kg）
	dn1	dn2	D	L	L_1	L_2	L_3	L_4	L_5	H_1	H_2	BⅡ型
100	100	50	154	525	119	106	80	170	180	370	100	12.45
生产企业	山西泫氏实业集团有限公司、禹州市新光铸造有限公司、高碑店市联通铸造有限责任公司、河北兴华铸管有限公司、泽州县金秋铸造有限责任公司等											

⑪ W 型接口 GB 加强型旋流三通外形见图 14-27，规格尺寸及重量见表 14-26。

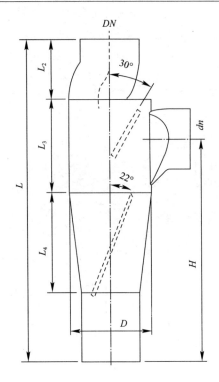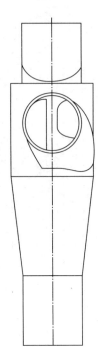

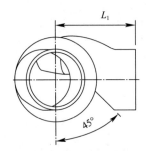

图 14-27　W 型接口 GB 加强型旋流三通外形图

W 型接口 GB 加强型旋流三通规格尺寸及重量表　　　　表 14-26

公称尺寸 DN	外形尺寸（mm）								重量（kg）
	dn	D	L	L₁	L₂	L₃	L₄	H	A 级
100	50	154	585	145	109	170	180	379	9.53
100	75	154	585	145	109	170	180	392	9.68
100	100	154	585	150	109	170	180	404	9.91
生产企业	山西泫氏实业集团有限公司、禹州市新光铸造有限公司、高碑店市联通铸造有限责任公司、河北兴华铸管有限公司、泽州县金秋铸造有限责任公司等								

⑫ W 型接口 GB 加强型旋流四通外形见图 14-28，规格尺寸及重量见表 14-27。

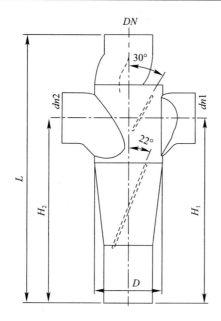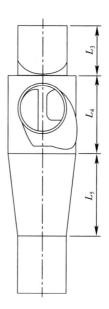

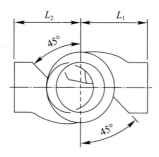

图 14-28　W 型接口 GB 加强型旋流四通外形图

W 型接口 GB 加强型旋流四通规格尺寸及重量表　　　　表 14-27

| 公称尺寸 DN | 外形尺寸（mm） | | | | | | | | | | | 重量（kg） |
	$dn1$	$dn2$	D	L	L_1	L_2	L_3	L_4	L_5	H_1	H_2	A 级
100	75	50	154	585	145	145	109	170	180	392	379	10.12
100	75	75	154	585	145	145	109	170	180	392	392	10.27
100	100	50	154	585	150	145	109	170	180	404	379	10.35
100	100	75	154	585	150	145	109	170	180	404	392	10.50
100	100	100	154	585	150	150	109	170	180	404	404	10.73
生产企业	山西泫氏实业集团有限公司、禹州市新光铸造有限公司、高碑店市联通铸造有限责任公司、河北兴华铸管有限公司、泽州县金秋铸造有限责任公司等											

⑬ W 型接口 GB 加强型旋流直角四通外形见图 14-29，规格尺寸及重量见表 14-28。

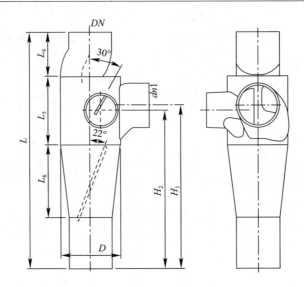

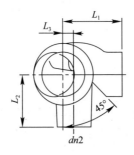

图 14-29　W 型接口 GB 加强型旋流直角四通外形图

W 型接口 GB 加强型旋流直角四通规格尺寸及重量表　　　　表 14-28

公称尺寸 DN	外形尺寸（mm）												重量（kg）
	$dn1$	$dn2$	D	L	L_1	L_2	L_3	L_4	L_5	L_6	H_1	H_2	A 级
100	75	50	154	585	145	125	40	109	170	180	392	379	9.99
100	75	75	154	585	145	130	27	109	170	180	392	392	10.08
100	100	50	154	585	150	125	40	109	170	180	404	379	10.22
100	100	75	154	585	150	130	27	109	170	180	404	392	10.31
100	100	100	154	585	150	150	—	109	170	180	404	404	10.61
生产企业	山西泫氏实业集团有限公司、禹州市新光铸造有限公司、高碑店市联通铸造有限责任公司、河北兴华铸管有限公司、泽州县金秋铸造有限责任公司等												

（6）SUNS 通气立管三通

① 产品特点

管件尺寸紧凑，可用于安装空间较小，无法利用标准管件实现双立管排水系统中器具通气管与通气立管的连接。

② B 型接口 SUNS 通气立管三通外形见图 14-30，规格尺寸及重量见表 14-29。

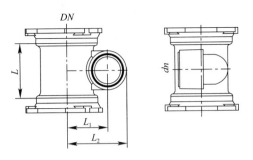

图 14-30 B 型接口 SUNS 通气立管三通外形图

B 型接口 SUNS 通气立管三通规格尺寸及重量表　　　表 **14-29**

公称尺寸 DN	外形尺寸　（mm）				重量（kg）
	dn	L	L_1	L_2	
100	50	110	85	125	3.5
生产企业	山西泫氏实业集团有限公司				

③ W 型接口 SUNS 通气立管三通外形见图 14-31，规格尺寸及重量见表 14-30。

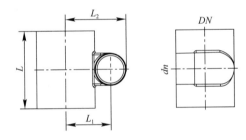

图 14-31　W 型接口 SUNS 通气立管三通外形图

W 型接口 SUNS 通气立管三通规格尺寸及重量表　　　表 **14-30**

公称尺寸 DN	外形尺寸（mm）				重量（kg）
	dn	L	L_1	L_2	
100	50	145	85	115	2.2
生产企业	山西泫氏实业集团有限公司				

（7）排水系统立管底部弯头

① GB 型大半径变截面异径弯头

a. 产品特点

弯头曲率半径为立管管径的 2 倍～4 倍，90°，弯头过水断面从圆形过渡为蛋形或椭圆形，再回复至圆形。出水口口径比进水口口径大 1 级～3 级，用于连接排水立管与排水横干管或排出管，可有效改善系统水力工况、降低排水管道内的压力波动。

b. A 型接口 GB 型大半径变截面异径弯头外形见图 14-32，规格尺寸及重量见表 14-31。

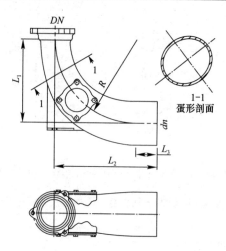

图 14-32　A 型接口 GB 型大半径变截面异径弯头外形图

A 型接口 GB 型大半径变截面异径弯头规格尺寸及重量表　　　　表 14-31

公称尺寸 DN	外形尺寸（mm）					重量（kg）
	dn	L_1	L_2	L_3	R	B 级
100	150	305	385	80	305	12.05
100	150	455	385	80	305	14.03
100	150	405	485	80	405	14.32
100	150	555	485	80	405	16.30
生产企业	山西泫氏实业集团有限公司、禹州市新光铸造有限公司、高碑店市联通铸造有限责任公司、河北兴华铸管有限公司、泽州县金秋铸造有限责任公司等					

c. B 型接口 GB 型大半径变截面异径弯头外形见图 14-33，规格尺寸及重量见表 14-32。

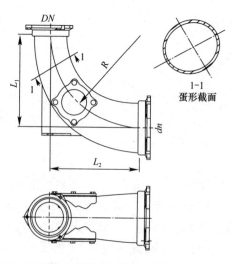

图 14-33　B 型接口 GB 型大半径变截面异径弯头外形图

B 型接口 GB 型大半径变截面异径弯头规格尺寸及重量表　　　表 14-32

公称尺寸 DN	尺寸（mm）				重量（kg）
	dn	L_1	L_2	R	
100	150	305	305	305	10.95
100	150	455	305	305	12.75
100	150	405	405	405	12.98
100	150	555	405	405	14.78
生产企业	山西泫氏实业集团有限公司、禹州市新光铸造有限公司、高碑店市联通铸造有限责任公司、河北兴华铸管有限公司、泽州县金秋铸造有限责任公司等				

d. W 型接口 GB 型大半径变截面异径弯头外形见图 14-34，规格尺寸及重量见表 14-33。

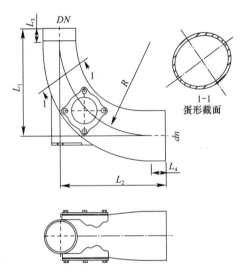

图 14-34　W 型接口 GB 型大半径变截面异径弯头外形图

W 型接口 GB 型大半径变截面异径弯头规格尺寸及重量表　　　表 14-33

公称尺寸 DN	外形尺寸（mm）						重量（kg）
	dn	L_1	L_2	L_3	L_4	R	B 级
100	150	350	355	45	50	305	10.84
100	150	500	355	195	50	305	12.92
100	150	450	455	45	50	405	13.36
100	150	600	455	195	50	405	15.44
生产企业	山西泫氏实业集团有限公司、禹州市新光铸造有限公司、高碑店市联通铸造有限责任公司、河北兴华铸管有限公司、泽州县金秋铸造有限责任公司等						

② SUNS 90°大半径底部弯头

a. 产品特点

曲率半径较大，用于排水立管底部，可使水流在横干管或排出管有较大的速度，具有较高的污物输送能力，可有效避免横管水跃、壅塞和系统底部卫生间的冒溢。

b. SUNS 90°大半径弯头外形见图 14-35，规格尺寸及重量见表 14-34。

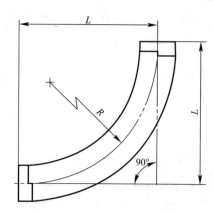

图 14-35　SUNS 90°大半径底部弯头外形图

SUNS 90°大半径底部弯头规格尺寸及重量表　　　　　　　　表 14-34

公称尺寸 DN	外形尺寸（mm）		重量（kg）
	L	R	
50	165	127	1.6
	241	203	2.50
75	254	216	3.50
	178	140	2.50
100	430	400	6.50
	191	152	3.80
125	292	241	6.85
	216	165	5.2
150	305	254	8.50
	229	178	6.4
生产企业	山西泫氏实业集团有限公司		

2. 柔性接口球墨铸铁排水管

1）产品特点

（1）强度高，抗外力冲击能力强，同时具有铁和钢的优异性能。

（2）内防腐层采用铝酸盐水泥砂浆、聚氨酯或环氧陶瓷喷涂，可有效抵抗污水中酸、碱、盐、油脂等腐蚀性物质的侵蚀。

（3）外防腐层采用锌层加环氧树脂终饰层，形成一层致密连续、难以溶解、难以渗透的保护膜，有效延长管道使用寿命。

（4）承插胶圈柔性接口，抗震性能好。

（5）接口采用耐腐蚀性能和耐油污性能优异的丁腈胶圈，密封性好，还可有效抵抗污水中强腐蚀性物质和油脂类物质的侵蚀。

2）执行标准：现行国家标准《污水用球墨铸铁管、管件和附件》GB/T 26081。

3）适用场所：城镇住宅小区、公建小区、工厂厂区及市政、农田水利埋地排水管。

4）球墨铸铁排水管与灰铸铁排水管及钢管的机械性能比较见表 14-35。

球墨铸铁排水管与灰铸铁排水管及钢管的机械性能比较表 　表 14-35

性能指标	灰铁管	球墨铸铁管	钢管
抗拉强度（MPa）	150～260	≥420	≥400
延伸率（%）	0	$DN80～DN1000≥10$ $DN1100～DN2600≥7$	≥18
弹性系数（N/mm²）	$11×10^4$	$16×10^4$	$20×10^4$
硬度（HB）	≤230	≤230	140

5）常用球墨铸铁排水管材规格见表 14-36。

球墨铸铁排水管常用管材规格表 　表 14-36

序号	公称尺寸 DN	壁厚（mm）	常用管材标准长度（m）
1	80	4.4	6
2	100	4.4	
3	150	4.5	
4	200	4.7	
5	250	5.5	
6	300	6.2	
7	350	6.3	
8	400	6.5	
9	450	6.9	
10	500	7.5	
11	600	8.7	
12	700	8.8	
13	800	9.6	
14	900	10.6	
15	1000	11.6	
16	1200	13.6	6、8、15
17	1400	15.7	
18	1600	17.7	
19	1800	19.7	
20	2000	21.8	
21	2200	23.8	
22	2400	25.8	
23	2600	27.9	
生产企业		新兴铸管股份有限公司	

注：其他管材规格可咨询生产企业。

3. 屋面雨水用柔性接口铸铁排水管、管件及附件

1）分类

按用途及接口型式分为用于室内敷设的 QB 型机械式柔性接口雨水排水球墨铸铁管及管件和用于建筑外墙敷设的 CJ 型承插式柔性接口雨水排水灰口铸铁雨落管及管件。其中 Q 代表球墨铸铁，B 代表 B 型接口，CJ 代表承插接口。

2）执行标准：现行国家标准《建筑屋面雨水排水铸铁管、管件及附件》GB/T 37357。

3）建筑屋面雨水排水铸铁管、管件及附件的技术性能见表 14-37。

建筑屋面雨水排水铸铁管、管件及附件技术性能表 表 14-37

名称	建筑屋面雨水排水铸铁管、管件及附件	
接口型式	QB 型机械式柔性接口	CJ 型承插式柔性接口
规格公称尺寸 DN	三耳 DN100 四耳 DN150、DN200	DN75、DN100、DN125、DN150
壁厚	管材只有一种壁厚	管材只有一种壁厚
抗拉强度（MPa）	抗拉强度 R_m 应≥420MPa， 断后伸长率 A 应≥5%	≥200
接口试验压力（MPa）	内水压≥3.0，外水压≥0.08	—
轴向位移试验 （接口引拔试验）	在管内水压≥0.35MPa 的作用下，接口处拔出≥12mm 时，稳压 3min，接口处应无渗漏	
轴向振动位移试验	在管内水压≥0.35MPa 的作用下，振动频率为 1.8～2.5Hz，沿轴向作往复振动位移（另一管段从接口处反复拔出、插入）≥±2.5mm，持续 3min，应无渗漏	
横向振动位移试验 （抗曲挠试验）	管内保持 0.1MPa 内水压力，在中点接口处施加一个频率为 0.8～1.0Hz 横向往复推拉力，中点接口处的横向位移值（曲挠值）大于等于±30mm，持续 5min，应无渗漏	

4）适用条件

（1）当用于下列建筑屋面雨水排水系统时，可选用 QB 型球墨铸铁管及管件：

① 建筑高度 70m 以上的高层和超高层建筑室内敷设雨水排水管道；

② 高层和超高层建筑室内敷设雨水排水管道需要进行接口止脱加固的转换层或底部悬吊横干管；

③ 非均匀沉降区域建筑屋面雨水排水出户埋地管。

（2）当用于下列建筑雨水排水系统时，宜选用 CJ 型灰口铸铁雨落管及管件：

① 高层建筑外墙敷设重力流雨水排水雨落管；

② 多层、低层建筑外墙敷设重力流雨水排水雨落管。

（3）当用于灌水试验高度小于等于 70m 的建筑室内雨水排水系统或雨水斗连接管及水平悬吊管时，宜选用《排水用柔性接口铸铁管、管件及附件》GB/T 12772—2016 规定的排水铸铁管及管件。

（4）用于高层和超高层建筑屋面雨水排水室内敷设的球墨铸铁管管道接口及检查口宜采用三元乙丙材质的橡胶密封圈。为确保具有足够的外力变形补偿间隙，立管接口宜选用减震补偿橡胶密封圈。

（5）建筑屋面雨水排水铸铁管室内立管安装，宜采用可调式镀锌碳钢固定管卡或其他型式镀锌带钢形管卡固定。当用于室外灰口铸铁雨落管安装时，宜采用可调式球墨铸铁固定管卡固定。

（6）当用于下列部位雨水排水管道安装时，管道接口宜进行止脱加固：

① 底部弯头与立管和横干管连接的接口；

② 转换层弯头及横干管上的连接接口；

③ 水平横干管转弯部位的连接接口；

④ 底部排水悬吊横干管上的连接接口；

⑤ 排水立管上管件与排水悬吊横管连接的接口；

⑥ 其他接口两侧管段固定安装困难、容易造成脱落的连接接口。

（7）用于止脱接口连接的管道，应选择插口带止脱凸缘的 QB 型球墨铸铁管件或在插口端堆焊成形止脱凸缘的 QB 型球墨铸铁直管，以便于止脱接口安装。

（8）用于建筑雨水排水铸铁管道室内悬吊横管安装时，可采用镀锌碳钢吊卡及配套安装附件。

5）QB 型建筑屋面雨水排水球墨铸铁机械式柔性接口直管及管件

（1）QB 型直管机械式柔性接口结构见图 14-36。

（2）QB 型机械式柔性接口及直管外形见图 14-37，接口规格尺寸见表 14-38，直管和管件规格尺寸及重量见表 14-39。

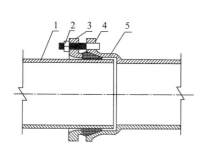

图 14-36　QB 型直管机械式柔性接口结构示意图

1—直管或管件插口端；2—法兰压盖紧固螺栓；

3—法兰压盖；4—橡胶密封圈；5—管件或直管

承口端（管盘上分为三耳、四耳）

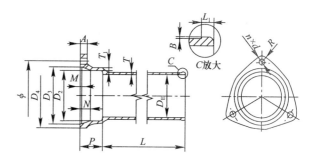

图 14-37　QB 型机械式柔性接口及直管外形图

QB 型接口规格尺寸表　　　　表 14-38

公称尺寸 DN	承插口尺寸　（mm）													
	D_E	D_2	D_3	D_4	ϕ	P	A	R	M	N	L_1	B	T	T_1	$n \times d$
100	111	119	134	154	162	55	18	16	5	26	12	1.5	5.5	6	3×14
150	162	172	189	213	224	60	20	20	6	29	12	1.5	6.0	7	4×18
200	214	226	243	269	285	65	20	25	7	30	15	2.0	7.0	8	4×23
生产企业	山西泫氏实业集团有限公司、禹州市新光铸造有限公司、高碑店市联通铸造有限责任公司、河北兴华铸管有限公司、泽州县金秋铸造有限责任公司等														

注：如不需要止脱加固的直管插口，可不参考 L_1 和 B 尺寸。

QB 型直管和管件规格尺寸及重量表　　　　表 14-39

公称尺寸 DN	壁厚 T（mm）	承口部重量（kg）	直部每米重量（kg）	直管有效长度 L（mm）		
				1500	2000	3000
				总重量　　（kg）		
100	5.5	1.87	13.35	21.90	28.57	41.92
150	6.0	3.65	21.51	35.92	46.67	68.18
200	7.0	5.60	33.36	55.64	72.32	105.68
生产企业	山西泫氏实业集团有限公司、禹州市新光铸造有限公司、高碑店市联通铸造有限责任公司、河北兴华铸管有限公司、泽州县金秋铸造有限责任公司等					

6）CJ 型承插式柔性接口建筑外墙雨水排水灰口铸铁雨落管及管件

（1）CJ 型承插式柔性接口结构见图 14-38。

（2）CJ 型承插接口及雨落管结构见图 14-39，承插接口规格尺寸见表 14-40，雨落管、管件规格尺寸及重量见表 14-41。

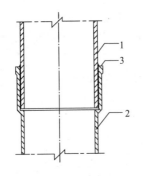

图 14-38　CJ 型承插式柔性接口结构图

1—直管或管件插口端；

2—管件或直管承口端；3—密封胶

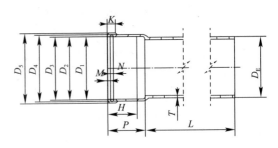

图 14-39　CJ 型承插接口及雨落管结构

CJ 型承插接口规格尺寸表　　　　　　　　　　　　　　表 14-40

公称尺寸 DN	承插口尺寸（mm）											
	D_E	D_1	D_2	D_3	D_4	D_5	M	N	K	P	H	T
75	83	58.5	86	87	95	100	5	5	13	60	45	3.5
100	110	112.5	113	114	122	128	6	5	15	70	55	3.5
125	135	138	139	140	149	155	6	6	17	75	60	3.5
150	160	163	164	165	174	180	6	6	17	80	60	4.0
生产企业	山西泫氏实业集团有限公司、禹州市新光铸造有限公司、高碑店市联通铸造有限责任公司、河北兴华铸管有限公司、泽州县金秋铸造有限责任公司等											

CJ 型雨落管、管件规格尺寸及重量表　　　　　　　表 14-41

公称尺寸 DN	壁厚 T(mm)	承口部重量（kg）	直部每米重量（kg）	直管有效长度 L（mm）		
				1000	2000	3000
				总重量（kg）		
75	3.5	0.68	6.53	6.91	13.21	19.50
100	3.5	1.04	8.43	9.37	17.81	26.24
125	3.5	1.57	10.41	13.25	25.10	36.95
150	4.0	1.96	14.12	15.87	29.98	44.09
生产企业	山西泫氏实业集团有限公司、禹州市新光铸造有限公司、高碑店市联通铸造有限责任公司、河北兴华铸管有限公司、泽州县金秋铸造有限责任公司等					

7）铸铁雨水斗及承雨斗

（1）ZIQ 型重力式雨水斗构造见图 14-40，规格尺寸及重量见表 14-42。

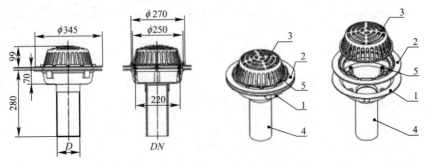

图 14-40　ZIQ 型重力式雨水斗构造图

1—斗体；2—压盘；3—球形格栅斗帽；4—排出直管；5—紧固螺栓及螺母

ZIQ 型重力式雨水斗规格尺寸及重量表　　　　　　表 14-42

型号	公称尺寸 DN	尺寸（mm）		重量（kg）
		直管段外径 D	紧固螺栓 M×L	
ZIQ-75	75	86	M8×55	11.70
ZIQ-100	100	111	M8×55	12.23
ZIQ-150	150	162	M8×55	13.22
生产企业	山西泫氏实业集团有限公司、禹州市新光铸造有限公司、高碑店市联通铸造有限责任公司、河北兴华铸管有限公司、泽州县金秋铸造有限责任公司等			

（2）ZⅡBH 型侧入式雨水斗结构见图 14-41，规格尺寸及重量见表 14-43。

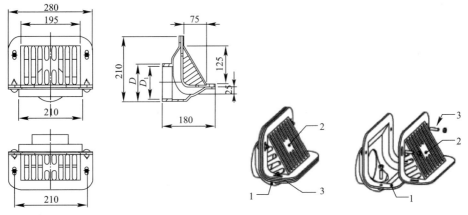

图 14-41　ZⅡBH 型侧入式雨水斗结构图
1—斗体；2—格栅压板；3—紧固螺栓及螺母

ZⅡBH 型侧入式雨水斗规格尺寸及重量表　　　　　　表 14-43

型号	公称尺寸 DN	出水管口径尺寸（mm）		紧固螺栓	重量（kg）
		D	D_1		
ZⅡBH-50	50	70	56	M8×30	5.70
ZⅡBH-75	75	96	82		6.06
ZⅡBH-100	100	120	106		6.00
生产企业	山西泫氏实业集团有限公司、禹州市新光铸造有限公司、高碑店市联通铸造有限责任公司、河北兴华铸管有限公司、泽州县金秋铸造有限责任公司等				

（3）87Ⅱ型雨水斗结构见图 14-42，规格尺寸及重量见表 14-44。

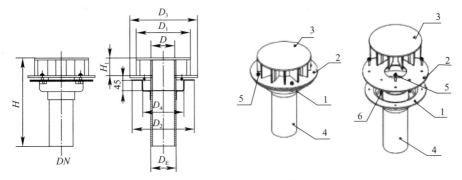

图 14-42　87Ⅱ型雨水斗结构图
1—斗体；2—压板；3—导流罩；4—排出直管；5—紧固螺栓及螺母；6—连接螺钉

87 Ⅱ 型雨水斗规格尺寸及重量表　　　　　　　　　表 14-44

型号	公称尺寸 DN	尺寸（mm）								导流板（个）	连接螺钉 M×L	紧固螺栓 M×L	重量（kg）
		D_E	D	D_1	D_2	D_3	D_4	H	H_1				
87Ⅱ-75	75	86	75	215	255	275	155	390	60	8	M6×15	M8×50	11.57
87Ⅱ-100	100	111	100	240	280	300	182	400	70	12	M6×15	M8×50	14.77
87Ⅱ-150	150	162	150	290	330	350	232	425	95	12	M6×15	M8×50	21.97
87Ⅱ-200	200	214	200	340	380	400	297	440	110	12	M6×15	M8×50	26.87
生产企业	山西泫氏实业集团有限公司、禹州市新光铸造有限公司、高碑店市联通铸造有限责任公司、河北兴华铸管有限公司、泽州县金秋铸造有限责任公司等												

（4）PIQ 型虹吸式雨水斗结构见图 14-43，规格尺寸及重量见表 14-45。

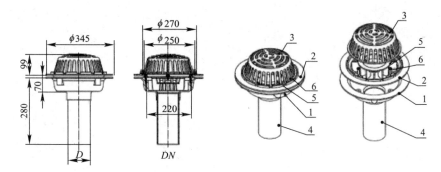

图 14-43　PIQ 型虹吸式雨水斗结构图

1—斗体；2—压盘；3—球形格栅斗帽；4—排出直管；5—整流器；6—紧固螺栓及螺母

PIQ 型虹吸式雨水斗规格尺寸及重量表　　　　　　　　　表 14-45

型号	公称尺寸 DN	D	紧固螺栓 M×L	重量（kg）
PIQ-50	50	61	M8×55	13.02
PIQ-75	75	86	M8×55	13.58
PIQ-100	100	111	M8×55	14.11
生产企业	山西泫氏实业集团有限公司、禹州市新光铸造有限公司、高碑店市联通铸造有限责任公司、河北兴华铸管有限公司、泽州县金秋铸造有限责任公司等			

（5）CI 型承雨斗外形见图 14-44，规格尺寸及重量见表 14-46。

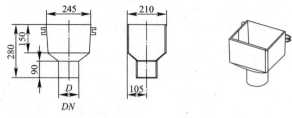

图 14-44　CI 型承雨斗外形图

CI 型承雨斗规格尺寸及重量表　　　　　　　　　表 14-46

型号	公称尺寸 DN	D（mm）	重量（kg）
CI-75	75	86	13.43
CI-100	100	111	13.73
生产企业	山西泫氏实业集团有限公司、禹州市新光铸造有限公司、高碑店市联通铸造有限责任公司、河北兴华铸管有限公司、泽州县金秋铸造有限责任公司等		

4. 不锈钢排水管及管件

1）不锈钢排水管材、管件的壁厚、材质及加工成型工艺

采用 1.0～4.0mm 厚的不锈钢带或不锈钢板，通过制管设备用自动氩弧焊等熔焊焊接工艺制成的排水管材。管径为 $DN32～DN300$，承压等级为 1.6、2.5、3MPa。

不锈钢排水管件的壁厚不得小于同类型连接方式的管材壁厚，其加工成型工艺可为冷挤压成型或内高压水胀成型。管件经成型、焊接加工后，应进行气体（全氢或 AX 混合气体）保护光亮固溶处理，固溶处理的温度应为 1040～1080℃。管件固溶处理后应进行酸洗钝化处理（管件采用光亮固溶处理的，可不进行酸洗钝化处理），并按《人造气氛腐蚀试验　盐雾试验》GB/T 10125 的规定进行 240h 中性盐雾腐蚀试验。

不锈钢排水管材、管件的材质要求一般为 S31608（06Cr17Ni12Mo2，旧牌号 SUS316）或 S31603（022Cr17Ni12Mo2，旧牌号 SUS316L）及抗腐蚀性能等级更高者。如选用材质为 S30408（06Cr19Ni10，旧牌号 SUS304），则要求输送介质的 pH 值应≥6.6，且氯化物的含量应≤200mg/L。

不同连接方式的不锈钢管道接口应采用与之相配套的不锈钢管件。不同系列、不同牌号的不锈钢管材宜配套采用相同牌号材质的管件。

2）连接方式

不锈钢排水管常用的连接方式有卡压连接、环压连接、承插压合式连接、沟槽卡箍连接和焊接（包括承插焊、对接焊）连接等；在与阀门、器材或设备接口等连接处，应采用便于拆卸的螺纹或法兰连接。

为防止电化学腐蚀和双金属腐蚀，不锈钢排水管不宜与其他金属材质（除铜管外）的管材、管件、附件直接连接或接触。当必须连接时，应采取转换接头等防止电化学腐蚀的措施。

3）适用范围

不锈钢排水管适宜用于建造标准较高的建筑屋面压力流雨水排水系统、生活污废水压力提升排水系统和真空排水系统。

4）执行标准

《流体输送用不锈钢焊接钢管》GB/T 12771—2019；

《不锈钢卡压式管件组件　第 1 部分　卡压式管件》GB/T 19228.1—2011；

《不锈钢卡压式管件组件　第 2 部分　连接用薄壁不锈钢管》GB/T 19228.2—2011；

《不锈钢卡压式管件组件　第 3 部分　O 形橡胶密封圈》GB/T 19228.3—2012；

《建筑用承插式金属管管件》CJ/T 117—2018；

《薄壁不锈钢承插压合式管件》CJ/T 463—2014；

《工程机械　厌氧胶、硅橡胶及预涂干膜胶应用技术规范》JB/T 7311—2016。

5）产品规格尺寸

（1）液压加强型管件双卡压连接薄壁不锈钢排水管材规格尺寸见表 14-47。

液压加强型管件双卡压连接薄壁不锈钢排水管材规格尺寸表　　　　表 14-47

公称尺寸 DN	公称外径（mm）	壁厚（mm）	承压等级（MPa）
32	32.0	1.2	1.6
		1.5	2.5

续表

公称尺寸 DN	公称外径（mm）	壁厚（mm）	承压等级（MPa）
40	40.0	1.2	1.6
		1.5	2.5
50	50.8	1.2	1.6
		1.5	2.5
60	63.5	1.2	1.6
		1.5	2.5
65	76.1	1.5	1.6
		2.0	2.5
80	88.9	1.5	1.6
		2.0	2.5
100	101.6	1.5	1.6
		2.0	2.5
生产企业	维格斯（上海）流体技术有限公司		

（2）冷挤压成型管件双卡压连接薄壁不锈钢排水管材规格尺寸见表14-48。

冷挤压成型管件双卡压连接薄壁不锈钢排水管材规格尺寸表　　　　表 14-48

公称尺寸 DN	公称外径（mm）	壁厚（mm）	承压等级（MPa）
32	32.0	1.2	1.6
40	40.0	1.2	1.6
50	50.8	1.2	1.6
60	63.5	1.2	1.6
65	76.1	1.5	1.6
80	88.9	1.5	1.6
100	101.6	1.5	1.6
生产企业	宁波市华涛不锈钢管材有限公司、金品冠科技集团有限公司等		

（3）冷挤压成型管件焊接连接薄壁不锈钢排水管材规格尺寸见表14-49。

冷挤压成型管件焊接连接薄壁不锈钢排水管材规格尺寸　　　　表 14-49

公称尺寸 DN	公称外径（mm）	壁厚（mm）	承压等级（MPa）	适宜连接方式 承插焊/对接焊
32	32.0	1.0	1.6	
40	40.0	1.0	1.6	
50	50.8	1.2	1.6	
60	63.5	1.2	1.6	承插氩弧焊
65	76.1	1.5	1.6	
80	88.9	1.5	1.6	
100	101.6	1.5	1.6	
125	133.0	2.0	1.6	
150	159.0	2.0	1.6	
200	219.0	3.0	1.6	对接氩弧焊
250	273.0	4.0	1.6	
300	324.0	4.0	1.6	
生产企业	宁波市华涛不锈钢管材有限公司			

（4）沟槽式卡箍连接薄壁不锈钢排水管材规格尺寸见表14-50。

沟槽式卡箍连接薄壁不锈钢排水管材规格尺寸表 表14-50

公称尺寸 DN	外径（mm）	壁厚（mm）	承压等级（MPa）
125	133.0	2.0	1.6
		2.5	2.5★
150	159.0	2.5	1.6
		3.0	2.5★
200	219.0	3.0	1.6
250	273.0	3.0（4.0）	1.6
300	325.0（324.0）	3.0（4.0）	1.6
生产企业	维格斯（上海）流体技术有限公司、宁波市华涛不锈钢管材有限公司等		

注：括号内数据为宁波市华涛不锈钢管材有限公司产品，带★号数据为维格斯（上海）流体技术有限公司产品。

（5）冷挤压成型管件承插压合式连接薄壁不锈钢排水管材规格尺寸见表14-51。

冷挤压成型管件承插压合式连接薄壁不锈钢排水管材规格尺寸表 表14-51

公称尺寸 DN	外径 D（mm）		管材壁厚（mm）	承压等级（MPa）
	Ⅰ系列	Ⅱ系列		
32	32.0	34.0	1.00	3.2
40	40.0	42.7	1.00	3.2
50	50.8	48.6	1.00	3.2
60	63.5	—	1.30	3.2
65	76.1	—	1.50	3.2
80	88.9	—	1.50	3.2
100	101.6	108.0	1.50	3.2
125	133.0		1.80	3.2
150	159.0		2.20	3.2
200	219.1		3.00	3.2
250	273.0		3.50	1.6
300	325.0		3.50	1.6
生产企业	金品冠科技集团有限公司			

14.1.2 排水用内衬不锈钢复合钢管及管件

1. 产品特点

内衬不锈钢复合钢管是以碳钢管作为基管，以薄壁不锈钢管作为内衬管，通过旋压、液压、冷扩、缩径、爆燃等工艺紧密贴合的复合成型管材（简称SSP管）。

排水用内衬不锈钢复合钢管外表面可采用热镀锌、外覆塑、涂塑等防腐层。

内衬不锈钢复合钢管及管件兼有不锈钢管卫生条件好、水流阻力小、耐腐蚀性能高，以及碳钢管强度高、可承压、性价比高的优点，又克服了碳钢管（包括镀锌钢管）易腐蚀、易结垢及塑料管易老化、不耐高温的缺陷，使用寿命长，且便于安装。

2. 基管及内衬管材质

排水用内衬不锈钢复合钢管的基管为符合现行国家标准《低压流体输送用焊接钢管》GB/T 3091的低压流体输送用焊接钢管。

排水用内衬不锈钢复合管件的基材为可锻铸铁（玛钢）管件或球墨铸铁管件。

内衬管为 S30408（06Cr19Ni10，旧牌号 SUS304）或 S31608（06Cr17Ni12Mo2，旧牌号 SUS316）等符合现行国家标准《流体输送用不锈钢焊接钢管》GB/T 12771 的薄壁不锈钢焊接钢管。内衬层与基层的结合强度应能承受不低于 90kPa 的耐负压能力。

3. 连接方式

排水用内衬不锈钢复合钢管可采用螺纹连接（DN≤100）、沟槽式（卡箍）连接（DN≥65），以及法兰连接、焊接连接。

4. 系统承压能力

1）当复合管件基材为符合现行国家标准《可锻铸铁管路连接件》GB/T 3287 的可锻铸铁管件时，系统最大设计工作压力应不大于 2.0MPa。

2）当复合管件基材为符合现行国家标准《自动喷水灭火系统　第 11 部分：沟槽式管接件》GB 5135.11 的沟槽式管件时，如公称尺寸 DN≤300，系统最大设计工作压力应不大于 2.5MPa。

3）当采用符合现行国家标准《板式平焊钢制管法兰》GB/T 9119 的突面板式平焊法兰连接时，系统最大设计工作压力应不大于 10.0MPa；当采用符合现行国家标准《板式平焊钢制管法兰》GB/T 9119 的平面板式平焊法兰时，系统最大设计工作压力应不大于 4.0MPa；当采用符合《翻边环板式松套钢制管法兰》GB/T 9122 的管端翻边板式松套法兰时，系统最大设计工作压力应不大于 1.6MPa。

4）当采用符合现行国家标准《流体输送用不锈钢无缝钢管》GB/T 14976 的不锈钢无缝管弯制的钢制无缝对焊管件进行对接焊连接时，系统最大设计工作压力应不大于 15.0MPa；当采用符合现行国家标准《流体输送用双金属复合耐腐蚀钢管》GB/T 31940 的内覆不锈钢无缝管弯制的钢制无缝对焊管件进行对接焊连接时，系统最大设计工作压力应不大于 13.6MPa。

5. 适用范围

排水用内衬不锈钢复合钢管适用于建筑屋面压力流雨水排水系统、生活污废水压力提升排水系统和真空排水系统。

6. 常用复合排水管材规格尺寸

常用建筑排水内衬不锈钢复合钢管的规格尺寸详见表 14-52。

常用建筑排水内衬不锈钢复合钢管规格尺寸及允许偏差表（mm）　　表 14-52

公称尺寸 DN	公称外径 D	外径偏差	内衬管公称壁厚 S_2	衬管壁厚偏差	复合管公称壁厚	复合管壁厚偏差	出厂标准管长（m）
50	60.3	±1%	0.40	−0.05 正偏差不限	3.5	±10%	6.0
65	76.1		0.40		3.8		
80	88.9		0.40		4.0		
100	114.3		0.50	−0.10 正偏差不限	4.0		
125	139.7		0.50		4.0		
150	168.3（165.1）		0.60		4.5		
200	219.1	±0.75%	0.70		5.0		
250	273.0		0.80		6.0		
300	323.9		0.90		7.0		
生产企业			江苏众信绿色管业科技有限公司				

注：1. 当复合管采用焊接连接时，内衬管壁厚应不小于 0.5mm。
　　2. 当复合管采用沟槽式卡箍连接时，DN150 的钢管外径应为 165.1mm。

7. 常用复合排水管件规格尺寸

1）内衬不锈钢可锻铸铁螺纹连接复合管件

常用内衬不锈钢可锻铸铁螺纹连接复合管件端口断面示意见图14-45；规格尺寸见表14-53。

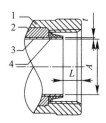

图 14-45　内衬不锈钢可锻铸铁复合管件端口断面示意图

1—外基坯可锻铸铁管件；2—固定层；3—内衬不锈钢层；4—端口密封圈；

t—内衬不锈钢层壁厚；A—内通径；L—端口密封圈距管件端口距离

内衬不锈钢可锻铸铁螺纹连接复合管件规格尺寸表　　　　　表 14-53

公称尺寸 DN	内通径 A(mm)	不锈钢内衬层壁厚 t(mm)	密封圈距管件端口距离 L(mm)
50	≥45	≥0.35	≥6.0
65	≥52	≥0.35	≥6.0
80	≥65	≥0.35	≥6.0
100	≥89	≥0.40	≥10.0
生产企业	江苏众信绿色管业科技有限公司		

2）内衬不锈钢沟槽式连接复合管件

常用内衬不锈钢沟槽式连接复合管件端口断面示意见图14-46；规格尺寸见表14-54。

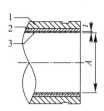

图 14-46　内衬不锈钢沟槽式连接复合管件端口断面示意图

1—外基坯沟槽式管件；2—固定层（根据生产工艺也可取消）；3—内衬不锈钢层

t—不锈钢内衬层壁厚；A—内通径

内衬不锈钢沟槽式连接复合管件规格尺寸表　　　　　表 14-54

公称尺寸 DN	公称外径（mm）	内通径 A（mm）	不锈钢内衬层壁厚 t（mm）
65	76.1/76.0	≥52	≥0.35
80	88.9/89.0	≥65	≥0.35
100	114.3/114.0	≥89	≥0.40
125	139.7/140.0	≥113	≥0.50
150	165.1/165.0 （168.3/168.0）	≥139	≥0.50
200	219.1/219.0	≥188	≥0.50
250	273.0/273.0	≥258	≥0.70
300	323.9/325.0	≥308	≥0.80
生产企业	江苏众信绿色管业科技有限公司		

3）内衬不锈钢法兰连接复合管件

常用内衬不锈钢法兰连接复合管件端口断面示意见图 14-47 和图 14-48；规格尺寸见表 14-55。

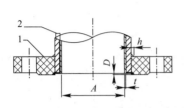

图 14-47　内衬不锈钢突面平焊法兰连接
复合管件端口断面示意图

1—突面平焊法兰片；2—内衬不锈钢复合钢管；
t—不锈钢内衬管壁厚；h—法兰焊缝高度；
D—不锈钢密封焊缝与法兰密封面距离；A—内通径

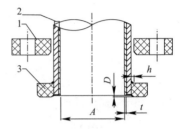

图 14-48　内衬不锈钢突面平焊松套法兰连接
复合管件端口断面示意图

1—板式松套法兰片；2—内衬不锈钢复合钢管；
3—突面平焊环；
t—不锈钢内衬管壁厚；h—法兰焊缝高度；
D—不锈钢密封焊缝与法兰密封面距离；A—内通径

内衬不锈钢法兰连接复合管件规格尺寸表　　　　　　表 14-55

公称尺寸 DN	内通径 A（mm）	不锈钢内衬层壁厚 t（mm）	法兰焊缝高度 H（mm）	不锈钢密封焊缝与法兰密封面距离 D（mm）
50	≥45	≥0.35	4.5	1.0
65	≥52	≥0.35	4.5	1.0
80	≥65	≥0.35	5.5	1.0
100	≥89	≥0.40	5.5	1.0
125	≥113	≥0.50	5.5	1.0
150	≥139	≥0.50	6.5	1.0
200	≥188	≥0.50	6.5	1.0
250	≥258	≥0.70	7.0	1.0
300	≥308	≥0.80	8.0	1.0
生产企业	江苏众信绿色管业科技有限公司			

8. 排水用内衬不锈钢复合钢管焊接连接

1）排水用内衬不锈钢复合钢管的焊接连接应符合现行国家标准《不锈钢复合钢板焊接技术要求》GB/T 13148 和《给水排水管道工程施工及验收规范》GB 50268 关于焊接施工的规定。

2）焊接坡口应采用机械方法加工，如图 14-49 所示。

65°±5°

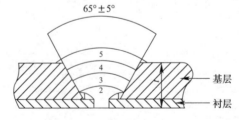

图 14-49　内衬不锈钢复合钢管环焊坡口设计及施焊顺序
1—封焊；2—打底焊；3—过渡焊；4—填充焊；5—盖面焊

3）焊接工艺参数：应采用较小的焊接线能量；对奥氏体不锈钢，衬层焊接层间温度不宜大于150℃。

4）施焊前将封焊层打开1～2个点位，并对管口加热，使水蒸气和空气尽可能排出，然后再进行打底焊和过渡层的焊接。焊接时应注意观察熔池，如发现熔池由里往外冒气泡，或是发生爆裂时，应立即停止焊接，将接头处打磨干净后重新施焊。

5）采用焊接连接的不锈钢对焊管件可由不锈钢无缝管或内覆不锈钢无缝管弯制而成，其尺寸应符合现行国家标准《钢制对焊管件　类型与参数》GB/T 12459的规定；也可由不锈钢复合钢板经模压、卷焊、校整而成的钢板制对焊管件，其尺寸应符合现行国家标准《钢制对焊管件　技术规范》GB/T 13401的规定。

6）焊条和焊丝的选用详见表14-56。

焊条和焊丝选用表　　　　　　表 14-56

基层牌号	基层焊条电弧焊	基层气体保护焊焊丝
Q235-A	E4303（J422）	ER49-1（H08Mn2Si）
Q235B、Q235C 20 钢、Q245R	E4315（J427）	ER50-2（H08Mn2Si2A）
Q345、Q345R	E5015（J507）、E5016（J506）	ER50-2（H08Mn2SiA）
衬层牌号	衬层焊条电弧焊	衬层气体保护焊焊丝
06Cr19Ni10（S30408）	E309-16（A302） E309-15（A307） E309L-16（A062） E310-16（A402） E310-15（A407）	ER309L（H03Cr24Ni13Si）
06Cr17Ni12Mo2（S316）	E309Mo-16、E309MoL-16	ER309LMo（H03Cr24Ni13Mo2）
022Cr17Ni12Mo2（S316L）	E309MoL-16	

14.1.3　塑料排水管材、管件

1. HDPE 排水管、管件

1）HDPE 建筑生活、雨水排水管材

（1）适用范围

管材原料应为以高密度聚乙烯（HDPE）树脂为基料的"PE80"混配料。在常压条件下，工作环境温度-40～65℃，HDPE 排水管内的连续排水温度应为5～65℃，瞬间排水温度不应大于95℃。

HDPE 排水管材和 HDPE 排水消声管材的选用应符合表14-57的规定。

HDPE 管材、HDPE 消声管材选用　　　　　表 14-57

公称外径 dn	管材系列	应用领域标识
32～315	S12.5 HDPE 排水管	B，BD
200～315	S16 HDPE 排水管	B
56～160	S12.5 HDPE 排水消声管	B

注：1. 标识为"B"的排水管及排水消声管可用于生活排水；还可用于外排水重力流屋面雨水排水系统。
　　2. 标识为"BD"的排水管材可用于生活排水埋地管、室内重力流屋面雨水排水及虹吸式屋面雨水排水系统。

（2）连接方式

HDPE 排水管的连接方式应按表14-58的规定选用。

HDPE 排水管连接方式选用表　　　　　　　　　　　　　表 14-58

管材名称	生活排水系统	生活排水埋地管	外排水重力流雨水系统 屋面雨水排水系统	虹吸式屋面雨水系统 室内重力流雨水系统 屋面雨水排水系统
对焊连接	√	√	√	√
电熔管箍连接	√	√	√	√
法兰连接	√	√	√	√
伸缩承插连接	√	×	√	×
密封圈承插连接	√	×	√	×
螺纹件连接	√	×	√	×
卡箍连接	√	×	√	×

注：1. "√"表示适用该排水系统；"×"表示不适用该排水系统。
　　2. 在虹吸式屋面雨水排水系统中，法兰连接仅限用于检查口。

（3）HDPE 排水管材的规格尺寸详见表 14-59～表 14-61。

HDPE 管材 S12.5 系列规格尺寸　　　　　　　　　　　表 14-59

公称外径 dn	平均外径 d_{em}（mm）		壁厚 e_y（mm）	
	$d_{em,min}$	$d_{em,max}$	$e_{y,min}$	$e_{y,max}$
32	32	32.3	3.0	3.3
40	40	40.4	3.0	3.3
50	50	50.5	3.0	3.3
56	56	56.5	3.0	3.3
63	63	63.6	3.0	3.3
75	75	75.7	3.0	3.3
90	90	90.8	3.5	3.9
110	110	110.8	4.2	4.9
125	125	125.9	4.8	5.5
160	160	161.0	6.2	6.9
200	200	201.1	7.7	8.7
250	250	251.3	9.6	10.8
315	315	316.5	12.1	13.6
生产企业	浙江中财管道科技股份有限公司、上海吉博力房屋卫生设备工程技术有限公司、浙江伟星新型建材股份有限公司、上海深海宏添建材有限公司、武汉金牛经济发展有限公司、宁波世诺卫浴有限公司等			

HDPE 管材 S16 系列规格尺寸　　　　　　　　　　　表 14-60

公称外径 dn	平均外径 d_{em}（mm）		壁厚 e_y（mm）	
	$d_{em,min}$	$d_{em,max}$	$e_{y,min}$	$e_{y,max}$
200	200	201.1	6.2	6.9
250	250	251.3	7.8	8.6
315	315	316.5	9.8	10.8
生产企业	浙江中财管道科技股份有限公司、上海吉博力房屋卫生设备工程技术有限公司、浙江伟星新型建材股份有限公司、上海深海宏添建材有限公司、武汉金牛经济发展有限公司、宁波世诺卫浴有限公司等			

HDPE 消声管材 S12.5 系列规格尺寸　　　　表 14-61

公称外径 dn	平均外径 d_{em}(mm)		壁厚 e_y(mm)	
	$d_{em.min}$	$d_{em.max}$	$e_{y.min}$	$e_{y.max}$
56	56	56.5	3.2	3.5
63	63	63.6	3.2	3.5
75	75	75.7	3.6	4.0
90	90	90.8	5.5	6.0
110	110	110.8	6.0	6.5
135	135	135.9	6.0	6.5
160	160	161.0	7.0	7.7
生产企业	浙江中财管道科技股份有限公司、上海吉博力房屋卫生设备工程技术有限公司、浙江伟星新型建材股份有限公司、上海深海宏添建材有限公司、武汉金牛经济发展有限公司、宁波世诺卫浴有限公司等			

2）HDPE 三层复合静音排水管

HDPE 三层复合静音排水管内层、外层为 HDPE 树脂原料，中间层为高分子吸音降噪材料，排水噪声不大于 48dB（A），比 PVC-U 管材低 10dB（A）。管材规格见表 14-62。

HDPE 三层复合静音排水管材规格尺寸　　　　表 14-62

公称外径 dn	管材壁厚（mm）
50	3.0
75	3.0
90	3.5
110	4.2
125	4.8
160	6.2
200	7.7
生产企业	上海深海宏添建材有限公司

3）HDPE 单螺旋高性能排水管

HDPE 单螺旋高性能排水管的内螺旋结构形状为单曲面螺旋肋，可有效改善排水立管内的水流形态，降低管内空气压力波动和水流下落速度，形成良好的附壁螺旋水流，保护系统水封并降低水流噪声。配置加强型旋流器组成特殊单立管排水系统，具有超强排水能力，经测试可达到 12.5L/s。

HDPE 单螺旋高性能排水管材规格尺寸见表 14-63。

HDPE 单螺旋高性能排水管材规格尺寸　　　　表 14-63

公称外径 dn	管材壁厚（mm）
110	3.8
125	4.2
160	5.5
生产企业	上海深海宏添建材有限公司

4）HDPE 双壁波纹管

（1）性能特点

① 利用工字钢受力原理，加大惯性矩，提高环刚度，具有高强力学性能。

第 14 章　新型排水管材、管件、器材与设备

② 与实壁管相比，具有重量轻、节省原材料、降低能耗的特点；在相同外力负荷条件下，与同材质、同规格的实壁管材相比可节约原材料 40% 左右。

③ 内壁光滑，流体阻力小，排水流量大。

④ 采用承插胶圈柔性接口，抗不均匀沉降性强，尤其适宜在地基条件较差的环境中使用。

⑤ 耐化学腐蚀性能强。

⑥ 现场搬运及施工安装极为方便，可加快施工进度，减轻工人劳动强度。

⑦ 一般地基情况下，可不做混凝土基础，综合工程造价较低。

（2）适用范围

可用于建筑小区埋地排水管、埋地雨水管。

（3）HDPE 双壁波纹管材外形见图 14-50。

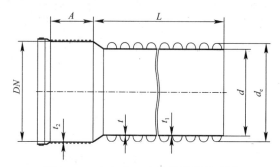

图 14-50　HDPE 双壁波纹管材外形图

（4）HDPE 双壁波纹管材规格尺寸见表 14-64。

HDPE 双壁波纹管规格尺寸（mm）　　　表 14-64

公称尺寸 DN	最小平均内径 d	最小承压壁厚 t	最小内层壁厚 t_1	接口结合长度 A
110	95	1.0	0.8	32
125	120	1.2	1.0	38
150	145	1.3	1.0	43
200	195	1.5	1.1	54
225	220	1.7	1.4	55
250	245	1.8	1.5	59
300	294	2.0	1.7	64
400	392	2.5	2.3	74
500	490	3.0	3.0	85
600	588	3.5	3.5	96
800	785	4.5	4.5	118
生产企业	江苏通全球工程管业有限公司			

注：1. DN225、DN300、DN400、DN500、DN600、DN800 有 S1、S2 二个等级，其余规格仅 S1 一个等级；S1 等级的环刚度为 4kN/m²、S2 等级的环刚度为 8kN/m²。

　　2. 管材长度为 8m。

5）建筑排水 HDPE 管件

（1）HDPE 加强型旋流器

① HDPE 旋流三通、旋流四通外形见图 14-51，规格尺寸见表 14-65。

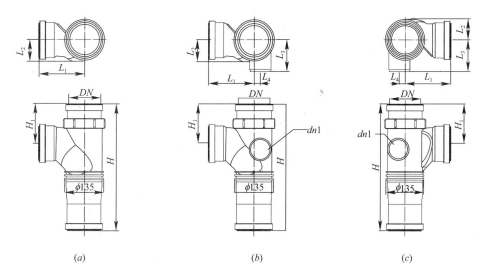

图 14-51 HDPE 旋流三通、旋流四通外形图

(a) 旋流三通；(b) 旋流左 90°四通；(c) 旋流右 90°四通

HDPE 旋流三通、旋流四通规格尺寸 表 14-65

管件名称	外形尺寸（mm）							
	DN	dn1	L_1	L_2	L_3	L_4	H	H_1
旋流三通	110	—	160	73	—	—	430	135
旋流左 90°四通	110	75	160	73	106	22	430	135
旋流右 90°四通	110	75	160	73	106	22	430	135
生产企业	上海深海宏添建材有限公司							

② HDPE 旋流 180°四通、旋流五通、旋流直角四通外形见图 14-52，规格尺寸见表 14-66。

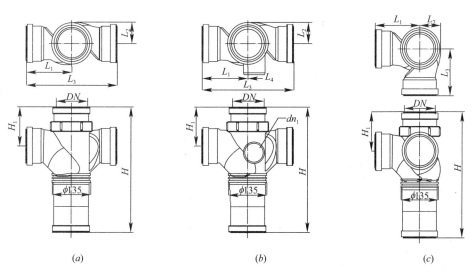

图 14-52 HDPE 旋流 180°四通、旋流五通、旋流直角四通外形图

(a) 旋流 180°四通；(b) 旋流五通；(c) 旋流直角四通

HDPE 旋流 180°四通、旋流五通、旋流直角四通规格尺寸　　　　表 14-66

管件名称	外形尺寸（mm）								
	DN	dn1	L_1	L_2	L_3	L_4	L_5	H	H_1
旋流 180°四通	110	—	160	73	320	—	—	430	135
旋流五通	110	75	160	73	320	22	389	430	135
旋流直角四通	110	110	160	73	160	—	—	430	135
生产企业	上海深海宏添建材有限公司								

（2）建筑排水 HDPE 球形四通、六通

① 适用 HDPE 单立管排水系统，具有如下特点：

a. 可解决排水管内的排水和通气问题，有利气水分离。

b. 用于多通道连接，各方向排水互不干扰，提升排水能力，降低水流噪声。

c. 节省建筑空间，节约投资。

② HDPE 球形四通外形和球形六通见图 14-53，规格尺寸见表 14-67。

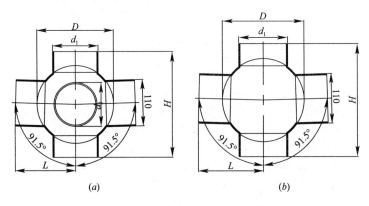

图 14-53　HDPE 球形四通和六通外形图

（a）球形四通外形图；（b）球形六通外形图

球形四通、六通规格尺寸（mm）　　　　表 14-67

公称外径 dn	d_1	d_2	D	H	L
110×110	110	110	170	195	140
160×110	160	110	230	245	160
生产企业	武汉金牛经济发展有限公司				

2. 中空壁聚乙烯（PE）缠绕排水管

1）性能特点

以聚乙烯（PE）为主要原料，先经第一台挤出机挤出矩形管进入缠绕成型机，同时第二台挤出机熔胶焊接，挤压复合而成。其内外壁平整光滑，具有耐腐蚀、质量轻、安装简便、工程造价低、使用寿命长（≥50 年）等优点。

2）适用范围

中空壁聚乙烯（PE）缠绕排水管适用于建筑小区埋地排水管、埋地雨水管。

3）中空壁聚乙烯（PE）缠绕排水管外形见图 14-54。

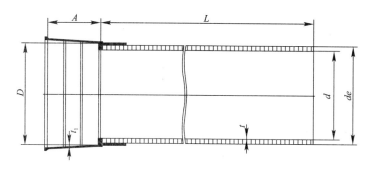

图 14-54　中空壁聚乙烯（PE）缠绕排水管外形图

4）中空壁聚乙烯（PE）缠绕排水管管材规格见表 14-68。

中空壁聚乙烯（PE）缠绕排水管规格尺寸　　　　　表 14-68

公称尺寸 DN	最小平均内径（mm）	最小壁厚（mm）	
		A 型	B 型
150	145	1.0	1.3
200	195	1.1	1.5
250	245	1.5	1.8
300	294	1.7	2.0
400	392	2.3	2.5
450	441	2.8	2.8
500	490	3.0	3.0
600	588	3.5	3.5
700	673	4.1	4.0
800	785	4.5	4.5
900	885	5.0	5.0
1000	985	5.0	5.0
1100	1085	5.0	5.0
1200	1185	5.0	5.0
生产企业	江苏通全球工程管业有限公司		

注：1. 表中每个管材规格分为 S1、S2 二个等级，S1 级的环刚度为 4kN/m²、S2 级的环刚度为 8kN/m²。
　　2. 单根管材长度为 8m。

3. 聚丙烯（PP）静音排水管及管件

1）聚丙烯（PP）静音排水管材的选用应符合表 14-69 的规定。

聚丙烯（PP）静音排水管材选用表　　　　　表 14-69

公称外径 dn	管系列	应用领域标识
32～315	S20	B
75～315	S16、S14	B，BD

注：1. 标识"B"用于室内排水管；"BD"既可用于室内排水管，也可用于室外埋地排水管。
　　2. 密封圈应符合《橡胶密封件　给、排水管及污水管道用接口密封圈　材料规范》HG/T 3091 的要求，当排水温度大于 40℃时推荐使用三元乙丙橡胶（EPDM）密封圈。

2）聚丙烯（PP）静音排水管材的壁厚应符合表 14-70 的规定，管材任一点的壁厚不应小于表中 e_{min}，平均壁厚不应小于表中 $e_{m,max}$。

聚丙烯（PP）静音排水管材壁厚表　　　　　表 14-70

公称外径 dn	管材壁厚（mm）					
	管系列					
	S20		S16		S14	
	e_{min}	$e_{m,max}$	e_{min}	$e_{m,max}$	e_{min}	$e_{m,max}$
32	1.8	2.2	1.8	2.2	1.8	3.0
40	1.8	2.2	1.8	2.2	1.8	3.0
50	1.8	2.2	1.8	2.2	1.8	3.0
63	1.8	2.2	2.0	2.4	2.2	3.1
75	1.9	2.3	2.3	2.8	2.6	3.1
90	2.2	2.7	2.8	3.3	3.1	3.7
110	2.7	3.2	3.4	4.0	3.8	4.4
125	3.1	3.7	3.9	4.5	4.3	5.0
160	3.9	4.5	4.9	5.6	5.5	6.3
200	4.9	5.6	6.2	7.1	—	—
250	—	—	7.7	8.7	—	—
315	—	—	9.7	10.9	—	—
生产企业	浙江中财管道科技股份有限公司、上海深海宏添建材有限公司					

4. HTPP 三层复合静音排水管

1）HTPP 三层复合静音排水管内层、外层为 HTPP 树脂原料，中间层为高分子吸音降噪材料，排水噪声不大于 48dB（A），比 PVC-U 管材低 10dB（A）。

2）HTPP 单螺旋高性能排水管

HTPP 单螺旋高性能排水管的内螺旋结构形状为单曲面螺旋肋，可有效改善排水立管内的水流形态，降低管内空气压力波动和水流下落速度，形成良好的附壁螺旋水流，保护系统水封并降低水流噪声。配置加强型旋流器组成特殊单立管排水系统，具有超强排水能力，经测试可达到 13L/s。

3）HTPP 三层复合静音排水管、单螺旋高性能排水管材规格尺寸见表 14-71。

HTPP 单螺旋高性能排水管材规格尺寸　　　　　表 14-71

公称外径 dn	管材壁厚（mm）	
	三层复合静音管	单叶片螺旋管
50	3.2	—
75	3.8	—
110	4.5	3.8
125	4.7	—
160	5.0	4.2
200	6.5	5.5
生产企业	上海深海宏添建材有限公司	

4）HTPP 旋流管件

① HTPP 旋流三通、旋流四通外形见图 14-55，规格尺寸见表 14-72。

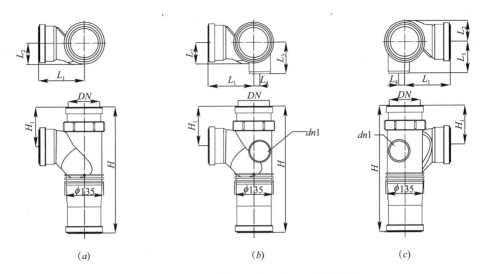

图 14-55 HTPP 旋流三通、旋流四通外形图

（a）旋流三通；（b）旋流左 90°四通；（c）旋流右 90°四通

HTPP 旋流三通、旋流四通规格尺寸   表 14-72

管件名称	管件尺寸（mm）							
	DN	dn1	L_1	L_2	L_3	L_4	H	H_1
旋流三通	110	—	160	73	—	—	430	135
旋流左 90°四通	110	75	160	73	106	22	430	135
旋流右 90°四通	110	75	160	73	106	22	430	135
生产企业	上海深海宏添建材有限公司							

② HTPP 旋流 180°四通、旋流五通、旋流直角四通见图 14-56，规格尺寸见表 14-73。

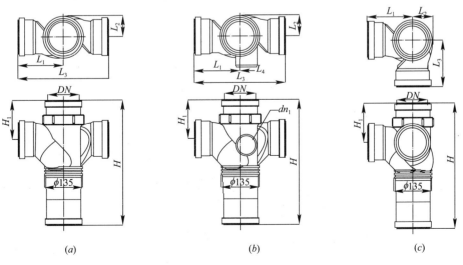

图 14-56 HTPP 旋流 180°四通、旋流五通、旋流直角四通外形图

（a）旋流 180°四通；（b）旋流五通；（c）旋流直角四通

HTPP 旋流 180°四通、旋流五通、旋流直角四通规格尺寸　　　表 14-73

管件名称	管件尺寸（mm）								
	DN	$dn1$	L_1	L_2	L_3	L_4	L_5	H	H_1
旋流 180°四通	110	—	160	73	320	—	—	430	135
旋流五通	110	75	160	73	320	22	389	430	135
旋流直角四通	110	110	160	73	160	—	—	430	135
生产企业	上海深海宏添建材有限公司								

5. FRPP 法兰式承插连接排水管及管件

1）性能特点

FRPP 法兰式承插连接排水管材及管件采用经偶联剂处理的玻璃纤维改性聚丙烯材料（Fiber reinforced polypropylene）生产。将纤维状材料加入聚丙烯（PP）中，可以显著提高 PP 材料的抗冲击性能、拉伸强度和耐高温性能，其维卡软化温度达到 147℃，可连续排放 95℃的液体。

FRPP 混配料的基本性能见表 14-74。

FRPP 混配料的基本性能要求　　　表 14-74

序号	项目	要求
1	氧化诱导时间 OIT(200℃)/min	≥20
2	熔体流动速率 MFR(5kg，190℃)/(g/10min)	0.2≤MFR≤1.1
3	密度(g/cm³)	0.92～1.00

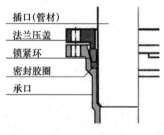

图 14-57　FRPP 法兰式承插
连接接口构造图

FRPP 管材卫生、无毒，耐酸碱（pH2～pH12），废旧材料可回收利用，被广泛应用于建筑污废水排放及化工、氯碱、染料、食品、医药、污水处理、电解等行业。

2）FRPP 法兰式承插连接排水管道基本结构

FRPP 法兰式承插连接接口由管材插口、法兰压盖、锁紧环、密封胶圈、管件承口等组成，见图 14-57。

3）管材、管件物理、力学性能

FRPP 法兰式承插连接排水管材、管件的物理、力学性能见表 14-75。

FRPP 法兰式承插连接排水管材、管件物理、力学性能表　　　表 14-75

序号	项目	要求	试验方法
1	管材纵向回缩率（110℃）	≤3%，管材无分层、开裂和起泡	GB/T 6671
2	熔体流动速率 MFR（5kg，190℃)/(g/10min)	0.2≤MFR≤1.1 管材管件的 MFR 与原料颗粒的 MFR 相差值不应超过 0.2	GB/T 3682
3	氧化诱导时间 OIT200℃/min	管材管件的 OIT≥20	GB/T 17391
4	静液压强度试验（80℃，165h，4.6MPa）	管材、管件在试验期间不破裂，不渗漏	GB/T 6111
5	管材环刚度（S_R)/(kN/m²)	S_R≥4	GB/T 9647
6	管件加热试验（110℃±2℃，1h）	管件无分层、开裂和起泡	ISO 8770：2003
7	密度（g/cm³）	1.20～1.60	GB/T 1033.1

4）FRPP 法兰式承插连接排水系统的优势

（1）由于加入了玻纤增强材料，FRPP 管材具有较高的环刚度（$S_R \geqslant 6$）。

（2）采用机械式连接，管道安装尺寸精准。

（3）接口密封性能好，FRPP 管道系统水密性试验压力达 0.8MPa。

（4）良好的抗震性能，接口抗拉拔能力$\geqslant$400kg。

（5）优异的降噪性能，FRPP 管材密度达 1478kg/m^3，隔声性能好。

（6）耐高温，防结露，最高排水温度 95℃，FRPP 材质为不良导体，导热系数仅为钢管的 1/200。

5）FRPP 管材

FRPP 法兰式承插连接排水管材规格尺寸见表 14-76。

FRPP 法兰式承插连接排水管材规格尺寸表　　　　表 14-76

公称外径 dn	平均外径 D_{em}(mm)	壁厚（mm）
50	$50^{+0.3}$	$3.2^{+0.3}$
75	$75^{+0.3}$	$3.8^{+0.4}$
110	$110^{+0.4}$	$4.5^{+0.5}$
160	$160^{+0.5}$	$5.0^{+0.6}$
200	$200^{+0.6}$	$6.5^{+0.6}$
生产企业	上海逸通科技股份有限公司	

6）FRPP 管件

FRPP 法兰式承插连接排水管件承口和插口的尺寸及偏差应符合图 14-58、表 14-77 的规定。

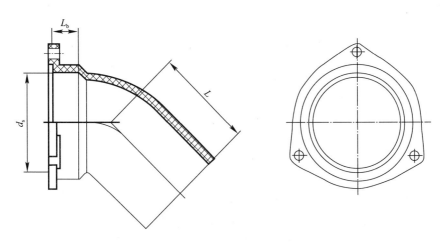

图 14-58　FRPP 法兰式承插连接排水管件承口和插口结构图（以 45°弯头为例）

FRPP 法兰式承插连接排水管件承口、插口和壁厚尺寸及偏差表　　　　表 14-77

公称外径 dn	承口最小配合深度 $L_{b,min}$	插口长度 L_{min}	承口平均内径 d_{sm}		管件壁厚（mm）
			最小平均尺寸 d_{sm1}	最大平均尺寸 d_{sm2}	
50	20	40	50.6	51.2	$3.2^{+0.3}$
75	25	45	75.8	76.4	$3.8^{+0.4}$

续表

公称外径 dn	承口最小配合深度 $L_{b,min}$	插口长度 L_{min}	承口平均内径 d_{sm}		管件壁厚（mm）
			最小平均尺寸 d_{sm1}	最大平均尺寸 d_{sm2}	
110	32	55	111.2	112.0	$4.5^{+0.5}$
125	38	60	126.4	127.2	$4.8^{+0.5}$
160	45	65	161.8	163.0	$5.0^{+0.6}$
200	70	94	202.0	203.5	$6.5^{+0.6}$
250	94	115	252.5	254.8	$8.0^{+0.8}$
生产企业		上海逸通科技股份有限公司			

注：承、插口深度方向允许有 1°以下脱模锥度。

6. 硬聚氯乙烯（PVC-U）旋流降噪特殊单立管排水管材及管件

1）硬聚氯乙烯（PVC-U）加强型内螺旋排水管见图 14-59，有关技术参数见表 14-78。

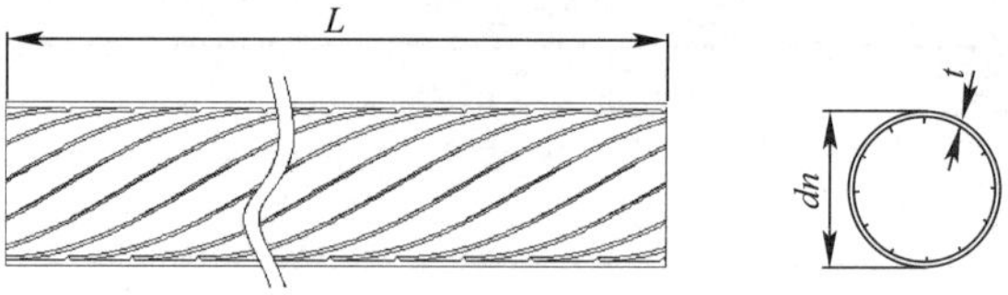

图 14-59　硬聚氯乙烯（PVC—U）加强型内螺旋管

硬聚氯乙烯（PVC-U）加强型内螺旋管规格尺寸（mm）　　**表 14-78**

公称外径 dn		管材壁厚 t		螺旋肋高度		螺旋方向	螺距		螺旋肋数量 n	管材长度	
基本尺寸	公差	基本尺寸	公差	基本尺寸	公差		基本尺寸	公差		基本尺寸	公差
110	+0.30	3.2	+0.60	3.0	+0.60	逆时针	760	+0.80	12	3000 或 4000	+200
生产企业		浙江光华塑业有限公司									

2）旋流降噪特殊管件

（1）上部特殊管件为旋流直通、旋流三通、旋流左 90°四通、旋流右 90°四通、旋流 180°四通和旋流五通；同层排水系统特殊管件有同层旋流直通、同层旋流三通、同层旋流左 90°四通、同层旋流右 90°四通、同层旋流 180°四通和同层旋流五通，具有下列主要功能：

① 加强立管水流的旋流状态；

② 促使横支管水流接入立管时形成旋流；

③ 有利管内空气畅通，有效降低水流引起的气压波动；

④ 有效消除水舌现象，降低水流噪声，增大立管通水能力。

（2）下部特殊管件为导流接头、大曲率底部异径弯头，具有下列主要功能：

① 导流接头中部内壁上的“人”字形导流叶片能将立管中的旋流水膜划开，保证立管与横干管（或排水出户管）中的气流通道畅通，有效降低立管底部的压力波动；

② 大曲率底部异径弯头能进一步改善系统水力工况，有效缓解或消除排水横干管或排出管起端出现的壅水现象，避免立管底部产生水塞。

（3）旋流直通外形见图 14-60，规格尺寸见表 14-79。

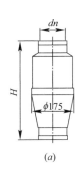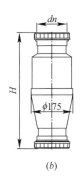

(a)   (b)

图 14-60　旋流直通外形图

(a) GH101A 型旋流直通；(b) GH101B 型旋流直通

旋流直通规格尺寸　　　　　　表 **14-79**

产品代码	排水立管公称外径 dn	H（mm）	连接方式
GH101A	110	406	胶粘连接
GH101B	110	476	柔性胶圈连接
生产企业	浙江光华塑业有限公司		

（4）旋流三通外形见图 14-61，规格尺寸见表 14-80。

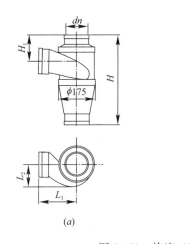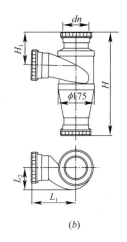

(a)   (b)

图 14-61　旋流三通外形图

(a) GH102A 型旋流三通；(b) GH102B 型旋流三通

旋流三通规格尺寸　　　　　　表 **14-80**

产品代码	排水立管公称外径 dn	外形尺寸（mm）				连接方式
		H	H_1	L_1	L_2	
GH102A	110	427	123	185	106	胶粘连接
GH102B	110	497	158	220	106	柔性连接
生产企业	浙江光华塑业有限公司					

（5）旋流左 90°四通外形见图 14-62，规格尺寸见表 14-81。

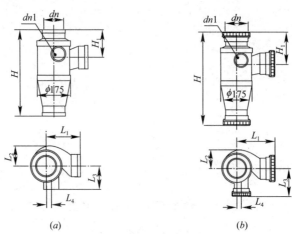

图 14-62　旋流左 90°四通外形图

（a）GH103A 型旋流左 90°四通；（b）GH103B 型旋流左 90°四通

旋流左 90°四通规格尺寸　　　　　　　　　　　表 14-81

产品代码	排水立管 公称外径 dn	外形尺寸（mm）						连接方式
		dn1	H	H₁	L₁	L₂	L₃	L₄	

产品代码	排水立管 公称外径 dn	$dn1$	H	H_1	L_1	L_2	L_3	L_4	连接方式
GH103A	110	75	453	146	185	106	124	26	胶粘连接
GH103B	110	75	523	181	220	106	154	26	柔性连接
生产企业		浙江光华塑业有限公司							

注：旋流四通分为旋流左 90°四通和旋流右 90°四通，其外形尺寸相同。

（6）旋流 180°四通见图 14-63，规格尺寸见表 14-82。

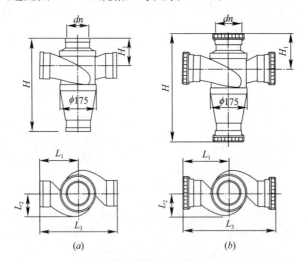

图 14-63　旋流 180°四通外形图

（a）GH105A 型旋流 180°四通；（b）GH105B 型旋流 180°四通

旋流 180°四通规格尺寸　　　　　　　　　　　表 14-82

产品代码	排水立管公称 外径 dn	外形尺寸（mm）					连接方式
		H	H_1	L_1	L_2	L_3	
GH105A	110	427	123	185	106	370	胶粘连接
GH105B	110	497	158	220	106	440	柔性连接
生产企业		浙江光华塑业有限公司					

（7）旋流五通见图 14-64，规格尺寸见表 14-83。

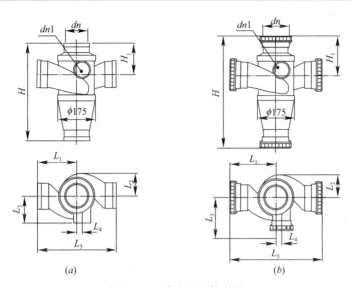

图 14-64　旋流五通外形图

(a) GH106A 型旋流五通；(b) GH106B 型旋流五通

旋流五通规格尺寸　　　　　　　　　　　　　　　　表 14-83

产品编码	排水立管公称外径 dn	外形尺寸（mm）							连接方式
		$dn1$	H	H_1	L_1	L_2	L_3	L_4	L_5	
GH106A	110	75	453	146	185	106	124	26	370	胶粘连接
GH106B	110	75	523	181	220	106	154	26	440	柔性连接
生产企业		浙江光华塑业有限公司								

（8）同层旋流直通、同层旋流三通见图 14-65，规格尺寸见表 14-84。

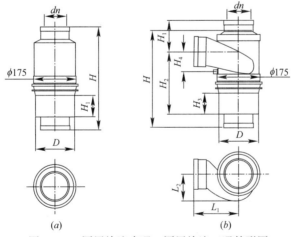

图 14-65　同层旋流直通、同层旋流三通外形图

(a) GH101C 型同层旋流直通；(b) GH102C 型同层旋流三通

同层旋流直通、同层旋流三通规格尺寸　　　　　　　表 14-84

产品编码	排水立管公称外径 dn	外形尺寸（mm）							D	连接方式
		H	H_1	H_2	H_3	H_4	L_1	L_2		
GH101C	110	406	84	—	—	—	—	—	160	胶粘连接
GH102C	110	427	123	248	84	79	185	106	160	胶粘连接
生产企业		浙江光华塑业有限公司								

（9）同层旋流左、右 90°四通见图 14-66，规格尺寸见表 14-85。

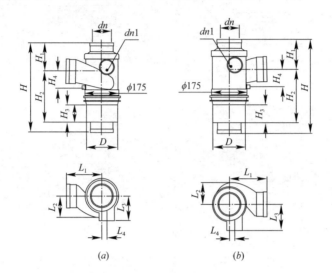

图 14-66　同层旋流左、右四通外形图

（a）GH103C 型同层旋流左 90°四通；（b）GH104C 型同层旋流右 90°四通

同层旋流左、右 90°四通规格尺寸　　　　　　　表 14-85

产品编码	排水立管公称外径 dn	外形尺寸（mm）											连接方式
		dn1	H	H_1	H_2	H_3	H_4	L_1	L_2	L_3	L_4	D	
GH103C	110	75	453	146	254	84	86	185	106	124	26	160	胶粘连接
GH104C	110	75	453	146	254	84	86	185	106	124	26	160	胶粘连接
生产企业		浙江光华塑业有限公司											

（10）同层旋流 180°四通、同层旋流五通见图 14-67，规格尺寸见表 14-86。

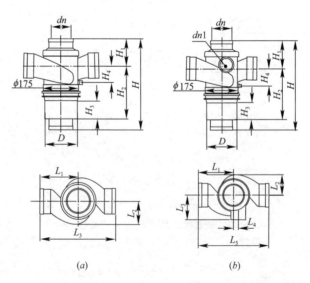

图 14-67　同层旋流 180°四通、同层旋流五通外形图

（a）GH105C 型同层旋流 180°四通；（b）GH106C 型同层旋流五通

同层旋流 180°四通、同层旋流五通规格尺寸   表 14-86

产品编码	排水立管公称外径 dn	外形尺寸（mm）											连接方式
		dn1	H	H_1	H_2	H_3	H_4	L_1	L_2	L_3	L_4	L_5	D	
GH105C	110	75	427	123	248	84	79	185	106	370	—	—	160	胶粘连接
GH106C	110	75	453	146	254	84	86	185	106	124	26	370	160	胶粘连接
生产企业	浙江光华塑业有限公司													

（11）导流接头见图 14-68，规格尺寸见表 14-87。

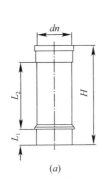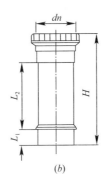

图 14-68 导流接头外形图

（a）DB101A 型导流接头；（b）DB101B 型导流接头

导流接头规格尺寸   表 14-87

产品编码	排水立管公称外径 dn	外形尺寸（mm）			连接方式
		H	L_1	L_2	
DB101A	110	300	48	204	胶粘连接
DB101B	110	335	48	204	柔性连接
生产企业	浙江光华塑业有限公司				

（12）大曲率底部异径弯头见图 14-69，规格尺寸见表 14-88。

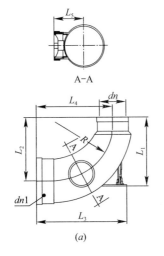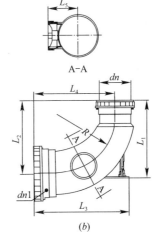

图 14-69 大曲率底部异径弯头外形图

（a）DB102A 型底部异径弯头；（b）DB102B 型底部异径弯头

大曲率底部异径弯头规格尺寸　　　　　表 14-88

产品编码	排水立管公称外径 dn	外形尺寸（mm）							连接方式
		$dn1$	L_1	L_2	L_3	L_4	L_5	R	
DB102A	110	160	254	233	295	242	112	450	胶粘连接
DB102B	110	160	289	268	335	282	112	450	柔性连接
生产企业	浙江光华塑业有限公司								

7. HRS 高层建筑生活排水、屋面雨水排水用管材、管件

针对高层建筑排水管道研发的 HRS 高层建筑生活排水、屋面雨水排水用管材、管件，适用于建筑高度 100m 以下的高层建筑重力流屋面雨水排水及生活排水系统。

HRS 管材采用高韧性 PVC 改性树脂为主原料挤出成型，具有韧性高、承压能力强的特点，可承受 1h 高压（正压 1.2MPa、负压 0.1MPa）试验无破损。HRS 耐压管件采用高韧性 PVC 改性树脂，经整体一次注射成型。

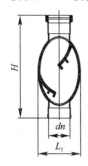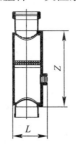

管材规格有 $dn110$、$dn160$，管道连接方式有粘接、活套连接、抱箍连接等。HRS 管材也可与 W 型铸铁管、A 型铸铁管配套连接。

1）HRS 降噪消能器

用于减小或消除高层建筑屋面雨水排水、生活排水的势能，减小水流对管路系统的冲击，保证高层建筑屋面雨水排水、生活排水系统的安全运行。

HRS 降噪消能器外形见图 14-70，规格尺寸见表 14-89。

图 14-70　HRS 降噪消能器外形图

降噪消能器规格尺寸（mm）　　　　　表 14-89

公称外径 dn	L	L_1	H	Z
110	185	234	501	361
生产企业	浙江中财管道科技股份有限公司			

2）HRS 抗冲击大弧度底部弯头外形见图 14-71，规格尺寸见表 14-90。

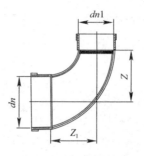

图 14-71　HRS 抗冲击大弧度底部弯头外形图

HRS 抗冲击大弧度底部弯头规格尺寸 表 14-90

公称外径 dn×dn1	规格尺寸（mm）		
	Z	Z₁	R
110×110	112	112	220
160×110	159	149	180
160×160	181	181	220
200×160	219	212	255
生产企业	浙江中财管道科技股份有限公司		

8. 滑扣式连接塑料排水管及管件

滑扣式连接塑料排水管材、管件以 FRPP 和 HDPE 两种材质为主，从原材料到成品，严格按高于相应国家标准的企业标准控制。排水管材、管件及连接配件等均由同一企业负责提供。产品规格从 dn40 至 dn200，产品的基本外形参数严格按有关现行国家标准执行。管件包括三通、四通、异径接头、通气帽、检查口、弯头、存水弯、特殊单立管配件；管道附件包括地漏、止水圈、连接配件、管道支架等。

滑扣式连接方式采用环形紧固件通过螺栓或者滑扣将管材和管件进行机械性连接，为河南省九嘉晟美实业有限公司核心专利技术。塑料排水管道系统滑扣式连接配件产品及安装示意见图 14-72，金属排水管道系统滑扣式连接配件产品及安装示意见图 14-73。

一、施工安装时应根据需要长度把管材截好，断面应垂直平整无毛刺。

四、套入滑扣式固定块。

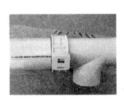

二、管材与管件用柔性密封圈连接，使两个接口平整对好。

五、将锁紧销插入固定块内槽。

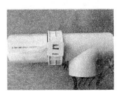

三、180°旋转滑扣式卡箍固定柔性密封圈。

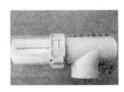

六、锤击锁紧销（一锤到位）。

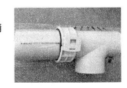

图 14-72 塑料排水管道系统滑扣式连接配件及安装示意图

9. MPVE 双壁波纹管

1）排水用聚乙烯——聚氯乙烯共混（MPVE）双壁波纹管（以下简称"MPVE 双壁波纹管"）的特点：

（1）管材环刚度高：在现行相关国家标准中，PVC-U 双壁波纹管、PE 双壁波纹管、PE 钢带增强波纹管的最高环刚度为不低于 16kN/m²，而 MPVE 双壁波纹管环刚度最高可达 25kN/m²。

（2）抗冲击性能好：MPVE 双壁波纹管的抗冲击性能试验，低温高能量重锤冲击强度为现行国家标准 PE 双壁波纹管的 2.4 倍。

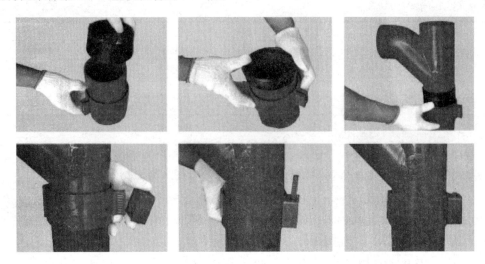

图 14-73　金属排水管道系统滑扣式连接配件及安装示意图

（3）管材内壁光滑、不易沉淀、积淤。

（4）抗震性能良好：MPVE 双壁波纹管具有良好的刚性和韧性，抗震、防渗漏。

（5）环境适应性好：MPVE 双壁波纹管具有很好的抗外压性能和抗内压性能，对苛刻环境、落差大、山地城市的敷设安装场所适应性更强。

（6）安装维修方便。

（7）使用寿命长：MPVE 双壁波纹管耐酸、耐碱、耐腐蚀，在埋地敷设、正常使用情况下，使用寿命≥50 年。

（8）抗蠕变：蠕变比率<4。

（9）管材阻燃性能好。

（10）接口密封性能好：MPVE 双壁波纹管采用柔性密封圈承插连接，对地基不均匀沉降变化和外力扭曲引起的渗漏具有更好的自适应性。

2）MPVE 双壁波纹管的物理力学性能应符合表 14-91 的规定。

MPVE 双壁波纹管管材的物理力学性能　　　　　　　　表 14-91

项目名称		性能要求
密度（kg/m³）		≥1200
环刚度（kN/m²）	SN4	≥4
	SN8	≥8
	SN10	≥10
	SN12.5	≥12.5
	SN16	≥16
	SN20	≥20
	SN25	≥25
维卡软化点（℃）		≥72
内层拉伸强度（MPa）		≥24

项目名称		性能要求
燃烧性能		离火即灭，无熔融滴落
落锤冲击试验（dn90 锤头，0℃）		TIR≤10%
环柔性	SN≤16kN/m² 的管材压至外径的 30%	无破裂，两壁无脱开，内层无反向弯曲
	SN≥20kN/m² 的管材压至外径的 20%	
烘箱试验		无气泡，无分层，无开裂
蠕变比率		≤4%

3）MPVE 双壁波纹管的规格尺寸见表 14-92 和表 14-93。

MPVE 外径系列双壁波纹管材的规格尺寸（mm）　　　表 14-92

公称外径 dn	最小平均外径 dn_{min}	最大平均外径 dn_{max}	最小平均内径 $D_{im,min}$	承口最小接合长度 A_{min}
110	109.4	110.4	97	32
160	159.1	160.5	135	42
200	198.8	200.6	172	50
250	248.5	250.8	216	55
315	313.2	316.0	270	62
400	397.6	401.2	340	70
500	497.0	501.5	432	80
630	626.3	631.9	540	93
710	705.7	712.2	614	101
800	795.2	802.4	680	110
1000	994.0	1003.0	854	130
1200	1180	1220	1040	150
生产企业	康泰塑胶科技集团有限公司			

MPVE 内径系列双壁波纹管材的尺寸（mm）　　　表 14-93

公称内径 d	最小平均内径 $d_{im,min}$	最小平均外径 dn_{min}	最小承口接合长度 A_{min}
100	95	120	32
125	120	145	38
150	145	176	43
200	195	233	54
225	220	260	55
250	245	291	59
300	294	350	64
400	392	464	74
500	490	581	85
600	588	700	96
800	785	928	118
1000	985	1160	140
1200	1185	1390	162
生产企业	康泰塑胶科技集团有限公司		

4）MPVE 双壁波纹管的安装连接方式

（1）带承口管材的安装连接见图 14-74。

（2）不带承口管材的连接

① 对接焊热熔连接见图 14-75。

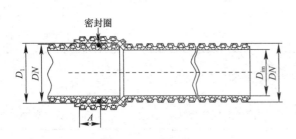

图 14-74 柔性密封圈承插连接示意图　　　　图 14-75 热熔连接示意图

② 卡扣连接：适用于现场紧急维修、抢修，见图 14-76。

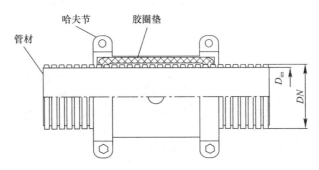

图 14-76 卡扣连接示意图

③ 套管连接：适用于现场紧急维修、抢修，见图 14-77。

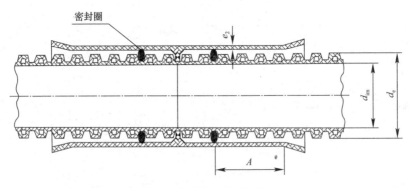

图 14-77 套管连接示意（密封圈嵌在波谷中）

④ MPVE 双壁波纹管与小区雨、污水塑料检查井的连接见图 14-78。

10. 改性聚乙烯（HDPE-M）双壁波纹管

1）改性聚乙烯（HDPE-M）双壁波纹管的物理力学性能应符合表 14-94 的规定。

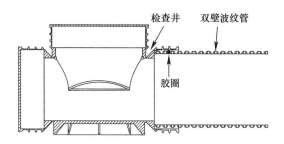

图 14-78 MPVE 双壁波纹管与塑料检查井连接示意图（密封圈嵌在波谷中）

改性聚乙烯（HFPR-M）双壁波纹管的物理力学性能表   表 14-94

序号	项目		单位	性能指标
1	环刚度	SN12.5	kN/m²	≥12.5
		SN16		≥16
		SN20		≥20
2	落锤冲击试验		—	10/10 通过
3	环柔性		—	试样圆滑，无破裂，两壁无脱开
		%	环柔性测试后 1h 管材变形的复原率，测试前后内径保持率大于 95%
4	烘箱试验		—	无气泡、无分层、无开裂
5	蠕变比率		%	≤4
6	氧化诱导时间（OIT）		min	≥20

2）改性聚乙烯（HDPE-M）双壁波纹管的规格、外形尺寸、重量见表 14-95。

改性聚乙烯（HDPE-M）双壁波纹管规格、外形尺寸、重量表   表 14-95

公称尺寸 DN	外形尺寸（mm）					重量（kg/根）
	最小平均外径	最小平均内径	最小层压壁厚	最小接合长度	最小承口壁厚	
200	230	195	2.0	60	2.5	23
300	345	294	2.5	69	3.0	41
400	465	392	3.0	77	3.5	70
500	580	490	3.5	85	4.0	105
600	700	588	4.0	96	5.0	145
800	930	785	4.5	118	6.5	245
1000	1160	985	6.0	140	8.0	360
1200	1400	1185	8.0	162	9.0	480
1500	1755	1485	10.0	178	10.0	680
生产企业	安徽省生宸源材料科技实业发展股份有限公司					

注：1. 改性聚乙烯（HDPE-M）双壁波纹管每根长度一般为 6m；
　　2. 改性聚乙烯（HDPE-M）双壁波纹管的工程设计选用与施工安装要求详见《埋地聚乙烯排水管管道工程技术规程》CECS 164：2004。

11. 无机晶须增强高密度聚乙烯（HDPE-IW）六边形结构壁管

1）无机晶须增强高密度聚乙烯（HDPE-IW）六边形结构壁管的物理力学性能应符合表 14-96 的规定。

无机晶须增强高密度聚乙烯（HDPE-IW）六边形结构壁管物理力学性能表　表 14-96

序号	项目		单位	性能指标
1	环刚度	（SN8）	kN/m²	≥8
		SN12.5		≥12.5
		SN16		≥16
		SN20		≥20
2	冲击性能（TIR）		%	≤10
3	环柔性		—	试样圆滑，无反向弯曲，无破裂，两壁无脱开
4	烘箱试验		—	无气泡、无分层、无开裂
5	蠕变比率		%	≤4
6	氧化诱导时间（OIT）		min	≥20

注：SN8 为非首选的环刚度等级。

2）管材结构外形图

无机晶须增强高密度聚乙烯（HDPE-IW）六边形结构壁管的结构外形见图 14-79。

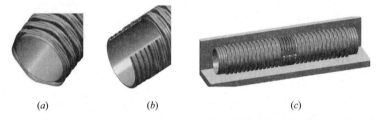

（a）　　　　　　（b）　　　　　　（c）

图 14-79　无机晶须增强高密度聚乙烯（HDPE-IW）六边形结构壁管外形图
（a）六边形高刚度结构外壁；（b）双壁波纹结构；（c）特制卡箍橡胶密封圈连接

3）无机晶须增强高密度聚乙烯（HDPE-IW）六边形结构壁管的规格、外形尺寸见表 14-97。

无机晶须增强高密度聚乙烯（HDPE-IW）六边形结构壁管规格、外形尺寸表　表 14-97

公称尺寸 DN	外形尺寸（mm）				
	最小平均内径	最小层压壁厚	最小内层壁厚	最小接合长度	最大结合间隙
200	195	1.5	1.4	60	5
300	294	2.0	2.1	69	8
400	392	2.5	2.8	77	10
500	490	3.0	3.5	85	12
600	588	3.5	4.2	96	15
800	785	4.5	5.5	118	18
1000	985	5.0	6.0	140	20
1200	1185	5.0	6.0	162	22
1500	1485	6.0	6.0	178	25
1800	1785	6.5	6.0	228	30
2000	1985	7.0	6.0	240	35
2200	2185	7.5	6.0	252	40
生产企业	安徽省生宸源材料科技实业发展股份有限公司				

注：1. 无机晶须增强高密度聚乙烯（HDPE-IW）六边形结构壁管每根长度一般为 6m；
　2. 无机晶须增强高密度聚乙烯（HDPE-IW）六边形结构壁管的工程设计选用与施工安装要求详见《埋地聚乙烯排水管管道工程技术规程》CECS 164：2004。

14.2 排水管道附件

14.2.1 新型地漏

1. 新型磁浮水封防溢地漏

1）产品特点

（1）水封深度 50mm，在满足大流量排水需求的同时，具有优良的防溢与气密性能。

（2）磁浮设计能够在地面水位高度极低时顺畅排水。

（3）内胆结构能有效降低水封蒸发速度，提升水封稳定性。

（4）密封结构活动部件低摩擦损耗，可无工具拆卸，清洗便捷，维护容易。

（5）地漏自清能力测试达到 100％。

（6）产品材料选用强度和可靠性高材质，如高品质 304 不锈钢格栅，改性 PA 内胆，高磁稳性的稀土磁铁等，使用寿命长。

2）地漏技术性能参数见表 14-98。

磁浮水封防溢地漏技术性能参数表　　　　　　　表 14-98

序号	产品型号	公称尺寸	排水流量	防溢性能	气密性能
1	FYCF50-112/CP	DN50	水位高度 1.5cm 时为 0.8L/s	排水管道内水压 0.1MPa，持续 120min，无液体溢出地面	排水管道内气压 0.1MPa，持续 120min，无液体溢出地面
2	FYCF75-130/CP	DN75	水位高度 1.5cm 时为 1.2L/s	排水管道内水压 0.1MPa，持续 120min，无液体溢出地面	排水管道内气压 0.1MPa，持续 120min，无液体溢出地面
3	FYCF100-160/CP	DN100	水位高度 1.5cm 时为 2.1L/s	排水管道内水压 0.1MPa，持续 120min，无液体溢出地面	排水管道内气压 0.1MPa，持续 120min，无液体溢出地面
4	FYCF150-205/CP	DN150	水位高度 1.5cm 时为 4.3L/s	排水管道内水压 0.1MPa，持续 120min，无液体溢出地面	排水管道内气压 0.1MPa，持续 120min，无液体溢出地面

3）下排式磁浮水封防溢地漏外形见图 14-80，规格尺寸见表 14-99。

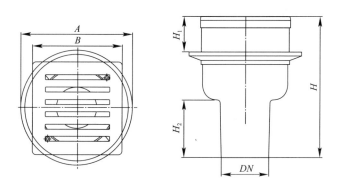

图 14-80　下排式磁浮水封防溢地漏外形图

下排式磁浮水封防溢地漏外形尺寸　　　　　　表 14-99

序号	产品型号	公称尺寸 DN	外形尺寸（mm）						
			A	B	H_1	铸铁排水管		PVC-U/HDPE 排水管	
						H	H_2	H	H_2
1	FYCF50-112	50	140	112	45-95	170-220	70	125-175	25
2	FYCF75-130	75	160	130	45-95	190-240	70	145-195	25
3	FYCF100-160	100	190	160	45-95	190-240	70	145-195	30
4	FYCF150-205	150	235	205	45-95	190-240	70	145-195	30
生产企业		上海环钦科技发展有限公司							

4）侧排式磁浮水封防溢地漏外形见图 14-81，规格尺寸见表 14-100。

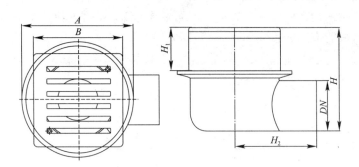

图 14-81　侧排式磁浮水封防溢地漏外形图

侧排式磁浮水封防溢地漏外形尺寸　　　　　　表 14-100

序号	产品型号	公称尺寸 DN	外形尺寸（mm）						
			A	B	H_1	铸铁排水管		PVC/HDPE 排水管	
						H	H_2	H	H_2
1	FYCF50-112CP	50	142	112	45-95	120-170	100	120-170	75
2	FYCF75-130CP	75	160	130	45-95	146-196	150	146-196	100
3	FYCF100-160CP	100	190	160	45-95	176-226	175	176-226	120
4	FYCF150-205CP	150	235	205	45-95	225-275	200	225-275	145
生产企业		上海环钦科技发展有限公司							

2. 对分水封地漏

对分水封地漏水封深度 50mm，外形见图 14-82。

3. SUNS 防返溢地漏

1）产品特点

（1）确保 50mm 水封深度。

（2）水力性能好，不易堵塞，具有较好的自洁能力。

（3）可在带水封的条件下进行地漏清洁，避免清洁维修时管道内臭气外溢。

（4）采用浮球式防返溢结构，避免污水中毛发等纤维状固形物流挂造成防返溢功能失效现象发生。

（5）为统一结构配件，下排式防返溢地漏和侧排式防返溢地漏采用相同的地漏水封筒组件和不锈钢装饰箅子，见图 14-83。

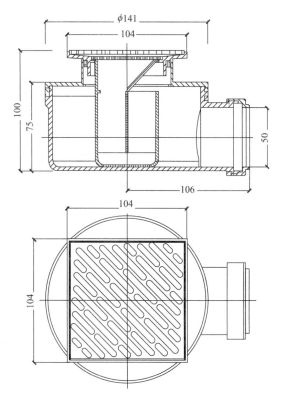

图 14-82 对分水封地漏外形图（生产企业：上海深海宏添建材有限公司）

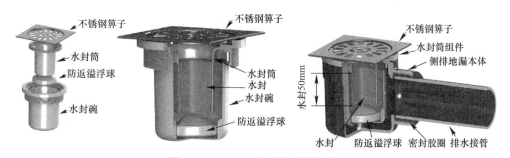

图 14-83 SUNS 防返溢地漏构造图

（6）地漏水封筒采用 ABS 工程塑料注塑加工成型，可承受 100℃水温的连续排放不变形。

（7）内壁光滑，排水性能和自洁性能好。

（8）水封容积为 249 毫升（mL），水封比为 1：1.12，具有较强的抗干涸能力和较小的水封损失。

（9）水封筒与水封碗采用螺纹连接，便于拆卸更换维修。

（10）地漏水封筒组件与地漏本体采用可调螺纹连接，便于调整与装饰面的高度距离；不锈钢装饰算子与地漏采取分离结构，有利调整与地面瓷砖的水平高度。

2）防返溢下排地漏

地漏本体采用加长接管铸铁材质结构，便于异层排水穿越楼板安装，可确保安装后不会因材质老化或收缩变形出现与楼板结合部渗漏现象发生，外形及结构见图 14-84，外形尺寸见表 14-101。

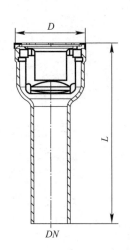

图 14-84　SUNS 防返溢下排地漏外形及结构图

SUNS 防返溢下排地漏外形尺寸　　　　　　　　　　表 14-101

公称尺寸 DN	外形尺寸（mm）	
	L	D
50	360～370　（可调节）	89
生产企业	山西泫氏实业集团有限公司	

3）防返溢侧排地漏

地漏本体采用侧接管铸铁材质结构，适宜用于降板同层排水填充层或微降板同层排水。排水接口采用专用三元乙丙橡胶防脱密封圈，耐老化，密封性能好，使用寿命可达 70 年。地漏与支管采用插接连接，施工安装方便，密封性能好。

防返溢侧排地漏外形及构造见图 14-85，外形尺寸见表 14-102。

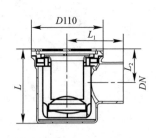

图 14-85　SUNS 防返溢侧排地漏外形及结构图

SUNS 防返溢侧排地漏外形尺寸　　　　　　　　　　表 14-102

公称尺寸 DN	外形尺寸（mm）		
	L	L_1	L_2
50	110	85	50
生产企业	山西泫氏实业集团有限公司		

4. 筒式水封侧排地漏

筒式水封侧排地漏外形及结构见图 14-86，外形尺寸见表 14-103。

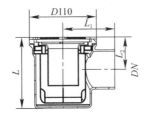

图 14-86 筒式水封侧排地漏外形及构造图

筒式水封侧排地漏外形尺寸 表 **14-103**

公称尺寸 DN	外形尺寸（mm）		
	L	L_1	L_2
50	110	85	50
生产企业	山西泫氏实业集团有限公司等		

5. 无水封侧墙地漏

无水封侧墙地漏外形及结构见图 14-87，外形尺寸见表 14-104。

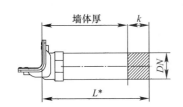
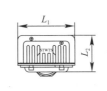

图 14-87 无水封侧墙地漏外形及结构图

无水封侧墙地漏外形尺寸 表 **14-104**

公称尺寸 DN	外形尺寸（mm）	
	L_1	L_2
50	130	75
生产企业	山西泫氏实业集团有限公司等	

6. 无水封直通地漏

无水封直通地漏外形及结构见图 14-88，外形尺寸见表 14-105。

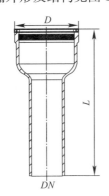

图 14-88 无水封直通地漏外形及结构图

公称尺寸 DN	外形尺寸（mm）	
	L	D
50	360	89
75	370	143
100	390	188
生产企业	山西泫氏实业集团有限公司等	

无水封直通地漏外形尺寸   表 14-105

7. 带水封直排地漏

带水封直排地漏外形及结构见图 14-89，外形尺寸见表 14-106。

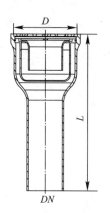

图 14-89 带水封直排地漏外形及结构图

带水封直排地漏外形尺寸   表 14-106

公称尺寸 DN	外形尺寸（mm）	
	L	D
75	370	143
100	390	188
生产企业	山西泫氏实业集团有限公司等	

8. 无水封网框地漏

无水封网框地漏外形及结构见图 14-90，外形尺寸见表 14-107。

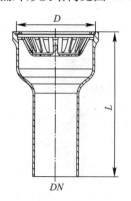

图 14-90 无水封网框地漏外形及结构图

公称尺寸 DN	外形尺寸（mm）	
	L	D
75	370	134
100	390	188
生产企业	山西泫氏实业集团有限公司	

无水封网框地漏外形及结构尺寸　　　　　表 14-107

9. 吊杯水封地漏

吊杯水封地漏外形及构造见图 14-91。

10. 多通道地漏

多通道地漏外形及构造见图 14-92。

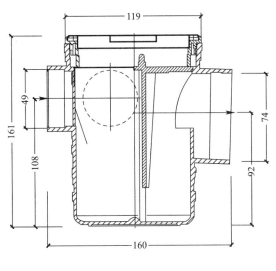

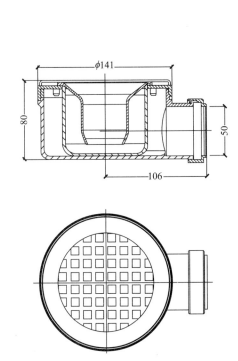

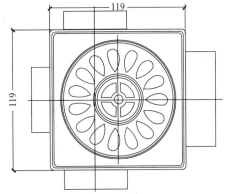

图 14-91　吊杯水封地漏外形及构造图
注：生产企业：上海深海宏添建材有限公司

图 14-92　多通道地漏外形及构造图
注：生产企业：上海深海宏添建材有限公司

11. 不降板同层排水 L 形地漏

地漏无水封，连接到排水汇集器，借用其集成水封；外形呈 L 形，可利用地面建筑装饰层安装，实现卫生间不降板、不抬高方式同层排水；地漏内置有可更换的重力止回装置，能有效预防蚊虫从地漏口进入室内，还能起到辅助减缓排水汇集器集成水封蒸发的效果。

不降板同层排水 L 形地漏外形见图 14-93，规格尺寸见表 14-108。

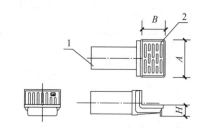

图 14-93　不降板同层排水 L 形地漏外形图

1—地漏排水接口（*DN*75）；2—地漏面板

不降板同层排水 L 形地漏规格尺寸　　　　　　　　表 14-108

公称尺寸	材质	外形尺寸（mm）		
		A	*B*	*H*
*DN*75	PVC-U	125	80	35
*DN*75	HDPE	125	80	35
*DN*75	铜	125	80	35
生产企业	昆明群之英科技有限公司			

12. 双通道防返溢地漏

适用于墙排式（微降板）卫生间的同层排水，需要的最小垫层高度为 150mm；内设有翻板，可防止水分蒸发和飞虫进入室内。双通道防返溢地漏构造见图 14-94。

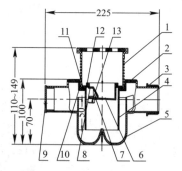

图 14-94　双通道防返溢地漏构造图（生产企业：武汉金牛经济发展有限公司）

1—可调漏斗；2—漏体盖；3—柔性承插密封圈；4—密封套筒；5—漏体主体；6—翻板；7—不锈钢轴；8—翻板座；

9—地漏堵帽；10—O 型橡胶圈；11—套筒密封圈；12—翻板座密封圈；13—配重块

13. SPEC 防水一体化地漏

SPEC 地漏采用防水一体化结构，自带 50mm 以上水封，种类有同层排水单通道地漏、补水型地漏和异层排水地漏，且都分别有淋浴地漏和洗衣机地漏。超薄型 SPEC 地漏的最小安装高度是 80mm。SPEC 补水型地漏利用洗脸盆或淋浴排放的废水作为水封补偿，但水封不共用；用于补水的洗脸盆或者淋浴排水管均需要自带存水弯。补水型地漏，主要用于卫生间干区，防止因蒸发损失而造成的水封干涸而导致的地漏返臭现象的发生。SPEC 洗衣机地漏具备防返溢功能。SPEC 地漏外形见图 14-95。

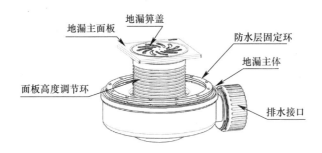

图 14-95　SPEC 防水一体化地漏外形图

注：生产企业：宁波世诺卫浴有限公司

14.2.2　新型存水弯

1. SUNS 补水式 P 型存水弯

1) 产品特点：SUNS 型补水式 P 型存水弯适用无水封直通地漏与洗面盆共用水封连接，排水流量大（≥1.0L/s），且兼备清扫功能，可防止横支管堵塞。P 型存水弯补水口与洗面盆排水管连接，可防止地漏水封干涸、卫生间返臭的现象发生。有 B 型和 W 型两种接口形式，安装示意见图 14-96。

2) W 型补水式 P 型存水弯外形见图 14-97，规格尺寸及重量见表 14-109。

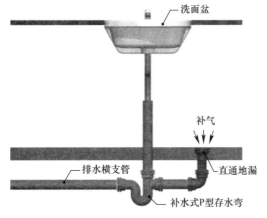

图 14-96　补水式 P 型存水弯安装示意图

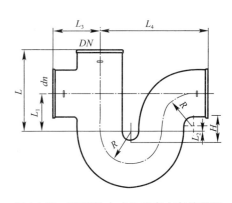

图 14-97　W 型补水式 P 型存水弯外形图

W 型补水式 P 型存水弯规格尺寸及重量表　　　　　　表 14-109

公称直径 DN	尺寸（mm）								重量（kg）
	dn	L	L_1	L_2	L_3	L_4	水封 H	R	A 级
50	50	102	51	—	75	191	51	51	2.48
75	50	154	77	13	85	229	64	64	4.46
	75	154	77	13	97	229	64	64	4.58
生产企业	山西泫氏实业集团有限公司								

3) B 型补水式 P 型存水弯结构示意见图 14-98，规格尺寸及重量见表 14-110。

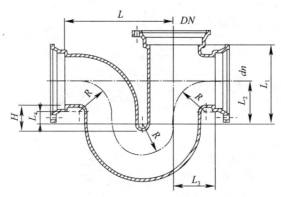

图 14-98　B 型补水式 P 型存水弯结构示意图

B 型补水式 P 型存水弯规格尺寸及重量表　　　　表 14-110

公称尺寸 DN	外形及构造尺寸（mm）								重量（kg）	
	dn	L	L_1	L_2	L_3	L_4	水封 H	R	Ⅰ 型	Ⅱ 型
50	50	150	110	60	50	25	51	39	3.28	3.23
75	50	190	135	65	60	25	54	53	5.28	5.14
	75	190	135	65	69	25	54	53	5.58	5.39
生产企业	山西泫氏实业集团有限公司									

2. SUNS 防虹吸 P 型存水弯

SUNS 防虹吸 P 型存水弯参照欧共体标准设计，水封深度 80mm，水封比大，腔体内设有 2 道筋片，可防止虹吸现象发生，有效保护水封。适用于顶层卫生间，防止伸顶通气管倒灌风和负压抽吸；也适用于底层卫生间，避免发生正压喷溅和返臭现象。

W1 型防虹吸存水弯结构见图 14-99，规格尺寸及重量见表 14-111。

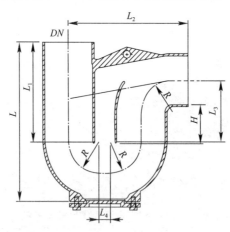

图 14-99　W1 型防虹吸 P 型存水弯结构图

W1 型防虹吸 P 型存水弯规格尺寸及重量表　　　　表 14-111

公称尺寸 DN	外形及构造尺寸（mm）							重量（kg）
	L	L_1	L_2	L_3	L_4	H	R	
50	216	151	142	136	10	80	34	2.50
75	280	185	202	116	17	80	50	4.71
100	332	208	255	130	25	80	65	7.51
生产企业	山西泫氏实业集团有限公司							

3. SUNS 多接口紧凑型方形 P 弯

采用紧凑型方形设计，水封深度 50mm，水封容量 990ml，水封比 1.5。用于与无水封器具排水管直接连接，水封损失小，自清能力好，水封不易干涸，自带检修口，清理方便。适用于安装空间较小的卫生间异层排水或同层排水。

多接口紧凑型方形 P 弯外形见图 14-100，规格尺寸及重量见表 14-112。

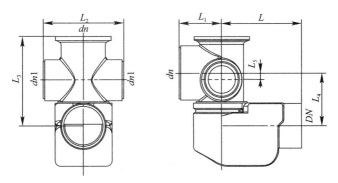

图 14-100　多接口紧凑型方形 P 弯外形图

多接口紧凑型方形 P 弯外形规格尺寸及重量　　　　表 14-112

公称尺寸 DN	外形尺寸（mm）								重量（kg）
	dn	$dn1$	L	L_1	L_2	L_3	L_4	L_5	
75	50	50	155	77.5	155	170-220	100-150	0	12
75	75	50	155	83	155	170-220	100-150	13	12
生产企业	山西泫氏实业集团有限公司								

14.2.3　排水汇集器

1. SUNS 同层排水汇集器

SUNS 同层排水汇集器见图 14-101，规格尺寸及重量见表 14-113。

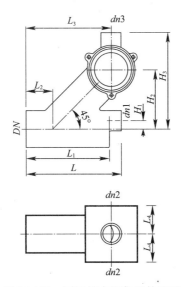

图 14-101　同层排水汇集器外形图

规格	外形尺寸（mm）												重量（kg）
	dn1	dn2	dn3	L	L₁	L₂	L₃	L₄	H₁	H₂	H₃	壁厚	

同层排水汇集器规格尺寸及重量　　　　　　表 14-113

规格	$dn1$	$dn2$	$dn3$	L	L_1	L_2	L_3	L_4	H_1	H_2	H_3	壁厚	重量（kg）
DN100	50	100	50	285	250	80	255	84.5	25.0	175	285	4.2	8.44
	50	100	75	285	250	80	255	84.5	12.5	175	285		8.45
	50	100	100	285	250	80	255	84.5	—	175	285		8.48
生产企业	山西泫氏实业集团有限公司												

注：$dn2$ 为 B 型接口，$dn3$ 为可选择接口。

2. SUNS 不降板同层排水汇集器

SUNS 型排水汇集器采用灰口铸铁材料铸造成型，强度高，耐腐蚀、使用寿命长。是不降板同层排水系统沿墙隐蔽敷设排水横支管与后排式坐便器连接的专用多功能排水部件。设有多个进排出和器具通气接口，便于管道设计布局，适用于后排式坐便器 180mm 和 100mm 两种排水接口高度。不同的组合方式坐便器接管可实现左、右侧和双侧接管安装，且可根据卫生间完成地面在 ±20mm 范围内调整接口高度，有利安装。两组可调式托架，方便调整和固定管接口的高度。排水汇集器构造示意见图 14-102。

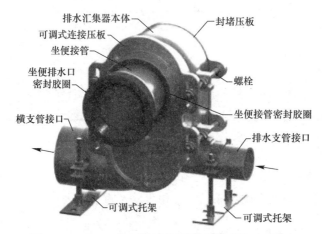

图 14-102　SUNS 不降板同层排水汇集器构造示意图

改变配件组合方式，适用于坐便器排水口 180mm 高位排水和 100mm 低位排水，且可在 ±20mm 范围调节。分别见图 14-103 和图 14-104。

图 14-103　适用于（中心距 180）后排式坐便器　图 14-104　适用于（中心距 100）后排式坐便器

采用对称结构设计，可分别实现左右两侧接管，或双侧接管；本体带辅助通气接口，可用于器具通气系统安装。分别见图 14-105 和图 14-106。

图 14-105　可接双侧背靠背卫生间后排式坐便器　　　　图 14-106　可选带器具通气口

3. 不降板同层排水汇集器

1）分类：

按材质分，有铸铁排水汇集器和塑料排水汇集器；按使用场所分，有双立管排水汇集器、单立管排水汇集器、装配式建筑专用排水汇集器和阳台专用排水汇集器。

2）性能特点：

（1）自带集成水封，用于横支管污、废水分流。接入排水汇集器的用水器具如洗脸盆、地漏、洗衣机、浴缸等排水器具下方不需再设置存水弯。

（2）排水汇集器设计过水断面相当于 2 根 $DN50$ 排水管的满流过流面积，排水通畅，有效解决下水慢、易堵塞的问题；排水汇集器水封部件便于同层清通检修。

（3）排水汇集器安装于结构楼板中，排水横支管采用沿墙布置敷设，坐便器采用后出水式，地漏采用 L 形侧排地漏，实现不降板同层排水，杜绝传统降板同层排水沉箱积水的问题。应用于装配式整体卫生间时，还可解决地面空鼓问题。

3）各种类型排水汇集器外形见图 14-107，外形尺寸见表 14-114。

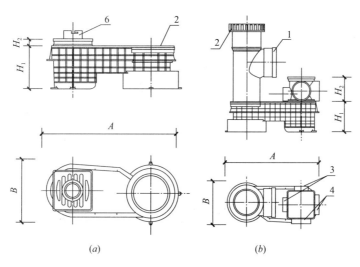

图 14-107　各种类型排水汇集器外形图（一）

（a）Ⅰ-1 型排水汇集器；（b）Ⅰ-2 型排水汇集器

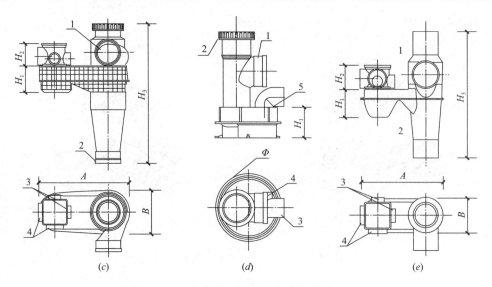

图 14-107　各种类型排水汇集器外形图（二）

(c) Ⅱ型排水汇集器；(d) Ⅲ型排水汇集器；(e) W1 型排水汇集器

1—坐便器接口（DN100）；2—排水立管接口（DN100）；3—废水支管接口（DN50）；

4—废水支管接口（DN75）；5—应急积水排放口；6—洗衣机接口（DN32）

各种类型排水汇集器外形尺寸表（mm）　　　　　　　　　　表 14-114

型号	材质	A	B	ϕ	H_1	H_2	H_3
Ⅰ-1 型	PVC-U	400	180	—	120	100	—
Ⅰ-2 型	PVC-U	400	180	—	120	100	—
Ⅱ型	PVC-U	435	200	—	120	100	640
Ⅲ型	PVC-U	—	—	270	120	100	—
W1 型	铸铁	360	160	—	120	100	540
生产企业	昆明群之英科技有限公司						

14.2.4　排水立管集水器

1. 立管集水器

属于立管配件，自带水封，具有防返溢及防臭功能，用于楼板积水排除。PVC-U 材质、$DN100$ 排水汇集器构造见图 14-108。

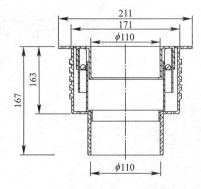

图 14-108　PVC-U 材质 $DN100$ 排水汇集器构造图

注：生产企业：浙江伟星新型建材股份有限公司

2. CTS-Ⅰ型立管集水器

为 CTS-Ⅰ型同层排水系统核心配件，PVC 材质组装件，设有共用存水弯。CTS-Ⅰ型立管集水器外形见图 14-109。

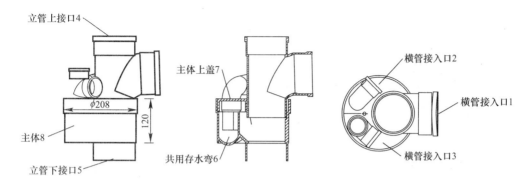

图 14-109　CTS-Ⅰ型立管集水器外形图
注：生产企业：浙江中财管道科技股份有限公司

3. CTS-Ⅱ型立管集水器

为 CTS-Ⅱ型同层排水系统核心配件，PVC 材质组装件，设有二次排水专用存水弯。CTS-Ⅱ型立管集水器外形见图 14-110，规格尺寸见表 14-115。

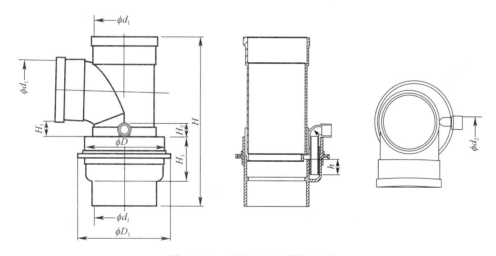

图 14-110　CTS-Ⅱ型立管集水器

CTS-Ⅱ型立管集水器规格尺寸　　　　　表 14-115

规格	d_2	D	D_1	H	H_1	H_2	H_3	h
$dn110$	20	147	170	325	85	27	30	30
生产企业	浙江中财管道科技股份有限公司							

14.2.5　立管闭水检查口

闭水检查口是集排水管检查和闭水试验功能于一体的新型排水管件，可代替普通检查口使用。当进行闭水试验时，只需打开检查口盖，在闭水试验端安装上闭水器就可对试验管道注水进行闭水试验；当需要进行排水管压力测试时，在其压力表接口上装上压力表即可进行试压。各种类型闭水检查口外形见图 14-111～图 14-113，规格尺寸见表 14-116～表 14-118。

  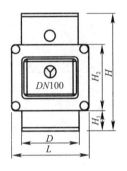

图 14-111　W 型闭水检查口外形图

W 型闭水检查口外形尺寸表　　　　　　　　　　　　　　　　表 **14-116**

规格	外形尺寸（mm）				
	D	L	H	H_1	H_2
$DN100$	111	150	220	37	125
$DN150$	162	210	281	43	170
生产企业	河北兴华铸管有限公司				

  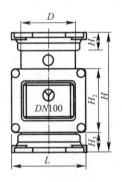

图 14-112　B 型闭水检查口外形图

B 型闭水检查口外形尺寸表　　　　　　　　　　　　　　　　表 **14-117**

规格	外形尺寸（mm）					
	D	L	H	H_1	H_2	H_3
$DN100$	111	150	239	42	125	35
$DN150$	162	210	299	52	170	42
生产企业	河北兴华铸管有限公司					

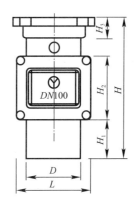

图 14-113　A 型闭水检查口外形图

<table>
<tr><th rowspan="2">规格</th><th colspan="6">外形尺寸（mm）</th></tr>
</table>

A 型闭水检查口外形尺寸表　　　　　　　　表 14-118

规格	外形尺寸（mm）					
	D	L	H	H_1	H_2	H_3
$DN100$	111	150	277	71	125	43
$DN150$	162	210	339	87	170	47
生产企业	河北兴华铸管有限公司					

闭水器外形见图 14-114，规格尺寸见表 14-119。

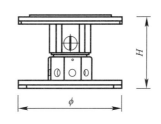

图 14-114　闭水器外形图

闭水器外形尺寸表　　　　　　　　表 14-119

规格	外形尺寸（mm）	
	ϕ	H
$DN100$	120	65～85
$DN150$	171	65～85
生产企业	河北兴华铸管有限公司	

14.2.6　防返流 H 管件

1. SUNS 新型防返流 H 管件（带检查口/不带检查口）

1）产品特点

在 H 管件排水管与通气管连通部位增加挡片 1、挡片 2 结构，使挡片 1 最低点和挡片 2 最高点形成一个高差，在排水过程中，即使产生水沫，水流也不会进入通气管道；在通气管部位设置通气弯道结构，保证通气截面积，如图 14-115 所示。防返流 H 管件可有效阻止排水管中的水沫进入通气管中，充分发挥通气管的通气效果，降低双立管排水系统中的压力波动，提高排水能力。产品分为带检查口和不带检查口两种。

2）W1 型 SUNS 防返流 H 管件外形见图 14-116，规格尺寸及重量见表 14-120。

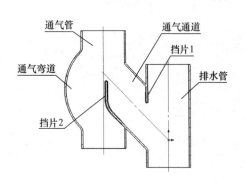

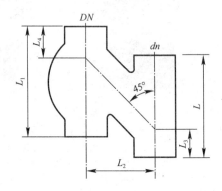

图 14-115　SUNS 新型防返流 H 管件构造图　　　图 14-116　W1 型 SUNS 防返流 H 管件外形图

W1 型 SUNS 防返流 H 管件规格尺寸及重量表　　　表 14-120

规格	外形尺寸（mm）						重量（kg）
	dn	L	L_1	L_2	L_3	L_4	
DN100	100	260	281	180	73	81	6.5
DN150	100	275	281	241	50	79	9.0
生产企业	山西泫氏实业集团有限公司						

3）B 型 SUNS 防返流 H 管件外形见图 14-117，规格尺寸及重量见表 14-121。

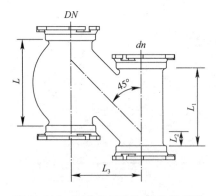

图 14-117　B 型 SUNS 防返流 H 管件

B 型 SUNS 防返流 H 管件规格尺寸及重量表　　　表 14-121

规格	外形尺寸（mm）				重量（kg）
	dn	L	L_1	L_2	L_3	
DN100	100	223	203	35	180	9.3
DN150	100	223	250	50	241	13.5
生产企业	山西泫氏实业集团有限公司					

2. SUNS 防返流双 H 管件（带检查口/不带检查口）

1）W1 型 SUNS 防返流双 H 管件外形见图 14-118，规格尺寸及重量见表 14-122。

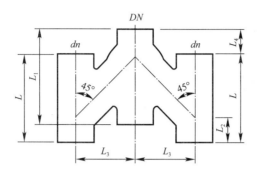

图 14-118　W1 型 SUNS 防返流双 H 管件外形图

W1 型 SUNS 防返流双 H 管件规格尺寸及重量表　　　　表 14-122

规格	外形尺寸（mm）						重量（kg）
	dn	L	L_1	L_2	L_3	L_4	
DN100	100	260	234	73	180	62	9.5
生产企业	山西泫氏实业集团有限公司						

2）B 型 SUNS 防返流双 H 管件外形见图 14-119，规格尺寸及重量见表 14-123。

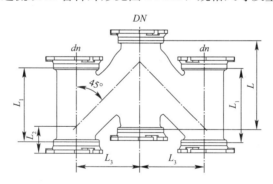

图 14-119　B 型 SUNS 防返流双 H 管件外形图

B 型 SUNS 防返流双 H 管件规格尺寸及重量　　　　表 14-123

规格	外形尺寸（mm）					重量（kg）
	dn	L	L_1	L_2	L_3	
DN100	100	243	203	69	180	13.5
生产企业	山西泫氏实业集团有限公司					

14.2.7　吸气阀

吸气阀用于排水系统中容易产生负压的部位。当负压发生时，吸气阀打开引入空气以平衡排水管道系统内部气压，保护水封不被破坏。负压消失后，依靠重力作用吸气阀自动关闭，防止污浊空气进入室内。小型吸气阀外形见图 14-120，外形尺寸见表 14-124；大型吸气阀外形见图 14-121，外形尺寸见表 14-125。

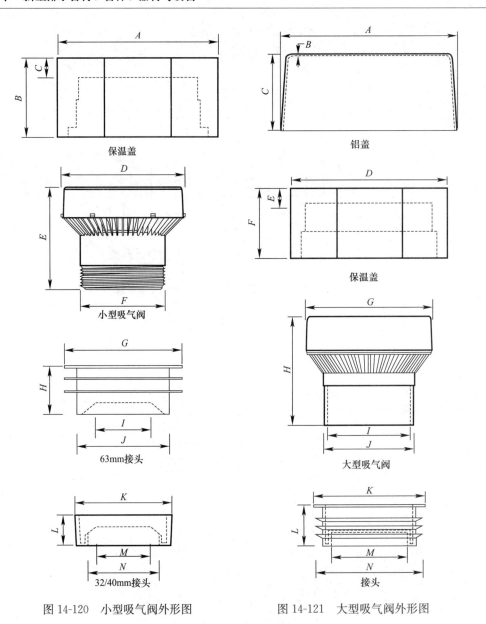

保温盖

铝盖

小型吸气阀

保温盖

63mm接头

大型吸气阀

32/40mm接头

接头

图 14-120　小型吸气阀外形图　　　　图 14-121　大型吸气阀外形图

小型吸气阀外形尺寸表　　　　　　　　　　　　　表 14-124

适用排水管公称尺寸	外形尺寸（mm）													
	A	B	C	D	E	F	G	H	I	J	K	L	M	N
DN50、DN75	90	52	13	70	67	40	66	32	31	52	54	20	30	40
生产企业	Aliaxis 艾联科西集团													

大型吸气阀外形尺寸表　　　　　　　　　　　　　表 14-125

适用排水管公称尺寸	外形尺寸（mm）													
	A	B	C	D	E	F	G	H	I	J	K	L	M	N
DN75、DN100	175	1.5	92	155	17	84	126	131	83	89	111	50	75	106
生产企业	Aliaxis 艾联科西集团													

14.2.8 正压缓减器

正压缓减器内部有经特别设计的气囊，用于缓冲建筑排水系统中瞬时产生的正压，改善排水系统工况，防止水封破坏。可水平或垂直安装；当水平布置的正压缓减器配置吸气阀使用时，吸气阀必须垂直安装；正压缓减器典型安装示例见图 14-122；正压缓减器外形见图 14-123，规格尺寸及重量见表 14-126。

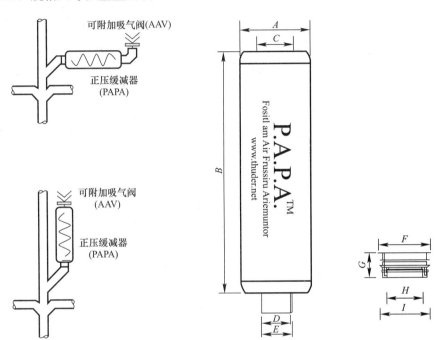

图 14-122 正压缓减器典型安装示例 　　　　图 14-123 正压缓减器外形图

正压缓减器规格尺寸　　　　　　　　　　表 14-126

适用排水管公称尺寸	外形尺寸（mm）								
	A	B	C	D	E	F	G	H	I
DN75、DN100	200	652	104	83	89	111	50	75	106
生产企业	Aliaxis艾联科西集团								

14.2.9 苏维托管件

1）苏维托管件的性能特点：

（1）苏维托管件内部设有水流阻隔挡板，可减缓立管水流速度，保证管内气压平衡状态，降低水流噪声。

（2）苏维托单立管系统具有良好的排水工况与通气排水性能，可节省专用通气立管，减少管材用量及工程费用。

（3）可同时连接 6 根排水横支管。

（4）安装施工方便，适用于管道装配化施工。

2）苏维托管件外形及内部构造见图 14-124，规格尺寸见表 14-127。

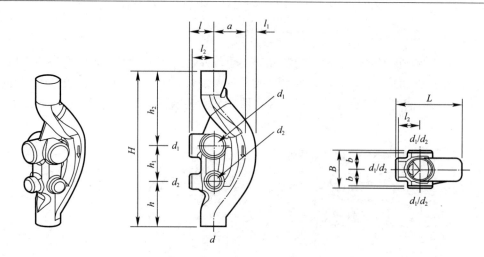

图 14-124　苏维托管件外形及内部构造图

苏维托管件规格尺寸表　　　　　　　　　　　表 **14-127**

规格	外形尺寸（mm）												
*dn*110	*d*	d_1	d_2	*a*	*B*	*b*	*H*	*h*	h_1	h_2	*L*	*l*	l_1	l_2
	110	110	75	130	180	80	740	215	170	355	290	105	55	95
生产企业	上海吉博力房屋卫生设备工程技术有限公司、浙江伟星新型建材股份有限公司、宁波世诺卫浴有限公司等													

14.2.10　防风透气帽

　　SUNS 防风透气帽的通气面积与伸顶通气管内径截面积之比大于 1.5 倍，可有效避免风雨天气排水管道返臭。可垂直安装在屋面伸顶排水通气管上，也可以根据需要在侧墙横向安装。SUNS 防风透气帽外形见图 14-125，规格尺寸及重量见表 14-128。

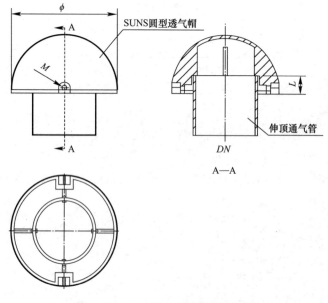

图 14-125　SUNS 防风透气帽外形图

规格	外形尺寸（mm）			重量（kg）
	ϕ	L	M	
DN75	160	30	M8×2	2.0
DN100	185	30	M8×2	2.5
DN150	240	30	M8×2	4.5
生产企业	山西泫氏实业集团有限公司			

SUNS 圆型防风透气帽规格尺寸及重量　　　　表 14-128

14.2.11　减振密封胶圈

SUNS 减振密封胶圈在原有密封胶圈的下方增加一个带有内翻边的裙套结构，排水管道接口安装时，先将减振密封胶圈套在管道插口端，然后一起插入管道承口内。管道接口两端完全由减振密封胶圈弹性隔离，使立管热胀变形得到充分补偿，降低管道水流噪声的传播，提高接口密封性能和抗震性能，确保排水系统安全运行。

减振密封胶圈采用三元乙丙橡胶材料，具有优良的抗老化能力和持续的弹性。

SUNS 减振密封胶圈分为 A 型和 B 型，主要用于高层、超高层建筑、钢结构建筑及外墙敷设等需要采取变形补偿的排水立管系统。安装示意见图 14-126。

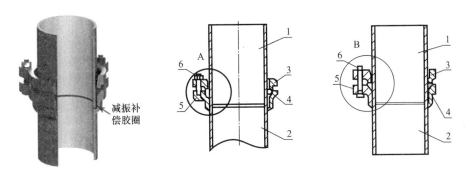

图 14-126　A、B 型柔性接口减振补偿密封胶圈安装示意图
1—直管；2—承口端；3—法兰压盖；4—减振补偿密封胶圈；5—螺栓；6—螺母
（生产企业：山西泫氏实业集团有限公司）

14.3　排水检查井及井盖

14.3.1　塑料排水检查井

塑料排水检查井采用高分子树脂为原料，井座部分在工厂一次注塑成型，井筒在施工现场分体组装。井座与井筒、井座与管道采用橡胶密封圈柔性连接，安装不受气候条件限制，能抵御一定程度的地面沉降，大幅延长管道使用寿命。适用于排水水温不大于 40℃、埋设深度不超过 6.0m 的城乡排水管道。

塑料排水检查井现行产品标准为《建筑小区排水用塑料检查井》CJ/T 233—2016、《市政排水用塑料检查井》CJ/T 326—2010。

1. PVC-U 塑料排水检查井、雨水口

1）PVC-U 塑料排水检查井分类

PVC-U 塑料排水检查井按是否可以下人作业分为：非下人检查井、人孔井。其外形结构示意见图 14-127。

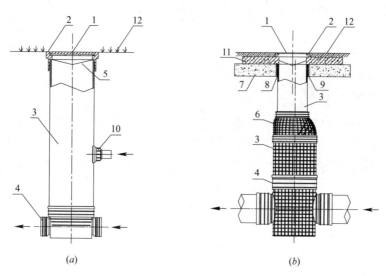

图 14-127　PVC-U 塑料排水检查井外形结构示意图
(a) 非下人检查井（流槽式）；(b) 人孔井（沉泥室）

1—井盖；2—盖座；3—井筒；4—井座；5—防坠落装置；6—偏置收口；

7—褥垫层；8—防水材料；9—挡圈；10—马鞍接头；11—承压圈；12—地面或路面

2）PVC-U 塑料排水检查井的技术要求

（1）构造要求

① 检查井井径不大于 1000mm 的井座宜采用注塑工艺成型，井径大于 1000mm 和特殊型号的井座可采用其他成型工艺。

② 设置流槽的井座在水流通过的井底部宜有圆弧导向流槽。当 2 根及以上汇入管接入井座时，井座内应有能避免汇入水流发生对冲的水流导向圆弧。

③ 非下人检查井井座内竖向承口与横向承口的交汇部位宜有曲率半径不小于 10mm 的疏通圆弧。

④ 连接井筒的井座承口底部宜设置 360°环形支撑面，支撑面宽度不宜小于井筒壁厚；井座与土壤接触的底部应有稳定的支承构造。当需要设置加强筋时，应设置在井座不影响排水的部位。

⑤ 井座竖向承口以下部分内径应与井筒内径相同。

⑥ 井座与井筒、井座与管道应采用柔性连接。塑料检查井应设置防坠落装置。

⑦ 检查井井室高度应符合《室外排水设计规范》GB 50014—2006（2016 年版）第 4.4.3 条的规定。

（2）井径尺寸要求

① 非下人检查井井径通常采用 200、315、450、630。

② 人孔井井径通常采用 700、800、1000、1200、1500。

3）PVC-U 塑料排水检查井主要部件规格尺寸

PVC-U 塑料排水检查井主要部件有井座、跌水井、路面雨水收集井、井筒、可变角接头、汇合接头、马鞍接头、偏置收口等。井座采用高分子树脂 PPB、PVC、PE 为原料，一次注塑成型；井筒可采用 PVC 井筒专用管或 HDPE 井筒专用管；井盖：设置在绿化带内可采用塑料井盖，设置在人行道、小区道路或市政道路上可采用复合材料井盖、铸铁井盖、钢筋混凝土井盖。

（1）起始井座

起始井座外形结构示意见图 14-128，其规格尺寸见表 14-129。

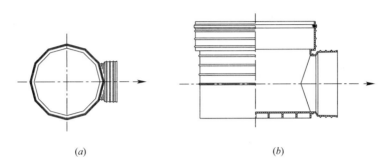

图 14-128　起始井座外形结构示意图

（a）平面图；（b）剖面图

起始井座规格尺寸表　　　　　　　　　　　　　　　　　表 14-129

井径尺寸	可连接管道尺寸
OD200	OD110、OD160/ID150
OD315	OD110、OD160/ID150、OD200/ID200、OD250/ID225、OD315/ID300
OD450	OD200/ID200、OD250/ID225、OD315/ID300、OD400/ID400
OD630	OD200/ID200、OD250/ID225、OD315/ID300、OD400/ID400、OD500/ID500、OD630/ID600
ID700	OD315/ID300、OD400/ID400、OD500/ID500、OD630/ID600
ID1000	OD315/ID300、OD400/ID400、OD500/ID500、ID600 ID700、ID800 ID1000
ID1200	ID800、ID1000
生产企业	江苏河马井股份有限公司

（2）直通井座

直通井座外形结构示意见图 14-129，其规格尺寸见表 14-130。

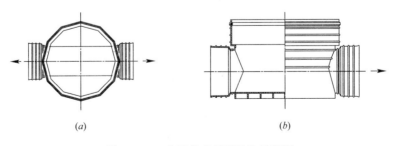

图 14-129　直通井座外形结构示意图

（a）平面图；（b）剖面图

直通井座规格尺寸表　　　　　　　　　　　　　　表 14-130

井径尺寸	可连接管道尺寸
OD200	OD110、OD160/ID150
OD315	OD110、OD160/ID150、OD200/ID200、OD250/ID225、OD315/ID300
OD450	OD200/ID200、OD250/ID225、OD315/ID300、OD400/ID400
OD630	OD200/ID200、OD250/ID225、OD315/ID300、OD400/ID400、OD500/ID500、OD630/ID600
ID700	OD315/ID300、OD400/ID400、OD500/ID500、OD630/ID600
ID1000	OD315/ID300、OD400/ID400、OD500/ID500、ID600、ID700、ID800、ID1000
ID1200	ID800、ID1000
生产企业	江苏河马井股份有限公司

（3）三通井座

三通井座外形结构示意见图 14-130，其规格尺寸见表 14-131。

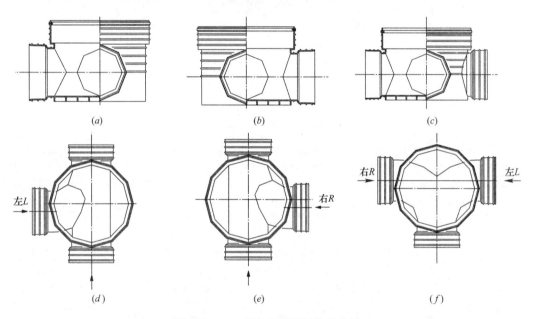

图 14-130　三通井座外形结构示意图

（a）左三通井座剖面；（b）右三通井座剖面；（c）汇合三通井座剖面；
（d）左三通井座平面；（e）右三通井座平面；（f）汇合三通井座平面

三通井座规格尺寸　　　　　　　　　　　　　　表 14-131

井径尺寸	可连接管道尺寸
OD200	OD110、OD160/ID150
OD315	OD110、OD160/ID150、OD200/ID200、OD250/ID225、OD315/ID300
OD450	OD200/ID200、OD250/ID225、OD315/ID300、OD400/ID400
OD630	OD200/ID200、OD250/ID225、OD315/ID300、OD400/ID400、OD500/ID500、OD630/ID600
ID700	OD315/ID300、OD400/ID400、OD500/ID500、OD630/ID600
ID1000	OD315/ID300、OD400/ID400、OD500/ID500、ID600 ID700、ID800 ID1000
ID1200	ID800、ID1000
生产企业	江苏河马井股份有限公司

（4）四通井座

四通井座外形结构示意见图 14-131，其规格尺寸见表 14-132。

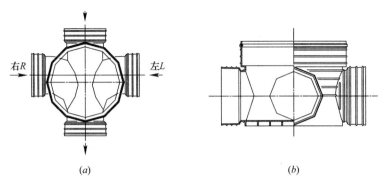

图 14-131　四通井座外形结构示意图

（a）平面图；（b）剖面图

四通井座规格尺寸　　　　　　　　　　　表 14-132

井径尺寸	连接管道尺寸
OD200	OD160/ID150
OD315	OD160/ID150、OD200/ID200、OD250/ID225、OD315/ID300
OD450	OD200/ID200、OD250/ID225、OD315/ID30、OD400/ID400
OD630	OD200/ID200、OD250/ID225、OD315/ID300、OD400/ID400、OD500/ID500、OD630/ID600
ID700	OD315/ID300、OD400/ID400、OD500/ID500、OD630/ID600
ID1000	OD315/ID300、OD400/ID400、OD500/ID500、ID600、ID700、ID800、ID1000
ID1200	ID800、ID1000
生产企业	江苏河马井股份有限公司

（5）90°/45°四通井座

90°/45°四通井座外形结构示意见图 14-132，其规格尺寸见表 14-133。

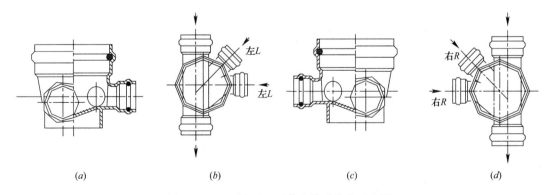

图 14-132　90°/45°四通井座外形结构示意图

（a）左四通平面图；（b）左四通剖面图；（c）右四通平面图；（d）右四通剖面图

90°/45°四通井座规格尺寸表　　　　　　　　　　　　　表 14-133

井径尺寸	可连接管道尺寸
OD315	OD160×OD110、OD200/ID200×OD160、OD250/ID225×OD160
OD450	OD315/ID300×OD200
生产企业	江苏河马井股份有限公司

(6)45°弯头井座

45°弯头井座外形结构示意见图 14-133，其规格尺寸见表 14-134。

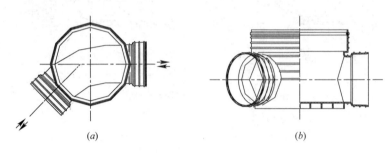

图 14-133　45°弯头井座外形结构示意图

(a) 平面图；(b) 剖面图

45°弯头井座规格尺寸表　　　　　　　　　　　　　表 14-134

井径尺寸	可连接管道尺寸
OD200	OD160/ID150
OD315	OD160/ID150、OD200/ID200、OD250/ID225、OD315/ID300
OD450	OD200/ID200、OD250/ID225、OD315/ID300、OD400/ID400
OD630	OD200/ID200、OD250/ID225、OD315/ID300、OD400/ID400、OD500/ID500、OD630/ID600
ID700	OD315/ID300、OD400/ID400、OD500/ID500、OD630/ID600
ID1000	OD315/ID300、OD400/ID400、OD500/ID500、ID600、ID700、ID800、ID1000
ID1200	ID800、ID1000
生产企业	江苏河马井股份有限公司

(7) 90°弯头井座

90°弯头井座外形结构示意见图 14-134，其规格尺寸见表 14-135。

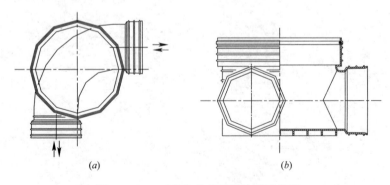

图 14-134　90°弯头井座外形结构示意图

(a) 平面图；(b) 剖面图

90°弯头井座规格尺寸表 表 14-135

井径尺寸	可连接管道尺寸
OD200	OD110、OD160/ID150
OD315	OD110、OD160/ID150、OD200/ID200、OD250/ID225、OD315/ID300
OD450	OD200/ID200、OD250/ID225、OD315/ID300、OD400/ID400
OD630	OD200/ID200、OD250/ID225、OD315/ID300、OD400/ID400、OD500/ID500、OD630/ID600
ID700	OD315/ID300、OD400/ID400、OD500/ID500、OD630/ID600
ID1000	OD315/ID300、OD400/ID400、OD500/ID500、ID600、ID700、ID800、ID1000
ID1200	ID800、ID1000
生产企业	江苏河马井股份有限公司

(8) 平算式单算雨水口

平算式单算雨水口外形及安装示意见图 14-135，其规格尺寸见表 14-136。

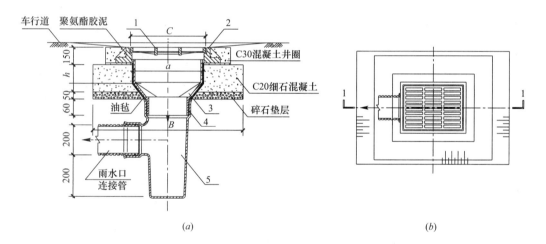

图 14-135 平算式单算雨水口外形及安装示意图
(a) 剖面图；(b) 平面图
1—算盖；2—算盖座；3—路面进水过渡接头/插口型；4—橡胶密封圈；5—起始井座

平算式单算雨水口规格尺寸表 表 14-136

井座规格	路面进水过渡接头尺寸
OD315×200	450×300—315
OD450×300	750×450—450
生产企业	江苏河马井股份有限公司

(9) 立算式单算雨水口

立算式单算雨水口外形及安装示意见图 14-136，其规格尺寸见表 14-137。

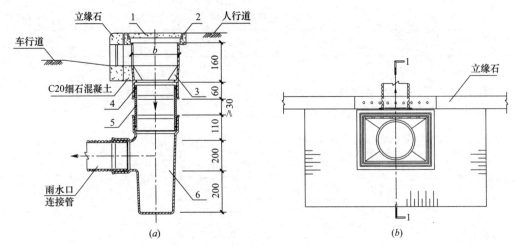

图 14-136　立箅式单箅雨水口外形及安装示意图

(a) 剖面图；(b) 平面图

1—盖板；2—盖座；3—路面进水过渡接头/承口型；4—橡胶密封圈；5—井筒；6—起始井座

立箅式单箅雨水口规格尺寸表　　　　　　　　　　　　　表 14-137

井座规格尺寸	路面进水过渡接头尺寸
OD315×200	450×300—315
OD450×300	750×450—450
生产企业	江苏河马井股份有限公司

(10) 跌水井、水封井

跌水井、水封井外形结构示意见图 14-137，其规格尺寸见表 14-138、表 14-139。

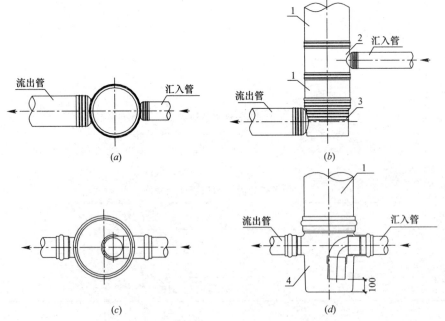

图 14-137　跌水井、水封井外形结构示意图

(a) 跌水井平面图；(b) 跌水井立面图；(c) 水封井平面图；(d) 水封井立面图

1—井筒；2—井筒接头；3—起始井座；4—水封井座

跌水井规格尺寸表   表 14-138

井径尺寸	可连接管道尺寸
OD315	OD160/ID150、OD200/ID200、OD250/ID225、OD315/ID300
OD450	OD200/ID200、OD250/ID225、OD315/ID300、OD400/ID400
OD630	OD200/ID200、OD250/ID225、OD315/ID300、OD400/ID400、OD500/ID500、OD630/ID600
ID700	OD315/ID300、OD400/ID400、OD500/ID500、OD630/ID600
ID1000	OD315/ID300、OD400/ID400、OD500/ID500、ID600 ID700
生产企业	江苏河马井股份有限公司

水封井规格尺寸表   表 14-139

井径尺寸	可连接管道尺寸
OD315	OD110、OD160/ID150、OD200/ID200、OD250/ID225
OD450	OD160/ID150、OD200/ID200、OD250/ID225、OD315/ID300
生产企业	江苏河马井股份有限公司

（11）渐变接头

渐变接头外形结构示意见图 14-138，其规格尺寸见表 14-140。

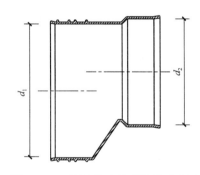

图 14-138 渐变接头外形结构示意图

渐变接头规格尺寸表   表 14-140

d_1	d_2
OD160	OD75、OD110
OD200/ID200	OD110、OD160/ID150
OD250/ID225	OD160/ID150、OD200/ID200
OD315/ID300	OD160/ID150、OD200/ID200、OD250/ID225
OD400/ID400	OD250/ID225、OD315/ID300
OD500/ID500	OD315/ID300、OD400/ID400
OD630/ID600	OD400/ID400、OD500/ID500
生产企业	江苏河马井股份有限公司

（12）可变角接头、汇合接头

可变角接头、汇合接头外形结构示意见图 14-139，其规格尺寸见表 14-141、表 14-142。

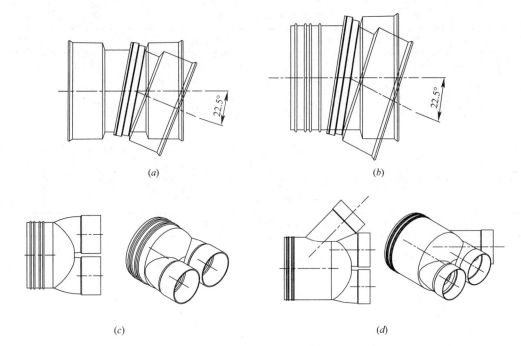

图 14-139　可变角接头、汇合接头外形结构示意图

(*a*) 可变角度接头（双承式）；(*b*) 可变角度接头（承插式）；(*c*) 两口同径；(*d*) 三口同径

可变角接头规格尺寸表　　　　　　　　　　　　　表 14-141

规格尺寸	可变角度
OD160	$0°\sim22.5°$
OD200/ID200	$0°\sim22.5°$
OD250/ID225	$0°\sim22.5°$
OD315/ID300	$0°\sim22.5°$
OD400/ID400	$0°\sim22.5°$
生产企业	江苏河马井股份有限公司

汇合接头规格尺寸表　　　　　　　　　　　　　表 14-142

流出尺寸	流入尺寸
OD160	OD110×OD110
OD200/ID200	OD110×OD110、OD160×OD110
OD250/ID225	OD110×OD110、OD160×OD110、OD160×OD160
OD315/ID300	OD160×OD110、OD160×OD160、OD200×OD200、OD160×OD160×OD160
生产企业	江苏河马井股份有限公司

（13）马鞍接头

马鞍接头外形安装示意见图 14-140，其规格尺寸见表 14-143。

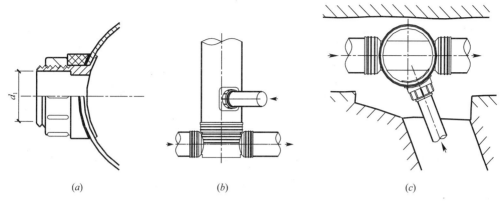

(a)　　　　　　　　(b)　　　　　　　　(c)

图 14-140　马鞍接头外形安装示意图

(a) 马鞍接头；(b) 安装立面图；(c) 安装平面图

马鞍接头规格尺寸表　　　　　　　　　　　　　表 14-143

井径尺寸	可连接管道尺寸 d_1
OD200	OD75、OD110
OD315	OD75、OD110、OD160/ID150、OD200/ID200
OD450	OD110、OD160/ID150、OD200/ID200、OD250/ID225、OD315/ID300
OD630	OD110、OD200/ID200、OD250/ID225、OD315/ID300、OD400/ID400
ID700	OD110、OD200/ID200、OD250/ID225、OD315/ID300
ID1000	OD200/ID200、OD250/ID225、OD315/ID300
生产企业	江苏河马井股份有限公司

（14）偏置收口井圈

偏置收口井圈外形结构示意见图 14-141，其规格尺寸见表 14-144。

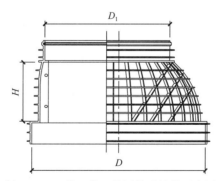

图 14-141　偏置收口井圈外形结构示意图

偏置收口井圈规格尺寸表　　　　　　　　　　表 14-144

偏置收口井圈大端尺寸 D	偏置收口井圈小端尺寸 D_1	偏置收口井圈高度 H（mm）
ID1000	ID700	415
生产企业	江苏河马井股份有限公司	

2. PE 排水检查井

1）性能特点

（1）整体一次注塑成型，安全环保。

（2）上部收口锥体、井筒及底座以聚乙烯（PE）树脂为主要原料，采用多层复合结构；由外及里分抗压层、增韧层、复合层、防腐层；强度高、韧性好。

（3）上部收口锥体、井筒与底座采用"外承插式"结构，可有效阻止泥沙流入井内；过流断面表面平滑，排水顺畅；井底部设置有沉泥室，有效避免管道堵塞。

（4）井座预留进、出水管道接口采用橡胶密封圈柔性连接，杜绝渗漏。

（5）上部收口锥体及直部井筒设置有一体成型踏步，便于检修。

（6）模块化踏步井筒可根据工程现场埋深要求任意组合，适应性强。

（7）检查井底座进、出水管道接口出厂时均处于封闭状态，施工时可根据现场需要打开需要的管道接口端面，同时可满足直通、三通、四通井的连接功能，有利于减少检查井模具种类，工地材料明细报备简单。

（8）自重轻，施工安装方便快捷，综合造价相对较低；废旧检查井可回收再利用，有利于环境保护。

2）PE排水检查井外形见图14-142，型号规格见表14-145。

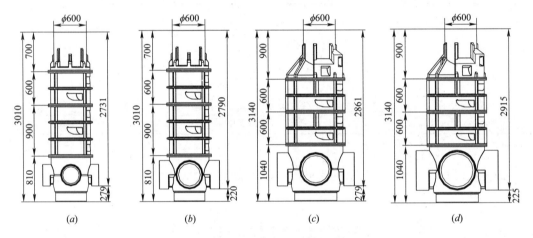

图14-142　PE排水检查井外形图

（*a*）SLJ700×300；（*b*）SLJ700×400；（*c*）SLJ700×500；（*d*）SLJ700×600

PE排水检查井型号规格　　　　　　　　　　　　　表14-145

型号	井筒规格（mm）	连接管最大管径（mm）
SLJ700×300	700	300
SLJ700×400	700	400
SLJ1000×500	1000	500
SLJ1000×600	1000	600
SLJ1200×800	1200	800
SLJ1200×1000	1200	1000
SLJ1500×1200	1500	1200
SLJ1500×1400	1500	1400
生产企业	江苏通全球工程管业有限公司	

注：其他规格可联系生产企业定制。

14.3.2 球墨铸铁排水检查井

1. 产品特点

球墨铸铁排水检查井强度高、刚性好、抗外力冲击，抗基础沉降能力强；接口密封性能好，耐腐蚀，使用寿命长；易组装，施工安装方便，维护费用低廉。

2. 适用范围

球墨铸铁排水检查井适用于在建筑小区、工厂厂区及市政工程中的污废水、雨水排水管道中使用。

3. 检查井种类

1）按井室外部形状不同分为直筒式检查井、收口整体式检查井、管件式检查井。

2）按井室内部构造形式不同分为流槽井和沉泥井。

3）按井室进水管数量及进出水方向不同分为直通井、转弯井、三通井、四通井等。

4）按检查井使用功能或场合不同分为普通井、水封井和跌水井。

4. 检查井构造

球墨铸铁排水检查井由井室、井筒、防坠落装置、井盖座、井盖及相关配件、附件等组成，详见图14-143。

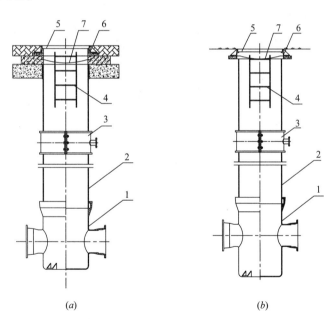

图14-143 球墨铸铁排水检查井构造图

（a）流槽井；（b）沉泥井

1—井室；2—井筒；3—支管接头；4—爬梯；5—井盖；6—井盖座；7—防坠网

5. 检查井外形图及外形尺寸表

1）直筒式检查井

（1）直筒式检查井的外形见图14-144。

（2）直筒式检查井外形尺寸。

直筒式检查井外形尺寸见表14-146。

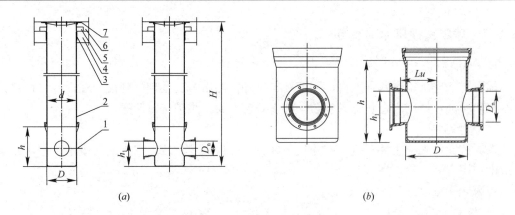

图 14-144　直筒式检查井外形图

(a) 检查井构造尺寸；(b) 井座构造尺寸

1—井室；2—井筒；3—挡圈；4—井座垫层；5—支撑圈；6—道路面层；7—井盖、井盖座

直筒式检查井外形尺寸表　　　　　　表 14-146

序号	井筒内径 d	井室外径 D	进、出水管口径 D_n	外形尺寸（mm）		
				井室高度 h	进、出水口管顶高度 h_1	进、出水口与井室中心距 Lu
1	300	326	150	500	285	200
2			200		340	205
3	400	429	200	580	340	255
4	450	480	250	650	390	260
5			300		450	270
6	500	532	300	700	450	320
7	600	635	300	600	450	370
8	700	738	400	900	550	480
9	800	842	400	1000	550	480
10	900	945	450	1100	600	535
11			500		660	540
12	1000	1048	500	1200	660	590
13			600		760	600
14			700		870	610
生产企业		新兴铸管股份有限公司				

注：直筒式检查井其他规格可咨询生产企业。

（3）直筒式检查井井室进出水接管型式分类

直筒式检查井井室接管型式分类见图 14-145。

2）收口整体式检查井

（1）收口整体式检查井的外形见图 14-146。

（2）收口整体式检查井外形尺寸

收口整体式检查井外形尺寸见表 14-147。

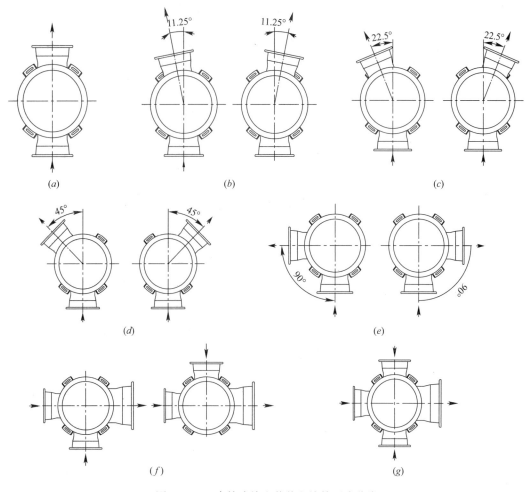

图 14-145 直筒式检查井井室接管型式分类

(a) 两通井；(b) 11.25°转弯井；(c) 22.5°转弯井；(d) 45°转弯井；(e) 90°转弯井；

(f) 三通井；(g) 四通井

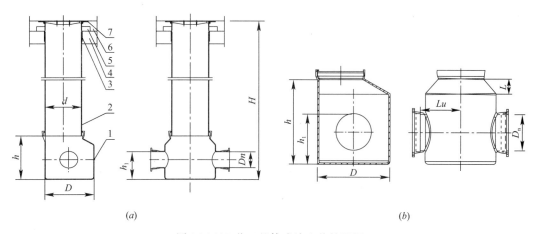

图 14-146 收口整体式检查井外形图

(a) 检查井构造尺寸；(b) 井座构造尺寸

1—井室；2—井筒；3—挡圈；4—井座垫层；5—支撑圈；6—道路面；7—井盖、井盖座

收口整体式检查井外形尺寸表　　　　　　　　　　　表 14-147

序号	井室规格 DN	井室外径 D	井筒规格 d	进、出水管口径 Dn	外形尺寸（mm）			
					井室高度 h	进、出水口管顶高度 h_1	井室收口高度 L（h_2）	进、出水口与井室中心距 Lu
1	1000	1048	700	500	1200	660	400	590
2				600		760		600
3	1200	1255	700	600	1350	760	450	700
4				700		870		710
5	1400	1462	700	700	1550	875	500	810
6				800		950		820
7	1600	1668	700	800	1800	980	550	920
8				900		1100		930
9				1000		1200		945
生产企业			新兴铸管股份有限公司					

注：收口整体式检查井其他规格可咨询生产企业。

（3）收口整体式检查井井室接管型式分类

收口整体式检查井井室接管型式分类见图 14-147。

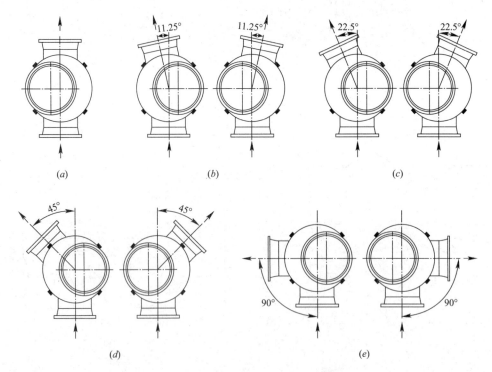

（a）　　　　　　　　　（b）　　　　　　　　　（c）

（d）　　　　　　　　　（e）

图 14-147　收口整体式检查井井室接管型式分类（一）

（a）两通井；（b）11.25°转弯井；（c）22.5°转弯井；（d）45°转弯井；（e）90°转弯井

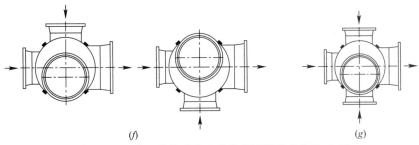

图 14-147 收口整体式检查井井室接管型式分类（二）

（f）三通井；（g）四通井

3）管件式检查井

（1）管件式检查井的外形见图 14-148。

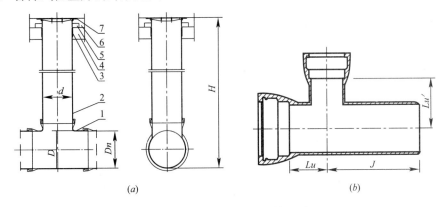

（a）

（b）

图 14-148 管件式检查井外形图

（a）检查井构造尺寸；（b）管件构造尺寸

1—井室；2—井筒；3—挡圈；4—井座垫层；5—支撑圈；6—道路路面；7—井盖、井盖座

（2）管件式检查井外形尺寸

管件式检查井外形尺寸见表 14-148。

管件式检查井外形尺寸表

表 14-148

序号	井室规格 DN	井筒规格 d	进、出水管口径 Dn	外形尺寸（mm）		
				Lu	J	Lu'
1	800	600	300	405	660	470
2			400			480
3			600			500
4	1000	700	600	470	770	600
5			700			610
6		800	700	530	830	610
7			800			625
8	1200	800	700	535	835	710
9			800			720
10			1000	650	950	745
11		1000	800	650	950	720
12			1000			745
生产企业	新兴铸管股份有限公司					

注：管件式检查井其他规格可咨询生产企业。

（3）管件式检查井井室接管型式分类

管件式检查井井室接管型式分类见图 14-149。

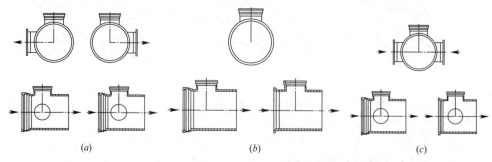

图 14-149　管件式检查井井室接管型式分类图示

（a）两通井；（b）三通井；（c）四通井

4）沉泥井

（1）沉泥井底部无内衬流槽用于沉淀污物，外形见图 14-150。

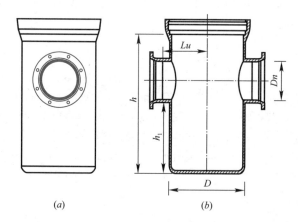

图 14-150　沉泥井外形图

（a）外形图；（b）构造尺寸图

（2）沉泥井外形尺寸

沉泥井外形尺寸见表 14-149。

沉泥井外形尺寸　　　　　　　　　　　　　　表 14-149

序号	井筒规格 DN	井室规格 D	进、出水管口径 Dn	外形尺寸（mm）		
				h	h_1	Lu
1	600	635	150	640	400	350
2			200	695	400	360
3			250	750	400	360
4			300	805	400	370
5	700	738	300	810	400	420
6			350	865	400	420
7			400	925	400	430

序号	井筒规格 DN	井室规格 D	进、出水管 口径 Dn	外形尺寸（mm）		
				h	h_1	Lu
8	800	842	350	865	400	470
9			400	925	400	480
10	1000	1048	450	1085	500	585
11			500	1140	500	590
12			600	1255	500	600
13			700	1365	500	610
生产企业		新兴铸管股份有限公司				

注：沉泥井其他规格可咨询生产企业。

（3）沉泥井井室进出水接管型式分类同直筒式检查井。

6．转换管件

1）双承型转换管件

双承型转换管件外形及构造见图 14-151，外形尺寸及重量见表 14-150。

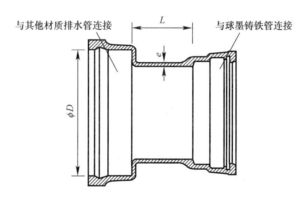

图 14-151　双承转换管件外形及构造示意图

双承转换管件外形尺寸及重量表　　　　　　　表 14-150

公称尺寸 DN	ϕD	L	重量（kg）
200	280	140	27.9
300	382	150	48
400	502	160	66.5
600	734	180	131.2
700	842	190	181
800	964	200	241.9
生产企业	新兴铸管股份有限公司		

2）承插型转换管件

承插型转换管件外形及构造见图 14-152，外形尺寸及重量见表 14-151。

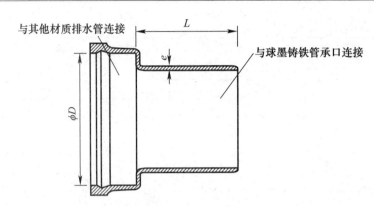

图 14-152　双承转换管件外形及构造示意图

双承转换管件尺寸重量表　　　　　　　　　　表 14-151

公称尺寸 DN	ϕD	L	重量（kg）
200	280	220	19.7
300	382	235	33
400	502	245	51
600	734	285	104.3
700	842	300	133.4
800	964	330	181.5
生产企业	新兴铸管股份有限公司		

7. 检查井安装

球墨铸铁检查井通常为埋地安装，也可在综合管廊内安装。安装前需查验井室规格型号、接口管径、数量等是否符合设计并满足现场要求。

1）查验检查井钢筋混凝土底板养生时间和强度是否满足要求；

2）待一侧排水主管根据检查井位置安装就位后，吊下检查井井室与已安装主管进行连接组装，再继续另一侧排水主管的连接安装；

3）对检查井井室周围进行分层回填夯实，在距井室上边缘约 200mm 处停止回填，期间可与检查井两侧排水主管同步回填夯实；

4）根据检查井部位设计地面标高，量取合适长度的球墨铸铁直管做井筒，切割后打磨倒角，使用吊装设备将井筒与井室进行对接，使用倒链、手扳葫芦等机械设备组装到位；

5）待井筒及转换管件安装就位后，对井筒周围进行分层回填夯实并测量井筒垂直度；如出现歪斜应停止回填，并整体开挖到接口部位，调整垂直度后再重新分层回填夯实。

14.3.3　球墨铸铁井盖、雨水口

1. 球墨铸铁井盖（井盖和井盖座）、雨水口（箅子和井圈）的特点

1）与传统灰口铸铁井盖、雨水口箅相比，强度高，重量轻。

2）防滑、防盗、防沉降、防位移、防意外坠落，易开启，加装防震胶圈，汽车通过时无轮胎碾压声响。

3）表面采用无毒水溶性黑漆涂装，附着力强，耐磨损。

2. 球墨铸铁井盖、雨水口分类

1）按试验载荷分类，见表14-152。

井盖、雨水口试验载荷分级表　　　　　　　　　　　　　　表 14-152

级别	A	B	C	D	E
试验载荷（kN）	15	125	250	400	600

2）按适用场所分类，见表14-153。

井盖、雨水口适用场所分类表　　　　　　　　　　　　　　表 14-153

级别	适用场所
A	用于绿地/绿化带、行人及自行车通行区域
B	人行道及轻便车道，小型客车、载重量小于2t的货车停车场或停车台
C	用于道路两侧路缘沟渠的排水井，从边缘端开始量测距离，这些沟渠的位置，到行车道最大距离为0.5m，到行人道最大距离为0.2m
D	行车道，硬路肩和停车区，适用于所有型号车辆行驶的道路
E	承受高轮压载荷的区域，如码头、机场临空站坪区域

3. 执行标准及检验项目

1）执行标准：现行中国铸造协会标准《球墨铸铁井盖、箅子及附件》T/CFA 02010206—1；新兴铸管股份有限公司执行企标 Q/XPB 101—2019。

2）检验项目：井盖不平稳性试验、井盖防滑试验、井盖残余变形试验、井盖承载能力试验、井盖板在井座圈内稳固性试验。

4. 球墨铸铁井盖种类、规格

1）A、B级井盖

A、B级井盖的结构及外形尺寸见图14-153与表14-154，适用于A、B级普通井座。

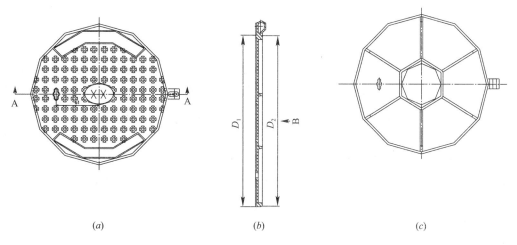

(a)　　　　　　　　　　　(b)　　　　　　　　　　(c)

图 14-153　A、B级井盖结构示意图
(a) 俯视图；(b) A—A剖面图；(c) B向视图

A、B 级井盖外形尺寸及重量表　　　　　表 14-154

型式	承载等级	规格（CO）	外形尺寸（mm）		重量（kg）
			D_1	D_2	
普通	A、B	600	650	646	27
		650	700	696	31
		700	750	746	37
生产企业		山西省泽州县金秋铸造有限责任公司、新兴铸管股份有限公司			

2）C、D、E 级井盖

C、D、E 级井盖的结构及尺寸见图 14-154 与表 14-155，适用于相应等级普通井座及防沉降井座。

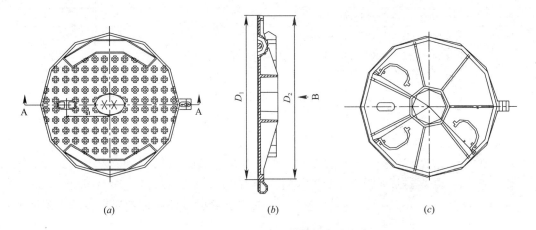

（a）　　　　　　　　　　　（b）　　　　　　　　　　　（c）

图 14-154　C、D、E 级井盖结构尺寸示意图

（a）俯视图；（b）A—A 剖面图；（c）B 向视图

C、D、E 级井盖尺寸及重量表　　　　　表 14-155

承载等级	规格（CO）	外形尺寸（mm）		重量（kg）
		D_1	D_2	
C	600	650	646	37
	650	700	696	42
	700	750	746	54
D	600	650	646	40
	650	700	696	48
	700	750	746	59
E	600	650	646	45
	650	700	696	57
	700	750	746	63
生产企业	山西省泽州县金秋铸造有限责任公司、新兴铸管股份有限公司			

3）立体球墨铸铁井盖

（1）立体球墨铸铁井盖外形见图 14-155。

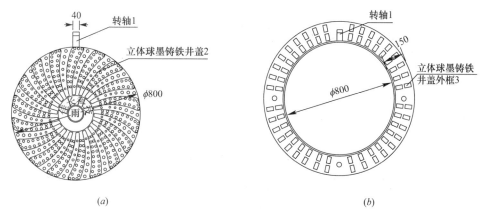

图 14-155 立体球墨铸铁井盖外形图

(a) 球墨铸铁井盖平面图；(b) 球墨铸铁井盖外框平面图

（2）立体球墨铸铁井盖技术参数见表 14-156。

立体球墨铸铁井盖技术参数表 表 **14-156**

型号	材质	井盖规格	井座规格	技术参数
JC-QT-800	球墨铸铁	$\phi800$	$\phi950$	承载力≥25t 或≥35t，过水量≥50L/s，孔隙率≥40%
生产企业	上海佳长环保科技有限公司			

4）A、B 级普通井座

A、B 级普通井座结构及尺寸见图 14-156 与表 14-157，适用于 A、B 级普通井盖。

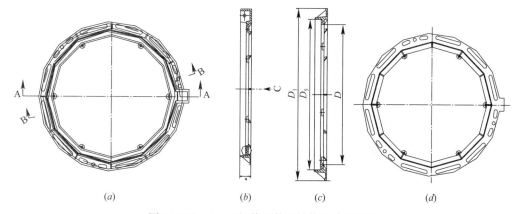

图 14-156 A、B 级普通井座结构尺寸示意图

(a) 俯视图；(b) A—A 剖面图；(c) B—B 剖面图；(d) C 向视图

A、B 级普通井座尺寸及重量表 表 **14-157**

型式	承载等级	规格（CO）	外形尺寸（mm）				重量（kg）
			D	D_1	D_5	h	
直承式	A、B	600	600	750	650	60	16
		650	650	800	700	60	17
		700	700	850	750	60	18
生产企业	山西省泽州县金秋铸造有限责任公司、新兴铸管股份有限公司						

5）C、D、E 级普通井座

C、D、E 级普通井座结构及尺寸见图 14-157 与表 14-158，适用于 C、D、E 级井盖。

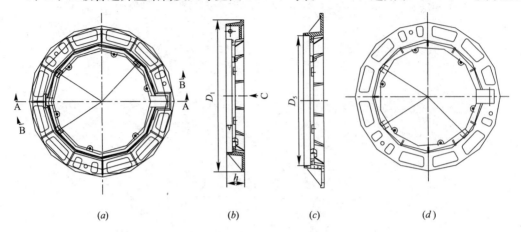

图 14-157 C、D、E 级普通井座结构尺寸示意图

（a）俯视图；（b）A—A 剖面图；（c）B—B 剖面图；（d）C 向视图

C、D、E 级普通井座尺寸及重量表 表 14-158

型式	承载等级	规格（CO）	外形尺寸（mm）				重量（kg）
			D	D_1	D_5	h	
普通	C	600	600	800	650	100	30
		650	650	850	700	100	32
		700	700	900	750	100	34
	D	600	600	850	650	100	34
		650	650	900	700	100	36
		700	700	950	750	100	39
	E	600	600	850	650	100	34
		650	650	900	700	100	38
		700	700	950	750	100	42
生产企业		山西省泽州县金秋铸造有限责任公司、新兴铸管股份有限公司					

6）D、E 级防沉降井座

D、E 级防沉降井座结构及尺寸见图 14-158 与表 14-159，适用于 D、E 级井盖。

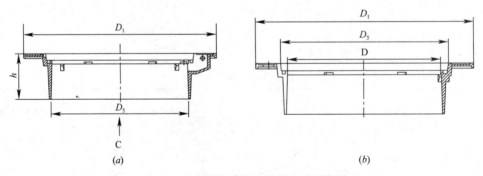

图 14-158 D、E 级防沉降井座结构尺寸示意图（一）

（a）A—A 剖面图；（b）B—B 剖面图

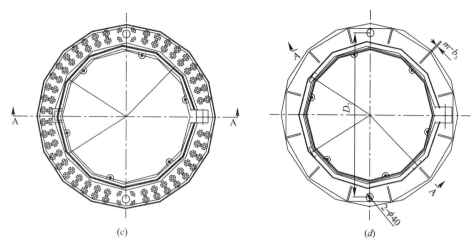

图 14-158 D、E 级防沉降井座结构尺寸示意图（二）

(c) 俯视图；(d) C 向视图

D、E 级防沉降井座尺寸及重量表　　　　　　　表 14-159

型式	承载等级	规格	外形尺寸（mm）				重量（kg）
			D	D_1	D_4	h	
防沉降	D	600	600	850	650	190	62
		650	650	900	700	190	67
		700	700	950	750	190	72
	E	600	600	850	650	190	71
		650	650	900	700	190	77
		700	700	950	750	190	82
生产企业			山西省泽州县金秋铸造有限责任公司、新兴铸管股份有限公司				

5. **球墨铸铁雨水口种类、规格**

1) 雨水箅子

（1）C、D 级普通 1 型雨水箅子

C、D 级普通 1 型雨水箅子结构及尺寸见图 14-159 与表 14-160。

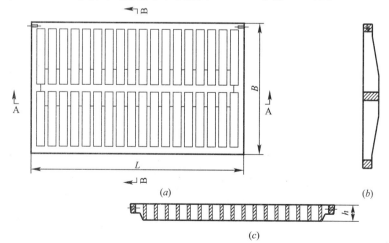

图 14-159 C、D 级普通 1 型雨水箅子结构尺寸示意图

(a) 平面图；(b) B—B 剖面图；(c) A—A 剖面图

C、D 级普通 1 型雨水箅子尺寸及重量表　　　表 14-160

型式	承载等级	箅子规格	外形尺寸（mm）		重量（kg）
			L	B	
普通 1 型	C	750×450	750	450	39
		600×400	600	400	30
		450×300	450	300	17
	D	750×450	750	450	68
		600×400	600	400	49
		450×300	450	300	32
生产企业		山西省泽州县金秋铸造有限责任公司、新兴铸管股份有限公司			

（2）C、D 级普通 2 型雨水箅子

C、D 级普通 2 型雨水箅子结构及尺寸见图 14-160 与表 14-161。

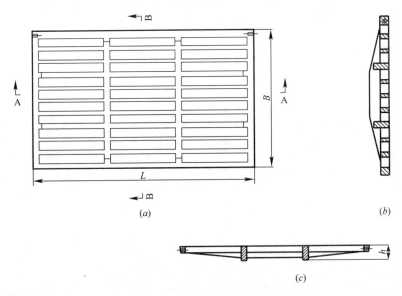

图 14-160　C、D 级雨水箅子结构尺寸示意图
(a) 平面图；(b) B—B 剖面图；(c) A—A 剖面图

C、D 级雨水箅子尺寸及重量表　　　表 14-161

型式	承载等级	箅子规格	外形尺寸（mm）		重量（kg）
			L	B	
普通 2 型	C	750×450	750	450	32
		600×400	600	400	22
		450×300	450	300	13
	D	750×450	750	450	64
		600×400	600	400	39
		450×300	450	300	25
生产企业		山西省泽州县金秋铸造有限责任公司、新兴铸管股份有限公司			

（3）C、D级防沉降雨水箅子

C、D级防沉降雨水箅子结构及尺寸见图14-161与表14-162。

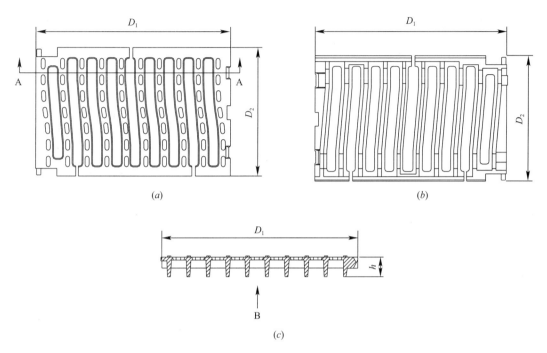

图 14-161 C、D级防沉降雨水箅子结构尺寸示意图

（*a*）平面图；（*b*）B向视图；（*c*）A—A剖面图

C、D级防沉降雨水箅子尺寸及重量表　　　　　　　表 14-162

型式	承载等级	箅子规格	外形尺寸（mm）		重量（kg）
			D_1	D_2	
防沉降	C	600×400×80	600	380	22
	D	600×400×170	600	400	35
生产企业		山西省泽州县金秋铸造有限责任公司、新兴铸管股份有限公司			

（4）立体涡轮雨水箅子

① 产品特点

产品结构为立体涡轮式，从平面排水改为立体涡轮排水结构，结构中孔隙小，孔隙流经的水流能形成漩涡流并可以加快水的流速；能够有效地分离雨水中的树枝树叶，避免路面雨水中的垃圾进入雨水管网造成管网堵塞。

将格栅式平面排水（侧箅、平箅）改变为三层立体排水结构，雨水泄流量大，设计流量为130L/s，实测为125L/s。面层及外框为PC合金，支架为球墨铸铁。

② 适用范围

适用于道路、广场、绿地等雨水排水。

③ 立体涡轮雨水箅子外形见图14-162，技术参数见表14-163。

503

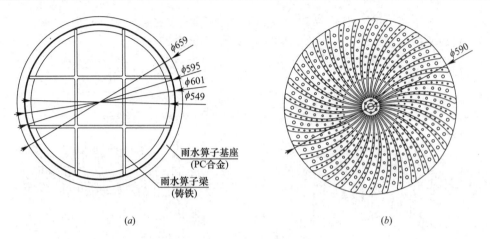

(a)   (b)

图 14-162 立体涡轮雨水箅子外形图
(a) 立体涡轮雨水箅子俯视图; (b) 涡轮式雨水井座俯视图

立体涡轮雨水箅子技术参数表   表 14-163

型号	材质	井盖规格	井座规格	技术参数
JC-600	面层及外框为 PC 合金,支架为球墨铸铁	φ659	φ590	承载力≥3t,过水量≥60L/s,孔隙率≥75%
生产企业	上海佳长环保科技有限公司			

2) 雨水口井圈

(1) C、D 级普通型雨水口井圈

C、D 级普通型雨水口井圈结构及尺寸见图 14-163 与表 14-164,适用于 C、D 级普通 1 型、2 型雨水箅子。

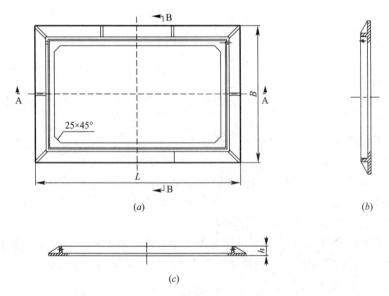

(a)   (b)

(c)

图 14-163 C、D 级普通型雨水口井圈结构示意图
(a) 平面图; (b) B—B 剖面图; (c) A—A 剖面图

C、D 级普通型雨水口井圈外形尺寸及重量表　　　　表 14-164

型式	承载等级	箅子规格	外形尺寸（mm）		重量（kg）
			L	B	
普通型	C	750×450	850	550	23
		600×400	700	500	20
		450×300	550	400	15
	D	750×450	870	570	30
		600×400	720	520	25
		450×300	570	420	20
生产企业		山西省泽州县金秋铸造有限责任公司、新兴铸管股份有限公司			

（2）C、D 级防沉降井圈

C、D 级防沉降井圈结构及尺寸见图 14-164 与表 14-165，适用于 C、D 级防沉降雨水箅子。

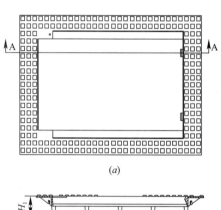
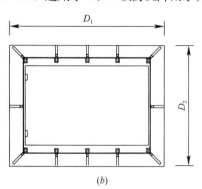
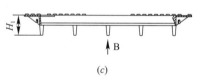

（a）　　　　　　　　　　　　　　　　（b）

（c）

图 14-164　C、D 级防沉降雨水口井圈结构示意图
（a）平面图；（b）B 向视图；（c）A—A 剖面图

C、D 级防沉降雨水口井圈外形尺寸及重量表　　　　表 14-165

型式	承载等级	箅子规格	外形尺寸（mm）		重量（kg）
			D_1	D_2	
防沉降	C	600×400×80	750	500	12.5
	D	600×400×170	800	600	25
生产企业		山西省泽州县金秋铸造有限责任公司、新兴铸管股份有限公司			

14.4 整体成品化粪池

14.4.1 新型整体生物玻璃钢化粪池

1. 产品特点

整体生物玻璃钢化粪池是利用微生物处理技术、采用优质高强玻璃钢复合材料在工厂制造、组装而成的新型高效生活污水净化装置。内部设两道环流泛水装置，混合挂膜隔仓板将池体分割为三箱：第一箱为一级腐化池，通过环流填料箱进入二级腐化池，在二级腐

化池内的污水再通过环流填料箱进入第三级处理池。具有占地面积小、无渗漏、抗压、抗腐蚀、抗冲击、安装方便、施工周期短、维护成本低等特点。可替代传统砖砌、钢筋混凝土化粪池，特别适用于旧城小区改造及管网复杂地点使用。

2. 产品外形及基本参数

整体生物玻璃钢化粪池基本参数见表14-166。

整体生物玻璃钢化粪池基本参数表　　　　表 14-166

型号	容积 V (m³)	外形尺寸 (mm)				进出水管径 dn (mm)	基坑尺寸 (mm) (L×W×h₁)
		ϕ	L	h_1	h_2		
HFRP-0A	1	1000	1400	800	750	160	2000×1500×800
HFRP-1A	2	1200	2200	950	900	200	3000×1900×950
HFRP-2A	4	1500	2600	1250	1200	200	3500×2200×1250
HFRP-3♯	6	1500	3600	1250	1200	200	4500×2200×1250
HFRP-4♯	9	1800	3600	1500	1450	200	4500×2500×1500
HFRP-5♯	12	1800	4800	1500	1450	200	5800×2500×1500
HFRP-6♯	16	2300	4000	1950	1900	225	5000×3300×1950
HFRP-7♯	20	2300	4900	1950	1900	225	5900×3300×1950
HFRP-8♯	25	2500	5200	2200	2150	225	6200×3500×2200
HFRP-9♯	30	2500	6300	2200	2150	225	7300×3500×2200
HFRP-10♯	40	3000	6000	2600	2550	300	7000×4000×2600
HFRP-11♯	50	3000	7400	2600	2550	300	8400×4000×2600
HFRP-12♯	75	3000	11000	2600	2550	300	12000×4000×2600
HFRP-13♯	100	3000	14500	2600	2550	300	15500×4000×2600
生产企业	江苏威尔森环保设备有限公司						

3. 工程选用

1) 设计选型

根据玻璃钢化粪池上部承受的载荷不同，地面过车类型不同，玻璃钢化粪池分为轻型（$X<18kN/m^2$）、重型（$18kN/m^2 \leqslant X<40kN/m^2$）和特重型（$X \geqslant 40kN/m^2$）三种。

汽车荷载需按扩散角分布理论进行计算，上部荷载通过土壤承担并逐渐均匀分散传递，扩散角度大小与基础材料的弹性模量及持力层的压缩模量有关，还与持力层土壤的内摩擦角有关。

在实际工程中，可直接按不同的覆土厚度及不同的过车类型查表14-167选型；如出现超出荷载 $40kN/m^2$ 的特殊情况，应与生产厂家协商定制。

土壤及汽车荷载作用下的玻璃钢化粪池选型表　　　　表 14-167

覆土深度 (m)	土壤荷载 (kN/m²)	汽-10 级主车 (kN/m²)	汽-10 级重车 汽-15 级主车 (kN/m²)	汽-15 级重车 汽-20 级主车 (kN/m²)	汽-20 级重车 (kN/m²)
0.6	轻型 (10.8)	特重型 (45.5)	特重型 (60.4)	特重型 (70.3)	特重 (120.6)
0.8	轻型 (14.4)	重型 (36.4)	特重型 (45.8)	特重型 (52.6)	特重型 (84.9)
1.0	轻型 (18.0)	重型 (33.7)	特重型 (40.4)	特重型 (45.5)	特重型 (68.8)
1.2	重型 (21.6)	重型 (33.6)	重型 (38.8)	特重型 (43.3)	特重型 (61.7)
1.5	重型 (27.0)	重型 (36.0)	重型 (39.9)	特重型 (43.3)	特重型 (57.1)
2.0	重型 (36.0)	特重型 (42.1)	特重型 (44.7)	特重型 (47.0)	特重型 (56.4)
2.5	特重型 (45.0)	特重型 (49.4)	特重型 (51.3)	特重型 (53.0)	特重型 (59.7)
3.0	特重型 (54.0)	特重型 (57.3)	特重型 (58.8)	特重型 (60.1)	特重型 (65.2)

注：当覆土深度为表中间数值时，可按荷载较不利情况选取。

2）整体生物玻璃钢化粪池型号表示方法

$$HFRP-X(Q、Z、T)$$

式中　H——化粪池代号；

　　　FRP——玻璃纤维增强塑料简称；

　　　X——化粪池型号，如容积 $40m^3$ 为 10#（见表 14-165）；

Q、Z、T——化粪池上部承受的载荷类型（Q 为轻型，Z 为重型，T 为特重型）。

如：$40m^3$ 重型玻璃钢化粪池的型号为：HFRP-10（Z）。

3）整体生物玻璃钢化粪池的构造及安装简图

图 14-165 为玻璃钢化粪池的构造及安装简图。

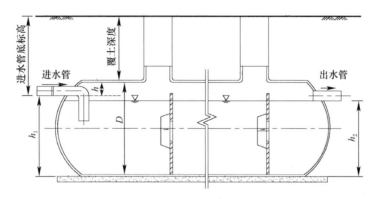

图 14-165　玻璃钢化粪池构造及安装简图

4）整体生物玻璃钢化粪池的地基处理方法

根据整体生物玻璃钢化粪池安装现场的地基承载力（f_{ak}），按照表 14-168 可直接选择出罐体地基的处理方法。

玻璃钢化粪池地基处理方法选择表　　　　　表 14-168

地基承载力（f_{ak}）	玻璃钢化粪池型号			
	1#～8#	9#～11#	12#、13#	＞13# 及组合式
	地基处理方法			
$f_{ak}<50kN/m^2$	200mm 厚素混土（C15）	200mm 厚钢筋混凝土（C20）	250mm 厚钢筋混凝土（C20）	300mm 厚钢筋混凝土（C20）
$50kN/m^2 \leqslant f_{ak}<100kN/m^2$	无需处理	200mm 厚素混凝土（C15）	200mm 厚钢筋混凝土（C20）	250mm 厚钢筋混凝土（C20）
$100kN/m^2 \leqslant f_{ak}<200kN/m^2$	无需处理	无需处理	200mm 厚素混凝土（C15）	200mm 厚钢筋混凝土（C20）
$f_{ak} \geqslant 200kN/m^2$	无需处理	无需处理	无需处理	无需处理

注：玻璃钢化粪池地基结构处理应由结构工程师负责设计。

14.4.2　HDPE 整体注塑成型化粪池

HDPE 整体注塑成型环保型化粪池，成功解决了砖砌化粪池易渗漏、使用寿命短、运行状况差、维护困难以及钢筋混凝土化粪池造价高、施工周期长等问题。

1. 整体注塑成型化粪池构造及工艺原理

采用沉淀、厌氧/缺氧三级处理工艺：一级沉淀腐化区，对粪便污水进行沉淀、有机物分解发酵和病原体灭活；二级降解过滤区对粪便污水进行第二次分解、沉淀，经过一定时间培育，大量微生物在池内表面繁殖形成生物膜，后续污水与池内表面生物膜接触，有机物被微生物吸附、截留和分解，实现对粪便污水的有效处理；三级降解过滤区对已处理污水再进行一次分解、沉淀，使经过上述二级处理后的污水进一步深度净化。

2. 产品特点

化粪池筒体采用聚乙烯（PE）树脂为主要原料，采用多层复合结构，由外及里分抗压层、增韧层、复合层、防腐层；化粪池检查井口高度可根据埋设深度配置增高井筒。具有强度高、韧性好、占地面积小、无渗漏、耐压、抗压、抗腐蚀、抗冲击、安装方便、施工周期短、维护成本低、废弃物可回收再利用等特点。

3. 外形图及外形尺寸

HDPE 整体注塑成型化粪池外形见图 14-166～图 14-169，外形尺寸见表 14-169。

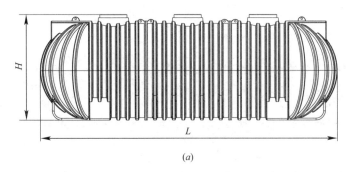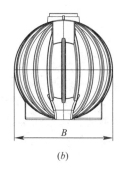

(a)　　　　　　　　　　　　　　　　　(b)

图 14-166　HDPE 整体注塑成型组合式化粪池外形图

(a) 前视图；(b) 侧视图

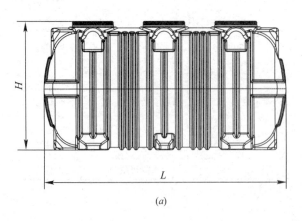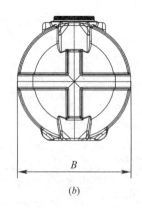

(a)　　　　　　　　　　　　　　　　　(b)

图 14-167　HDPE 整体注塑成型三格式化粪池 A 外形图

(a) 前视图；(b) 侧视图

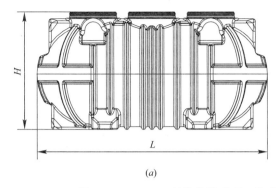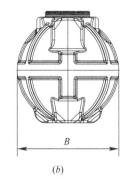

图 14-168 HDPE 整体注塑成型三格式化粪池 B 外形图

(*a*) 前视图；(*b*) 侧视图

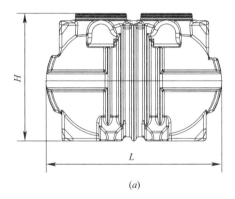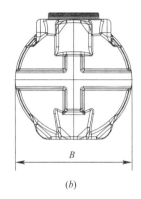

图 14-169 HDPE 整体注塑成型两格式化粪池外形图

(*a*) 前视图；(*b*) 侧视图

HDPE 整体注塑成型化粪池外形尺寸表   表 14-169

型号	容积（L）	检查口数量（个）	外形尺寸（mm）		
			L	B	H
SHC-0.66	660	2	1340	900	955
SHC-0.8	800	2	1660	900	955
SHC-1.0	1000	3	1980	900	955
SHC-1.2	1200	3	1980	900	955
SHC-1.5	1500	3	1860	1100	1155
SHC-2.0	2000	3	2285	1100	1160
SHC-3.0	3000	3	3633	1190	1265
SHC-4.0	4000	4	4598	1190	1265
SHC-6.0	6000	2	3131	2000	2130
SHC-9.0	9000	3	4100	2000	2130
SHC-10.0	10000	2	4400	2000	2130
SHC-15.0	15000	3	6145	2000	2130
SHC-20.0	20000	4	7890	2000	2130
SHC-25.0	25000	5	9635	2000	2130
SHC-30.0	30000	6	11380	2000	2130
SHC-35.0	35000	7	13125	2000	2130
SHC-40.0	40000	8	14870	2000	2130

续表

型号	容积（L）	检查口数量（个）	外形尺寸（mm）		
			L	B	H
SHC-45.0	45000	9	16615	2000	2130
SHC-50.0	50000	10	18360	2000	2130
SHC-55.0	55000	11	20105	2000	2130
SHC-60.0	60000	12	21850	2000	2130
SHC-65.0	65000	13	23595	2000	2130
SHC-70.0	70000	14	25340	2000	2130
SHC-75.0	75000	15	27085	2000	2130
SHC-80.0	80000	16	28830	2000	2130
SHC-85.0	85000	17	30575	2000	2130
SHC-90.0	90000	18	32320	2000	2130
SHC-95.0	95000	19	34065	2000	2130
SHC-100.0	100000	20	35810	2000	2130
生产企业	江苏通全球工程管业有限公司				

14.5 排水设备

14.5.1 潜水排污泵

1. WQ 系列潜水排污泵

1）适应范围

WQ 系列潜水排污泵广泛用于提升排放介质温度不超过 40℃、密度≤1050kg/m³、pH 值在 4～10 及含有少量固形物和长纤维的雨水、污废水。

2）外形及安装图

WQ 系列潜水排污泵外形及自动耦合安装见图 14-170。

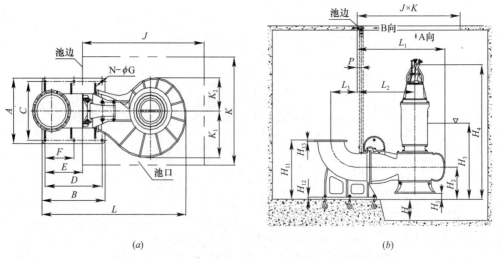

(a)   (b)

图 14-170 WQ 系列潜水排污泵外形及自动耦合安装图

(a) 平面图；(b) 侧视图

3）性能参数表

WQ 系列潜水排污泵技术性能参数见表14-170。

WQ 系列潜水排污泵技术性能参数表　　　　表 14-170

序号	规格型号	排出口径 (mm)	流量 (m³/h)	扬程 (m)	电机功率 (kW)	可通过最大颗粒 (mm)	自重 (kg)
1	WQ2210-2111-65	65	40	40	11	30	128
2	WQ2210-2112-65		50	46	15	30	136
3	WQ2210-2115-80	80	70	30	11	36	128
4	WQ2210-2116-80		80	34	15	36	138
5	WQ2260-2117-80	80	70	48	18.5	40	185
6	WQ2260-2118-80		80	53	22	40	200
7	WQ2260-2123-100	100	120	31	18.5	44	222
8	WQ2260-2124-100		130	33	22	44	236
9	WQ2290-2125-100	100	120	50	30	40	360
10	WQ2290-2126-100		135	56	37	40	380
11	WQ2290-2131-100	100	165	39	30	40	365
12	WQ2290-2132-100		185	42	37	40	385
13	WQ2260-4125-150	150	160	15	11	60	226
14	WQ2260-4138-150		200	16	15	60	242
15	WQ2290-4135B-150	150	160	38	30	62	435
16	WQ2290-4135A-150		160	40	30	62	440
17	WQ2290-4135-150		160	42	30	62	445
18	WQ2290-4134A-150	150	250	26	30	60	440
19	WQ2290-4134-150		250	28	30	60	445
20	WQ2290-4170-150	150	220	45	45	60	520
21	WQ2290-4171-150		245	48	55	60	550
22	WQ2368-4165-150	150	295	56	75	60	790
23	WQ2368-4166-150		330	60	90	60	820
24	WQ2260-4128-200	200	280	11	11	70	258
25	WQ2260-4129-200		300	13	15	70	274
26	WQ2260-4130-200		300	16	18.5	70	294
27	WQ2260-4131-200		300	18	22	70	306
28	WQ2260-4154-200	200	400	6.5	11	80	254
29	WQ2260-4155-200		400	8	15	80	270
30	WQ2260-4156-200		500	8	18.5	80	286
31	WQ2260-4157-200		500	10.5	22	80	298
32	WQ2290-4172A-200	200	330	20	30	90	475
33	WQ2290-4172-200		360	22	30	90	480
34	WQ2290-4173-200		400	24	37	90	500
35	WQ2290-4174-200		390	28.5	45	90	530
36	WQ2290-4175-200		440	31	55	90	560
37	WQ2368-4145-200	200	520	36	75	80	780
38	WQ2368-4146-200		570	39	90	80	810

续表

序号	规格型号	排出口径 （mm）	流量 （m³/h）	扬程 （m）	电机功率 （kW）	可通过最大颗粒 （mm）	自重 （kg）
39	WQ2445-4147-200	200	480	60	132	80	1400
40	WQ2445-4148-200		520	67	160	80	1500
41	WQ2260-4158A-250	250	370	8	11	100	290
42	WQ2260-4158-250		400	10	15	100	310
43	WQ2260-4159A-250		500	10	18.5	100	325
44	WQ2260-4159-250		500	12	22	100	350
45	WQ2290-4109-250	250	650	12	30	100	500
46	WQ2290-4110-250		650	15	37	100	520
47	WQ2290-4112-250		650	18	45	100	550
48	WQ2290-4168-250		650	22	55	100	580
49	WQ2368-4149-250	250	650	29.5	75	100	850
50	WQ2368-4150-250		720	32	90	100	880
51	WQ2445-4151A-250	250	600	40	110	100	1200
52	WQ2445-4151-250		650	40	110	100	1205
53	WQ2445-4152A-250		675	42	110	100	1210
54	WQ2445-4152-250		770	43	132	100	1300
55	WQ2445-4153-250		880	46	160	100	1400
56	WQ2290-6155-300	300	650	6	15	90	530
57	WQ2290-6156-300		700	7	18.5	90	550
58	WQ2290-6157-300		780	7.5	22	90	570
59	WQ2290-4115-300	300	750	10	30	120	500
60	WQ2290-4116-300		800	13	37	120	530
61	WQ2290-4117-300		720	16	45	120	560
62	WQ2290-4118-300		720	19	55	120	600
63	WQ2368-4120A-300	300	850	22	75	120	870
64	WQ2368-4120-300		950	24	90	120	900
65	WQ2368-4121-300	300	1100	21.5	90	120	902
66	WQ2445-4139-300	300	1200	24	110	120	1430
67	WQ2445-4140A-300		1200	27	132	120	1500
68	WQ2445-4140-300		1300	30	160	120	1600
69	WQ2445-4141A-300	300	1000	35	132	120	1520
70	WQ2445-4141-300		1050	40	160	120	1615
71	WQ2520-4160-300	300	1200	37	185	80	2000
72	WQ2520-4161-300		1400	37	200	80	2050
73	WQ2520-4162-300		1400	42	220	80	2150
74	WQ2520-4163-300		1400	49	250	80	2300
75	WQ2520-4164-300		1400	52	280	80	2500
生产企业		上海凯泉泵业（集团）有限公司					

注：WQ 系列潜水排污泵其他型号规格技术性能参数及自动耦合安装尺寸可咨询生产企业。

4）选用注意事项

（1）WQ 系列潜水排污泵的主要零部件标配材料为灰铸铁与球墨铸铁，不能用于抽送强腐蚀性或含有强磨蚀性固体颗粒的介质。

（2）介质中固形物的直径应小于流道的最小尺寸。

（3）介质中纤维的长度应小于泵的排出口径。

2. JYWQ、XWQ型潜水排污泵

1）产品特点

采用大流道或多叶片叶轮结构及外循环冷却系统，用于提升排放介质温度不超过40℃、密度≤1.3×10^3、pH酸碱度在5~9范围内的污废水、雨水。污物通过能力强，具有自动搅匀功能，不易堵塞，可在低水位长期安全运行。

2）XWQ/JYWQ系列潜水排污泵外形及自动耦合安装见图14-171。

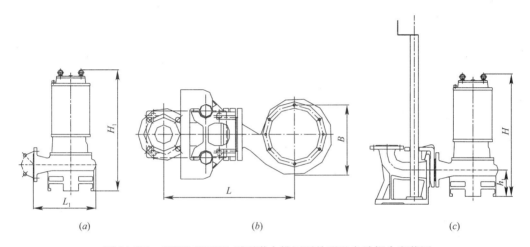

(a)　　　　　　　　　(b)　　　　　　　　　(c)

图14-171　XWQ/JYWQ系列潜水排污泵外形及自动耦合安装图

（a）XWQ/JYWQ系列潜水排污泵外形图；（b）自动耦合安装平面图；（c）自动耦合安装立面图

3）技术性能参数

XWQ/JYWQ系列潜水排污泵性能参数见表14-171。

XWQ/JYWQ系列潜水排污泵性能参数及外形尺寸表　　　　表14-171

序号	型号	排出口径（mm）	流量（m³/h）	扬程（m）	功率（kW）
1	50XWQ/JYWQ10-10-0.75	50	10	10	0.75
2	50XWQ/JYWQ10-12-1.1	50	10	12	1.1
3	50XWQ/JYWQ12-22-2.2	50	12	22	2.2
4	50XWQ/JYWQ12-30-3	50	12	30	3
5	50XWQ/JYWQ15/JYWQ-15-1.5	50	15	15	1.5
6	50XWQ/JYWQ23-15-2.2	50	23	15	2.2
7	50XWQ/JYWQ25-28-4	50	25	28	4
8	50XWQ/JYWQ25-32-5.5	50	25	32	5.5
9	50XWQ/JYWQ40-15-4	50	40	15	4
10	50XWQ/JYWQ35-22-5.5	50	35	22	5.5
11	50XWQ/JYWQ45-23-7.5	50	45	23	7.5
12	50XWQ/JYWQ37-13-3	50	37	13	3
13	50XWQ/JYWQ20-22-3	50	20	22	3

序号	型号	排出口径（mm）	流量（m³/h）	扬程（m）	功率（kW）
14	50XWQ/JYWQ30-36-7.5	50	30	36	7.5
15	50XWQ/JYWQ25-20-4	50	25	20	4
16	50XWQ/JYWQ15-25-3	50	15	25	3
17	50XWQ/JYWQ25-24-4	50	25	24	4
18	50XWQ/JYWQ25-18-3	50	25	18	3
19	50XWQ/JYWQ15-32-4	50	15	32	4
20	50XWQ/JYWQ45-20-7.5	50	45	20	7.5
21	50XWQ/JYWQ12-19-2.2	50	12	19	2.2
22	65XWQ/JYWQ15-15-1.5	65	15	15	1.5
23	65XWQ/JYWQ15-25-3	65	15	25	3
24	65XW/JYWQ20-22-3	65	20	22	3
25	65XWQ/JYWQ23-15-2.2	65	23	15	2.2
26	65XWQ/JYWQ25-18-3	65	25	18	3
27	65XWQ/JYWQ25-28-4	65	25	28	4
28	65XWQ/JYWQ25-32-5.5	65	25	32	5.5
29	65XWQ/JYWQ35-22-5.5	65	35	22	5.5
30	65XWQ/JYWQ30-36-7.5	65	30	36	7.5
31	65XWQ/JYWQ37-13-3	65	37	13	3
32	65XWQ/JYWQ40-15-4	65	40	15	4
33	65XWQ/JYWQ45-23-7.5	65	45	23	7.5
34	65XWQ/JYWQ12-30-3	65	12	30	3
35	65XWQ/JYWQ25-20-4	65	25	20	4
36	65XWQ/JYWQ12-22-2.2	65	12	22	2.2
37	65XWQ/JYWQ25-24-4	65	25	24	4
38	65XWQ/JYWQ45-20-7.5	65	45	20	7.5
39	65XWQ/JYWQ15-32-4	65	15	32	4
40	80XWQ/JYWQ20-22-3	80	20	22	3
41	80XWQ/JYWQ25-18-3	80	25	18	3
42	80XWQ/JYWQ25-28-4	80	25	28	4
43	80XWQ/JYWQ25-32-5.5	80	25	32	5.5
44	80XWQ/JYWQ23-15-2.2	80	23	15	2.2
45	80XWQ/JYWQ37-13-3	80	37	13	3
46	80XW/JYWQ80-9-4	80	80	9	4
47	80XWQ/JYWQ30-36-7.5	80	30	36	7.5
48	80XWQ/JYWQ40-15-4	80	40	15	4
49	80XWQ/JYWQ45-23-7.5	80	45	23	7.5
50	80XWQ/JYWQ65-15-5.5	80	65	15	5.5
51	80XWQ/JYWQ35-22-5.5	80	35	22	5.5
52	80XWQ/JYWQ65-20-7.5	80	65	20	7.5
53	80XWQ/JYWQ25-20-4	80	25	20	4
54	80XWQ/JYWQ12-22-2.2	80	12	22	2.2

续表

序号	型号	排出口径（mm）	流量（m³/h）	扬程（m）	功率（kW）
55	80XWQ/JYWQ25-24-4	80	25	24	4
56	80XWQ/JYWQ45-20-7.5	80	45	20	7.5
57	80XWQ/JYWQ80-16-7.5	80	80	16	7.5
58	100XW/JYWQQ50-35-11	100	50	35	11
59	100XWQ/JYWQ65-15-5.5	100	65	15	5.5
60	100XWQ/JYWQ70-20-11	100	70	20	11
61	100XWQ/JYWQ80-9-4	100	80	9	4
62	100XWQ/JYWQ80-30-15	100	80	30	15
63	100XWQ/JYWQ100-12-7.5	100	100	12	7.5
64	100XWQ/JYWQ65-20-7.5	100	65	20	7.5
65	100XWQ/JYWQ65-40-18.5	100	65	40	18.5
66	100XWQ/JYWQ100-22-15	100	100	22	15
67	100XWQ/JYWQ120-15-11	100	120	15	11
68	100XWQ/JYWQ60-30-11	100	60	30	11
69	100XWQ/JYWQ100-9-5.5	100	100	9	5.5
70	100XWQ/JYWQ100-15-7.5	100	100	15	7.5
71	150XWQ/JYWQ65-40-18.5	150	65	40	18.5
72	150XWQ/JYWQ110-35-22	150	110	35	22
73	150XWQ/JYWQ110-9-5.5	150	110	9	5.5
74	150XWQ/JYWQ110-30-18.5	150	110	30	18.5
75	150XWQ/JYWQ170-23-18.5	150	170	23	18.5
76	150XWQ/JYWQ140-40-30	150	140	40	30
77	150XWQ/JYWQ145-15-11	150	145	15	11
78	150XWQ/JYWQ150-10-7.5	150	150	10	7.5
79	150XWQ/JYWQ150-27-22	150	150	27	22
80	150XWQ/JYWQ200-9-15	150	200	9	15
81	150XWQ/JYWQ150-18-15	150	150	18	15
82	150XWQ/JYWQ160-20-18.5	150	160	20	18.5
83	150XWQ/JYWQ200-20-22	150	200	20	22
84	150XWQ/JYWQ100-38-22	150	100	38	22
85	150XWQ/JYWQ200-30-37	150	200	30	37
86	200XWQ/JYWQ250-17-22	200	250	17	22
87	200XWQ/JYWQ280-22-30	200	280	22	30
88	200XWQ/JYWQ300-6-11	200	300	6	11
89	200XWQ/JYWQ300-10-15	200	300	10	15
90	200XWQ/JYWQ300-15-22	200	300	15	22
91	200XWQ/JYWQ400-10-18.5	200	400	10	18.5
92	200XWQ/JYWQ400-17-37	200	400	17	37
93	200XWQ/JYWQ400-20-45	200	400	20	45
94	200XWQ/JYWQ200-35-37	200	200	35	37
95	200XWQ/JYWQ400-25-45	200	400	25	45

续表

序号	型号	排出口径（mm）	流量（m³/h）	扬程（m）	功率（kW）
96	200XWQ/JYWQ300-35-55	200	300	35	55
97	200XWQ/JYWQ400-15-30	200	400	15	30
98	200XWQ/JYWQ250-60-75	200	250	60	75
99	250XWQ/JYWQ500-12.5-30	250	500	12.5	30
100	250XWQ/JYWQ600-12-37	250	600	12	37
101	250XWQ/JYWQ450-32-75	250	450	32	75
102	250XWQ/JYWQ600-60-160	250	600	60	160
103	250XWQ/JYWQ600-18-55	250	600	18	55
104	250XWQ/JYWQ450-22-45	250	450	22	45
105	250XWQ/JYWQ460-60-132	250	460	60	132
106	250XWQ/JYWQ600-30-90	250	600	30	90
107	250XWQ/JYWQ600-50-132	250	600	50	132
108	300XWQ/JYWQ800-12-45	300	800	12	45
109	300XWQ/JYWQ800-20-75	300	800	20	75
110	300XWQ/JYWQ400-40-90	300	400	40	90
111	300XWQ/JYWQ700-11-37	300	700	11	37
112	300XWQ/JYWQ800-6.4-22	300	800	6.4	22
113	300XWQ/JYWQ450-32-75	300	450	32	75
114	300XWQ/JYWQ1100-10-55	300	1100	10	55
115	300XWQ/JYWQ500-42-110	300	500	42	110
116	300XWQ/JYWQ750-30-110	300	750	30	110
117	300XWQ/JYWQ750-42-132	300	750	42	132
生产企业		上海熊猫机械（集团）有限公司			

注：水泵潜入水下深度不宜超过 10m；其他型号规格技术性能参数可咨询生产企业。

3. Zenit（泽尼特）潜水排污泵

1）产品特点

Zenit 潜水排污泵采用先进理念设计，具有高效节能、无阻塞、配置齐全等特点。同时，该泵全系列可配置防爆电机。

2）产品种类及外形图

Zenit 潜水排污泵针对不同应用场合分为 Blue 系列潜污泵、Grey 系列潜污泵以及 UNIQA 系列潜污泵。

（1）Blue 系列潜污泵

Blue 系列潜污泵外形见图 14-172。

（2）Grey 系列潜污泵

Grey 系列潜污泵外形见图 14-173。

（3）UNIQA 系列潜污泵

UNIQA 系列潜污泵外形见图 14-174。

3）技术性能参数及外形尺寸

Zenit 潜水排污泵技术性能参数及外形尺寸见表 14-172～表 14-174。

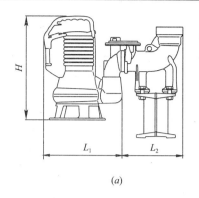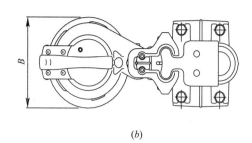

(a)   (b)

图 14-172　Blue 系列潜水排污泵外形图

(a) 正视图；(b) 俯视图

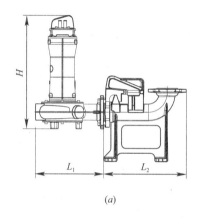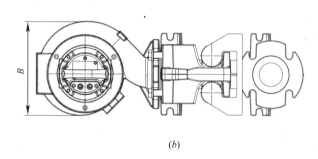

(a)   (b)

图 14-173　Grey 系列潜水排污泵外形图

(a) 正视图；(b) 俯视图

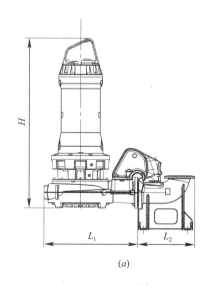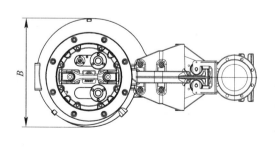

(a)   (b)

图 14-174　UNIQA 系列潜水排污泵外形图

(a) 正视图；(b) 俯视图

Blue 系列潜水排污泵技术性能参数及外形尺寸表　　　　表 14-172

序号	型号	叶轮型式	口径(mm)	流量(m³/h)	扬程(m)	转速(r/min)	配套功率(kW)	可通过最大颗粒物(mm)	自重(kg)	外形尺寸（mm）			
										L_1	L_2	B	H
1	DGBlue 40/2/G40V		40	9.5	3.5	2720	0.3	40	12.5	265	218	190	335
2	DGBlue 50/2/G40V		40	9.8	4.7	2730	0.37	40	13	265	218	190	335
3	DGBlue 75/2/G40V		40	11	6	2710	0.55	40	15	265	218	190	335
4	DGBlue 100/2/G40V	DG 无阻塞涡流式	40	15	8.1	2760	0.74	40	15.5	265	218	190	335
5	DGBluePRO 50/2/G40V		40	8.5	4.7	2730	0.37	40	13	265	218	190	335
6	DGBluePRO 75/2/G40V		40	12	7.1	2710	0.74	40	15	265	218	190	335
7	DGBluePRO 100/2/G40V		40	13	9.5	2760	0.74	40	15.5	265	218	190	335
8	DGBluePRO 150/2/G50V		50	18	9.1	2780	1.1	50	23	295	218	200	465
9	DGBluePRO 200/2/G50V		50	20.5	10.1	2750	1.5	50	24	295	218	200	465
10	DRBlue 40/2/G32V		32	8.4	5.3	2720	0.3	15	11.5	255	218	150	295
11	DRBlue 50/2/G32V		32	8.5	6.7	2730	0.37	15	12	255	218	150	295
12	DRBlue 75/2/G32V		32	10.5	8.2	2710	0.55	15	13.5	255	218	150	295
13	DRBlue 100/2/G32V	DR 半开式多流道	32	12.5	10.1	2760	0.74	15	15.5	255	218	150	295
14	DRBluePRO 50/2/G32V		32	9	6.4	2730	0.37	15	12	255	218	150	295
15	DRBluePRO 75/2/G32V		32	11	9.8	2710	0.55	15	13.5	255	218	150	295
16	DRBluePRO 100/2/G32V		32	12	10.6	2760	0.74	15	14	255	218	150	295
17	DRBluePRO 150/2/G50V		50	23.1	10.4	2780	1.1	10×30	23	295	218	200	420
18	DRBluePRO 200/2/G50V		50	25.5	11.6	2750	1.5	10×30	24	295	218	200	420
19	GRBluePRO 100/2/G40H		40	12	12.9	2790	0.74	—	19	270	218	220	365
20	GRBluePRO 150/2/G40H	GR 切割式	40	15	13.7	2780	1.1	—	24	285	218	230	410
21	GRBluePRO 200/2/G40H		40	16	18.7	2750	1.5	—	25	285	218	230	410
22	APBluePRO 100/2/G40H		40	9	10	2790	0.74	6	19	270	218	220	365
23	APBluePRO 150/2/G40H		40	9.8	13.1	2780	1.1	6	24	270	218	220	365
24	APBluePRO 200/2/G40H	AP 高扬程	40	11	9.5	2750	1.5	6	26	270	218	220	365
生产企业			泽尼特泵业（中国）有限公司										

Grey 系列潜水泵性能及参数表　　　　表 14-173

序号	型号	叶轮形式	口径(mm)	流量(m³/h)	扬程(m)	配套功率(kW)	可通过最大颗粒物(mm)	泵重(kg)	转速(r/min)	外形尺寸（mm）			
										L_1	L_2	B	H
1	APG 250/2/G40H		40	16.5	20.3	1.8	10	32	2794	267	218	315	523
2	APG 300/2/G50H		50	21	20	2.2	10	43.2	2880	305	218	225	550
3	APG 550/2/G50H	AP 高扬程	50	28	26	4	8	57.6	2876	352	218	270	670
4	APG 750/2/G50H		50	28	32	5.5	10	60.3	2866	352	218	263	669
5	APG 1000/2/G50H		50	29.5	38.5	7.5	10	68.2	2873	352	218	263	744
6	DGG 250/2/G65V		65	21	6.5	1.8	65	35	1794	311	403	219	553
7	DGG 300/2/G65V	DG 无阻塞涡流式	65	24.5	8	2.2	65	44.2	2880	311	403	219	576
8	DGG 250/2/65		65	21	7	1.5	65	37	2794	301	403	218	553
9	DGG 300/2/65		65	27	8	2.2	65	46.2	2880	301	403	218	576

续表

序号	型号	叶轮形式	口径 (mm)	流量 (m³/h)	扬程 (m)	配套功率 (kW)	可通过最大颗粒物 (mm)	泵重 (kg)	转速 (r/min)	外形尺寸（mm）			
										L_1	L_2	B	H
10	DGG 400/2/65		65	27	10	3	65	50	2877	301	403	218	626
11	DGG 550/2/65		65	31.6	12.8	4	65	71.2	2876	301	403	222	733
12	DGG 750/2/65		65	36	15	5.5	65	73.9	2866	301	403	222	733
13	DGG 1000/2/65		65	43	19	7.5	65	81.8	2873	301	403	222	808
14	DGG 250/2/80		80	41	3	1.8	80	35	2794	312	417	236	580
15	DGG 300/2/80		80	40	4.5	2.2	80	44.2	2880	312	417	236	602
16	DGG 400/2/80		80	35	6	3	80	47	2877	312	417	236	652
17	DGG 550/2/80		80	37.3	10.1	4	80	71.6	2876	313	417	251	762
18	DGG 750/2/80		80	43	10.5	5.5	80	74.3	2866	313	417	251	762
19	DGG 1000/2/80		80	50	13	7.5	80	82.8	2873	313	417	251	837
20	DGG 150/4/65		65	23	5.5	1.1	45	39	1380	322	403	249	575
21	DGG 200/4/65		65	31	7	1.5	65	55.2	1419	395	403	308	606
22	DGG 250/4/65		65	31.5	8	1.8	65	58.1	1421	395	403	308	656
23	DGG 300/4/65	DG 无阻塞涡流式	65	36.5	8.5	2.2	65	58.2	1410	395	403	308	656
24	DGG 400/4/65		65	40	9	3	65	59.8	1383	395	403	308	656
25	DGG 150/4/80		80	29.5	3.8	1.1	60	39	1380	320	414	246	581
26	DGG 200/4/80		80	33	6.5	1.5	80	55.2	1419	389	417	306	624
27	DGG 250/4/80		80	35.5	7.3	1.8	80	58.1	1421	389	417	306	674
28	DGG 300/4/80		80	42.5	7.5	2.2	80	58.2	1410	389	417	306	674
29	DGG 400/4/80		80	45	8	3	80	59.8	1383	389	417	306	674
30	DGG 550/4/80		80	54	10.6	4	60	97	1433	484	417	374	820
31	DGG 750/4/80		80	63	15	5.5	60	97.2	1432	484	417	374	820
32	DGG 1200/4/80		80	79	18	9	60	170	1451	484	417	374	820
33	DGG 200/4/100		100	36	5	1.5	100	58.2	1419	410	447	305	645
34	DGG 250/4/100		100	40.5	5	1.8	100	61.1	1421	410	447	305	695
35	DGG 300/4/100		100	43.5	6.5	2.2	100	61.2	1410	410	447	305	695
36	DGG 400/4/100		100	45	6.7	3	100	62.8	1383	410	447	305	695
37	DGG 550/4/100		100	60	8.3	4	80	83	1433	408	447	305	826
38	DGG 750/4/100		100	78	9	5.5	80	83.2	1432	408	447	305	826
39	DGG 1200/4/100		100	88	15	9	100	177.2	1451	496	447	373	1032
40	DGG 1500/4/100	DG 无阻塞涡流式	100	12	16	11	100	177.2	1435	496	447	373	1032
41	DGG 2000/4/100		100	105	18	15	100	189.2	1453	496	447	373	1122
42	DGG 1200/4/150		150	163	7.5	9	125	212	1451	612	623	447	985
43	DGG 1500/4/150		150	180	9	11	125	212	1435	612	623	447	985
44	GRG 250/2/G40H		40	14	20	1.8	—	32	2794	267	218	215	491
45	GRG 300/2/G50H		50	19	20	2.2	—	43.2	2880	305	218	225	527
46	GRG 750/2/G50H	GR 切割式	50	23.7	34	5.5	—	60.3	2866	352	218	263	652
47	GRG 1000/2/G50H		50	24	41	7.5	—	68.2	2873	352	218	263	727

序号	型号	叶轮形式	口径(mm)	流量(m³/h)	扬程(m)	配套功率(kW)	可通过最大颗粒物(mm)	泵重(kg)	转速(r/min)	外形尺寸 (mm)			
										L_1	L_2	B	H
48	DRG 250/2/65		65	46	9.2	1.8	35×30	34	2794	344	403	255	543
49	DRG 300/2/65		65	50.5	9.8	2.2	40×35	48.5	2880	344	403	255	565
50	DRG 400/2/65		65	56	12.2	3	40×35	49.9	2877	344	403	255	615
51	DRG 250/2/80		80	45	8.8	1.8	35×30	36	2794	340	416	252	542
52	DRG 300/2/80		80	57.5	8.9	2.2	40×35	48.9	2880	347	416	252	564
53	DRG 400/2/80		80	56.5	12.1	3	40×35	50.3	2877	347	416	252	614
54	DRG 550/2/80		80	82.5	9.5	4	40	68	2876	327	416	271	707
55	DRG 750/2/80		80	68.5	13.4	5.5	50×55	70.7	2880	327	416	271	707
56	DRG 1000/2/80		80	82	17.4	7.5	50×55	79.7	2880	327	416	271	781
57	DRG 1200/2/80		80	80	24.2	9	40	110	2880	327	417	272	849
58	DRG 1500/2/80		80	89	25	11	45	113	2876	327	417	272	850
59	DRG 2500/2/80		80	105	28	18.5	75	165	2877	392	417	293	1033
60	DRG 200/4/80		80	47	5.3	1.5	45	66	1419	390	416	292	603
61	DRG 300/4/80		80	55.2	7.8	2.2	40×35	72.6	2880	393	416	292	653
62	DRG 400/4/80		80	60	9.1	3	75	77	1383	393	416	291	653
63	DRG 550/4/80		80	97	8.3	4	40×35	108	1383	480	417	367	831
64	DRG 1000/4/80		80	111	14.2	7.5	60×55	14	1383	481	417	376	899
65	DRG 1200/4/80	DR半开式多流道	80	122	16	9	65×60	199	1383	481	417	367	980
66	DRG 200/4/100		100	54.7	5	1.5	45	69	1419	417	447	311	603
67	DRG 300/4/100		100	59	6.7	2.2	75	75.6	1410	417	447	311	653
68	DRG 400/4/100		100	66.3	7.8	3	60	80	1383	417	447	311	653
69	DRG 550/4/100		100	129	8.1	4	75	112	1383	449	447	353	780
70	DRG 1200/4/100		100	157	12.6	9	80	211	1383	548	447	413	979
71	DRG 1500/4/100		100	174	12	11	45	222	1383	548	447	413	979
72	DRG 1200/4/150		150	245	7.7	9	65×60	228	1451	612	623	447	985
73	DRG 1500/4/150		150	245	7.7	11	80	234	1383	612	623	447	985
74	DRG 2000/4/150		150	273	14	15	80	240	1451	612	623	447	985
75	DRG 1200/4/200		200	354	5.9	9	80	255	1383	692	701	539	1046
76	DRG 1500/4/200		200	354	5.9	11	80	261	1383	692	701	539	1136
77	DRG 2000/4/200		200	393	9.5	15	80	267	1383	692	701	539	1136
78	DRG 1200/4/250		250	400	5.7	9	80	286	1451	808	808	609	1046
79	DRG 2000/4/250		250	450	8.8	15	80	298	1451	808	808	609	1136
80	DRG 1000/6/150		150	260	8.1	7.5	80	257	958	647	623	507	1045
81	DRG 1000/6/200		200	317	5.7	7.5	80	261	958	692	701	539	1077
82	DRG 1750/6/200		200	378	9	13	100×70	308.8	958	692	701	539	1167
83	DRG 1000/6/250		250	369	7.5	7.5	100×70	292	958	808	808	609	1078
84	DRG 1750/6/250		250	438	8	13	100×70	334.3	958	808	808	609	1078
	生产企业		泽尼特泵业（中国）有限公司										

UNIQA 系列潜水泵性能及参数表   表 14-174

序号	型号	叶轮形式	口径(mm)	流量(m³/h)	扬程(m)	转速(r/min)	配套功率(kW)	可通过最大颗粒物(mm)	泵重(kg)	L₁	L₂	B	H
1	ZUG V 065A 4/2 AW(D)135		65	36	15	2914	4	65	121.5	325	400	285	845
2	ZUG V 065A 5.5/2 AW(D)145		65	45	19	2900	5.5	65	124.5	325	400	285	845
3	ZUG V 080A 4/2 AW(D)135		80	45	10	2920	4	80	121.9	330	415	284	854
4	ZUG V 080A 5.5/2 AW(D)145		80	52.2	13.5	2900	5.5	80	124.9	330	415	284	854
5	ZUG V 080A 7.5/2 AW(D)155		80	61.2	17	2914	7.5	80	137.9	330	415	284	954
6	ZUG V 080B 11/2 AW(D)185		80	70.2	26.5	2905	11	80	166.2	401	415	323	954
7	ZUG V 080B 15/2 AW(D)194		80	91.8	32	2940	15	80	229.3	414	415	363	1121
8	ZUG V 080B 7.5/2 AW(D)155		80	50.4	17	2914	7.5	80	158.2	401	415	323	954
9	ZUG V 080B 9/2 AW(D)170		80	61.2	23	2920	9	80	162.2	401	415	323	954
10	ZUG V 080C 3/4 AW(D)180		80	52.2	8	1453	3	65	147.8	398	415	325	855
11	ZUG V 080C 4/4 AW(D)198		80	70.2	9.5	1455	4	65	181.8	398	415	325	955
12	ZUG V 080D 15/2 AW(D)180		80	84.6	34	2940	15	60	224	484	415	374	1103
13	ZUG V 080D 18.5/2 AW(D)190		80	97.2	39	2940	18.5	60	233.5	484	415	374	1103
14	ZUG V 080D 22/2 AW(D)200		80	108	44	3955	22	60	290.6	491	415	403	1154
15	ZUG V 080D 37/2 AW(D)240		80	111.6	68	2930	37	60	300.8	491	415	403	1154
16	ZUG V 080D 4/4 AW(D)210	V 无阻塞涡流式	80	64.8	12	1455	4	60	158	484	415	374	937
17	ZUG V 080D 5.5/4 AW(D)235		80	75.6	15	1450	5.5	60	161	484	415	374	937
18	ZUG V 080D 7.5/4 AW(D)255		80	86.4	18.5	1460	7.5	60	210.3	484	415	374	1013
19	ZUG V 080D 9/4 AW(D)266		80	93.6	21	1465	9	60	231.3	484	415	374	1103
20	ZUG V 100A 15/2 AW(D)240		100	93.6	19	2940	15	100	231.2	496	443	373	1168
21	ZUG V 100A 18.5/2 AW(D)241		100	93.6	19	2940	18.5	100	240.7	496	443	373	1168
22	ZUG V 100A 22/2 AW(D)242		100	118.8	33	2955	22	100	297.8	507	443	403	1219
23	ZUG V 100A 30/2 AW(D)190		100	118.8	33	2945	30	100	308	507	443	403	1219
24	ZUG V 100A 37/2 AW(D)240		100	118.8	64	2930	37	100	308	507	443	403	1219
25	ZUG V 100B 3/4 AW(D)190		100	63	8	1453	3	100	147.2	496	443	373	902
26	ZUG V 100B 4/4 AW(D)210		100	79.2	10	1455	4	100	171.2	496	443	373	1001
27	ZUG V 100B 5.5/4 AW(D)235		100	82.8	13	1450	5.5	100	185.2	496	443	373	1001
28	ZUG V 100B 7.5/4 AW(D)255		100	97.2	16	1460	7.5	100	217.5	496	443	373	1078
29	ZUG V 100B 9/4 AW(D)266		100	111.6	18.5	1465	9	100	238.5	496	443	373	1168
30	ZUG V 150A 11/4 AW(D)255		150	180	10	1475	11	125	301.9	545	567	415	1245
31	ZUG V 150A 15/4 AW(D)266		150	198	11	1470	15	125	315.6	545	567	415	1245
32	ZUG V 150A 7.5/4 AW(D)235		150	158.4	6.5	1460	7.5	125	229.7	545	567	401	1103
33	ZUG V 150A 9/4 AW(D)245		150	165.6	8	1465	9	125	250.7	545	567	401	1193
34	ZUG OC 080G 15/2 AW(D)188		80	111.6	29	2940	15	75	209	393	417	293	1067
35	ZUG OC 080G 3/4 AW(D)188		80	55.8	8	1453	3	75	125	393	417	303	801
36	ZUG OC 100A 11/4 AW(D)245	OC 半开式多流道	100	205.2	11.5	1475	11	80	312.2	548	504	414	1166
37	ZUG OC 100A 15/4 AW(D)270		100	230.4	16	1470	15	80	325.9	548	504	414	1166
38	ZUG OC 100A 7.5/4 AW(D)235		100	194.4	9	1460	7.5	80	240	548	504	414	1025
39	ZUG OC 100B 11/4 AW(D)245		100	216	10	1475	11	80	313	590	506	475	1170

续表

序号	型号	叶轮形式	口径 (mm)	流量 (m³/h)	扬程 (m)	转速 (r/min)	配套功率 (kW)	可通过最大颗粒物 (mm)	泵重 (kg)	外形尺寸 (mm)			
										L_1	L_2	B	H
40	ZUG OC 100B 15/4 AW(D)290		100	273.6	18	1470	15	80	326	590	506	475	1170
41	ZUG OC 100B 18.5/4 AW(D)305		100	277.2	21	1469	18.5	80	411	590	506	475	1350
42	ZUG OC 100E 4/4 AW(D)210		100	151.2	5	1455	4	80	182.7	550	443	420	950
43	ZUG OC 100E 5.5/4 AW(D)220		100	172.8	6.5	1450	5.5	80	185.7	550	443	420	950
44	ZUG OC 100E 7.5/4 AW(D)222		100	180	8.5	1460	7.5	80	235	550	443	415	1025
45	ZUG OC 100F 3/4 AW(D)209		100	113.4	8	1453	3	45	191	605	481	415	86
46	ZUG OC 100F 4/4 AW(D)220		100	136.8	11	1450	4	45	209	605	481	415	960
47	ZUG OC 100F 5.5/4 AW(D)240		100	133.2	14	1460	5.5	45	212	605	481	415	960
48	ZUG OC 100F 7.5/4 AW(D)260		100	140.4	18	1460	7.5	45	261.3	605	481	415	1035
49	ZUG OC 100F 9/4 AW(D)260		100	140.4	18	1465	9	45	282.3	605	481	415	1130
50	ZUG OC 150A 11/4 AW(D)245		150	241.2	10	1475	11	80	324.3	612	536	448	1031
51	ZUG OC 150A 15/4 AW(D)270		150	259.2	14	1470	15	80	338	612	536	448	1121
52	ZUG OC 150A 7.5/4 AW(D)230		150	234	6.5	1460	7.5	80	252.1	612	536	448	1172
53	ZUG OC 150A 9/4 AW(D)235		150	241.2	8	1465	9	80	273.1	612	536	448	1172
54	ZUG OC 150D 3/4 AW(D)190		150	172.8	3	1453	3	80	177.4	610	536	450	855
55	ZUG OC 150D 4/4 AW(D)210	OC半开式多流道	150	198	4	1455	4	80	211.4	610	536	450	955
56	ZUG OC 150D 5.5/4 AW(D)220		150	216	5.5	1450	5.5	80	215.4	610	536	450	955
57	ZUG OC 150D 7.5/4 AW(D)222		150	226.8	7	1460	7.5	80	247.7	610	536	450	1030
58	ZUG OC 150F 11/4 AW(D)245		150	324	8	1475	11	80	351.5	650	565	505	1235
59	ZUG OC 150F 15/4 AW(D)269		150	360	10	1470	15	80	365.2	650	565	505	1235
60	ZUG OC 150F 18.5/4 AW(D)275		150	370.8	13	1469	18.5	80	449.8	650	565	505	1415
61	ZUG OC 150G 7.5/6 AW(D)315		150	205.2	10	975	7.5	80	284.7	605	565	570	1190
62	ZUG OC 150G 9/6 AW(D)334		150	216	12	978	9	80	292.4	605	565	570	1190
63	ZUG OC 200A 11/6 AW(D)325		200	349.2	9	972	11	100×70	374.8	692	679	539	1265
64	ZUG OC 200A 13/6 AW(D)334		200	367.2	10	966	13	100×70	374.8	692	679	539	1265
65	ZUG OC 200A 37/4 AW(D)320		200	542	18.5	1477	37	100×70	620	692	679	558	1532
66	ZUG OC 200A 45/4 AW(D)(D)334		200	581	21	1476	45	100×70	647	692	679	558	1532
67	ZUG OC 200A 7.5/6 AW(D)285		200	313.2	6	975	7.5	100×70	356.8	692	679	539	1265
68	ZUG OC 200A 9/6 AW(D)300		200	334.8	7	978	9	100×70	364.5	692	679	539	1265
69	ZUG OC 200B 11/4 AW(D)255		200	388.8	7.5	1475	11	80	352.1	692	679	540	1233
70	ZUG OC 200B 15/4 AW(D)269		200	417.6	9.5	1470	15	80	365.8	692	679	540	1233
71	ZUG OC 200B 18.5/4 AW(D)275		200	421.2	12	1469	18.5	80	450.4	692	679	540	1416
72	ZUG OC 200B 9/6 AW(D)315		200	315	8.5	978	9	80	327.3	692	679	540	1233
73	ZUG OC 200C 55/6 AW(D)480		200	773	19	989	55	100	1310	1074	649	815	1892
74	ZUG OC 200C 75/6 AW(D)490		200	821	21	988	75	100	1536	1074	649	815	1891
75	ZUG OC 200D 132/6 AW(D)540		200	998	35	989	132	90	1891	1074	649	815	2008
76	ZUG OC 200D 55/6 AW(D)420		200	717	18	989	55	90	1322	1074	649	815	1872
77	ZUG OC 250B 30/6 AW(D)345		250	846	7	984	30	110	806	1052	700	823	1576
78	ZUG OC 250B 37/6 AW(D)400		250	913	10	980	37	110	818	1052	700	823	1576

续表

序号	型号	叶轮形式	口径(mm)	流量(m³/h)	扬程(m)	转速(r/min)	配套功率(kW)	可通过最大颗粒物(mm)	泵重(kg)	外形尺寸(mm)			
										L_1	L_2	B	H
79	ZUG OC 250B 55/6 AW(D)460	OC半开式多流道	250	963	16	989	55	110	1248	1052	700	823	1928
80	ZUG OC 250C 11/6 AW(D)325		250	424.8	7.5	972	11	100×70	400.3	810	734	610	1265
81	ZUG OC 250C 13/6 AW(D)334		250	435.6	8	966	13	100×70	400.3	810	734	610	1265
82	ZUG OC 250C 37/4 AW(D)310		250	619	14.5	1477	37	100×70	645.5	808	734	609	1532
83	ZUG OC 250C 45/4 AW(D)334		250	672	18	1476	45	100×70	672.5	808	734	609	1532
84	ZUG OC 250C 7.5/6 AW(D)285		250	367.2	5	975	7.5	100×70	382.3	810	734	610	1265
85	ZUG OC 250C 9/6 AW(D)300		250	388.8	6	978	9	100×70	390	810	734	610	1265
86	ZUG OC 250H 11/4 AW(D)240	OC半开式多流道	250	421.2	6	1475	11	80	382.6	810	735	610	1265
87	ZUG OC 250H 15/4 AW(D)269		250	453.6	9	1470	15	80	396.3	810	735	610	1265
88	ZUG OC 250H 18.5/4 AW(D)275		250	450	12	1469	18.5	80	480.9	810	735	610	1265
89	ZUG OC 250H 30/4 AW(D)315		250	509	17.5	1470	30	80	537.7	810	735	610	1445
90	ZUG OC 250H 7.5/6 AW(D)300		250	313.2	7	975	7.5	80	350.1	810	735	610	1265
91	ZUG OC 250H 9/6 AW(D)315		250	342	8	978	9	80	357.8	810	735	610	1265
92	ZUG OC 300A 45/6 AW(D)430		300	1120	8.2	990	45	125×100	1294	1127	793	868	1992
93	ZUG OC 300B 132/4 AW(D)410		300	1300	20.3	1488	132	110	1861	1161	793	919	2164
94	ZUG OC 300B 55/6 AW(D)445		300	1010	15.1	989	55	110	1444	1161	793	919	1974
95	ZUG OC 300B 75/4 AW(D)345		300	1300	17.2	1480	75	110	1408	1161	793	919	1974
96	ZUG OC 300B 75/6 AW(D)477		300	1060	16.8	988	75	110	1669	1161	793	919	1974
97	ZUG OC 300B 90/4 AW(D)360		300	1340	18.8	1485	90	110	1633	1161	793	919	1974
98	ZUG OC 300C 90/6 AW(D)477		300	1300	20	989	90	150×110	1758	1161	793	919	1974
99	ZUG OC 300D 132/6 AW(D)520		300	1420	25	989	132	150×110	2046	1161	793	919	2164
生产企业		泽尼特泵业（中国）有限公司											

注：表中半开式多流道型水泵均可替换为重载切割式，水力参数不变。

14.5.2 污水提升器

1. ADDZ污水提升器

1）产品特点

（1）可根据液位信号运行一台或两台水泵。有高液位启泵、低液位停泵、超低液位报警、超高液位双泵运行及报警功能；

（2）自动切换水泵（均衡两台水泵的运行时间）；

（3）具有自动控制、手动控制功能（手动控制为设备试验调试及应急时使用）；

（4）有过热、过流、缺相保护；

（5）电源故障，自动停止水泵，同时发出报警信号；

（6）加装有无源BA远程监控接口，实现无人值守；

（7）设备遇有故障，自动切换水泵，同时发出报警信号。

2）ADDZ污水提升器示意见图14-175。

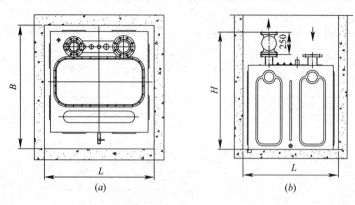

图 14-175　ADDZ 污水提升器示意图

(a) 俯视图；(b) 内剖视图

3) 性能参数见表 14-175。

ADDZ 污水提升器性能参数表　　　　　　　　　　表 14-175

序号	型号	水泵			不锈钢水箱	
		流量 (m³/h)	扬程（m）	单泵功率 (kW)	外形尺寸（mm） L×B×H	有效容积（L）
1	ADDZ-7-0.75/Ⅱ-1000	7	10	0.75	1000×1000×1000	750
2	ADDZ-7-1.1/Ⅱ-1000	7	15	1.1		
3	ADDZ-10-0.75/Ⅱ-1000	10	10	0.75		
4	ADDZ-10-1.1/Ⅱ-1000	10	12	1.1		
5	ADDZ-10-1.5/Ⅱ-1000	10	15	1.5		
6	ADDZ-10-2.2/Ⅱ-1000	10	20	2.2		
7	ADDZ-10-3/Ⅱ-1000	10	23	3	1000×1000×1000	750
8	ADDZ-15-0.75/Ⅱ-1000	15	8	0.75		
9	ADDZ-15-1.1/Ⅱ-1000	15	10	1.1		
10	ADDZ-15-1.5/Ⅱ-1000	15	15	1.5		
11	ADDZ-15-2.2/Ⅱ-1000	15	18	2.2		
12	ADDZ-15-3/Ⅱ-1000	15	20	3		
13	ADDZ-15-4/Ⅱ-1000	15	23	4		
14	ADDZ-20-1.5/Ⅱ-1000	20	9	1.5		
15	ADDZ-20-2.2/Ⅱ-1000	20	12	2.2		
16	ADDZ-20-3/Ⅱ-1000	20	15	3		
17	ADDZ-20-4/Ⅱ-1000	20	18	4		
18	ADDZ-25-2.2/Ⅱ-1000	25	10	2.2		
19	ADDZ-25-3/Ⅱ-1000	25	15	3		
20	ADDZ-25-4/Ⅱ-1000	25	20	4		
21	ADDZ-30-2.2/Ⅱ-1000	30	10	2.2		
22	ADDZ-30-3/Ⅱ-1000	30	13	3		
23	ADDZ-30-4/Ⅱ-1000	30	17	4		
24	ADDZ-7-0.75/Ⅱ-450	7	10	0.75	750×750×800	330
25	ADDZ-7-1.1/Ⅱ-450	7	15	1.1		
26	ADDZ-10-0.75/Ⅱ-450	10	10	0.75		
27	ADDZ-10-1.1/Ⅱ-450	10	12	1.1		
28	ADDZ-10-1.5/Ⅱ-450	10	15	1.5		
29	ADDZ-10-2.2/Ⅱ-450	10	20	2.2		
30	ADDZ-10-3/Ⅱ-450	10	23	3		

续表

序号	型号	水泵			不锈钢水箱	
		流量 (m³/h)	扬程 (m)	单泵功率 (kW)	外形尺寸 (mm) L×B×H	有效容积 (L)
31	ADDZ-15-0.75/Ⅱ-450	15	8	0.75	750×750×800	330
32	ADDZ-15-1.1/Ⅱ-450	15	10	1.1		
33	ADDZ-15-1.5/Ⅱ-450	15	15	1.5		
34	ADDZ-15-2.2//Ⅱ-450	15	18	2.2		
35	ADDZ-15-3/Ⅱ-450	15	20	3		
36	ADDZ-15-4/Ⅱ-450	15	23	4		
37	ADDZ-20-1.5/Ⅱ-450	20	9	1.5		
38	ADDZ-20-2.2/Ⅱ-450	20	12	2.2		
39	ADDZ-20-3/Ⅱ-450	20	15	3		
40	ADDZ-20-4/Ⅱ-450	20	18	4		
41	ADDZ-7-0.75/Ⅱ-300	7	10	0.75	750×750×560	250
42	ADDZ＋7-1.1/Ⅱ-300	7	15	1.1		
43	ADDZ-10-0.75/Ⅱ-300	10	10	0.75		
44	ADDZ-10-1.1/Ⅱ-300	10	12	1.1		
45	ADDZ-10-1.5/Ⅱ-300	10	15	1.5		
46	ADDZ-10-2.2/Ⅱ-300	10	20	2.2		
47	ADDZ-15-0.75/Ⅱ-300	15	8	0.75		
48	ADDZ-15-1.1/Ⅱ-300	15	10	1.1		
49	ADDZ-15-1.5/Ⅱ-300	15	15	1.5		
50	ADDZ-15-2.2/Ⅱ-300	15	18	2.2		
51	ADDZ-7-0.75/I-140	7	10	0.75	500×500×560	100
52	ADDZ-7-1.1/I-140	7	15	1.1		
53	ADDZ-10-0.75/I-140	10	10	0.75		
54	ADDZ-10-1.1/I-140	10	12	1.1		
55	ADDZ-10-1.5/I-140	10	15	1.5		
56	ADDZ-10-2.2/I-140	10	20	2.2		
生产企业		上海熊猫机械（集团）有限公司				

2. ATT 202 型污水提升器

1）产品特点

ATT 202 型污水提升器适用于提升 5～75℃（90℃高温液体可运行 30min）、pH 值 4～10 的污废水，配置有一个或多个接口，可连接不同的卫生器具与排水设施。

2）ATT 202 型污水提升器外形见图 14-176。

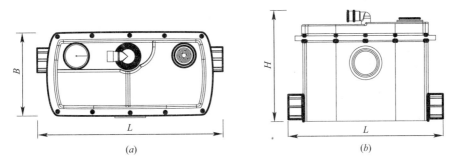

图 14-176　ATT 202 型污水提升器外形图
（a）平面图；（b）立面图

3）性能参数及外形尺寸见表 14-176。

ATT 202 型污水提升器技术性能参数及外形尺寸表　　　　　　表 14-176

设备型号	流量 （L/min）	扬程 （m）	电源电压 （V）	相数 （φ）	水泵功率 （kW）	电流 （A）	外形尺寸（mm） $L \times B \times H$
ATT 202	159	7	220	1	0.37	2.5	480×237×364
生产企业	杭州中美埃梯梯泵业有限公司						

3. AMWT 型污水提升器

1）产品特点

AMWT 型污水提升器采用精密过滤系统，使杂物与污水自动分离，确保水泵叶轮与杂物不接触。采用独特的十字反冲洗装置，随时有效地冲洗水箱内沉积物，确保水箱内无沉淀污泥。全密封并采用特殊设计的通风装置，防止异味外泄又能与外界空气交换，防止水箱内产生负压。

2）AMWT 型污水提升器外形见图 14-177。

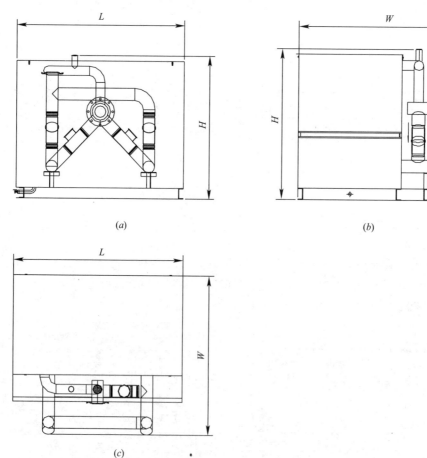

(a)　　　　　　　　　　　　　　　(b)

(c)

图 14-177　AMWT 污水提升器外形图
(a) 前视图；(b) 侧视图；(c) 平面图

3）技术性能参数见表 14-177。

AMWT 污水提升设备技术性能参数表　　表 14-177

序号	型号	流量 (m³/h)	扬程 (m)	单泵功率 (kW)	进水口 直径 (mm)	出水口 直径 (mm)	重量 (kg)	外形尺寸		
								L (mm)	W (mm)	H (mm)
1	AMWT-145/N	10～18			100	80	500	1460	1500	1250
2	AMWT-155/N	20～28	15～22	15～22	100	100	600	1650	1500	1350
3	AMWT-165/N	30～38			150	100	700	1850	1550	1350
4	AMWT-175/N	40～50			150	100	800	2050	1600	1350
生产企业	南京奥脉环保科技有限公司									

4. YMWPF 内置反冲洗污水提升器

1）产品特点

设备中配置的杂物分离器能使污水中的杂物与污水自动分离，避免与水泵叶轮接触缠绕；采用精确的水力模型计算的反冲洗设计，确保箱体储水无死角；多点液位控制，双泵交替运行。

2）YMWPF 内置反冲洗污水提升器设备结构见图 14-178。

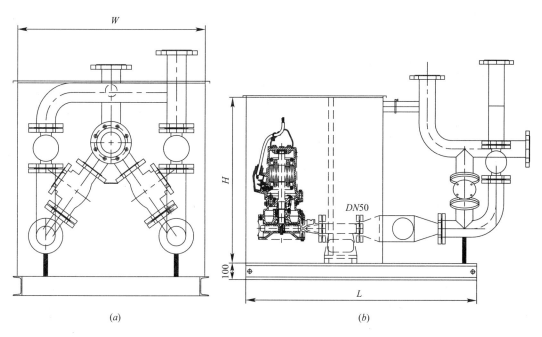

(a) 　　　　　　　　　　　　　*(b)*

图 14-178　YMWPF 内置反冲洗污水提升器结构图

(a) 平面图；*(b)* 立面图

3）技术性能参数

YMWPF 内置反冲洗污水提升器性能参数见表 14-178。

YMWPF 内置反冲洗污水提升器性能参数　　表 14-178

序号	型号	流量 (m³/h)	扬程 (m)	单泵功率 (kW)	电压 (V)	进水口管径 (DN)	出水口管径 (DN)	有效容积 (m³)	外形尺寸 (mm) L×W×H
1	YMWPF(L)/A15-15-1.5×2-0.95	15	15	1.5	380	100	100	0.95	1600×1000×1000
2	YMWPF(L)/A15-15-1.5×2-0.33	15	15	1.5	380	80	80	0.33	1100×1000×700
3	YMWPF(L)/A20-7-0.75×2-0.95	20	7	0.75	380	80	80	0.95	1600×1000×1000
4	YMWPF(L)/A10-10-0.75×2-0.95	10	10	0.75	380	80	80	0.95	
5	YMWPF(L)/A20-15-1.5×2-0.95	20	15	1.5	380	80	80	0.95	
6	YMWPF(L)/A25-15-2.2×2-1.8	25	15	2.2	380	80	80	1.8	2600×1000×1000
7	YMWPF(L)/A37-13-3×2-1.8	37	13	3	380	100	100	1.8	
8	YMWPF(L)/A40-7-2.2×2-2.85	40	7	2.2	380	100	100	2.85	2600×1500×1000
9	YMWPF(L)/A43-13-3×2-2.85	43	13	3	380	100	100	2.85	
10	YMWPF(L)/A40-15-4×2-2.85	40	15	4	380	100	100	2.85	
11	YMWPF(L)/A80-10-4×2-3.85	80	10	4	380	100	100	3.85	2600×1000×2000
12	YMWPF(L)/A110-10-5.5×2-5.8	110	10	5.5	380	125	125	5.8	2600×2000×1500
13	YMWPF(L)/A100-15-7.5×2-5.8	100	15	7.5	380	125	125	5.8	
14	YMWPF(L)/A130-15-11×2-5.8	130	15	11	380	125	125	5.8	2600×2000×1500
15	YMWPF(L)/A145-9-7.5×2-5.8	145	9	7.5	380	125	125	5.8	
16	YMWPF(L)/A15-25-2.2×2-0.95	15	25	2.2	380	80	80	0.95	1600×1000×1000
17	YMWPF(L)/A18-30-3×2-0.95	18	30	3	380	80	80	0.95	
18	YMWPF(L)/A25-35-5.5×2-1.8	25	35	5.5	380	80	80	1.8	
19	YMWPF(L)/A20-40-7.5×2-1.8	20	40	7.5	380	80	80	1.8	
20	YMWPF(L)/A25-30-4×2-1.8	25	30	4	380	80	80	1.8	2600×1000×1000
21	YMWPF(L)/A30-40-7.5×2-1.8	30	40	7.5	380	80	80	1.8	
22	YMWPF(L)/A35-50-11×2-1.8	35	50	11	380	80	80	1.8	
23	YMWPF(L)/A35-60-15×2-1.8	35	60	15	380	80	80	1.8	
24	YMWPF(L)/A65-25-7.5×2-3.85	65	25	7.5	380	100	100	3.85	2600×1000×2000
25	YMWPF(L)/A85-20-7.5×2-3.85	85	20	7.5	380	100	100	3.85	
26	YMWPF(L)/A100-25-11×2-5.8	100	25	11	380	125	125	5.8	2600×2000×1500
27	YMWPF(L)/A100-30-15×2-5.8	100	30	15	380	125	125	5.8	
28	YMWPF(L)/A100-35-18.5×2-5.8	100	35	18.5	380	125	125	5.8	
29	YMWPF(L)/A130-20-15×2-5.8	130	20	15	380	125	125	5.8	
生产企业		上海艺迈实业有限公司							

5. YMWPG 切割型污水提升器

1）产品特点

设备布置紧凑，双泵交替运行，检修方便。

2）YMWPG 切割型污水提升器分为水泵内置式和水泵外置式两种，水泵内置切割型污水提升器结构见图 14-179，水泵外置切割型污水提升器结构见图 14-180。

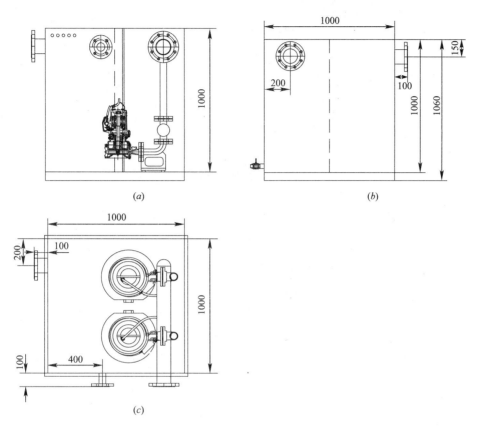

图 14-179　YMWPG 内置切割型污水提升器结构图

（a）正视图；（b）左视图；（c）俯视图

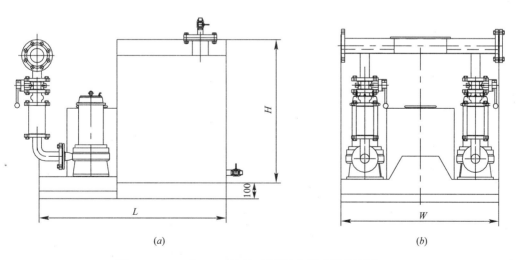

图 14-180　YMWPG 外置切割型污水提升器结构图（一）

（a）正视图；（b）左视图

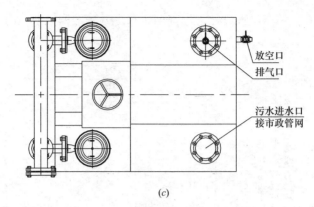

图 14-180　YMWPG 外置切割型污水提升器结构图（二）

（c）俯视图

3）技术性能参数

YMWPG 内置切割型污水提升器技术性能参数见表 14-179。

YMWPG 内置切割型污水提升器技术性能参数表　　　　　　　表 14-179

序号	型号	流量 (m³/h)	扬程 (m)	功率 (kW)	电压 (V)	进、出口管径 (DN)	有效容积 (m³)	外形尺寸（mm） L×W×H
1	YMWPG(L)/A15-15-1.5×2-0.95	15	15	1.5	380	100	0.95	1000×1000×1000
2	YMWPG(L)/A15-15-1.5×2-0.33	15	15	1.5	380	80	0.33	500×1000×700
3	YMWPG(L)/A20-7-0.75×2-0.95	20	7	0.75	380	80	0.95	1000×1000×1000
4	YMWPG(L)/A10-10-0.75×2-0.95	10	10	0.75	380	80	0.95	
5	YMWPG(L)/A20-15-1.5×2-0.95	20	15	1.5	380	80	0.95	
6	YMWPG(L)/A25-15-2.2×2-1.8	25	15	2.2	380	80	1.8	2000×1000×1000
7	YMWPG(L)/A37-13-3×2-1.8	37	13	3	380	100	1.8	
8	YMWPG(L)/A40-7-2.2×2-2.85	40	7	2.2	380	100	2.85	2000×1500×1000
9	YMWPG(L)/A43-13-3×2-2.85	43	13	3	380	100	2.85	
10	YMWPG(L)/A40-15-4×2-2.85	40	15	4	380	100	2.85	
11	YMWPG(L)/A80-10-4×2-3.85	80	10	4	380	100	3.85	2000×1000×2000
12	YMWPG(L)/A110-10-5.5×2-5.8	110	10	5.5	380	125	5.8	2000×2000×1500
13	YMWPG(L)/A100-15-7.5×2-5.8	100	15	7.5	380	125	5.8	
14	YMWPG(L)/A130-15-11×2-5.8	130	15	11	380	125	5.8	2000×2000×1500
15	YMWPG(L)/A145-9-7.5×2-5.8	145	9	7.5	380	125	5.8	
16	YMWPG(L)/A15-25-2.2×2-0.95	15	25	2.2	380	80	0.95	1000×1000×1000
17	YMWPG(L)/A18-30-3×2-0.95	18	30	3	380	80	0.95	
18	YMWPG(L)/A25-35-5.5×2-1.8	25	35	5.5	380	80	1.8	
19	YMWPG(L)/A20-40-7.5×2-1.8	20	40	7.5	380	80	1.8	
20	YMWPG(L)/A25-30-4×2-1.8	25	30	4	380	80	1.8	2000×1000×1000
21	YMWPG(L)/A30-40-7.5×2-1.8	30	40	7.5	380	80	1.8	
22	YMWPG(L)/A35-50-11×2-1.8	35	50	11	380	80	1.8	
23	YMWPG(L)/A35-60-15×2-1.8	35	60	15	380	80	1.8	
24	YMWPG(L)/A65-25-7.5×2-3.85	65	25	7.5	380	100	3.85	2000×1000×2000
25	YMWPG(L)/A85-20-7.5×2-3.85	85	20	7.5	380	100	3.85	

续表

序号	型号	流量 (m³/h)	扬程 (m)	功率 (kW)	电压 (V)	进、出口管径 (DN)	有效容积 (m³)	外形尺寸（mm） L×W×H
26	YMWPG(L)/A100-25-11×2-5.8	100	25	11	380	125	5.8	
27	YMWPG(L)/A100-30-152-5.8	100	30	15	380	125	5.8	2000×2000×1500
28	YMWPG(L)/A100-35-18.5×2-5.8	100	35	18.5	380	125	5.8	
29	YMWPG(L)/A130-20-15×2-5.8	130	20	15	380	125	5.8	
生产企业		上海艺迈实业有限公司						

注：1. YMWG 重载切割型要比表中水泵功率大一档，如表中标注 5.5kW，重载切割型需配置 7.5kW。
　　2. 表中为内置切割型污水提升器外形尺寸，外置切割型污水提升器外形尺寸为（L+200）×W×H（mm）。

6. YMWM 塑壳外置式污水提升器

1）产品特点

水箱采用 HDPE 材质，内壁光滑，底部采用从水箱四壁向水泵吸入口倾斜设计理念，确保箱底无污物积存；设备进水口采用即插即用设计，出水口采用橡胶软管柔性连接或法兰连接；潜污泵采用外置式安装，经久耐用。

2）设备构造图

YMWM 塑壳外置式污水提升器结构见图 14-181。

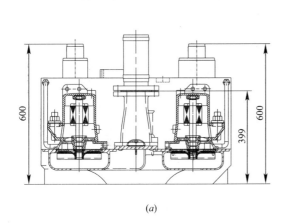

(a)

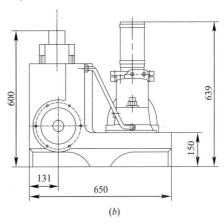

(b)

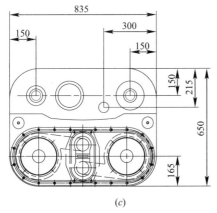

(c)

图 14-181　YMWM 双泵塑壳外置式污水提升器结构图
(a) 正视图 (b) 左视图；(c) 俯视图

3）技术性能参数

YMWM 双泵塑壳外置式污水提升器技术性能参数见表 14-180。

YMWM 塑壳外置式污水提升器技术性能参数表　　　　　表 14-180

序号	型号	单泵流量（m³/h）	扬程（m）	单泵功率（kW）	进水法兰	出水法兰	容积（L）	箱体尺寸（mm）L×W×H
1	YMWM1010/4	10	10	0.75				
2	YMWM2007/4	20	7					
3	YMWM1015/4		15	1.1				
4	YMWM1020/4	10	20	1.5				
5	YMWM1025/4		25	2.2	DN100	DN80	115	835×650×600
6	YMWM1510/4		10	1.1				
7	YMWM1515/4	15	15	1.5				
8	YMWM1520/4		20	2.2				
9	YMWM2010/4	20	10	1.5				
10	YMWM2015/4		15	2.2				
生产企业		上海艺迈实业有限公司						

7. BlueBox 系列污水提升装置

1）适用场所

BlueBox 系列污水提升装置分为（单泵、双泵）内置式污水提升装置及（双泵）外置式污水提升装置。单泵内置式污水提升装置其污水泵适用于允许装置中断运行的家庭住宅；双泵内置式适用于要求装置不间断运行的住宅或公共建筑。外置式污水提升装置适用于大流量、高扬程的大型公共建筑排水系统。

2）设备外形图

（1）BlueBox 内置式系列污水提升装置外形见图 14-182。

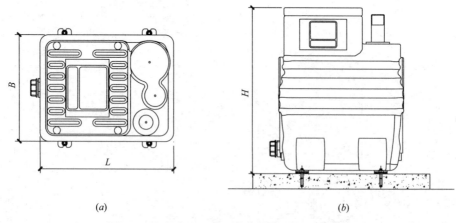

(a)　　　　　　　　　　　　　　　(b)

图 14-182　BlueBox 内置式污水提升装置外形图

(a) 平面图；(b) 立面图

（2）BlueBox 外置式污水提升装置

BlueBox 外置式污水提升装置外形见图 14-183。

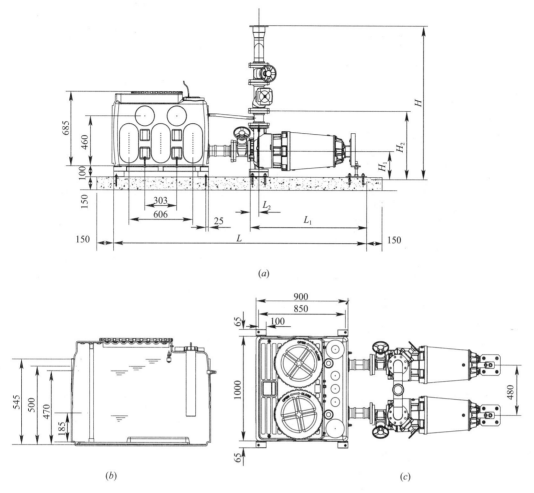

图 14-183 BlueBox 外置式污水提升装置外形图
(a) 立面图；(b) 水位图；(c) 平面图

3）技术性能参数

BlueBox 内置式污水提升装置技术性能参数见表 14-181，BlueBox 外置式污水提升装置技术性能参数见表 14-182。

BlueBox 内置式污水提升装置技术性能参数表   表 14-181

序号	型号	流量 (L/s)	扬程 (m)	潜水排污泵		用电总功率 (kW)	水箱总容积 (L)	外形尺寸 (mm)		
				功率 (kW)	台数			B	L	H
1	BlueBox 60V/75	1~5	9.1~4.1	0.55	1	0.83	60	370	482	493
2	BlueBox 60V/100		10.7~5.9	0.75	1	1.13				
3	BlueBox 60G/75	1~4	16.4~9		1					
4	BlueBox 90V/75	1~6	9.1~2.6	0.55	1	0.83	90			623
5	BlueBox 90V/100	1~7	10.7~4.4	0.75	1	1.13				
6	BlueBox 90G/100	1~4	16.4~6.9		1					

续表

序号	型号	流量 (L/s)	扬程 (m)	潜水排污泵		用电总功率 (kW)	水箱总容积 (L)	外形尺寸 (mm)		
				功率 (kW)	台数			B	L	H
7	BlueBox 150V/75	2~6	8.0~2.6	0.55	1	0.83	150	478	578	675
8	BlueBox 150V/100	2~7	9.8~2.7	0.75	1	1.13				
9	BlueBox 150V/150	2~10	10.7~2.4	1.10	1	1.65				
10	BlueBox 150V/200		13.7~4.7	1.50	1	2.25				
11	BlueBox 150G/100	2~4	14.4~6.9	0.75	1	1.13				
12	BlueBox 150G/150	2~5	17.9~3.3	1.10	1	1.65				
13	BlueBox 150G/200		23.6~9.3	1.50	1	2.25				
14	BlueBox 250S(Plus)V/75	1~6	9.1~2.6	0.55	1 (2)	1.65 (1.83)	250	570	770	732
15	BlueBox 250S(Plus)V/100	1~7	10.7~2.7	0.75	1 (2)	1.13 (2.25)				
16	BlueBox 250S(Plus)V/150	2~9	10.70~3.4	1.10	1 (2)	1.65 (3.30)				
17	BlueBox 250S(Plus)V/200	2~5	13.7~5.9	1.50	1 (2)	2.25 (4.5)				
18	BlueBox 250S(Plus)G/100	1~4	16.4~6.9	0.75	1 (2)	1.13 (2.25)				
19	BlueBox 250S(Plus)G/150	1~5	19.6~3.0	1.10	1 (2)	1.65 (3.30)				
20	BlueBox 250S(Plus)G/200		25.6~9.3	1.50	1 (2)	2.25 (4.5)				
21	BlueBox 400SV/150	2~10	10.7~2.4	1.10	2	3.30	500	1004	900	685
22	BlueBox 400SV/200		13.7~4.7	1.50	2	4.50				
23	BlueBox 400SG/100	2~4	14.4~6.9	0.75	2	2.25				
24	BlueBox 400SG/150	2~5	17.9~3.0	1.10	2	3.30				
25	BlueBox 400SG/200		23.6~9.3	1.50	2	4.50				
生产企业				泽尼特泵业（中国）有限公司						

BlueBox 外置式污水提升装置性能及参数表　　　　表 14-182

序号	型号	流量 (L/s)	扬程 (m)	潜水排污泵		用电总功率 (kW)	水箱总容积 (L)	外形尺寸 (mm)					
				单台功率 (kW)	台数			L	L_1	L_2	H	H_1	H_2
1	BlueBox E400S/ZUG V065A 4.0/2AD	5~25	17.2~4.9	4.0	2	9.0	500~1500	2176	880	62	1280	230	545
2	BlueBox E400S/ZUG V065A 5.5/2AW		21.0~5.9	5.5	2	12.5							
3	BlueBox E400S/ZUG V065A 7.5/2AW		24.8~8.6	7.5	2	17.0		2276	880	62	1280	230	545
4	BlueBox E400S/ZUG OC080H 3.0/4AW		11.7~5.1	3.0	2	7.0		2261	954	62	1410	240	515
5	BlueBox E400S/ZUG OC080H 4.0/4AW		13.8~7.0	4.0	2	9.0							
6	BlueBox E400S/ZUG V080B 7.5/2AD	2~25	26.3~8.4	7.5	2	17.0		2414	1108	83	1420	260	525
7	BlueBox E400S/ZUG V080B 9.0/2AD		28~10.2	9.0	2	20.0							
8	BlueBox E400S/ZUG V080B 11.0/2AD		33.0~15.9	11.0	2	24.0							
9	BlueBox E400S/ZUG V080B 15.0/2AD		39.3~23.4	15.0	2	33.0		2504	1198	83	1435	275	540
10	BlueBox E400S/ZUG V080B 5.5/4AD	5~25	15.8~9.4	5.5	2	12.5		2276	980	62	1505	285	610
11	BlueBox E400S/ZUG V080B 7.5/4AD		18.8~13.3	7.5	2	17.0							
12	BlueBox E400S/ZUG V080B 9.0/4AD		20.7~15.9	9.0	2	20.0		2414	1108	83	1505	285	610
13	BlueBox E400S/ZUG V080B 11.0/4AD		22.8~18.6	11.0	2	24.0		2414	1108	83	1515	295	620
14	BlueBox E400S/ZUG V080B 15.0/4AD		25.1~21.5	15.0	2	33.0		2504	1198	83	1515	295	620
生产企业				泽尼特泵业（中国）有限公司									

4）注意事项

潜水排污泵的类型应根据污（废）水水质选择。当用于提升较清洁废水（如车库地面排水、消防排水、雨水等）时可选择流道泵；当用于提升污水时可选择涡流泵或切割泵。

14.5.3 一体化排水预制泵站

1. XMPS智慧预制泵站

1）适应场所

XMPS智慧预制泵站适用于城镇、小区及工矿企业雨水、污废水的收集与提升，以及应急排涝、农田灌溉。雨水、污废水温度5～40℃，pH值4～10。

2）工作原理

雨（污）水经初过滤后进入筒体进水口，进水口的密闭管路将进水管的有害气体密闭在杂物管道内，雨（污）水经细格栅过滤后，进入到水泵侧，再通过液位控制水泵运转，将雨（污）水排出。可实时监控水泵、电力、能耗、安全、排风、照明等设备运转数据；系统可实现远程监控、预警报警分析、GIS地图、决策分析等功能；支持历史数据、报表、分析图表的导出功能，支持数据接口与其他信息化系统数据通信；支持移动端APP、微信进行系统使用。具有强度高、耐腐蚀、高效、低故障率、易清洁等优点。

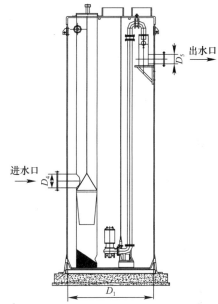

图 14-184　XMPS智慧预制
泵站结构示意图

3）结构示意图

XMPS智慧预制泵站结构示意见图14-184。

4）技术性能参数

XMPS智慧预制泵站技术性能参数见表14-183。

XMPS智慧一体化预制泵站技术性能参数表　　　　表 14-183

序号	流量 (m^3/h)	扬程 (m)	筒体直径 D_1(mm)	配套水泵				设备进水管管径 D_4 (mm)	设备出水管管径 D_5 (mm)	设备净重 (kg)
				型号	出水口径 (mm)	台数	单泵功率 (kW)			
1	30～50	12～17	1600	65WQ40-15-4	65	2	4	200	80	1432
2	25～30	30～32		65WQ35-32-5.5			5.5			1520
3	35～40	20～22		65WQ35-22-5.5			5.5			1520
4	50～65	15～17		80WQ65-15-5.5	80		5.5		150	1550
5	30～40	30～36		80WQ30-36-7.5			7.5			1909
6	40～50	20～25		80WQ40-23-7.5			7.5			1909
7	65～80	18～20		100WQ65-20-7.5	100		7.5			1967
8	80～100	15～15		100WQ100-15-7.5			7.5			1962
9	65～80	20～22	2000 2500	100WQ70-20-11			11			2407

续表

序号	流量 (m^3/h)	扬程 (m)	筒体直径 D_1 (mm)	配套水泵 型号	出水口径 (mm)	台数	单泵功率 (kW)	设备进水管管径 D_4 (mm)	设备出水管管径 D_5 (mm)	设备净重 (kg)
10	80～100	22～30	2000、2500	100WQ80-30-15	100	2	15	200	250	3007
11	65～80	38～40		150WQ65-40-18.5	100		18.5	200	250	3545
12	100～150	10～15		150WQ150-10-7.5	150		7.5	300	250	2965
13	105～145	15～17		150WQ145-15-11	150		11	300	250	3345
14	110～140	26～30		150WQ110-30-18.5	150		18.5	300	250	4178
15	150～170	19～20		150WQ160-20-18.5	150		18.5	300	250	4178
16	150～170	25～27		150WQ150-27-22	150		22	300	250	4178
17	140～170	30～40		150WQ140-40-30	150		30	300	250	3945
18	170～200	28～32		150WQ140-40-30	150		30	300	250	3845
19	130～160	20～22		100WQ70-20-11	100	3	11	300	200	3393
20	160～200	22～30		100WQ80-30-15	100		15	300	200	3393
21	130～160	38～40		150WQ65-40-18.5	150		18.5	300	200	4788
22	200～300	10～15		150WQ150-10-7.5	150		7.5	400	300	3918
23	210～290	15～17		150WQ145-15-11	150		11	400	300	4488
24	220～280	26～30		150WQ110-30-18.5	150		18.5	400	300	4788
25	300～340	19～20		150WQ160-20-18.5	150		18.5	400	300	4788
26	300～340	25～27		150WQ150-27-22	150		22	400	300	4788
27	280～340	37～40		150WQ140-40-30	150		30	400	300	5388
28	340～400	28～32		150WQ140-40-30	150		30	400	300	5388
29	500～600	7～10	3000	200WQ300-7-11	200	3	11	500	400	6253
30	600～800	7～10		200WQ300-10-15	200		15	500	400	6253
31	400～500	15～17		200WQ300-15-18.5	200		18.5	500	400	6613
32	600～800	10～15		200WQ300-15-22	200		22	500	400	6793
33	560～720	15～22		200WQ280-22-30	200		30	500	500	8125
34	1000～1200	10～2.5		250WQ500-12.5-30	250		30	500	500	8231
35	500～800	25～35		200WQ250-35-45	200		45	500	400	8205
36	600～800	20～32		200WQ400-20-45	200		45	500	400	8205
37	1080～1200	18～20		250WQ600-20-55	250		55	600	500	9611
38	900～1200	25～32		250WQ450-32-75	250		75	600	500	10571
39	1400～1800	8～11	3800	250WQ700-11-37	300	4	37	700	600	12014
40	1200～1600	12～16		300WQ800-12-45	300		45	700	600	12014
41	1200～1600	20～25		300WQ800-20-75	300		75	700	600	12554
42	1600～1800	20～25		300WQ800-25-90	300		90	700	600	15044
43	2400～2700	8～10		300WQ700-11-37	300		37	700	600	12014
44	1800～2400	12～16		300WQ800-12-45	300		45	700	600	12014
45	1800～2400	20～25		300WQ800-20-75	300		75	700	600	12554
46	2400～2700	20～25		300WQ800-25-90	300		90	700	600	15004
47	3000～3600	20～24		350WQ1100-24-110	350		110	800	700	21663
48	2100～3000	28～31		350WQ800-30-132	350		132	800	700	22173
49	2100～2400	30～42		350WQ750-42-132	350		132	800	700	22173
50	2500～4000	8～14	4200	400WQ1100-10-55	400		55	1000	700	42175
51	3500～6000	5～9		400WQ1700-8-55	400		55	1000	700	42175
52	3000～5500	4.5～7.5		400WQ1600-6.4-37	400		37	1000		40935
53	4000～7000	4.5～7.5		400WQ2000-6.4-45	400		45	1200		40195
54	2500～4000	10～18	6500	400WQ1250-15-75	400		75	800		41275
55	5000～9000	5～9		500WQ2500-8-90	500		90	1200	900	53462

续表

序号	流量 (m³/h)	扬程 (m)	筒体直径 D_1(mm)	配套水泵				设备进水管 管径 D_4 (mm)	设备出水管 管径 D_5 (mm)	设备 净重 (kg)
				型号	出水口径 (mm)	台数	单泵功率 (kW)			
56	6300~10000	5~9	6500	500WQ3000-8-110	500	4	110	1200	900	53862
57	6300~10000	12~20		500WQ3000-17-200			200			56462
58	8500~10000	7~12		500WQ3000-13-160			160			54962
生产企业				上海熊猫机械（集团）有限公司						

2. WQ系列智能一体化预制泵站

1）适应范围

WQ系列智能一体化预制泵站是替代传统排水泵站的集成式泵站，适用于市政排水、防洪排涝、雨水泵站，老泵站改造及路桥排水等。

2）产品特点

WQ系列智能一体化预制泵站是一种新型的地埋式污水、雨水收集及提升设备，筒体采用玻璃钢（GRP）材质制成，集进水格栅、水泵、压力管道、阀门、出水管路、电控及远程为一体的整体设备，具有占地面积小、施工周期短、安装便捷、美化环境等一系列优点。结合远程监控智能云平台，可满足用户的各项数据采集、在线监测等多项要求。

3）WQ系列智能一体化预制泵站结构示意见图14-185。

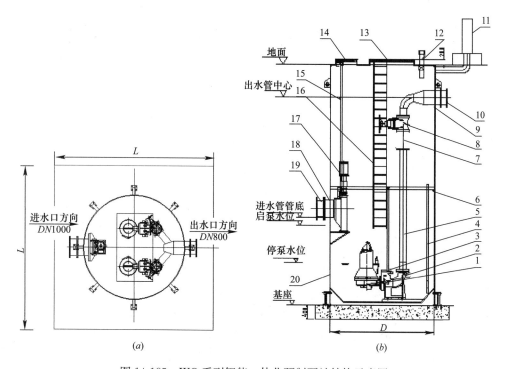

图 14-185　WQ系列智能一体化预制泵站结构示意图

（a）平面图；（b）剖面图

1—潜污泵；2—自耦底座；3—水泵导轨；4—液位传感器保护管；5—压力管道；6—服务平台；7—止回阀；
8—闸阀；9—出水管；10—出水管挠性接头；11—电器控制柜；12—通风管；13—安全格栅；14—井盖；
15—格栅导轨；16—爬梯；17—提篮格栅；18—进水管；19—进水管挠性接头；20—泵站筒体

4）技术性能参数

WQ 系列智能一体化预制泵站性能参数见表 14-184。

WQ 系列智能一体化预制泵站性能参数　　　　　　表 14-184

筒体直径 D（mm）	筒体高度 H（mm）	水泵配置数量（台）	水泵功率（kW/台）	排水流量（m³/d）	备注
1000～3800	2000～16000	1～5	0.75～160	50～86400	筒体材质：玻璃钢（GRP）
生产企业		上海凯泉泵业（集团）有限公司			

注：产品其他规格可根据用户需求定制。

3. HDL-PPS 一体化预制泵站

1）适应范围

HDL 系列一体化预制泵站是替代传统排水泵站的集成式泵站，适用于收集和提升不能依靠重力自流的市政工程、建筑小区的污水、雨水收集排放等。

2）产品特点

HDL 系列一体化预制泵站由工厂设计、制造、组装后运至现场安装，筒体采用玻璃钢（GRP）或高密度聚乙烯（HDPE）材质制成，水泵、管路、阀门、仪表、控制设备以及其他用户所需要的附件成套配置，具有体积小、效率高、智能化、安装方便、施工周期短、维护成本低等特点。

3）技术性能参数、主要部件材料

HDL 系列一体化预制泵站有 HDL-PPS（GPR）和 HDL-HPEII（HDPE）两个系列，其技术性能参数见表 14-185、表 14-187；主要部件材料见表 14-186、表 14-188。

HDL-PPS 一体化预制泵站技术性能参数表　　　　　　表 14-185

型号	HDL-PPSII-××-××-1.2/6-A	HDL-PPSII-××-××-1.6/8-A	HDL-PPSII-××-××-2/10-A	HDL-PPSII-××-××-3/12-A	HDL-PPSII-××-××-3.8/16-A
泵站直径 D（m）	$\phi1.2$	$\phi1.6$	$\phi2.0$	$\phi3.0$	$\phi3.8$
泵站高度 H（m）	2～10	2～12	2～16	2.5-16	2.5～16
水泵数量（台）	1～2	1～2	2～3	2～3	2～4
排水流量（L/s）	3～25	25～80	80～120	120～450	450～1350
出水管径 DN	50～150	80～200	100～250	100～400	150～800
混凝土底板尺寸 L×L×h（mm）	2200×2200×300	2500×2500×300	3500×3500×300	5000×5000×400	6000×6000×500
工作环境温度	—25～40℃				
水泵类别	无堵塞潜水泵、切割式潜水泵				
格栅型式	粉碎格栅系列（A）或提篮格栅系列（B）				
其他	预制泵站的排水流量、扬程及装机功率等技术参数，按工程实际应用工况由设计确定				
生产企业	上海海德隆流体设备制造有限公司				

HDL-PPS 一体化预制泵站主要材料表　　　　　　表 14-186

序号	名称	规格	材质	单位	数量	备注
1	玻璃钢筒体	D×H	GRP	套	1	加强玻璃钢筒体
2	格栅支架	按格栅匹配	S30408	套	1	安装粉碎格栅/提篮格栅

序号	名称	规格	材质	单位	数量	备注
3	柔性接头	JGD41-10	碳钢＋橡胶	个	1	连接外部管路与泵站进水管
4	泵站进水管		S30408	套	1	按设计选定规格尺寸
5	格栅组件	按流量选取	组合件	套	1	可选粉碎格栅/提篮格栅
6	格栅导轨	5♯/8♯槽钢	S30408	套	1	按格栅规格选配
7	格栅吊链	φ6mm	S30408	根	1	提升格栅出筒体
8	检修平台	与筒体配套	S30408＋GRP	套	1	检修泵站时的人员工作平台
9	吊耳	与筒体配套	S30408	套	1	用于吊装泵站
10	智能控制柜	HDLK-YZ	组合件	套	1	户外防雷、恒温除湿、无人值守、远程监控
11	安全格栅	与筒体配套	GRP	套	1	防止人员坠落入筒体
12	检修口盖板	与筒体配套	铝合金	套	1	人员下井检修盖板，防滑防盗
13	扶手	DN25	S30408	套	1	人员下井检修时辅助装置
14	通风管	DN100/DN200	S30408	个	2	可按要求内部配置轴流风机
15	泵站出水管	工程设计定	S30408	套	1	
16	柔性接头	JGD41-10	碳钢＋橡胶	个	1	连接外部管路与泵站出水管
17	耦合导杆		S30408	套		按水泵规格与数量定
18	液位计保护套管	DN50	S30408	套	1	保护液位计不被水泵吸入
19	爬梯		S30408	套	1	人员检修时
20	水泵吊链	φ6～φ10mm	S30408	根	1	提升水泵出筒体
21	浮球		组合件	个	4	根据液位控制水泵启停
22	潜水排污泵	工程设计定	组合件	台		
23	耦合底座		铸铁	个		与水泵配套
24	合流管		S30408	套	1	连接压力管道与泵站出水管
25	闸阀	Z45X-10	球铁	个		按水泵规格和数量选定
26	止回阀	H44X-10	球铁	个		按水泵规格和数量选定
27	压力管道	DN	S30408	根		按水泵规格和数量选定
28	耦合支座		S30408	个		按耦合规格和数量选定

HDL-HPEII 一体化预制泵站技术性能参数表 表 14-187

型号	HDL-HPEII-××-××-1.2/×-B	HDL-HPEII-××-××-2/×-A
泵站直径 D（m）	φ1.2	φ2.0
泵站高度 H（m）	2～3.5	2～5
水泵数量（台）	1～2	1～3
排放流量（L/s）	3～25	25～120
出水管径 DN	50～150	100～250
混凝土底板尺寸 L×L×h（mm）	2200×2200×300	3500×3500×300
工作环境温度	−25～40℃	
水泵型号	无堵塞潜水泵、切割式潜水泵	
格栅型式	粉碎格栅系列（A）或提篮格栅系列（B）	
其他	预制泵站的排水流量、扬程及装机功率等技术参数，按工程实际应用工况由设计确定	
生产企业	上海海德隆流体设备制造有限公司	

HDL-HPEII 一体化预制泵站主要材料表　　　　　表 14-188

序号	名称	规格	材质	单位	数量	备注
1	高密度聚乙烯筒体	$D \times H$	HDPE	套	1	高密度聚乙烯筒体
2	耦合底座		铸铁	个		与水泵配套
3	潜水排污泵	工程设计定	组合件	台		
4	压力管道	DN	S30408	根		按水泵规格和数量选定
5	耦合导杆		S30408	套		按水泵规格与数量定
6	爬梯		S30408	套	1	人员检修时
7	浮球		组合件	个	4	根据液位控制水泵启停
8	止回阀	H44X-10	球铁	个		按水泵规格和数量选定
9	闸阀	Z45X-10	球铁	个		按水泵规格和数量选定
10	柔性接头	JGD41-10	碳钢＋橡胶	个	1	连接外部管路与泵站出水管
11	泵站出水管		S30408	套	1	按设计选定规格尺寸
12	合流管		S30408	套	1	连接压力管道与泵站出水管
13	盖板	与筒体配套	HDPE	个	1	检修井口盖板，防止人员坠落
14	气压弹簧		S30408	个	2	开合井盖更加容易
15	智能控制柜	HDLK-YZ	组合件	套	1	户外防雷、恒温除湿、无人值守、远程监控
16	格栅导轨	50 角钢	S30408	套	1	提篮格栅可沿着导轨吊出
17	吊链	$\phi 6mm$	S30408	根	1	提升格栅与水泵出筒体
18	格栅组件	按流量选取	组合件	套	1	可选粉碎格栅/提篮格栅
19	泵站进水管	工程设计定	HDPE	套	1	
20	泵站进水管	JGD41-10	碳钢＋橡胶	个	1	连接外部管路与泵站进水管
21	格栅支架	按格栅匹配	S30408	套	1	安装粉碎格栅/提篮格栅
22	液位计保护套管	DN50	S30408	套	1	保护液位计不被水泵吸入

4）一体化预制式泵站结构示意图

HDL-PPS 系列一体化预制泵站结构示意见图 14-186，HDL-HPE 系列一体化预制泵站结构示意见图 14-187。

4. Box 系列一体化预制泵站

1）产品特点

Box 系列一体化预制泵站由工厂设计、制造、组装后运至现场安装，筒体采用聚乙烯（PE）或高模量聚丙烯（HMPP）材质制成，水泵、管路、阀门、仪表、控制设备以及其他用户所需要的附件成套配置，具有体积小、效率高、智能化、安装方便、施工周期短、维护成本低等特点，是替代传统排水泵站的集成式泵站，适用于收集和提升不能依靠重力自流的市政工程、建筑小区的污水、雨水收集排放等。

2）结构示意图

Box 系列一体化预制泵站有 BoxPRO＋M（P、U）和 BoxHMP 两个系列产品。

BoxPRO＋M（P、U）系列一体化预制泵站结构示意见图 14-188～图 14-190，BoxHMP（高模量聚丙烯）系列一体化预制泵站结构示意见图 14-191。

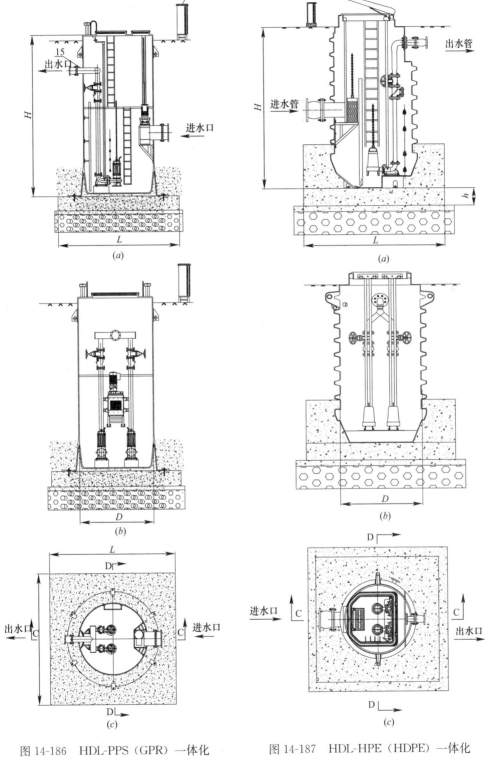

图 14-186　HDL-PPS（GPR）一体化
预制式泵站结构示意图
（a）C 向剖面图；（b）D 向剖面图；（c）平面图

图 14-187　HDL-HPE（HDPE）一体化
预制式泵站结构示意图
（a）C 向剖面图；（b）D 向剖面图；（c）平面图

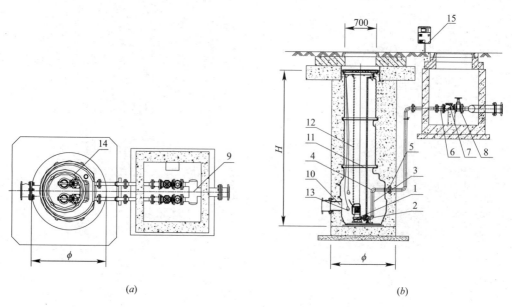

图 14-188 BoxPRO+M（聚乙烯）一体化预制式泵站结构示意图

(a) 平面图；(b) 剖面图

1—潜污泵；2—耦合底座；3—压力管道；4—90°弯头；5—出水口；6—柔性接头；7—止回阀；

8—闸阀；9—出水三通；10—进水口；11—导杆；12—吊链；13—浮球；14—筒体；15—控制柜

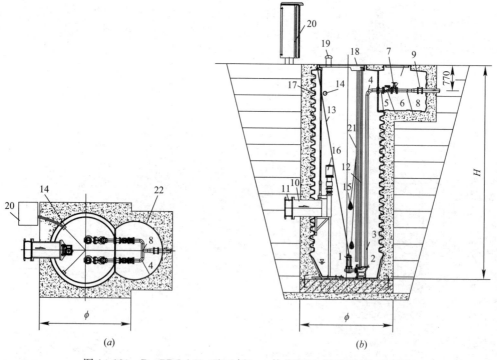

图 14-189 BoxPRO+P（聚乙烯）一体化预制式泵站结构示意图

(a) 平面图；(b) 剖面图

1—潜污泵；2—耦合底座；3—压力管道；4—90°弯头；5—柔性接头；6—止回阀；7—闸阀；

8—丁字管；9—柔性接头；10—进水口；11—柔性接头；12—导杆；13—吊链；14—电缆孔；15—浮球；

16—粉碎型格栅；17—预制泵站筒体；18—盖板；19—通风管；20—控制柜；21—压力传感器；22—阀门井

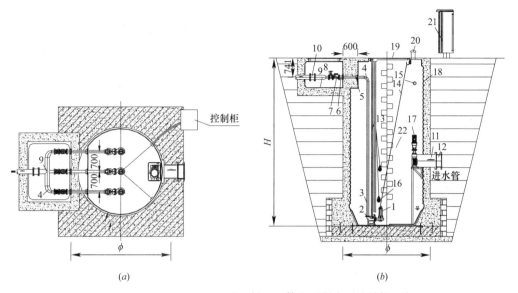

图 14-190 BoxPRO+U（聚乙烯）一体化预制式泵站结构示意图

(a) 平面图；(b) 剖面图

1—潜污泵；2—耦合底座；3—压力管道；4—90°弯头；5—出水口；6—柔性接头；

7—止回阀；8—闸阀；9—丁字管；10—柔性接头；11—进水口；12—柔性接头；13—导杆；14—吊链；

15—电缆孔；16—浮球；17—粉碎型格栅；18—筒体；19—盖板；20—通风管；21—控制柜；22—压力传感器

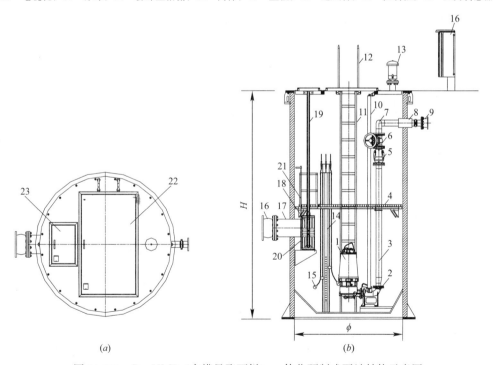

图 14-191 BoxHMP（高模量聚丙烯）一体化预制式泵站结构示意图

(a) 平面图；(b) 剖面图

1—潜污泵；2—耦合底座；3—压力管道；4—检修平台；5—止回阀；6—闸阀；7—弯头；8—出水管；9—软连接；

10—水泵导轨；11—爬梯；12—扶手；13—除臭通风装置；14—液位控制装置；15—浮球；16—软连接；17—进水管；

18—提篮格栅/粉碎型格栅；19—格栅导轨；20—临时格栅；21—格栅导轨；22—水泵盖板；23—格栅盖板

3）技术性能参数

（1）BoxPRO+M（P、U）系列一体化预制泵站技术性能参数见表14-189。

BoxPRO+M（P、U）系列一体化预制式泵站技术性能参数表 表 14-189

序号	型号	筒体高度 H(mm)	筒体直径 ϕ(mm)	筒体容积 (m³)	最大进水管径 DN	最大出水管径 DN	水泵台数
1	BoxRPO M 50-65D-1325	1325	1000	1.00	300	65	1～2
2	BoxRPO M 50-65D-2325	2325		1.38			
3	BoxRPO M 50-65D-3325	3325		1.76			
4	BoxPRO P 80-300D/T-2360	2360	2000	7.20	500	150	2～3
5	BoxPRO P 80-300D/T-2895	2895		9.00			
6	BoxPRO P 80-300D/T-3160	3160		10.00			
7	BoxPRO P 80-300D/T-3430	3430		10.77			
8	BoxPRO P 80-300D/T-3695	3695		11.60			
9	BoxPRO P 80-300D/T-3965	3965		12.45			
10	BoxPRO P 80-300D/T-4230	4230		13.28			
11	BoxPRO P 80-300D/T-4500	4500		14.13			
12	BoxPRO P 80-300D/T-4765	4765		14.96			
13	BoxPRO P 80-300D/T-5035	5035		15.81			
14	BoxPRO P 80-300D/T-5300	5300		16.64			
15	BoxPRO P 80-300D/T-5570	5570		17.49			
16	BoxPRO P 80-300D/T-5835	5835		18.32			
17	BoxPRO P 80-300D/T-6105	6105		19.17			
18	BoxPRO P 80-300D/T-6370	6370	2000	20.00	500	150	2～3
19	BoxPRO P 80-300D/T-6905	6905		21.68			
20	BoxPRO U 80-300D/T-3000	3000	3000	21.00	700	300	
21	BoxPRO U 80-300D/T-3500	3500		24.50			
22	BoxPRO U 80-300D/T-4000	4000		28.00			
23	BoxPRO U 80-300D/T-4500	4500		31.50			
24	BoxPRO U 80-300D/T-5000	5000		35.00			
25	BoxPRO U 80-300D/T-5500	5500		38.50			
26	BoxPRO U 80-300D/T-6000	6000		42.00			
生产企业			泽尼特泵业（中国）有限公司				

（2）BoxHMP（高模量聚丙烯）系列一体化预制泵站技术性能参数见表14-190。

BoxHMP（高模量聚丙烯）系列一体化预制式泵站技术性能参数表 表 14-190

序号	型号	筒体高度 H (m)	筒体直径 ϕ (mm)	筒体容积 (m³)	最大进水管径 DN	最大出水管径 DN	水泵台数
1	BoxHMP-10	1.5～10	1000	1.2～7.9	300	80	2
2	BoxHMP-12		1200	1.7～11.3		100	
3	BoxHMP-14		1400	2.3～15.4	400	150	
4	BoxHMP-16	2.0～10	1600	3.0～20.1	500	200	

续表

序号	型号	筒体高度 H（m）	筒体直径 φ（mm）	筒体容积（m³）	最大进水管径 DN	最大出水管径 DN	水泵台数
5	BoxHMP-20	2.0～10	2000	4.7～31.4	600	250	2～3
6	BoxHMP-25		2500	7.3～49.0		300	
生产企业		泽尼特泵业（中国）有限公司					

14.6 餐厨废弃物及含油废水处理设备

14.6.1 YM餐厨废弃物智能处理设备

1. 适应场所

餐厨废弃物智能处理设备适用于酒店、宾馆、餐厅、机关单位、住宅小区、菜市场、食品加工厂、机场、车站与船舶等产生餐厨有机垃圾及食物垃圾，需要及时就地处理的场所。

2. 产品特点

餐厨废弃物智能处理设备整体部件采用优质不锈钢材料制造，自动称重上料，自动搅拌、自动烘干处理。分为一体式结构和分体式结构两大系列以及直接撕碎型和分选切割型两大种类，处理后的固形产出物可用于加工宠物饲料、农作物及花卉有机肥的原料。具有技术先进、智能化程度高，节能环保等特点。

3. 产品结构

一体式结构处理设备为整机成套组装的一体化标准设备。分体式结构处理设备为根据用户不同情况、部件及组件，可采用不同排列组合方式且为非整机成套组装的分体式非标准设备。

一体式结构直接撕碎型餐厨废弃物智能处理设备结构见图 14-192，分选切割型餐厨废弃物智能处理设备结构见图 14-193。

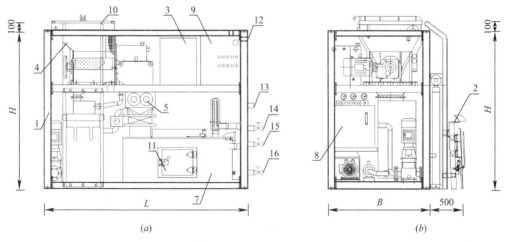

图 14-192 一体式直接撕碎型处理设备结构图（一）

（a）前视图；（b）左视图

1—整体框架；2—自动称重上料装置；3—水箱；4—冲洗搅拌压榨推送装置；5—物料撕碎装置；6—油水分离装置；7—物料烘干装置；8—液压系统；9—智能控制柜；10—上料口盖板；11—固形产出物出料口；12—电源线、网线进线孔；13—废水排放口；14—设备进水口；15—废油回收排出口；16—设备定期冲洗排污口

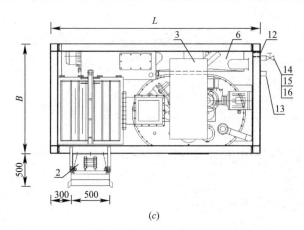

(c)

图 14-192 一体式直接撕碎型处理设备结构图 (二)

(c) 俯视图

1—整体框架；2—自动称重上料装置；3—水箱；4—冲洗搅拌压榨推送装置；5—物料撕碎装置；6—油水分离装置；
7—物料烘干装置；8—液压系统；9—智能控制柜；10—上料口盖板；11—固形产出物出料口；12—电源线、
网线进线孔；13—废水排放口；14—设备进水口；15—废油回收排出口；16—设备定期冲洗排污口

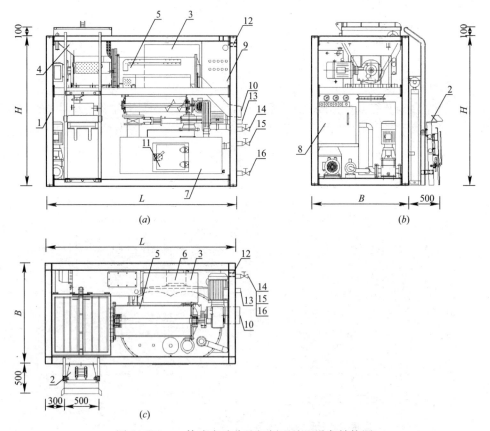

(a)   (b)

(c)

图 14-193 一体式自动分选切割型处理设备结构图

(a) 前视图；(b) 左视图；(c) 俯视图

1—整体框架；2—自动称重上料装置；3—水箱；4—冲洗搅拌压榨推送装置；5—自动分选切割装置；6—油水分离
装置；7—物料烘干装置；8—液压系统；9—智能控制柜；10—分选出的废料排出口；11—固形产出物出料口；
12—电源线、网线进线孔；13—废水排放口；14—设备进水口；15—废油回收排出口；16—设备定期冲洗排污口

4. 技术性能参数

一体式结构餐厨废弃物智能处理设备技术性能参数见表 14-191，分体式结构餐厨废弃物智能处理设备技术性能参数见表 14-192。

一体式结构餐厨废弃物智能处理设备技术性能参数表　　　　表 14-191

单次额定处理量（kg）	50	100	150	200	300	500	1000	2000	3000	5000
单次处理用时（h）	3～5	3～5	3～5	3～5	3～5	4～6	4～7	5～7	6～8	7～9
处理后减重率（重量%）	≥80%									
固形产出物料烘干灭菌温度	150～170 ℃									
固形产出物含水率（重量%）	≤15%									
废水油水分离率（重量%）	≥90%									
处理单位废弃物平均能耗	≤0.22 kW·h/kg									
设备运行噪声值	≤75 dB(A)									
装机总功率（kW） 直接撕碎型	13	15.5	18.5	22	30	37	51	78	110	165
分选切割型	15	17	22	25	37	41	55	84	114	170
设备最大运行功率（kW）	9	11	13	15	25	28	43	70	105	150
设备外形尺寸（L×B×H）（mm）	1550×1050×1000	1700×1200×1100	2000×1550×1760	2150×1550×1760	2410×1750×2000	2410×1750×2100	2550×1900×2100	2600×2550×2100	4650×1950×2650	7500×3360×3800
设备净重（kg）	1200	1300	1600	1700	2500	2600	2800	4200	5500	11000
设备运行重量（kg）	1300	1500	1900	2100	3080	3500	4500	7200	9400	18500
生产企业	上海艺迈实业有限公司									

分体式结构餐厨废弃物智能处理设备技术性能参数表　　　　表 14-192

单次额定处理量（kg）	8000	10000
单次处理用时（h）	7～9	8～10
处理后减量率（重量%）	≥80%	
固形产出物料烘干灭菌温度	150～170℃	
固形产出物含水率（重量%）	≤15%	
废水油水分离率（重量%）	≥90%	
处理单位废弃物平均能耗	≤0.20 kW·h/kg	
设备运行噪声值	<80dB（A）	
装机总功率（kW） 直接撕碎型	200	220
分选切割型	205	225
设备最大运行功率（kW）	180	200
设备布置需占用的空间尺寸（L×B×H）（mm）	8500×3600×4000	9500×3600×4000
设备净重（kg）	14500	17000
生产企业	上海艺迈实业有限公司	

14.6.2　家用食物垃圾处理粉碎机

1. 产品特点

家用食物垃圾处理粉碎机采用智能变频技术，可用于快速处理家庭食物垃圾，经处理后的垃圾碎渣可直接排入厨房污水管道，具有高效率、低噪声、节能等特点。

2. 技术性能参数

家用食物垃圾处理粉碎机技术性能参数见表14-193。

A-385变频食物垃圾处理机技术性能参数　　　　　　表14-193

设备型号	电源电压（V）	单台功率（W）	外形尺寸 $B \times L$（mm）
A-385	220	400	$\phi 202 \times 330$
生产企业	上海格莱达电气有限公司		

3. 产品外形及构造图

家用食物垃圾处理粉碎机结构示意见图14-194。

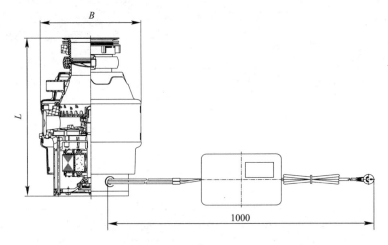

图14-194　家用食物垃圾处理粉碎机结构示意图

14.6.3　厨房含油废水油水分离提升设备

1. AMGT隔油提升设备

1) 产品特点

AMGT隔油提升设备是传统隔油池理想的升级换代产品。废油脂聚集在锥体上部，污泥聚集在锥体下部，通过废油加热装置对上锥体加热，以保持油脂的流动性，加速油水分离。设备采用全密封结构，减少废油脂异味散发。自动化控制运行稳定可靠，管理方便，适用于饭店、单位食堂、餐饮业及公寓厨房等餐饮废水处理。

2) 技术性能参数

AMGT隔油提升设备分为智能隔油和全自动隔油两种，技术性能参数见表14-194、表14-195。

AMGT智能隔油提升设备技术性能参数　　　　　　表14-194

序号	设备型号	流量（m³/h）	扬程（m）	单泵功率（kW）	进口直径（mm）	出口直径（mm）	设备重量（kg）	配套控制箱	设备外形尺寸（mm）			安装尺寸（mm）		
									L	W	H	L_1	W_1	H_1
1	AMGT-115/A3	10~18	15~22	1.5~2.2	100	80	600	AMGK	1900	1460	1800	2900	2500	2500
2	AMGT-125/A3	20~28	15~22	2.2~4.0	100	100	750	AMGK	2400	1460	1800	3400	2500	2500

序号	设备型号	流量 (m³/h)	扬程 (m)	单泵功率 (kW)	进口直径 (mm)	出口直径 (mm)	设备重量 (kg)	配套控制箱	设备外形尺寸 (mm)			安装尺寸 (mm)		
									L	W	H	L_1	W_1	H_1
3	AMGT-135/A3	30~38	15~22	3.0~5.5	150	100	900	AMGK	3100	1460	1800	4100	2500	2500
4	AMGT-145/A3	40~50	15~22	5.5~7.5	150	100	1050	AMGK	3900	1460	1800	4900	2500	2500
生产企业		南京奥脉环保科技有限公司												

AMGT 全自动隔油提升设备技术性能参数表　　　表 14-195

序号	设备型号	流量 (m³/h)	扬程 (m)	单泵功率 (kW)	进口直径 (mm)	出口直径 (mm)	设备重量 (kg)	配套控制箱	设备外形尺寸 (mm)			安装尺寸 (mm)		
									L	W	H	L_1	W_1	H_1
1	AMGT-115/A5	10~18	15~22	1.5~2.2	100	80	600	AMGK	2200	1200	1650	3200	2200	2000
2	AMGT-125/A5	20~28	15~22	2.2~4.0	100	100	750	AMGK	2800	1200	1650	3800	2200	2000
3	AMGT-135/A5	30~38	15~22	3.0~5.5	150	100	900	AMGK	3400	1200	1650	4400	2200	2000
4	AMGT-145/A5	40~50	15~22	5.5~7.5	150	100	1050	AMGK	4000	1200	1650	5000	2200	2000
生产企业		南京奥脉环保科技有限公司												

3）设备外形图

AMGT 智能隔油提升设备外形见图 14-195，AMGT 全自动隔油提升设备外形见图 14-196。

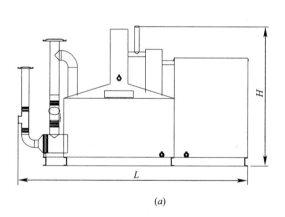

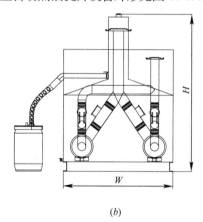

(a)　　　　　　　　　　　　　　　　　(b)

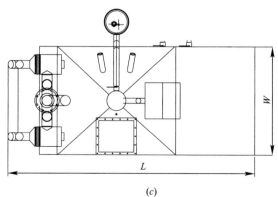

(c)

图 14-195　AMGT 智能隔油提升设备外形图

(a) 前视图；(b) 左视图；(c) 平面图

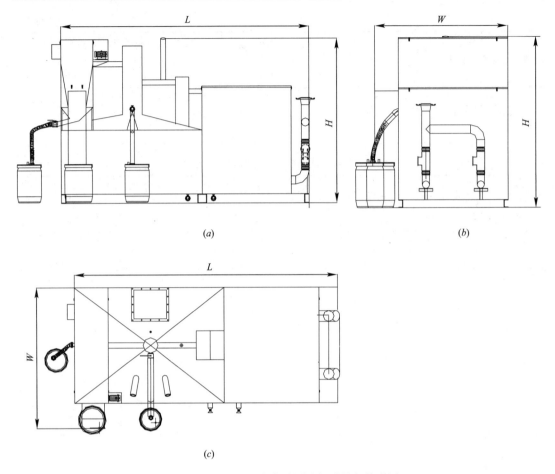

图 14-196　AMGT 全自动隔油提升设备外形图
(a) 正视图；(b) 左视图；(c) 平面图

2. TJGT3、TJGT6 系列自动隔油提升智能设备

1) 适应场所

TJGT3、TJGT6 系列自动隔油提升智能设备适用于饭店、公共食堂、餐饮业等餐饮废水的集中除油处理和提升。原水水质需满足：废水所含动、植物油品的密度为 $0.9 \sim 0.95 \mathrm{~g/cm^3}$，油脂含量$\leqslant 300\mathrm{mg/L}$，SS 浓度$\leqslant 285\mathrm{mg/L}$，废水水温$\geqslant 5℃$。

2) 产品特点

TJGT3、TJGT6 系列自动隔油提升智能设备是全自动隔油提升一体化设备。箱体、管道材质均采用 S30408 不锈钢材质，设备由杂质分离机（0.37kW）、自动排油装置（0.06kW）（含手动）、恒温加热装置（1.0kW）、污水提升装置及嵌入式智能控制柜等组成，具有自动隔渣、清渣，自动隔油、排油、自动提升多项功能，可自动处理排放地下餐饮废水。设备结构紧凑、使用方便、节省土建投资。

3) 技术性能参数

TJGT3、TJGT6 系列自动隔油提升智能设备技术性能参数见表 14-196、表 14-197。

TJGT3 系列设备技术性能参数表　表 14-196

序号	型号	额定流量(L/s)	扬程(m)	水泵(台)	单泵功率(kW)	用电总功率(kW)	进水口直径 DN	出水口直径 DN	通气管直径 DN	外形尺寸(mm) L×W×H
1	TJGT3-415		15		1.5	4.43				
2	TJGT3-420	4	20		2.2	5.83				2400×1000×1900
3	TJGT3-425		25		3	7.43				
4	TJGT3-715		15		1.5	4.43				
5	TJGT3-720	7	20		2.2	5.83				2500×1000×2110
6	TJGT3-725		25	2	3	7.43	150	80	50	
7	TJGT3-1115		15		1.5	4.43				
8	TJGT3-1120	11	20		2.2	5.83				2700×1000×2110
9	TJGT3-1125		25		4	9.43				
10	TJGT3-1515		15		2.2	5.83				
11	TJGT3-1520	15	20		3	7.43				3000×1175×2110
12	TJGT3-1525		25		4	9.43				
生产企业		安徽天健环保股份有限公司								

TJGT6 系列设备技术性能参数表　表 14-197

序号	型号	额定流量(L/s)	扬程(m)	水泵(台)	单泵功率(kW)	用电总功率(kW)	进水口直径 DN	出水口直径 DN	通气管直径 DN	外形尺寸(mm) L×W×H
1	TJGT6-715		15		1.5	4.43				
2	TJGT6-720	7	20		2.2	5.83				3000×1500×2100
3	TJGT6-725		25		3	7.43				
4	TJGT6-1115		15		1.5	4.43				
5	TJGT6-1120	11	20	2	2.2	5.83	DN150	DN80	DN50	3400×1800×2100
6	TJGT6-1125		25		4	9.43				
7	TJGT6-1515		15		2.2	5.83				
8	TJGT6-1520	15	20		3	7.43				3960×1800×2100
9	TJGT6-1525		25		4	9.43				
生产企业		安徽天健环保股份有限公司								

4）设备外形图

TJGT3 系列自动隔油提升智能设备外形见图 14-197，TJGT6 系列自动隔油提升智能设备外形见图 14-198。

3. YMGYP 高效一体化隔油提升设备

1）产品特点

YMGYP 高效一体化隔油提升设备采用 S30408 不锈钢材质制造，具有隔油效果好、无气味泄漏、环保、安装简便、自动化程度高等特点，是替代传统隔油池的集成式隔油提升装置。适用于宾馆、酒店、饭店、食堂、商业餐饮等场所厨房及备餐间使用。

2）产品外形图

YMGYP 高效一体化隔油提升设备外形见图 14-199。

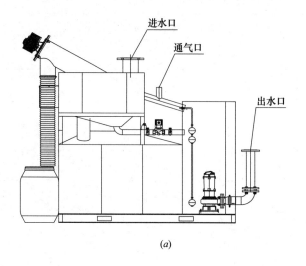
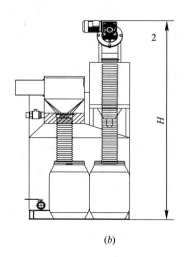

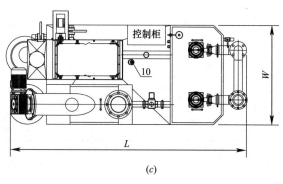

图 14-197　TJGT3 系列设备外形示意图
(a) 前视图；(b) 左视图；(c) 俯视图

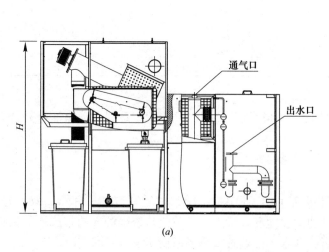
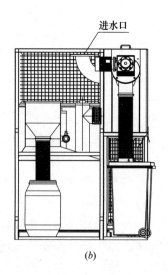

图 14-198　TJGT6 系列设备外形示意图 (一)
(a) 前视图；(b) 左视图

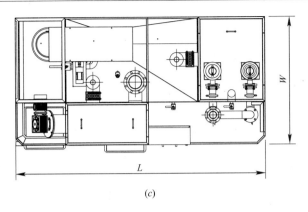

(c)

图 14-198 TJGT6 系列设备外形示意图（二）

(c) 俯视图

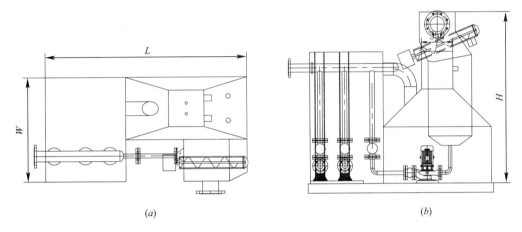

(a)   (b)

图 14-199 YMGYP 高效一体化隔油提升设备外形图

(a) 俯视图；(b) 前视图

3）技术性能参数

YMGYP 高效一体化隔油提升设备技术性能参数见表 14-198。

YMGYP 高效一体化隔油提升设备技术性能参数表   表 14-198

序号	型号	处理水量（m³/h）	扬程（m）	单泵功率（kW）	进水口直径 DN	出水口直径 DN	设备重量（kg）	外形尺寸（mm）		
								L	W	H
1	YMGYP/A-10/2	10	5～10	0.75	100	100	460	1650	800	1650
2			10～13	1.1						
3			13～20	1.5			470			
4	YMGYP/A-15/2	15	8～15	2.2	100	100	490	1850	1000	1700
5			15～22	3.0			500			
6			22～25	4.0						
7	YMGYP/A-20/2	20	11～15	2.2	100	100	530	2000	1000	1700
8			15～20	3.0						
9			20～28	4.0						

续表

序号	型号	处理水量 (m³/h)	扬程 (m)	单泵功率 (kW)	进水口直径 DN	出水口直径 DN	设备重量 (kg)	外形尺寸 (mm)		
								L	W	H
10	YMGYP/A-25/2	25	12～15	2.2	100	100	570	2150	1200	1700
11			15～18	3.0						
12			18～24	4.0			575			
13	YMGYP/A-30/2	30	12～15	3.0	100	100	575	2300	1200	1750
14			15～18	4.0			578			
15			18～30	5.5			580			
16	YMGYP/A-35/2	35	12～15	4.0	125	100	588	2700	1200	1750
17			15～18	5.5			590			
18			18～30	7.5			595			
19	YMGYP/A-40/2	40	12～15	4.0	150	100	595	3100	1200	1750
20			15～18	5.5			605			
21			18～30	7.5			608			
22	YMGYP/A-50/2	50	12～15	4.0	150	100	615	3900	1200	1750
23			15～18	5.5			620			
24			18～30	7.5			635			
生产企业	上海艺迈实业有限公司									

4. BoxDup 餐饮废水隔油器

1）产品特点

BoxDup 餐饮废水隔油器采用 S30408 或 S31603 不锈钢材质制成，用于去除餐饮废水中的动植物油脂，减少污染物的排放，保护环境，使排放水质符合国家及地方法规的要求，适用于宾馆、酒店、饭店、食堂、商业餐饮等场所厨房及备餐间使用。

2）产品外形图

BoxDup 餐饮废水隔油器外形见图 14-200。

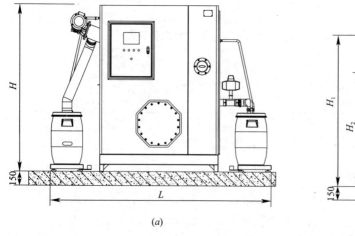 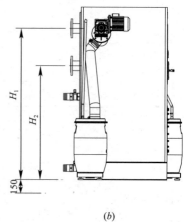

(a) (b)

图 14-200 BoxDup 餐饮废水隔油器（带气浮）外形图（一）

(a) 前视图；(b) 左视图

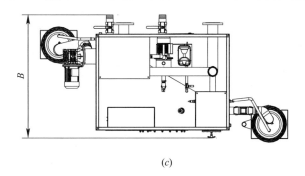

(c)

图 14-200 BoxDup 餐饮废水隔油器（带气浮）外形图（二）

(c) 俯视图

3）技术性能参数

BoxDup 餐饮废水隔油器技术性能参数见表 14-199。

BoxDup 餐饮废水隔油器（带气浮）技术性能参数表　　　　表 14-199

序号	型号	额定流量（m³/h）	外形尺寸（mm）			进水管管径（mm）	出水管管径（mm）	通气管管径（mm）	进水管高度 H_1（mm）	出水管高度 H_2（mm）	防护等级
			L	B	H						
1	BoxDuplex S0-2	7.2	2435	1183		100	100	80	1770	1280	
2	BoxDuplex S1-2										
3	BoxDuplex S0-4	14.4	2673	1283	1940						
4	BoxDuplex S1-4										
5	BoxDuplex S0-7	25.2	2872	1483							
6	BoxDuplex S1-7										IP54
7	BoxDuplex S0-10	36	3496	1755	2030	150	150	80	1800	1380	
8	BoxDuplex S1-10										
9	BoxDuplex S0-15	54	4060	1750	2130	200	200	80	1950	1480	
10	BoxDuplex S1-15										
11	BoxDuplex S0-20	72	4650	1900	2150						
12	BoxDuplex S1-20										
生产企业		泽尼特泵业（中国）有限公司									

14.7 雨水入渗、收集与利用器材设备

14.7.1 雨水滞留、入渗系列产品

1. SLC 种植屋面排水沟

1）产品特点

SLC 种植屋面排水沟适用于种植屋面排水，主要起汇水作用，它弥补了传统盲沟孔隙排水效率慢、排水截面小的不足，可以快速汇集屋面雨水，避免土壤长时间积水，保护植物根系，使渗透水快速汇集，通过屋面排水系统排放。

2）技术性能参数

SLC 种植屋面排水沟技术性能参数见表 14-200。

SLC 种植屋面排水沟技术性能参数表　　　表 14-200

型号	规格	材质	外部尺寸（mm）	内部尺寸（mm）	重量（kg）	横截面积（cm²）	容量（L）
单边孔	100/80	HDPE	1200×166×97	1200×100×80	1.1	89.56	8.95
双边孔	100/80	HDPE	1200×166×97	1200×100×80	0.99	89.56	8.95
生产企业			江苏劲驰环境工程有限公司				

3）外形及结构图

SLC 种植屋面排水沟外形及结构见图 14-201。

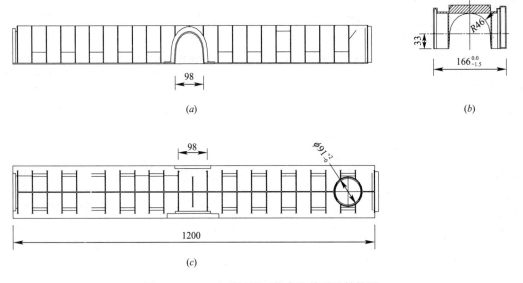

图 14-201　SLC 种植屋面排水沟外形及结构图
(*a*) 立面图；(*b*) 剖面图；(*c*) 平面图

2. 屋顶绿化雨水循环利用系统

　　屋面雨水通过土壤层、土工布渗透进入蓄水层，蓄水层中的雨水能够通过导水管回渗到土工布上方的土壤中，滋润周边土壤层。整个系统无需维护，雨水能够循环使用。系统性能参数见表 14-201，结构见图 14-202。

屋顶绿化雨水循环利用系统性能参数表　　　表 14-201

外形尺寸（mm）			重量（kg）	颜色	施工安装要点
长度	宽度	高度			
700	350	85	0.7	灰色	在屋面蓄水层的上方铺装土工布（200g/m²），穿过土工布每平方米放置 5 个导水管（带支架），安装通气帽，土工布上平铺 80～100mm 种植土
研发、生产企业			中关村海绵城市工程研究院有限公司		

3. 弧形渗透排放渠

1）产品特点

　　弧形渗透排放渠采用模块化拱形结构，侧面设计有较大面积的渗透条缝，能将收集的

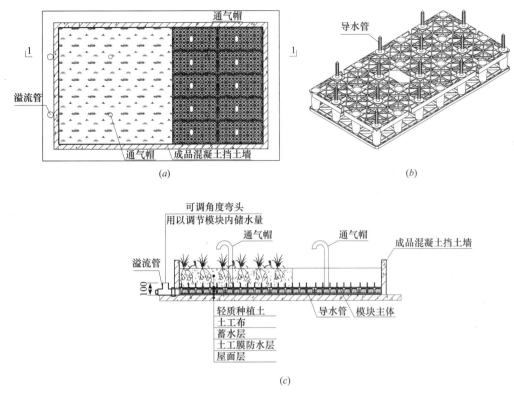

图 14-202 屋顶绿化雨水循环利用系统结构图

(a) 平面图；(b) 雨水储存模块主体；(c) 1-1 剖面图

雨水快速分散，100％储水容积，最大安装深度可达 4m，具有强度高、重量轻、储水量大、安装快捷的特点。主要用于雨水的滞留和渗透，也可替代塑料模块做渗透渠。适用于住宅小区、工厂厂区绿地及小型露天停车场。

2）弧形渗透排放渠外形见图 14-203，组合弧形渗透排放渠外形见图 14-204。

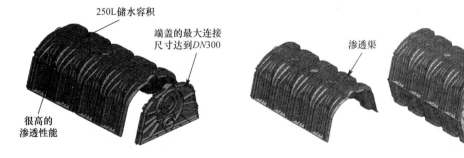

图 14-203　弧形渗透排放渠外形图　　　　　图 14-204　组合弧形渗透排放渠外形图

3）技术性能参数

（1）弧形渗透排放渠、组合弧形渗透排放渠结构承载力见表 14-202。

弧形渗透排放渠承载能力　　　　　　　　　　　　表 14-202

渗透排放渠承载能力（kN/m²）		组合渗透渠承载能力（kN/m²）	
短期荷载	最大 100kN/m²	短期荷载	最大 75kN/m²
长期荷载	最大 59kN/m²	长期荷载	最大 35kN/m²

（2）弧形渗透排放渠技术参数见表 14-203。

弧形渗透排放渠技术参数表　　　　　　　　　　表 14-203

容积（L）	长度（mm）	宽度（mm）	高度（mm）	重量（kg）	颜色
250	1142	760	434	10	黑色
500	1142	760	868	20	
研发、生产企业	中关村海绵城市工程研究院有限公司				

4）施工安装要求

弧形渗透排放渠施工安装要求见表 14-204，施工安装图 14-205、图 14-206。

弧形渗透排放渠安装要求表　　　　　　　　　　表 14-204

产品名称	现场条件 覆土深度（mm）	无汽车通行荷载	小轿车	货车（12t）	货车（30t）	货车（40t）	货车（60t）
渗透渠	最小覆土深度	250	250	500	500	500	750
	最大覆土深度	3740	3490	3240	2740	2490	1740
	最大安装深度	4250	4000	3750	3250	3000	2250
组合渗透渠	最小覆土深度	250	250	—	—	—	—
	最大覆土深度	1480	1480	—	—	—	—
	最大安装深度	2500	2500	—	—	—	—

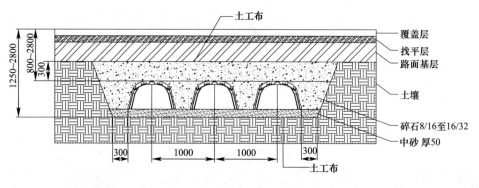

图 14-205　弧形渗透排放渠安装大样图

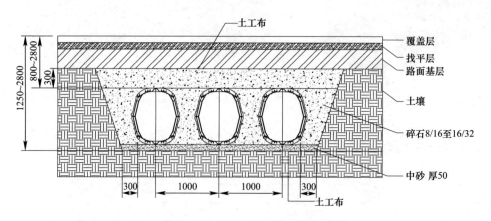

图 14-206　组合弧形渗透排放渠安装大样图

4. 渗排一体化雨水系统

渗排一体化雨水系统通过埋设于地下的多孔管、多孔雨水检查井让雨水向四周土壤渗透，四周填充粒径 20～30mm 的碎石，有较好的透水能力。

1）PE 排水沟

排水沟本体由 PE 材料滚塑成形，侧面设有加强肋，具有较高的承压能力。底部和侧面根据需要可开设渗透孔，并通过每段沟体之间的隔板将初期径流雨水滞留在沟体内。适用于低洼绿地边沿、道路路肩、公园及广场。

2）渗透式雨水口/集水渗透井

采用树脂井盖和 LDPE 整体井筒，井盖带箅，井壁底部开孔，井内设有截污筐，具有集水、截污及渗透功能。常用于绿地、人行路面、公园和广场雨水入渗管路的分段连接处。

3）渗透管

（1）聚乙烯穿孔渗透管

HDPE 材质穿孔管，可承受较大的荷载，便于与雨水渗透井、弃流井连接，雨水渗透效果良好，有利于补充地下水。常与渗透式雨水井及渗透式弃流井配套使用，也可单独使用。

（2）软式透水管

以外覆聚氯乙烯（PVC-U）的弹簧为支架，渗透性土工布及聚合纤维编织物为管壁的复合型管材。埋设于土壤中作为集水毛细管使用，以比较小的间隙铺设在土壤层中用于收集和排出土壤中的滞水。

4）产品外形图及外形尺寸

渗排一体化雨水系统系列产品外形图及外形尺寸见表 14-205。

渗排一体化雨水系统系列产品外形图及外形尺寸表　　　　表 14-205

一、PE 地沟（TP-E 系列）				

PE 地沟（TP-E 系列）外形图

 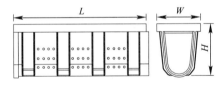

型号	产品代码	外形尺寸（mm）			备注
		L	W	H	
TP-E3040	10608004	1060	355	395	—
TP-E3040I	10608005	1060	355	395	渗透

二、聚乙烯雨水口（TR-E 系列）				

聚乙烯雨水口（TR-E 系列）外形图

 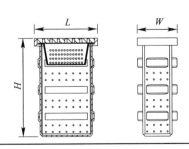

续表

二、聚乙烯雨水口（TR-E 系列）					
型号	产品代码	外形尺寸（mm）			备注
		L	W	H	
TR-E3045	10715001	555	355	450	—
TR-E3045I	10715002	555	355	450	渗透
TR-E3080	10715003	555	355	830	—
TR-E3080I	10715004	555	355	830	渗透

三、聚乙烯雨水口（TR-E 系列）

聚乙烯雨水口（TR-E 系列）外形图

 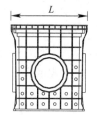 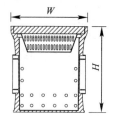

型号	产品代码	外形尺寸（mm）			备注
		L	W	H	
TR-E4045	10715005	432	432	468	—
TR-E4045I	10715006	432	432	468	渗透
TR-E4045W	10715007	432	432	468	无底
TR-E4045WI	10715008	432	432	468	渗透/无底

四、检查井（TM-E 系列）

检查井（TM-E 系列）外形图

 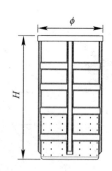

型号	产品代码	外形尺寸（mm）		备注
		φ	H	
TM-E6010	10701001	625	1000	—
TM-E6012	10701002	6/25	1200	—
TM-E8014	10701003	885	1400	—
TM-E6010I	10702001	625	1000	渗透
TM-E6012I	10702002	625	1200	渗透
TM-E8014I	10702003	885	1400	渗透

五、组合式雨水检查井（直壁式）（TM-C 系列）

组合式雨水检查井（直壁式）（TM-C 系列）外形图

 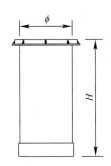

型号	产品代码	外形尺寸（mm）		备注
		ϕ	H	
TM-C6010	10705007	600	1000	
TM-C6015	10705008	600	1500	
TM-C6020	10705009	600	2000	
TM-C6025	10705010	600	2500	
TM-C6030	10705011	600	3000	
TM-C6035	10705026	600	3500	
TM-C6040	10705027	600	4000	
TM-C6045	10705028	600	4500	
TM-C6050	10705029	600	5000	
TM-C6055	10705030	600	5500	
TM-C6060	10705031	600	6000	
TM-C7010	10705012	700	1000	
TM-C7015	10705013	700	1500	
TM-C7020	10705014	700	2000	
TM-C7025	10705015	700	2500	
TM-C7030	10705016	700	3000	
TM-C7035	10705018	700	3500	
TM-C7040	10705019	700	4000	
TM-C7045	10705020	700	4500	
TM-C7050	10705021	700	5000	
TM-C7055	10705022	700	5500	

六、组合式雨水检查井（收口式）（TM-C 系列）

组合式雨水检查井（收口式）（TM-C 系列）外形图

 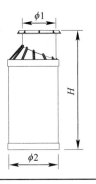

续表

产品型号	产品编码	收口直径 $\phi 1$(mm)	井体直径 $\phi 2$(mm)	高度 H(mm)	备注
TM-C60/9015	10706031	600	900	1500	
TM-C60/9020	10706032	600	900	2000	
TM-C60/9025	10706033	600	900	2500	
TM-C60/9030	10706034	600	900	3000	
TM-C60/9035	10706037	600	900	3500	
TM-C60/9040	10706038	600	900	4000	
TM-C60/9045	10706039	600	900	4500	
TM-C60/9050	10706040	600	900	5000	
TM-C60/9055	10706041	600	900	5500	
研发、生产企业		中关村海绵城市工程研究院有限公司			

5. 生态多孔纤维棉

1）产品特点

生态多孔纤维棉是集渗透、缓冲、净化、保水、排放和支持植物生长功能于一体的新型雨水调蓄材料，可应用于海绵型小区建设的各个环节，包括建筑、道路、停车场等雨水收集处理。主要产品系列有：生态多孔纤维棉块（主要用于雨水渗透、缓冲和净化）和生态多孔纤维棉板（主要用于绿色屋顶）。

生态多孔纤维棉绿色生态环保，孔隙度高、缓冲容量大、透水、透气，既保水又排水，能做到雨时蓄水、旱时补水。安装便捷，施工灵活，可根据地形、地势，沿途分散或串联安装，减少对地表的干扰，施工周期短；支持植物生长，小根系可附着生长，大根系可穿透生长，仅损失穿透体系部分容积；孔隙度大，在土壤中埋设，提升土壤孔隙度和缓冲能力；蓄滞能力强，收集的雨水可自然补给植被生长，实现雨水资源化利用；净化效果好，雨水 SS 去除率 85％以上，COD 去除率 65％以上。

2）外形图及性能参数

生态多孔纤维棉外形见图 14-207，外形尺寸及性能参数见表 14-206。

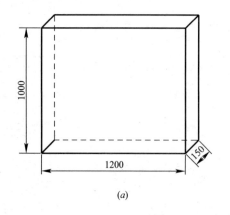
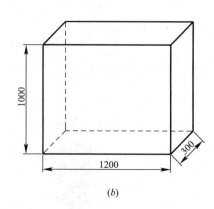

图 14-207　生态多孔纤维棉外形图

(a) 生态多孔纤维棉外形图；(b) 生态多孔纤维棉结构图

生态多孔纤维棉外形尺寸及性能参数表　　　　表 14-206

产品代号	体积（L）	外形尺寸（mm）			密度（kg/m³）
		长度	宽度	高度	
D170	90	1200	1000	150	75
D340	180	1200	1000	300	120
生产企业		上海笙凝环境科技有限公司			

3）生态多孔纤维棉在工程中的应用

（1）生态多孔纤维棉型绿色屋顶

生态多孔纤维棉型绿色屋顶由生态种植层、种植土层、生态多孔纤维棉保湿层、排放层、耐根穿刺防水层组成。以生态多孔纤维棉作为保湿层，充分利用屋面雨水资源，补给植被，厚度为 40mm。安装示意见图 14-208（a）。

（2）生态多孔纤维棉型屋面雨水收集系统

生态多孔纤维棉布置在建筑物周边绿地，屋面雨水经水落管接至沉砂井，随后流至生态多孔纤维棉雨水调蓄单元缓冲储存；当生态多孔纤维水分饱和后，沉砂井水位上升，经上部出水口溢流至市政管网；晴天时，生态多孔纤维棉储存的雨水会自然缓慢释放，补给绿地，实现屋面雨水的就地消纳与利用。安装示意见图 14-208（b）。

以生态多孔纤维棉用量 10m³ 为例，可调蓄水量 9.4m³，需要的配套设施为沉沙井、导水管、溢流管、粗砂等，详见表 14-207。

生态多孔纤维棉雨水工程技术参数及铺设场地尺寸表　　　表 14-207

主要材料用量					可调蓄水量（m³）	场地尺寸 $L \times B \times H$（mm）
生态多孔纤维棉	dn110 导水管	dn200 溢流管	粗砂	沉沙井		
9.4m³	2 根	2 根	4m³	1 座	10	26000×900×1000

（3）生态多孔纤维道路雨水收集系统

生态多孔纤维道路雨水收集系统安装示意见图 14-208（c）。

（4）多孔纤维型生态停车场

将生态多孔纤维棉布置在停车部位，收集停车位雨水，生态多孔纤维棉上方为停车位结构层，采用植草砖作为路面铺装，下方为透水混凝土找平层。安装示意见图 14-208（d）。

6. 装配式种植容器

1）产品特点

（1）拥有独立蓄水空间，每个模块可蓄水 5L 以上，每平方米 20L 以上，1000m² 的屋顶可以独立滞、蓄雨水 20m³ 以上；通过植被、土工布和隔板对雨水过滤净化、去除污染物；模块之间的蓄水空间能够互连互通，自适应满足不同种植容器的蓄水要求，通过吸水棉和植物根系解决蓄水回用问题；箱体自带渗水孔及底部架空设计，确保屋面种植区"小雨不积水、大雨不内涝"。

（2）高度集成"保护层、阻根层、蓄排水层、隔离层、过滤层"等新型种植科学技术，装配积木式施工；高耐压、长寿命。种植容器结构设计合理，高达 1.4t 的承压能力，使用寿命 20 年以上；隔板和箱体底部形成"双重"阻根保护层，免去植物根系穿刺屋面所带来的渗水漏水的安全风险；隔热效果优，容器架空设计及内部蓄排水空间的蓄水吸收了 90% 以上的热量，有利于建筑顶层室内降温；不直接接触结构屋面，延长屋顶使用寿命。

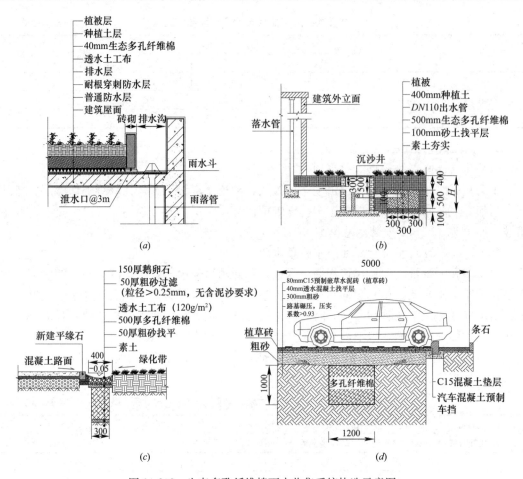

图 14-208　生态多孔纤维棉雨水收集系统构造示意图

（a）绿色屋顶示意图；（b）屋面雨水收集示意图；（c）道路雨水收集示意图；（d）生态停车场示意图

（3）施工过程质量可控，种植容器使种植土壤基质层和屋面之间形成一个架空结构，底部通风供氧及散水、排水，蓄水能力强，植物生长的环境大幅改善，显著提升植物的抗逆性，降低后期管养成本。

2）适用范围

适用于各类建筑露台、屋面、架空层、地下室顶板的绿化。当面向有海绵城市建设指标的绿色屋顶构建及对蓄、排水能力要求较高的使用场所（如立面种植槽绿化、商业广场绿化等）时，效果更佳。

装配式种植容器 I 型产品覆土厚度达到 10cm，可直接种植草皮；II 型产品种植植物时需要通过板材（防腐木、耐候钢板）围边，围边高度需满足覆土要求。

3）产品基本参数见表 14-208。

装配式种植容器基本参数

表 14-208

项目名称	I 型	II 型
规格（长×宽×高）	500×500×150（mm）	500×500×90（mm）
材质	PP（聚丙烯）	PP（聚丙烯）

项目名称	Ⅰ型	Ⅱ型
单套重量（kg）	3.0	2.1
承压能力（t/m²）	≥1.4	≥1.4
使用寿命	≥20年	≥20年
独立蓄水量	≥5L	≥5L
生产企业	江苏亚井雨水利用科技有限公司	

4）施工流程及注意事项

（1）了解建筑屋面是否有漏水历史（漏点位置）及是否有隔热板，屋面排水是否通畅。

（2）屋面防水改造：渗漏部位采用厚度不低于 2mm 的 911 聚氨酯防水 3 遍，自粘聚合物改性沥青防水卷材一道。仔细检查防水卷材搭接长度符合要求，粘接完好，完成后做闭水试验，检测屋面是否渗漏，防水效果达到一级。

（3）保护层施工及找坡：不低于 30 厚 1∶3 水泥砂浆保护层，并注意找平。

（4）定点放线及围边施工：根据施工图画出绿化区域及园路线，园路与绿化带采用轻质砖、防锈蚀钢板或 PVC 结皮发泡板分隔。围边高度以 350mm 为宜，围边施工时应注意预留排水口（如采用成品围边应按设计尺寸工厂化加工）。

（5）设置排水系统：根据屋面坡度方向设置有组织排水，利用坡面设置排水管汇集至就近排水口，排水管口径依据种植区面积而定，一般为 $dn50 \sim dn110$。

（6）铺设生态种植容器及布设给水系统：根据绿化及园路放线尺寸铺设 500×500 生态种植容器（注意检查连接件胶圈与螺母连接平整，不抢丝，旋紧牢固），同时布设 PPR-$dn20$ 给水管及安装水肥一体控制系统（雾喷喷头位置根据植物种植区与园路及边界的距离而定，一般 $2.8 \sim 3.0$m 设置一个，喷头距种植土面垂直高度为 $550 \sim 700$mm，同时需考虑喷头周边植物生长特性）。

（7）存水检验：用堵头堵塞种植容器外围所有排水口，放水至每个种植容器最大蓄水量的 90%，做存水试验。选取 5 个监测点，每两小时测量记录水位变化情况。

（8）铺设土工布及吸水棉（条）：完成种植容器铺设后应铺设土工布。土工布为整卷铺设，注意每卷土工布之间的搭接宽度应大于 80mm，土工布与围挡相接部位应卷至与围边等高。每个种植容器放置 $1 \sim 2$ 根吸水棉（条）。

（9）轻质土或混合种植土填充：按照施工图等高线进行微地形造坡，坡度应自然起伏，流畅，临近园路或边界的位置种植土高度应低于园路或围边 $30 \sim 40$mm。

（10）铺设园路及平台：园路及平台一般采用塑木，园路龙骨采用轻质砖或万能支撑器支撑。

（11）苗木种植及给水系统调试：按照施工图定点放线，先种植小乔木、灌木，再种植地被；种植完成后调试喷淋系统并浇足定根水。

（12）日常养护：根据气候情况设置给水喷淋时间及频次，并进行日常管养。

14.7.2 雨水收集弃流装置

雨水收集与利用系统中的初期雨水控制装置是将降雨初期雨水分流至污水管道，降雨中后期污染程度较轻的雨水经过预处理截留水中的悬浮物、固体颗粒杂质，经沉淀、过滤，达到回收利用的水质标准。

1. 初期雨水弃流装置类型

1）旋流式弃流装置

旋流式弃流装置安装有合金材料制成的筛网，降雨初期降雨量一般较小，雨水在弃流装置筛网表面沿切线方向旋流进入中心排水管，弃流至污水管道。随着降雨的延续，中后期雨水则穿过筛网汇集到雨水收集管道，流入蓄水池。弃流装置具有自清洁功能，可自行将残留在筛网上的滤出杂物冲入雨水管道中。

2）智能控制弃流装置

根据降雨下垫面上的雨水初期径流量、雨水水质、径流时间等为控制信号，准确设定初期雨水弃流量。依初期雨水弃流装置获取降雨及径流特征元素的不同，智能控制弃流装置可分为流量型、雨量型、水质监测型、PLC 控制型多种类型。

2. 初期雨水弃流装置适用场合

初期雨水弃流装置适用场合详见表 14-209。

初期雨水弃流装置适用场合表   表 14-209

弃流装置形式种类	适用场合
旋流式弃流装置	适用于屋面排水立管直接与小型储水系统连接，立管管径 DN100、DN125
旋流式弃流井	适用于控制雨水水质中以悬浮物为主要污染物的区域
智能控制弃流装置（流量型）	适用于控制面积适中，在小区域排水出口设置
智能控制弃流装置（雨量型/远程监控）	适用于控制面积较大区域，弃流装置数量较多，每个弃流装置所负担面积相近时，采用降雨量信息，由控制中心远程控制
智能控制弃流装置（水质监测型）	适用于弃流装置所负担管道流程较长，对于初期雨水界定不明确时，通过雨水在线监测的水质控制

3. 初期雨水弃流控制装置外形图、工作原理图及外形尺寸

各种类型初期雨水弃流控制装置外形图、工作原理图及相关尺寸见表 14-210～表 14-213。

方型立管过滤弃流装置（AL-S 系列）   表 14-210

外形图   工作原理图

型号	进、出水口管径（mm）		
	进水口	出水口	弃流口
AL-S100	120	110	90
AL-S125	135	125	110

研发、生产企业：中关村海绵城市工程研究院有限公司

椭圆形立管过滤弃流装置（AL-E 系列） 表 14-211

外形图

工作原理图

型号	进、出水口管径（mm）		
	进水口	出水口	弃流口
AL-E100	120	110	90
AL-E125	135	125	110

研发、生产企业：中关村海绵城市工程研究院有限公司

智能控制弃流装置-流量型（LQL-AW/BW） 表 14-212

外形图

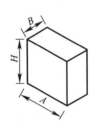

型号	外形尺寸（mm）		
	长	宽	厚
LQL-A/BW50	600	500	260
LQL-A/BW100	600	500	260
LQL-A/BW125	600	600	300
LQL-A/BW150	600	600	300
LQL-A/BW200	700	700	400
LQL-A/BW250	800	800	500

研发、生产企业：中关村海绵城市工程研究院有限公司

注：表中型号 A 为主控型弃流装置，B 为从控型弃流装置。

智能控制弃流装置-雨量型（远程）（YQL-AW/BW） 表 14-213

实物外形

数字控制显示屏

型号	数字控制显示屏尺寸
YQL-AW7	7″
YQL-AW10	10″
研发、生产企业	中关村海绵城市工程研究院有限公司

14.7.3　雨水收集处理与利用器材、设备

1. 智能雨水收集处理与利用系统器材设备

雨水收集处理与利用系统包括雨水收集、对收集雨水进行预处理、深度处理、杀菌或消毒，以及相关回用设施。系统宜采用智能控制，自动运行，无人值守。

1）WFQ 离心式过滤器

（1）组成

WFQ 离心式过滤器由 PE 筒体、不锈钢滤网、收水管、进水管、弃流管等组成，其外形与内部构造见图 14-209。

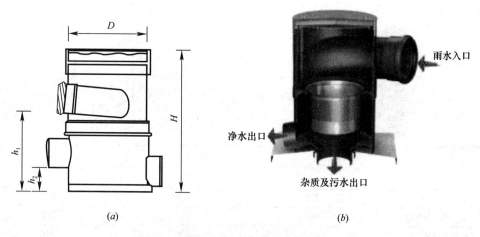

(a)　　　　　　　　　　　　　　(b)

图 14-209　WFQ 离心式过滤器外形及内部构造图
(a) 外形图；(b) 内部构造图

（2）工作原理

由小区及市政道路路面收集的雨水，在其管网末端设置 WFQ 离心式过滤器。雨水沿筒体内壁切线方向进入过滤器，形成旋流；在离心力作用下，大部分雨水穿过滤网滤孔下落至底盘，被收集后引至后续雨水贮存池；而雨水中的泥沙、树叶、烟蒂等杂物则随少量雨水一起，自过滤器中间的圆柱形孔洞垂直下落，弃流至下游雨水管网。

与常规的提篮式过滤器相比，WFQ 离心式过滤器能自动过滤、分离杂物，收集大部分干净雨水，充分利用雨水资源；滤网不会淤积杂物，无需人工清理，不存在长时间运行后滤孔堵塞的难题；滤孔直径仅 0.28mm，出水水质好，可达城市杂用水水质标准，降低雨水回用时的深度过滤、杀菌或消毒负载，降低运行维护难度与费用。

（3）外形尺寸

WFQ 离心式过滤器有 3 种型号规格，可适应不同的雨水回用需求，外形尺寸见表 14-214。

WFQ 离心式过滤器型号规格表 表 14-214

型号	外形尺寸（mm）			
	D	H	h_2	h_1
WFQ100	315	540	88	279
WFQ150	315	782	194	503
WFQ300	710	884	235	634

（4）技术性能参数

WFQ 离心式过滤器针对回收雨水管网不同进水量，具有不同的收集、过滤效果，其技术性能参数见表 14-215～表 14-217。

WFQ100 离心式过滤器性能参数表 表 14-215

雨水进水量（L/s）	可收集雨水量（L/s）	弃流雨水量（L/s）	收集率（%）
1.9	1.86	0.04	98
2.25	2.14	0.11	95
2.8	2.52	0.28	90
3.4	2.72	0.68	80
3.8	2.66	1.14	70
技术研发与咨询单位	浙江一体环保科技有限公司		

WFQ150 离心式过滤器性能参数表 表 14-216

雨水进水量（L/s）	可收集雨水量（L/s）	弃流雨水量（L/s）	收集率（%）
2.75	2.70	0.05	98
3.45	3.28	0.17	95
4.2	3.78	0.42	90
4.9	3.92	0.98	80
5.4	3.78	1.62	70
技术研发与咨询单位	浙江一体环保科技有限公司		

WFQ300 离心过滤器性能参数表 表 14-217

雨水进水量（L/s）	可收集雨水量（L/s）	弃流雨水量（L/s）	收集率（%）
2	1.99	0.01	99.5
5	4.9	0.1	98
9	8.55	0.45	95
13	11.7	1.3	90
19	15.2	3.8	80
22	15.4	6.6	70
技术研发与咨询单位	浙江一体环保科技有限公司		

注：当雨水回用系统收集雨水流量较大时，可选择两台或两台以上 WFQ 过滤器并联运行。

2）蓄水池多功能溢流器、泄空管

（1）雨水蓄水池设置多功能溢流器，可使蓄水池在装满雨水时，上游雨水管网的雨水仍可进入蓄水池，并通过溢流器溢流至下游雨水管网，使蓄水池内雨水得到循环。可防止下游管网雨水回流，防止虫、鼠进入，其外形见图 14-210。

图 14-210　多功能溢流器外形图

（2）在蓄水池底部设置泄空管，可在必要时排空蓄水池。泄空管接至下游雨水管网，并具有防止虫、鼠进入的措施。泄空管上设控制阀，可根据需要手动或自动控制。

3）初期雨水弃流井

地面初期雨水径流含有较多杂质，为提高收集雨水水质，降低雨水回用处理成本，可采用槽式、流量式弃流井等设施。其中槽式弃流井适用于不需精确控制弃流量的场所，其结构见图 14-211。

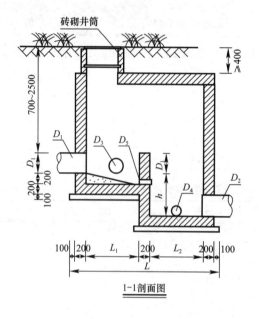

1-1剖面图

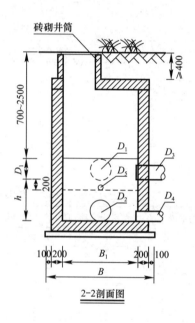

2-2剖面图

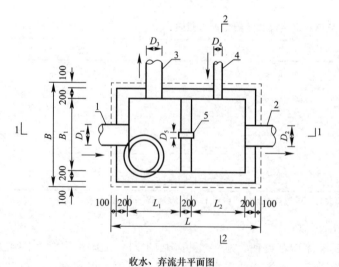

收水、弃流井平面图

材料表

编号	名称	规格	单位	数量
1	进水管	DN300~DN500	根	1
2	出水管	DN300~DN500	根	1
3	收水管	DN300	根	1
4	弃流管	DN100~DN200	根	1
5	放空管	DN50~DN90	根	1

管径规格表

型号	D_1	D_2	D_3	D_4	D_5
1号	DN300	DN300	DN300	DN100	DN50
2号	DN400	DN400	DN300	DN100	DN65
3号	DN500	DN500	DN300	DN200	DN80

收水、弃流井规格表

型号	L	L_1	L_2	B	B_1	h
1号	2200	700	700	1400	800	279
2号	2500	850	850	1600	1000	500
3号	2800	1000	1000	1800	1200	>900

图 14-211　槽式初期雨水弃流井结构图

4）水质处理装置

（1）HHMFH 机械过滤器

HHMFH 机械过滤器是一种高效雨水收集水质处理装置，采用石英砂、活性炭、多介质、锰砂等滤层，出水浊度可达到 5mg/L 以内，适用于要求雨水出水水质较高的工程。HHMFH 机械过滤器外形结构见图 14-212。

（2）紫外线杀菌器

紫外线杀菌器的工作原理是利用波长为 225～275nm 的紫外线对水中的细菌、病毒等微生物的杀灭作用使收集雨水得以净化。

5）智能雨水收集利用控制系统

基于物联网云平台的智能雨水收集利用控制系统网络架构见图 14-213。

图 14-212　HHMFH 机械过滤器外形图

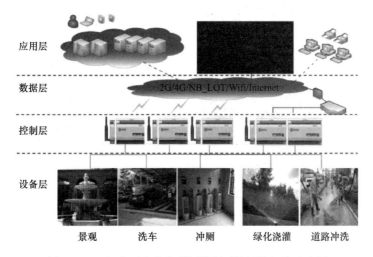

图 14-213　智能雨水收集利用控制系统网络架构示意图

（1）物联网云平台应支持客户端-服务器模式和 Internet/Intranet 浏览器技术，系统支持免安装流程界面远程访问，支持多用户、多权限密码安全登陆访问机制，可通过 PC、iPad、笔记本、手机（安卓、IOS）等客户端浏览器随时随地便捷浏览访问及控制现场设备。

（2）物联网云平台应内置工艺流程监控功能，可以基于二维或三维方式复现设备整体工艺，现场电磁流量计仪表、液位、电机、阀门等设备参数及状态基于流程图集中显示，满足维护人员基于中央监控大屏、办公电脑、移动客户端（手机、平板、笔记本）就地、远程查看、控制。

（3）物联网云平台应内置数据统计分析子系统，可统计分析收集雨水日/月/年/指定时间段雨水量，计算雨水收集效率并形成实时报表/日报/月报/年报等历史报表，不同报表支持 EXCEL 导出、打印机打印等功能。

(4) 物联网云平台应内置智能报警子系统，基于工艺要求事先建立报警机制，设置不同级别报警阈值，系统自动执行逻辑运算，得出报警结论，满足系统就地蜂鸣报警、手机短信实时推送双向报警。

(注：WFQ 离心式过滤器、初期雨水弃流井、多功能溢流器、机械过滤器、物联网智能控制系统等可咨询浙江一体环保科技有限公司)

2. 3P 分散雨水处理器

1) 性能特点

(1) 适用性强，可用于屋面、普通路面、重污染路面的雨水收集分类处理。

(2) 安装方便，可安装在混凝土检查井、塑料检查井及地面设备用房内。

(3) 无需外动力，仅通过落差形成的势能完成雨水处理过程，运行费用低。

(4) 处理效率高，综合沉淀、过滤、吸附、隔油等工艺于一体。

(5) 运行维护简便，滤芯安装在固定支架上，设备运行时无需反冲洗，根据雨水水质的不同，仅需 1～2 年冲洗一次滤芯，3～5 年更换一次滤芯即可。

2) 适应范围

3P 分散雨水处理器适用于雨水收集地表径流污染物的控制。如建筑小区、停车场、道路路面、工业园区、河道黑臭污染物治理等。

3) 产品外形及内部结构见图 14-214。

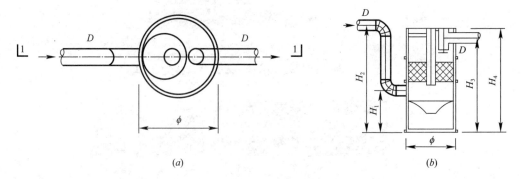

图 14-214　3P 分散雨水处理器外形及内部结构图

(a) 平面图；(b) 1-1 剖面图

4) 技术性能参数

3P 分散雨水处理器技术性能参数见表 14-218。

型号	处理水量 (L/s)	进出水管径 D	外形尺寸（mm）					设备重量（kg）
			ϕ	H_1	H_2	H_3	H_4	
Heavy traffic 1000								300
Traffic 1000	≤7	DN200	980	800	2040	1790	1985	220
Roof 1000								220
Metal 1000								350

3P 分散雨水处理器技术性能参数表　　　　表 14-218

续表

型号	处理水量 (L/s)	进出水管径 D	外形尺寸 (mm)					设备重量 (kg)
			ϕ	H_1	H_2	H_3	H_4	
Heavy traffic 400								37
Traffic 400								37
Roof 400	≤2	DN100	370	310	990	740	840	37
Metal 400								37
Metal Cu 400								61
生产企业	江苏劲驰环境工程有限公司							

5）安装示意图

400 型 3P 分散雨水处理器安装示意见图 14-215，1000 型 3P 分散雨水处理器安装示意见图 14-216。

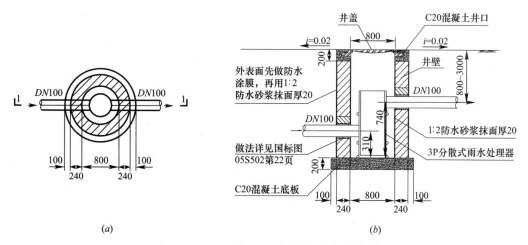

图 14-215　400 型 3P 分散雨水处理器安装图
（a）平面图；（b）1-1 剖面图

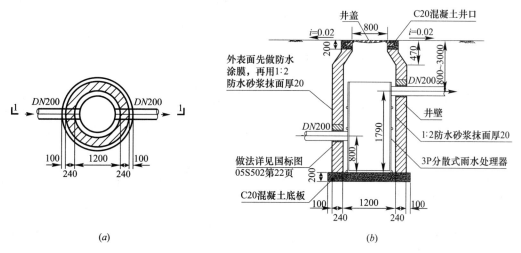

图 14-216　1000 型 3P 分散雨水处理器安装图
（a）平面图；（b）1-1 剖面图

3. 无动力一体化雨水处理设备

1）性能特点

能有效去除雨水中的碳氢化合物、固体悬浮物、重金属、无机离子、N、P等污染物物质；无需其他任何配套设施及外动力，设备占用空间小、安装简便，不投加药剂，不影响湖泊、河流水体观赏性，具有良好的环境效益和经济效益。

2）适应范围

无动力一体化雨水处理设备适用于雨水地表径流污染物的控制。如建筑小区、停车场、道路路面、工业园区、河道黑臭污染物治理等。

3）设备外形及构造

无动力一体化雨水处理设备外形及构造见图14-217。

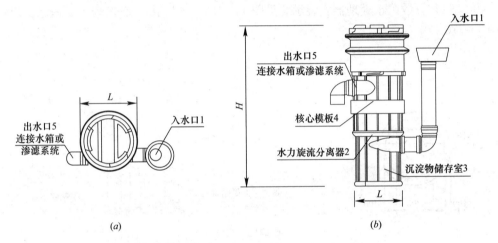

图14-217 无动力一体化雨水处理设备外形及构造图
（a）平面图；（b）立面图

4）无动力一体化雨水处理设备技术性能参数见表14-219。

无动力一体化雨水处理设备技术性能参数表　　　　　　　　表14-219

序号	型号	规格	材质	外形尺寸 $H \times L$（mm）
1	AlgaePlus-400	3L/s	HDPE/混凝土	1200×400
2	AlgaePlus-1000	12L/s	HDPE/混凝土	2000×1000
3	AlgaePlus-1500	25L/s	HDPE/混凝土	3500×1500
生产企业				上海佳长环保科技有限公司

4. 卷形过滤器

1）性能特点

卷形过滤器可持续处理收集雨水，过水量大，过滤效果好，不易堵塞，无二次污染，成本低廉，占地面积小，功耗较低，用途广泛。

2）适应范围

卷形过滤器适用于道路、屋面雨水收集初级过滤，去除雨水中大颗粒泥沙、树枝树叶等污染物质；还可用于调蓄塘、调蓄池的末端河流、湖泊入口处，有效去除调蓄塘、调蓄池水中混入的垃圾。

3）产品构造及安装图

卷形过滤器由收集雨水进水口、过滤格栅、过滤后雨刷出水口及污水出水口等四部分组成，小型卷形过滤器构造及安装示意见图 14-218，大型卷形过滤器构造及安装示意见图 14-219。

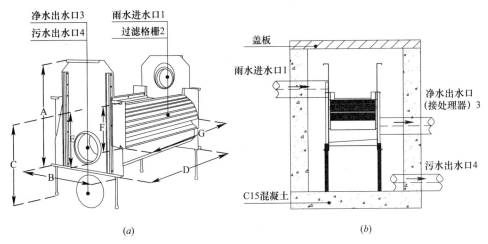

图 14-218　卷形过滤器构造及安装示意图
(a) 立体图；(b) 安装示意图

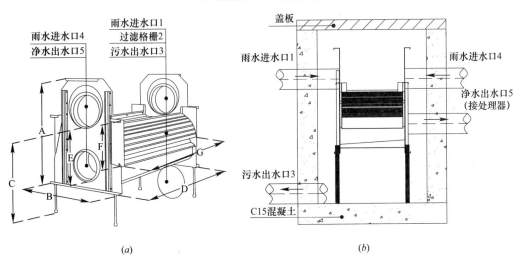

图 14-219　大型卷形过滤器构造及安装示意图
(a) 立体图；(b) 安装示意图

4）工作原理

（1）雨水流入卷形过滤器并到达水位位置，溢过过滤器边缘进入过滤格栅；

（2）收集雨水流经过滤格栅进行预处理，大颗粒污染物被过滤排入污水管道；

（3）预处理后的雨水流入特殊构造筛网二次过滤装置（0.55mm 网孔）；

（4）过滤后的清洁雨水流入储水罐。

5）构造尺寸

卷形过滤器各部构造尺寸见表 14-220。

卷形过滤器构造尺寸表　　　　　表 14-220

过滤器型号		小型		大型	
		VF2	VF3	VF4	VF6
雨水进水口		$1×DN200$	$2×DN200$	$2×DN250$	$2×DN250$
排入污水管出口		$1×DN200$	$1×DN200$	$1×DN250$	$1×DN250$
进入储水罐出口		$1×DN150$	$1×DN150$	$1×DN150$	$1×DN200$
构造尺寸	A(mm)	670	670	670	670
	B(mm)	540	540	540	540
	C(mm)	475	525	525	575
	D(mm)	390	980	980	980
	E(mm)	325	325	325	325
	F(mm)	275	275	275	275
	G(mm)	320	880	880	880
滤网网孔尺寸（μm）		550	550	550	550
最大水流速率（L/s）		25.5	33	51.5	70.5
生产企业		上海佳长环保科技有限公司			

5. 立管分离器

1）性能特点

立管分离器安装在雨水立管上，能有效分离初期雨水中的树枝、树叶等大颗粒污染物，对雨水进行初步净化，防止管道堵塞，用于屋面雨水收集前期处理。

2）外形图

立管分离器外形及构造示意见图 14-220。

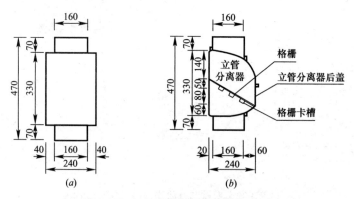

图 14-220　立管分离器外形及构造图

（a）外形图；（b）构造图

3）技术参数

立管分离器技术参数见表 14-221。

立管分离器技术参数表　　　　　表 14-221

型号	规格	材质	外形尺寸（mm）
JC-LG-160	$DN160$	PVC	$240(L)×240(B)×470(H)$
生产企业	上海佳长环保科技有限公司		

6. 无动力缓释器

1）性能特点

无动力缓释器采用 ABS、PP、PE、PVC 等耐久材料制造，可与储水空间配套使用，利用雨水中污染物质的沉降特性净化雨水，使上清液匀速缓释排放（放空时间一般可设定为 24～48h，雨水停留时间为 12～36h），实现雨水的自动调蓄和净化。

无动力缓释器设有浮动进水装置和防止漂浮杂物堵塞装置，确保排水为上清液。全过程自动运行，无需外加动力，不产生二次污染。

无动力缓释器安装位置灵活，可设置在储水空间的内部或外部。适用于海绵城市建设中调蓄设施的无动力缓释排水，通过延长雨水停留时间，沉淀净化雨水，达到径流总量控制和径流污染物控制目的；也可用于集水设施的无动力均匀配水。

2）外形及结构图

无动力缓释器的外形及结构示意见图 14-221。

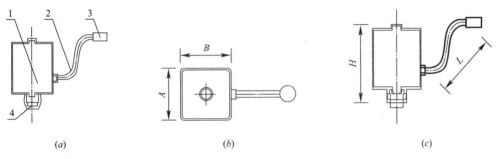

图 14-221　无动力缓释器外形及结构图

（a）成品外形示意图；（b）平面图；（c）前视图

1—无动力缓释器主体；2—进水软管；3—浮动进水装置；4—缓释排水口

3）安装示意图

无动力缓释器安装示意见图 14-222。

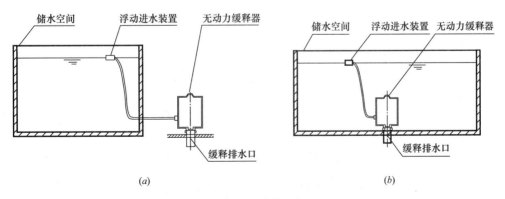

图 14-222　无动力缓释器安装示意图

（a）外置安装示意图；（b）内置安装示意图

4）性能参数及外形尺寸

无动力缓释器的性能参数及外形尺寸见表 14-222。

序号	型号	控制流量（L/d）	外形尺寸 $A \times B \times H$(mm)
	无动力缓释器性能参数及外形尺寸表		**表 14-222**
1	SR-750D	750	
2	SR-1000D	1000	
3	SR-1500D	1500	$200 \times 200 \times H$；
4	SR-2250D	2250	$H \geqslant 250$；
5	SR-3500D	3500	H 由所在储水设施或外置箱体高度确定；
6	SR-6000D	6000	L 由储水设施最高液位确定
7	SR-10000D	10000	
	生产企业	上海同晟环保科技有限公司	

7. 无动力自动排污装置

1）性能特点

无动力自动排污装置采用 ABS、PP、PE、PVC 等耐久材料制造，设置在储水空间的底部，当储水水位上升至触发点时装置被触发，处于预开启状态；当储水下降至排污启动液位时，自动排污装置启动，将底部沉积的污水排出。排污过程采用水流重力为驱动力自动运行。适用于海绵城市建设中调蓄设施的沉淀污水自动排出，也可用于变液位蓄水设施残余污浊液的自动排放。

2）外形及装置组成图

无动力自动排污装置的外形及组成示意见图 14-223。

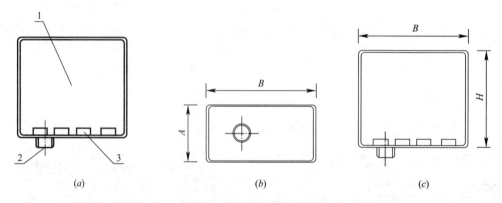

图 14-223　无动力自动排污装置外形及组成示意图

（a）装置组成示意图；（b）平面图；（c）立面图

1—无动力自动排污装置主体；2—排污管；3—进污口

3）性能参数及外形尺寸

无动力自动排污装置的性能参数及外形尺寸见表 14-223。

序号	型号	适用储水空间容积（L）	外形尺寸 $A \times B \times H$(mm)
	无动力自动排污装置性能参数及外形尺寸表		**表 14-223**
1	PD—3500	3500	$200 \times 400 \times 350$
2	PD—8000	8000	
	生产企业	上海同晟环保科技有限公司	

8. 智能雨污分流装置

1）性能特点

智能雨污分流装置采用 ABS、PP、PE、PVC 等耐久材料制造，可精确判别雨污混接管中的雨污水性质，具有全自动、无动力、无误判、无污染、体积小、易安装、免维护等特点。

智能雨污分流装置的合流管连接雨污混流管，判别管就近连接无污水汇入的雨水排水管，排污管接入污水管网，排水管连接雨水管网。装置通过判别管道中有无雨水汇入，确定合流管处于降雨状态还是排污状态，根据水质判断情况，执行机构自动将污水排入污水管网、雨水排入雨水管网。

智能雨污分流装置适用于雨污合流管道的分流改造，特别是不具备新增分流管路条件的建筑小区阳台雨水管的分流改造。

2）装置外形及安装示意图

智能雨污分流装置外形及安装示意见图 14-224。

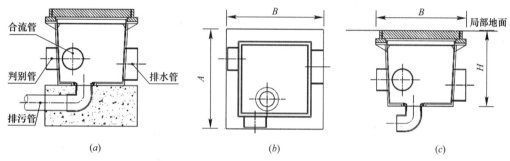

图 14-224　智能雨污分流装置外形及安装示意图

（a）安装示意图；（b）平面图；（c）立面图

3）性能参数及外形尺寸

智能雨污分流装置的性能参数及外形尺寸见表 14-224。

智能雨污分流装置性能参数及外形尺寸表　　　　　　　　　表 14-224

型号	混流管管径	排污口通径	雨水排管管径	井盖尺寸（mm）	外形尺寸（mm）$A \times B \times H$
RSD-110	110	70	160	400×400	470×470×380
生产企业	上海同晟环保科技有限公司				

4）选用注意事项

（1）适宜环境温度：−20～55℃；

（2）应置于无强氧化剂和强辐射影响的环境；

（3）不适用于在有浓氧化酸如浓硫酸、浓硝酸的环境中使用；

（4）不适用与芳香烃、氯化烃接触的场合。

14.7.4　雨水收集利用储存装置

1. 一体化小型雨水储存装置

1）性能特点

一体化小型雨水储存装置是以 HDPE 密封式贮罐为基体，在罐内配套设置相应的机电设备。罐体可以设置在地面上或埋入地下，自屋面或其他场所收集的雨水在罐内进行简易处理。装置占地面积小，安装灵活，可供冲厕、绿地浇灌、洗车、水景补水等用途。广泛应用于小型建筑、别墅、洗车场、住宅的雨水收集与利用。

2) 外形图及性能参数

一体化小型雨水储存装置外形及性能参数见表 14-225。

一体化小型雨水储存装置外形及性能参数表　　　　表 14-225

（一）WT-C 系列

颜色：黑色/灰色

外形图

型号	名称	外形尺寸（mm）	容积（m³）
WT-C350B	地面安装储水罐	1800×1970×470	3.5
WT-C350G	地面安装储水罐	1800×1970×470	3.5
WT-C350B/Z	埋地安装储水罐	1800×1970×470	3.5
WT-C500B	地面安装储水罐	2200×2290×470	5.0

（二）WT-S 系列

颜色：多种可选

外形图

型号	名称	外形尺寸（mm）	容积（m³）
WT-S125	地面安装储水罐	1240×720×1520	1.25

（三）WT-E 系列

颜色：多种可选

外形图

型号	名称	外形尺寸（mm）	容积（m³）
WT-E100	地面安装储水罐	1460×690×1535	1.0
研发、生产企业	中关村海绵城市工程研究院有限公司		

2. 塑料模块组合水池

塑料模块组合水池由多个 PP 模块单体组合，在现场拼合成整体，并通过包裹防渗材料，形成地下蓄水池。塑料（PP）模块组合水池有四种不同结构形式的模块，应对各种不同使用环境的需求。

1）性能特点

PP 组合模块水池具有布局灵活、施工快捷、抗老化、防藻类滋生、抗震性能好、不会渗漏、可拆卸异地重建等特点，配合雨水渗排一体化系统、路面渗水板等产品使用可取代透水砖及硬化路面，有效改善路面积水，缓解城市内涝，可用于小型建筑、别墅、洗车场、住宅的雨水收集与利用。

2）外形及性能参数

塑料模块组合水池外形见表 14-226，性能参数见表 14-227。

塑料模块组合水池表 　　　　　　　　　　　　　　　　　　　表 14-226

整体式储水模块 SLMK-Ⅰ/Ⅱ	拼装式储水模块 SLMK-Ⅲ	组合式储水模块 SLMK-Ⅳ
研发、生产企业	中关村海绵城市工程研究院有限公司	

塑料模块组合水池性能参数表 　　　　　　　　　　　　表 14-227

型号	竖向承压	空隙率	最大允许埋深	产品特点	连接方式	适用场合
SLMK-Ⅰ	400kN/m²	95.5%	4.0m	结构稳定，承压能力强，安装快捷，有效容积大	平面：连接卡 竖向：圆管连接	
SLMK-Ⅱ	400kN/m²	95.5%	4.0m		平面：X 连接件 竖向：圆管连接	
SLMK-Ⅲ	150kN/m²	94.3%	2.5m	体积小，特殊地形施工安装便捷	平面：X 连接件 竖向：插板连接	绿化带内
SLMK-Ⅳ	450kN/m²	95.5%	6.0m	承压能力强，体积小，杂质通过性好（50mm 粒径颗粒可在模块内流通），配有进出水配件和排泥通道	平面：X 连接件 竖向：圆管连接	市政调蓄池
研发、生产企业	中关村海绵城市工程研究院有限公司					

3. 玻璃钢贮水池

1）性能特点

玻璃钢贮水池筒体采用优质高强度玻璃钢复合材料制成，具有占地面积小、无渗漏、耐压、抗腐蚀、抗冲击、安装方便、施工周期短、维护成本低等特点，广泛应用于小型建筑、别墅、洗车场、住宅的雨水收集与利用工程。

2）贮水池内部器材配置与工艺流程

玻璃钢贮水池内部器材配置及工程流程图见图 14-225。

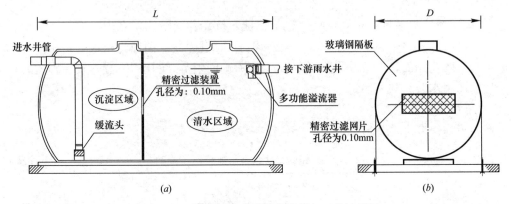

图 14-225　玻璃钢贮水池设备配置与工艺流程图
（a）纵向剖面图；（b）横向剖面图

3）外形结构与规格尺寸

玻璃钢贮水池外形结构见图 14-226，规格尺寸见表 14-228。

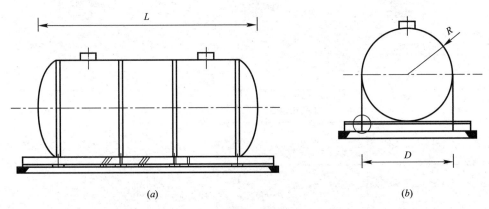

图 14-226　玻璃钢贮水池外形结构图
（a）正视图；（b）侧视图

玻璃钢贮水池规格尺寸表　　　　　　　　　　　　　　　表 14-228

容积（m³）	直径 D（mm）	总长 L（mm）
20	2300	4900
30	2500	6200
40	3000	5800
50	3000	7200
75	3000	10800
100	3000	14200
技术研发与咨询单位	浙江一体环保科技有限公司	

注：特殊规格的玻璃钢水池可由厂家定制，单个水池最大 108m³，可采用两个或多个水池组合安装。

4. 拱形调蓄装置

1）性能特点

拱形调蓄装置由主排和支排组成，主排用于导流和排泥，支排用于储存雨水。拱形调蓄装置收集井在进口处把雨水收集起来，用管道输送至地下滞洪系统，替代水箱，混凝土结构或管石结构。拱形调蓄装置可提供包括过滤、收集、储存、下渗和补充地下水等一个完整的暴雨渗、蓄、排综合管理系统。

拱形调蓄装置采用"平流沉沙"设计，每隔 30～50m 设置一个泥斗及与其对应的检查井，定期使用泥浆泵将淤泥抽出，有效地解决了排泥难、管道堵塞等问题。

拱形调蓄装置底部铺设 20cm 级配填料层，加大与土壤的接触面积，加快雨水渗透。适用于缺水、植物无法生长地带的雨水下渗与储存回用。

2）拱形调蓄装置结构

如图 14-227 所示，拱形调蓄装置由凹槽 1、孔隙 2 两部分组成。

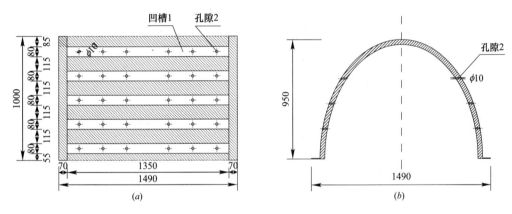

图 14-227　拱形调蓄装置结构示意图
（a）平面图；（b）剖面图

3）技术性能参数

拱形调蓄装置技术性能参数见表 14-229。

拱形调蓄装置技术参数表　　　　　　　　　　　　表 14-229

型号	技术性能参数	材质	外形尺寸（mm）
JC-SS-1000	拉伸强度≥11MPa，承载力≥8kN，延伸率≥10%，断裂伸长率≥8%	PP 大豆聚酯	1490×1000×950
生产企业	上海佳长环保科技有限公司		

14.7.5　RC 系列线性排水沟

1. 产品特点

RC 系列线性排水沟为 PE 材质树脂混凝土，沟体断面采用 U 形设计，排水流速大，具有良好的沟底自净能力。具有重量轻、强度高、耐严寒、表面光滑、使用寿命长、抗腐蚀性能好等优点。沟盖板采用不锈钢、镀锌钢板、球墨铸铁等材质。

2. 适应范围

RC 系列线性排水沟适用于欧标 EN1433 所规定的 A15 至 D400 各种道路荷载等级，广泛应用于人行道、城镇道路路面、广场、停车场以及各种车辆通行区域。

3. 技术性能参数

RC 系列线性排水沟密度为 2.1～2.3g/cm^3，弯曲抗拉强度≥22N/mm^2，抗压强度＞90N/mm^2，弹性模量＞22kN/mm^2，渗水深度 0mm（符合 DIN4281 标准）。

4. 外形及外形尺寸

RC 系列线性排水沟外形图及外形尺寸见表14-230。

RC 系列线性排水沟外形图及外形尺寸表　　　　　　　　　　表 14-230

（一）缝隙式树脂混凝土排水沟（RC-F 系列）

 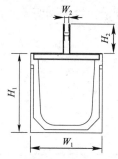

外形结构图

型号	产品代码	沟体尺寸（mm）			盖板尺寸（不锈钢）（mm）		
		W_1	H_1	L_1	W_2	H_2	L_2
RC-F1010	10603001	120	135	1000	15	80	1000
RC-F1020	10603002	120	230	1000	15	100	1000
RC-F1040	10603003	120	375	1000	15	100	1000
RC-F2020	10603004	190	220	1000	15	100	1000
RC-F3020	10603005	315	230	1000	15	100	1000
RC-F3030	10603006	315	330	1000	15	100	1000
RC-F3031	10603007	310	285	1000	15	100	1000
RC-F4040	10603008	360	430	1000	15	100	1000
RC-F4050	10603009	360	530	1000	15	100	1000
RC-F4041	10603010	380	430	1000	15	100	1000

（二）平箅式（不锈钢）树脂混凝土排水沟（RC-P 系列）

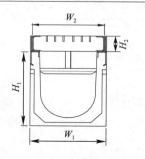 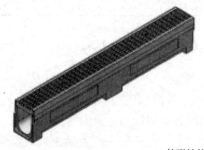

外形结构图

（二）平箅式（不锈钢）树脂混凝土排水沟（RC-P 系列）

型号	产品代码	沟体尺寸（mm）			盖板尺寸（不锈钢）（mm）		
		W_1	H_1	L_1	W_2	H_2	L_2
RC-P1010S	10601001	120	135	1000	113	28	1000
RC-P1040S	10601002	120	375	1000	113	28	1000

（三）平箅式（铸铁）树脂混凝土排水沟（RC-P 系列）

 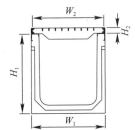

外形结构图

型号	产品代码	沟体尺寸（mm）			盖板尺寸（铸铁）（mm）		
		W_1	H_1	L_1	W_2	H_2	L_2
RC-P3030C	10601003	310	285	1000	302	20	1000
RC-P2030C	10601004	260	285	1000	252	20	1000

（四）可调坡度缝隙式排水沟（RC-FA 系列）

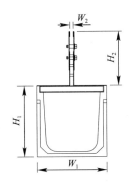 

外形结构图

型号	产品代码	沟体尺寸（mm）			盖板尺寸（不锈钢）（mm）		
		W_1	H_1	L_1	W_2	H_2	L_2
RC-FA3020A	10604001	315	230	1000	15	96～117	1000
RC-FA3020B	10604002	315	230	1000	15	117～169	1000
RC-FA3020C	10604003	315	230	1000	15	169～241	1000
RC-FA3020D	10604004	315	230	1000	15	241～300	1000
RC-FA3030A	10604005	315	330	1000	15	96～117	1000
RC-FA3030B	10604006	315	330	1000	15	117～169	1000
RC-FA3030C	10604007	315	330	1000	15	169～241	1000
RC-FA3030D	10604008	315	330	1000	15	241～300	1000

续表

（五）渗透式树脂混凝土排水沟（平算式不锈钢）（RC-PI 系列）

 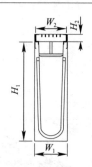

外形结构图

产品型号	产品编码	沟体尺寸（mm）			盖板尺寸（不锈钢）（mm）		
		W_1	H_1	L_1	W_2	H_2	L_2
RC-PI1040	10602011	120	375	1000	113	28	1000
研发、生产企业		中关村海绵城市工程研究院有限公司					

注：产品规格参考中关村海绵城市工程研究院有限公司资料。

第 15 章　建筑排水管道施工安装

15.1　建筑排水管道施工安装应遵从的原则

1. 符合现行相关标准的要求

建筑排水管道及支、吊架安装应符合《建筑给水排水及采暖工程施工质量验收规范》GB 50242、《建筑机电工程抗震设计规范》GB 50981 及其他相关现行标准的要求。

2. 符合重力流管道安装要求

建筑排水系统绝大部分为重力流，其特征是单向的和向下的。确保立管垂直度及设计规定的横管安装坡度事关立管排水能力和横管水力性能。试验显示，排水立管安装垂直度偏差超过 10mm，排水能力可能下降 5% 左右。同样，排水横管安装坡度过小会使管道排水流速及自清能力降低，过大也会使横管水流在出口端形成壅塞，造成排水横支管产生自虹吸现象及连接在横干管上的底层用户卫生器具出现正压喷溅现象。因此，排水立管安装垂直度应符合《建筑给水排水及采暖工程施工质量验收规范》GB 50242 的规定，排水横支管及横干管安装坡度应符合《建筑给水排水设计标准》GB 50015 及施工设计图的规定。

3. 排水顺畅

排水横管分支接口采用 45°斜三通或 45°顺水三通及管道转弯处采用弯曲半径较大的 90°弯头，可较好的引导水流，降低排水阻力，提高污物输送能力。试验证明，横管分支口采用 90°顺水三通及转弯处采用弯曲半径较小（小于管径）的 90°弯头和双 45°弯头，都会使管道污物输送能力有所降低。因此，在排水横管上应尽量避免采用 90°顺水三通和弯曲半径较小的弯头。

4. 防止横支管污水倒流

防止排水横支管污水倒流的方法，除了在分支接口采用具有引导水流方向功能的 45°斜三通或 45°顺水三通外，在横支管变径处也应采用管顶平接的偏心异径管件。

5. 管道及接口运行安全可靠

建筑排水管道安装正确与否，事关系统运行安全。其中主要包括：1）安全可靠的管道固定方式；2）足够的变形补偿间隙；3）接口的柔性及抗震性能；4）预期寿命周期内安全可靠的支吊架附件。

6. 便于日常清理维修

建筑污水排水管道输送介质条件较为恶劣，容易出现管道淤塞，安装时要考虑到便于日常清理维护和管道更换。包括检查口、清扫口设置的位置及预留足够的维护操作空间。同时，应推广便利化维修的管道安装方案。

15.2　建筑排水管道接口的安装方法

1. 塑料排水管道接口安装

1）PVC-U 排水管材粘接接口的安装方法

（1）按照安装所需长度裁切管材，切口应平整并垂直于管身，断面处不得有变形。

（2）插口处锉成 15°～30°坡口，坡口完成后应将残屑清除干净。

（3）选用专用胶粘剂，涂刷管材与管件的接合面，应轴向涂刷，动作迅速涂抹均匀，且涂刷的胶粘剂要适量。冬期施工，应先涂承口后涂插口。

（4）承插口涂刷胶粘剂后，应立即将管子对正插入承口至符合深度的标记，并确保接口的垂直度和位置正确。插入后旋转 90°，保持 2～3min，防止接口滑脱。

（5）擦拭干净接口部位挤出的胶粘剂。

（6）根据气候条件静置，直到接口固化为止。冬季或雨季应适当延长静置时间。

2）HDPE 和 HTPP 排水管材热熔焊接接口的安装方法

接口热熔焊接方式有三种：热熔对接焊、热熔电熔管箍和热熔承插焊。

（1）热熔对接焊

① 按照安装所需长度裁切管材，切口断面应平齐，应与管轴线近似垂直的 90°；

② 保持焊接部位及焊接工具板的清洁，不要用手触摸；

③ 焊接件之间应相互对齐，对接偏差不得超过壁厚的 10%；

④ 根据环境温度和条件，正确调整焊接板焊接温度，通常采用 PE80 材料 180～190℃，PE100 材料 210～220℃，HTPP 材料 210～220℃；

⑤ 焊接连接过程中应正确施加焊接压力，通常焊接压力（kgf）＝外径（mm）×壁厚（mm）/30；保压和冷却的时间，分别为壁厚（mm）的 10 倍（sec）；

⑥ 管道焊接线的翻边高度，不得小于焊接件壁厚的 50%；

⑦ 排水立管的管道接口，焊接后应清理和除去焊口内壁熔融凸起物。

（2）热熔电熔管箍

① 按热熔对接焊连接方法（1）和（2）做好连接前的准备工作；

② 把焊接管材或管件插入电熔管箍至限位机构后，在焊接管体表面沿电熔管箍的端面画线标记插入深度位置；

③ 焊接管材或管件应与电熔管箍的 90°周向定位线对齐；

④ 当进行安装焊接时，电熔管箍限位机构可以保持原有状态；

⑤ 当进行维修焊接时，用焊接管材或管件插入的冲击力冲断限位机构，或者取下限位环，使电熔管箍可以在被焊接管材或管件外径全程移动；

⑥ 把焊接管材或管件表面上的标识线与电熔管箍端部对齐后，接通电熔设备根据说明书规定进行焊接；

⑦ 焊接过程中，不得移动焊接件或者施加任何压力。焊接后，要自然冷却；

⑧ 焊接后，观察焊接指示针是否凸起。如焊接失败，应更换电熔管箍重新焊接。

（3）热熔承插焊

采用专用电热热熔机具，将管材插口端外表面和管件承口内表面同时加热，被加热表面部分塑料树脂热熔，然后插口和承口承插连接，使树脂熔融相互粘合、凝结，达到接口连接和密封的效果（如图15-1）。

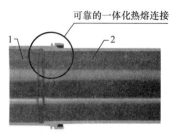

图 15-1　热熔承插接口示意图
1—承口端；2—插口端

安装方法如下（见图15-2）：

① 应先将热熔机具接通电源，达到工作温度后方可用于管接口的热熔加工；

② 按安装所需长度裁切管材，管材端面应与管轴线垂直，偏差应不大于±1°；

③ 去除切割断面的毛边和毛刺。管材插口外表面与管件承口内表面应清洁、干燥、无油，可用干布或丙酮等进行清洁；

④ 根据管件承口深度，在管材插口端测量出应插入深度并划线标记；

⑤ 无旋转地将管材插入端导入加热套内，插入到标记线的深度，同时，无旋转地将管件承口套入加热头上，直到承口端面达到规定深度的标记处；

⑥ 达到加热时间后，立即把管材与管件从加热套和加热头上同时取下，迅速无旋转地沿管轴线均匀相互对插到标记线的深度。

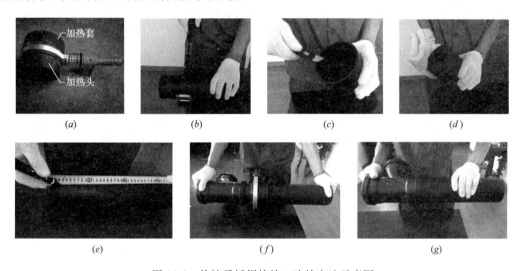

(a)　　　　(b)　　　　(c)　　　　(d)

(e)　　　　(f)　　　　(g)

图 15-2　热熔承插焊接接口连接方法示意图

3）塑料排水管柔性承插接口的安装方法

塑料排水管柔性承插接口主要包括柔性承插接口和柔性法兰承插接口两类。

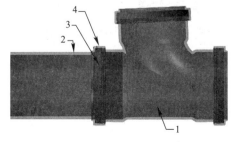

图 15-3　塑料排水管柔性承插接口示意图
1—管件；2—管材插口端；3—密封胶圈；4—锁紧卡箍

（1）塑料排水管柔性承插接口

塑料排水管柔性承插接口是由管材插口、管件承口、密封胶圈和锁紧卡箍组成（如图15-3）。

安装方法如下（见图15-4）：

① 按安装所需长度裁切管材，管材端面应与管轴线垂直，偏差应不大于±1°；

② 去除裁切端面的毛边和毛刺。采用专用倒角器，将管端外倒角；

589

③ 清洁承口的内壁和插口的外壁，必要时可使用丙酮溶剂清洁；

④ 按管件承口深度减去 10mm 作为管材插入长度，在管材插口端测量标记；

⑤ 将橡胶密封圈安放在承口密封槽内，在橡胶密封圈及管材插口外表面均匀涂抹润滑剂；

⑥ 将管材插口匀速插入管件承口至标记处。插口端应与承口端面保持垂直，防止橡胶密封圈脱落。也可采用辅助拉入器械插接。

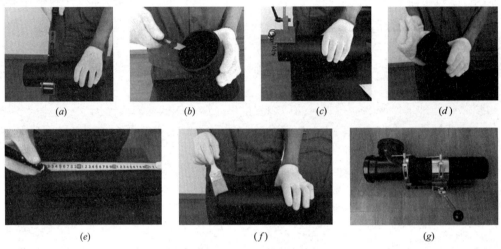

(a)　　　　(b)　　　　(c)　　　　(d)

(e)　　　　(f)　　　　(g)

图 15-4　塑料排水管柔性承插接口安装方法示意图

（2）玻璃纤维改性聚丙烯（FRPP）塑料排水管法兰式承插接口的安装方法

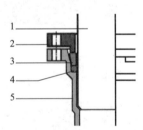

图 15-5　FRPP 塑料排水管法兰式
承插接口结构示意图
1—管材插口；2—法兰压盖；
3—锁紧环；4—密封胶圈；5—承口

玻璃纤维改性聚丙烯（FRPP）塑料排水管法兰式承插接口是由插口（管材）、法兰压盖、锁紧环、密封胶圈、承口（管件）组成（见图 15-5）。

安装方法如下（见图 15-6）：

① 将法兰压盖套入管材的一端（注意上下面）；

② 再套入锁紧环、橡胶密封圈；

③ 将管材插入管件承口内；

④ 对称均匀的锁紧螺栓，安装完成；

⑤ 对那些位于墙角、不易操作的位置，使用软轴可轻松方便的紧固螺栓。

(a)　　　(b)　　　(c)　　　(d)　　　(e)

图 15-6　塑料排水管法兰式承插接口安装方法示意图

2. 机制柔性接口铸铁排水管安装

管材管件应依据现行国家及行业标准生产。建筑排水柔性接口铸铁管材接口型式主要

590

分为不锈钢卡箍柔性接口和机械式柔性接口（或称柔性承插接口）。

1）建筑排水铸铁管材不锈钢卡箍柔性接口安装方法

用于无承口铸铁排水管材柔性卡箍接口安装的不锈钢卡箍主要包括：W 型不锈钢卡箍（《建筑排水用卡箍式铸铁管及管件》CJ/T 177 为钢带型，见图 15-7a）和 W1 型不锈钢卡箍（《建筑排水用卡箍式铸铁管及管件》CJ/T 177 为拉锁型，见图 15-7b）两大类。W 型不锈钢卡箍主要用于 W 型铸铁排水管材，也可用于 W1 型铸铁排水管材。依据现行标准 W 型不锈钢卡箍各部件材质应为《不锈钢和耐热钢　牌号及化学成分》GB/T 20878—2007 所规定的奥氏体不锈钢 12Cr17Ni7（S30110）、06Cr19Ni10（S30408）和 06Cr17Ni12Mo2（S31608）材质。W1 型不锈钢卡箍为奥氏体不锈钢 06Cr19Ni10（S30408）和 06Cr17Ni12Mo2（S31608）材质。

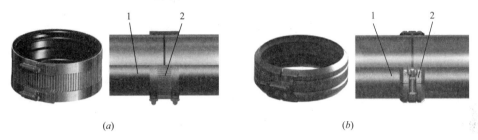

图 15-7　不锈钢卡箍及接口

(a) W 型不锈钢卡箍及接口；(b) W1 型不锈钢卡箍及接口

1—无承口管端；2—不锈钢卡箍

W、W1 型无承口铸铁管柔性接口安装方法（参阅图 15-8）：

(1) 安装前应确保直管或管件端口断面垂直、光滑、无飞边毛刺，以免划伤橡胶密封圈。安装时宜采用生产商提供的专用扳手或扭矩扳手（见图 15-8a）；

(2) 用扭矩扳手松开卡箍螺栓，取出胶圈，套入直管或管件端口一端，使胶圈内中间凸缘与端口断面完全接触为止（见图 15-8b）；

(3) 将套入的胶圈另一端完全下翻，使胶圈中间凸缘平面完全暴露（见图 15-8c）；

(4) 将另一直管或管件端口垂直放在胶圈凸缘平面上，将下翻的胶圈复位，将两侧直管或管件调整至同一轴线上（见图 15-8d）；

(5) 上移卡箍至橡胶密封圈的部位，使之与胶圈端面平齐（见图 15-8e）；

(6) 用扭矩扳手依次交替紧固卡箍螺栓，切忌将一边螺栓一次紧固到位，造成卡箍扭曲变形，也不要用力过大，造成螺栓打滑（见图 15-8f）。

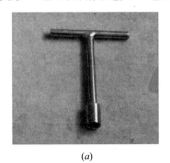 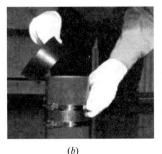 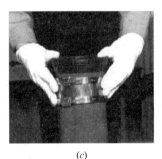

(a)　　　　　　　　　(b)　　　　　　　　　(c)

图 15-8　W、W1 型不锈钢卡箍接口安装步骤示意图（一）

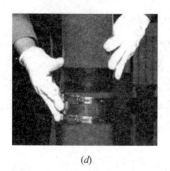 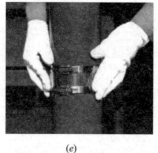 

（*d*）　　　　　　　　　　（*e*）　　　　　　　　　　（*f*）

图 15-8　W、W1 型不锈钢卡箍接口安装步骤示意图（二）

W、W1 型不锈钢卡箍紧固螺栓安装扭矩可参考表 15-1。

W、W1 型不锈钢卡箍紧固螺栓安装扭矩　　　　　　　　　表 15-1

不锈钢卡箍规格 *DN*	安装扭矩（N·m）	
	W 型	W1 型
50	7.5	18
75		18
100		
125		22
150		22
200		30
250		—
300		—

接口安装完毕后，应在通水和灌水试验时逐个检查接口，如有渗漏，应重新紧固卡箍螺栓。如发现因卡箍脱扣无法紧固或橡胶密封套有缺陷，应及时更换。

2）建筑排水铸铁管材机械式柔性接口安装方法

用于机械式柔性接口铸铁排水管材接口型式主要包括《排水用柔性接口铸铁管、管件及附件》GB/T 12772 规定的 A 型接口和 B 型接口及《建筑排水用柔性接口承插式铸铁管及管件》CJ/T 178 规定的 RC 型接口。其结构形式均为承插式法兰压盖橡胶圈密封的柔性接口。A 型铸铁管直管及管件均为单承口（如图 15-9*a*）。B 型铸铁管管件为双承口，直管为 W 型或 W1 型无承口管材（如图 15-9*b*）。RC 型铸铁管管件为单承口和双承口，直管为单承口和无承口管材（如图 15-9*c*）。

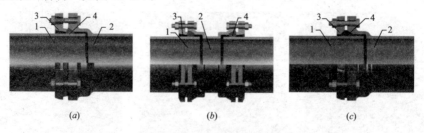

（*a*）　　　　　　　（*b*）　　　　　　　（*c*）

图 15-9　机械式柔性接口铸铁排水管材接口型式

（*a*）A 型接口；（*b*）B 型接口；（*c*）RC 型接口

1—插口端；2—承口端；3—法兰压盖；4—橡胶密封圈

机械式柔性接口铸铁排水管材接口安装方法（参阅图 15-10）：

（1）安装前应确保直管或管件端口断面垂直、光滑、无飞边毛刺，以免划伤橡胶密封圈。准备好安装所需的法兰压盖、橡胶密封圈、螺栓螺母、卷尺、记号笔及扳手（见图 15-10*a*）；

（2）在插口管材外壁上面画好安装线，承插口端部间隙取 3～5mm，安装线所在平面应与管轴线垂直（见图 15-10*b*）；

（3）在插口端先套入法兰压盖，再套入密封胶圈，胶圈边缘与安装线对齐（见图 15-10*c*）；

（4）将插口端插入承口内，为保持胶圈在承口内深度相同，在推进过程中尽量使插入管与承口管保持在同一轴线上。移过法兰压盖，穿上螺栓，拧上螺母（见图 15-10*d*）；

（5）紧固螺栓应确保胶圈均匀受力，不得一次紧固到位，要逐个依次均匀紧固，直至将胶圈均匀压紧（见图 15-10*e*）。

   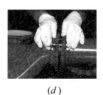

（*a*）　　　　（*b*）　　　　（*c*）　　　　（*d*）　　　　（*e*）

图 15-10　机械式柔性接口铸铁排水管材接口安装步骤

机械式柔性接口紧固螺栓安装扭矩可参考表 15-2。

机械式柔性接口紧固螺栓安装扭矩　　　　　　　　表 15-2

紧固螺栓规格	最佳拧紧扭矩值（N·m）
M8	12
M10	25
M12	40
M16	40

机械式柔性接口安装过程中应保持管道插口与承口底面 3～5mm 的热变形补偿间隙，事关管道运行安全。除按图 15-10（*b*）的方法外，也可先将管插口端插到承口底面，在橡胶密封圈外端面处的插口管上划标记线，然后将橡胶密封圈向插口管端移 3～5mm，再一起插入承口，逐个紧固螺栓压紧法兰压盖。

接口安装完毕后，应在通水和灌水试验时逐个检查接口，如有渗漏，应重新紧固。

3）铸铁排水管材与塑料排水管材异径连接及接口安装

由于塑料排水管材与铸铁排水管材部分规格的口径尺寸不同，两种不同材质管道连接及接口安装时应注意以下事项：

（1）塑料排水管材与铸铁排水管材不宜用于同一根排水立管上，以防因管内径尺寸差异而导致漏斗形水塞现象的发生；

（2）当排水立管和通气立管分别采用铸铁排水管材和塑料排水管材时，应考虑到两种材质热变形系数的差异，采取热变形补偿措施，防止两立管之间的连接管件接口因伸缩移位而拉脱漏水；

（3）由于部分规格塑料管材内径小于铸铁管，在横支管上塑料管材应设置在铸铁管的上游（按水流方向，如图 15-11），以防产生管内积水；

（4）铸铁排水管卡箍式柔性接口和机械式柔性承插接口均可与外径尺寸相同的塑料管材直接连接。当遇部分塑料管外径尺寸小于同规格铸铁管时（如 $dn50$、$dn75$ 塑料管等），应采用异径胶圈卡箍或异径法兰和法兰胶圈进行接口连接安装（如图 15-11）。

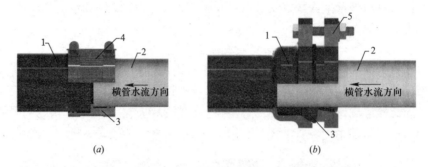

图 15-11　铸铁排水管与塑料排水管异径连接安装示意图

（a）柔性卡箍接口连接；（b）柔性法兰承插接口连接

1—铸铁管；2—塑料管；3—异径密封胶圈；4—不锈钢卡箍；5—法兰压盖

3. 建筑排水管材柔性接口的防脱加固

柔性接口建筑排水管材接口抗拉拔能力较低，当管道关键节点接口需要进行防脱加固时，可根据不同接口型式采用以下防脱加固方式：

1）铸铁排水管不锈钢卡箍柔性接口防脱加固

根据管材接口采用的不锈钢卡箍型式不同，按照《排水用柔性接口铸铁管、管件及附件》GB/T 12772—2016 附录 C 中的规定，分别选用 W 型不锈钢卡箍加强箍或 W1 型不锈钢卡箍加强箍，加装在已安装了不锈钢卡箍接口的外侧，以防止接口受力拉脱（见图 15-12）。

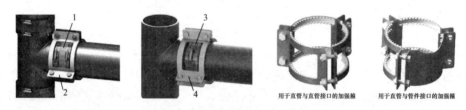

图 15-12　不锈钢卡箍接口防脱加固及加强箍示意图

1—W 型不锈钢卡箍；2—W 型不锈钢卡箍加强箍；3—W1 型不锈钢卡箍；4—W1 型不锈钢卡箍加强箍

用于直管与管件连接的不锈钢卡箍接口防脱加固，其多片加强箍组件中至少应有一单片在管件安装一侧带有弧形缺口，以避让管件过渡结构和狭窄部位（见图 15-13）。

图 15-13　用于直管与管件连接的不锈钢卡箍加强箍安装示意图

2）铸铁排水管机械式柔性承插接口防脱加固

铸铁排水管机械式柔性承插接口防脱加固一般采用防脱卡、止脱锁环和自锚胶圈等三种方式。

（1）防脱卡防脱加固

机械式柔性承插接口可采用碳钢镀锌或不锈钢防脱卡（见图 15-14）进行防脱加固。其抗拉拔力可达 0.8～1.2MPa，常用于建筑污、废水排水管道关键节点的加固。

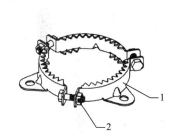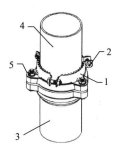

图 15-14　防脱卡及接口加固示意图

1—防脱卡箍；2—锁紧螺栓、螺母；3—承口端；4—插口端；5—紧固螺栓螺母垫圈

（2）止脱锁环防脱加固

止脱锁环产品及其防脱加固安装方法可按照《建筑屋面雨水排水铸铁管、管件及附件》GB/T 37357—2019 附录 C 和附录 F 的规定。这种防脱接口是采用在现有机械式柔性承插接口密封胶圈两端加装支撑环和止脱锁环，实现柔性接口防脱卡加固（见图 15-15），接口抗拉拔力最高可超过 3.0MPa。常用于建筑室内铸铁承压雨水排水管道关键节点的防脱加固。

（3）自锚胶圈加固

自锚胶圈是用于机械式柔性承插接口铸铁管接口的兼具密封和止脱功能的密封胶圈。这种橡胶密封圈内均匀分布着一定数量的硬质合金齿块，使其可以产生摩擦力，以抗拒轴向张力，防止管子插口滑落（见图 15-16）。采用自锚胶圈加固的机械式柔性承插接口，抗拉拔力最高可达 4.0MPa。常用于建筑室内铸铁承压雨水排水管道关键节点的防脱加固。

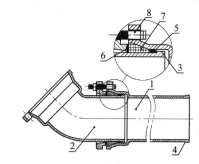

图 15-15　止脱锁环及接口加固图

1—承口端；2—插口端；3—管件插口带止脱凸缘；
4—直管插口堆焊止脱凸缘；5—止脱锁环；
6—支撑环；7—橡胶密封圈；
8—法兰压盖紧固螺栓

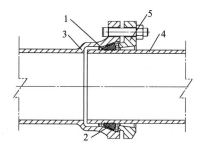

图 15-16　自锚胶圈及接口加固示意图

1—自锚胶圈；2—止脱齿块；3—铸铁管承口端；4—铸铁管插口端；5—法兰压盖

3）塑料排水管柔性承插接口防脱加固

塑料排水管柔性承插接口防脱加固一般采用不锈钢材质防脱安全卡（见图 15-17）。用于加固底部弯头、悬吊横管、管帽及清扫口等容易脱落的部位。

图 15-17　防脱安全卡及安装示意图

15.3　排水立管及排出管安装

建筑排水立管的正确安装事关系统排水性能、环境噪声、运行安全及维修便利。许多排水管道故障源自安装辅材选择不合理及不正确的安装施工。

1. 立管固定支架安装

用于排水立管固定的支架可根据国标图集《室内管道支架及吊架》03S402 选用和制作。当排水立管为铸铁或塑料材质时，宜采用受力面较大的扁钢或带钢形管卡（见图 15-18*a*、*b*），管卡的开口应等于或大于管子的外径，切忌采用受力面集中和开口小于管道外径的圆钢类 U 形卡（如图 15-18*c*），以防管材被夹裂或变形。此类事故在工程中时有发生，造成不必要的经济损失。带钢形管卡板材厚度应根据荷载、使用寿命和腐蚀裕度选择。目前市面上过薄的金属管卡和塑料管卡，往往因腐蚀和老化过早损坏，造成管道脱落事故。

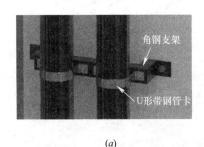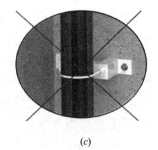

（*a*）　　　　　　　　（*b*）　　　　　　　　（*c*）

图 15-18　带钢形立管管卡安装图示

1）在室内承重墙体和立柱等构件上固定立管时，宜采用如图 15-18（*a*）、（*b*）所示的镀锌碳钢管卡，管卡板材厚度不应小于 2.5mm，以保证管卡的预期使用寿命。

2）在结构楼板固定立管时，宜采用如图 15-19（*a*）所示的型钢支架和半圆形镀锌碳钢管卡或图 15-19（*b*）、（*c*）所示的带固定耳的镀锌碳钢管卡，管卡板材厚度不应小于 2.5mm。

3）在外墙安装的铸铁排水立管，应采用耐腐蚀性能较好的球墨铸铁管卡（见图 15-20）、不锈钢管卡或厚度不小于 4.5mm 的镀锌碳钢管卡，以防管卡日久腐蚀损坏，造成管材从高空脱落的安全事故。

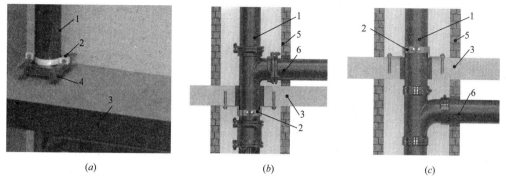

图 15-19　立管在管井及轻质隔墙中安装固定示意

（a）管道井内安装；（b）轻质隔墙同层安装；（c）轻质隔墙异层安装

1—立管；2—管卡；3—楼板层；4—钢支架；5—轻质隔墙；6—横支管

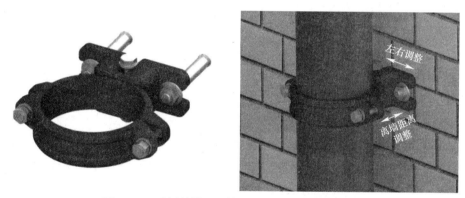

图 15-20　球墨铸铁可调管卡及外墙立管安装示意图

4）用于排水立管固定，宜采用支座可调式管卡（见图 15-18b 和图 15-20），便于调整立管的垂直度。

5）为降低排水立管水流噪声，用于塑料排水立管固定的管卡宜采用加装橡胶条的减振管卡（见图 15-21）。

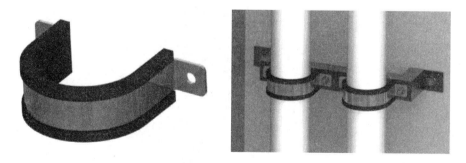

图 15-21　减振管卡及安装图

2. 排水立管的安装固定

建筑排水立管通常通过支架固定在承重墙体或立柱等构件上。当在非承载墙的管井或室内轻质隔墙管井安装立管时，铸铁管可采用如图 15-19 所示的在每层结构楼板的固定方式；塑料排水立管除在结构楼板固定外，还应在轻质隔墙的楼层中间位置设置锚固预埋铁，加装一个带有减振脚垫的滑动支架，以限制管材振动，降低噪声。

建筑排水立管应确保管道安装的垂直度，垂直度偏差每米应不大于 2mm，全长应不大于 5mm。当立管采用管卡固定在型钢支架的安装方式时（如图 15-18a 所示），安装前应先吊垂线调整各楼层型钢支架，确保安装面在同一个垂直面上，固定时管卡位置应可水平调整（型钢支架开长孔），便于调整立管垂直度。采用可调管卡固定时（如图 15-18b 和图 15-20），通过调整管卡座的位置使立管保持垂直。

采用铸铁管材的排水立管，每层或层高小于 4m 时，可设置一个固定管支架。层高超过 4m，可增设一个滑动支架，以调整垂直度。不得在同层内过度设置固定管支架。采用的滑动支架应确保管材可沿轴向自由位移。

采用塑料管材的排水立管，固定管支架设置间距应符合表 15-3 的规定。考虑到一些材质的塑料管材刚性较差，排水量较大时容易产生振动，可根据楼层高度，每层增设 1 个或 2 个带有减振胶条的滑动支架。试验显示，HDPE 和 HTPP 排水立管在大流量排水时，管材振幅可达 10mm，噪声大，影响排水性能。加装滑动支架，情况有很大改善。

塑料排水立管固定管支架最大间距　　　　　　　　　　　　　　　　表 15-3

公称外径（mm）	50	75	110	125	160
支架间距（mm）	1.2	1.5	2.0	2.0	2.0

3. 排水立管和通气立管穿越楼板安装

排水立管和通气立管穿越楼板应设置金属套管，并按照《建筑给水排水及采暖工程施工质量验收规范》GB 50242 的规定安装施工。高层建筑明装塑料排水立管和通气立管，管径大于等于 dn110 穿越楼板应设置阻火圈或阻火胶带。

近年来，为配合装配式建筑排水技术的推广，一种采用可调心、与立管柔性连接的铸铁预埋接管在立管穿越楼板安装中得到了较好应用（如图 15-22）。预埋接管直接现浇在楼板之中，其上、下接口与立管柔性连接，并可调整立管垂直度偏差，可有效避免预留安装洞口二次灌浆造成的渗漏隐患，止水效果很好。

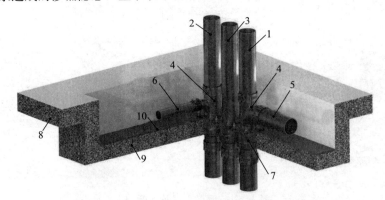

图 15-22　立管预埋接管穿越楼板安装示意图

1—污水立管；2—废水立管；3—共用通气立管；4—90°顺水三通；5—污水横支管；
6—废水横支管；7—预埋接管；8—楼板层；9—沉池结构板；10—找平层

如图 15-23 所示，立管上的接口不得设置在楼板中。连接同层排水系统穿越楼板的立管管件应采用立管加长管件；如选用柔性承插管件，和立管下方接口为平口的单承三通，并与立管采用直通套袖连接。以避免承插接口难以穿越预留管孔。

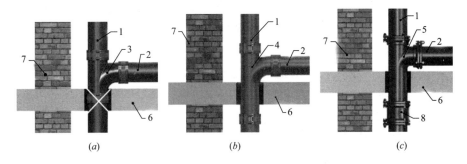

图 15-23　立管接口不得设置在楼板中

(a) 接口不得设在楼板中；(b) 采用加长三通穿越楼板；(c) 采用加长三通穿越楼板

1—立管；2—横支管；3—三通；4—无承口立管加长三通；5—单承口立管加长三通；

6—楼板层；7—墙体；8—承口直通套袖

4. 立管检查口及立管通气管件的安装

1) 立管检查口是用于闭水试验和日常维护的管件。为了便于操作，规格 $DN150$ 及以下的检查口开孔尺寸应与管内径相同。规格 $DN150$ 以上的检查口开孔尺寸不应小于 150mm。塑料检查口宜选用螺纹密封检查口盖型式（如图 15-24a），铸铁检查口应选用外置固定耳式的检查口盖（如图 15-24b），以防漏水和紧固螺栓锈蚀。检查口盖与管内壁宜为圆柱面随形设计（如图 15-25），以避免污物流挂积存或影响水流形态。根据需要也可选用带检查口的立管管件（如图 15-26a）和便于闭水试验的闭水检查口（如图 15-26b）。

图 15-24　排水立管检查口

(a) 塑料立管检查口；(b) 铸铁立管检查口（外置固定耳式）

图 15-25　检查口盖与管内壁随形结构示意图

图 15-26　带检查口立管三通和闭水检查口图示

(a) 带检查口立管三通；(b) 立管闭水检查口

2）立管检查口安装位置应符合《建筑给水排水设计标准》GB 50015 的规定。如有闭水试验要求时，宜在每层设置检查口。设有 H 管件或结合通气管件的楼层，立管检查口应设置在 H 管件或结合通气管件上方、检查口中心距地面不大于 1.5m 的位置，以便排水横支管进行闭水试验。立管检查口正对的方向应便于闭水试验和日常修护。

3）排水立管和专用通气立管宜采用防返流 H 通气管件（如图 15-27a）或结合通气管连接，防止污废水返流进入通气立管。如位置合适，也可采用带检查口的防返流 H 通气管件（如图 15-27b）。结合通气管的安装宜采用图 15-28 所示的连接方式，以确保有足够的高差，避免返流，并节省安装空间。

图 15-27　防返流 H 通气管件外形图

(a) 防返流 H 通气管件；(b) 带检查口防返流 H 通气管件

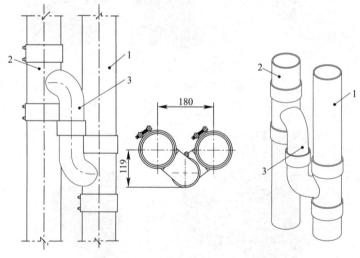

图 15-28　结合通气管安装示意图

1—污水立管；2—通气立管；3—结合通气管

4) 污、废分流共用通气立管系统可采用防返流双 H 通气管（如图 15-29a）或两个防返流 H 通气管件连接（如图 15-29b）。

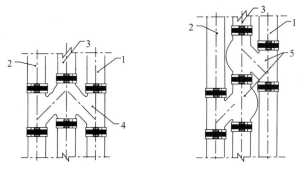

图 15-29　污废分流共用通气立管连接方式图示
1—污水立管；2—废水立管；3—共用通气立管；4—防返流双 H 管件；5—防返流 H 管件

5) 专用通气立管与环形通气管的连接可采用专用立管通气三通（如图 15-30），以节省安装空间。采用专用立管通气三通安装时，立管距墙壁的距离应不小于 130mm。

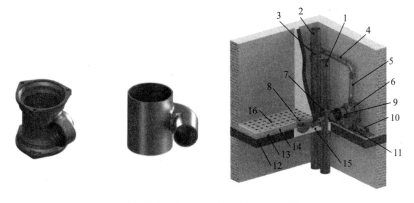

图 15-30　立管通气三通及安装图示
1—排水立管；2—通气立管；3—立管通气三通；4—器具（环形）通气支管；5—乙字弯管；
6—后出水坐便器排水汇集器；7—同层排水专用直角四通；8—侧排水带水封地漏；9—坐便器接口；
10—排水支管接口；11—可调管托架；12—楼板；13—找平层；14—结合层；15—预留管孔二次灌浆；16—地面砖

5. 立管底部弯头、悬吊横干管及排出管等关键节点的防脱固定安装

排水立管系统中偏置横干管、转换层横干管、立管底部弯头及悬吊安装的排出管等管道接口部位，是承受较大垂直或水平荷载和容易造成接口拉脱的关键节点，除了按《建筑给水排水及采暖工程施工质量验收规范》GB 50242 及国标图集《建筑生活排水柔性接口铸铁管与钢塑复合管道安装》13S409 规定设置固定支承和支吊架外，当采用柔性接口管材时，还应对上述关键节点部位的接口采取必要的防脱加固措施。这些措施包括：

1) 采用柔性承插接口塑料管材的立管排水系统，可对接口采用如图 15-17 所示的防脱安全卡加固，或在关键节点部位改用热熔承插或电熔管箍连接，也可改用抗冲击的铸铁管材。

2) 采用柔性接口铸铁管材的排水立管系统，应对转换层、偏置弯头和悬吊横干管、

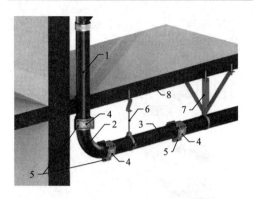

图 15-31　立管弯头及横干管加固示意图
1—排水立管；2—底部弯头；3—排水横干管；
4—不锈钢卡箍；5—防脱加强箍；6—吊卡；
7—防晃支架；8—楼板层

喷溅、水力性能好、排水通气顺畅等优点。

立管底部弯头及悬吊排出管等关键节点的接口进行防脱加固（如图 15-31）。可根据不同接口型式采用如图 15-13、图 15-14、图 15-15 及图 15-16 所示的接口防脱加固方式。

3）除进行接口防脱加固外，还应按照国标图集《建筑生活排水柔性接口铸铁管与钢塑复合管道安装》13S409 的规定，采用防晃支吊架对悬吊横干管进行轴向和横向防晃固定（如图 15-31 和图 15-32）。

6. 立管底部大半径异径弯头安装

排水立管底部采用大半径异径弯头具有弯曲半径大、变径过渡曲面平滑、不易产生"水跃"和排出管壅水现象、可防止底层卫生器具

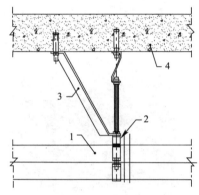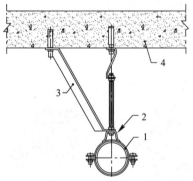

悬吊管轴向防晃固定方法　　　悬吊管横向防晃固定方法
图 15-32　悬吊横干管轴向和横向防晃支吊架固定
1—悬吊管；2—吊卡；3—防晃拉杆；4—楼板层

由于底部采用大半径异径弯头其结构尺寸较大，工程设计时应考虑其结构特点，预留出足够的安装空间，避免出现立管底部偏置和扭曲等不合理安装方式（如图 15-33），以防出现严重喷溅、返臭和管道堵塞现象。

为确保排水顺畅，如大半径异径弯头与悬吊排出管连接直接出户，建议采用如图 15-34 所示的安装方式。如需转弯出户，转弯位置应设置在水平排出管距立管不小于 2m 的位置，且水平转弯宜采用弯曲半径大于等于 3 倍管径的 90°弯头或双 45°弯头。如需要大半径异径弯头直接出户，应预留足够大的安装孔（如图 15-35）。

图 15-33　大半径异径弯头不合理安装

7. 防止排水立管中"漏斗形水塞"的产生

排水立管中的"漏斗形水塞"现象对立管排水系统具有重大影响，会使排水能力下降

25%~50%。"漏斗形水塞"是由于排水立管内壁沿水流下落的迎水面存在环状突出结构，造成管壁附着水流向管中心偏移形成的。为防止这种现象的发生，排水立管安装时应采取如下措施：

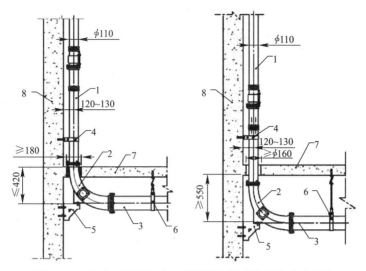

图 15-34　大半径异径弯头与悬吊排出管连接直接出户安装
1—排水立管；2—大半径异径弯头；3—排出管；4—固定墙卡；5—管支架；6—吊卡；7—楼板层；8—墙体

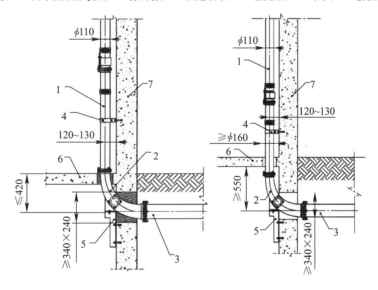

图 15-35　大半径异径弯头直接出户安装
1—排水立管；2—大半径异径弯头；3—排出管；4—固定墙卡；5—管支架；6—楼板层；7—墙体

1）排水立管直管和管件应选用同一壁厚系列的产品，防止因壁厚差在管内壁产生环状突出结构，接口处直管和直管、直管和管件的内径差宜≤1.0mm；

2）采用不锈钢卡箍连接的铸铁排水立管，安装后不锈钢卡箍密封胶套中间肋筋挤压后不得凸出管内壁（如图 15-36）；

3）HDPE 或 HTPP 材质的塑料排水立管应采用电熔管箍或热熔承插接口连接方式。避免采用对接热熔焊连接在立管内壁形成环状熔融积存物（如图 15-37），如采用对接热熔焊连接，管口则应预先采用内倒角或焊接后除去熔融凸起物等措施，确保立管内表面消除环状凸起物。

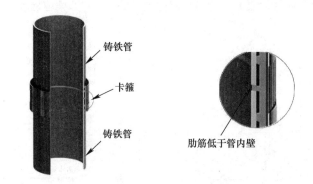

图 15-36　卡箍密封胶套中间肋筋应低于管内壁

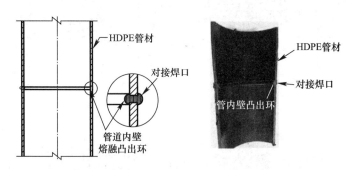

图 15-37　对接热熔焊口在立管内壁会形成环状熔融积存物

8. 确保排水立管的变形补偿间隙和防止柔性接口刚性化

建筑排水立管由于温度变化或振动位移会产生一定的变形量。在以往的工程案例中，管道安装补偿间隙不足和柔性接口刚性化的情况时有发生，导致管道破裂漏水。特别是冬期施工时，管道处于收缩状态，如果补偿间隙不足，夏季高温时管道伸长会造成铸铁管挤压破裂和塑料管变形弯曲。另外，外墙敷设管道因暴晒受热，热变形量会更大。因此，在安装施工过程中确保足够的变形补偿间隙和防止柔性接口刚性化是关系管道系统安全运行的重要环节。

1）当排水立管采用粘接或焊接接口的塑料管材时，必须按设计要求装设伸缩节。如设计无要求时，伸缩节间距不得大于 4m。同时，应合理设置固定管卡和滑动管卡，两伸缩节之间应只设 1 个固定管卡，其余采用滑动管卡，确保管道变形可自由伸缩。

2）当排水立管采用柔性承插接口排水管材时，应确保插口端与承口底部留有足够的补偿间隙（如图 15-38）。铸铁管材间隙应为 3～5mm，塑料管材应为 10mm 左右。

3）实际施工中立管采用柔性承插接口铸铁管材安装时，由于管材自身重量较重，很难确

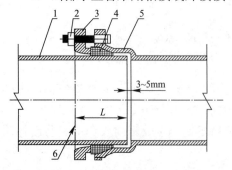

图 15-38　柔性承插接口补偿间隙

1—插口端；2—法兰压盖紧固螺栓；3—法兰压盖；
4—橡胶密封圈；5—承口端；6—安装线

保已安装管道具有足够的补偿间隙，且检查验收困难。建议接口采用减振补偿密封胶圈（如图 15-39）。该胶圈安装便捷，可确保补偿间隙，并可降低噪声传播。

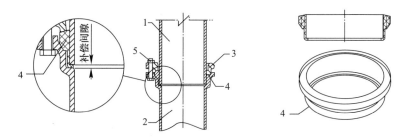

图 15-39 机械式柔性承插接口减震补偿密封胶圈安装示意图
1—插口端；2—承口端；3—法兰压盖；4—减震补偿密封胶圈；5—紧固螺栓

4）柔性接口铸铁管材用于排水立管安装时，同一直管段不得设置两个固定管支架，以确保管材轴向变形伸缩不受约束。

5）安装完毕的柔性承插接口铸铁排水立管，应做好现场成品保护。严禁水泥砂浆灌入法兰压盖与管材间隙中（如图 15-40），如有发现应及时清理，以防柔性接口刚性化，使管材接口失去柔性，造成变形时破裂。

9. 便利化维修的立管安装方案

建筑排水立管安装不仅要考虑到运行的安全，也应考虑方便日后维修更换。柔性承插接口排水立管，按照常规安装方式，管道维修更换较为困难。采用便利化维修立管安装方案，可为日后的维护更换带来便利。按图 15-41 所示的步骤，在每层的柔性承插铸铁排水立管的一个接口采用直通套袖连接，便可方便的拆除需要更换的立管。柔性承插接口塑料管则可每层设置一个深承口的伸缩节，利用伸缩节轴向移动管材，可拆除和更换管道。

图 15-40 及时清理法兰压盖间隙中水泥砂浆

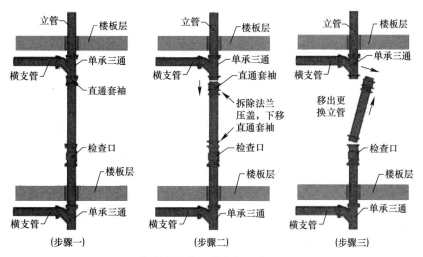

图 15-41 便利化维修立管安装方案管道更换图示

15.4　排水横管的安装

排水横支管的安装包括管道接口连接、管道支吊架固定、管道坡度调整及清扫口的合理设置。

1. 横管固定支吊架安装

用于排水横管固定的支、吊架可根据国标图集《室内管道支架及吊架》03S402 的要求选用、制作和安装。铸铁及塑料排水管应采用受力面较大的带钢形吊卡、管卡及管托，镀锌带钢厚度应不小于 2.5mm。吊卡所用吊杆宜采用镀锌碳钢圆钢或镀锌螺杆，吊杆直径应满足垂直荷载和水平荷载的要求。

排水横管通常采用锚固在结构楼板下的吊杆和吊卡将横管悬吊安装（如图 15-38），或用管卡将横管固定在与承重结构相连的型钢支吊架上（如图 15-43a、b），或用可调管托固定在型钢支吊架（如图 15-43c）或结构板上（如图 15-44）。

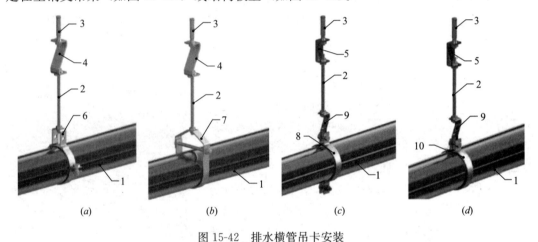

图 15-42　排水横管吊卡安装

(a) 半圆带吊耳吊卡；(b) 快装吊卡；(c) 半圆形吊卡；(d) C 形吊卡

1—横管；2—吊杆；3—膨胀螺栓；4—S 形锚座；5—C 形锚座；6—半圆带吊耳吊卡；

7—快装吊卡；8—半圆吊卡；9—L 形吊耳；10—C 形吊卡

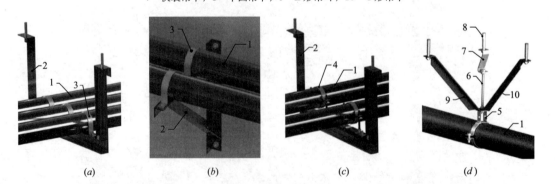

图 15-43　排水横管型钢支架和管卡固定及防晃支吊架安装

(a) U 形管卡楼板固定；(b) U 形管卡沿墙固定；(c) 可调管托楼板固定；(d) 防晃支吊架

1—横管；2—型钢支吊架；3—U 形扁钢管卡；4—可调管托；5—半圆带吊耳吊卡；

6—吊杆；7—S 形锚座；8—膨胀螺栓；9—横向拉杆；10—轴向拉杆

图 15-42 所示成品吊卡主要用于横管靠近接口部位竖直方向固定及管道坡度的调整，图 15-42（a）所示的半圆带吊耳吊卡和图 15-42（b）所示的快装吊卡是最常用的成品吊卡，便于拆装和坡度调整。

图 15-43（a）、（b）、（c）所示固定方式主要用于横管固定支吊架安装，可调管托固定方式便于管道坡度的调整，图 15-43（d）所示防晃支吊架主要用于横干管或横支管的防晃固定。

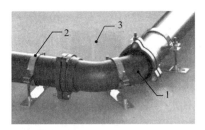

图 15-44 可调管托及安装示意图

1—横管；2—可调管托；3—沉箱结构板；201—半圆管卡；202—管托座；203—调整螺杆

图 15-44 所示的可调管托主要用于同层排水降板沉箱内和型钢支架上的管道固定，便于排水坡度调整。

2. 排水横管穿越墙体安装

排水横管穿越墙体不得将接口设置在墙体中；排水横管穿越地下室、地下构筑物外墙应设置防水套管，横管与防水套管之间应填充柔性防水材料。当排水立管沿外墙敷设时，立管管件宜采用横支管加长三通穿越墙体。如采用承插结构管件，横支管接口应为无承口（如图 15-45），便于穿越预留管孔。

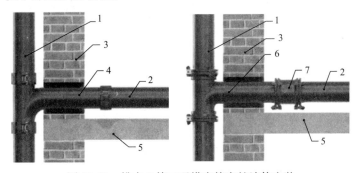

图 15-45 排水立管三通横支管穿越墙体安装

1—立管；2—横支管；3—墙体；4—横支管加长三通；5—楼板层；6—横支管加长单承三通；7—直通套袖

3. 排水横支管的固定安装

排水横支管应按设计要求或《建筑给水排水设计标准》GB 50015—2019 规定的排水坡度敷设安装。采用环氧树脂漆或环氧粉末静电喷涂的铸铁排水横管可参照塑料排水横管的坡度敷设安装。

排水横管及横支管支、吊架的设置间距应符合现行国家标准《建筑给水排水及采暖工程施工质量验收规范》GB 50242 的规定。

1）异层排水横支管的固定安装

异层排水横支管一般在楼板下悬吊敷设，除按设计和规范要求的间距设置支吊架外，横支管的起端和终端应设置固定支吊架（如图 15-43a、b、c）或防晃支吊架（如图 15-43d）。采用柔性接口排水管材的横支管和横干管至少应设一组轴向和横向（侧向）防晃支吊架。当横管长度超过12m时，每12m必须设置1个防止水平位移的横向（侧向）防晃支架。

排水横管与水平转折处弯头、三通、四通等管件的连接，距接口端面不大于300mm处必须安装1个吊架。

坐便器排水接管应高出装饰地面6～11mm（见图15-46），便于将坐便器接管插入排水管口内，以防排水时坐便器与装饰地面粘接缝隙出现渗漏。

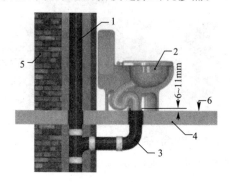

图15-46　坐便器排水接管应高出装饰地面图示

1—排水立管；2—坐便器；3—坐便弯头；4—楼板层；5—墙体；6—装饰面层

2）降板沉箱内同层排水横支管的固定安装

降板同层排水一般按降板高度分为大降板（150～400mm）和小降板（<150mm）。

（1）大降板同层排水污、废水横支管通常敷设在降板沉箱中，横支管所用管件与异层排水相近。地漏一般采用下排水式或同层排水专用地漏，坐便器可采用下排式或后排式，见图15-47。

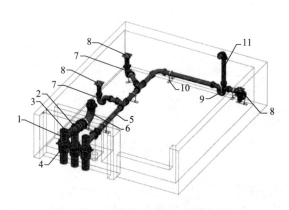

图15-47　大降板同层排水安装示意图

1—污水立管；2—废水立管；3—通气立管；4—预埋接管；5—废水横支管；6—坐便弯头；
7—P型存水弯；8—直通地漏；9—补水型P存水弯；10—可调管托；11—洗面盆排水接管

（2）微降板同层排水由于沉箱安装空间狭窄，通常坐便器排水（污水）横支管采用沿墙或外墙敷设，地漏废水排水横支管在沉箱内敷设。洗面盆、浴盆等排水横支管在沉箱内或沿墙敷设。地漏宜采用同层排水专用地漏、侧排式地漏、侧墙式地漏或多通道地漏。坐便器通常采用落地后（侧）排水或挂壁后排水型式，见图15-48。

（3）敷设于降板沉箱中的横支管一般采用管托架固定安装（如图15-44），沿墙敷设一般采用支架墙壁固定（如图 15-49a）和管托架地面固定安装（如图 15-49b）。横支管除按设计和规范要求的间距设置管托架外，横管与水平转折处弯头、三通、四通等管件的连接，距接口断面不大于 300mm 处必须安装一个管托架或管支架。宜采用可调管托架，便于管道坡度调整。

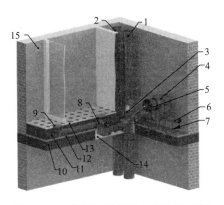

图 15-48　微降板同层排水安装示意图

1—污水立管；2—通气立管；3—同层排水专用直角四通；4—可调接口排水汇集器；5—坐便接口；
6—排水接管；7—可调管托；8—多通道带水封地漏；9—直通地漏；10—楼板层；11—结合层；
12—找平层；13—装饰面层；14—预留孔二次灌浆；15—淋浴间

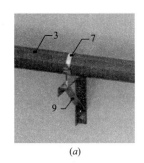
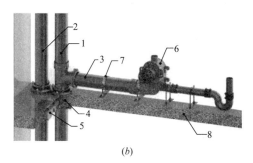

(a)　　　　　　　　　　　　　　(b)

图 15-49　排水横支管沿墙和地面敷设固定方式

（a）沿墙敷设管支架固定；（b）沿墙敷设地面管托固定

1—污水立管；2—通气立管；3—排水横管；4—可调预埋接管；5—侧排式带水封地漏；
6—可调接口排水汇集器；7—可调管托；8—楼板层；9—型钢管支架

管托架与做完防水层的沉池结构板应采用环氧树脂粘合剂粘接固定，不得钻孔采用膨胀螺栓固定，以防破坏防水层。

（4）穿越装饰地面的地漏、坐便器及地面清扫口接管的下方应设置水泥支墩（如图 15-50），水泥支墩应设置在装饰面下的钢筋混凝土基层上。以防踩踏或受力时产生位移造成地面积水渗入。

3）不降板同层排水横支管的固定安装

（1）不降板同层排水横支管一般采用管托架沿墙敷设固定（如图 15-49a）或地面敷设固定（如图 15-49b）。沿墙敷设横支管除按

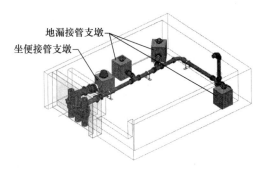

图 15-50　接管下方设水泥支墩图示

设计和规范要求的间距设置管支架外,横管与弯头、三通、四通等管件的连接,距管道接口不大于 300mm 处必须安装一个托架或支架。宜采用可调管托架,便于管道坡度调整。

(2)不降板同层排水一般采用同层排水专用地漏或侧排带水封地漏,地漏及其排水支管部分设置于楼板层预留的安装孔中,采用水泥砂浆二次灌浆固定。塑料材质地漏二次灌浆后地漏底距楼板底面的水泥砂浆厚度不宜小于 30mm,见图 15-51。

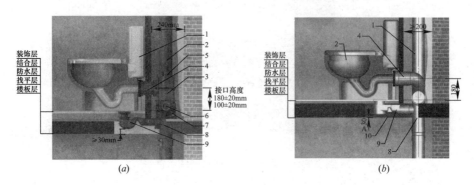

图 15-51　不降板同层排水横支管固定安装图示

(a)不降板铸铁管同层排水;(b)不降板塑料管同层排水

1—污水立管;2—坐便器;3—可调接口排水汇集器;4—坐便接管;5—辅助通气接口;
6—排水管接口;7—可调管托;8—立管加长直角四通;9—侧排式带水封地漏

4)壁挂式坐便器接管及安装

(1)壁挂式坐便器支架固定安装

壁挂式坐便器是一种用于同层排水沿墙敷设并采用成品固定支架安装的坐便器。常用的成品固定支架有方钢管焊接成型的碳钢支架(如图 15-52a),也有成品球墨铸铁支架(如图 15-52b)。选用的支架除应满足现行国家标准《卫生洁具 便器用重力式冲水装置及洁具机架》GB 26730 和行业标准《建筑同层排水部件》CJ/T 363 规定的最大承重允许变形量要求外,成品碳钢型材支架还应满足其预期使用寿命期限内的耐腐蚀性能要求,以防支架腐蚀断裂造成壁挂坐便器跌落砸伤腿脚的事故。

图 15-52　壁挂式坐便器成品固定支架安装图示

(a)成品型钢支架;(b)成品球墨铸铁支架

壁挂式坐便器成品支架通常安装于隐蔽夹墙内，采用膨胀螺栓固定在具有足够承载力的结构楼板和墙体上。成品固定支架的类型应按照现行行业标准《坐便器安装规范》JC/T 2425—2017 规定，根据墙体结构确定采用地面固定式或墙面固定式。固定后的支架支脚应采取防水封闭措施，防止漏水。

（2）壁挂式坐便器排水接管

壁挂式坐便器排水接管一般采用专用管件（如图 15-53a）或排水汇集器（如图 15-53b）两种接管方式连接。排水汇集器设有器具通气、上排水支管及下排水支管等多功能接口，便于器具通气管、吸气阀接口、地漏排水管及洗面盆排水管的连接。

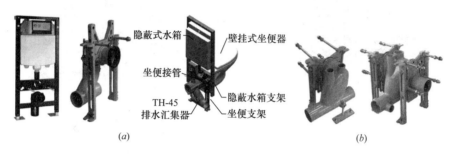

图 15-53　壁挂式坐便器接管图示
（a）专用管件接管；（b）排水汇集器接管

5）后排式坐便器接管及其安装

后排式坐便器为地面安装固定后侧排水接管结构型式。坐便器排水管一般采用专用管件（如图 15-54a）或排水汇集器（如图 15-54b）两种方式接管连接。专用管件主要采用坐便器弯头或坐便器三通。坐便器铸铁专用管件可采用现行国家标准《排水用柔性接口铸铁管、管件及附件》GB/T 12772—2016 附录 A 中的产品（如图 15-55）。后排式坐便器排水汇集器设有器具通气接口，坐便器接口可在左、右侧或双侧连接，接口具有 180mm 和 100mm 两种连接高度（如图 15-56）。

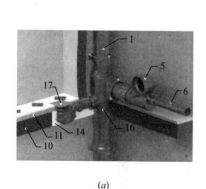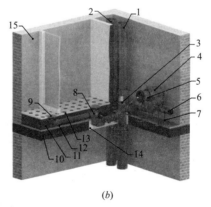

图 15-54　后排式坐便器排水接管方式图示
（a）坐便器专用管件接管；（b）坐便器排水汇集器接管

1—污水立管；2—通气立管；3—同层排水专用直角四通；4—可调接口排水汇集器；5—坐便接口；6—排水接管；
7—可调管托；8—多通道带水封地漏；9—直通地漏；10—楼板层；11—结合层；12—找平层；13—装饰面层；
14—预留孔二次灌浆；15—淋浴间；16—同层排水专用加强旋流器；17—侧排式带水封地漏

图 15-55　坐便器排水专用管件及密封胶圈图示

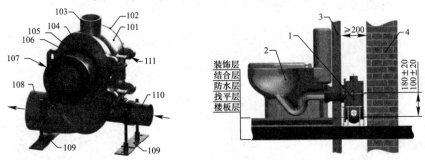

图 15-56　后排式坐便器多用途可调接口排水汇集器及安装示意图

1—可调接口排水汇集器；2—后排式坐便器；3—隐蔽夹墙；4—墙体；101—排水汇集器本体；
102—封堵压板；103—器具通气管接口；104—可调式连接压板；105—坐便接管密封胶圈；106—坐便接管；
107—坐便排水口密封胶圈；108—横支管接口；109—可调管托；110—排水管接口；111—紧固螺栓

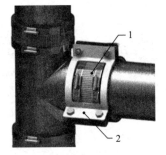

图 15-57　柔性接口排水横支管
关键节点的防脱加固图示
1—不锈钢卡箍；
2—不锈钢卡箍加强箍

4. 柔性接口排水横支管关键节点的防脱加固

为确保柔性接口排水横支管的运行安全，采用悬吊安装时，应在立管管件与横支管连接的接口进行防脱加固（如图 15-57），可根据管材材质和接口型式选择本章 15.2 中 3 介绍的防脱加固的方法。

5. 排水横管检查口及清扫口的安装

1）排水横管检查口与清扫口的区别与要求

（1）排水横管检查口兼具闭水试验、管道检查及管道堵塞清理多项功能。为了便于操作，DN150 及以下规格检查口开孔尺寸应与管内径相同。DN150 以上的检查口开孔尺寸不应小于 150mm。通常采用图 15-24 所示的专用检查口或图 15-26（a）所示的满足上述开孔尺寸要求的带检查口管件。

（2）排水横管清扫口主要用于管道检查和堵塞清理。根据清扫口设置位置一般分为：管端清扫口、管路清扫口和地面（墙面）清扫口。清扫口的开孔孔径应不小于 50mm，设置在管路中的清扫口，其清扫口盖宜采用与管内壁曲面随形的结构（如图 15-58），以防污物积存堵塞管道。

曲面随形

图 15-58　清扫口及清扫口盖外形图

2）排水横管检查口及清扫口的安装

（1）需要进行闭水试验的排水横管应在试验管段的后段设置检查口。采用图 15-24 所示的专用检查口或图 15-26（a）所示的满足上述开孔尺寸要求的带检查口管件。

（2）排水横管起始管端应设置堵头（也称盲堵）代替清扫口（如图 15-59），不宜采用密封面较窄的铜制螺纹密封清扫口。当设置堵头代替清扫口时，堵头与墙面的距离不得小于 400mm。采用卡箍或柔性承插连接的堵头接口应进行防脱加固。

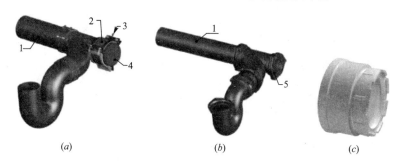

图 15-59　横管起始管端清扫口采用盲堵、盲板法兰或堵头
（a）无承口盲堵；（b）盲板法兰；（c）塑料堵头
1—横支管；2—不锈钢卡箍；3—不锈钢卡箍加强箍；4—盲堵；5—盲板法兰

（3）在排水横支管上设置的地面或墙面等干区清扫口宜采用带螺纹铜盖清扫口管件，见图 15-60。

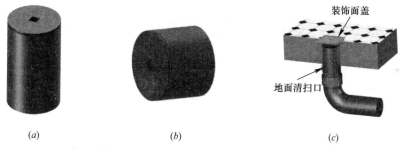

图 15-60　地面和墙面清扫口及安装图示
（a）地面清扫口；（b）墙面清扫口；（c）地面清扫口安装

（4）在转角小于 135°的污水横管上应设置清扫口。通常采用带清扫口的弯头、存水弯、三通等。

① 排水横管水平转弯处应采用带清扫口弯头（如图 15-58）或一端设置盲堵的三通（如图 15-59a、b）。

② 排水横管中的存水弯，特别是深水封存水弯和防虹吸存水弯宜带清扫口，见图 15-61。

（5）降板同层排水立管沿外墙敷设穿越墙体的管件可采用带检查口或清扫口的横支管加长三通（如图 15-62），便于沉箱内管道堵塞清通，也可采用诸如地面清扫口等其他能够清理的方法。

（6）污水横管的直线管段应按设计要求的距离设置检查口或清扫口。污水横管与立管宜采用带清扫口的弯头连接。清扫口开口方向应便于维护操作，见图 15-63。

图 15-61　带清扫口存水弯外形图

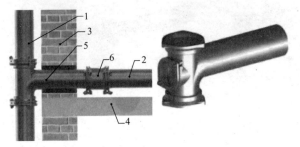

图 15-62　穿越墙体带检查口加长三通

1—立管；2—横支管；3—墙体；4—楼板层；5—横支管加长单承三通；6—直通套袖

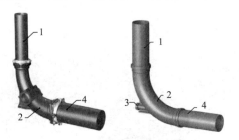

图 15-63　带清扫口底部弯头外形图

1—排水立管；2—底部弯头；3—清扫口；4—排出管

15.5　装配式建筑排水管道安装

目前，装配式建筑排水管道安装主要涉及两方面内容：一是与结构楼板工厂预制或现场浇筑配套的穿越楼板预埋止水接管安装；二是排水管道工厂化集成安装。

1. 装配式建筑预埋接管组件安装

为便于排水管道穿越建筑结构，装配式建筑的结构楼板或墙体在工厂预制和现场浇筑时，需要将预埋接管组件一次性浇筑在其中。预制构件中排水预埋管配件主要包括穿越楼板预埋接管、穿越墙体预埋接管及置于结构体中的预埋管件。预埋管件需满足以下要求：(1) 便于预制构件工厂化生产；(2) 适用于在预制模板上定位固定；(3) 具有优良的止水功能；(4) 具有与构筑物相同的预期使用寿命；(5) 可与管材实现柔性连接；(6) 具备某些特定部位接口尺寸偏差的调整功能。

1) 穿越结构楼板预埋接管

常用的穿越结构楼板预埋接管为铸铁材质，见图 15-64。灰口铸铁预埋接管具有较小的、与混凝土构筑物相近的热变形系数，止水效果好，结构强度高和防火性能好，耐腐蚀，耐老化，可满足与构筑物同寿命的要求。

铸铁预埋接管应为柔性接口，应具有与管道柔性接口相同的密封性能和抗震性能。同时应具有调心功能，以便安装时纠正现浇定位偏差，以确保立管垂直度符合要求。

为了满足不降板同层排水安装要求，企业还研发了带侧接口的铸铁预埋接管，以便与地漏连接，浇筑于结构楼板之中（如图15-65）。

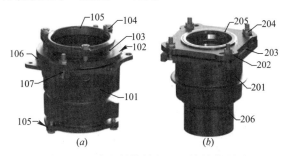

图 15-64　穿越结构楼板预埋接管外形图

（a）B型接口可调心预埋接管；（b）全承插接口可调心预埋接管

101—B型预埋接管本体；102—调心盘；103—B型密封胶圈；104—紧固螺栓；105—法兰压盖；
106—密封胶垫；107—定位螺栓；201—C型预埋接管本体；202—带承口调心盘；
203—密封胶垫；204—定位螺栓；205—C型密封胶圈；206—承插直管

图 15-65　穿越楼板带侧接口预埋接管外形图

1—承插式带侧接口预埋接管；2—带水封侧排地漏；101—C型带侧接口预埋接管本体；102—带承口调心盘；
103—密封胶垫；104—定位螺栓；105—C型密封胶圈；106—承插直管；107—侧接口；108—快捷密封胶圈

2）穿越结构楼板预埋接管安装及接管

预埋接管通过定位工装固定于建筑模板，浇筑于结构楼板之中，采用柔性法兰承插接口或柔性承插接口与排水立管连接，见图15-66。

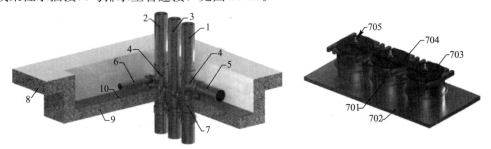

图 15-66　预埋接管模板固定及接管示意图

1—污水立管；2—废水立管；3—共用通气立管；4—90°顺水三通；5—污水横支管；
6—废水横支管；7—预埋接管；8—楼板层；9—沉池结构板；10—找平层；701—预埋接管本体；
702—铝模板；703—定位工装；704—定位拉杆；705—压紧螺杆螺母

2. 装配式建筑排水管道工厂化集成安装

装配式建筑排水管道工厂化集成安装是 BIM 技术在排水管道安装方面的最新尝试，可有效减少和杜绝现场裁切管材的浪费，消除现场切割噪声，确保施工质量，施工效率可提高 5～8 倍，降低建设成本。目前工厂化集成安装工序流程主要包括：

（1）模拟安装的 3D 仿真深化设计，见图 15-67（a）；

（2）工厂化下料裁切预安装，见图 15-67（b）；

（3）按卫生间单元整体打包成套管材及安装附件运至施工现场；

（4）施工现场组合安装，见图 15-68。

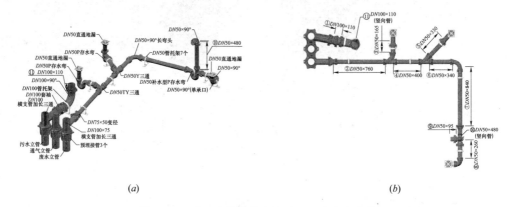

图 15-67　装配式住宅排水管道工厂化集成安装
(a) 排水管道模拟安装 3D 图；(b) 深化设计下料图

图 15-68　装配式建筑排水管道工厂化集成现场安装实例图示

15.6　建筑屋面雨水排水管道安装

1. 建筑屋面雨水排水管材应用概况

建筑屋面雨水排水管道占建筑排水立管 1/5～1/4 用量。主要包括两大类：一类是在建筑室内敷设的承压雨水排水管；另一类是沿建筑外墙敷设的重力雨水排水管。

1）建筑室内敷设的承压雨水排水管

根据《建筑屋面雨水排水系统技术规程》CJJ 142 的要求，用于室内敷设的屋面雨水排水管最大满水试验高度为 250m（2.5MPa 静压），同时须能承受 80kPa 负压。为此，长期以来室内雨水管材的选用都是工程设计师比较头痛的问题。

（1）灰口铸铁排水管材虽具有优良的耐候性、耐腐蚀性和抗震性能，但管材及接口承压能力相对较低（为 0.35～0.8MPa），现行国家标准《排水用柔性接口铸铁管、管件及附件》GB/T 12772—2016 规定不能用于超过 100m 排水高度的室内雨水排水系统。不锈钢卡箍接口铸铁排水管只能用于雨水排水高度 35m 以下的建筑，机械式柔性接口铸铁排水管最高用于雨水排水高度 80m 以下的建筑，定制产品最多用到 100m。

（2）塑料排水管材因承受正、负压能力差，一般只限用于中、低层建筑屋面雨水排水，不适用于高层建筑室内承压雨水管道。

（3）钢制管材承压能力可满足要求，但由于雨水管道绝大部分时间处于空管状态，碳钢管耐腐蚀能力差，镀锌钢管一般使用寿命为 7～9 年，且枯雨期管内壁脱落的锈皮常常造成管道堵塞。不锈钢管材具有优良的性能，但造价较高，一般建筑很少采用。

（4）在一些超限高层标志性建筑中，也有选择室外供水球墨铸铁管材改装成法兰接口用于室内承压雨水管道的案例。尽管其承压能力完全可满足 250m 静水压试验要求，且具有良好的耐腐蚀性能和与建筑物相同的预期使用寿命，但因存在接口缺乏柔性、接口结构尺寸过大安装困难、工程造价高昂、管件结构不符合重力流态形状等一系列问题，使其在一般高层建筑中无法采用。

2018 年首次制订的现行国家标准《建筑屋面雨水排水铸铁管、管件及附件》GB/T 37357—2019，我国开始有了建筑雨水排水专用铸铁管材系列产品。其中 QB 型球墨铸铁室内承压雨水排水管材试验压力 3.0MPa，使用压力 2.5MPa，可满足超高层建筑雨水管道设计要求，见图 15-69。同时，山西泫氏实业集团有限公司也制订了《建筑屋面雨水排水铸铁管、管件及附件》Q/SXS J0202—2018 企业标准，其中 HB 型灰口铸铁室内承压雨水排水管材试验压力 1.6MPa，使用压力 1.2MPa，可满足排水高度 120m 以下超高层建筑雨水管道的设计要求。

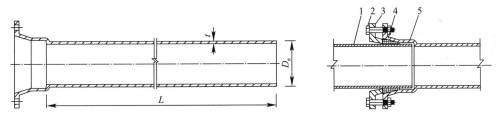

图 15-69　QB 型球墨铸铁室内承压雨水排水管外形及接口图
1—插口端；2—法兰压盖紧固螺栓；3—法兰压盖；4—橡胶密封圈；5—承口端

2）沿建筑外墙敷设的雨水排水管

尽管沿建筑外墙敷设的雨水排水管属于重力无压流系统，且管道无满水试验的要求，但由于安装在室外，要求管材具有较好的耐候性和耐腐蚀性。到目前为止，我国现行产品标准还没有用于建筑外墙敷设的专用雨水管材，一般采用建筑室内污水排水管材替代。常用的外墙雨水管材主要有 PVC-U 排水管、HDPE 排水管、HTPP 排水管、镀锌钢管、衬塑钢管和柔性接口铸铁排水管。在实际使用中都不同程度存在以下问题：

（1）塑料管材耐老化性能、抗暴晒性能和抗冻性能较差，使用寿命较短，易老化爆裂，造成管道脱落。

（2）镀锌钢管耐腐蚀性差，使用寿命短，锈蚀层脱落易堵塞管道。

（3）衬塑钢管因日光暴晒和排水时管内负压造成衬塑层剥离堵塞管道。

（4）柔性接口铸铁排水管则因其连接附件长期暴露，造成法兰螺栓腐蚀或卡箍密封胶圈老化，使接口连接功能失效。

国家标准《建筑屋面雨水排水铸铁管、管件及附件》GB/T 37357—2019，首次参照欧洲外墙雨水排水管产品编制了 CJ 型灰口铸铁雨落管产品标准，见图 15-70。该雨落管系列产品以结构简捷美观、无易腐蚀连接附件、耐候性和耐腐蚀性能好、使用寿命长、建设成本低等优势成为外墙敷设雨水排水理想的专用管材。

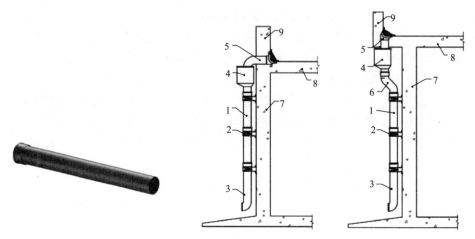

图 15-70　CJ 型灰口铸铁雨落管及应用示例图示
1—雨落管；2—球墨铸铁固定管卡；3—散水弯头短管；4—承雨斗；5—侧入式雨水斗；
6—乙字弯管；7—墙体；8—屋面板；9—女儿墙

2. 屋面雨水排水室内排水管安装

长期以来，用于屋面雨水排水管的有高密度聚乙烯管（HDPE）、聚丙烯管（PP）、高抗冲改性 PVC 管（HRS）、硬聚氯乙烯实壁管（PVC-U）、奥氏体不锈钢管（S30408、S30403、S31608、S31603 等）、柔性接口排水铸铁管（HT-200、HT-150）和涂塑复合钢管（内涂环氧树脂 EP）等，这些管材的安装方法可按照国标图集《屋面雨水排水管道安装》15S412 的规定施工。这里仅就新型室内承压铸铁雨水排水管的安装介绍如下。

1）室内承压铸铁雨水排水管选用

室内承压铸铁雨水排水管材根据雨水排水高度、满水试验要求及工程投资选用：

（1）QB 型球墨铸铁承压雨水管材——承压能力为 2.5MPa，可用于所有高层、超高层建筑屋面雨水室内排水管道。考虑到经济性，一般用于排水高度超过 120m 的建筑；

（2）HB 型灰口铸铁承压雨水管材——承压能力为 1.2MPa，可用于雨水排水高度 120m 以下的建筑屋面雨水室内排水管道。考虑到经济性，一般用于雨水排水高度为 80～120m 的建筑；

（3）排水高度小于等于 80m 建筑雨水铸铁管材可选用现行国家标准《排水用柔性接口铸铁管、管件及附件》GB/T 12772—2016 中规定的管材产品。

2）室内承压铸铁雨水排水管安装

建筑屋面室内承压铸铁雨水排水管的安装可参照国家相关现行标准及施工验收规范的要求进行。

（1）管道安装步骤

建筑屋面雨水排水铸铁管立管安装一般宜采用自下而上的施工顺序进行。管道接口连接时，在确认管端留有足够的补偿间隙后，宜用紧固螺栓压紧法兰压盖和橡胶密封圈，以防受立管重力下移不能保证足够的补偿间隙。

采用固定管卡固定立管时，宜调整好管道垂直度并将固定管卡与立管锁紧后再安装上一根管道，以确保整个立管上的固定管卡均匀受力。

屋面雨水排水铸铁管横管安装一般可从立管与横管的连接接口开始顺序安装。先按照支、吊架间距及横管排水坡度安装调整好吊卡，然后依次安装管道和连接接口，并锁紧吊卡。安装完成后，调整吊卡上部的吊杆长度，确保横管平直及符合坡度要求。

（2）管道接口安装方法（如图 15-71）

① 管道接口安装前可根据承口深度 L 先在插口管端划安装线，确保安装后插口端与承口底部保持 3～5mm 的伸缩补偿间隙。

② 插口端插入承口后，将橡胶密封圈推入承口，用紧固螺栓压紧法兰压盖。在紧固螺栓时宜依次交替均匀拧紧，确保橡胶密封圈均匀压入承口与插口之间。

③ 安装完毕的管道在进行灌水试验过程中，应自下而上逐个检查每个接口，如发现接口有渗漏，可进一步拧紧紧固螺栓，直至接口无渗漏。

（3）室内承压铸铁雨水排水立管安装

宜选用 3m 长度管材，管材插口端与承口底部应确保留有 3～5mm 变形补偿间隙，可采用符合现行国家标准《建筑屋面雨水排水铸铁管、管件及附件》GB/T 37357—2019 附录 C 中规定的减振补偿橡胶密封圈。

立管安装时，应每层设固定管卡（如图 15-18a、b 或图 15-19），管卡间距一般不大于 3m。当层高小于 4m 时，可每层设一个固定管卡；当层高超过 4m 时，可增设滑动管卡（或支架）定位。滑动管卡（或支架）的管卡与立管外径宜留有 1～1.5mm 间隙。

图 15-18（b）所示的固定管卡也可用于立管滑动管卡的安装。如图 15-72 所示，在固定管卡的半圆管卡和半圆固定端管卡之间的紧固螺栓上加装调整螺母和垫圈，调整至管卡与立管保持 1～1.5mm 的滑动间隙，拧紧紧固螺栓。

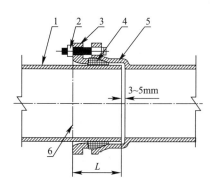

图 15-71 建筑屋面雨水排水铸铁管道接口安装示意图
1—插口端；2—法兰压盖紧固螺栓；3—法兰压盖；
4—橡胶密封圈；5—承口端；6—安装线

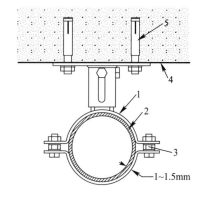

图 15-72 雨水排水立管滑动管卡安装方法图示
1—固定管卡；2—立管；3—调整螺母及垫圈；
4—结构墙体；5—膨胀螺栓

室内雨水排水立管转换层、底部的立管弯头和水平弯头应采用钢支架或水泥支墩支撑固定，底部弯头与立管和横干管连接及悬吊横干管连接应采用止脱接口加固（如图 15-73），以确保灌水试验时接口具有足够的抗拉拔能力和密封性能。

（4）止脱接口防脱加固方法

当 QB 型球墨铸铁直管和管件需止脱接口连接时，管件可选用现行国家标准《建筑屋面雨水排水铸铁管、管件及附件》GB/T 37357—2019 附录 A 中插口带止脱凸缘的 QB 型球墨铸铁管件。当 QB 型球墨铸铁直管与直管需采用止脱接口连接时，直管插口端可按《建筑屋面雨水排水铸铁管、管件及附件》GB/T 37357—2019 的尺寸要求堆焊止脱凸缘。止脱接口可按图 15-74 所示的方法，在管道接口连接时加装支撑环和止脱锁环。

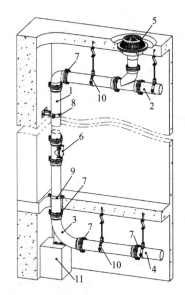

图 15-73　室内雨水管道固定及接口止脱加固部位示意图
1—雨水立管；2—雨水悬吊管；3—底部弯头；4—横干管；
5—雨水斗；6—检查口；7—止脱接口；8—固定管卡；
9—承托管卡；10—吊卡；11—支墩

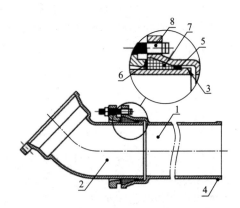

图 15-74　管件与直管止脱接口安装图
1—承口端；2—插口端；3—管件插口带止脱凸缘；
4—直管插口堆焊止脱凸缘；5—止脱锁环；
6—支撑环；7—橡胶密封圈；8—法兰压盖紧固螺栓

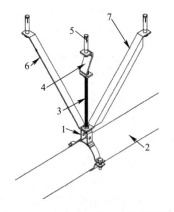

图 15-75　建筑屋面雨水排水铸铁横管防晃支吊架安装图示
1—吊卡；2—横管；3—螺杆；
4—S 形锚座；5—膨胀螺栓；
6—侧向防晃支撑；7—轴向防晃支撑

当 HB 型灰口铸铁直管和管件需止脱接口连接时，除管件插口需带止脱凸缘外，直管应采用插口可对焊止脱凸缘的球墨铸铁管，或采用防脱卡和自锚胶圈进行防脱加固。

（5）室内雨水铸铁排水横管安装

室内雨水铸铁排水横管安装时，每根直管应设置 1 个或 1 个以上吊卡，两吊卡之间的间距一般不大于 2m。横管的起端和终端应设置固定吊架或防晃支吊架，每根横干管或横支管至少应设置 1 组侧向和轴向防晃支架，固定吊架或防晃支架间距不大于 6m。

雨水铸铁排水横管安装宜采用图 15-18 所示的排水横管带钢形吊卡和图 15-19 所示的排水横管型钢支架、管卡及防晃支吊架。

进行铸铁排水横管防晃固定时，如图 15-75 所示，在安装好的横管吊卡上用型钢加装轴向 9 和侧向 8 防晃斜支撑。轴向防晃斜支撑沿管材轴向与垂直吊杆成约 45°夹角安装，侧向防晃斜支撑沿管材侧向与垂直吊杆成约 45°夹角安装。

3. 外墙雨水排水落水管安装

1）外墙雨水排水管材选用

以往，常用的建筑外墙雨水排水管材主要有 PVC-U 管、HDPE 管、HTPP 管和镀锌钢管，这里推荐现行国家标准《建筑屋面雨水排水铸铁管、管件及附件》GB/T 37357—2019 中规定的 CJ 型灰口铸铁雨落管。该产品以结构简捷美观、无易腐蚀连接附件、耐候性和耐腐蚀性好、使用寿命长、建设成本低等优势成为外墙雨水排水理想的专用管材。

2）外墙雨水排水管安装

当采用如图 15-76（a）所示 CJ 型灰口铸铁雨落管外墙敷设时，应采用耐腐蚀性能较好的可调式球墨铸铁固定管卡或不锈钢固定管卡固定，以确保管道在预期使用寿命期内的安全运行。固定管卡应安装在承口下方（如图 15-76b），设置间距一般不应大于 2m。当采用地面散水排水方式时，宜采用散水弯头短管。当采用埋地敷设时，宜采用 90°长弯头连接。

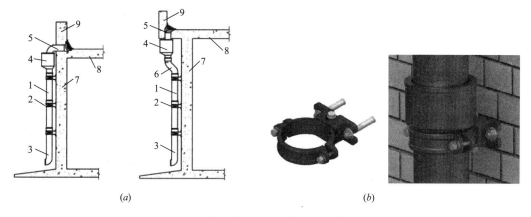

图 15-76　建筑外墙敷设的灰口铸铁雨落管安装示意图

（a）灰口铸铁雨落管安装；（b）球墨铸铁墙卡及安装

1—雨落管；2—固定管卡；3—散水弯头短管；4—承雨斗；5—侧入式雨水斗；

6—乙字弯管；7—结构墙体；8—结构屋面；9—女儿墙

3）灰口铸铁雨落管接口连接

灰口铸铁外墙雨落管采用小间隙承插接口连接型式。结构简捷，无需连接附件。其接口连接方法根据用途分为两种：

（1）用于外墙雨落管安装：管端插口直接插入承口中，管材插口端与承口端底部宜确保留有 3～5mm 变形补偿间隙（如图 15-77a）。

（2）用于阳台雨水管安装：管端插口直接插入承口中，管材插口端与承口端底部宜确保留有 3～5mm 变形补偿间隙。承口和插口管材的间隙采用灌注建筑用硅酮结构密封胶进行密封（如图 15-77b）。

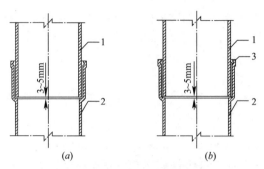

图 15-77　雨落管承插接口连接方式图示

(a) 无密封承插连接；(b) 密封承插连接

1—插口端；2—承口端；3—耐候结构密封胶

4. 雨水斗安装

1）雨水斗安装方法

各类雨水斗的施工安装应按照国标图集《雨水斗选用与安装》09S302 的要求进行。在屋面结构施工时，应配合屋面工程预留符合雨水斗安装需求的预留孔。雨水斗安装时，应在屋面防水施工完成、确认雨水管道畅通、清除进入管段内的密封膏和其他杂物后，再安装整流罩、导流罩等部件。雨水斗安装时采用的防水密封膏应采用符合国家相关标准的产品，并应与屋面防水层材质具有相容性。雨水斗安装后，其边缘与屋面相连处应密封，确保不渗漏。虹吸式雨水斗进水口应水平安装，进水口边缘高度应保证天沟内的雨水能通过雨水斗排净。

根据安装位置和屋面结构的不同，屋面雨水斗通常采用如下安装方式：

（1）雨水斗在钢筋混凝土屋面上安装

如图 15-78 所示，按雨水斗产品说明书提供的尺寸预留足够大的安装孔，将雨水斗本体置于安装孔中，并用模板封堵；调整雨水斗本体的高度和使上口保持水平并固定。用水泥砂浆将安装孔雨水斗本体周围空间二次灌浆、填充捣实，确保无空鼓；同时，用水泥砂浆找平，使水流坡向雨水斗。当二次灌浆和找平层水泥砂浆养护完成，可粘敷防水卷材并

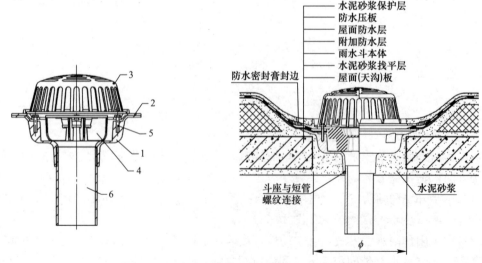

图 15-78　雨水斗在钢筋混凝土屋面板上安装示意图

1—雨水斗本体；2—防水压盘；3—格栅帽；4—整流器；5—紧固螺栓；6—排出管

延至雨水斗本体，用防水压盘均匀压紧防水层，然后用防水油膏沿防水压盘边缘涂覆封边。完成防水施工后，应封闭雨水斗排出口，灌水至雨水斗边缘，检查密封情况，确保无渗漏。灌水试验完成后，可根据需求在防水层上抹一层水泥砂浆保护层，以防踩踏损坏防水层。

雨水斗本体安装及防水施工完成后，应清除本体和排出管内遗留的防水油膏或其他杂物，然后安装整流器（或导流罩）和格栅帽。

（2）雨水斗在夹芯钢板屋面上安装

如图 15-79 所示，安装前，按雨水斗产品说明书提供的尺寸在夹芯钢板屋面开切安装孔，雨水斗本体通过钢夹板和紧固螺杆夹紧固定在钢屋面板上，固定前应调整雨水斗本体使上口保持水平；雨水斗本体固定后，用水泥砂浆将安装孔其余空间二次灌浆、填充捣实，确保无空鼓；同时，用水泥砂浆找平，使水流坡向雨水斗；当二次灌浆和找平层水泥砂浆养护完成，可粘敷防水卷材并延至雨水斗本体，用防水压盘均匀压紧防水层，然后用防水油膏沿防水压盘边缘涂覆进一步密封封边。完成防水施工后，应封闭雨水斗排出口，灌水至雨水斗边缘，检查密封情况，确保无渗漏。灌水试验完成后，可根据需求在防水层上抹一层水泥砂浆保护层，以防踩踏损坏防水层。

雨水斗本体安装及防水施工完成后，应清除本体和排出管内的遗留的防水油膏或其他杂物，然后安装整流器（或导流罩）和格栅帽。

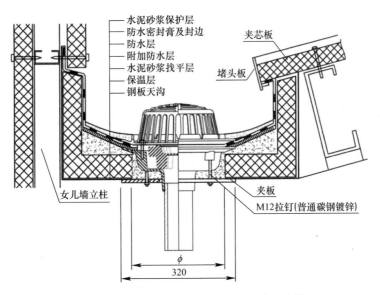

图 15-79　雨水斗在夹芯板钢屋面安装示意图

（3）雨水斗在夹芯板屋面钢制天沟内安装

如图 15-80 所示，钢制天沟在雨水斗安装的位置需要制作有集水槽，按雨水斗产品说明书提供的尺寸在集水槽底开切安装孔；雨水斗本体与防水压盘通过紧固螺栓夹紧固定在积水槽内；雨水斗本体与积水槽底面之间应加装密封胶垫，并通过紧固螺栓压紧密封，确保不渗漏。雨水斗本体和防水压盘固定后，沿防水压盘边缘灌注防水油膏至进水口沿并平滑坡向进水口。

防水施工完成后，应封闭雨水斗排出口，灌水至雨水斗边缘，检查密封情况，确保无渗漏。清除本体和排出管内遗留的防水油膏或其他杂物，然后安装整流器（或导流罩）和格栅帽。

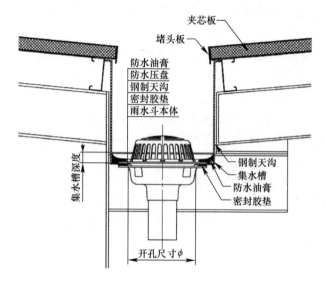

图 15-80 雨水斗在夹芯板屋面钢制天沟内安装示意图

2）雨水斗与悬吊管的连接

多斗雨水系统雨水斗的连接管应采用 45°顺水三通（TY 三通）或 45°斜三通与悬吊管连接，见图 15-81。

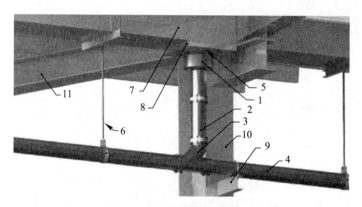

图 15-81 雨水斗与悬吊管的连接图示

1—雨水斗；2—连接管；3—45°顺水三通；4—悬吊管；5—密封胶垫；6—管吊卡；

7—钢制天沟；8—集水槽；9—管支架；10—钢梁柱；11—钢梁

3）侧入式雨水斗安装

侧入式雨水斗通过承雨斗排入外墙雨水管，一般用于外墙敷设的重力流雨水排水。

（1）侧入式雨水斗安装方法

侧入式雨水斗（如图 15-82a）一般安装在靠近墙角（或女儿墙角）部位，根据排出口的方向分为侧排（如图 15-82b）和下排（如图 15-82c）安装。安装于混凝土屋面的侧入式雨水斗需要将雨水斗本体砌筑于墙体（或浇筑于屋面板）中。先按雨水斗产品说明书提供的尺寸预留足够大的安装孔，将雨水斗本体置于安装孔后，调整雨水斗进水口两端水平并固定；用水泥砂浆将安装孔其余空间二次灌浆、填充捣实，并做找平层，使水流坡向雨水斗。当二次灌浆和找平层水泥砂浆养护完成，可粘敷防水卷材并延至雨水斗本体内，用螺栓将算子压板均匀压紧防水卷材，然后用防水油膏沿防水压盘边缘涂覆进一步密封封边。防水施工完成后，应封闭雨水斗排出口，灌水至雨水斗边缘，检查密封情况，确保无渗漏。灌水试验完成后，可根据需求在防水层上抹一层水泥砂浆保护层，以防踩踏损坏防水层。

安装雨水斗算子压板前，应清除本体和排出管内遗留的防水油膏或其他杂物，然后安装算子压板。

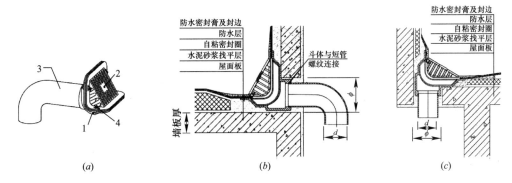

图 15-82 侧入式雨水斗安装图示

(*a*) 侧入式雨水斗；(*b*) 侧排水安装；(*c*) 下排水安装

1—雨水斗本体；2—算子压板；3—弯头短管（或短管）；4—紧固螺栓

（2）侧入式雨水斗与雨水立管连接方式

为防止排水过程中产生虹吸形成压力流，侧入式雨水斗不宜与雨水立管直接连接，通常采用以下三种方式：

① 侧入式雨水斗通过承雨斗与雨水立管连接

如图 15-83 所示，通过承雨斗承接侧入式雨水斗排出的雨水并排入雨水立管（或雨落管），承雨斗兼具通气和溢流功能，以防排水时雨水在立管形成虹吸。

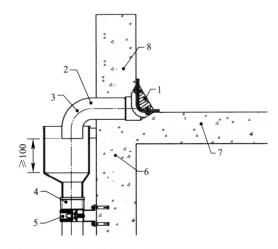

图 15-83 侧入式雨水斗经承雨斗与雨落管连接图示

1—侧入式雨水斗；2—长弯头；3—承雨斗；4—雨落管；5—固定管卡；6—墙体；7—屋面板；8—女儿墙

② 侧入式雨水斗通过通气三通与雨水立管连接

如图 15-84 所示，侧入式雨水斗通过通气三通与雨水立管连接，以防排水时雨水在立管形成虹吸，同时兼具溢流口功能。通气三通上口应安装透气帽，以防树叶等杂物落入管中堵塞管道。

③ 侧入式雨水斗通过适配器与雨水立管连接

如图 15-85 所示，侧入式雨水斗通过适配器与雨水立管连接，适配器兼具通气和溢流功能，以防排水时雨水在立管形成虹吸压力流。

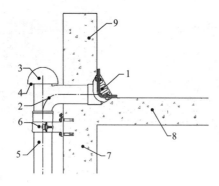

图 15-84　侧入式雨水斗经通气三通
与雨落管连接图示

1—侧入式雨水斗；2—横支管加长三通；3—通气帽；
4—溢流口；5—雨落管；6—固定管卡；7—墙体；
8—屋面板；9—女儿墙

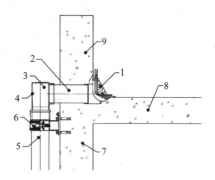

图 15-85　侧入式雨水斗经适配器与
雨落管连接图示

1—侧入式雨水斗；2—排出管；3—适配器；
4—溢流通气口；5—雨落管；6—固定管卡；
7—墙体；8—屋面板；9—女儿墙

4）雨水斗格栅防堵塞措施

防止雨水斗被树叶或杂物堵塞是确保雨水系统安全运行的重要环节。容易掉落树叶和杂物的屋面、绿化屋面及上人屋面应采取措施防止堵塞雨水系统。具体措施如下：

（1）应选用配有格栅罩或格栅箅子的雨水斗，格栅通水缝隙尺寸不应小于 6mm，不宜大于 15mm。无格栅的 87 型雨水斗宜配备格栅罩，见图 15-86。

（2）用于绿化屋面带有溢流堰的雨水斗宜加装不锈钢阻拦网，见图 15-87，防止草叶进入雨水系统堵塞管道。

图 15-86　87 型雨水斗加装格栅罩图示

图 15-87　绿化屋面溢流雨水斗加装阻拦网图示

1—溢流雨水斗；2—带溢流堰防水压盘；
3—不锈钢拦阻网；4—屋面板；5—屋面草地

（3）树叶等轻质漂浮杂物较多的屋面应采用如半球形、斜格栅压板等与水平面成一定角度的防堵格栅罩，见图15-88，不宜采用水平设置的平箅子格栅。

（4）承雨斗上口应加装防护网，见图15-89，以防树叶落入或鸟类筑巢导致雨水管道堵塞。

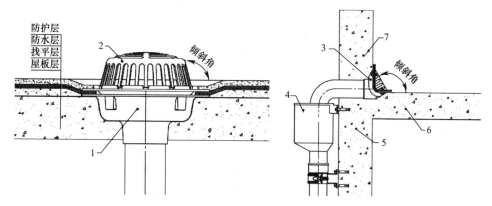

图15-88　与水平面成一定倾斜角的防堵塞格栅罩图示

1—雨水斗；2—格栅斗帽；3—侧入式雨水斗；4—承雨斗；5—墙体；6—屋面板；7—女儿墙

图15-89　承雨斗上口加装防护网图示

1—承雨斗；2—雨落管；3—防护网；4—侧入式雨水斗排出管；

15.7　排水管道埋地敷设施工安装

1. 排水管道埋地敷设施工方法

建筑排水管道埋地敷设施工主要包括同层排水填层敷设和出户管道室外埋地敷设。应合理选用管材，防止野蛮施工造成管道破坏和管路变形。

1）管材选用

（1）用于同层排水填充层敷设的排水管道应符合同层排水相关技术规程及产品标准的要求。

（2）出户室外埋地敷设的排水管道应符合相关设计规范及产品标准的要求。用于非均匀沉降区域或种植树木的区域应采用柔性承插接口的重型铸铁排水管。以提高管道的抗外压能力和防止树根刺穿。

2）同层排水填充层排水管道敷设

（1）排水管道在同层排水降板沉箱内敷设时，除按照管道安装要求设置管支架或支墩外，填充层内应采用轻质骨料混凝土等符合规范要求的填充料均匀回填。回填层上方应现浇 40mm 厚的双向配筋的 C20 细石混凝土承载层，以避免和减轻卫生器具等地面载荷施加给管道的外力（如图 15-90）。严禁采用含有砖块、石块、水泥硬块等建筑垃圾进行沉箱回填，这是以往同层排水填充层内管道破裂、漏水的主要原因之一。

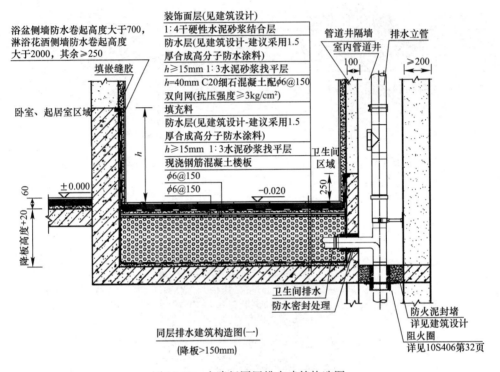

图 15-90　大降板同层排水建筑构造图

（2）同层排水填充层敷设的排水管道回填前应按要求进行水密性隐蔽工程检查，试验压力 0.05MPa，持续时间为 15min，无渗漏和排水畅通为合格。

3）出户排水管道室外埋地敷设

（1）管道应埋敷在当地冰冻线以下，如必须在冰冻线以上敷设时应采取可靠的保温防潮措施。在无冰冻地区埋地敷设时，管顶的覆土埋深不得小于 500mm，穿越道路部位的埋深不得小于 700mm。

（2）埋地敷设管沟的沟底应是原土层，或是经夯实的回填层。沟底应平整，坡度应顺畅，不得有尖硬的物体、块石等。严禁采用先用支架或支墩架空敷设管道，后回填的施工方法。以防回填层沉降时无支撑部位悬空管道受上部土层压力变形和破裂。

（3）如管沟沟基为岩石、不易清除的块石或为砾石层时，沟底应下挖 100～200mm，填铺细砂或粒径不大于 5mm 的细土，夯实到沟底标高后，方可进行管道敷设。

（4）在种植树木的绿化区域宜采用铸铁排水管材或水泥排水管埋敷，如采用塑料管材应采取防树根刺穿或防啮齿类动物啃咬的措施，以防造成管道堵塞和漏水。此类事故在我国南方一些小区时有发生。

（5）采用机械式柔性接口铸铁排水埋地敷设时，应在接口部位设置水泥支墩，以防管道接口处沉降变形。

（6）管沟回填前必须对管道进行灌水试验和通水试验，排水应畅通，无堵塞，管接口无渗漏。灌水试验按排水检查井分段进行，试验水头应以试验段上游管顶加 1.0m，灌水试验时间不少于 30min，逐段观察无渗漏为合格。

（7）管沟回填时，管顶上部 200mm 以内应采用砂子或无块石和冻土块的土，并不得用机械回填；管顶上部 500mm 以内不得回填直径大于 100mm 的块石和冻土块，500mm 以上部分回填土中的块石或冻土块不得集中；上部采用机械回填时，机械不得在管沟上方行走。

2. 埋地敷设铸铁排水管道的防护

1）埋地敷设铸铁排水管道的防护措施

埋地敷设铸铁排水管道的防护主要包括以下三个方面：（1）铸铁材质管材、管件及附件的防腐涂层；（2）连接螺栓及密封胶圈的特殊要求；（3）包覆防护。

2）铸铁排水管材、管件及铸铁材质附件的防腐涂层

埋地敷设的铸铁排水管材、管件及铸铁材质附件宜采用干漆膜厚度不小于 $150\mu m$ 环氧树脂漆或环氧树脂静电粉末喷涂涂层。遇潮湿埋敷环境，可在环氧树脂涂层外加涂干漆膜平均厚度不小于 $70\mu m$ 的沥青漆涂层。

欧共体 EN877 标准埋地敷设铸铁排水管涂覆要求：铸铁管材采用外表面喷锌和外层涂覆沥青漆。喷锌层要求锌的平均重量不小于 $130g/m^2$，沥青漆涂层干漆膜平均厚度不小于 $70\mu m$。管件及铸铁材质附件采用干漆膜含锌量至少为 90% 的富锌涂料或环氧树脂涂层。

3）埋地敷设的铸铁排水管道接口连接附件

法兰压盖紧固应采用铬含量不少于 16.5%、镍含量不少于 8.5% 的奥氏体不锈钢材质（如 S30408、S31608 不锈钢）的螺栓和螺母。柔性接口密封应采用耐候性、耐老化性能优异的三元乙丙橡胶材质的密封胶圈。用于止脱接口的附件也应采用 S30408 或 S31608 不锈钢材质加工。

4）包覆防护

（1）包覆防护的介质条件

下列情况下，需要对埋地敷设使用的柔性接口铸铁管、管件及附件进行包覆防护。

① 埋敷在地下水位线以上时，所接触介质（土壤等）电阻率低于 $1500\Omega cm$；

② 埋敷在地下水位线以下时，所接触介质（土壤等）电阻率低于 $2500\Omega cm$；

③ 所接触介质（土壤等）的 pH 酸碱度小于 6；

④ 所接触介质（土壤等）受到废弃物、有机物、工业废水污染。

（2）包覆用材料

对埋地敷设使用的柔性接口铸铁管、管件及附件进行包覆防护时，包覆材料应符合表 15-4 的规定。

埋地敷设柔性接口铸铁管、管件及附件包覆材料选用表　　　　　表 15-4

包覆材料名称	厚度（mm）	厚度负偏差（%）
低密度聚乙烯薄膜	≥0.2	≤10
高密度交联聚乙烯薄膜	≥0.1	≤10

（3）包覆防护做法（参见图 15-91）

① 将聚乙烯薄膜整齐的包裹在铸铁管、管件或附件上，并为承口、插口、法兰、卡箍、管件部位留出余量，以便于薄膜绷紧受拉延伸不致薄膜破损。搭接部位和端部使用胶带、塑料绳或其他材料连接牢固。

② 聚乙烯薄膜用于隔离铸铁管与埋敷接触介质相接触，当埋敷于水位线以上使用时，不要求严格水密。

③ 在水位线以下或者在潮汐影响区域，将搭接处对齐、翻折两次，用胶带紧固进行彻底的密封，并以不大于 0.6m 间距沿管身圆周进行捆扎。用胶带粘接修补聚乙烯薄膜材料上的裂口等损伤处。

④ 包覆应延长超出包覆防护区域 0.9m 以上。

⑤ 回填施工应谨慎小心，以防对聚乙烯薄膜造成损伤。回填材料不能含有炉渣、垃圾、冻土、卵石、岩石、石块、瓦砾等可能对聚乙烯造成损伤的其他材料。

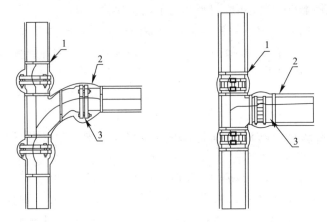

图 15-91　包覆防护做法图示
1—胶带；2—聚乙烯薄膜；3—管件

15.8　施工现场的成品保护

1. 施工现场管材装卸及存放

1）排水管材宜采用支架打包包装，管件及附件宜采用木质网框、金属网框或编织袋等包装。以免搬运过程中压裂、碰伤或摔坏。

2）施工现场装卸宜采用叉车或吊车等机械作业，如人工卸车，拆包时应防止管材滚落，轻拿轻放，严禁扔摔。铸铁排水管材不得抬起一端在管垛上拖拽或推滑，以免管端口尖锐切口划伤管材表面防锈涂层。

3）施工现场储存直管的仓库或场地，地面应平坦、干净、干燥、不积水。打包包装的管材，应按规格型号分别码放整齐。管材散装堆垛时，地面上应垫木块，并严防管子滚动，铸铁管材堆垛高度不应超过 2m。管件应按同一品种、同一规格码放成垛，排列整齐。

4）施工现场码放储存的管材管件应做好防护，露天场地存放的，应用篷布遮盖，避免日晒雨淋。铸铁排水管材管件表面涂层碰伤划伤的部位，应及时采用厂家推荐的相同材质、相同颜色的防锈涂料进行修补，以防生锈。

5）用于管道接口的卡箍及检查口和清扫口的橡胶密封圈（垫），应存放在无日光直射的地方。存放周期超过半年的，应按进货顺序，先到先用。

2. 施工现场的成品保护

施工现场各施工工序的成品保护是确保管道安装工程质量的重要环节。由于排水管道通常先于其他管道或建筑装饰工序施工作业，因此，如何在交叉施工作业过程中保护好已施工完成的成品排水管道，显得尤为重要。应提倡文明施工、安全施工。

1）运至施工现场准备安装的管材管件应妥善摆放，避免碰撞，防止管材管件表面被水泥砂浆、污泥、建筑涂料或有害溶剂沾污。

2）塑料管材现场裁切时宜保留塑料膜保护套。铸铁管材现场裁切时，应避开现场的管材管件，或采取遮挡措施，避免切割时飞溅的铁屑溅落在其他管材管件表面，防止日后形成锈斑。

3）铸铁管材切割后，应采用厂家推荐的相同材质、相同颜色的防锈涂料对切割的管口进行修补封闭，以防生锈和涂层卷皮。

4）安装完毕的排水管道，应及时清洁管材表面，表面涂层破损的铸铁管道，应及时补漆。无防护套膜的铸铁管道采用塑料薄膜进行临时包裹防护，直到竣工前方可拆除，以防管孔二次灌注、闭水试验、通水试验及现场清洗作业时，管材表面被沾污、腐蚀、生锈。

5）同层排水降板沉箱内安装完的排水管道，在进行土建回填、防水及装饰等其他后序作业时，严禁踩踏管道和采用机械夯实或振捣器作业。以防管路受力扭曲变形、接口脱落和管材受损。

6）严禁将已安装好的悬吊排水横支管作为其他工序作业的助力用具和临时支撑，以防管路受力，出现坡度扭曲变形、接口脱落或支吊架损坏。

7）柔性法兰承插接口的排水立管安装完毕，应对接口进行包裹防护，以防立管管孔二次灌浆封堵时水泥砂浆灌入法兰压盖与管外壁的缝隙，造成接口失去柔性。安装洞口二次灌浆作业完毕后，应逐个检查立管接口，如发现水泥砂浆灌入，应及时清理干净，见图15-40。

8）排水管道安装完毕应及时进行通球试验。确认管道中无异物堵塞后，应采用临时管口盖或胶粘带，将预留在厨房卫生间地面的排水器具接管口及地漏本体上口进行封闭，防止施工过程中落入杂物。

第16章 发达国家及中国香港、澳门地区建筑排水技术介绍

16.1 美国建筑排水设计

1. 相关设计《规范》及建设工程项目审查管理体制

美国是联邦制国家，各州都有相对独立的行政管辖权限。美国现行的建筑给水排水规范主要有三种：《统一建筑给水排水规范》《国际建筑给水排水规范》以及《美国标准建筑给水排水规范》。各州可以自行决定本州采用哪一种规范，或独立制定自己的规范。所以，在美国，承担不同地方的工程要先了解那里采用的是哪种规范和哪个年份的。一些州和大城市有自己的规范，州以下的县也可以有自己的规范。美国有一个"美国国家标准局 ANSI"，哪一本规范如果被 ANSI 采用了，就自然而然地成为国家标准（即 C3 规范），《统一建筑给水排水规范》就是美国国家规范。

每个建设项目都需要通过相应的审查。属于州政府的项目需要州政府的建设部审查；州的下一级市，项目应该归市里或管理区房屋部、规划部、消防部等机构监管。市里的房屋部还实行施工监督，这是在建设方施工监理以外的另一层监督；但碰到具体问题还是要与有关官员协商，而且需要取得书面许可。

建筑设计合同文件由合同图纸和项目手册组成。项目手册包括投标文件、一般和特别条款以及说明书组成。说明书是合同文件的最重要的组成部分。所有的材料设备型号、规格、生产厂家以及安装、试验、验收等，都必须尽量在说明书中书写清楚。小型的工程，说明书也可以简化并直接写在合同图纸上；大型的项目，说明书往往有厚厚的几大本。美国和加拿大使用一种几乎无所不包的《总说明书》，它是美国建筑师协会（简称 AIA）编制的，作为一种商业产品供设计公司、开发商、承包商、制造商、机关和政府部门使用，使用者根据设计的具体项目从《总说明书》的内容中摘取相关的部分，也可以根据具体情况做出相应的修改和补充。

2. 建筑生活排水系统管材选用

在美国，用于生活污水和一般排水的管道材料有很多种，但最常见的还是铸铁管，其次是铜管（用于地面以上）。室外埋地排水管道也有不少地方使用硬聚氯乙烯（PVC-U）管，但在建筑物室内较少使用。两种金属管道连接会产生电化学作用而加速腐蚀，所以要采用专门的绝缘管件连接。

3. 建筑生活排水系统设计

建筑生活污水排水系统主要由卫生器具排水管、存水弯、地漏、排水横支管、污水立管、排出管、建筑物水封、清扫口以及其他管路附件、提升设备、通气管等组成。

在美国对存水弯的水封要求很严，相应的规定也比较多。如存水弯一定要设通气管，

以保护水封。同时，存水弯必须至少有 50mm 深的水封，此数值是根据通气管系统的设计标准加一定的安全系数确定的。如果卫生器具可能因为长时间不用而造成存水弯中的水分蒸发，例如设在厕所和设备间等处的地漏，那么就必须设注水器来补水；有些地方当局允许使用 100mm 的深水封存水弯而免去使用注水器。美国各种建筑给水排水规范均禁止使用以下类型的存水弯：有移动部件的存水弯、钟罩式存水弯、冠顶通气的存水弯、内分隔型存水弯、管型"S"存水弯、圆筒形存水弯。而建筑物水封并不是排水系统中必备的组成部分，目前，美国几种主要的规范都不主张甚至禁止设置；但地方当局确定采用某一规范作为他们本地的规范时，又往往规定必须设置，规定设置的理由就是防止室外排水系统中的臭气及一些可燃性气体进入室内排水系统中。有些场合由于室外排水管道中的有害气体使得维护工作不能进行，只得利用室内的通气管来通气，这时就不允许设置建筑物水封。建筑物水封应设在所有排水支管的下游。

间接排水的要求：为了防止交叉连接污染，有一些卫生器具、用具和用水设备的排水不能直接接入排水系统；最明显的例子是洗手池和公共食堂或饭店厨房中的水池之间的区别，为了保护池中的食物，公共食堂或饭店厨房中的水池就必须采取间接排水；除了厨房中与加工食物有关的水池以外，贮存食物的冷库和冰柜排水、灭菌器、饮水机、空调设备、游泳池、洗碗机、洗衣机等的排水按规定也应采用间接排水。

污水，尤其是生活污水和富含有机物质的生产污水，如果不及时排除，则很容易在一个小时内腐败和发臭，在缺氧的条件下，尤其如此。室内排水管道虽然多是 50～100mm 的小管子，很少见到 250mm 以上的，但是设计时应注意不使污水在某处滞留，并保证它们通气畅通。

排水系统的计算。水在重力流水平管道中的流动均使用曼宁公式，同时规定自净流速为 0.61m/s。在管径的计算中规定每 0.063L/s 的流量可以折算为 2 个排水当量，当知道每一管段所负担的排水当量和可利用的坡度后，就可以按规范中制定的表格中列出的最大容许排水当量数来确定它的管径了。即根据可利用的标高差决定排水管的坡度，根据坡度和排水当量，确定排水管道的管径。

4. 建筑排水系统通气管设计

美国对建筑排水系统通气管的设置要求很高，必须保持管道内空气流通，不会因为正压或负压的原因而破坏系统水封。基本的要求就是存水弯一定要设通气管，以保护水封。排水通气管系统包括：存水弯臂、立管通气管、通气立管、通气管出口、减压通气管、通气支管、卫生器具存水弯的通气管等。

一个正确的建筑排水系统设计应能防止室内排水管道中自生的和有效阻隔室外污水系统中可能进入的有害气体。仅设置存水弯不能完全达到目的，可能因为水塞、水跃等破坏存水弯中的水封，所以要设置通气管系统。规范机构一般以高峰时水流占据 7/24 管道横截面积为基础来制定各种表格供设计者采用，这时，剩下的 17/24 管道横截面积就都是空气通道。

立管通气管和通气立管的概念：立管通气管是指污水立管最高处卫生器具往上并伸出屋顶的管道，也就是我们说的伸顶通气管，这点跟国内的要求差不多。通气立管也称为辅助通气立管，凡是多层建筑的污水排水管道都必须设通气立管。在高层建筑中，除了设通气立管以外，每 10 层间的污水立管和通气立管间必须用通气管连接，称为减压通气管；

减压通气管的位置应从顶层往下数，每 10 层设一个。

所谓常规通气管系统是相对于排水和通气联合系统而言的，如无技术上的困难，通气管系统应使用常规方法设计。通气管的管径和允许长度可以根据所负担的排水当量数查规范中的表格得到。

污水提升系统也应注意通气管的设置。将卫生设备的排水汇集到集水井，在集水井盖或侧壁设置通气管，通气管的管径应根据污水泵的流量和通气管的展开长度确定。

5. 建筑雨水排水系统设计

在美国，一般出建筑物外墙约 1.5m 以内的屋面雨水内排水由室内给水排水工程师设计，而 1.5m 以外则属于土木工程师的设计范围；屋面外排水、天沟和落水管由建筑师负责设计。上述设计分工也不是绝对固定的，在实际工作中常有穿插。

应该尽量让室外给水排水工程师做室外工程。主要是规范不一样，其次是主管部门也不同。室外送审第一个是市里的排水系统部，知会他们有排水系统要接入市政排水系统中，如果市政排水系统容量紧张，很可能会要求建设单位建雨水调节池来延长集水时间；如建设场地靠近水体，州里还可能要求做洪水淹没水位分析；道路部门则要发放路面开槽的许可等。

建筑物雨水排水系统的主要任务是排除屋面雨水、地下水和符合一定条件的某些废水。

单位时间内在单位面积上降落的雨水体积称为降雨强度。雨水排水系统属于重力流系统（水泵提升系统除外），与生活和生产污水排水类似。雨水排水系统也采用曼宁公式，两者的不同之处是前者采用非满流，通常为半满流，后者采用满流，但不得超负荷运行。雨水管道中最低流速的规定比生活污水系统要高，后者为 0.67m/s，而前者为 0.76m/s，以保持雨水排水管道中的泥沙和垃圾等杂质在流动中呈悬浮状态。

室内雨水内排水系统由雨水斗、溢流雨水斗、水平管、立管、地面雨水排水地漏和清扫口等组成。从雨水斗开始一直到立管之前的水平管都必须保温，以防止管道外壁形成的凝结水损坏天花板和其他构件。

备用雨水排水系统就是我们所说的建筑屋面溢流雨水排水系统，是相对于雨水排水主系统而言的。从 1991 年开始，美国三大主要规范都规定必须设置备用雨水排水系统。备用雨水排水系统可以是设在屋面女儿墙上的泄水孔，也可以是另一套雨水排水管道系统。2000 年以前规定备用雨水排水系统的排水能力应按雨水排水主系统的两倍计算；现在已经改过来了，可按 100 年重现期的小时降雨量进行设计。

规范中对雨水管的管径也制定了很多表格供设计师使用，都是通过最大容许排水面积来确定雨水管的管径。而对于室外雨水排水系统的计算也有相关规定，雨水口集水时间取 5～10min，停车场和小汇水面积采用小值，大草坪采用大值。对于一般建筑物的室外雨水排水系统设计，重现期多采用 10 年，有可能造成洪涝灾害的地方采用 15 年，重要的建筑物还可以考虑建挡水坝。

6. 建筑污、废水排水提升

建筑污、废水排水提升主要有三种形式。

（1）带分离集水井的水泵提升系统：水泵吸水井和集水井分离的排水泵站，主要用于室外排水系统中，在小型的污水提升系统中比较少见。

（2）立式水泵提升系统：水泵淹没在水面以下，电机在地面以上，维护方便，室内生活污水提升系统采用较多。

（3）潜污泵提升系统：使用潜污泵在水下运行，唯一缺点是水泵维护条件较差。

集水井的有效容积计算：通常的做法是按 2～4min 的高峰进水量设计，即水泵的排水量等于高峰进水量。

16.2 欧洲及英国建筑排水设计

1. 英国建筑排水理论研究——建筑伸顶通气排水立管内正压空气瞬间流产生机理

本部分内容根据英国爱丁堡赫瑞——瓦特大学（Heriot-Watt University）林恩·杰克（Lynne Jack）博士与约翰·斯沃菲尔德（John Swaffield）教授合著的研究性论文《建筑排水通气系统中正压空气瞬间流的产生》（The Generation of Positive Air Pressure Transients in Building Drainage Vent Systems）整理编写。

对建筑伸顶通气排水立管内的负压现象，一般都比较熟悉；但对于建筑伸顶通气排水立管底部的正压现象，相对不太了解。

为研究此正压现象，国外进行了一些实验。

1）建筑伸顶通气排水立管底部正压产生机理

建筑伸顶通气排水立管内压力分布如图 16-1 所示。

由于建筑伸顶通气排水立管内空气与污水的摩擦，导致大气中的空气由屋顶上的排水立管顶部开口（通气帽）进入排水立管内。

建筑伸顶通气排水立管内部可分为三个区：干区、湿区和正压区。

排水立管的伸顶部分，即不接触污水的部分为干区；接触污水的部分为湿区；排水立管底部为正压区。干、湿区均为负压区；其中，干区的负压值较小；湿区中，产生排水的卫生器具排水横支管与排水立管相连处附近的负压值最大；随着水流的下落，负压值逐渐减小直至为零。

污水降落至排水立管底部转向排水横管流走。在改变方向时，如图 16-2 所示，会在排水立管底部产生一道水帘。由于排水立管底部处空气受到水帘的阻碍，导致排气不畅，故产生正压。排水立管底部的正压值，随着水流的下落，从零逐渐增大。

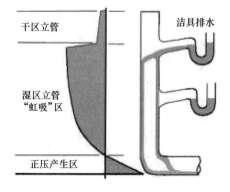 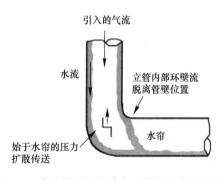

图 16-1 建筑伸顶通气排水立管内压力分布图　图 16-2 建筑伸顶通气排水立管底部水帘示意图

2）水帘

（1）水帘现象分析

在建筑伸顶通气排水立管底部安装摄像机，以观察水帘的产生。

在图 16-3 中，排水横管（出户管）内存在一明显曲线形分界线，其下为半满流的污水（呈紊流状），其上为水帘。这是水帘对污水无阻挡时的情况，可发现水帘并非是全封闭的。

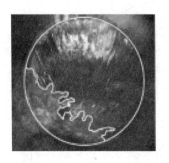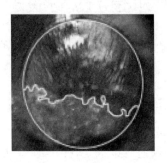

图 16-3　排水横管中水帘对污水无阻挡时的图片

当去除水帘部分，仅保留污水部分时，情况如图 16-4 所示。

图 16-4　排水横管中水帘对污水无阻挡时的污水示意图

图 16-5 中，排水横管（出户管）内存在明显的曲线形分界线，其下为单峰型（左）或双峰型（右）水帘，其上为污水。这是水帘对污水横向阻挡时的情况。

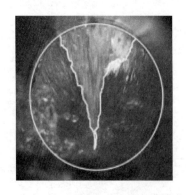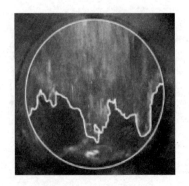

图 16-5　排水横管中水帘对污水横向阻挡时的图片

当去除水帘部分，仅保留污水部分时，情况如图 16-6 所示。

图 16-6 排水横管中水帘对污水横向阻挡时的污水示意图

图 16-7 中，排水横管（出户管）内存在明显的竖向（或近竖向）曲线形分界线，管道断面中，一半为污水，一半为水帘。这是水帘对污水纵向阻挡时的情况。

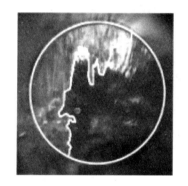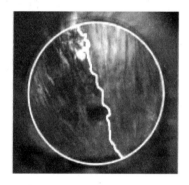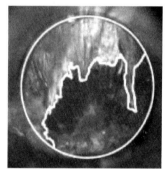

图 16-7 排水横管中水帘对污水纵向阻挡时的图片

当去除水帘部分，仅保留污水部分时，情况如图 16-8 所示。

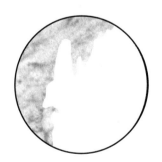

图 16-8 排水横管中水帘对污水纵向阻挡时的污水示意图

图 16-9 中，排水横管（出户管）内存在一明显曲线形分界线，管道断面中，占绝大部分的上半部为水帘，占很少部分的下半部为污水。这是水帘对污水纵向阻挡时的情况。

当水帘部分以水滴状示意表示，污水部分以溶液状示意表示时，情况如图 16-10 所示。

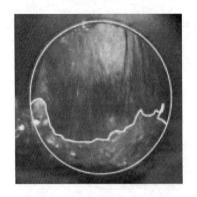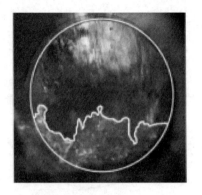

图 16-9　排水横管中水帘对污水全阻挡时的图片

图 16-10　排水横管中水帘对污水全阻挡时的污水与水帘示意图

图 16-4、图 16-6、图 16-8、图 16-10 分别给出了建筑伸顶通气排水立管底部不同的水帘形状。

（2）水帘局部阻力损失计算公式

赫瑞—瓦特大学（Heriot-Watt University）给出了水帘处空气的背压（back pressure）压差公式，即水帘局部阻力损失计算公式，如公式（16-1）所示：

$$h_{\mathrm{m}} = \xi_{\mathrm{c}} \cdot \frac{\rho_{\mathrm{a}} v_{\mathrm{a}}^2}{2} \tag{16-1}$$

式中　h_{m}——水帘处空气的局部阻力损失（Pa）；

ξ_{c}——水帘处空气的局部阻力损失系数，无单位；

ρ_{a}——空气密度（kg/m³）；

v_{a}——空气速度（m/s）；

ξ_{c} 值取决于许多变量，如曲率半径、管件配置、管道内径、表面粗糙度等，需通过专门的水帘实验进行测定。该英国论文中未给出 ξ_{c} 值的具体数据。

ρ_{a} 值应根据水帘处的实际气压值与温度值确定。当大气压力不变时，干空气的密度值随着温度的降低而升高。

当无资料需进行估算时，一般可参考标准状态（即大气压力为 101325Pa，温度为 20℃）的干空气密度值：$\rho_{\mathrm{a}} = 1.205\mathrm{kg/m^3}$。如果处于比较寒冷的地方，也可参考大气压力为 101325Pa，温度为 0℃的干空气密度值：$\rho_{\mathrm{a}} = 1.293\mathrm{kg/m^3}$。

从公式（16-1）可知，水帘处空气的局部阻力损失与空气密度成正比，与空气速度的平方成正比。

3）水封损失

国外研究认为，水封破坏时，空气会从建筑伸顶通气管的顶部开口部位（通气帽）和水封处进入排水立管。

国外学者研究了在假定水帘持续存在时，一层卫生器具处的水封损失值与水封在破坏时及破坏发生前后的进风量、建筑伸顶通气排水立管顶部进风量以及排水立管底部进风量的关系，绘制了对应的关系曲线，如图 16-11 所示。

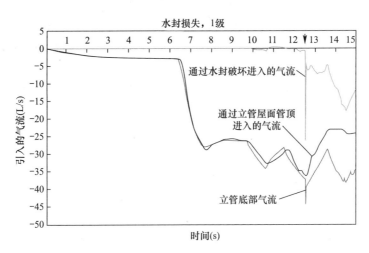

图 16-11　水封损失值与水封处进风量、排水立管顶部进风量、排水立管底部进风量的关系图

从图 16-11 中可发现：水封损失值从零开始，在接近 12.5mm 时，其水封进风量、排水立管顶部进风量和排水立管底部进风量均达到峰值；且水封进风量最小，排水立管顶部进风量居中，排水立管底部进风量最大。

国外学者还研究了假设水帘是瞬间流时，一层卫生器具在水封破坏及破坏发生前后的水封进出风量、建筑伸顶通气排水立管顶部进风量以及排水立管底部进风量随时间的关系，并绘制了对应的关系曲线，如图 16-12 所示。

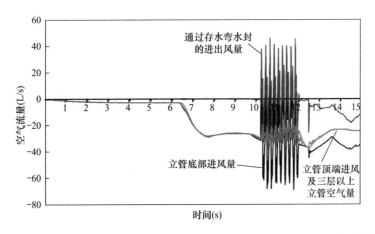

图 16-12　水封进出风量、排水立管顶部进风量、排水立管底部进风量随时间变化曲线图

从图 16-12 中的曲线可发现：在第 10～12s 期间，水封进出风量、排水立管顶部进风量和排水立管底部进风量均达到峰值，且风量发生剧烈振荡现象（而水封已在进风量和排风量之间振荡）。水封进风量振荡幅度最小，排水立管顶部进风量振荡幅度居中，排水立管底部进风量振荡幅度最大。

图 16-11、图 16-12 清楚地显示：建筑排水系统在排水立管底部的水帘为定常连续流和瞬间流时的不同反应。当水帘为瞬间流时，在 1.8s 时间范围内发生了 9 次管道封闭现象，这清楚地显示在图 16-12 中的每条曲线上 9 对（18 个）振荡的进风量中。重要的是，图 16-12 显示了空气正压的大小是如何随着排水立管高度的增加而减小的。这意味着，与排水立管底部相比，上部楼层排水立管内的空气压力和流量的变化率将大大降低。这一结论也解释了多层建筑中的水封损失在较低楼层更普遍的现象。

空气正压瞬间流不仅会在排水立管底部产生；而且，也会在发生排水的支管连接处和乙字弯（立管偏置转弯部分）产生。但在其他部位产生的水帘瞬间流，不一定符合排水立管底部产生的水帘瞬间流的特征。这主要是因为两者管道结构和流动方式的不同，以及前者由此产生的相关空气压力损失，受断面倾泻而下的排水量特性所控制；而不是像在排水立管底部所观察到的那样，从管道内部半径上"分离"下来。

所以，以往在排水立管上安装乙字弯用以阻止生活污水加速及消能的做法是不可取的。

尽管人们早就认识到正压是在排水立管的底部产生的，且对下部楼层的水封安全性构成严重威胁，但瞬间流的产生方式和影响瞬间流的因素尚待探讨明确。

4）小结

通过对水帘特性的分析，对这种瞬间流的产生因素进行了初步的研究，发现在排水定常流的条件下，水帘表现为一种振荡行为，可通过应用瞬间流局部阻力损失系数方程进行建模。新型卫生器具设计理念的变化和节水技术的进步，将进一步支持技术标准对排水系统模拟的要求。

从建筑伸顶通气排水立管的顶部开口（通气帽）进入排水立管的空气，最终的理想去处应该是从出户管排至室外检查井并进入大气中。但是，由于排水立管底部水帘及正压的存在，可能导致一些气体裹挟部分污水，经底层室内排水横支管，通过被破坏的水封，从底层卫生器具处喷溅出来。如果仅是气体冒出，则会造成返臭现象。另外，排水横管（出户管）内的流速低于排水立管底部的流速，也是导致底层卫生器具喷溅及返臭现象的原因之一。

2. 欧洲建筑排水设计

1）欧洲常用的建筑排水系统

在欧洲各国的建筑排水设计中，较多采用苏维托单立管排水系统（Sovent single stack drainage system）（见图 16-13）。其特点是不需要设置专用通气管，节省管材和安装空间，水流噪声小，排水时宁静，而且底层横管不会产生水跃现象。

苏维托单立管排水系统的原理是透过每层排水立管上设置的苏维托特殊配件能够把立管内的水流和气流分开。水流依附管道内壁，空气在管道中间。而且排水流经每层的特殊配件都会消能减速一次，有效降低水流的振动和噪声。在排水立管的底部还要安装一个跑气配件，以平衡立管与排出横管之间的空气压力。

由于每一楼层的苏维托特殊配件都能调节管内气压，因此整个排水系统的气压是平稳的，不会破坏水封。这就是苏维托排水系统不需要另外设置通气立管的原因。

苏维托特殊配件有 $DN100$ 和 $DN150$ 两种规格。管材方面，一般选择采用铸铁排水管或高密度聚乙烯（HDPE）排水管。

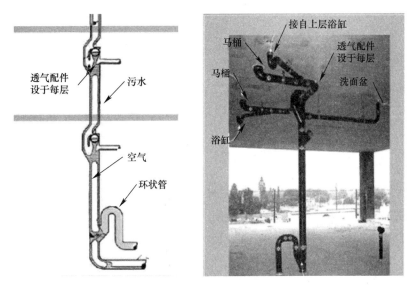

图 16-13　苏维托单立管排水系统

2）补水型共用存水弯

目前，欧洲国家推荐采用在入水端竖管增设支管介面的补水型 P 型存水弯，见图 16-14。这种存水弯水封比为 1，不容易出现水封破坏。其与排水器具的连接方式如图 16-15 所示。

图 16-14　补水型 P 型存水弯外形图

补水型 P 型存水弯的两个入水介面可任意与洗脸盆、浴盆/淋浴或直通无水封地漏排水管连接，起到为干区地漏补水的作用。

3. 英国建筑排水设计

英国是世界上最早就有建筑给排水系统设计的国家之一。

英国的建筑排水系统设计，分为污废合流单管式排水系统和污废分流双管式排水系统，有的还设有通气立管及辅助通气管；由英国给排水学会和英国标准（BSI）共同监管。

（注：英国的单管式排水系统类似于我国的双立管排水系统，双管式排水系统类似于我国的三立管排水系统）。

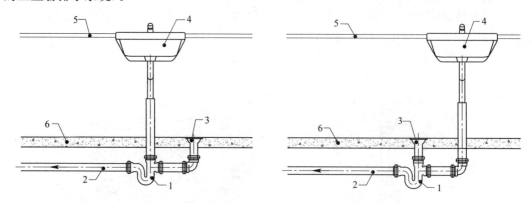

图 16-15　补水型 P 型存水弯接管连接方式图示

1—补水型 P 型存水弯；2—排水横支管；3—干区直通地漏；4—洗面盆；5—洗面台；6—楼板层

单管式排水系统是把洗面盆、淋浴盆、厨房洗涤盆及马桶等排水连接至排水立管，通气立管连接各卫生洁具，防止虹吸作用破坏水封，见图 16-16。

双管式排水系统是把洗面盆、淋浴盆、厨房洗涤盆排水连接至废水排水立管，马桶排水连接至污水排水立管。

存水弯用于防止排水系统管道内的臭气及细菌传入室内。存水弯的水深：坐便器不小于 50mm，其他卫生洁具不小于 75mm。

在英国建筑排水系统设计中，吸气阀（AAV）（见图 16-17）的应用比较普遍，但必须得到英国相关机构认证的产品才允许在工程中使用。

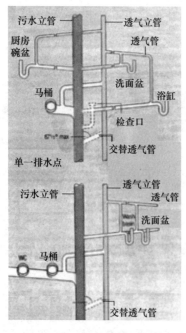

图 16-16　英国单管式排水系统示意

图 16-17　排水系统吸气阀图示

（a）管内负压吸气；（b）管内正压排气

英国标准《卫生管道工程实施规范》（Code of practice for sanitary pipework）（BS 5572：1994）以±375Pa 为水封压力损失控制值；对剩余水封深度要求保证在 25mm 以上，由此可以推测整个欧洲均使用冲落式坐便器的缘由。

16.3 日本、新加坡建筑排水设计

1. 日本建筑排水设计

在日本，一般采用类似于我国的双立管排水系统，居住类建筑则普遍采用加强型旋流器单立管排水系统，工程设计与我国大同小异，差别较大的是其通气管连接形式较多，水封深度要求 50～100mm 不等。

除了卫生洁具配有存水弯之外，其余存水弯可以由管道及配件组成。空调的冷凝水也是排入污水系统而不是排入雨水系统。

此外，地漏多采用共用水封形式，并收纳浴缸和洗脸盆的排水。这样，可以避免地漏水封干涸的问题。新加坡和韩国也广泛采用共用水封地漏。

底层排水不直接接驳排水立管而采用独立排放方法，可以防止底层水跃和返流问题，见图 16-18。

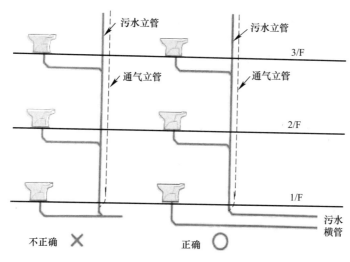

图 16-18 底层排水单独排出

2. 新加坡建筑排水设计

在新加坡，大部分人居住在政府提供的公租房里，建筑排水设计由政府有关部门企划，官方网站公开数十个标准设计方案，让业界参阅，设计师则要尽量参照官方的特定标准。

系统以单管排水（即类似于我国的双立管排水系统）为主；超过 30 层的高层建筑排水立管一般应分高区与低区，见图 16-19。

地漏通常为 75mm 或 100mm 直径，并采用共用水封，收纳来自洗脸盆、浴盆和厨房洗涤槽的排水。

在排水系统某些局部细节，设计师还是动了脑筋，颇费心思的。如器具存水弯排出口

必须向下转向后才可接入横支管，避免污水返流。见图 16-20。

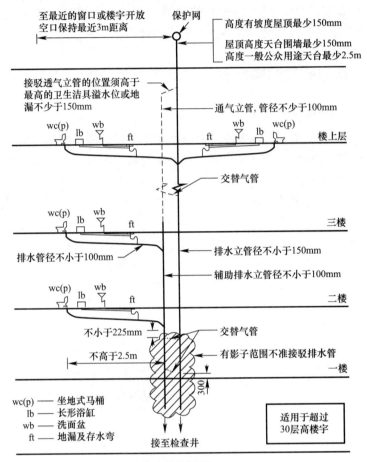

通气立管排水设计

图 16-19　30 层以上高层建筑排水立管分高、低区

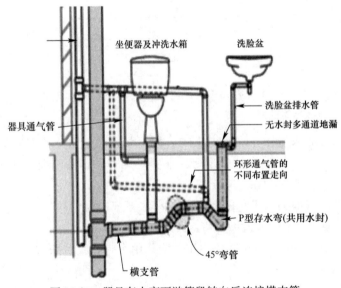

图 16-20　器具存水弯下游管段转向后连接横支管

16.4 我国香港、澳门地区建筑排水设计

1. 我国香港、澳门地区排水系统设计

我国香港排水系统设计，与英国的基本原理一样，但必须符合香港建筑物（卫生设备标准、水管装置、排水工程及厕所）规例第123章的规定及要求。

早期采用双管式系统设计较多（见图16-21），污、废分流；污水部分按传统方式接驳，设有通气立管（类似内地副通气立管系统）；废水部分，洗面盆、浴缸、地漏等一律排至集水斗，由于没有虹吸作用，所以不设通气立管。污水管、通气管、废水管三根立管通常在外墙敷设。

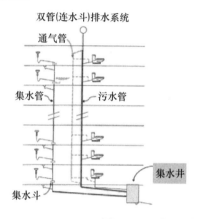

图 16-21　香港双管式排水系统图示

双管式系统是一种传统、老式而简单的排水系统。这种系统设计做法非常简单，一般铸铁排水管和塑料排水管都适用于这种系统，可也因存在不少缺点而渐渐被淘汰。

（1）由于集水斗不是密闭的，排水时会有小水点洒出来，弄湿或污染附近环境；

（2）排水时产生噪声；

（3）容易散播细菌病毒；

（4）集水斗和排水立管必须设在外墙上；

（5）排水横管太多，影响外墙美观。

由于双管式排水系统造价较为昂贵，而且因为多了一根立管，亦多占用了平面及竖向空间，随后在我国香港及澳门逐渐被淘汰，改成单管式系统（类似内地专用立管通气系统）设计（见图16-22），污、废合流，设置一根排水立管和一根通气立管。

单管式排水是我国香港和澳门最普遍的排水系统。

遇有超高层楼宇，则须按照排水量和排水立管负荷能力而将系统分为高、中、低区。各竖向分区各自独立设置排水立管，通气立管则可各竖向分区共用一根足够，这是由于立管排气能力数倍于排水能力。

排水立管管径通常以 100mm 和 150mm 为主，一般不会大于 150mm，原因是大管径要求有较大安装空间和市场产品的供应所限。

2. 住宅地漏存水弯的改进

自从 2003 年在陶大花园发生"非典"传播事故后，经世界卫生组织（WHO）及香港

卫生署（HKHD）调查，一致认为是居民住宅地漏存水弯的水封失效所致，因此专家后来在存水弯方面作了改进设计。改进原理是在地漏存水弯部位增加延伸部分，排水经过地漏存水弯后再排至立管（类似内地的共用水封），这样做可以保证地漏存水弯经常有符合安全要求的水封，防止病毒病菌从排水系统蔓延至室内，这种改良存水弯又被称为"W"存水弯，"W"存水弯的水封深度不应小于80mm（见图16-23、图16-24）。

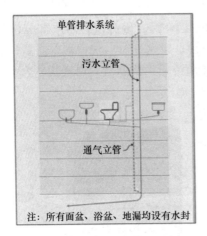 

图 16-22　香港单管式排水系统图

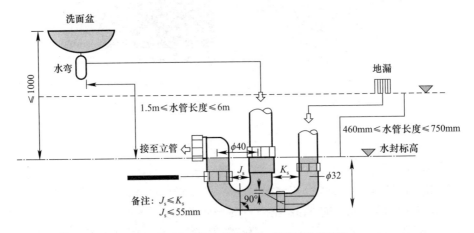

图 16-23　利用洗脸盆排水为"W"存水弯补水

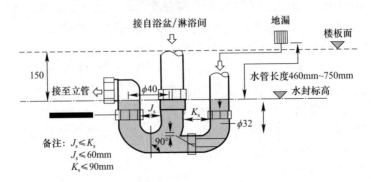

图 16-24　利用浴盆或淋浴排水为"W"存水弯补水

使用 W 型存水弯必须注意：

（1）补充存水弯水封的水只允许接自住宅洗面盆、浴盆、淋浴排出的废水；

（2）W 型存水弯底只允许接入住宅卫生间干区地漏的排水；

（3）由卫生器具排水口至 W 型存水弯的水平距离不能超过 750mm；

（4）自洗面盆边至 W 型存水弯的垂直距离不能超过 1000mm；

（5）整个 W 型存水弯应由不超过 3 个组件组合而成；

（6）排水横管须有坡度，且坡度不能超过 2°（接近 0.05）。

3. 提高存水弯安全性能

自从 2003 年在香港陶大花园发生"非典"传播事故后，香港卫生署（HKHD）加强了对水封产品安全性能的监管力度，在排水系统中要求采用水封深度不小于 75mm 的防虹吸存水弯（如图 16-25），并须经过政府监管部门委托第三方检验许可后方能进入市场销售使用。这种存水弯具有水封比大、水封深度深、防虹吸且自清能力好等优点。该防虹吸存水弯结构是经过山西泫氏实业集团有限公司防流挂改进设计的，已在港澳地区普遍使用，并已编入我国现行国家标准《排水用柔性接口铸铁管、管件及附件》GB/T 12772—2016 中，不过内地目前尚较少采用。

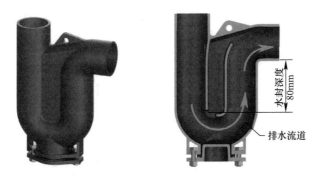

图 16-25　防虹吸存水弯外形图及排水流道示意图

4. 建筑排水管材

考虑到防火性能和噪声问题，目前香港和澳门地区建筑排水管道除外墙敷设采用塑料管材外，室内均采用铸铁排水管材。铸铁排水管采用欧共体 EN 877 标准（与我国现行国家标准《排水用柔性接口铸铁管、管件及附件》GB/T 12772—2016 中的 W1 型管材相同）生产，主要由内地山西泫氏及其他排水铸铁管生产厂家供货。与内地不同的是，其管材管件均要求采用环氧树脂漆或环氧粉末静电喷涂涂层。

第17章　超限高层建筑排水设计

17.1　超限高层建筑排水系统概述

高层建筑是人类文明进程中生产和生活需求的产物，在一定程度上反映出科学技术进步与社会经济发展的水平。随着社会生产力和科学技术的发展，超高层建筑应运而生；20世纪80年代后，我国进入超限高层（建筑高度大于250m）发展的兴盛时期。

截止到2019年底，我国已建成的200m以上高楼数量达到了895座（其中：300m～400m有94座，400m～500m有12座，500m～600m有6座，600m以上一座）；200m以上高楼数量排名前十的城市分别是深圳（113座）、香港（86座）、上海（60座）、重庆（52座）、广州（48座）、武汉（47座）、沈阳（42座）、天津（37座）、长沙（35座）、南京（31座）。我国150m以上的高楼数量占到了全球的1/3，居于首位。

我国各地已建成或在建的超限高层建筑，主要集中在上海、深圳、广州、重庆、天津、香港、南京、武汉、南宁、沈阳、无锡、苏州、厦门等城市（见图17-1）。有的城市甚至已经形成整个地块的超限高层建筑群，如上海的陆家嘴、广州的珠江新城等。

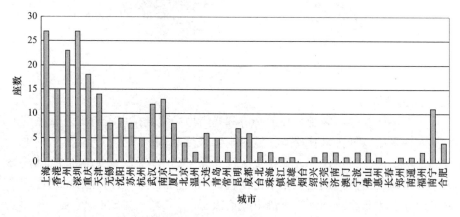

图17-1　我国各地城市超限高层建筑统计图（截止到2014年底）

我国已建成或在建的超限高层建筑高度以250～400m居多，占250m以上超限高层建筑的90％左右（截止到2014年），500m以上的超限高层建筑项目也呈日渐增多趋势。图17-2为截止到2014年底的国内超限高层项目建筑高度范围统计。

由于超限高层建筑高度较高，给排水系统设计需要考虑因建筑高度增加带来的技术难度，并予以研究、解决。如对于超限高层建筑排水系统，需考虑生活排水系统的排水体制、合理分区和系统消能措施等。表17-1为国内部分超限高层建筑生活排水系统设置情

648

况统计。其中设有中水回用的建筑项目基本都采用污、废分流制系统，其余类型项目则采用污、废合流制系统居多。

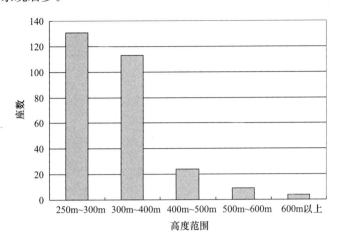

图 17-2　我国超限高层项目建筑高度范围统计图

国内部分超限高层建筑生活排水系统情况统计　　　　表 17-1

工程名称	建筑高度（m）	楼层数	生活排水系统类型	排水通气系统类型	排水管材种类	同层排水设置位置	中水系统位置
上海中心大厦	632	127	污、废分流	专用通气＋器具通气	柔性接口铸铁排水管	全部	B5F, 66F
广州市新电视观光塔	600	—	部分污废合流，部分污废分流	专用通气	柔性接口铸铁排水管	塔楼	—
深圳平安国际金融中心	600	118	污、废分流	专用通气＋器具通气	柔性接口铸铁排水管	—	—
广州东塔（周大福中心）	530	116	酒店污废分流，其他污废合流	专用通气＋器具通气（酒店大便器），专用通气＋环形通气（其余）	柔性接口铸铁排水管	—	B5 层
广州西塔	432	103	污废合流	专用通气＋器具通气	柔性接口排水铸铁管	—	—

　　表 17-2 为国内部分超限高层建筑塔楼雨水排水系统情况统计。塔楼屋面均采用半有压流（87 型雨水斗）雨水排水系统，塔楼屋面雨水系统设计重现期基本在 10a 以上，雨水排水系统加溢流的合计排水能力最高达 100a。

国内部分超限高层建筑塔楼雨水排水系统情况统计　　　　表 17-2

工程名称	建筑高度（m）	总汇水面积（m²）	雨水排水方式	设计重现期（a）	是否有溢流系统	合计设计重现期（a）	塔楼雨水系统管材
上海中心大厦	632	3280	半有压流	10	有	100	加厚不锈钢管
广州市新电视观光塔	600	2000~4000	半有压流	100	否	100	内涂塑镀锌钢管（1.6MPa）

续表

工程名称	建筑高度（m）	总汇水面积（m²）	雨水排水方式	设计重现期（a）	是否有溢流系统	合计设计重现期（a）	塔楼雨水系统管材
天津 117 大厦	597	—	半有压流	10	有	50	
广州东塔（周大福中心）	530	8000～10000	半有压流	10	有	50	不锈钢管（2.0MPa）
上海环球金融中心	492	2000～4000	半有压流	50	否	50	钢管（1.0MPa）
绿地广场紫峰大厦	450	2000～4000	半有压流	50	否	50	不锈钢管（1.0MPa）
深圳京基金融中心	441.8	蛋型屋顶，无雨水管道，只有侧墙雨水排水	—	—			
广州国际金融中心（西塔）	432	2000～4000	半有压流	50	否	50	不锈钢（4.5MPa）
广州市珠江新城 J2-2 地块	318	1000～2000	半有压流	10	有	50	衬塑钢管（2.0MPa）
重庆环球金融中心	339	1000～2000	半有压流	50	有	100 以上	镀锌无缝钢管（4.0MPa）
广州市利通大厦	303	2000～4000	半有压流	10	否	10	内外热浸镀锌钢管（加厚型）（3.0MPa）
重庆九龙仓国际金融中心	316	2000～4000	半有压流	50a 设计，100a 校核	否	100	无缝钢管（3.0MPa）
广州市富力盈凯广场	296.5	2000～4000	半有压流	50a 设计，100a 校核	否	100	无缝钢管（3.0MPa）
广州市珠江新城 B2-10 项目	295	—	半有压流	10	否	10	衬塑钢管（3.0MPa）
东莞环球经贸中心	289	2000～4000	半有压流	50	否	50	不锈钢加厚（2.5MPa）
上海国际金融中心北塔	260	2000～4000	半有压流	10	有	50	球墨铸铁管
重庆保利国际广场	286.8	1000～2000	半有压流	10	有	50	无缝钢管
宁波环球航运广场	256.8	4000～6000	半有压流	10	有	50	钢塑复合管（3.0MPa）
上海长峰宾馆	250	2000～4000	半有压流	5	否	5	镀锌钢管（2.5MPa）

根据表 17-2 的统计情况及《建筑屋面雨水排水系统技术规程》CJJ 142—2014 第 10.3.2 条的验收要求，大多数超限高层建筑塔楼雨水管材选用时均考虑半有压流雨水系统的承压能力，基本选用耐压能力较高的金属管材，如铸铁管、不锈钢管、镀锌钢管、无缝钢管、内涂塑镀锌钢管等。超限高层建筑需考虑雨水立管的消能措施，表 17-3 为国内

部分超限高层建筑塔楼屋面雨水系统减压、消能措施统计，主要采用的消能措施有立管横向转折、减压水箱、室外雨水消能井三种型式。

国内部分超限高层建筑塔楼屋面雨水系统减压、消能措施　　表 17-3

工程名称	建筑高度	所用减压、消能措施
上海中心大厦	632	设置中间雨水减压水箱
广州市新电视观光塔	600	设置中间雨水减压水箱
广州东塔（周大福中心）	530	雨水管横向转折、室外雨水消能井
上海环球金融中心	492	雨水管横向转折
绿地广场紫峰大厦	450	雨水管横向转折
广州国际金融中心（西塔）	432	雨水管横向转折、室外雨水消能井
广州市珠江新城 J2-2 地块	318	雨水管横向转折
重庆环球金融中心	339	雨水管横向转折、室外雨水消能井
广州市利通大厦	303	—
重庆九龙仓国际金融中心	316	—
广州市富力盈凯广场	296.5	—
广州市珠江新城 B2-10 项目	295	室外雨水消能井
东莞环球经贸中心	289	雨水管横向转折、室外雨水消能井
上海国际金融中心北塔	260	雨水管横向转折
重庆保利国际广场	286.8	雨水管横向转折
上海长峰宾馆	250	雨水管横向转折

17.2　超限高层建筑生活排水系统设计

1. 生活排水系统分类与选择

超限高层建筑生活排水系统分为污废合流、污废分流两种类型。当建筑物使用性质对卫生标准要求较高或环卫部门要求生活污水需经化粪池处理时宜采用污废分流系统。当生活废水需回收利用时，为提高回用水原水的水质，也宜采用污废分流系统。设置中水回用系统时，根据建筑物内的功能分区和建筑性质，可考虑收集高区废水在设备层中水机房处理后供给低区冲厕及浇洒等用水，以降低能耗。

2. 生活排水系统管材选用与安装

超限高层建筑塔楼生活排水管道应选用符合使用特点和防火要求的金属排水管，如机制柔性接口铸铁排水管等。

超限高层建筑裙房生活排水管道可选用塑料管材或金属管材，如 HDPE 管材（热熔连接或电熔连接）、机制柔性接口铸铁排水管（法兰压盖连接或卡箍式连接）等。

用于同一排水系统的管材和管件，宜选用相同的材质，并应符合国家现行相关标准《排水用柔性接口铸铁管、管件及附件》GB/T 12772、《建筑排水塑料管道工程技术规程》CJJ/T 29 等的规定。

3. 生活排水系统的分区与管道布置

1）排水立管的分区与通气立管布置

对于超限高层建筑，塔楼业态较为复杂，常见的业态有办公、公寓、酒店等不同类型，为明晰产权、便于物业管理，排水系统宜按不同建筑功能采用分区排水系统。排水试验表明，排水楼层数的增加会引起排水能力下降，受限于测试条件，目前国内外排水能力折减系数是基于 100m 高度左右的测试塔试验得出，为避免排水高度过高时对排水能力影响的不可控因素，当采用分区排水系统时，每个分区的高度以不超过 100~150m（即 2~3 个建筑功能分区）为宜。为进一步改善立管排水工况，各分区排水立管汇合后的排水总立管，虽无分支排水管接入，仍宜相应配置专用通气总立管，且排水总立管和专用通气总立管宜采用结合通气管每层连接；各分区顶层通气立管汇合后的汇合通气总立管，宜单独伸出屋顶通气，不宜与其他分区的汇合通气总立管合用。如图 17-3 所示。

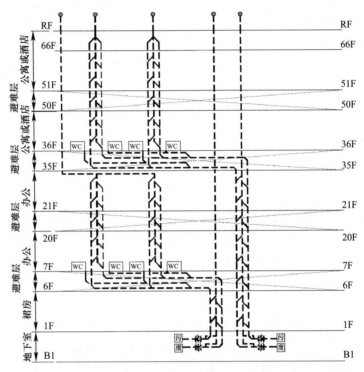

图 17-3　生活排水系统分区示意图

注：立管检查口、各楼层横支管略。

　　2）消能措施

　　超限高层建筑生活排水系统可采用加强型直通旋流器消能、苏维托管件消能、立管横向转折消能，也有采用乙字弯消能的；当中间楼层设有中水回用系统时，可利用中水原水水箱兼作减压水箱，但中水机房应考虑防臭、预留污泥垂直和水平运输通道等措施。

　　4. 生活排水系统水力计算

　　超限高层建筑生活排水系统设计流量按设计秒流量计算取值（详见第 7 章）。试验表明，排水层数增加会引起排水立管排水能力降低。国内目前对 35 层及以下的特殊单立管排水系统的排水能力进行过测试并得出相关成果（折减系数大致在 0.8~0.9 之间，详见中国工程建设协会标准《旋流加强（CHT）型单立管排水系统技术规程》CECS 271：2013），并在此基础上推断出部分特殊单立管排水系统排水层数的折减系数。图 17-4 所示为日本东京都平成建筑项目普通立管排水能力实测数据，当排水层数为 10 层时排水能力为 8.2L/s，40 层时排水能力为 6.8L/s，折减系数大致为 0.83。根据试验类推，超限高层建筑的折减系数将小于国家现行《建筑给水排水设计标准》GB 50015 推荐的数值 0.9，建议超限高层建筑设置器具通气管以改善立管排水能力。

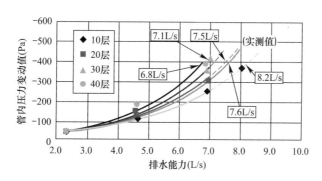

图 17-4　排水能力与排水楼层数关系曲线图

5. 工程验收

超限高层建筑生活排水系统安装完成后，应按国家现行标准《建筑给水排水及采暖工程施工质量验收规范》GB 50242、《建筑排水金属管道工程技术规程》CJJ 127 的规定进行通水、灌水和通球试验，并应根据建筑高度选择采用整段方式或分段方式进行通水试验。排水主管和横干管均应做通球试验、通球球径不小于其管径的 2/3，通球率必须达到 100%。卡箍式柔性接口铸铁排水管安装后，宜先灌水，发现渗漏需紧固螺栓，再次收紧并挤压橡胶密封套，达到止水。隐蔽或埋地的排水管道在隐蔽前必须做灌水试验，以 5min 水面不降且接口无渗漏为合格。

排水塑料管道安装完毕后，应按照国家现行标准《建筑给水排水及采暖工程施工质量验收规范》GB 50242、《建筑排水塑料管道工程技术规程》CJJ/T 29 及相关塑料管道工程技术规范的规定进行灌水和通球试验，并清除管道外壁沾附的污物、污渍。

17.3　超限高层建筑雨水排水系统设计

1. 超限高层建筑雨水排水系统的选择
1）超限高层建筑雨水排水系统水力设计要点
（1）系统选用原则

超限高层建筑塔楼屋面雨水排水系统应选用半有压流系统。对于高达 250m 以上的雨水立管，不建议采用压力流（虹吸式）雨水排水系统，主要基于以下原因：①超限高层建筑塔楼屋面一般汇水面积不大，采用半有压流系统，立管设置数量并不多，从节省建筑空间和降低建造成本的角度看，压力流系统不具备优势；②因系统高差大，可供利用的水头也大，压力流雨水系统中的负压区会相应增大，且最低负压值随之增大后，系统形成气蚀的风险增大，容易产生振动、噪声甚至吸瘪管道破坏雨水正常流态，威胁系统运行安全；③压力流系统设计流态为满管有压流，对于超限高层建筑，几百米高度的雨水系统处于满管有压流状态，对管材附件承压能力要求更高。而对于相同设计重现期的半有压流系统，其流态为重力流或半有压流，减压、消能的任务相对较轻，一方面可以节省系统造价（如管材承压等级相对较低）和减少消能装置设置数量，节省建筑空间，另一方面还可提高系统的运行安全性。

　　超限高层建筑的裙房屋面通常面积较大，屋面结构构造也相对复杂（如屋面形态、标高复杂的钢结构屋面），相对于半有压流雨水系统，压力流雨水系统具有立管设置数量少、悬吊管无需坡度敷设等优点，可节约建筑空间、增加有效利用层高等，宜采用压力流雨水排水系统。当裙房屋面面积较小，经技术、经济比较后，也可采用半有压流雨水排水系统。

　　（2）半有压流雨水排水系统运行特点分析

　　87 型雨水斗随着斗前水深的加大，其流态会从重力流逐步过渡到半有压流甚至满管压力流，其实际排水能力会远大于设计流量。表 17-4 为国内某企业 87 型雨水斗实测在不同斗前水深下的排水能力和管内流态。从表中数据可以得知，国内三种常用规格的 87 型雨水斗，当其斗前水深在 80～110mm 时，系统即可形成满管流。以 87 型 DN100 雨水斗为例，设计排水能力通常按 12～16L/s 取值，当形成满管流态时实际排水能力可达 40L/s。超限高层建筑选用半有压流系统时，应充分考虑超重现期雨水进入室内雨水排水系统（形成满管流或局部满管流）的应对措施，如塔楼屋面雨水排水系统一般选用承压等级高的金属管材，并需采取相应的加强消能措施（如中间设备层设置减压水箱、出户管部位设置消能井等）；裙房屋面当采用半有压流雨水排水系统时，若管材选用塑料管，则除要求其能承受满水试验所需要的正压外，还要求其耐负压能力不小于－80kPa，以避免管材因满管流时形成的负压被吸瘪，导致产生系统失效漏水的风险。

87 型铸铁雨水斗水力测试结果

表 17-4

DN75 雨水斗			DN100 雨水斗			DN150 雨水斗		
流量（L/s）	斗前水深（mm）	管内流态	流量（L/s）	斗前水深（mm）	管内流态	流量（L/s）	斗前水深（mm）	管内流态
3.6	35	非满流	6.7	43	非满流	4.8	33	非满流
6.0	46	非满流	14.4	65	非满流	14.4	64	非满流
6.5	49	非满流	18.4	71	非满流	23.8	76	非满流
7.9	51	非满流	22.7	74	非满流	29.4	79	非满流
9.4	55	非满流	26.4	76	非满流	33.6	82	非满流
10.9	56	非满流	29.7	79	非满流	39.4	86	非满流
12.7	56	非满流	32.6	83	非满流	45.2	89	非满流
13.8	58	非满流	35.0	85	非满流	52.2	92	非满流
14.8	59	非满流	36.6	86	非满流	58.5	95	非满流
16.1	60	非满流	37.2	88	非满流	65.4	98	非满流
17.9	63	非满流	38.0	89	非满流	68.4	100	非满流
20.0	66	非满流	38.3	91	非满流	74.1	103	非满流
21.8	68	满流	39.1	92	满流	78.8	105	非满流
22.1	74	满流	40.0	103	满流	84.3	107	非满流
23.1	85	满流	—	—	—	86.7	109	非满流
22.9	94	满流	—	—	—	94.1	112	满流
23.3	104	满流	—	—	—	96.2	115	满流
—	—	—	—	—	—	98.1	119	满流
—	—	—	—	—	—	100.2	131	满流
—	—	—	—	—	—	100.2	136	满流

（3）压力流雨水排水系统运行特点分析

当超限高层建筑裙房屋面采用压力流雨水排水系统时，其管道布置、消能措施、水力计算（如连接管高度、虹吸启动时间、节点压力平衡、最大负压等）详见本《手册》12.6 节。

2）超限高层建筑裙房压力流屋面雨水排水系统

当超限高层建筑裙房设计选用压力流屋面雨水排水系统时，设计重现期不宜大于 10a（以保证在较小降雨强度时，系统水平悬吊管仍有足够的自净流速，防止重现期选用过大时少雨季节管内泥砂淤积堵塞管道过流断面、破坏虹吸）。压力流雨水排水系统应设溢流设施（溢流口或溢流管道系统，溢流管道系统可采用虹吸式雨水系统或 87 型雨水斗雨水排水系统），雨水系统加溢流的总排水能力不小于 50a 设计重现期。

超限高层建筑裙房屋面设计计算雨水量时，塔楼侧墙汇水面积取值对裙房屋面系统设计影响较大。如上海某超限高层建筑，裙房屋面面积 4800m²、雨棚面积 700m²，按现行规范考虑塔楼侧墙面积的一半作为汇水面积后，裙房雨水系统需增加汇水面积 30000m²、雨棚增加汇水面积 40000m²（雨棚沿塔楼侧墙狭长型布置，侧墙汇水面积急剧增加），侧墙计入汇水面积达到裙房屋面面积的数倍甚至数十倍。

参考《建筑结构荷载规范》GB 50009—2012 关于结构顶部风速计算公式，对于地面粗糙类别为 C 类（城市建筑密集区）的建筑，当基本风压取最小值 0.3kN/m²（按 50a 重现期）时，5m、50m、100m、250m、300m、400m、500m 的风压高度变化系数分别为 0.65、1.1、1.5、2.24、2.43、2.76、2.91，可计算得出相应的风速分别为 17、23、26、32、34、36、37m/s，以定性的类比分析，300m 高度处的风速是 5m 高度处风速的 2 倍。超限高层裙房屋面考虑塔楼侧墙汇水面积时，是否可以认为一定高度（如 300m）以上的侧墙雨水（尤其是对于狭长型布置的雨棚屋面）大部分被风吹散，从而可以减少侧墙计算汇水面积？这些尚待进行工程实践或水力试验等进一步分析、论证。

3）超限高层建筑塔楼半有压流屋面雨水排水系统

如前所述，超限高层建筑塔楼屋面雨水排水系统应采用半有压流雨水排水系统，且推荐设置溢流设施。当设置溢流设施时，雨水排水系统的设计重现期不应低于 10a，且雨水排水系统加溢流设施总排水能力不应小于 50a。当不设置溢流设施时，应根据建筑物的重要性和系统出现满管流后可能产生的危害，适当提高雨水系统的设计重现期。

2. 雨水系统管材的选用与安装

1）管材选用原则

现行国家行业标准《建筑屋面雨水排水系统技术规程》CJJ 142—2014 规定：高度超过 250m 的雨水立管，灌水高度应对下部 250m 高度管段进行灌水试验，按此要求雨水管材及配件的承压能力可取 2.5MPa。按照《建筑屋面雨水排水系统技术规程》CJJ 142 的解释，超过 250m 的雨水立管，其承压能力可限定在 2.5MPa，主要基于两点：一是管道被污物堵塞时如果积水高度超过 250m，污物也会被冲开或冲走；二是目前市面上能采购到的雨水管材及配件，承压能力一般为 2.5MPa 及以内。

雨水排水系统的管材及耐压值需结合超高层塔楼雨水系统的选型和减压、消能措施来综合分析确定。当超限高层建筑设计重现期取值较低（如 10a）且没有设置溢流系统时，超重现期雨水（如 50a）进入管道后，管道形成满管流的风险相对较大，此时选用雨水管道管材耐压值不应低于 2.5MPa，降低管道超压爆管风险，提高系统安全性。超限高层建筑设有中间雨水减压水箱时，相当于将雨水系统立管高度一分为二，降低了雨水管道因堵塞或形成满管流而产生的超高静压的风险，当雨水管道高度低于 250m 时，则可根据实际灌水高度选用相应公称压力等级的管材。

2）管材类型

超限高层建筑塔楼屋面雨水排水系统管道宜选用金属或复合管材，并应对立管底部管道和管件进行加强处理，QB 型雨水排水球墨铸铁管、不锈钢管（下部区加厚不锈钢管）、涂塑钢管（不得采用衬塑钢管，因衬层容易脱落）和无缝热镀锌钢管等。

超限高层建筑裙房屋面雨水排水系统管道宜选用 HDPE 管、不锈钢管、涂塑钢管、镀锌钢管和柔性接口铸铁排水管等。

用于同一系统的管材和管件，宜选用相同的材质，并应符合国家现行相关产品标准《低压流体输送用焊接钢管》GB/T 3091、《流体输送用不锈钢焊接钢管》GB/T 12771、《排水用柔性接口铸铁管、管件及附件》GB/T 12772、《建筑屋面雨水排水铸铁管、管件及附件》GB/T 37357、《给水涂塑复合钢管》CJ/T 120 等的规定。

3）管道安装

超限高层建筑塔楼屋面雨水排水系统管材为 QB 型雨水排水球墨铸铁管时，宜采用 B 型机械式柔性承插连接，其管道安装及加固措施可参考现行国家标准《建筑屋面雨水排水铸铁管、管件及附件》GB/T 37357—2019 附录 F 的要求；为不锈钢管时，宜采用沟槽式连接或带惰性气体保护氩弧焊连接；为涂塑钢管时，宜采用沟槽式或法兰式连接；为无缝热镀锌钢管时，宜采用沟槽式连接。

超限高层建筑裙房屋面雨水排水系统管材为 HDPE 管时采用热熔焊接或电熔管箍连接，不锈钢管采用焊接，压力流系统负压区除外的涂塑钢管采用沟槽式或法兰连接、镀锌钢管采用螺纹或沟槽式连接。

3. 溢流设施

1）溢流口

一般认为，超过 300m 的建筑，屋顶风速很大，可吹散从溢流口流出的水柱，使其均匀飘洒在空中。当超过 300m 的超限高层建筑采用溢流口溢流时，可利用幕墙构造设计，使溢流口沿建筑四边布置，以减小风压对溢流效果的影响。

从表 17-4 数据可以得知，国内三种常用规格的 87 型雨水斗，当其斗前水深在 80～110mm 时，系统即可形成满管流。实际工程中，为防止出现溢流的频率过高，溢流口的下底标高一般设在集水沟顶面以上至少 100mm，加上集水沟深度 100～150mm，在溢流水位，难免出现满管流的工况。高层建筑特别是排水高度大于 250m 的超限高层建筑，若为防止 87 型雨水斗排水系统面对超重现期雨水时因形成局部满管流、局部管段系统上部出现较大的负压、在局部管段系统底部出现较高的正压，需要根据选用的 87 型雨水斗水力特性，控制溢流口的起点水深。

同时，溢流口的设置方向应在背风面；有条件时，宜沿建筑物四周均设置溢流口，防止溢流口因设在迎风面而溢流困难，多个溢流口也可以有效缩短天沟上游至溢流口的距离，不至于因水力坡度造成天沟上游水位过高导致超重现期雨水进入 87 型雨水斗系统。

2）溢流管道系统

250～300m 的超限高层建筑，当雨水溢流可能会对建筑周边地面产生不良影响时，可采用溢流管道系统，溢流管道系统应独立设置；也可对半有压流雨水管道系统直接按不低于 50a 重现期设计。

4. 超限高层建筑室内雨水排水系统的消能措施

1）立管横向转折和冂型弯

250～300m 的超限高层建筑，塔楼雨水立管可采用横向转折和冂型弯消能（见图 17-5），但由于这二种做法尚缺少试验和理论计算数据，消能效果难以确认。半有压流系统当有控制超重现期雨水进入管道内的措施时，系统按重力流或半有压流运行，设置横管转折和冂型弯，可能在这两种消能管件处产生水跃，引起管道振动和噪声，需引起重视并采取有效措施。半有压流系统若无控制超重现期雨水进入管道系统的措施时，根据 87 型雨水斗系统的运行特点，可能在超重现期降雨时形成满管流或局部满管流（指水气比大于 90%～95%时），如采用横管转折和冂型弯的局部水头损失消能，按满管流计算，其水头损失值有限（因管内流速不能设计的太大，否则会出现局部气蚀，导致管道的剧烈振动或管道破裂），不足以抵消立管高差产生的重力势能。

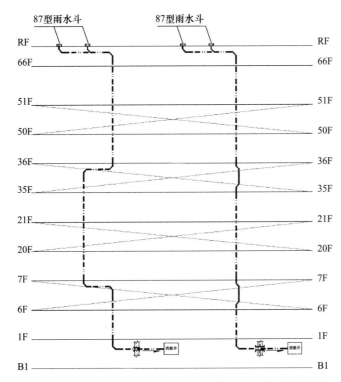

图 17-5　超限高层建筑雨水排水系统立管消能措施原理图（建筑高度≤300m）

注：雨水立管检查口等附件略。

2）雨水减压水箱

如前所述，当超限高层建筑高度超过 300m 时，为提高消能效果，不建议采用立管横向转折和冂型弯等消能措施，而宜采用减压水箱。当采用减压水箱与雨水收集回用水箱相结合的设计工艺时，既解决了雨水系统的消能，又依靠在超限高层中间楼层设置的雨水收集、利用系统，将在高位收集的雨水供低区楼层再利用，减少了水泵提升的能耗，如图 17-6 所示。

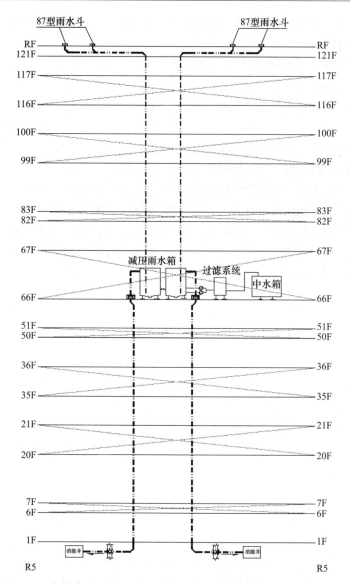

图 17-6　超限高层雨水系统立管消能措施原理图（建筑高度＞300m）

注：雨水立管检查口等附件略。

3）出户排水管消能（消能井）

超限高层建筑塔楼屋面雨水排水系统出户管部位应设消能井，裙房屋面雨水系统当采用压力流雨水系统且过渡段长度小于 3m 或排出管流速大于 1.8m/s 时也应设置消能井。消能井宜采用带排气功能的钢筋混凝土井。具体做法详见本《手册》12.5 节，当消能井接有多根雨水排水管道时，消能井的规格应通过 CFD 模拟计算确定。

【例 17-1】　超限高层建筑半有压流雨水排水系统排出口消能措施 CFD 分析

塔楼屋面雨水排水以采用半有压流雨水排水系统为主。当超高层建筑塔楼外墙采用幕墙时，会受条件限制无法设置溢流口。如第 17.3 节所述，溢流口设置高度相对天沟面较高或者不设溢流口时，系统内极易出现满管流（或分段的满管水塞流）现象。本《手册》12.5 节建议：建筑高度大于 150m 的建筑，塔楼雨水出户管宜采用消能检查井，一个消能检查井宜承接一根半有压流雨水排水管。工程中往往受条件限制，多根雨水排出管接一个消能井，该消能井的大小需要借助 CFD 模拟技术，消能井中气水两相流的工况进行计算机数值模拟，以评判消能井的消能和排气效果，为系统设计提供技术参数。

上海某超限高层项目，根据设计，308m 高度处的屋面雨水管进入 B1 层的消能池后再排入室外市政雨水系统。该项目引入计算机流体力学 VOF 模型，构建数值模型，进行数值模拟，以确定消能池池壁所承受的屋面雨水排水系统排出管的动能冲击，分析消能池的消能、排气效果，为系统设计提供技术依据。针对项目实际情况建立了两种形式雨水消能池的模型，两模型之间除了是否设置通气管以外（为进一步分析通气管断面面积对消能池的消能效果影响，对通气管管径选用 DN200、DN250、DN300 共三种带通气管的消能池进行模拟），其他尺寸参数均一样。消能池模型采取非结构网格，进水管与出水管界面进行网格加密，面网格使用三角形网格，体网格使用四面体网格。模型网格的建立结果如图 17-7 所示。

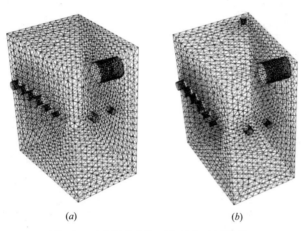

图 17-7　两种形式的雨水消能池网格模型
(a) 无通气消能池网格模型；(b) 有通气消能池网格模型

两种形式雨水消能池的进水管边界条件均先设置为速度进口（按各管道进水流量实际赋值）运行一段时间后再定义为压力进口（可模拟局部满管流水柱进入消能池后的冲击效果），出水管设置为压力出口，其他没特别设置的边界均默认为壁面条件。压力进口压力设置为 0.5MPa，以模拟雨水立管产生约 50m 满管流水柱时对消能池池壁产生的压力及消能池中因气水分离形成的气流情况。

模拟加压 0.5MPa 至 10s 后，两种形式共 4 种消能池内流态变化如图 17-8。

图 17-9 为两种形式雨水消能池加压 0.5MPa 到 10s 时的进出口横截面压力分布图，从图中可以看出，进水口的压力基本在进入井体以后就立即被消去，正对进水口的冲刷面又重新出现高压。进一步截取冲刷面 0～10s 内的静压值，不设通气管消能池的冲刷面最大静压为 76kPa，远超井底静压，平均静压为 18kPa；设置 DN200 通气管、DN250 通气管、DN300 通气管的消能池的冲刷面最大静压分别为 75kPa、38kPa、53kPa，平均静压分别为 15kPa、15kPa、15kPa。可见，无通气管雨水消能池和设 200mm 通气管雨水消能池，其 Y1 冲刷面均受到的最高静压可达 75kPa 级，超过 7m 高度水压，对井体壁面有一定的冲刷影响，此冲刷作用的大小对于有无通气管两种情况差别不大。但对于设 250mm 通气

管和设 300mm 通气管消能池来说，从运行数据来看，冲刷面均没有受到长时间过高压力作用，基本维系在 30～40kPa 之间，略高于液位产生的静水压力，井体壁面能承受此压强；但在局部时段，有较高压强产生，如设 250mm 通气管有出现 38kPa 最高压强，而设 300mm 通气管也有 53kPa 的最高压强出现。较之设 200mm 通气管，冲刷压强有了一定程度的降低。

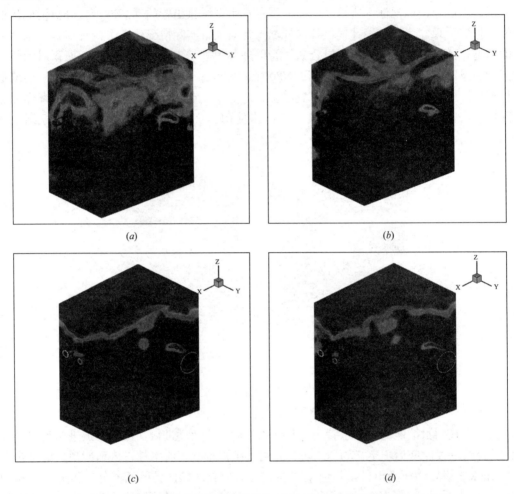

图 17-8　两种形式共 4 种雨水消能池加压 0.5MPa 至 10s 时的井内流态图
(a) 无通气管消能池井内流态变化；(b) 设置 DN200 通气管消能池井内流态变化；
(c) 设置 DN250 通气管消能池井内流态变化；(d) 设置 DN300 通气管消能池井内流态变化

　　两种形式消能池顶部处的气压对比，可根据消能池顶部 0～10s 平均静压值，分别对比不设通气管、设 200mm 通气管、设 250mm 通气管和设 300mm 通气管四个消能池静压数值，作图 17-10。通过折线图可以直观看出，设 250mm 和 300mm 通气管消能池顶部静压值较之设 200mm 通气管消能池顶部静压有明显降低，尤其是较之不设通气管的消能池顶部静压值大为降低，前两者峰值均不到 3kPa，且大部分时段维系在 1kPa 以下；而后两者气压波动较大，设 200mm 通气管峰值接近于 8kPa，不设通气管压强峰值更是接近 13.6kPa，且在较长时段内维持在高压状态。顶部高压是引起消能池井盖顶起及雨水溢出的主要原因。

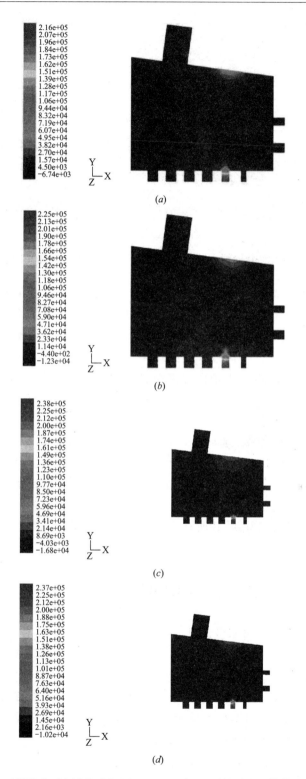

图 17-9　两种形式雨水消能池加压 0.5MPa 到 10s 时的进出口横截面压力分布

（a）无通气管消能池进出口横截面压力分布；（b）设置 DN200 通气管消能池进出口横截面压力分布；

（c）设置 DN250 通气管消能池进出口横截面压力分布；（d）设置 DN300 通气管消能池进出口横截面压力分布

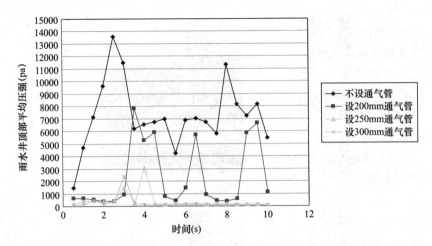

图 17-10　两种形式消能池重力管加压 0.5MPa 后 10s 内雨水消能池顶部压力变化对照

从消能池的模拟情况来看，设 250mm 和 300mm 通气管的雨水消能池在冲刷面冲刷压强、水井顶部压强，以及消能池内流态方面均没太大差别，但相比设 200mm 通气管的消能池尤其是不设通气管消能池的运行工况却有明显改观，在消能池顶部压力方面更是有数量级的降低，可以说该工程现有设计的消能池，其几何尺寸和容积均能满足消能的需要。结合模拟结果，该工程雨水进入消能池进行消能处理时，设置的通气管管径不能小于 250mm。

5. 工程验收

超限高层建筑雨水排水系统验收时，应复核溢流设施尺寸及安装是否符合设计要求，周围不得遗留杂物、填充物。塔楼及裙楼半有压流、压力流雨水管道系统，应根据建筑高度进行灌水和通水试验。当立管高度小于或等于 250m 时，灌水高度应达到每个系统每根立管上部雨水斗位置；当立管高度大于 250m 时，应以 250m 高度为单位分段进行灌水试验，灌水试验持续 1h 后，管道及其所有连接处应无渗漏现象。其余验收事项参照《建筑屋面雨水排水系统技术规程》CJJ 142 执行。

17.4　超限高层建筑设备机房排水系统设计

1. 水灭火系统设备机房排水设计要点

1）屋顶层消防水箱间排水设计

超限高层建筑屋顶通常设置防水保温层，厚度一般为 300mm 左右。屋顶消防水箱间地坪标高宜高于室外完成面 100mm 左右，以保证水箱泄水和地面积水能通过重力流自流至室外屋面（如设置侧入式地漏排除地面积水）。屋顶水箱间可采取结构板抬高或垫层回填等措施，以满足地坪高于屋面完成面等要求。

2）设备层消防转输水箱间排水设计

超限高层建筑消防转输流量较大，消防转输水箱间溢流管道管径设计时宜按转输管进水流量设计，防止溢水能力不足造成机房被淹等事故。消防转输水箱溢流管、泄水管和报警阀压力试验排水管等宜设置独立排水管并接至下一区消防转输水箱或地下室消防水池，以便回收利用。消防水箱间可设置排水地漏排除地面积水。

2. 水暖设备机房排水设计要点

1）水暖设备机房排水设计

生活水箱间溢流、泄水排水应采用间接排水，其排水可排至机房专用排水沟。

生活水箱间、新风机房、空调机房等机房的地面排水宜采用明沟排水。空调冷凝水排水管宜单独设置，排水管末端应间接排水。

热水机房排水系统应单独设置，其管道材质应选用金属排水管或耐温塑料排水管。

2）餐饮废水隔油机房排水设计

超限高层建筑当塔楼高区部分设有餐饮功能用房时，隔油机房宜就近设置于高区内的设备层。若餐饮功能用房设在高区，而隔油机房设于地下室，则含油废水排至地下室的管道长度预计会超过百米甚至数百米，厨房含油废水容易凝固，造成管道内部淤积堵塞，需要对整个管道进行频繁的清掏处理；且管道过长时，还需逐段清理；因厨房废水本身的特殊性质，清理手段还需采用高温水（堵塞严重时还需要高温蒸汽），导致增大清理难度、清理成本。因此，建议隔油机房尽量设于靠近餐饮的楼层。

当在超限高层建筑高区设置隔油机房时，应提请建筑专业考虑设备和处理物的运输路线，确保油脂的清运方式便捷，清运路线合理、不通过厨房区、不影响周边环境。同时应结合建筑、暖通专业做好如下卫生防护措施：

（1）油水分离设备不得设置在厨房操作区内；

（2）油水分离设备应设置在专用设备间内，专用设备间与厨房的距离不宜小于5m；

（3）专用设备间应设排风系统，且宜形成负压。设备间的通风次数不宜小于8次/h，设备维护、保养时，通风次数不宜小于15～20次/h；

（4）设备间内应留有油水分离设备维修、保养的空间；

（5）设备间内应配置用于地面冲洗的水龙头及地面排水设施。

参 考 文 献

1 卢坚安,《美国建筑给水排水设计》[M]. 北京：经济日报出版社，2006.

后 记

姜文源　　　金雷

《建筑排水新技术手册》终于在鼠年春节前脱稿，确是一件快意之事！

《手册》汇聚了专家团队的智慧，凝结了学会、编委、主编、主审和出版、发行部门的心血和汗水。说实话，当下合出一本专业著作，困难不小，更何况是建筑排水领域新技术手册。首先，组稿确有难度，《手册》内容要有质量，而无有厚积，难以薄发；其次，在建设工程中以甲方为主导的体制下，设计院的专业技术人员忙于一线任务，难以抽身顾及学术；最后，长期的低稿酬政策，付出和回报不成比例，很难调动参与人的积极性。

本文第一作者工作重心一直偏重给水，自1982年起参与88年版《建筑给水排水设计规范》的修订，分工是给水章节，任务是改掉苏联规范1976年已废除而我国74年版规范还在应用的生活给水管道设计秒流量苏联平方根法计算公式，代之以我国自己的设计秒流量计算公式；此任务在钻研了一年概率法理论后完成。1986年正式加盟建筑给排水规范组，直到1998年退休，十多年里分工和关注重点仍是建筑给水，涵盖给水方式、给水设备、给水管材等。20世纪80年代侧重专注气压给水，90年代则侧重专注变频调速给水。

把较多精力转移到关注建筑排水缘起于21世纪初。上海明谛公司俞志根总经理约请上海四大建筑设计院给水排水总工举办过一次专业学术沙龙，议论上海建筑给水排水的优势在哪里？上海建筑给水排水下一步工作的重点在哪里？经过讨论，得出的一致结论是：上海的学术优势在建筑排水，今后的专业学术工作重点应该转到建筑排水领域。

为充分发挥技术标准的导向作用，我们首先以吉博力公司的四项产品为基点启动制订相关排水标准，并作了分工：华东建筑设计研究院以"同层排水技术"为主，同济大学建筑设计研究院以"虹吸式屋面雨水排水系统"为主，上海建筑设计研究院以"HDPE管"为主，悉地国际设计顾问有限公司以"苏维托单立管排水系统"为主。于是开始了与苏维托、特殊单立管、内螺旋管、旋流器、排水管材以及排水测试的密切接触。

建筑排水技术与建筑给水技术有较大区别。体会之一是给水为有压单相流，相对简单；而排水则是水、气、固体混合三相流，相对复杂；体会之二是排水系统中水流和气流密不可分，只有气流畅通，水流才能畅通；体会之三是为了解决气流畅通问题，各个国家采取了各不相同的技术措施，其中美国的通气管通气模式、欧洲的吸气阀辅助通气模式、日本的旋流分流通气模式是最典型的通气模式；体会之四是排水在重力流动过程中，还会伴生各种现象，如排水横支管进入排水立管的水舌现象，排水立管水流进入排水横干管的水跃和壅水现象，立管水流在下降过程中达到一定流量后的水塞现象，卫生器具排水管水流进入排水横支管的返流现象，双立管排水系统的水帘现象，再加上水封的正压喷溅现象、负压抽吸现象、正负压振荡现象，以及我国特有的 H 管件返流现象，因管内壁环形凸出物而形成的漏斗形水塞现象等等。——这就是建筑排水，许多规律还未被认知，等待我们去探索。

在我国,排水立管管径的确定最早是经验法,按照卫生器具数量或者当量总数确定管径;后来按照终限理论的终限流速以及立管产生水塞现象的水流截面积临界值求得的理论计算值确定管径;再后来按照排水实验塔的实测流量来确定管径。但遗憾的是,当时我国只有临时搭建的排水测试塔,没有长期固定的排水实验塔。于是在不得已的现实情况下,有一些排水系统在欧洲排水实验塔测试,另一些排水系统则在日本排水实验塔测试。

当时对于上述情况,我们既无奈又心痛!但现在情况已大为改观,我们有了自己的排水实验塔,并制订了我国生活排水系统立管排水能力测试标准。目前排水实验塔已不止一座,且数量与高度均超过了欧洲和日本。更可贵的是排水实验塔在持续并充分发挥其作用,仅山西高平泫氏排水实验塔在四年时间里就进行了 120 个科研项目和 6500 多次测试工作,硕果累累令业内瞩目。

作为实验塔的直接成果是指导并推进产品和系统的研发。20 世纪 90 年代,从韩国引进内螺旋管,2003 年从日本引进加强型旋流器,在国外先进技术本土化的过程中,内螺旋管螺旋的数量从少到多,再从多到少。旋流器的导流叶片从并列设置到上下设置,横支管与立管汇合水流从正向接入到切向接入,对排水系统的认知从浅层次到深层次,立管排水能力从 6L/s 起步,到突破 10L/s 大关,现在已经达到 13L/s——这个流量不仅超过普通单立管排水系统,也超过其他特殊单立管排水系统,还超过双立管排水系统的立管排水能力,获得如此突破性的进展,着实不易。

编撰本《手册》,是进入 21 世纪以来第四次与中国建筑工业出版社合作,和之前三次的立项选题相比有一定难度。难点之一是:我们曾在 2016 年编撰出版《建筑特殊单立管排水系统设计手册》。但特殊单立管排水系统只是建筑排水诸多系统中的一个大类,而不是建筑排水的全部。特别是关于建筑排水新技术的总结,无前车之辙可鉴,也令编写团队体会深刻。

难点之二是如何与刚编撰出版的《建筑给水排水设计手册》(第三版)相互协调。在本《手册》启动编写之际,另一本《建筑给水排水设计手册》(第三版)在修订编撰,且为建筑给排水设计手册中的经典之著,因此,经多次商讨之后,决定本《手册》内容重点应突出新技术,而非着墨于设计。

难点之三在于如何与经全面修订、即将颁布实施的《建筑给水排水设计标准》相互协调。《建筑给水排水设计规范》GB 50015 于 2012 年启动修订,2016 年召开审查会。《手册》既要考虑现行国家标准的内容,力求与其保持一致;又要考虑新标准的内容,不能有太多的冲突。何况 GB 50015 本身也令人存疑,如生活排水管道设计秒流量计算公式有问题,未修改计算公式而是将排水立管最大排水能力改为排水立管最大设计排水能力。再如铸铁管立管排水能力与塑料管立管排水能力实测值相差较多,而规范规定相同,解释为管内壁长了生物膜,抹平了管内壁的粗糙度。但让人费解的是处于立管上游的排水横支管和处于立管下游的排水横干管都不长生物膜,塑料管与铸铁管的排水能力有区别。

难点之四是如何体现"新技术"之"新"。《手册》旨在总结新技术,突出一个"新"字。近些年来建筑排水的"新技术""新材料""新理念""新系统""新产品"确实不少。凡是新的东西,人们往往对它了解还不多,掌握还不透彻,或许在某些方面还有欠缺,但我们在新技术面前要做第一个吃螃蟹的人，这就是难点。

难点之五是《手册》篇幅限制。和出版社合作，除了保证内容和质量，也需要考虑篇幅、成本及市场销售。但内容涉及面很广难免篇幅较大，文稿要删减，既要不影响质量，也不能影响编写团队及参编企业的积极性，这并非易事。

万众一心，排除万难。本《手册》在编写团队全体成员的共同努力下顺利完成并付诸出版，实乃幸事！让我们共同铭记这一时刻！

编委信息一览表

（按姓名拼音排序）

姓名	职务/职称	单 位	参与本《手册》编写主要工作内容
陈 晟	总经理	上海环钦科技发展有限公司	第3、14章
陈和苗	高级工程师	宁波市天一建筑设计有限公司	第7章
陈鹤忠	董事长	江苏通全球工程管业有限公司	第3、14章
陈怀德	顾问总工/教授级高工	中国建筑西北设计研究院有限公司	主审、第3、10、17章
陈建忠	总经理	上海格莱达电气有限公司	第10、14章
陈书明	技术研发部主任/工程师	山西泫氏实业集团有限公司	第8、14章
陈秀兰	总经理助理/高级工程师	上海联创设计集团股份有限公司	第3章
程宏伟	总工/教授级高工	福建省建筑设计研究院有限公司	主编、副主任、第5、16章
迟国强	副总工/高级工程师	青岛杰地建筑设计有限公司	第14章
池学聪	董事长	上海熊猫机械（集团）有限公司	编委
崔景立	教授级高工	机械工业第六设计研究院有限公司	第13章
崔宪文	给排水总工/高级工程师	青岛三和施工图审查有限公司	第3、14章
董波波	副总经理	武汉金牛经济发展有限公司	第14章
丁良玉	总经理兼总裁助理/高级工程师	浙江中财管道科技股份有限公司	编委
邓 斌	机电市政中心总工/教授级高工	中南建筑设计院股份有限公司	第6章
方玉妹	顾问总工/教授级高工	江苏省建筑设计研究院有限公司	副主任、第3、13章
高俊斌	副院长/高级工程师	中关村海绵城市工程研究院有限公司	第13、14章
关文民	总经理	宁波世诺卫浴有限公司	第5、14、16章
官钰希	在读博士生	武汉大学土木建筑工程学院	第3、8章
归谈纯	集团副总工/教授级高工	同济大学建筑设计研究院（集团）有限公司	主编、副主任、第12、17章
郭继伟	技术部经理/高级工程师	高碑店市联通铸造有限责任公司	第3、4、14章
郭宗余	董事长	安徽省生宸源材料科技实业发展股份有限公司	第3、14章
贺鹏鹏	高级工程师	中国建筑西北设计研究院有限公司	第3、17章
胡鸣镝	建科院总工/教授级高工	中信建筑设计研究总院有限公司	第3章
胡万成	部门经理	天津凯诺实业有限公司	第14、15章
黄剑芬	总经理	江苏威尔森环保设备有限公司	第3、14章

姓名	职务/职称	单 位	参与本《手册》编写主要工作内容
姜浩杰	建筑分院院长/高级工程师	青岛市城市规划设计研究院	第 3、14 章
姜文源	顾问总工/教授级高工	悉地国际设计顾问（深圳）有限公司	主编、副主任、前言、第 3、4、5、8 章、后记
蒋星学	总经理	上海艺迈实业有限公司	第 10、14 章
金 雷	院设备总工/高级工程师	上海同宽建筑设计股份有限公司	前言、后记
李 军	总工/教授级高工	新兴铸管股份有限公司	第 3、14 章
李承朋	总裁	上海海德隆流体设备制造有限公司	第 6、14 章
李传志	总院副总工/教授级高工	中信建筑设计研究总院有限公司	副主编、第 3 章
李翠梅	水资源研究所所长/教授	苏州科技大学	第 13 章
李学良	高级工程师	同济大学建筑设计研究（集团）有限公司	第 12、17 章
李益勤	常务副总工/教授级高工	厦门合立道工程设计集团股份有限公司	第 16 章
栗心国	院副总工/教授级高工	中南建筑设计院股份有限公司	副主任、第 6 章
林国强	总经理	昆明群之英科技有限公司	第 4、5、9、14 章
刘 俊	总工/研究员	东南大学建筑设计研究院有限公司	副主编、第 3、13 章
刘 俊	高级工程师	上海绿地建设（集团）有限公司	全书整合统稿
刘德明	教授	福州大学土木工程学院	副主编、第 3、5、16 章
刘杰茹	总工/研究员	青岛市建设工程施工图设计审查中心	副主任、第 14 章
刘西宝	院副总工/教授级高工	中国建筑西北设计研究院有限公司	主编、第 3、10、17 章
刘玉林	总经理	高碑店市联通铸造有限责任公司	编委
娄 锋	董事长	上海佳长环保科技有限公司	第 13、14 章
陆亦飞	产品研究处副处长	浙江中财管道科技股份有限公司	第 3、4、5、14 章
吕亚军	总经理	杭州中美埃梯梯泵业有限公司	第 6、7、14 章
罗 研	市场部总监/工程师	上海凯泉泵业（集团）有限公司	第 6、14 章
罗定元	顾问总工/教授级高工	中元国际（上海）工程设计研究院有限公司	主审、第 16 章
马圣良	总经理	浙江一体环保科技有限公司	第 13、14 章
马信国	顾问总工/高级工程师	上海联创设计集团股份有限公司	副主任、第 3、7 章
孟宪虎	董事长	江苏众信绿色管业科技有限公司	第 3、14 章
缪德伟	总工/高级工程师	宁波市华涛不锈钢管材有限公司	第 3、14 章
闵莉华	总经理	上海笙凝环境科技有限公司	第 13、14 章
祁 强	总经理	泽尼特泵业（中国）有限公司	第 6、14 章
钱 梅	主编/高级工程师	《建筑给水排水》杂志社	编委
邱 蓉	执行副总工/高级工程师	上海中森建筑与工程设计顾问有限公司	第 9、13 章
任少龙	技术研发部经理/销售部副经理	山西泫氏实业集团有限公司	第 8、14、15 章

姓名	职务/职称	单　位	参与本《手册》编写主要工作内容
司启	总经理	江苏亚井雨水利用科技有限公司	第 13、14 章
谭红全	技术总监	上海熊猫机械（集团）有限公司	第 6、14 章
陶岳杰	品质总监/高级工程师	浙江伟星新型建材股份有限公司	第 3、14 章
同重	总经理/高级工程师	上海逸通科技股份有限公司	第 3、14 章
涂斌	副总裁	上海熊猫机械（集团）有限公司	编委
汪仕斌	董事长/高级工程师	金品冠科技集团有限公司	第 3、14 章
王研	院副总工/教授级高工	中国建筑西北设计研究院有限公司	副主任、第 3、10、17 章
王竹	顾问总工/高级工程师	青岛理工大学建筑设计研究院	副主编、第 14 章
王慧莉	工程师	同济大学建筑设计研究院（集团）有限公司	第 12 章
王坚伟	总经理	上海同晟环保科技有限公司	第 13、14 章
王建涛	副总经理	安徽天健环保股份有限公司	第 10、14 章
王克峰	总经理	河南省九嘉晟美实业有限公司	第 3、14 章
卫莉	副总工/教授级高工	山西省建筑设计研究院有限公司	第 8、15 章
吴崇民	总经理	江苏劲驰环境工程有限公司	第 13、14 章
吴克建	技术总监	山西泫氏实业集团有限公司	主编、副主任、第 3、4、8、9、15 章
项伟民	总经理	上海深海宏添建材有限公司	第 3、4、5、9、14 章
熊志权	前副主席/博士	世界水务协会	副主任、第 16 章
徐立	总经理	泽州县金秋铸造有限责任公司	第 14 章
许进福	总工程师	禹州市新光铸造有限公司	第 3、4、14 章
颜建萍	副总经理	上海深海宏添建材有限公司	第 3、4、5、9、14 章
杨富斌	副总工程师/专业委员会副主任	基准方中建筑设计有限公司西安分公司	第 3 章
杨一林	总经理	北京盛德诚信机电安装有限公司	第 3、4、5、14 章
尹艳	副总工/高级工程师	上海联创设计集团股份有限公司	第 3 章
于敬亮	高级工程师	青岛市建设工程施工图设计审查中心	第 3、14 章
袁玉梅	副教授	湖南大学土木工程学院	第 8 章
俞文迪	总工/高级工程师	深圳市祥为测控技术有限公司	第 3 章
张军	院副总工/院专业委员会主任教授级高工	中国建筑西北设计研究院有限公司	副主编、第 3、10、17 章
张磊	中心主任/副编审	中国建筑工业出版社	编委
张海宇	总工/教授级高工	悉地国际设计顾问（深圳）有限公司	第 4 章
张锦雄	前柏诚顾问公司技术总监	香港地区	第 16 章
张立成	总工/教授级高工	沈阳建筑大学规划建筑设计研究院	副主编、第 4、7 章
张双全	集团总工程师、技术中心总监	康泰塑胶科技集团有限公司	第 3、14 章
张颂东	副总经理	浙江光华塑业有限公司	第 3、4、14 章

姓名	职务/职称	单 位	参与本《手册》编写主要工作内容
张用虎	排水技术服务工程师	Aliaxis 艾联科西技术服务部（英国）	第3、14章、16章
张之立	教授级高工	中煤科工集团北京华宇工程有限公司	第16章
钟东琴	总经理	南京奥脉环保科技有限公司	第10、14章
赵 锂	副院长/总工/教授级高工	中国建筑设计研究院有限公司	主任、主审、序
赵锦添	总经理	维格斯（上海）流体技术有限公司	第3、14章
赵世明	顾问总工/教授级高工	中国建筑设计研究院有限公司	主编、副主任、第1、2、7章
周伯兴	董事长	江苏河马井股份有限公司	第3、14章
周可新	销售总经理	河北兴华铸管有限公司	第3、4、14章
周旭辉	所副总工/高级工程师	中国建筑西北设计研究院有限公司	第3章
朱生高	管道室主任/高级工程师	中国建材检验认证集团股份有限公司	副主编、第11章

参编企业信息表

序号	企业名称	通讯地址	联系人	联系人职务/职称	联系人电话
1	山西泫氏实业集团有限公司	山西省高平市寺庄镇箭头工业园区	任少龙	实验室经理 销售副经理	18334663636
2	上海熊猫机械（集团）有限公司	上海市盈港东路 6355 号	谭红全	技术总监	15901678366
3	上海深海宏添建材有限公司	上海市奉贤区庄行镇姚新路 128 号	项伟民	总经理	13901780280
4	浙江中财管道科技股份有限公司	浙江省杭州市下沙开发区 11 号大街 6 号	陆亦飞	产品研究处副处长	13587318040
5	高碑店市联通铸造有限责任公司	河北省高碑店市方官镇北工业区 2 号	郭继伟	技术部经理 高级工程师	15931831269
6	禹州市新光铸造有限公司	河南省禹州市火龙镇工业区	许进福	总工程师	18339061954
7	河北兴华铸管有限公司	河北省保定市徐水区华龙路 636 号	周可新	销售总经理	13601161955
8	泽州县金秋铸造有限责任公司	山西省晋城市泽州县南村镇东常村	徐 立	总经理	13834923290
9	宁波世诺卫浴有限公司	浙江省宁波市奉化方桥工业园恒丰路 9 号	关文民	总经理	13586681210
10	浙江伟星新型建材股份有限公司	浙江省台州市临海经济开发区柏叶中路	陶岳杰	品质总监/高级工程师	13958597985
11	Aliaxis 艾联科西技术服务部	Suite 5, Castle House, Sea View Way, Brighton, East Sussex, BN2 6NT, UK 英国	张用虎	排水技术服务工程师	0044 7979511197（手机）
12	浙江光华塑业有限公司	浙江台州市黄岩东城开发区澄江路 26 号	张颂东	副总经理	13905763795
13	昆明群之英科技有限公司	昆明市盘龙区穿金路 188 号金尚国际 A 座 30 楼	邱寿华	技术总监	18288773670
14	上海海德隆流体设备制造有限公司	上海市奉贤区庄行镇钜庭路 1279 号	鲁 娟	市场总监	18816596901
15	上海凯泉泵业（集团）有限公司	上海市嘉定区曹安公路 4255 号	高宏钧	市场部副经理	13916217267
16	康泰塑胶科技集团有限公司	成都·崇州市宏业大道北段 1236 号	张双全	集团总工程师 技术中心总监	13982133753
17	上海艺迈实业有限公司	上海市金山工业区金百路 466 号	于学志	技术部经理	18721079113

序号	企业名称	通讯地址	联系人	联系人职务/职称	联系人电话
18	南京奥脉环保科技有限公司	上海市浦东新区张江高科祖冲之路 2305 号天之骄子创业园 B 栋 1107 室	伍 星	上海分公司总经理	15150507128
19	北京盛德诚信机电安装有限公司（吉博力北京总代理）	北京市海淀区知春路 108 号豪景大厦 A907 房间	杨一林	总经理	13911259807
20	江苏河马井股份有限公司	江苏省常州市武进高新区南湖西路 28 号	周伯兴	董事长	13606144801
21	杭州中美埃梯梯泵业有限公司	浙江省杭州市天目山西路 360 号鲲鹏产业园 5 号楼	吕亚军	总经理	18058817888
22	江苏威尔森环保设备有限公司	张家港市常阴沙管理区常红路 3 号	黄剑芬	总经理	13962241668
23	河南省九嘉晟美实业有限公司	河南省禹州市花石镇西工业区	王克峰	总经理	18903993077
24	宁波市华涛不锈钢管材有限公司	宁波市鄞州区高桥镇宋家漕阳光路 383 号	缪德伟	总工程师 高级工程师	13003727959
25	上海环钦科技发展有限公司	上海市闵行区宝城路 158 弄 82 号 101 室	陈 晟	总经理	13585807582
26	上海格莱达电气有限公司	上海市闵行区都会路 2338 号总部一号 21 栋 6 楼	陈建忠	总经理	13801837881
27	安徽天健环保股份有限公司	安徽省合肥经济技术开发区天都路与方兴大道交叉口	王建涛	副总经理	15855511199
28	中关村海绵城市工程研究院有限公司	北京市海淀区清河安宁庄东路 18 号 23 号楼二层 2254 室	高俊斌	副院长 高级工程师	18610962073
29	江苏劲驰环境工程有限公司	南京市江宁区滨江开发区绣玉路 5 号	吴蕴文	市场部经理	13913997808
30	上海逸通科技股份有限公司	上海市嘉定区高潮路 168 号 2 号楼 3 楼	同 重	总经理 高级工程师	18516075905
31	武汉金牛经济发展有限公司	武汉市汉阳区黄金口工业园金福路 8 号	郑 涛	推广应用工程师	13545350783
32	上海佳长环保科技有限公司	上海安亭曹新路 69 号 9601 室	娄 锋	董事长	13524512240
33	上海笙凝环境科技有限公司	上海市徐汇区龙华路 2577 弄二期 G 栋 2012	闵莉华	总经理	13472716609
34	上海同晟环保科技有限公司	上海市大连路 535 号 3 楼 A30 室	王坚伟	总经理	15952811989
35	泽尼特泵业（中国）有限公司	江苏省苏州工业园区吴浦路 26 号	陈 旻	市场经理	18951118781
36	新兴铸管股份有限公司	南京市建邺区庐山路 158 号	史卫斌	销售部经理	13951734577
37	江苏通全球工程管业有限公司	张家港市锦丰镇合兴工业园（杨锦公路 417 号）	姚 军	技术部部长	18915675882
38	维格斯（上海）流体技术有限公司	上海市松江区新浜都市工业园区环区北路 39 号	屠建群	市场部主管	15901636768

序号	企业名称	通讯地址	联系人	联系人职务/职称	联系人电话
39	江苏众信绿色管业科技有限公司	南京市江宁区湖熟街道金迎路6号	陈 祥	总经理	15195772177
40	天津凯诺实业有限公司	天津市静海开发区广海道19号	胡万成	部门经理	13011308664
41	安徽省生宸源材料科技实业发展股份有限公司	安徽省界首经开区光武产业园繁兴西一路4号	朱 红	销售经理	18655873555
42	金品冠科技集团有限公司	四川省成都市崇州经济开发区晨曦大道中段1255号	谢 毅	市场部副总	13880667002
43	江苏亚井雨水利用科技有限公司	江苏省南京市雨花台区绿地之窗C1座4层	司 启	总经理	18625159555
44	浙江一体环保科技有限公司	浙江省桐乡市梧桐街道校场西路418号	马圣良	总经理	13605836285

编写单位风采

中国建筑西北设计研究院有限公司
China Northwest Architecture Design and Research Institute Co., Ltd.

中国建筑西北设计研究院有限公司成立于1952年，是新中国成产初期我国组建的六大区建筑设计院之一，是西北地区成立最早、规模最大的甲级建筑设计单位，曾先后隶属于国家建筑工程部、国家建委、国家建工总局、建设部，现为世界500强——中国建筑股份有限公司旗下的全资公司。

现有职工1600余人，其中中国工程院首批院士1人，全国工程勘察设计大师2人，陕西省工程勘察设计大师6人（2016年首届）、享受国务院津贴专家17人，陕西省有突出贡献专家4人，陕西省优秀勘察设计师18人，教授级高级工程师110人，高级工程师446人，一级注册建筑师112人，一级注册结构工程师119人，注册公用设备工程师69人，注册电气工程师29人，注册城市规划师、注册造价师、监理工程师、建造师等90人。

院设有规划、总图、建筑、结构、给排水、暖通空调、动力、电气和自动控制、技术经济和概预算、景观园林、装饰设计等专业，能够承担各类大、中型工业与民用建筑设计、景观园林设计、装饰设计、城镇居住小区规划设计、建材工厂设计和传统建筑研究、建筑抗震研究以及建筑经济咨询、工程建设可行性研究、总承包等业务。

电 话：（029）68515991　68519001

地 址：西安市文景路98号

01/中建西北院办公楼
02/大唐芙蓉园
03/延安大剧院
04/天人长安塔

05/延安革命纪念馆　　　08/黄帝陵祭祀大殿　　　11/陕西省图书馆扩建工程
06/贾平凹文化艺术馆　　09/中国佛学院　　　　　12/西宁机场三期扩建工程
07/南门广场综合提升改造工程　10/西安咸阳国际机场T5航站楼　13/西安火车站改扩建工程

山西泫氏实业集团有限公司

- 1999年起连续22年铸铁排水管产销量全国第一。
- 全国80%的地标建筑采用泫氏铸铁排水管。
- 产品出口美国、日本、欧洲、新加坡、韩国、香港、台湾等 40多个国家和地区。
- 铸铁排水管及球墨雨水管国家标准制定者。
- 依托泫氏排水实验塔，截止2019年泫氏取得排水技术成果 30余项，研发新产品120余种，获得国家专利40余项，给 项目进行排水方案设计或深化500余项次，解决各类排水问 题350余次。
- 咨询热线：0356-5221219/5240009

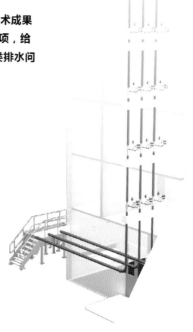

微降板同层排水系统

降低了降板深度，无需填料回填，无需二次防水，施工简便，节约材料人工；避免管道和地面渗水在降板沉池中形成积水；满足管道安装所需的排水坡度要求，节约安装所需的建筑空间。

* 国家规范推荐用排水系统

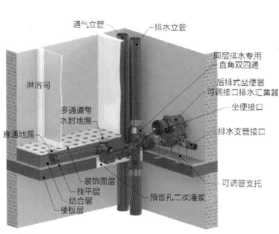

双立管系统不降板同层排水多通道地漏安装示意图

让 建 筑 排 水 更 顺 畅　　让 城 市 生 活 更 美 好

预埋系列组件

由替代穿楼板套管，现浇施工一次性浇筑在楼板层中，避免了管壁间隙二次浇注，强度降低，出现渗水。具有调心功能，立管垂直度调整方便；设有积水排除接口，便于安装连接积水排出器；铸铁管材质热膨胀系数小，与水泥构筑物的热膨胀系数很接近，避免形成间隙出现漏水；采用直通式设计，具有可拆卸管道及便利化维修的特点。

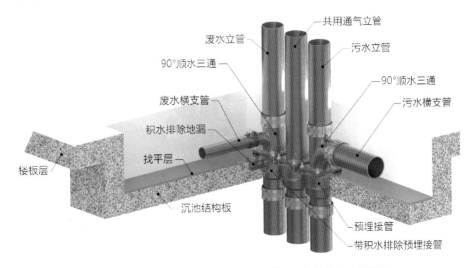

共用通气立管
废水立管
污水立管
90°顺水三通
90°顺水三通
废水横支管
污水横支管
积水排除地漏
找平层
楼板层
沉池结构板
预埋接管
带积水排除预埋接管

装配式住宅降板同层排水预埋接管安装示意图

装配式供货

按照设计图纸户型布置图，3D管道建模，仿真模拟，图纸设计细化至每一个管件，每一段管材，减少管材尾管浪费，降低管材成本，减少现场垃圾，提升现场管理。卫生间整体打包供应，现场无需加工，提高安装效率，一个包装，一个人，让您省力、省钱、省心。

让 建 筑 排 水 更 顺 畅　　让 城 市 生 活 更 美 好

THE BETTER FUTURE

ADDZ密闭式自动排渣污水提升器

熊猫集团在原有排污设备的基础上，成功研发出新一代ADDZ密闭式自动排渣污水提升器。该产品成功的避免了地下建筑污水泵堵塞现象，延长设备使用时间，隔绝设备间异味，无需人工清掏，受到用户广泛好评。

技术特点：不锈钢螺旋滤水器、多功能自动排渣器、双向多功能自动耦合

产品特点：节省投资设备、安全不堵塞、卫生无污染、使用寿命长、
安装检修方便、占地面积小、智能化控制

上海熊猫机械(集团)有限公司
SHANGHAI PANDA MACHINE (GROUP) CO.,LTD.

全国统一服务热线：021-59863888

网址：www.panda.sh.cn
地址：上海市青浦区盈港东路6355号

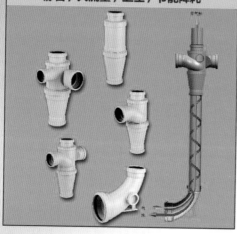
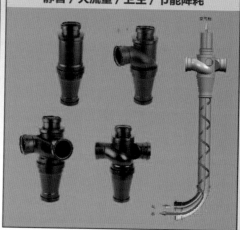

管道系统集成方案解决商

一切为您的健康着想

中财防臭防疫排水系统

中财防臭防疫排水系统，以排水流量达到10L/s的3s单立管系统为依托，以共用水封多通道大流量地漏为横管系统核心，吸气阀结构瓶型存水弯为辅助。从立管、地面横管、台下存水弯等三位一体解决防臭防疫问题，非常适合在同层排水、异层排水、装配式建筑排水以及老房改造中应用！

扫码了解
中财管道产品最新动态

特点 1
10L/s流量的单立管系统

特点 2
共用水封多通道地漏

特点 3
吸气阀结构瓶型存水弯

特点 4
装配式密封专用配件

共用水封多通道地漏剖面图

双层
二次排水

①现浇楼板
②填充层
③找平层
④防水层
⑤干硬性水泥层
⑥瓷砖面层

多项高端技术加持

1) 多通道口地漏设计
2) 双层二次排水结构设计
3) 地漏下水口偏心设计
4) 地漏高度可调式结构设计
5) 16cm极限降板高度设计
6) 共用水封结构设计
7) 防反溢结构设计
8) 可拆卸式检修清扫
9) 水封高度50mm，符合国标标准
10) 5倍于行标超大水封容量设计
11) 2倍于行标的大流道及大排水流量设计
12) 通配性强
13) 获得2项国家实用新型专利授权

关于中财管道：

中财管道是中财集团化学建材业下属的重点产业，目前共有以浙江中财管道科技股份有限公司为基础的10大生产基地，营销网络遍布全国各地，产品远销世界多个国家。以"管道集成方案解决商"为宗旨，中财管道一直将呵护城市发展和提高人们生活品质为宗旨。

目前有10大管道系统、50多个系列，5000多个品种，是国内产品齐全、规模较大的塑料管道专业生产企业之一。公司连续多年蝉联中国制造业500强、轻工业百强、中国家装管道行业十大品牌、消费者信得过产品等荣誉。

浙江中财管道科技股份有限公司
Zhejiang Zhongcai Pipes Science And Techonlogy Co., LTD

地址：浙江省新昌县新昌大道东路658号　　邮编：312500
电话：0575-86127808　　网址：www.zhongcai.com

高碑店市联通铸造有限责任公司
GAO BEIDIAN UNICOM CASTING CO., LTD.

W型柔性接口铸铁排水管及管件

A型柔性接口铸铁排水管及管件

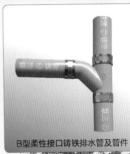

B型柔性接口铸铁排水管及管件

地　　址：河北省高碑店市方官镇北工业区2号　　　开户银行：高碑店市农村信用合作社联合社
邮　　编：074005　　　　　　　　　　　　　　　　账　　号：229002011019325
电　　话：0312-2795999　　2795555　　　　　　　网　　址：www.ltzz.cn
传　　真：0312-2795555　　　　　　　　　　　　　E-mail：liantong@ltzz.cn

安徽省生宸源材料科技实业发展股份有限公司

安徽省生宸源材料科技实业发展股份有限公司，成立于2016年6月30日。主要从事：塑料原料及产品、改性塑料、塑料合金材料、功能塑料管材、型材、板材研发、生产、销售。

经过十余年研发，成果完成批量生产，组建安徽省生宸源材料科技实业发展股份有限公司，作为全国产业化的基地，与中科院绿色化工与先进材料研发中心、国家复合改性聚合物材料工程技术研究中心、贵州大学、贵州省材料产业技术研究院、浙江大学、同济大学、合肥工业大学、湖北工业大学联合成立——生宸源研究院。

改性高密度聚乙烯（HDPE-IW）六棱结构壁管材

产品介绍

以高密度聚乙烯（HDPE）为主要材料、加入改性晶须材料，达到管道高刚性（可达35KN）、高柔性（可达50%）、管壁光滑、耐腐蚀、耐热（60摄氏度）耐低温（零下45度）等；特制的卡箍橡胶圈密封连接，零泄漏；自身方形管道的特点，不需要管枕或钢筋骨架，可不用混凝土包封，只需细沙回填即可，管道安装方便。

为了进一步的提高管道的环刚度，在管道六边形结构外壁上设置了环形U形凹槽波谷，同时六边形结构外壁尺寸大于相邻圆环形结构外壁尺寸提高了管道的抗压性能，同时赋予了管道相应的柔性。该方形双壁波纹管具有刚柔性，易于安装，通过熔融挤出一体化成型，适合广泛推广。

产品用途

主要用于市政工程道路污水和雨水管材、城镇污水处理厂管网工程、城市管廊、高速公路、高速铁路、桥梁排水工程、农村雨污分流工程、截污管道工程、泄洪排洪工程、电站排水管网、涵洞等领域，并可用于大型医院预防传染病排水、排污管道建设。

公司部分产品图片

地址：安徽省界首市界首经开区光武产业园繁兴路西一路4号
电话：4000-487-888　　05588500888　　邮箱：3258602940@qq.com